MOLEKULARAKUSTIK

EINE EINFÜHRUNG IN DIE ZUSAMMENHÄNGE ZWISCHEN ULTRASCHALL UND MOLEKÜLSTRUKTUR IN FLÜSSIGKEITEN UND GASEN

VON

WERNER SCHAAFFS

DR. PHIL., APL. PROFESSOR FÜR EXPERIMENTALPHYSIK
AN DER TECHNISCHEN UNIVERSITÄT BERLIN

MIT 288 FIGUREN

SPRINGER-VERLAG BERLIN HEIDELBERG GMBH 1963

ISBN 978-3-642-49141-2   ISBN 978-3-642-87538-0 (eBook)
DOI 10.1007/978-3-642-87538-0

Library of Congress Catalog Card Number 63-12680

Meiner lieben Frau

Edith Schaaffs, geb. Pflughaupt

gewidmet

Vorwort

Auf dem 3. Internationalen Akustikerkongreß zu Stuttgart im September 1959 wurde eine erhebliche Anzahl von Vorträgen unter dem Namen „Molekularakustik" zusammengefaßt. Damit wurde deutlich gemacht, daß die Erforschung des atomaren und molekularen Aufbaus der Materie auch vor dem Gebiet der Akustik nicht haltmachen kann. Zwar wird das Gebiet der traditionellen Akustik, die für das menschliche Zusammenleben so außerordentliche Bedeutung hat, auch weiterhin von den physikalischen und physiologischen Eigenschaften des menschlichen Gehörs und Nervensystems und nicht von den Details der Struktur der Materie geprägt bleiben, doch wird man tiefergehende physikalische Erkenntnisse über das Wesen der Energieübertragung mit Hilfe akustischer Wellen nur bei Berücksichtigung des molekularen Aufbaus der Materie gewinnen können[1].

Das klassische Werk der Akustik „The Theory of Sound" von Lord RAYLEIGH[2] wußte von dieser Fragestellung noch nichts. Im Bereich des Hörschalls, wo die Wellenlängen im Verhältnis zu den Abmessungen der Apparate sehr groß sind, sind die individuellen Eigenschaften der Schall übertragenden Atome und Moleküle so wenig wichtig, wie etwa die Gruppierungen der Körner in den Ähren eines Getreidefeldes, über das der Wind streicht und es in Wellen wogen läßt. Die Theory of Sound ist ein klassisches Werk der Akustik, weil es nicht nur eine glänzende Zusammenfassung des bis zur Jahrhundertwende auf dem Gebiet des Hörschalls Bekannten enthält, sondern auch deswegen, weil es auf den klassischen Prinzipien der Mechanik und Thermodynamik aufgebaut ist, die ihre Brauchbarkeit auch für die Zukunft beibehalten werden. Unter den neueren Werken, die in Zielsetzung und Darstellung ähnlich sind, aber die Molekularakustik nur am Rande erwähnen, sei das umfangreiche Buch von E. SKUDRZYK[3] hervorgehoben. Sachlich knapp und übersichtlich und auch die grundlegenden Fragen der allgemeinen Wellen-

---

[1] Siehe auch den Vortrag „Physik und Akustik" von HANS KNESER in Proc. 3rd Int. Kongr. on Acoustics, Stuttgart 1959, Vol. I, S. 431—435. Amsterdam: Elsevier Publ. Comp. 1961.

[2] STRUTT, J. W.: BARON RAYLEIGH, The Theory of Sound, second edit. 1894; first american edition 1945 (two volumes bound as one). New York: Dover Publications; Bd. 1, 480 S., 56 Fig.; Bd. 2, 504 S., 74 Fig.

[3] SKUDRZYK, E.: Die Grundlagen der Akustik. Wien: Springer 1954. 1084 S., 450 Abb.

lehre bringend ist die „Einführung in die Akustik" von F. TRENDELEN-BURG[1].

Der Fortschritt liegt in der Erkenntnis, daß unser menschliches Gehör aus dem gewaltigen Spektrum mechanisch-elastischer Wellen nur einen winzigen Bereich herausholt. Das Ohr ist daher dem Auge ähnlich, das in der Optik nur einen sehr kleinen Frequenzbereich der elektromagnetischen Wellen zu erfassen fähig ist. Es ist das Verdienst des Physikers P. LANGEVIN[2] 1917 zuerst gezeigt zu haben, daß mit Hilfe von Magnetostriktion und Piezoelektrizität das neue Forschungsgebiet des Ultraschalls erschlossen werden kann. Doch erst der Gedanke von W. G. CADY[3], der 1922 die mechanische Eigenfrequenz eines piezoelektrischen Kristalls mit der elektrischen Eigenfrequenz eines erregenden Hochfrequenzkreises in Resonanz brachte, gab den Gedanken LANGEVINs die starke Auswirkung.

Das neue Gebiet ist äußerlich dadurch charakterisiert, daß die Wellenlängen des Schalls klein gegen die Meßgeräte sind. Auf der inneren Linie ist dieses Gebiet dadurch geprägt, daß Schallgeschwindigkeit und Schallabsorption als Funktionen des atomaren Aufbaus der Materie erkannt und dargestellt werden können. Aus diesem Grunde erhielt dieses Buch über Ultraschallwellen in Flüssigkeiten und Gasen den Titel „Molekularakustik". Es wird darin der Versuch gemacht, eine übersichtliche Darstellung der Ergebnisse und der Forschungsprobleme der Molekularakustik zu geben. In der Zielsetzung ähnlich sind in der neueren Literatur die Bücher von W. NOSDREW[4] (vorwiegend thermodynamisch), K. HERZFELD und TH. LITOVITZ[5] (hauptsächlich Theorie der Ultraschall-Relaxationsprozesse) und die beiden Bände über Akustik in der Encyclopedia of Physics[6]. Da allerdings in diesen beiden Bänden wesentliche Forschungsgebiete fehlen, kann das vorliegende Buch über Molekularakustik als Ergänzung dienen. Dann ist noch das unentbehrlich gewordene Handbuch von L. BERGMANN[7] über das gesamte Gebiet des Ultra-

---

[1] TRENDELENBURG, F.: Einführung in die Akustik, 3. Aufl. Berlin-Göttingen-Heidelberg: Springer 1961. 551 S., 412 Abb.

[2] Seine Gedanken sind in verschiedenen Patentschriften niedergelegt. Siehe dazu die historische Darstellung in §224 des Buches von G. W. CADY.

[3] CADY, W. G.: Piezoelectricity. NewYork: McGraw-Hill Book Comp. 1946. 854 S., 173 Fig.

[4] NOSDREW, W.: Anwendung des Ultraschalls auf die Molekularphysik. Moskau 1958. 456 S., 151 Fig. [Russ.]

[5] HERZFELD, K., and TH. LITOVITZ: Absorption and Dispersion of Ultrasonic Waves. NewYork and London: Academic Press 1959. 535 S., 35 Fig.

[6] Encyclopedia of Physics, herausgeg. von S. FLÜGGE. Berlin-Göttingen-Heidelberg: Springer, Bd. XI/1 1961; Akustik I, 465 S., 197 Fig. Bd. XI/2 1962; Akustik II, 310 S., 264 Fig.

[7] BERGMANN, L.: Der Ultraschall, 6. Aufl. Stuttgart: S. Hirzel 1954. 1114 S., 609 Fig.

schalls in Wissenschaft und Technik zu nennen. Es sei ferner auf eine von W. Nosdrew und B. Kudrjawzew herausgegebene Buchreihe[1], die neben technischen Ultraschallproblemen auch viele molekularakustische Arbeiten enthält, verwiesen.

Die Darstellung dieses Buches möchte den Reiz erkennen lassen, den ein Forschungsgebiet ausübt, das als Kind aus dem Schoße der alten Mutter Akustik geboren ist, aber größer geworden nunmehr alle Gebiete der Chemie und Physik bereist, um dort Erkenntnisse und Besitztümer zu sammeln. Das Schwergewicht liegt auf der experimentellen und nicht auf der theoretisch-mathematischen Seite der behandelten Probleme. Die physikalische Interpretation steht im Mittelpunkt, damit nicht nur der Physiker, sondern auch der interessierte Chemiker einen Einblick in das neue Forschungsgebiet haben möge. Gleichwohl wird von Gedanken und Erwägungen reichlich Gebrauch gemacht, denn nach Röntgens Ausspruch gilt für die Forscher mit experimentellem und mit mathematischem Arbeitszeug in gleicher Weise der Satz: „Theoretisieren und Hypothesen aufstellen tun sie beide".

Durch die Anmerkungen im Text wurden diejenigen Arbeiten gekennzeichnet, die die betreffende Frage ausführlich behandeln und das weitere Schrifttum erschließen. Der Leser möge aber dem Verfasser verzeihen, wenn dieser mangels hinreichender Kenntnis der über alle Welt zerstreuten Literatur wichtige Arbeiten vergessen hat und daher nicht objektiv genug gewesen ist. Eine Reihe von Kollegen und Instituten des Auslandes übersendet dem Verfasser seit Jahren die bei ihnen entstandenen Publikationen, so daß es leichter ist, die dort erhaltenen Forschungsergebnisse gebührend zu berücksichtigen.

Einige Worte seien über die in diesem Buche benutzten Symbole gesagt. In theoretischen Abhandlungen, bei denen meist sehr stark auf Rechnungen in früheren Kapiteln zurückgegriffen werden muß, ist es sicher notwendig, jedem Zeichen nur eine einzige Bedeutung beizulegen und es dann in Kauf zu nehmen, daß von ungewöhnlich vielen Zeichen und Indizes Gebrauch gemacht werden muß. In diesem Buche ist die Gültigkeit eines Zeichens nur auf das Kapitel oder die Ziffer beschränkt, wo es benutzt wird. Nur die wenigen Symbole für die meßbaren Grundgrößen der Molekularakustik haben durch das ganze Buch hin eine einheitliche Bedeutung; dies sind: Schallgeschwindigkeit[2] u, Frequenz v,

---

[1] Nosdrew, W., u. B. Kudrjawzew: Anwendung des Ultraschalls bei der Erforschung von Substanzen. Ministerium für Volksbildung Moskau, Moskauer Pädagogisches Institut I. K. Krupskaja; bis jetzt sind 12 Bände erschienen; letztes Buch ist Bd. XIII, 1961. [Russ.]

[2] Die von vielen Autoren bevorzugte Wahl des Buchstabens u drückt aus, daß alle Messungen mit Ultraschallwellen geschehen. Die anderen in Frage kommenden Symbole c, v, w müssen in der Molekularakustik anderen mit u verknüpften Geschwindigkeiten vorbehalten bleiben.

Schallabsorption α/ν^2, Wellenlänge Λ, Zeit t; dann Molekulargewicht M, Molvolumen V, Dichte ϱ, Temperatur T, Verhältnis der Molwärmen $\varkappa$.

Der Verfasser möchte es nicht versäumen, des 1951 verstorbenen Ehrenmitgliedes der Deutschen Physikalischen Gesellschaften Herrn Prof. Dr. HANS GERDIENs zu gedenken, der ihm in den schönen Jahren gemeinsamer Arbeit durch sein stetes Interesse geholfen und Mut gemacht hat, das Gebiet der Molekularakustik theoretisch und experimentell zu bearbeiten.

Herrn Prof. Dr. LOTHAR CREMER sei besonders herzlich gedankt, da er dem Verfasser seit einigen Jahren die Möglichkeit gegeben hat, am Institut für Technische Akustik in der Technischen Universität Berlin auch experimentelle Arbeiten, die von der Deutschen Forschungsgemeinschaft unterstützt werden, durchführen zu können. Dadurch ist das Entstehen dieses Buches sehr gefördert worden.

Mein Dank gilt auch meiner wiss. Mitarbeiterin Frl. Dr. RUTH KUHNKIES, die mir beim Lesen der Korrekturen sehr geholfen und manche Verbesserung angeregt hat.

Dem Springer-Verlag sei gedankt für die große Bereitwilligkeit, mit der er die schnelle Drucklegung und gute Ausstattung ermöglicht hat.

Berlin, im Juni 1962   W. SCHAAFFS

Inhaltsverzeichnis

Kapitel I

Einleitung

Kapitel II

Schallwellen in der Mechanik der deformierbaren Punktsysteme

A. Aussagen der Elastizitätstheorie über Schallwellen und Schallgeschwindigkeiten

B. Frequenzbereiche elastischer Wellen

C. Einige allgemein gültige thermodynamische Beziehungen

D. Die Geschwindigkeit von Stoßwellen

E. Die sogenannten Schallwellen endlicher Amplitude

F. Die Absorption von Ultraschallwellen

Seite

G. Gruppengeschwindigkeit und Phasengeschwindigkeit

Kapitel III

Die Erzeugung von Ultraschallwellen

Kapitel IV

Die indirekten Meßmethoden zur Bestimmung der Schallgeschwindigkeit

Kapitel V

Experimentelle Methoden der Absorptionsbestimmung

Kapitel VI

**Ultraschall-Impuls-Methoden zur Bestimmung von Schallgeschwindigkeit
und Schallabsorption**

Kapitel VII

Erzeugung und Untersuchung von Stoßwellen

Kapitel VIII

**Die Schallgeschwindigkeit als Funktion der Temperatur in Gasen
und Flüssigkeiten**

Seite

Kapitel XV

Schallabsorption und -dispersion in Gasen

Kapitel XVI

Die Schallabsorption in Flüssigkeiten

Seite

Kapitel XVII

Die Schallabsorption in wäßrigen Elektrolytlösungen

Kapitel XVIII

Dispersion und Absorption in Hochpolymeren

Kapitel XIX

Ultraschallabbau von Hochpolymeren

Kapitel XX

Die akustischen Eigenschaften des flüssigen Heliums

Schlußwort   485

Motto: Psalm 104, 24

„Herr, wie sind Deine Werke so groß und
viel; Du hast sie alle weislich geordnet,
und die Erde ist voll Deiner Güter.“

Kapitel I

Einleitung

1. Definition des Begriffs Molekularakustik

Schon in alter Zeit lehrte der Atomtheoretiker DEMÓKRITOS, daß sich
die Materie aus kleinsten unteilbaren Teilchen, die ihrer Substanz nach
gleichartig, an Gestalt und Größe aber verschieden seien, aufbaue. Durch
die Hypothese der Unteilbarkeit, die im Rahmen der damaligen, aber
auch der heutigen Mechanik noch immer gilt, erhielten diese Elementarteilchen den Namen „Atome“. Mit ihnen erklärten schon die atomi-
stischen Physiker der Griechen das Entstehen und Zerfallen der Dinge. Das
Entstehen eines Körpers deuteten sie als das Zusammentreten von Atomen, das Vergehen eines Körpers als Trennung von Atomen. Sie arbei-
teten also schon mit dem Begriff der Atomkombinationen, welche wir
nach einem Vorschlage von S. CANNIZARO seit etwa 100 Jahren Moleküle
nennen. Über die wahre Größe von Atomen und Molekülen konnte aber
in alter Zeit nicht einmal eine vage Hypothese aufgestellt werden.

Daran änderte sich nichts, als durch GALILEI und NEWTON die
wissenschaftliche Mechanik als eine Lehre von den Bewegungen materieller Körper und von den diese Bewegungen verursachenden Kräften begründet wurde. Diese Mechanik macht ausgiebigen Gebrauch vom Begriff
des „materiellen oder substantiellen Punktes“. Diese Punkte werden
unendlich klein gedacht, aber doch mit Masse und einem gewissen Kraftfeld versehen. Den so definierten Elementarteilchen fehlt die Kompli-
kation räumlicher Ausdehnung. Mit Hilfe dieser Arbeitshypothese teilt
man die Mechanik ein in die Kinematik und Dynamik materieller Punkte
und materieller Punktsysteme, in die Mechanik starrer Körper, deren
materielle Punkte stets starr miteinander verbunden sind, und in die
Mechanik der Kontinua, bei denen die Punktsysteme deformierbar sind
und die Eigenschaft der Elastizität besitzen. Dabei können die Partikel
dieser Punktsysteme, die einer Deformation unterworfen werden, in ge-
ordneter oder ungeordneter Bewegung sein.

In die zuletzt genannte Untergruppe der Mechanik der Kontinua gehört die traditionelle Akustik. Sie wird auch als Teilgebiet der allgemeinen Wellen- und Schwingungslehre angesehen und behandelt. Wie wenig diese Mechanik und Akustik die materiellen Punkte als reale Atome und Moleküle bewertet, kann man aus vielen Darstellungen ersehen, besonders deutlich aber aus der bekannten historisch-kritischen Darstellung von ERNST MACH mit dem Titel „Die Mechanik in ihrer Entwicklung"[1]. In dem 4. Kapitel dieses lesenswerten Werkes kommt MACH auf die atomistische Darstellung und Deutung der Mechanik zu sprechen. Er äußert: „Atome können wir nirgends wahrnehmen, sie sind wie alle Substanzen Gedankendinge. Naturforscher, welche NEWTONs Regeln des Philosophierens sich zu Herzen genommen haben, werden diese Theorien nur als provisorische Hilfsmittel gelten lassen. Die Atomtheorie hat in der Physik eine ähnliche Funktion wie gewisse mathematische Hilfsvorstellungen; sie ist ein mathematisches Modell zur Darstellung der Tatsachen."

Es ist nun ein ganz wesentliches Anliegen dieses Buches, daß die Punktsysteme der Mechanik der Kontinua nicht nur als Hilfsvorstellungen, sondern als physikalische und chemische Realitäten gewertet werden. Die materiellen Punkte sind reale Atome und reale Moleküle, die den chemischen Grundgesetzen der konstanten und multiplen Proportionen gehorchen. Das erstere Gesetz besagt, daß sich zwei oder mehrere Elemente stets nach ganz bestimmten (konstanten) Gewichtsverhältnissen miteinander verbinden, und das zweite Gesetz sagt aus, daß bei der Verbindung zweier Elemente in mehr als einem Verhältnis die Gewichtsmengen untereinander stets im Verhältnis einfacher ganzer Zahlen stehen. JOHN DALTON[2] fand die Erklärung dafür in der Atomlehre des DEMÓKRITOS, wonach die Elemente aus gleichartigen Atomen bestehen und die chemischen Verbindungen sich durch Vereinigung der Atome verschiedener Elemente nach einfachen Zahlenverhältnissen bilden.

Erst die atomistische Deutung des sehr umfangreichen experimentellen Beobachtungsmaterials der Chemie einerseits und die experimentelle Erschließung des Ultraschallgebietes andererseits ermöglichte eine Kombination von Akustik und chemischer Konstitutionslehre. Erst dadurch wurde die Behandlung und Beantwortung verschiedener einfachster Fragen möglich, z.B.: Wie ändert sich die Schallgeschwindigkeit eines Stoffes bei Änderung der chemischen Konstitution? Wird die einem Medium zugeführte Schallenergie gleich in ungeordnete Wärmebewegung überführt oder macht sie einen Umweg über die inneren Schwingungen

---

[1] 1. Aufl. 1883; 8. Aufl. 1921. Leipzig: F. A. Brockhaus. 521 S., 232 Abb.

[2] DALTON, J.: A New System of Chemical Philosophy, London 1808—1827; abgedruckt in OSTWALDs Klassikern der exakten Wissenschaften, Nr. 3.

der Moleküle? Wir können daher das Forschungsgebiet der Molekularakustik durch folgenden Satz definieren und abgrenzen:

*„Molekularakustik ist die Lehre vom Mechanismus der Übertragung der
Schallenergie durch reale Moleküle in Flüssigkeiten und Gasen.“*

In der Molekularakustik werden Flüssigkeiten und Gase untersucht,
weil diese Aggregatzustände durch die Eigenschaften des Einzelmoleküls
geprägt werden. Für den festen Aggregatzustand, der im Kristall seinen
deutlichsten Ausdruck findet, ist der Molekülbegriff nicht recht anwendbar. Hier treten an die Stelle des Einzelmoleküls in einem Molekül-
schwarm die Elementarzellen eines Kristallgitters. Wir kommen von
der Molekularakustik zur Kristallakustik. Das physikalische Problem
ist aber im Grunde genommen das gleiche, nämlich wie die Übertragung der Schallenergie von Atom zu Atom des Kristallgitters erfolgt. Diese atomistische Kristallgitterakustik ist aber nicht Gegenstand
dieses Buches, wenn wir auch später in Kap. XIV von ihr Gebrauch
machen werden.

Durch die oben gegebene Definition wird die Molekularakustik im
wesentlichen auf die Diskussion von Schallgeschwindigkeit und Schallabsorption beschränkt. Die Schallwellen selbst können solche von periodischer Natur und kleiner Schwingungsamplitude sein oder die Gestalt
von Stoßwellen haben. In dem umfangreichen Gebiet der Stoßwellen
ließ sich aber nur eine recht kleine Zahl von Arbeiten finden, die durch
Methodik und Zielsetzung spezifisch molekularakustische Probleme
unter extremen Bedingungen zu behandeln sucht. Das Gebiet der Auslösung von chemischen Reaktionen in Schallwellen und Stoßwellen
wurde fortgelassen, weil hier die elastischen Wellen mehr als Mittel zur
Erzeugung hoher Temperaturen dienen, als daß ihre Eigenschaften aus
Moleküldaten abgeleitet werden.

Kapitel II

Schallwellen in der Mechanik
der deformierbaren Punktsysteme

A. Aussagen der Elastizitätstheorie über Schallwellen
und Schallgeschwindigkeiten

2. Definitionen für elastische Spannungen und Deformationen

Ein Schallfeld ist das Gebiet, in dem die Übertragung von Schallimpuls von Molekül zu Molekül stattfindet. Die Eigenschaften eines
Schallfeldes werden durch eine Reihe von Begriffen beschrieben, die der
im wesentlichen im vergangenen Jahrhundert ausgebildeten Mechanik

der deformierbaren Punktsysteme entnommen sind[1]. Die beiden für die Molekularakustik wichtigsten Eigenschaften sind die Schallgeschwindigkeit und die Schallabsorption. In dem nachfolgend skizzierten Gedankengang geht es um die Frage, welcher innere Zusammenhang zwischen einer elastischen Deformation und der daraus resultierenden Wellengeschwindigkeit besteht. Die vollständige mathematische Deduktion findet der Leser in den angegebenen Büchern.

Unter dem Einfluß der Kraftwirkungen eines Schallerzeugers wird ein Medium deformiert. Das Medium heißt elastisch, wenn die Deformationen nach dem Aufhören der Kraftwirkungen wieder völlig verschwinden. Für die Beschreibung dieses Zustandes sei ein kartesisches Koordinatensystem zugrundegelegt. Die deformierende Kraft habe die Komponenten X, Y, Z und versetze das Medium in einen mechanischen Spannungszustand

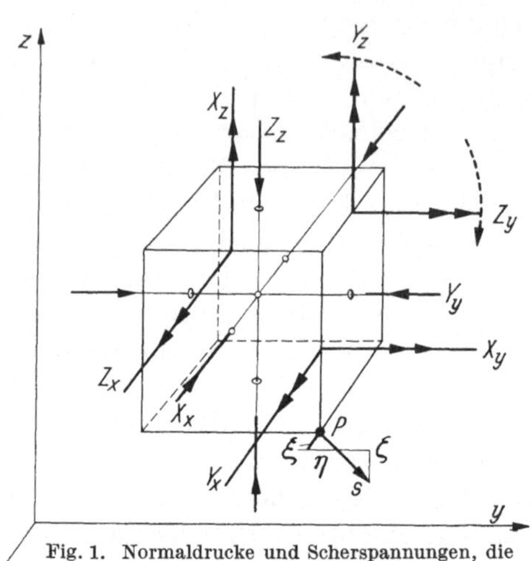

Fig. 1. Normaldrucke und Scherspannungen, die an einem Volumenelement eines elastisch deformierbaren Mediums angreifen

(Fig. 1). Dieser wird durch die 6 Komponenten des Spannungstensors beschrieben, und zwar durch drei Normaldrucke

$$X_x, Y_y, Z_z$$

und durch drei Scherspannungen

$$X_y = Y_x, \quad Y_z = Z_y, \quad Z_x = X_z.$$

Daß sich die Scherspannungen von der Anzahl 6 auf 3 Werte reduzieren, sieht man bekanntlich dadurch leicht ein, daß man sie sich gemäß Fig. 1 an einem zu den Koordinatenachsen parallelen Würfel angreifend denkt, wobei der Würfel nur dann in Ruhe bleibt, wenn die angegebenen Scherspannungen einander gleich sind. In der Figur sind die Normal-

---

[1] Vorzügliche Darstellungen finden sich bei:

SCHAEFER, CL., Bd. I der Einführung in die theoretische Physik, 4. Aufl. Berlin: W. de Gruyter 1944. 991 S., 272 Abb. Während der Drucklegung dieses Buches ist die 6. Auflage (1962), durchgesehen von M. PÄSLER und mit 272 neuen Abbildungen ausgestattet, erschienen.

PLANCK, M.: Mechanik der deformierbaren Körper, 3. Aufl. Leipzig: S. Hirzel 1931. 193 S., 12 Fig.

HAMEL, G.: Mechanik der Kontinua. Stuttgart: B.G. Teubner 1956. 210 S., 65 Abb.

drucke mit einfachen Pfeilen, die Scherspannungen mit Doppelpfeilen gezeichnet worden. Die Normaldrucke sind als Kompressionsdrucke angenommen worden, sie hätten aber ebensogut als Zugspannungen gezeichnet werden können. Um die Figur nicht unnötig zu komplizieren, sind die Pfeile für die Scherspannungen nur jeweils auf einer Seite des Volumenelements angebracht worden. Die Scherspannung Y_z allein würde eine Drehung im Sinne des punktierten Pfeiles nach links herum bewirken, die Scherspannung Z_y allein eine Drehung nach rechts herum. Das Volumenelement bleibt aber in Ruhe, wenn beide Spannungen einander gleich sind, wie schon erwähnt wurde.

Die nach Fig. 1 an dem Volumenelement angreifenden Kräfte (elastische Spannungen) führen zu Deformationen. Diese setzen sich aus „Dehnungen" und „Scherungen" zusammen, die in analoger Weise durch die Bezeichnungen

$$x_x,\ y_y,\ z_z$$

und

$$x_y = y_x, \qquad y_z = z_y, \qquad z_x = x_z$$

eingeführt werden. Unter diesen Bezeichnungen des Deformationstensors versteht man die partiellen Differentialquotienten

$$\frac{\partial \xi}{\partial x} = x_x, \qquad \frac{\partial \eta}{\partial y} = y_y, \qquad \frac{\partial \zeta}{\partial z} = z_z,$$

$$\frac{\partial \zeta}{\partial y} + \frac{\partial \eta}{\partial z} = z_y = y_z,$$

$$\frac{\partial \xi}{\partial z} + \frac{\partial \zeta}{\partial x} = x_z = z_x,$$

$$\frac{\partial \eta}{\partial x} + \frac{\partial \xi}{\partial y} = y_x = x_y.$$

Betrachtet man nämlich die Deformationen eines Volumenelementes, so kann man sie durch die räumlichen Veränderungen kleiner Verrückungen ξ, η, ζ des Verschiebungsvektors s eines Massenpunktes zwischen zwei nahe benachbarten Bahnpunkten beschreiben. Ein solcher Massenpunkt ist beispielsweise der mit P in Fig. 1 bezeichnete. Die Drucke und Spannungen gelten natürlich auch im Innern des Volumenelements und man kann sich dieses zu dem Massenpunkt P zusammengeschrumpft denken.

3. Erste Formulierung des linearen Kraftgesetzes

Die Beantwortung der Frage, welcher denkbare Zusammenhang zwischen den in Ziffer 2 eingeführten Deformations- und Spannungskomponenten im Schallfeld eines Mediums nun wirklich vorliegt, ließ sich nur experimentell entscheiden. Es ergab sich, daß nur zwischen

infinitesimalen Deformationen und den sie bewirkenden Kräften ein
einfachster Zusammenhang und zwar ein linearer besteht. Dieser von
dem englischen Physiker ROBERT HOOKE[1] zuerst untersuchte Zusammenhang wird auch das *lineare Kraftgesetz* genannt. Kräfte und Deformationen werden bei der Formulierung des Gesetzes meist auf die Längeneinheit bezogen. Wir werden später in Abschntt D und E erläutern,
welche Folgen für die Schallfortpflanzung ein anderer Zusammenhang
mit nichtlinearem Kraftgesetz hat. Ein im engeren Sinne elastisches
Medium, wie es in einem Schallfeld mit kleinen Deformationen vorliegt,
sei ein solches genannt, bei dem das Hookesche Gesetz in folgender
allgemeiner Form vorliegt:

$$\left.\begin{aligned}
X_x &= c_{11}\,x_x + c_{12}\,y_y + c_{13}\,z_z + c_{14}\,y_z + c_{15}\,z_x + c_{16}\,x_y \\
Y_y &= c_{21}\,x_x + c_{22}\,y_y + c_{23}\,z_z + c_{24}\,y_z + c_{25}\,z_x + c_{26}\,x_y \\
Z_z &= c_{31}\,x_x + c_{32}\,y_y + c_{33}\,z_z + c_{34}\,y_z + c_{35}\,z_x + c_{36}\,x_y \\
Y_z &= c_{41}\,x_x + c_{42}\,y_y + c_{43}\,z_z + c_{44}\,y_z + c_{45}\,z_x + c_{46}\,x_y \\
Z_x &= c_{51}\,x_x + c_{52}\,y_y + c_{53}\,z_z + c_{54}\,y_z + c_{55}\,z_x + c_{56}\,x_y \\
X_y &= c_{61}\,x_x + c_{62}\,y_y + c_{63}\,z_z + c_{64}\,y_z + c_{65}\,z_x + c_{66}\,x_y\,.
\end{aligned}\right\} \quad \text{(II.1)}$$

Dieses Gleichungssystem weist 36 Elastizitätskoeffizienten c_{ik} auf.
Wendet man unter Zuhilfenahme der nach GREEN und GAUSS genannten
Integralsätze das Energieprinzip auf das Gleichungssystem (II.1) an, indem man die Energiedichte ε (Energie pro Volumeneinheit) des durch
einen adiabatischen Ultraschallprozess elastisch deformierten Mediums
untersucht, so ergeben sich zwei wichtige Aussagen. Die eine Aussage
lautet, daß die auf der linken Seite des Gleichungssystems (II.1) stehenden Spannungskomponenten als Differentialquotienten der dann auch
als „adiabatisches elastisches Potential" bezeichneten Energiedichte ε
darstellbar sind. Daraus folgt die andere Aussage, daß das elastische
Potential ε eine homogene quadratische Funktion der durch die rechte
Seite von (II.1) gegebenen Deformationskomponenten ist. Das führt zu
einer nur noch 21 Elastizitätskoeffizienten aufweisenden Darstellung
der Form:

$$\left.\begin{aligned}
-X_x &= \frac{\partial \varepsilon}{\partial x_x} = 2a_{11}\,x_x + 2a_{12}\,y_y + 2a_{13}\,z_z + 2a_{14}\,y_z + 2a_{15}\,z_x + 2a_{16}\,x_y \\
-Y_y &= \frac{\partial \varepsilon}{\partial y_y} = 2a_{12}\,x_x + 2a_{22}\,y_y + 2a_{23}\,z_z + 2a_{24}\,y_z + 2a_{25}\,z_x + 2a_{26}\,x_y \\
-Z_z &= \frac{\partial \varepsilon}{\partial z_z} = 2a_{13}\,x_x + 2a_{23}\,y_y + 2a_{33}\,z_z + 2a_{34}\,y_z + 2a_{35}\,z_x + 2a_{36}\,x_y
\end{aligned}\right|$$

---

[1] HOOKE, R.: Lectures de potentia restitutiva. London 1678. HOOKES
Kurzformulierung lautete: „Ut tensio sic vis."

$$-\,Y_z = \frac{\partial \varepsilon}{\partial y_z} = 2a_{14}\,x_x + 2a_{24}\,y_y + 2a_{34}\,z_z + 2a_{44}\,y_z + 2a_{45}\,z_x + 2a_{46}\,x_y$$
$$-\,Z_x = \frac{\partial \varepsilon}{\partial z_x} = 2a_{15}\,x_x + 2a_{25}\,y_y + 2a_{35}\,z_z + 2a_{45}\,y_z + 2a_{55}\,z_x + 2a_{56}\,x_y \qquad \text{(II.2)}$$
$$-\,X_y = \frac{\partial \varepsilon}{\partial x_y} = 2a_{16}\,x_x + 2a_{26}\,y_y + 2a_{36}\,z_z + 2a_{46}\,y_z + 2a_{56}\,z_x + 2a_{66}\,x_y.$$

Durch die 21 Koeffizienten a_{ik} wird der elastische Zustand eines von Schallwellen durchsetzten Volumenelements im allgemeinsten Falle beschrieben. Ein Medium kann nun in den 3 Aggregatzuständen fest, flüssig und gasförmig vorliegen. Der feste Aggregatzustand umfaßt Kristalle und feste isotrope (bzw. quasiisotrope) Körper. Gasförmige und flüssige Aggregatzustände seien einstweilen als fluide Körperform zusammengefaßt. Die Kristallphysik lehrt, daß der durch 21 Koeffizienten beschriebene allgemeinste Fall eines elastischen Körpers im triklinen Kristallsystem (z. B. beim Kupfersulfat) vorliegt. Für die übrigen 6 Kristallsysteme reduziert sich die Zahl der Koeffizienten nach Maßgabe der ihnen innewohnenden Symmetrien. Für das rhombische System (z. B. Seignettesalz) ist die Anzahl 9, für das reguläre System (z. B. Natriumchlorid) schließlich nur noch 3[1]. Für die Beschreibung eines isotropen festen Körpers, bei dem der Ausdruck für das elastische Potential gegen alle Drehungen eines Koordinatensystems invariant ist, genügen schließlich 2 voneinander unabhängige Elastizitätskoeffizienten, und zwar a_{11} und a_{44}. Sie werden in einer durch die Messungen und durch eine gewisse mathematische Eleganz nahegelegten Schreibweise, die auf Gabriel Lamé[2] zurückgeht, in der Form

$$\left.\begin{aligned}\delta &= 2\,(a_{11} - 2\,a_{44})\\ \mu &= 2\,a_{44}\end{aligned}\right\} \qquad \text{(II.3)}$$

benutzt. δ und μ nennt man daher auch die beiden Laméschen Konstanten.

Hier gabelt sich nun die wissenschaftliche Forschung in zwei Wege. Der eine Weg führt zur Kristallphysik der festen Körper, wo die Matrix der Koeffizienten des elastischen Potentials für die verschiedenen Kristallsysteme näher diskutiert und ihr Zusammenhang mit den piezoelektrischen Erscheinungen einerseits und der Beugung von Röntgenstrahlen und Elektronenstrahlen an den Kristallgittern andererseits behandelt wird. Diese Arbeiten knüpfen vornehmlich an die Namen von Wolde-

---

[1] Zusammenstellungen aller elastischen Koeffizienten der 32 Kristall-Klassen finden sich z. B. bei: W. Voigt, Lehrbuch der Kristallphysik. Leipzig u. Berlin: B. G. Teubner. Nachdruck 1928, Kap. VII. — Skudrzyk, E.: l. c. im Vorwort, Kap. XXI.

[2] Lamé, G.: Leçons sur la theorie mathématique de l'élasticité. Paris 1852.

MAR VOIGT, MAX V. LAUE und BRAGG Vater und Sohn an. Der Begriff des Moleküls als eines in sich geschlossenen Aggregates von Atomen spielt dabei nur eine sehr untergeordnete Rolle, nachdem sich herausgestellt hat, daß die Eckpunkte der Raumgitter der Kristalle nicht von den Molekülen, wie sie im fluiden Zustand auftreten, besetzt sind. Nur in den sogenannten Molekülgittern kann man die chemischen Moleküle als solche deutlicher erkennen, weil sie gewisse Baueinheiten darin bilden.

Der andere Weg führt zu den isotropen Körpern, speziell zu den fluiden Medien. Diese letzteren haben die Eigenschaft, nur einen einzigen elastischen Koeffizienten aufzuweisen, so daß es leichter ist, die Fülle der molekularakustischen Erscheinungen in ein geordnetes System zu bringen. Man darf aber nicht vergessen, daß die in diesem Buch behandelten molekularakustischen Probleme in sinngemäßer Abwandlung auch bei den Kristallen vorhanden sein müssen, wie wir schon am Schluß von Ziffer 1 gesagt haben.

Unter Verwendung der beiden Laméschen Konstanten (II.3) liefert die Elastizitätstheorie für das elastische Potential ε des isotropen Körpers den Ausdruck

$$\varepsilon = \tfrac{1}{2}\,\delta\,(x_x + y_y + z_z)^2 + \mu\,(x_x^2 + y_y^2 + z_z^2 + \tfrac{1}{2}\,y_z^2 + \tfrac{1}{2}\,z_x^2 + \tfrac{1}{2}\,x_y^2).$$

Wird dieser Ausdruck in das Gleichungssystem (II.2) eingesetzt, so erhält man das Gleichungssystem des Hookeschen Gesetzes für einen isotropen Körper:

$$\left.\begin{aligned}
-\,X_x &= \delta\,(x_x + y_y + z_z) + 2\mu\,x_x \\
-\,Y_y &= \delta\,(x_x + y_y + z_z) + 2\mu\,y_y \\
-\,Z_z &= \delta\,(x_x + y_y + z_z) + 2\mu\,z_z \\
-\,Y_z &= \mu\,y_z \\
-\,Z_x &= \mu\,z_x \\
-\,X_y &= \mu\,x_y.
\end{aligned}\right\} \qquad (\text{II.4})$$

Bei der Darstellung des gleichen Zusammenhangs durch Auflösung nach den Deformationskomponenten erhält man komplizierte Kombinationen von δ und μ. Diesen gibt man eine solche Fassung, daß die Zusammenhänge mit den experimentell bequem messbaren Größen deutlich hervortreten. Man erhält die Kombinationen

$$E = \frac{\mu\,(3\,\delta + 2\,\mu)}{\delta + \mu}, \qquad (\text{II.5a})$$

$$\sigma = \frac{\delta}{2\,(\delta + \mu)}, \qquad (\text{II.5b})$$

$$\frac{E}{2\,\mu} = 1 + \sigma. \qquad (\text{II.5c})$$

Die elastischen Größen E, σ und μ lassen sich an runden Stäben besonders einfach definieren und messen. Man übt auf die Stirnflächen einen Druck (oder Zug) p aus und erhält eine relative Längenänderung $\Delta l/l$ und eine relative Querschnittsänderung $\Delta q/q$. Dann ist

$$E = -p\,\frac{l}{\Delta l}, \tag{II.6a}$$

$$\sigma = \frac{\Delta q}{q} : \frac{\Delta l}{l} \quad \text{mit} \quad 0 \leq \sigma \leq \frac{1}{2}, \tag{II.6b}$$

$$\mu = \frac{E}{2(1+\sigma)} = -\frac{p}{2\left(\dfrac{\Delta l}{l} + \dfrac{\Delta q}{q}\right)}. \tag{II.6c}$$

E wird Elastizitätsmodul, auch Youngscher Modul oder Dehnungsmodul genannt. σ ist der Poissonsche Querkontraktionskoeffizient. μ heißt Scherungs- oder Schubmodul und erweist sich in der Elastizitätstheorie als identisch mit dem Torsionsmodul des Stabes.

4. Die dynamische Formulierung des linearen Kraftgesetzes

Die Formelgruppe (II.4) drückt einen statischen Zustand in den Volumenelementen des Mediums aus. Dieser Zustand ist aber auf dynamische Weise zustande gekommen, indem die aufgeprägten Kräfte an den Massenpunkten m des Mediums der makroskopischen Dichte ϱ angegriffen, deren Bewegung eingeleitet und dann beendet haben. Die formalmathematische Zurückführung des statischen Problems auf ein dynamisches und umgekehrt geschieht mit Hilfe des d'Alembertschen Prinzips. Dieses sagt aus, daß die Massenpunkte im Gleichgewicht sind, wenn man sich zu den Komponenten X, Y, Z der wirklich vorhandenen Kräfte die „d'Alembertschen Trägheitskräfte" hinzugefügt denkt, also die Größen

$$-m\,\frac{d^2\xi}{dt^2}, \qquad -m\,\frac{d^2\eta}{dt^2}, \qquad -m\,\frac{d^2\zeta}{dt^2}.$$

Das führt zu dem anschaulichen Gleichungssystem

$$\left.\begin{aligned}
\varrho\left(X - \frac{\partial^2\xi}{\partial t^2}\right) - \left(\frac{\partial X_x}{\partial x} + \frac{\partial X_y}{\partial y} + \frac{\partial X_z}{\partial z}\right) &= 0 \\[2mm]
\varrho\left(Y - \frac{\partial^2\eta}{\partial t^2}\right) - \left(\frac{\partial Y_x}{\partial x} + \frac{\partial Y_y}{\partial y} + \frac{\partial Y_z}{\partial z}\right) &= 0 \\[2mm]
\varrho\left(Z - \frac{\partial^2\zeta}{\partial t^2}\right) - \left(\frac{\partial Z_x}{\partial x} + \frac{\partial Z_y}{\partial y} + \frac{\partial Z_z}{\partial z}\right) &= 0.
\end{aligned}\right\} \tag{II.7}$$

Setzt man die Druck- und Spannungskomponenten der Formelgruppe (II.4) und die Deformationskomponenten aus Ziffer 2 in die Formelgruppe (II.7) ein, so ergibt sich das Gleichungssystem

$$\left.\begin{aligned}
- \varrho\left(X - \frac{\partial^2 \xi}{\partial t^2}\right) &= \mu\,\underline{\Delta}\,\xi + (\delta + \mu)\,\frac{\partial}{\partial x}\,(x_x + y_y + z_z) \\[2mm]
- \varrho\left(Y - \frac{\partial^2 \eta}{\partial t^2}\right) &= \mu\,\underline{\Delta}\,\eta + (\delta + \mu)\,\frac{\partial}{\partial y}\,(x_x + y_y + z_z) \\[2mm]
- \varrho\left(Z - \frac{\partial^2 \zeta}{\partial t^2}\right) &= \mu\,\underline{\Delta}\,\zeta + (\delta + \mu)\,\frac{\partial}{\partial z}\,(x_x + y_y + z_z),
\end{aligned}\right\} \qquad \text{(II.8)}$$

mit der bekannten Abkürzung $\underline{\Delta} = \dfrac{\partial^2}{\partial x^2} + \dfrac{\partial^2}{\partial y^2} + \dfrac{\partial^2}{\partial z^2}$. Dieses Gleichungssystem (II.8) verknüpft den Deformationszustand eines Mediums mit den von außen aufgeprägten Kräften, den innewohnenden Trägheitskräften und den arteigenen Stoffkonstanten. Es stellt die dynamische Formulierung des linearen Kraftgesetzes dar.

5. Die Wellengleichung

Die nähere Untersuchung des Gleichungssystems (II.8) offenbart eine staunenswerte Erscheinung, an die man sich längst wie an etwas ganz selbstverständliches gewöhnt hat. Es scheint nämlich in den bisherigen Überlegungen nicht a priori darin zu liegen, daß eine gemäß (II.8) auftretende Deformation sich nicht auf ihren Erzeugungsort beschränkt, sondern sich in zwei verschiedenen Modifikationen mit zwei verschiedenen Geschwindigkeiten fortpflanzt. Diese Modifikationen sind die longitudinalen und die transversalen Wellen. Uns interessiert nun lediglich die zuerst genannte Fortpflanzungsart, die in allen drei Aggregatzuständen eines Stoffes auftritt. Transversalwellen entstehen nur in festen Körpern und bei solchen hochviscosen Flüssigkeiten, die man im Sprachgebrauch des Alltags ebenfalls als fest anzusprechen pflegt.

Da die Probleme der Molekularakustik unnötig kompliziert werden würden, wenn man Vorgänge betrachtet, die sich über alle 3 Koordinaten erstrecken, beschränken wir uns von jetzt ab auf Vorgänge, die sich längs der x-Koordinate abspielen. Dann erhält die erste der Gleichungen (II.8) nach einer kleinen Umformung die Gestalt

$$\frac{\varrho}{\delta + 2\mu}\,\frac{\partial^2 \xi}{\partial t^2} - \frac{\partial^2 \xi}{\partial x^2} = f(X).$$

Setzen wir die rechte Seite gleich Null, so wird damit ausgedrückt, daß uns die Frage nicht beschäftigen soll, wie die Einleitung und die Abschaltung eines akustischen Vorgangs durch die auslösenden Kräfte vor sich geht. Es interessiert lediglich der Fortgang eines einmal ins Laufen gekommenen Prozesses.

Eine Dimensionsbetrachtung ergibt, daß der reziproke Wert des mit $\partial^2 \xi/\partial t^2$ verbundenen konstanten Faktors das Quadrat einer Geschwindigkeit u ist, nämlich

$$u^2 = \frac{\delta + 2\mu}{\varrho} . \tag{II.9}$$

Die Konstanz von u folgt aus der Konstanz von δ und μ. Wären die Laméschen Größen nämlich abhängig von Ort und Zeit, so würde das die Ungültigkeit des durch (II.4) formulierten allgemeinen Hookeschen Gesetzes bedeuten. Somit ergibt sich die für die x-Koordinate formulierte und *Wellengleichung* genannte Differentialgleichung

$$\frac{1}{u^2} \frac{\partial^2 \xi}{\partial t^2} - \frac{\partial^2 \xi}{\partial x^2} = 0 . \tag{II.10}$$

Das allgemeine Integral dieser Differentialgleichung hat bekanntlich die Form

$$\xi = f_1(x - ut) + f_2(x + ut)$$

und gibt an, daß jeder Punkt bzw. jede Phase der bei Beginn der Betrachtung ($t = 0$) vorliegenden Funktion $\xi = f_1(x) + f_2(x)$ mit der durch Formel (II.9) festgelegten Phasengeschwindigkeit u in der Richtung der positiven und negativen x-Achse fortschreitet. Von besonderem Interesse ist nun jene durch das Experiment reichlich bestätigte Funktion f_1, die die Form

$$\xi = \xi_0 \cos a(x - ut) \tag{II.11}$$

hat. Wenn also ein Teilchen des Mediums eine Elongation ξ erfährt, so findet sich die Phase, in der dieses geschieht, gemäß (II.9), (II.10) und (II.11) in regelmäßigen durch die Periodizität der Cosinusfunktion gegebenen Abständen wieder.

Die Schallgeschwindigkeit, die im allgemeinen den Wert der Phasengeschwindigkeit hat, wird im direkten Meßverfahren aus einer durchlaufenen Wegstrecke l und der zugehörigen Zeit t durch

$$u = l/t \tag{II.12}$$

bestimmt. Unter den Strecken l sind diejenigen ausgezeichnet, die zwischen zwei gleichartigen Phasen von ξ liegen und Wellenlänge Λ genannt werden. Die dazu gehörige Zeit ist die Periodendauer t_Λ. Die Anzahl der Perioden in der Zeiteinheit von 1 sec wird durch die Frequenz $\nu = 1/t_\Lambda$ angegeben. So entsteht die zuerst von I. Newton angegebene und für alle Wellenbewegungen gültige Formel

$$u = \Lambda \cdot \nu, \tag{II.13}$$

nach der fast alle Verfahren der indirekten Bestimmung von Schallgeschwindigkeiten arbeiten.

Da in Formel (II.11) nach jeder Periode die Zeit t um den Betrag t_Λ und damit das Argument $a(x - ut)$ um den Betrag $a\,ut_\Lambda$ zugenommen hat und dieser Betrag bei der Cosinusfunktion gleich 2π sein muß, wird der Faktor $a = 2\pi/ut_A = 2\pi\nu/u = \omega/u$. ω ist die bekannte Abkürzung für die Kreisfrequenz. Damit nimmt die Formel (II.11) die bekannte Schreibweise

$$\xi = \xi_0 \cos \omega \left(t - \frac{x}{u} \right) \tag{II.14}$$

an.

6. Grundformeln für die Schallgeschwindigkeit

Der durch Formel (II.14) beschriebene Vorgang breitet sich in der x-Richtung nach Formel (II.9) mit der Geschwindigkeit

$$u_l = \sqrt{\frac{\delta + 2\mu}{\varrho}} \tag{II.15}$$

aus. Durch den Index l wird zum Ausdruck gebracht, daß es sich dabei um longitudinale Wellen handelt, wenn die Elongationen ξ der schallübertragenden Teilchen durch Dehnungsdeformationen längs der x-Achse hervorgerufen werden. Dieser Sachverhalt, daß ξ und u in der gleichen Richtung liegen, kann übrigens aus der Wellengleichung (II.10) direkt abgelesen werden.

Wie schon erwähnt, aber nicht weiter ausgeführt wurde, ergibt sich aus dem Gleichungssystem (II.8) noch eine zweite Phasengeschwindigkeit der Größe

$$u_{tr} = \sqrt{\frac{\mu}{\varrho}}. \tag{II.16}$$

Die dazu gehörenden Teilchenelongationen sind zwar auch durch die Formel (II.14) mathematisch zu beschreiben, doch erfolgen sie senkrecht zur x-Achse. Wir haben es mit reinen Transversalschwingungen und mit Transversalwellengeschwindigkeiten zu tun.

In Ziffer 3 wurde gezeigt, daß die elastischen Eigenschaften eines festen isotropen Körpers durch nur 2 Koeffizienten gekennzeichnet werden. Folgende Koeffizientenpaare sind dafür geeignet:

$$(a_{11}, a_{44}); \quad (\delta, \mu); \quad (E, \mu); \quad (E, \sigma); \quad (\mu, \sigma).$$

Für den Ultraschallphysiker und Molekularakustiker ist aber auf Grund der Formeln (II.15) und (II.16) das Koeffizientenpaar

$$(u_l, u_{tr})$$

aus den Geschwindigkeiten der longitudinalen und der transversalen Wellen das zweckmäßigste. Dieses Koeffizientenpaar kann mit nur einer einzigen Messung aus den schönen Elastogrammen des Schaefer-Bergmannschen Interferenz-Verfahrens[1] ermittelt werden.

---

[1] SCHAEFER, CL. u. L. BERGMANN: Ann. Physik (6) **3**, 72—81 (1948). — BERGMANN, L.: Z. Physik **125**, 405—417 (1949); — Z. Naturforsch. **12**a, 229—233 (1957); s. a. l. c. im Vorwort „Der Ultraschall", Kap. 5.

Die Gültigkeit nur zweier elastischer Koeffizienten hängt nicht so sehr vom isotropen, sondern vielmehr vom festen Zustand eines Stoffes ab. In einem fluiden Medium läßt sich kein Vorgang erzeugen, der durch den Scherungsmodul μ beschreibbar ist. Die völlig freie Verschiebbarkeit der Moleküle gegeneinander verhindert dies. Da die Elastizitätstheorie, wie hier nur angemerkt sei, lehrt, daß der Scherungsmodul μ für das unendlich ausgedehnte Medium wertmäßig identisch ist mit dem Torsionsmodul eines dünnen Stabes, kann man auch sagen, daß in Flüssigkeiten und Gasen keine Torsion möglich ist und damit auch keine Torsionswellen und Transversalwellen auftreten können. Diese durch die tägliche Erfahrung bewiesene Aussage klingt beinahe banal. Für Flüssigkeiten und Gase entfällt daher Formel (II.16) und in Formel (II.15) ist der Scherungsmodul μ zu streichen. Die Phasengeschwindigkeit des Schalles ist daher

$$u = \sqrt{\frac{\delta}{\varrho}}, \qquad (II.17)$$

wobei wir den Index l jetzt als selbstverständlich weglassen wollen. Nur bei hochviscosen Flüssigkeiten, die an ihrer Zähigkeit oder pechartigen Beschaffenheit zu erkennen sind und hinsichtlich der Elastizität einen Übergang zwischen fest und flüssig darstellen, muß ein Scherungsmodul in Rechnung gestellt werden. Näheres darüber in Kapitel XVIII.

Die Lamésche Konstante δ, die auf Grund ihrer Herleitung und Definition in Ziffer 3 auch Kompressionsmodul oder Volumenelastizitätsmodul genannt wird, ergibt sich für ein fluides unter dem Deformationsdruck p stehendes Medium, dessen Scherungsmodul $\mu = 0$ ist, aus den ersten drei Gleichungen des allgemeinen Hookeschen Gesetzes (II.4) gemäß

$$p = X_x = Y_y = Z_z = \delta(x_x + y_y + z_z).$$

Definitionsgemäß sind nach Ziffer 2 die drei Summanden der Klammer die relativen Längenänderungen des unter Druck gesetzten Volumenelementes (vgl. Fig. 1). Ihre Summe ergibt die relative Volumenänderung bzw. die relative Dichteänderung $\Delta\varrho/\varrho$ im Volumen zu

$$\frac{\Delta\varrho}{\varrho} = x_x + y_y + z_z.$$

Dadurch erhalten wir die Lamésche Konstante

$$\delta = \frac{p \cdot \varrho}{\Delta\varrho}.$$

Wenn wir uns im Gültigkeitsbereich des Hookeschen Gesetzes befinden und die Schallgeschwindigkeit u nach (II.17) eine Konstante ist, dürfen wir in Theorie und Experiment nur differentielle Drucke dp aufwenden und können nur infinitesimale Änderungen $d\varrho$ erwarten, so daß

$$\delta = \varrho \cdot \frac{dp}{d\varrho}$$

wird und aus (II.17) für die Schallgeschwindigkeit die Formel

$$u^2 = \frac{dp}{d\varrho} \tag{II.18}$$

folgt.

Dieser Ausdruck (II.18) mit konstantem u ist ganz allgemein gehalten und gilt in jedem fluiden Medium unter der Voraussetzung des linearen Kraftgesetzes. Natürlich muß man sich dabei den Druck der Umgebung (in Luft z.B. den Atmosphärendruck) und die Temperatur konstant gehalten denken. Fragt man aber nach dem Zusammenhang zwischen der Schallgeschwindigkeit und diesen beiden Zustandsgrößen, so muß man den Differentialquotienten aus einer thermischen Zustandsgleichung zu berechnen suchen. I. NEWTON[1], dem wir die ersten exakten Untersuchungen über das physikalische Wesen akustischer Vorgänge verdanken und der die Formeln (II.13) und (II.17) aufgestellt hat, legte der Berechnung der Schallgeschwindigkeit in Luft die bei Zimmertemperatur hinreichend gut erfüllte Boyle-Mariottesche Zustandsgleichung

$$p \cdot V = \text{const}$$

zugrunde und erhielt einen Wert von etwa 280 m/sec. Die eingehenden Experimentaluntersuchungen von MERSENNE[2] hatten jedoch schon früher gezeigt, daß dieser Wert viel zu niedrig war. Erst LAPLACE[3] erkannte 1816 ganz klar, daß akustische Vorgänge so schnell verlaufen, daß sie nicht wie isotherme, sondern wie adiabatische Vorgänge behandelt werden müssen[4]. Er berechnete den Differentialquotienten aus der durch das Verhältnis $\varkappa$ der spezifischen Wärmen gekennzeichneten adiabatischen Zustandsgleichung

$$p \cdot V^\varkappa = \text{const}$$

und erhielt für die Schallgeschwindigkeit in Luft dann den zutreffenden Wert von etwa 330 m/sec. An die Stelle der ursprünglichen Vermutung von NEWTON, die wir mit der isothermen Schallgeschwindigkeit u_{is} in der Gestalt

$$u_{is}^2 = \left(\frac{\partial p}{\partial \varrho}\right)_T \tag{II.19}$$

---

[1] NEWTON, I.: Philosophiae naturalis principia mathematica, London 1687; deutsche Übersetzung: Mathematische Prinzipien der Naturlehre. Berlin 1872 bei J. Ph. Wolfers.

[2] MERSENNE, M: Harmonicarum libri XII. Paris 1648.

[3] LAPLACE, P. S.: Oeuvres complètes. Paris 1843—1848. I. Mitt. in Ann. Chim. **3**, 238 (1816).

[4] Siehe auch Lord RAYLEIGH, Theory of Sound, Bd. II, Ziffer 246.

schreiben wollen, tritt nunmehr der die Molekularakustik beherrschende
Ausdruck

$$u_{ad}^2 = \left(\frac{\partial p}{\partial \varrho}\right)_S.$$ (II.20)

Der Index S in Gl. (II.20) deutet an, daß ein adiabatischer Vorgang durch
konstante Entropie S gekennzeichnet ist.

Würde man Schallwellen und Ultraschallwellen als isotherme Prozesse
deuten dürfen, so würde u_{is} nach Formel (II.19) bei gegebener Temperatur
von der Frequenz $v = 0$ ab bis zu den höchsten denkbaren Frequenzen
eine unveränderliche Konstante sein. So ist es in Fig. 2 dargestellt.

Entstammen die Schallwellen
aber einem adiabatischen Prozeß mit u_{ad} nach Formel
(II.20), so bedeutet das für die
Frequenz $v = 0$, wo ein adiabatischer akustischer Vorgang
nicht mehr durchführbar ist,
einen schnellen Abfall auf u_{is}
hin. Das andere Extrem tritt
für $v \to \infty$ ein, wenn die Definition und die Aufrechterhaltung des adiabatischen Zustandes sinnlos zu werden be-

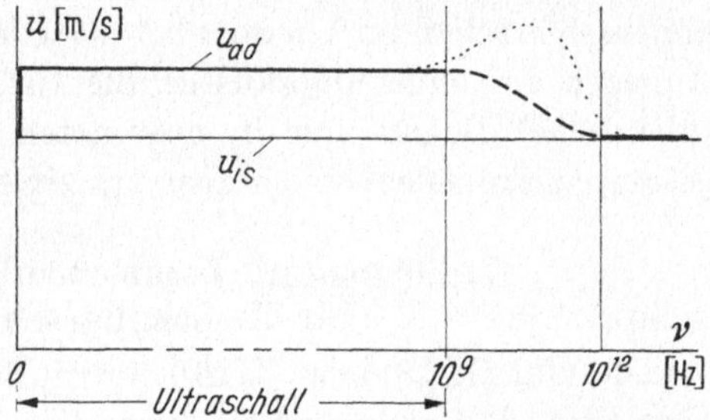

Fig. 2. Die Unveränderlichkeit der adiabatischen und
isothermen Ultraschallgeschwindigkeiten in der klassischen Elastizitätstheorie (Das Ultraschallgebiet ist
versehentlich bis 0 Hz gezeichnet worden)

ginnen. Das ist der Fall, wenn die Wellenlänge Λ der Ultraschallwellen
so klein wird, daß sie mit der mittleren freien Weglänge der die Schallimpulse übertragenden Moleküle vergleichbar ist. Man kann auch so
sagen, daß dann die Voraussetzungen, die von Formel (II.1) ab bis hin
zu Formel (II.20) gegolten haben, nicht mehr erfüllt sind. Wir haben
es dann nicht mehr mit einer Mechanik der Kontinua zu tun, in der die
Massenpunkte beliebig klein gedacht und gemacht werden können. Vielmehr liegt ein echtes Problem der Molekularakustik vor, denn an die
Stelle des Kontinuums tritt das endliche Einzelmolekül in einem Einzel-
zelle zu nennenden Volumen. Der obere Frequenzbereich dieser zum
Hyperschall gerechneten Ultraschallwellen läßt sich leicht abschätzen.
Die Flüssigkeit habe das Molekulargewicht $M = 100$, die Dichte
$\varrho = 1\,\text{g/cm}^3$ und eine (Hyper-) Schallgeschwindigkeit $u = 1000\,\text{m/sec}$.
Wenn $N = 6{,}06 \cdot 10^{23}$ die Loschmidtsche Zahl ist, so hat eine Einzel-
zelle das Volumen $M/\varrho N = \frac{1}{6} \cdot 10^{-21}\,\text{cm}^3$. Wird sie als Würfel gedacht,
so ist ihre Kantenlänge $\sqrt[3]{M/\varrho N} = 5 \cdot 10^{-8}\,\text{cm}$. Setzt man diese
Kantenlänge als halbe „Wellenlänge" an, so folgt aus Formel (II.13)
eine Frequenz $v = 10^{12}\,\text{Hz}$. Jenes hohe Frequenzgebiet, wo nach der
klassischen Theorie isotherme und adiabatische Schallgeschwindigkeit
identisch werden müßten, gibt der Molekularakustik interessante Pro-

bleme auf, über die in den Ziffern 167 und 180 noch gesprochen werden wird.

Aus Fig. 2 geht hervor, daß der Bereich des Hörschalls gegenüber dem des Ultraschalls zu einer Winzigkeit zusammenschrumpft und daß die Schallgeschwindigkeit bis in die Gegend von 10^9 Hz eine Konstante sein soll. In der Vorstellung vieler Physiker und Techniker gilt der durch Fig. 2 nahe gelegte Satz von der frequenzunabhängigen Konstanz der Schallgeschwindigkeit nahezu als Dogma. Dieses Dogma wäre auch nicht zu erschüttern, wenn die Überlegungen, die uns bisher geleitet haben und die auf der Voraussetzung des Vorhandenseins eines echten Kontinuums basierten, voll zuträfen. Die Wirklichkeit ist aber anders, wie schon im Vorwort betont wurde. Es ist ein ganz wesentliches Anliegen der Molekularakustik, die Gründe aufzuzeigen, warum dieses (klassische) Dogma nur in begrenzten Bereichen erfüllt ist, für den gesamten Frequenzbereich aber prinzipiell nicht gilt.

7. Elementare Veranschaulichung der Formel für die Schallgeschwindigkeit

Die Gln. (II.18) bzw. (II.20) für die Schallgeschwindigkeit wurden so abgeleitet, daß nicht nur die theoretischen und historischen Zusammenhänge mit der Elastizitätstheorie, sondern auch die Voraussetzungen und Grenzen erkennbar wurden. In der Buchliteratur findet sich vielfach eine Ableitung, die zwar den Vorzug der Anschaulichkeit besitzt, aber mit ihren Mittelwertsbildungen und etwas verschwommenen Randbedingungen eine hinreichende Exaktheit vermissen läßt. Trotzdem sei sie hier gebracht, um demjenigen Leser entgegenzukommen, der die Molekularakustik nur vom chemischen Standpunkt liest und technisch-handgreifliche Darlegungen vorzieht.

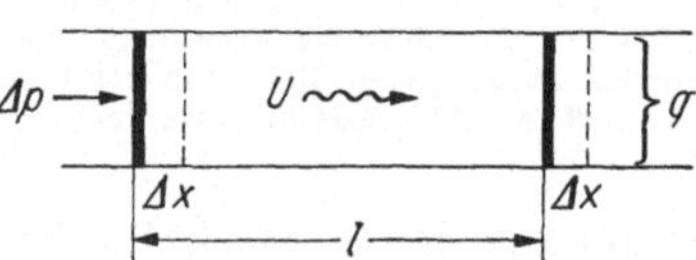

Fig. 3. Schema zur elementaren Ableitung der Formel für die Schallgeschwindigkeit

In Fig. 3 ist in einer Röhre der Länge l und des Querschnitts q die Masse $m = \varrho l q$ eingeschlossen. Der Druck, unter dem die Masse steht, ändert sich bei Bewegung des linken Kolbens um die Strecke $\varDelta x$ um den Betrag $\varDelta p$. Nach einer gewissen Zeit $t = l/u$ bewegt sich auch der rechte Kolben um eine Strecke $\varDelta x$. Während der Verschiebung ist für die Masse m die mittlere Geschwindigkeit $v = \dfrac{\varDelta x}{l}\, u$ anzusetzen. Die Druckänderung $\varDelta p$ hat der Masse m dabei die mittlere Beschleunigung $v/t = v \cdot u/l = u^2 \varDelta x/l^2$ gegeben. Auf dem Querschnitt q der Röhre ist also eine Kraft $\varDelta p \cdot q = (\varrho l q) \cdot u^2 \varDelta x/l^2 = q u^2 \dfrac{\varrho \varDelta x}{l} = q u^2 \varDelta \varrho$ wirksam gewesen. Daraus ergibt sich die Druckstörung zu $\varDelta p = u^2 \varDelta \varrho$. Beim Übergang zu infinitesimalen Druckänderungen erhalten wir die Schallgeschwindigkeit $u^2 = dp/d\varrho$.

B. Frequenzbereiche elastischer Wellen

8. Infraschall, Hörschall, Ultraschall, Hyperschall

Die Gesamtheit der elastischen Wellen, deren physikalische Eigenschaften in dem Gleichungssystem (II.8) und in der Wellengleichung (II.10) enthalten sind, kann in die Gebiete des Infraschalls, Hörschalls, Ultraschalls und Hyperschalls gegliedert werden. Dabei verdient eigentlich nur der untere Bereich des zweiten Gebiets aus physiologischen Gründen die Bezeichnung Schall. Die Tabelle II/1 gibt eine Übersicht über die Frequenzen und die auffälligsten äußeren Kennzeichen dieser Gebiete. Nähert man sich im Infraschallgebiet der Frequenz Null, so stellt der Tastsinn der Finger und bei Erdbebenwellen die Massenträgheit des Körpers den Indikator dar. Im oberen Frequenzgebiet des Hyperschalls werden die Schallwellen mit den thermischen Wärmewellen identisch; wir empfinden sie als Temperatur auf der Haut. Nur für das kleine Frequenzgebiet des Hörschalls besitzt unser Körper im Ohr einen quantitativ arbeitenden Empfänger. Für den weiten Bereich des eigentlichen Ultraschalls hat der menschliche Körper kein direktes Wahrnehmungsorgan.

Tabelle II/1. *Übersicht über die nach Frequenzen geordneten Gebiete des Infra-, Hör-, Ultra- und Hyperschalls*

Gebiet	Frequenz-bereich [Hz]	Charakteristische Eigenschaften und Erscheinungsformen

Infra-schall	> 0 Hz bis etwa 30 Hz	Ebbe und Flut, etwa $2 \cdot 10^{-5}$ Hz,
		 Erdbebenwellen, langsame Schwingungen 0,03 bis 0,3 Hz,
		          mittlere Schwingungen 0,3 bis 3 Hz,
		          schnelle Schwingungen 3 bis 30 Hz,
		 Meeresbrandung an Steilküsten 0,02 bis 0,2 Hz,
		 Maschinenfrequenzen 600 Udr/min $= 10$ Hz und darüber,
		 Gebäudeerschütterungen durch Schwingungen von Balken und eisernen Trägern im Mittel um 16 Hz. Nachweis dieser Schallwellen durch Seismographen.

Hör-schall	etwa 16 Hz bis etwa 20 kHz	Physikalische Sende- und Empfangsgeräte, vorzugsweise Telephon und Mikrophon. Schallwellenlängen wesentlich größer als Meßapparaturen, in Luft bei 330 Hz Wellenlänge 1 m. Wechselstrom-Netzfrequenzbrummen 50 Hz. Sprache und Musik geprägt durch den Frequenzbereich zwischen 100 und 2000 Hz. (Kammerton a bei 440 Hz). Obere Grenze der Tonempfindungen bei jüngeren Menschen etwa 20 kHz.

Ultra-schall	10 kHz bis etwa 1000 MHz	Wellenlängen meist kleiner als die Dimensionen der Versuchsapparaturen. Nachweis von Ultraschallwellen vorzugsweise mit optischen Methoden und durch Schallinterferometer, ferner mit Impulsmethoden. Schallerzeugung in den Frequenzgebieten:
		10 bis 50 kHz — durch strömungsmechanische Wandler,
		10 bis 200 kHz — mittels Magnetostriktion,
		50 bis 150 kHz — durch piezoelektrische Schwinger in Stabform,
		200 kHz bis 50 MHz — durch piezoelektrische Dickenschwinger in Plattenform (vorzugsweise aus Quarz oder Bariumtitanat),
		bis 1000 MHz — durch Oberschwingungen piezoelektrischer Platten (vorzugsweise aus Quarz oder Turmalin)
Hyper-schall	500 MHz bis 10^6 MHz	Erzeugung im unteren Frequenzbereich durch starke Ultrakurzwellen mit elektrostriktiven Methoden; da infolge der außerordentlich hohen Absorption bei Raumtemperatur die Reichweite nur gering ist, arbeitet man bei sehr tiefen Temperaturen. Im oberen Frequenzbereich werden die Hyperschallwellen mit den thermischen Wellen der Molekülbewegungen identisch und sind daher weder gerichtet noch monochromatisch herzustellen. Nachweis optisch mit Perot-Fabry-Platte. Besonderheit: Übergang vom adiabatischen zum isothermen Status des Schalls mit Überlagerung des Einflusses von Resonanzfrequenzen.

C. Einige allgemein gültige thermodynamische Beziehungen

Im Anschluß an die Ausführungen in Ziffer 6 seien in den Ziffern 9 und 10 einige oft gebrauchte thermodynamische Formeln zusammengestellt, in denen die Schallgeschwindigkeit als wesentlicher Bestandteil enthalten ist. Diese Formeln entstammen jener Behandlung thermodynamischer Fragen, bei der keine Annahme über das eigentliche Wesen der Wärme gemacht wird; sie gründen sich also hauptsächlich auf die beiden Hauptsätze. Diese Arbeitsrichtung der Thermodynamik ist der Mechanik der deformierbaren Punktsysteme in den Ziffern 2 bis 5 vergleichbar. Die andere Arbeitsrichtung, die man durch die Bezeichnung „Kinetische Theorie der Materie" charakterisiert, ist der Molekularakustik wesensverwandter.

9. Kompressibilitäten

Führt man die Dichte ϱ eines Stoffes als Quotienten von Molekulargewicht M und Molvolumen V in die Formel (II.20) ein, so erhält man

$$u_{ad}^2 = -\frac{V^2}{M}\left(\frac{\partial p}{\partial V}\right)_S = -\varkappa\,\frac{V^2}{M}\left(\frac{\partial p}{\partial V}\right)_T. \tag{II.21}$$

Dafür gibt es noch eine andere viel gebrauchte Schreibweise, wenn man die Definition der adiabatischen Kompressibilität β_{ad} in der Form

$$\beta_{ad} = -\frac{1}{V}\left(\frac{\partial V}{\partial p}\right)_S \qquad \text{(II.22)}$$

verwendet[1]. Man erhält dann für die Schallgeschwindigkeit

$$u_{ad}^2 = \frac{1}{\varrho\,\beta_{ad}}\,. \qquad \text{(II.23)}$$

Sinngemäß ist die isotherme Kompressibilität durch

$$\beta_{is} = -\frac{1}{V}\left(\frac{\partial V}{\partial p}\right)_T \qquad \text{(II.24)}$$

definiert, so daß sich aus Formel (II.19) in analoger Weise die isotherme Schallgeschwindigkeit

$$u_{is}^2 = \frac{1}{\varrho\,\beta_{is}} \qquad \text{(II.25)}$$

ergibt. Nach den Ausführungen von Ziffer 6 und Fig. 2 ist die isotherme Schallgeschwindigkeit im Ultraschallgebiet nur eine Rechengröße, obwohl die isotherme Kompressibilität in einem Autoklaven experimentell leicht bestimmbar ist. Dagegen ist die adiabatische Kompressibilität β_{ad} experimentell nur schwierig direkt zu bestimmen, so daß man sie mit Hilfe der Gl. (II.23) aus der leicht und ökonomisch meßbaren adiabatischen Schallgeschwindigkeit berechnet.

10. Das Verhältnis zwischen adiabatischer und isothermer Schallgeschwindigkeit

Die Thermodynamik lehrt, daß sich die isothermen Vorgänge von den adiabatischen durch das Verhältnis $\varkappa$ der Molwärmen bei konstantem Druck p und bei konstantem Volumen V gemäß

$$\varkappa = C_p/C_V \qquad \text{(II.26)}$$

unterscheiden. Man kann daher erwarten, daß dieses Verhältnis auch den Unterschied der beiden Schallgeschwindigkeiten bestimmt.

Wir betrachten wie in Ziffer 2 das Volumenelement eines fluiden Mediums und setzen dafür eine thermische Zustandsgleichung der Form

$$f(p,\,\varrho,\,T) = 0 \qquad \text{(II.27)}$$

an. Es seien also elektrische und magnetische Variablen ausgeschlossen; auch Volumenelemente mit Oberflächeneffekten sollen nicht betrachtet werden. Die innere Energie E des fluiden Mediums sei eine eindeutige Funktion der Zustandsvariablen p, ϱ und T. Da diese Zustandsvariablen durch die Gl. (II.27) miteinander verknüpft sind, läßt sich die innere

---

[1] Es ist zu beachten, daß Volumenänderungen oft nicht wie hier auf das jeweils vorhandene Volumen, sondern auf ein für 0° C festgelegtes Volumen bezogen werden.

Energie als Funktion der drei Kombinationen $(\varrho,\ T)$, $(p,\ T)$ oder $(p,\ \varrho)$ darstellen. Die Formeln (II.19) und (II.20) verlangen die Heranziehung der dritten Kombination $(p,\ \varrho)$. Diese wird fast nie verwendet, wie ein Blick in die üblichen Darstellungen über die innere Energie in den Lehrbüchern über Thermodynamik und physikalische Chemie zeigt. Darin drückt sich der Umstand aus, daß die Schallgeschwindigkeit immer nur als willkommenes Hilfsmittel zur Bestimmung von $\varkappa$ benutzt wurde, während ihre Verwendung zur Molekülforschung den Thermodynamikern bislang fernlag. Für die Molekularakustik ist aber gerade die Darstellung der inneren Energie E als Funktion von $(p,\ \varrho)$ wichtig.

Eine Änderung dE der inneren Energie E ist als totales Differential

$$dE = \left(\frac{\partial E}{\partial p}\right)_\varrho dp + \left(\frac{\partial E}{\partial \varrho}\right)_p d\varrho \tag{II.28}$$

anzusetzen. Nach dem 1. Hauptsatz ändert sie sich um diesen Betrag, wenn dem Medium die molare Wärmemenge δQ zugeführt und dabei eine Volumenarbeit δA gegen den äußeren Druck p geleistet wird. Es ist

$$dE = \delta Q - \delta A = \delta Q - p\,dV.$$

Mit $\varrho = M/V$ kann auch geschrieben werden

$$dE = \delta Q + p\,\frac{M}{\varrho^2}\,d\varrho. \tag{II.29}$$

Da die Schallgeschwindigkeit, die gemessen wird, zu einem adiabatischen Prozeß gehört, ist $\delta Q = 0$. Aus (II.28) und (II.29) folgt

$$\left(\frac{\partial p}{\partial \varrho}\right)_S \equiv \frac{dp}{d\varrho} = \frac{p\,\dfrac{M}{\varrho^2} - \left(\dfrac{\partial E}{\partial \varrho}\right)_p}{\left(\dfrac{\partial E}{\partial p}\right)_\varrho}. \tag{II.30}$$

Der Differentialquotient $\left(\dfrac{\partial E}{\partial p}\right)_\varrho$ wird erhalten, wenn man die Zustandsänderung des Mediums auf einer Isopyknen betrachtet, wo $d\varrho = 0$ und $C_V = \left(\dfrac{\partial Q}{\partial T}\right)_V = \left(\dfrac{\partial E}{\partial T}\right)_V$ gilt. Dann ist

$$\left(\frac{\partial E}{\partial p}\right)_\varrho = C_V \left(\frac{\partial T}{\partial p}\right)_\varrho.$$

Der andere Differentialquotient $\left(\dfrac{\partial E}{\partial \varrho}\right)_p$ ergibt sich, wenn man die Änderungen des Mediums auf einer Isobaren mit der Bedingung $dp = 0$ und mit $C_p = \left(\dfrac{\partial Q}{\partial T}\right)_p = \left(\dfrac{\partial i}{\partial T}\right)_p$ betrachtet. Der Ausdruck

$$i = E + pV$$

wird bekanntlich Enthalpie genannt. Es folgt

$$\left(\frac{\partial E}{\partial \varrho}\right)_p = C_p \left(\frac{\partial T}{\partial \varrho}\right)_p + \frac{Mp}{\varrho^2}.$$

Nach einem bekannten mathematischen Satz ist

$$-\left(\frac{\partial T}{\partial \varrho}\right)_p = \left(\frac{\partial T}{\partial p}\right)_\varrho \cdot \left(\frac{\partial p}{\partial \varrho}\right)_T.$$

Durch Einsetzen der berechneten Differentialquotienten in (II.30) und Anwendung dieses Satzes ergibt sich schließlich

$$\left(\frac{\partial p}{\partial \varrho}\right)_S = \frac{C_p}{C_V}\left(\frac{\partial p}{\partial \varrho}\right)_T$$

und damit ist die gesuchte Beziehung zwischen den Schallgeschwindigkeiten

$$u_{ad}^2 = \varkappa \cdot u_{is}^2. \tag{II.31}$$

Der Zusammenhang zwischen adiabatischer und isothermer Schallgeschwindigkeit ist denkbar einfach und bedeutet, daß sich in Fig. 2 der horizontale Bereich der oberen Kurve von dem der unteren Kurve um den konstanten Faktor $\sqrt{\varkappa}$ unterscheidet. Die Formel (II.31) erleichtert die Erforschung des Zusammenhangs zwischen Schallgeschwindigkeit und Molekülkonstitution ganz erheblich, weil u_{is} der Berechnung aus einer thermischen Zustandsgleichung leicht zugänglich ist. Die Größe $\varkappa$ kann in der Gestalt folgender drei Quotienten interpretiert werden:

$$\varkappa = \frac{C_p}{C_V} = \left(\frac{u_{ad}}{u_{is}}\right)^2 = \frac{\beta_{is}}{\beta_{ad}}. \tag{II.32}$$

Im ersten Drittel des vorigen Jahrhunderts, als man die Bedeutung adiabatischer Vorgänge in der Natur noch nicht zweifelsfrei erkannt hatte und die Arbeiten von LAPLACE und POISSON dazu sich erst langsam durchzusetzen begannen, wurde $\varkappa$ bisweilen „der Laplacesche Faktor" genannt und dadurch zum Ausdruck gebracht, daß LAPLACE in ihm den Umrechnungsfaktor zwischen NEWTONs ursprünglicher Theorie und der physikalischen Wirklichkeit erkannt hatte[1].

Aus den schon genannten Definitionsgleichungen für die beiden Molwärmen

$$C_V = \left(\frac{\partial E}{\partial T}\right)_V, \qquad C_p = \left(\frac{\partial i}{\partial T}\right)_p \tag{II.33}$$

und unter Anwendung der beiden Hauptsätze der Thermodynamik folgt die bekannte Formel für die Differenz der Molwärmen

$$C_p - C_V = -T\,\frac{\left(\dfrac{\partial V}{\partial T}\right)_p^2}{\left(\dfrac{\partial V}{\partial p}\right)_T}. \tag{II.34}$$

---

[1] Siehe dazu die historisch-kritische Darstellung von ERNST MACH in den „Prinzipien der Wärmelehre", 3. Aufl., Leipzig: Johann Ambrosius Barth 1919, 484 S., 105 Abb.; ferner Lord RAYLEIGH, Theory of Sound, Bd. II, Ziffer 246.

Wir können sie durch Einführung des Ausdehnungskoeffizienten bei konstantem Druck $A = \frac{1}{V} \left(\frac{\partial V}{\partial T} \right)_p$ und nach einigen Substitutionen in der Form

$$\varkappa = 1 + \frac{M A^2 T}{\varrho\, \beta_{is}\, C_V} \tag{II.35}$$

schreiben, so daß Gl. (II.31) die Gestalt

$$\left(\frac{u_{ad}}{u_{is}} \right)^2 = 1 + \frac{A^2\, T\, V}{\beta_{is}\, C_V}$$

annimmt. Daraus läßt sich die Formel

$$u_{ad} = \sqrt{\frac{\varrho\, \beta_{is}\, C_p + A^2\, T\, M\, \varkappa}{\varrho^2\, \beta_{is}^2\, C_p}} \tag{II.36}$$

für die Schallgeschwindigkeit gewinnen. Diese Formel kann bisweilen nützlich sein, wenn man nach Anomalien der Schallgeschwindigkeit sucht und aus Tabellenwerken über die unter dem Wurzelzeichen stehenden Größen Angaben erhalten kann. Die Formel (II.36) gilt ebenso wie die anderen Formeln dieser Ziffer auch für feste Körper.

Schließlich seien noch die beiden Gleichungen hingeschrieben, die den Energieinhalt eines Systems mit seinen Zustandsgrößen verknüpfen und in molekularakustischen Untersuchungen öfters Verwendung finden:

$$\left(\frac{\partial C_V}{\partial V} \right)_T = T \left(\frac{\partial^2 p}{\partial T^2} \right)_V , \tag{II.37a}$$

$$\left(\frac{\partial C_p}{\partial p} \right)_T = - T \left(\frac{\partial^2 V}{\partial T^2} \right)_V . \tag{II.37b}$$

Diese beiden Gleichungen bezeichnet man auch als „Kalorische Zustandsgleichung". Ihre Herleitung findet sich in jedem Lehrbuch über Thermodynamik.

D. Die Geschwindigkeit von Stoßwellen

11. Probleme nichtlinearer Kraftgesetze

Die bisherigen Darlegungen hatten die Gültigkeit des linearen Kraftgesetzes zur Voraussetzung. Dieses war durch das Gleichungssystem (II.1) formuliert worden. Es hat sich nicht nur für das äußere Schallfeld eines akustischen Senders bewährt, sondern auch für das Innere von Kristallplatten, die auf piezoelektrischer Basis Ultraschallwellen aussenden. Die Deformationen eines Mediums sind dabei stets infinitesimaler Natur und die Massenteilchen schwingen nur um infinitesimale Beträge um ihre Ruhelagen. In dem allereinfachsten Fall eines sehr dünnen sich in der x-Koordinate erstreckenden Zylinders hat das Gesetz die Form

$$X_x = c_{11}\, x_x .$$

So bedeutungsvoll das lineare Kraftgesetz in der Praxis auch sein mag, ist es doch kein generelles Naturgesetz wie etwa das Newtonsche Kraftgesetz (Kraft $=$ Masse $\times$ Beschleunigung) oder das chemische Gesetz der konstanten und multiplen Proportionen. Es ist nur ein Grenzgesetz für infinitesimale Deformationen. Es verhält sich zur Wirklichkeit etwa so wie das ideale Gasgesetz von BOYLE und MARIOTTE zur allgemeinen thermischen Zustandsgleichung. Schon die tägliche Erfahrung lehrt, daß die Kraft, mit der man einen gummiartigen Körper zusammendrücken kann, viel stärker wächst als die Verminderung der Dicke, und daß schließlich auch die größten Maschinenkräfte keine weiteren Veränderungen der Dicke bewirken können. Dieser Befund könnte durch ein nichtlineares Kraftgesetz in der Form

$$X_x = (c_{11}\, x_x)^{f(x_x)} \quad \text{mit} \quad f(x_x) > 1$$

oder in anderer Form qualitativ ausgedrückt werden. Welches nun aber wirklich das allgemeine Kraftgesetz ist, läßt sich heute noch nicht sagen. Auch das im Grenzfall infinitesimaler Deformationen gültige lineare Kraftgesetz beinhaltet nur einen Mittelwert über die Wechselwirkungen sehr vieler Moleküle und Atome, für deren zwischenmolekulare Kräfte kein einfaches Gesetz gilt. Diese zwischenmolekularen Kräfte sind höchstwahrscheinlich auf die Elektronenkonfigurationen in den Atomhüllen und Molekülhüllen zurückzuführen.

Auch ohne wirkliche Kenntnis des allgemeinen nichtlinearen Kraftgesetzes kann gesagt werden, daß sich die Schallgeschwindigkeit bei größeren Deformationen beträchtlich ändern wird, weil in Formel (II.9) die beiden durch (II.3) definierten Laméschen Konstanten von den Deformationen abhängig werden. Der anschaulichste Fall liegt vor, wenn die Massenteilchen eines Mediums einen so starken Stoß bekommen, daß ihre Teilchengeschwindigkeit größer wird als die für infinitesimale Stöße gültige Schallgeschwindigkeit. Dann kehren sie normalerweise nicht mehr oder erst nach sehr langer Zeit in ihre Ausgangslage zurück. Zwischen den beiden Extremen kleiner Schallschnelle der Teilchen bei normaler Schallgeschwindigkeit und größter Schallschnelle bei Überschallgeschwindigkeit liegt das weite Gebiet der von Schallamplitude und Schallschnelle abhängigen Schallgeschwindigkeiten[1].

Man könnte nun die Behandlung von Stoßwellen aus der Molekularakustik ausklammern, weil die Intensitätsabhängigkeit von Schallgeschwindigkeit und Schallabsorption das Erkennen der Zusammenhänge mit der Molekülstruktur erschwert. Die nachfolgende Überlegung zeigt aber, daß gewisse Fragen nur mit Stoßwellen behandelt werden können: Die allgemeine Formel für die Schallgeschwindigkeit $u = \sqrt{dp/d\varrho}$

---

[1] Schallschnelle ist die übliche Bezeichnung für die Geschwindigkeit der im Schallfeld um ihre Ruhelage schwingenden Massenteilchen.

weist auf eine sehr enge Verwandtschaft zwischen Schallgeschwindigkeit u und Dichte ϱ eines Stoffes hin. Man kann beinahe sagen, daß weder u noch ϱ allein zur Behandlung von Fragen der Molekülstruktur geeignet sind, sondern nur eine Kombination beider Größen. Wir werden später finden, daß die Dichte ϱ in die Raumerfüllung der Moleküle eingeht und daß diese Raumerfüllung den Wert der Schallgeschwindigkeit wesentlich bestimmt. Große Änderungen der Raumerfüllung und damit der Schallgeschwindigkeit können aber durch Stoßwellen leicht erzwungen werden. Für die exakte Messung hoher Dichten und Raumerfüllungen in Stoßwellen verwendet man Röntgenstrahlen.

Es scheint nun nicht zweckmäßig zu sein, das Gleichungssystem (II.1) durch ein solches mit nichtlinearen Gliedern zu ersetzen und dann in ähnlicher Weise wie oben weiter zu rechnen. Der mathematische Aufwand dürfte in keinem Verhältnis zum Erfolg stehen, zumal auch nicht gesagt werden kann, welcher nichtlineare Ansatz denn nun der Wirklichkeit eines beliebigen fluiden Mediums entspricht. Man pflegt die Geschwindigkeit von Stoßwellen, die je nach der Art ihrer Erzeugung auch Funkenschallwellen, Knallwellen, Explosions- und Detonationswellen genannt werden, auf elementarere Weise zu berechnen, indem man von der Vorstellung ausgeht, daß Teilchenbewegungen in elastischen Medien als Strömungen aufgefaßt werden können, für die in der Strömungsmechanik schon geeignete Lehrsätze vorliegen. Für infinitesimale Änderungen von Dichte und Druck muß eine Formel für die Stoßwellengeschwindigkeit dann zur gewöhnlichen Schallgeschwindigkeit führen. Die in Ziffer 12 gegebene Ableitung ist dadurch interessant, daß das Vorliegen eines adiabatischen, d.h. mit konstanter Entropie verlaufenden Prozesses, a priori nicht gefordert wird.

12. Die Geschwindigkeit von Stoßwellen[1]

In Fig. 4 ist ein durch parallele Wände rechts und links begrenztes Volumenelement dargestellt. Das darin befindliche Medium möge sich in Strömung befinden. Sein thermischer Zustand sei durch die Funktion (II.27) bzw. durch die innere Energie E als Funktion von (p, ϱ) beschrieben. In der Strömung bestehe ein thermisches Gefälle von Druck und Dichte derart, daß links (p_0, ϱ_0) und rechts (p, ϱ) herrsche. Als Kontinuitätsbedingung für die Strömung gilt, daß jene Menge m, die in der Zeitspanne Δt durch die linke Begrenzung mit dem Querschnitt F eintritt, aus der rechten Begrenzung auch wieder austreten soll. Die

---

Strömungsdichte $m/\Delta t$ hat die Geschwindigkeit $w = \Delta s/\Delta t$. Es ist dann $m/\Delta t = \varrho F w = \varrho_0 F w_0$ oder

$$\varrho w = \varrho_0 w_0. \tag{II.38}$$

In der Strömungsrichtung (Doppelpfeil) setzen sich die Drucke p_2 und p_1 in den Querschnittsflächen F aus den Werten von p und p_0 und den jeweiligen Strömungsdrucken zusammen. Diese Strömungsdrucke sind als Quotienten aus den Bewegungsimpulsen $m \cdot w$ pro Querschnitt F und den Zeitspannen $\Delta t = \Delta s/w$ darstellbar. Da der Materie im Volumenelement keine Wärme von außen zugeführt werden soll und auch sonst kein andersartiger Energieaustausch mit der Umgebung stattfinden möge, sind p_2 und p_1 gleich. Wir erhalten

$$p_2 = p_1$$

$$p + \frac{m w}{F \dfrac{\Delta s}{w}} = p_0 + \frac{m_0 w_0}{F \dfrac{\Delta s_0}{w}}$$

oder

$$p + \varrho w^2 = p_0 + \varrho_0 w_0^2. \tag{II.39}$$

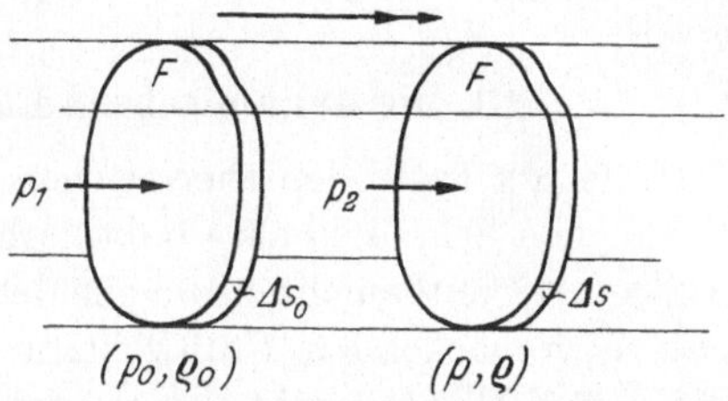

Fig. 4. Schema zur Ableitung der Formel für die Geschwindigkeit von Stoßwellen

Neben der trivialen Lösung einer Konstanz von w, p und ϱ über den ganzen Bereich des Volumenelementes errechnet sich aus den Gln. (II.38) und (II.39) die Geschwindigkeit w zu

$$w^2 = \frac{\varrho_0}{\varrho} \, \frac{p_0 - p}{\varrho_0 - \varrho}. \tag{II.40}$$

Über die Ausdehnung des Volumenelementes in der Strömungsrichtung wurde keine Voraussetzung gemacht. Daher darf man die Begrenzungen aneinander rücken, bis sie identisch werden. Nunmehr liegt der als *Stoßwelle* bezeichnete Strömungsvorgang vor, dessen Front sich mit der Geschwindigkeit w in das für einen mitbewegten Beobachter als ruhend zu betrachtende Medium der Dichte ϱ hineinbewegt. Bezeichnen wir für diesen Grenzfall die Dichte in der Wellenfront mit ϱ_w, den Drucksprung mit $\Delta p = p_w - p$ und den Dichtesprung mit $\Delta \varrho = \varrho_w - \varrho$, so erhalten wir für die Geschwindigkeit der Stoßwellen die bekannte Beckersche Formel[1]

$$w^2 = \frac{\varrho_w}{\varrho} \, \frac{\Delta p}{\Delta \varrho}. \tag{II.41}$$

Für die Fortpflanzungsgeschwindigkeit infinitesimaler Druckstörungen dp wird $\varrho_w = \varrho$ und man erhält die Formel (II.20) für die Schallgeschwindigkeit

$$\lim_{\Delta p \to 0} w^2 = u_{ad}^2 = \left(\frac{\partial p}{\partial \varrho}\right)_S.$$

---

[1] BECKER, RICHARD: Z. Physik 8, 321—362 (1922).

Dieser Grenzübergang zeigt übrigens noch einmal die schon aus Ziffer 5 ersichtliche Tatsache, daß die Wellenform selbst nicht in den Wert für die Schallgeschwindigkeit eingeht, solange die Druckänderungen minimal sind und das Hookesche Gesetz erfüllt ist.

Der Vollständigkeit halber sei noch erwähnt, daß das fluide Medium hinter der Stoßfront mit einer Geschwindigkeit v nachströmt, die sich aus den Gl. (II.38) und (II.39) zu

$$v^2 = (\Delta w)^2 = \frac{\Delta p \, \Delta \varrho}{\varrho_w \, \varrho} \qquad\qquad \text{(II.42)}$$

ableiten läßt.

13. Die dynamische Adiabate (Hugoniot-Kurve)

LAPLACE hatte den thermischen Zustand eines Stoffes in einem gewöhnlichen Schallfeld als adiabatisch erkannt. RANKINE[1] und besonders HUGONIOT[2] untersuchten ihn für den Bereich der mit der Geschwindigkeit w vorrückenden Stoßwellenfront. Der Zusammenhang zwischen Druck und Dichte ergibt sich aus folgender Energiebilanz: Man geht von der Enthalpie I aus, die pro Mol

$$I = E + p\,V$$

ist, und addiert den molaren Betrag an kinetischer Energie $\frac{M}{2}\,w^2$, so daß für Fig. 4

$$\left(E + p\,\frac{M}{\varrho}\right) + \frac{M}{2}\,w^2 = \left(E_0 + p_0\,\frac{M}{\varrho_0}\right) + \frac{M}{2}\,w_0^2 \qquad\qquad \text{(II.43)}$$

wird[3] und die Differenz der inneren Energien

$$E - E_0 = M\left[\frac{p_0}{\varrho_0} - \frac{p}{\varrho} + \frac{1}{2}\,(w_0^2 - w^2)\right]$$

ist. Durch Einsetzen von w_0 aus (II.38) und von w aus (II.40) und Übergang zu dem Grenzfall des Ineinanderrückens der Begrenzungsflächen (Index 0 gegen Index w) folgt

$$E_w - E = \frac{M}{2}\,(p_w + p)\left(\frac{1}{\varrho} - \frac{1}{\varrho_w}\right). \quad ^4 \qquad\qquad \text{(II.44)}$$

Zur Auswertung dieser Gleichung ist die Kenntnis der Funktion $E(p, \varrho)$ erforderlich.

---

[1] RANKINE, W.: Trans. Roy. Soc. Lond. **160**, 277—288 (1870).

[2] HUGONIOT, H: J. école polytech. Paris **57**, 1—97 (1887); **58**, 1—125 (1889).

[3] Die Formeln (II.38) (Kontinuitätsbedingung), (II.39) (Impulsdichtensatz) und (II.43) (Energiesatz) werden auch zusammen als „Rankine-Hugoniot-Gleichungen" bezeichnet.

[4] Diese Gleichung wurde von HUGONIOT abgeleitet und wird daher meist nach ihm benannt.

Jene (experimentelle) Kurve, durch die die Funktion

$$H\{E(p, \varrho), p, \varrho\} = 0$$

bzw. die dem Experiment besser angepaßte Funktion

$$\frac{\varrho_w}{\varrho} = H\left(\frac{p_w}{p}\right) \qquad (\text{II.45})$$

dargestellt wird, wird Rankine-Hugoniot-Kurve oder meist kurz Hugoniot-Kurve genannt. Die sachliche von Hugoniot eingeführte Bezeichnung ist *dynamische Adiabate*. Diese dynamische Adiabate spielt in der
Gasdynamik, speziell bei Detonationserscheinungen, eine bedeutende
Rolle[1]. Sie ist für ideale Gase in jenen Bereichen, wo das Verhältnis der
Molwärmen einigermaßen als konstant angenommen werden kann,
theoretisch und experimentell hinreichend gut erforscht worden. Für
reale Gase ist unsere Kenntnis recht gering, und bei Flüssigkeiten liegen,
soweit dem Verfasser bekannt ist, keine nennenswerten theoretischen
Untersuchungen vor. Das Experiment vermag aber gerade für Flüssigkeiten besonders interessante und wertvolle Unterlagen beizubringen.

Um den besonderen Charakter einer dynamischen Adiabate gegenüber dem einer gewöhnlichen Adiabate herauszustellen, sei ihr Verlauf
für ein ideales Gas mit konstanten Molwärmen angegeben. Für ein Mol
eines idealen Gases gelten die Formeln

$$p \cdot \frac{M}{\varrho} = RT, \qquad C_p - C_V = R, \qquad C_p/C_V = \varkappa, \qquad E = C_V T + \text{const.}$$

Die letzte Formel folgt aus der Integration von (II.33). Damit wird

$$E_w - E = \frac{M}{\varkappa - 1}\left(\frac{p_w}{\varrho_w} - \frac{p}{\varrho}\right).$$

Durch Kombination mit Gl. (II.44) und nach einigen Umformungen
erhält man die Hugoniot-Kurve

$$\frac{\varrho_w}{\varrho} = \frac{1 + \dfrac{\varkappa + 1}{\varkappa - 1}\dfrac{p_w}{p}}{\dfrac{\varkappa + 1}{\varkappa - 1} + \dfrac{p_w}{p}}. \qquad (\text{II.46})$$

Diese Funktion beginnt bei dem Koordinatenpunkt (1,1) und ist in Fig. 5
abgebildet. Sie hat die charakteristische Eigenschaft, daß

$$\lim_{p_w \to \infty} \frac{\varrho_w}{\varrho} = \frac{\varkappa + 1}{\varkappa - 1} \qquad (\text{II.47})$$

ist. Daher ist durch eine noch so große Erhöhung des Druckes in der
Stoßwellenfront nicht zu erreichen, daß die Verdichtung einen bestimmten endlichen Wert überschreitet. Diese Aussage, die dem Gefühl wider-

---

[1] Oswatitsch, Klaus: Gasdynamik. Wien: Springer 1952. 456 S., 300 Fig.

spricht, ist für Gase erstaunlich, da man in einem ganz gewöhnlichen Kolben mit geringen Drucken höhere Verdichtungen erzeugen kann. Für Luft ist $\varkappa = 1{,}4$ und nach (II.47) die maximal mögliche Verdichtung gleich 6. Die weitere Diskussion der Gl. (II.46) und (II.47) ist schon ein spezifisch molekularakustisches Problem, weil $\varkappa$ in charakteristischer Weise von der Anzahl der Atome im Molekül abhängt.

14. Die Unterschiede zwischen Hugoniot-Kurven, Adiabaten und Isothermen

In Fig. 5 ist neben die dynamische Adiabate noch die gewöhnliche Adiabate und die Isotherme eingezeichnet worden. Die gewöhnliche Adiabate ist durch

$$\left\langle \frac{\varrho_w}{\varrho} \right\rangle = \left\langle \sqrt[\varkappa]{\frac{p_w}{p}} \right\rangle$$

und die Isotherme durch

$$\left\langle \frac{\varrho_w}{\varrho} \right\rangle = \left\langle \frac{p_w}{p} \right\rangle$$

dargestellt worden. Die spitzen Klammern sollen ausdrücken, daß die Indexbezeichnung „w" zwar beibehalten worden ist, diese Kurven aber für Stoßvorgänge als nicht der Wirklichkeit entsprechend eingeklammert werden müssen. Im Vergleich zur Hugoniot-Kurve können Adiabaten und Isothermen sehr wohl höhere Verdichtungen ergeben. Die Grenze ist in der Natur dadurch gesetzt, daß dann eben keine idealen Gase mehr vorliegen und unter Umständen schon ihre Verflüssigung begonnen hat.

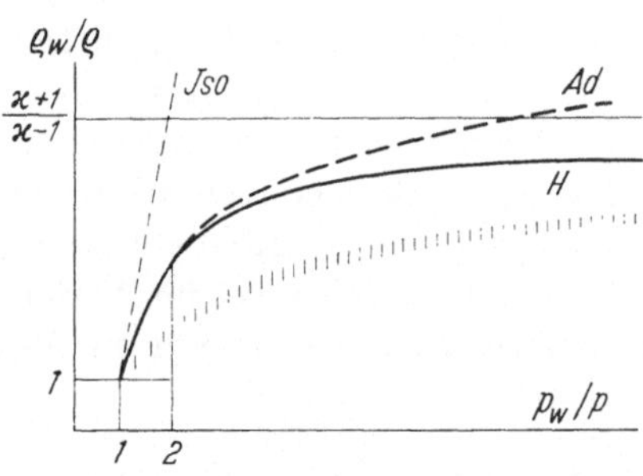

Fig. 5. Unterschied zwischen Hugoniot-Kurve, Adiabate und Isotherme

Die Differentialquotienten der drei Kurven der Fig. 5 sind den reziproken Werten der jeweiligen Schallgeschwindigkeitsquadrate proportional:

$$\frac{d\,\dfrac{\varrho_w}{\varrho}}{d\,\dfrac{p_w}{p}} = \frac{p}{\varrho} \cdot \frac{1}{\dfrac{d\,p_w}{d\,\varrho_w}} = \frac{p}{\varrho} \cdot \frac{1}{u_{is,\,ad,\,H}^2}. \tag{II.48}$$

Speziell ergibt sich für das angenommene ideale Gas mit konstantem Verhältnis der Molwärmen im Punkte (1,1):

nach (II.19) und (II.48) für eine Isotherme: $\qquad \dfrac{d\,\dfrac{\varrho_w}{\varrho}}{d\,\dfrac{p_w}{p}} = 1,$

nach (II.20), (II.31) und (II.48) für eine Adiabate: $\quad \dfrac{d\,\dfrac{\varrho w}{\varrho}}{d\,\dfrac{p w}{p}} = \dfrac{1}{\varkappa}\,,$

nach (II.46) und (II.48) für die dynamische Adiabate: $\dfrac{d\,\dfrac{\varrho w}{\varrho}}{d\,\dfrac{p w}{p}} = \dfrac{1}{\varkappa}\,.$

Zwischen Isothermen und Adiabaten besteht also der schon durch Fig. 2 ausgesprochene Unterschied, während dynamische und gewöhnliche Adiabate für kleine Druckverhältnisse p_w/p ineinander übergehen. Erst bei $p_w/p > 2$ beginnt der Unterschied merklich zu werden.

Da aus den Darlegungen in Ziffer 12 und 13 nicht explizit hervorgeht, welches nun eigentlich der grundsätzliche physikalische Unterschied zwischen einer Adiabaten und einer Hugoniot-Kurve ist, sei noch ein kurzer Hinweis darauf gegeben. Der Unterschied beider Kurven liegt in der Entropie S, die in geschlossenen Systemen bei reversiblen Vorgängen konstant ist, bei irreversiblen Vorgängen aber zunimmt. Erster und zweiter Hauptsatz der Thermodynamik sind in der Aussage über die Entropieänderung $d\,S$ pro Mol

$$dS = \frac{\delta Q}{T} = \frac{dE + p\,dV}{T} \tag{II.49}$$

zusammengefaßt. Mit $\delta Q = 0$ bzw. $d\,S = 0$ ist der adiabatische Vorgang mit konstanter Entropie gekennzeichnet, wie es ja schon durch den Index „S" in Formel (II.20) zum Ausdruck gebracht wurde. Aus den Gln. (II.44) und (II.48) läßt sich dagegen ableiten, daß auf einer Hugoniotkurve die Entropie mit dem Druck ansteigt. Im Fall des idealen Gases mit einem konstanten Verhältnis der Molwärmen ist die Entropieänderung $\varDelta S$ zwischen dem Endzustand und dem Anfangszustand in erster Näherung

$$\varDelta S \approx \frac{M}{12\,T}\left(\frac{\partial^2 V}{\partial p^2}\right)_S (\varDelta p)^3\,.$$

Die Details dieser Rechnung können hier nicht gebracht werden.

15. Dynamische Adiabaten in Flüssigkeiten

In der Gasdynamik und in der Aerodynamik kommt man mit der Annahme, daß die Luft ein ideales Gas sei, weitgehend aus. Andere Gasarten haben dort nur geringes Interesse. Bei molekularakustischen Problemen interessiert aber das ideale Gas wenig, das reale fluide Medium desto mehr. Seine innere Energie E ist jedoch eine komplizierte und teilweise unbekannte Funktion von $\varkappa$, p und ϱ, so daß die Auswertung der Gl. (II.44) auf große Schwierigkeiten stößt. Immerhin läßt sich aus folgender Überlegung ungefähr angeben, wie die dynamische Adiabate bei organischen Flüssigkeiten liegen wird.

Im Molvolumen einer solchen Flüssigkeit nehmen die Moleküle aus später noch zu erläuternden Gründen ungefähr den dritten Teil des Raumes mit ihrem Eigenvolumen ein. Bei einer Verdichtung $\varrho_w/\varrho \approx 3$ füllen sie daher das Molvolumen voll aus und können sich kaum noch bewegen. Derartig hohe Verdichtungen sind röntgenographisch nachgewiesen worden. Die dazu gehörigen dynamischen Drucke sind sehr beträchtlich und erreichen Werte von 10^5 kp/cm². Die Verdichtung findet mithin ihre Grenze nicht durch den Wert von $\varkappa$, sondern bei der Raumerfüllung Eins. Wenn wir einmal unterstellen, daß in Fig. 5 die dynamische Adiabate H die für Luft sei $\big((\varkappa+1)/(\varkappa-1)=6\big)$, dann läge die für organische Flüssigkeiten in dem vertikal schraffierten Bereich. Wir werden später in Kapitel XIII den wirklichen Verlauf einer solchen dynamischen Adiabaten kennen lernen.

16. Ein Ausblick auf „Atomkern-Akustik"

Vom üblichen molekularen Standpunkt aus scheint es zunächst keinen Sinn zu haben, die Verdichtung flüssiger Materie noch weiter über den Wert Eins hinaus treiben zu wollen. Man muß dann den Begriff der Verdichtung bzw. der Raumerfüllung neu definieren, weil die Elektronenhüllen der Atome ineinander geraten und zerfallen. Diesen Zustand erreicht man nicht nur mit hohem Druck, sondern noch besser mit außerordentlich hohen Temperaturen. Schließlich tritt das für Kernfusionsprozesse erwünschte völlige Chaos von Atomkernen, Elektronen und Photonen ein. Dieses Medium mit totaler Unordnung seiner Partikel ähnelt sehr dem Zustand eines gewöhnlichen idealen Gases und es steht daher nichts im Wege, die für dieses gewonnenen Gesetzmäßigkeiten sinngemäß auf jenes zu übertragen. Die „Schallgeschwindigkeiten" in einem solchen „Gas" sind natürlich ungeheuer groß, weil die Geschwindigkeit der Schallimpulsübertragung in der gleichen Größenordnung liegen wird wie die Eigengeschwindigkeit der übertragenden Teilchen. Eine derartige „Kernakustik", „Elektronenakustik" oder wie man sie auch nennen mag, ist keine Phantasie, sondern ergibt sich folgerichtig aus den Problemen, die bei der Fusion von Atomkernen auftauchen. Das Neuartige und Interessante daran wird durch die Wechselwirkung der den Elementarteilchen zugeordneten Materiewellenfelder und durch die elektrisch nicht miteinander reagierenden Neutronen gegeben sein.

Da diese Bemerkungen sich zwanglos an die Erörterungen über Stoßwellengeschwindigkeiten und dynamische Adiabaten anschließen ließen, wurden sie hier und nicht erst in einem späteren Abschnitt gebracht. Spezifische Experimente über diese Probleme liegen noch nicht vor.

E. Die sogenannten Schallwellen endlicher Amplitude
17. Wirkungen starker Schallwellen

In Kapitel IIA wurden die Schallwellen infinitesimaler Teilchenamplitude behandelt und in Kapitel IID die Stoß-Schallwellen maximaler Teilchenamplitude. Dazwischen liegt das weite Gebiet der Schallwellen mit „endlicher Amplitude" ξ_0 in der Formel

$$\xi = \xi_0 \cos a(x - ut)$$

aus Ziffer 5. Größere Schallsender-Intensitäten sind es, die zu endlichen Amplituden und deutlichen Abweichungen vom Hookeschen linearen Kraftgesetz führen. Das Zwischengebiet hat große technische Bedeutung, weil das rein empirische Suchen nach Wirkungen von Ultraschallwellen auf beschallte Objekte bei größerer Schallintensität ausgeprägtere Wirkungen verspricht. Diese Empirie gehört zum Lebenselement von Ingenieuren, Medizinern und Biologen. Der Physiker aber erkennt deutlich die Schwierigkeiten, die beim Übergang vom linearen Kraftgesetz zu einem nichtlinearen entstehen, und wundert sich nicht, daß die Voreiligkeit mancher Industriekreise zu einer Überschätzung der Möglichkeiten des Ultraschalls und dann auch zu deutlichen Mißerfolgen geführt hat. Namentlich in medizinisch-biologischer Hinsicht bleibt es meistens offen, ob die mit starken Ultraschallwellen erzielten Wirkungen vorzugsweise einer Erwärmung, einer Kavitationswirkung, dem Schallstrahlungsdruck oder einem Relaxationsprozeß zuzuschreiben sind, zumal in einem Körper mit festen Bestandteilen auch nichtlongitudinale elastische Schwingungen angeregt werden.

In der Molekularakustik ist man daher bestrebt, unerwünschte Auswirkungen größerer Schallintensitäten so weit herabzusetzen, daß die gesuchten Effekte noch beobachtbar sind und daß sich die Zustände im Schallfeld nur noch wenig von denen bei infinitesimaler Amplitude unterscheiden. Daher werden auch mit Kavitationen und Erwärmungen verknüpfte Erscheinungen, wie die Emulgierung und Dispergierung, in diesem Buche weggelassen. In dem bekannten Lehrbuch von BERGMANN[1] findet sich eine übersichtliche Darstellung dieses Problemkreises.

Da man nun in aller Strenge mit Schallwellen unendlich kleiner Amplitude zwar mathematisch, aber nicht experimentell arbeiten kann, muß man die Eigenschaften von Schallwellen endlicher Amplitude studieren, um die Fehler, die bei den Messungen bisher gemacht worden und oft auch nicht vermeidbar gewesen sind, abschätzen zu können.

Man ist erst in jüngster Zeit darauf aufmerksam geworden, wie wichtig der Einfluß endlicher Amplituden ist, besonders bei Messungen der Schallabsorption. Die letzte von 1954 stammende Auflage des Lehrbuchs von BERGMANN widmet diesem Gegenstand noch keine Aufmerksamkeit.

---

[1] l. c. im Vorwort.

18. Der Schallstrahlungsdruck

In Ultraschallfeldern beobachtet man Strömungen und Druckwirkungen, die auf den sogenannten Langevinschen Strahlungsdruck zurückgeführt werden. Am bekanntesten ist die Erscheinung, daß an der Oberfläche einer Flüssigkeit ein Sprudel entsteht, der sich bis zur Fontäne steigern läßt, wenn ein Ultraschallbündel von unten her senkrecht gegen die Oberfläche gerichtet wird. Da sich in diesem Strahlungsdruck Ursachen bemerkbar machen, die auf ein nichtlineares Kraftgesetz im Schallfeld hinweisen, bedarf er einer Erörterung. Weil hier das physikalisch Wesentliche nur skizzenhaft aufgezeigt werden kann, sei auf die ausführlichen theoretischen Erörterungen bei BORGNIS verwiesen[1].

Man betrachtet den Zusammenhang zwischen dem Druck p im Schallfeld, der Teilchenschnelle v und der Dichte ϱ des Mediums. Die Teilchen mögen nach Formel (II.14) die Elongationen

$$\xi = \xi_0 \cos \omega \left(t - \frac{x}{u} \right)$$

haben. Die Schallschnelle ist dann

$$v = \frac{d\xi}{dt} = - \xi_0 \omega \sin \omega \left(t - \frac{x}{u} \right). \tag{II.50}$$

Die Druckänderung, die nach NEWTONs Gesetz dem Produkt aus Masse und Beschleunigung der Teilchen proportional ist, sei

$$dp = - \varrho \frac{dv}{dt} dx.$$

Die Integration wurde in früherer Zeit in der Form

$$p = - \varrho \int \frac{d^2 \xi}{dt^2} dx + \text{const} \tag{II.51}$$

durchgeführt und ergibt nach Einsetzen von (II.50) den Schallwechseldruck

$$p - p_a = - (\xi_0 \omega \varrho u) \sin \omega \left(t - \frac{x}{u} \right). \tag{II.52}$$

p_a ist der atmosphärische Außendruck, unter dem das fluide Medium und damit das Schallfeld natürlicherweise stehen. Der zeitliche Mittelwert dieses Wechseldrucks ist wegen der Sinusfunktion

$$\overline{p - p_a} = 0$$

und kann daher nicht zu einer integralen und auffälligen Druckwirkung führen, wie sie doch tatsächlich beobachtet wird.

---

[1] BORGNIS, F.: Theory of Acoustic Radiation Pressure, Revision of Techn. Rep. Nr. 1, California Inst. of Technology, 1953, 102 S., 14 Fig.; ferner in Z. Physik **134**, 363—376 (1953).

Die bei der Integration in (II.51) stillschweigend gemachte und für gewöhnliche Schallwellen bei Sprache und Musik auch zutreffende Annahme $\varrho(x) = \text{const}$ gilt im Ultraschallbereich nicht. Die Dichte $\varrho(x)$ besteht vielmehr aus zwei Anteilen, dem unter Atmosphärendruck stehenden beständigen Anteil ϱ_a ohne Schallfeld und dem durch den Schallwechseldruck $\varDelta p$ nach Gl. (II.52) geprägten und durch $\varDelta \varrho = \dfrac{\varDelta p}{u^2}$ zu beschreibenden Anteil, so daß nunmehr an die Stelle von (II.51) das Integral

$$p = - \int \left(\varrho_a + \frac{\varDelta p}{u^2} \right) \frac{d^2 \xi}{d t^2}\, d x \qquad (\text{II.53})$$

tritt. Der erste Anteil dieses Integrals ist mit der schon angegebenen Lösung, deren zeitlicher Mittelwert Null ist, identisch. Der andere Teil führt beim Einsetzen von (II.52) für $\varDelta p$ auf ein Integral über das Produkt eines konstanten Faktors mit einem Sinus und Kosinus. Die Lösung ergibt das Quadrat eines Kosinus, dessen zeitlicher Mittelwert über eine Periode nicht verschwindet, sondern gleich $\frac{1}{2}$ ist. Im zeitlichen Mittel ergibt sich mithin eine sichtbare Druckwirkung der Größe

$$\overline{p - p_a} = \tfrac{1}{2} \varrho\, \xi_0^2\, \omega^2 . \qquad (\text{II.54})$$

Aus dem Ausdruck (II.54), der nach seinem Entdecker Langevinscher Strahlungsdruck genannt wird, geht hervor, daß sich im Ultraschallgebiet auch bei kleinsten mit der Nachweisbarkeit des Schalls noch gerade verträglichen Teilchenamplituden ξ_0 die Nichtlinearität des Kraftgesetzes bemerkbar macht, wenn die Frequenz sehr hoch wird und sich dem Hyperschallgebiet nähert. Meist kann man ξ_0 nicht unendlich klein machen, denn man will beispielsweise das Ultraschallfeld mit optischen Mitteln, die eine gewisse Brechungsindexänderung erfordern, untersuchen. Das Auftreten des Schallstrahlungsdrucks zeigt dann an, daß bei Präzisionsmessungen, insbesondere der Schallabsorption, der Einfluß der Abweichungen vom Hookeschen Gesetz diskutiert werden sollte.

Eine einfache Überlegung ergibt, daß der Langevinsche Strahlungsdruck eine anschauliche physikalische Bedeutung hat, denn er ist mit der Energiedichte e in einer fortschreitenden ebenen Ultraschallwelle identisch. In einem Volumenelement ist die kinetische Energie eines einzelnen Teilchens der Masse m und der Schallschnelle v gleich $\frac{1}{2} m v^2$, aller Teilchen mithin $\frac{1}{2} v^2 \sum m$. Die Dichte der kinetischen Energie ist dann

$$e_{\text{kin}} = \tfrac{1}{2} \varrho\, v^2 .$$

Der gleiche Betrag kommt der Dichte der potentiellen Energie zu, so daß die gesamte Energiedichte

$$e = \varrho\, v^2$$

wird. Nach Gl.(II.50) schwankt v^2 mit dem Quadrat des Sinus, hat also den zeitlichen Mittelwert $\frac{1}{2}$. So ergibt sich

$$\bar{e} = \tfrac{1}{2}\varrho\,(\xi_0\omega)^2 \equiv \overline{p - p_a}. \tag{II.55}$$

Die Intensität J einer fortschreitenden Ultraschallwelle, d.h. die Schallenergie, die in 1 sec senkrecht durch die Flächeneinheit hindurchtritt und mithin eine Säule von der Länge der Schallgeschwindigkeit u ausfüllt, ist daher

$$J = \bar{e}\,u = \tfrac{1}{2}\varrho\,u\xi_0^2\,\omega^2. \tag{II.56}$$

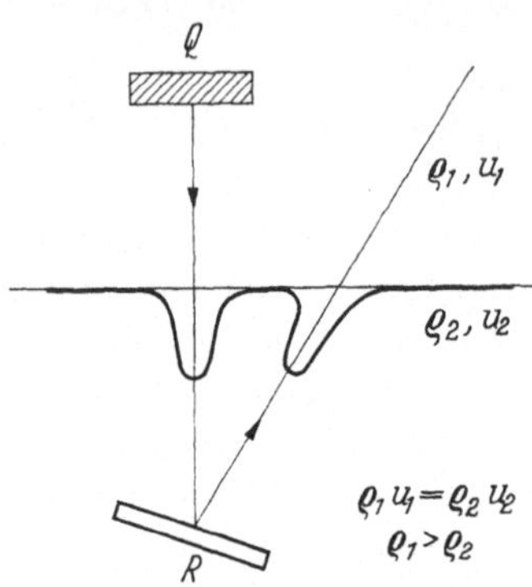

Fig. 6. Die Unabhängigkeit des Schallstrahlungsdrucks von der Richtung eines Ultraschallbündels (nach HERTZ und MENDE)

Man pflegt diese Energie mit Hilfe des Strahlungsdrucks zu messen, der gerade angibt, daß die für die Molekularakustik wichtige Voraussetzung der Gültigkeit des Hookeschen linearen Kraftgesetzes nicht streng erfüllt sein kann.

G. HERTZ[1] und H. MENDE haben die Eigenschaften des Langevinschen Strahlungsdrucks in Experimenten eindrucksvoll demonstriert und den im Integral (II.53) steckenden Zusammenhang mit der Zustandsgleichung von Flüssigkeiten näher interpretiert. Sie schichteten entsprechend dem Schema der Fig. 6 zwei flüssige Medien verschiedener Dichten und verschiedener Schallgeschwindigkeiten, aber gleicher Schallwiderstände $(\varrho_1 u_1 = \varrho_2 u_2)$ übereinander. Gleiche Schallwiderstände verhindern Komplikationen durch Schallreflexionen an der Grenzfläche beider Flüssigkeiten. Beim Schalldurchgang wird die Grenzfläche unabhängig von der Richtung der Schallwellen deformiert. Die Schallintensitäten sind auf beiden Seiten gleich, aber die Energiedichte $\bar{e}$, die mit dem Strahlungsdruck nach Gl. (II.55) identisch ist, ist in der oberen Flüssigkeit wegen $\varrho_1 > \varrho_2$ erheblich größer und führt zu den in Fig. 6 gezeichneten Deformationen. Man ist geneigt, diese Deformationen als Wirkungen von Kräften, die in der Grenzfläche ihren Sitz haben, anzusehen. HERTZ hat aber nachgewiesen, daß die eigentliche Ursache dieser Deformationen auf einer Erniedrigung des in einem Schallbündel quer zur Fortpflanzungsrichtung liegenden mittleren Drucks gegenüber dem auf die übrige Flüssigkeit sonst allein liegenden konstanten Außendrucks beruht und infolgedessen ein Einströmen von Flüssigkeit von dort her in das schall-

[1] HERTZ, G., u. H. MENDE: Z. Physik **114**, 354—367 (1939). — HERTZ, G.: Z. techn. Phys. **21**, 298—301 (1940). Über den Energiestrom im Schallfeld flüssiger Medien siehe G. RICHTER, Z. Physik **125**, 98—107 (1948).

durchsetzte Gebiet stattfindet. Trifft ein Schallbündel senkrecht auf eine an die Luft grenzende Flüssigkeitsoberfläche, so wird dort die Energiedichte viermal so groß wie die Dichte der kinetischen Energie, weil die Schallschnelle gleichphasig reflektiert wird. Die Flüssigkeit wird dort radial in das Schallbündel gezogen und aus der entstandenen Kuppe hochgeschleudert. Experimentelle Studien zum Schallstrahlungsdruck haben unter anderen HERREY[1] und SEIDL[2] angestellt.

19. Die Kavitation

Aus der Formel (II.52) für den Schallwechseldruck folgt, daß der an einer Stelle im flüssigen Medium herrschende Druck p null wird, wenn die Wechseldruckamplitude $\xi_0 \omega \varrho u$ den Wert des Außendrucks p_a erreicht. Dieser ist bei den meisten Untersuchungen gleich dem Atmosphärendruck. Wo in einer Flüssigkeit derartige Unterdrucke auftreten, ist eine Änderung des Aggregatzustandes die Folge. Die Siedetemperatur eines Stoffes, die in physikalisch-chemischen Tabellen angegeben wird, gilt im allgemeinen für den Außendruck von 1 Atmosphäre. Wird dieser Druck erniedrigt — beispielsweise unter dem Rezipienten einer Vakuumanlage — so siedet ein Stoff schon bei tieferer Temperatur. Bei Wasser bewirkt eine Erniedrigung des Druckes auf weniger als 0,02 kp/cm² schon bei 20° C das Sieden. Wird dieser Unterdruck durch elastische Wellen, speziell durch Verdünnungswellen oder in Schallwellenfeldern erzeugt, so spricht man bei der Entstehung kalter Dampfblasen auch von Kavitation, d.h. von Hohlraumbildung. Diese an Gaskeimen sich ausbildende Art der Kavitation ist thermischer Natur und von der eigentlichen, echten Kavitation zu unterscheiden, bei der sehr viel größere Unterdrucke notwendig sind, um das Gefüge eines Stoffes durch Überwindung der Kohäsionskräfte zu zerreißen.

Große Amplituden in Schallwellen führen also zu Unterdrucken, die ihrerseits senkrecht zur Schallausbreitungsrichtung Kavitationszonen errichten, welche auf die Ausbreitung von Schallwellen hemmend einwirken. Die Hemmung kann sich verschieden auswirken. Bei großen Kavitationsblasen wird die Schallenergie sofort reflektiert, bei winzigen Blasen erst nach dem Zusammenschluß zu größeren Gebilden. Auf jeden Fall wird die Schallabsorption stark erhöht, besonders wenn Resonanz zwischen der Eigenfrequenz der Bläschen und der Schallfrequenz vorliegt. Es besteht ein gewisser Unterschied zwischen fortschreitenden und stehenden Wellen. Bei letzteren kann eine Sortierung nach den Radien der Bläschen eintreten.

Nun wird man es bei molekularakustischen Untersuchungen niemals so weit kommen lassen wollen, daß der Grenzfall hemmender Kavitation

---

[1] HERREY, E.: J. Acoust. Soc. Amer. **27**, 891—896 (1955).
[2] SEIDL, F.: Acustica **2**, 45—47 (1952).

eintritt. Aber auch dann, wenn man die Amplituden der schwingenden
Teilchen und die Schallwechseldruckamplituden so klein hält, wie es
irgend mit den Versuchsbedingungen zu vereinbaren ist, muß man auf
den möglichen Einfluß unsichtbarer Kavitationsblasen auf die Schallabsorption achtgeben. Je näher die normale Siedetemperatur der Ver-
suchstemperatur liegt, um so größer ist die Gefahr. Es müßte übrigens
im Zweifelsfalle möglich sein, bei hochfrequenten Schallwellen das Vorhandensein äußerlich nicht sichtbarer Bläschen im Tyndallkegel wahr-
zunehmen. Besonders schwierig ist die Vermeidung endlicher Amplituden bei molekularakustischen Untersuchungen im Bereich des kritischen
Punktes. Hier wird die Schallabsorption aus anderen Gründen sehr groß,
so daß man für Schallgeschwindigkeitsmessungen höhere Schallintensitäten aufwenden muß. Gerade dadurch aber werden die natürlichen
Druckschwankungen in der Schallwelle so groß, daß man einmal über
und einmal unter dem kritischen Druck liegt und in keinem der beiden
Aggregatzustände richtig messen kann.

20. Aufsteilung ursprünglich sinusförmiger Schallwellen

Es wurde schon mehrfach betont, daß viele Versuche mit kleiner
Schallintensität geführt werden müssen. Aber auch dann bleibt die
Notwendigkeit bestehen, die möglicherweise auftretenden Fehler abschätzen zu können, wenn man zur Bestimmung einer Schallfeldgröße
die Versuchstechnik so handhaben muß, daß prinzipiell mit Abweichungen vom Hookeschen Gesetz zu rechnen ist. Aus den Darlegungen
in Ziffer 12 über die Entstehung von Stoßwellen läßt sich leicht ablesen,
wie sich Abweichungen vom linearen Kraftgesetz auswirken.

Man denke sich eine fortschreitende Welle mit ebenen Wellenfronten,
die von einer mit großer Amplitude schwingenden Quarzplatte ausgesendet werden möge, und betrachte innerhalb einer Schwingungsperiode
einen Bereich der Art, wie er in Ziffer 12 und Fig. 4 gewählt wurde. In
einem solchen Abschnitt spielt sich nun genau das gleiche ab, daß die
Schallgeschwindigkeit, mit der die Schallimpulse weiter geleitet werden,
um so stärker wächst, je mehr sie in vorverdichtete und unter erhöhtem
Druck stehende Gebiete gelangen. Das heißt aber, daß die Schallgeschwindigkeit mit dem Druck wächst, oder anders ausgedrückt, daß
die Stellen größeren Schallwechseldruckes innerhalb einer Schwingungsperiode schneller fortschreiten als die Stellen geringeren Wechseldruckes.
Damit ist nun zwangsläufig eine Verformung der Sinusform einer Schwingung, wie sie sich in den Formeln (II.14), (II.50) und (II.52) wieder-
spiegelt, verbunden . Es tritt eine Aufsteilung der Schwingungen in der
Richtung ihrer Ausbreitung ein. Diese Aufsteilung wird um so größer
werden, je weiter man sich vom Sender entfernt. Dieser Effekt muß auch
dann vorhanden sein, wenn wir die Senderamplituden infinitesimal

machen; nur liegt dann die größte Aufsteilung so weit vom Sender weg, daß man bei Versuchen in seiner Nähe nichts davon bemerken kann. Die Fourier-Analyse der Aufsteilung, die als Übergang der Sinuskurven zu Sägezahnkurven beschreibbar ist, ergibt das Auftreten wesentlich höherer Frequenzen als der ursprünglichen alleinigen Grundfrequenz. Damit ist nach Ziffer 29 eine beträchtliche Erhöhung der Schallabsorption auch dann verbunden, wenn man nicht zufällig in ein Relaxationsgebiet gelangt. Die zwangsläufige Aufsteilung einer intensiven Ultraschallwelle führt also zu ihrer erhöhten Dämpfung und damit zu ihrem schnelleren Verschwinden bzw. ihrer Minderung auf normale Schallstärke. So tut die Natur das ihrige, um unnötigen Lärm zu verringern.

Mit der mathematischen Behandlung der vorstehend skizzierten Probleme hat sich zuerst BERNHARD RIEMANN[1] in einer Abhandlung mit dem Titel „Über die Fortpflanzung ebener Luftwellen von endlicher Schwingungsweite" befaßt. Von neueren und für den Ultraschallphysiker wichtigen Arbeiten grundsätzlicher Natur sind die folgenden zu nennen. Theoretische Untersuchungen für Gase hat PFRIEM[2] durchgeführt; Untersuchungen an Wasser und Tetrachlorkohlenstoff haben FOX[3] und WALLACE veröffentlicht. Für Flüssigkeiten und für die Beurteilung der Schallabsorption darin ist die Arbeit von BIQUARD[4] wichtig. Aus jüngster Zeit seien noch die Publikation von GOLDBERG[5] und der Überblick über das Gebiet von NAUGOLNYKH[6] genannt.

Wegen der vorzugsweise experimentell ausgerichteten Darstellungen dieses Buches kann unmöglich auf die Details der mathematischen Theorien eingegangen werden. Die Gedankengänge werden daher im folgenden, wie auch schon früher, nur in ihren Grundzügen skizziert, doch sollen die Formeln hingeschrieben werden, die für die Beurteilung und die Kritik von Experimenten und Meßergebnissen wichtig sind.

21. Die Schallgeschwindigkeit bei Aufsteilung der Wellenfronten

Auf Grund der in Ziffer 20 skizzierten Gedankengänge herrschen im Ultraschallfeld Strömungen mit der Schallschnelle v. Für diese Strömungen werden in der Mechanik der Kontinua Erhaltungssätze formuliert. Es ist dies einmal das Newtonsche Grundgesetz in der Form

$$\frac{\partial p}{\partial x} + \varrho \frac{dv}{dt} = 0,$$

---

[1] RIEMANN, BERNHARD: Abh. Ges. Wiss. Göttingen 8 (1860); s. a. Gesammelte Werke, 2. Aufl., Kap. VIII, S. 156—175. Leipzig: B. G. Teubner 1892.

[2] PFRIEM, H.: Akust. Z. 6, 222—244 (1941); — Forsch. Ing.-Wes. 12, 51—64 (1941).

[3] FOX, FR., and W. WALLACE: J. Acoust. Soc. Amer. 26, 994—1006 (1954).

[4] BIQUARD, P.: Ann. Phys. Paris (11) 6, 195—304 (1936).

[5] GOLDBERG, Z.: Soviet-Physics, Acoustics 3, 340—347 (1957).

[6] NAUGOLNYKH, K.: Soviet-Physics, Acoustics 4, 115—124 (1958).

woraus sich mit $v = f(x, t)$

$$\varrho \frac{\partial v}{\partial t} + \varrho v \frac{\partial v}{\partial x} + \frac{\partial p}{\partial \varrho} \frac{\partial \varrho}{\partial x} = 0 \qquad \text{(II.57)}$$

ergibt. Sodann die Kontinuitätsgleichung

$$\frac{\partial \varrho}{\partial t} + \frac{\partial \varrho v}{\partial x} = 0,$$

die wir auch in der Form

$$\frac{\partial \varrho}{\partial t} + v \frac{\partial \varrho}{\partial x} + \varrho \frac{\partial v}{\partial x} = 0 \qquad \text{(II.58)}$$

schreiben können. Denkt man sich die Gln. (II.57) und (II.58) auf ideale Gase angewendet, so haben wir die Poissonsche Zustandsgleichung

$$\frac{p}{p'} - \left(\frac{\varrho}{\varrho'}\right)^{\varkappa} = 0 \qquad \text{(II.59)}$$

und die allgemeine Formel (II.20) für die Schallgeschwindigkeit

$$u^2 = \left(\frac{\partial p}{\partial \varrho}\right)_S$$

hinzuzunehmen. Die drei Gln. (II.57), (II.58) und (II.59) ergeben nach RIEMANN eine allgemeine Lösung für die Schallschnelle v in der Form

$$v = F\left\{ t - \frac{x}{u + \dfrac{\varkappa + 1}{2} v} \right\}. \qquad \text{(II.60)}$$

Für den Molekularakustiker ist hierbei zunächst wichtig, daß die Schallgeschwindigkeit u (Phasengeschwindigkeit), die nach den Formeln (II.12) und (II.13) über größere Strecken gemessen wird, im Bereich einer einzelnen Schwingung durch eine momentane Schallgeschwindigkeit

$$\underline{u} = u + \frac{\varkappa + 1}{2} v \qquad \text{(II.61)}$$

zu ersetzen ist, weil auch bei infinitesimalen Schallamplituden anstelle der gebräuchlichen Formel (II.50) die Gleichung

$$v = \xi_0 \, \omega \sin \omega \left\{ t - \frac{x}{u + \dfrac{\varkappa + 1}{2} v} \right\} \qquad \text{(II.62)}$$

tritt. Dabei soll sich hier ξ_0 auf die Amplitude am Sender selbst bei $x = 0$ beziehen. Da nun die Schallschnelle v ebenso viele Werte in der Richtung der Phasengeschwindigkeit wie entgegengesetzt dazu hat, ergibt sich insgesamt keine Änderung der molekularakustisch wichtigen Schallgeschwindigkeit u. Mit einer solchen Änderung ist allerdings zu rechnen, wenn durch die Aufsteilung der Wellenfronten in die ursprünglich sinusförmigen Schwingungen höhere Frequenzen hineinkommen, die die Schallübertragung in ein Relaxationsgebiet hineinschieben. Daher ist es wichtig zu wissen, in welcher Entfernung vom Sender die Aufsteilung abgeschlossen ist oder wann eine bestimmte Harmonische der Schwingung merklich zu werden beginnt.

Streng genommen gilt ja die Beziehung (II.50) und die an ihre Stelle getretene Beziehung (II.62) nicht für endliche Amplituden. Man arbeitet daher mit einem Ansatz, der ein Glied zweiter Ordnung hat. Dieser lautet

$$v = v_0 \sin \omega t - \frac{v_0^2}{u} \cos^2 \omega t.$$

Dabei bezieht sich v_0 wieder auf die Stelle $x = 0$. Es errechnet sich ein sehr komplizierter dreiteiliger Ausdruck für v, dessen erster und wesentlichster Summand mit Formel (II.62) identisch ist.

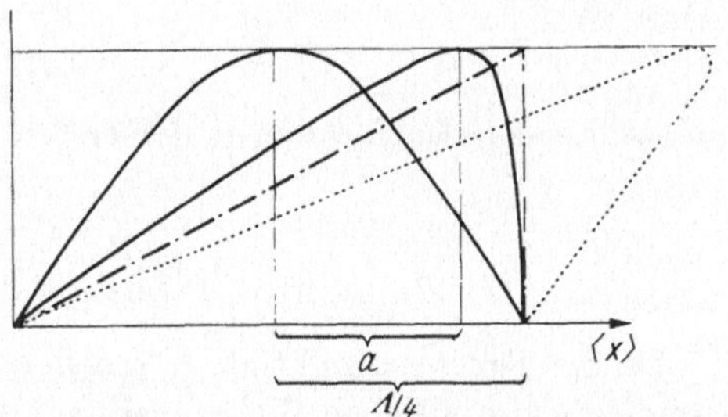

Fig. 7. Der Prozeß der Aufsteilung einer Ultraschallwelle

Man kann sich den Prozeß der Aufsteilung am anschaulichsten darstellen, wenn man aus der Aufeinanderfolge der Wellen einige herausgreift und übereinander zeichnet, wie es in Fig. 7 geschehen ist. Die Aufsteilung als solche ist erreicht, wenn die Bedingungen

$$\frac{\partial x}{\partial v} = 0 \quad \text{und} \quad \frac{\partial^2 x}{\partial v^2} = 0 \tag{II.63}$$

erfüllt sind. Aus (II.62) und (II.63) ergibt sich für die Entfernung $x_|$ der ersten senkrechten Tangente vom Sender der Ausdruck

$$x_| = \frac{u^2}{2\pi^2(\varkappa + 1)} \cdot \frac{1}{\xi_0 v^2}.\tag{II.64}$$

Diese Formel (II.64) gilt für ideale Gase, die der Zustandsgleichung (II.59) gehorchen, und gibt für reale Gase mindestens eine brauchbare Abschätzung.

Durch Einführung der relativen Drucke $\frac{p - p'}{p'}$ und der relativen Dichten $\frac{\varrho - \varrho'}{\varrho'}$ kann die Zustandsgleichung (II.59) in eine Reihe entwickelt und nach dem 2. Gliede abgebrochen werden, so daß man

$$p - p' = p'\varkappa \frac{\varrho - \varrho'}{\varrho'} + p' \frac{\varkappa(\varkappa - 1)}{2} \left(\frac{\varrho - \varrho'}{\varrho'}\right)^2$$

erhält. Für eine Flüssigkeit kennt man nun keine durch Theorie und Erfahrung generell gesicherte adiabatische Zustandsgleichung, aber es hat sich herausgestellt, daß man in vielen Fällen die vorstehende Form

formal-mathematisch übertragen kann, wenn man die mit den relativen
Verdichtungen verknüpften Koeffizienten neu definiert und empirisch
bestimmt. Dann soll für eine Flüssigkeit gelten

$$p - p' = K_1 \left(\frac{\varrho - \varrho'}{\varrho'} \right) + \frac{K_2}{2} \left(\frac{\varrho - \varrho'}{\varrho'} \right)^2 . \qquad \text{(II.65)}$$

Verbinden wir diese Zustandsgleichung mit den Gln. (II.57) und (II.58),
so führt der gleiche Gedankengang wie oben zur momentanen Schallgeschwindigkeit

$$\underline{u} = u + \left(\frac{K_2}{2 K_1} + 1 \right) v \qquad \text{(II.66)}$$

und weiter zur Entfernung $x_|$ der ersten senkrechten Tangente

$$x_| = \frac{u^2}{4 \pi^2 \left(\dfrac{K_2}{2 K_1} + 1 \right)} \cdot \frac{1}{\xi_0^2 \, v^2} . \qquad \text{(II.67)}$$

Da die Teilchenamplitude ξ_0 am Sender meist nicht unmittelbar zugänglich ist, wohl aber die Intensität J, die sich aus der Anodenverlustleistung des Senders und dem Wirkungsgrad der elektroakustischen
Übertragung leicht abschätzen läßt, können wir die Gln. (II.64) und
(II.67) durch Einführung von (II.56) auch so schreiben:

$$x_| = \frac{1}{\pi (\varkappa + 1)} \sqrt{\frac{\varrho}{2}} \sqrt{\frac{u^5}{v^2 J}} \qquad \text{für Gase} , \qquad \text{(II.64a)}$$

$$x_| = \frac{1}{2 \pi \left(\dfrac{K_2}{2 K_1} + 1 \right)} \sqrt{\frac{\varrho}{2}} \sqrt{\frac{u^5}{v^2 J}} \qquad \text{für Flüssigkeiten} . \quad \text{(II.67a)}$$

Über die Berechnung von K_2/K_1 aus empirischen Daten siehe die Aus-
führungen bei BIQUARD[1]. Er berechnet für Wasser den Wert 4, Benzol 9,
Chloroform 7, Äthyläther 13. Nach BREAZEALE[2] und HIEDEMANN hat
Benzol den Wert 8.

Mit dem Erreichen einer senkrechten Tangente in Fig. 7 ist der
Prozeß der Aufsteilung von Ultraschallwellen aber noch nicht abgeschlossen. Formalmathematisch würden spätere Wellenperioden den
punktierten Verlauf haben, der aber physikalisch unmöglich ist. Tatsächlich stellt sich der strichpunktierte Verlauf ein, der eine Sägezahn-
form hat. Die Änderungen der momentanen Schallgeschwindigkeit sind
nach den Formeln (II.61) und (II.66) meist nur sehr geringfügig und
liegen in der Größenordnung $\pm 1\,^0/_{00}$.

---

[1] BIQUARD, P.: Ann. Phys. Paris (11) **6**, 195—304 (1936).

[2] BREAZEALE, M., and E. HIEDEMANN: Naturwissenschaften **47**, 222 (1960);
s. a. R. T. BEYER, J. Acoust. Soc. Amer. **31**, 1586 (1959). — RUDNIK, J.: J. Acoust.
Soc. Amer. **30**, 564—567 (1958).

22. Optische Nachweise der Aufsteilung von Schallwellen [1]

Eingehende Untersuchungen der Aufsteilung mit Hilfe optischer Methoden sind in jüngster Zeit im Institut von EGON HIEDEMANN und von verschiedenen sowjetrussischen Forschern gemacht worden. HIEDEMANN und Mitarbeiter haben theoretisch und experimentell an der Zahl und Intensität der Linien des in Ziffer 45 beschriebenen Schallgittereffekts die Aufsteilung bei fortschreitenden, stehenden und parallel laufenden Wellen und bei weiten und engen Lichtbündeln studiert[1-6]. In einer ausführlichen Arbeit[3] benutzen ZANKEL und HIEDEMANN für ihre mit 2—4 MHz geführten Untersuchungen in Wasser und Tetrachlorkohlenstoff eine 2 m lange Wanne. Sie beurteilen die Aufsteilung an dem zunehmenden Unterschied der Intensitäten der beiden Beugungslinien erster Ordnung, wenn die Schallstärke und der Abstand zum Sender erhöht wird (Fig. 8). ZANKEL[7] und HIEDEMANN haben auch eine einfache Methodik angegeben, um die Gegenwart beispielsweise der 2. Harmonischen in den fortschreitenden Wellen zu demonstrieren.

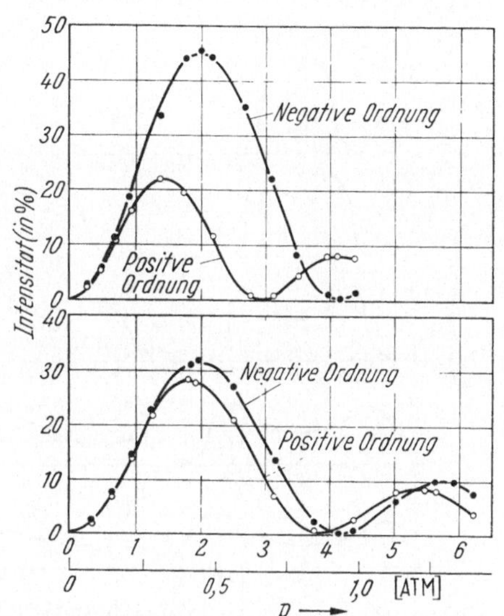

Fig. 8. Beurteilung der Aufsteilung von Ultraschallwellen aus dem Intensitätsunterschied der Beugungsbilder 1. Ordnung (nach ZANKEL und HIEDEMANN). Wasser bei 2 MHz. Obere Kurve bei 50 cm, untere Kurve bei 10 cm Entfernung vom Sender. Schallwechseldruck als Abszisse

Sie lassen die aufgesteilte Schallwelle unter einem von 90° abweichenden Winkel auf eine schalldurchlässige Platte von 1 mm Dicke fallen und sieben durch Schwenken dieser Platte entweder die Grundwelle oder die

---

[1] Nach Abschluß des Buches sind mehrere Arbeiten über diesen Gegenstand erschienen, die nicht mehr berücksichtigt werden konnten. Es sei aber auf die zusammenfassende Darstellung von HIEDEMANN und ZANKEL, Acustica 11, 213—223 (1961), hingewiesen.

[2] BREAZEALE, M., and E. HIEDEMANN: J. Acoust. Soc. Amer. 30, 751—756 (1958); 33, 700—701 (1961).

[3] ZANKEL, K., and E. HIEDEMANN: J. Acoust. Soc. Amer. 31, 44—54 (1959).

[4] HARGROVE, L., K. ZANKEL and E. HIEDEMANN: J. Acoust. Soc. Amer. 31, 1366—1371 (1959).

[5] MAYER, W., and E. HIEDEMANN: J. Acoust. Soc. Amer. 32, 706—708 (1960).

[6] ZANKEL, K.: J. Acoust. Soc. Amer. 32, 709—713 (1960).

[7] ZANKEL, K., and E. HIEDEMANN: J. Acoust. Soc. Amer. 30, 582—583 (1958).

Harmonische heraus und weisen im Schallgittereffekt nach, daß entweder für die Grundwelle drei Lichtbeugungsordnungen eines bestimmten Abstandes erscheinen oder nur eine Ordnung im doppelten Abstand entsprechend der doppelten Frequenz der 2. Harmonischen.

Während die soeben genannten Untersuchungen sich auf relativ geringe Intensitäten beziehen und daher für die Beurteilung des Schallfeldes bei spezifisch molekularakustischen Untersuchungen zuverlässige

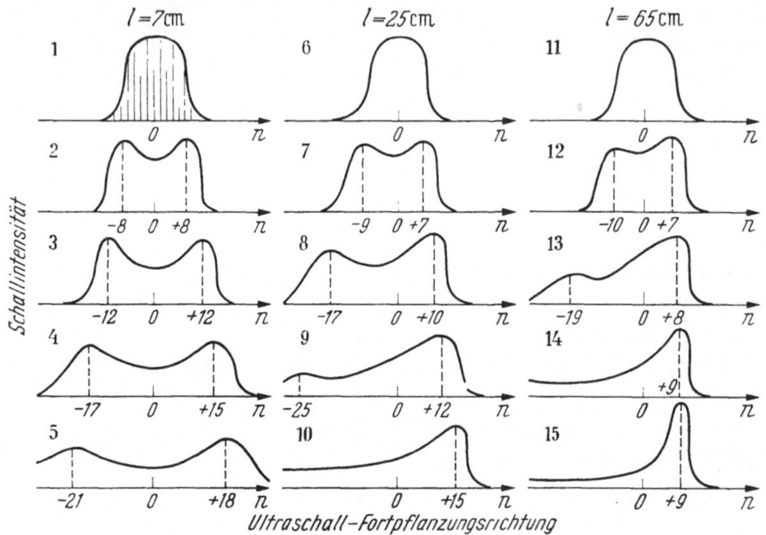

Fig. 9. Veränderung der Enveloppe der Linienintensitäten im Schallgittereffekt bei Zunahme der Entfernung l und der Intensität des Schalls (nach MIKHAILOW und SHUTILOW)

Hinweise geben, haben SHUTILOW[1] und MIKHAILOW[2] und SHUTILOW ausgesprochen starke Ultraschallsender verwendet, dadurch eine hohe Zahl von Beugungsbildern (bis über die 60. Ordnung hinaus) erzielt und den Effekt der Aufsteilung sehr drastisch sichtbar gemacht. Als Maß der Aufsteilung kann nach SHUTILOW das Verhältnis $4a/\Lambda$ angesehen werden (s. Fig. 7). In Fig. 9 ist nach der Arbeit von MIKHAILOW und SHUTILOW skizziert, wie aus der Enveloppe der Linienintensitäten die zunehmende Aufsteilung herausgelesen werden kann. Die Gegenwart der 2. und 3. Harmonischen in Wasser und anderen Flüssigkeiten mit einer Methode, bei der auch eine Filterplatte verwendet wurde, zeigten ZAREMBO[3] und Mitarbeiter. Ferner wurde die Aufsteilung bei divergierenden nur aus wenigen Wellenzügen bestehenden Impulsen nachgewiesen[4].

[1] SHUTILOW, V. A.: Soviet Physics, Acoustics 5, 230—238 (1959).

[2] MIKHAILOW, I. G., i. V. A. SHUTILOW: Soviet Physics, Acoustics 4, 174—184 (1958).

[3] ZAREMBO, L.: J. Acoust. Soc. Amer. 29, 642—647 (1957).

[4] ROMANENKO, E.: Soviet Physics, Acoustics 5, 100—104 (1959).

Geht man zu sehr hohen Frequenzen über, so wirkt sich die Aufsteilung nach Gl. (II.67a) schon in geringer Entfernung vom Sender sehr ungünstig auf das Bild des Schallgittereffekts aus. BHAGAVANTAM[1] und RAMACHANDRA RAO beschreiben, daß oberhalb von 100 MHz als Folge der Aufsteilung nur noch die Beugungslinien 1. Ordnung erscheinen, und die auch nur einseitig. RAMACHANDRA RAO[2] und MURTY stellten in Wasser bei 300 MHz nur noch eine einzige, einseitige und scharfe Linie unter dem Braggschen Winkel fest.

23. Die Aufsteilung in höher viscosen Flüssigkeiten

In Ziffer 21 wurde stillschweigend vorausgesetzt, daß ein fluides Medium geringer Viscosität vorläge. Einige interessante Substanzen, z. B. Glycerin und diverse Öle, haben aber eine hohe Volumenviscosität und können, wenn sie bei Temperaturerniedrigung steif werden, auch eine beträchtliche Scherviscosität aufweisen. Für die Beschreibung derartiger Stoffe genügt Gl. (II.57) nicht. Diese Gleichung ist auf der rechten Seite durch ein Reibungsglied zu ergänzen, welches proportional zu $\partial^2 v/\partial x^2$ ist. Der Proportionalitätsfaktor setzt sich aus der Volumenviscosität und der Scherviscosität zusammen. Vielfach ist es auch üblich, die Strömungseigenschaften des Mediums durch die Reynoldssche Zahl, in welcher der Zusammenhang zwischen Trägheitskräften und Reibungskräften in den Volumenelementen zum Ausdruck kommt, zu kennzeichnen. Diese fundamentale Zahl ist ursprünglich in dem Bestreben abgeleitet worden, die Umströmung größerer Körper im kleinen Modell originalgetreu nachzubilden. Sie ist eine dimensionslose Zahl und enthält die für eine Strömung charakteristischen Größen. Im Ultraschallfelde kann man sie in der Form

$$Re = v_0 \Lambda / \zeta$$

verwenden. Darin bedeutet v_0 einen Maximalwert der Schallschnelle, Λ die Schallwellenlänge und ζ die kinematische Viscosität, über die sich in Tabellenwerken genügend Angaben finden. $Re \lessgtr 1$ bedeutet, daß die Viskosität des fluiden Mediums nicht mehr zu vernachlässigen ist. Wenn man in Gl. (II.67a) die Intensität J durch die kinematische Zähigkeit ζ und die Reynoldssche Zahl Re nach Gl. (II.81) (s. Ziffer 30) ausdrückt, erhält man die Proportionalität

$$x_| \sim \frac{\Lambda^2 u}{\zeta\, Re}\,.$$

Die Entfernung $x_|$ wird um so kleiner, je größer bei gleichen Reynoldsschen Zahlen verschiedener Medien die kinematischen Zähigkeiten sind.

[1] BHAGAVANTAM, S.: Proc. Indian Acad. Sci. 28, 54—62 (1948).
[2] RAMACHANDRA RAO, and J. S. MURTY: Nature, Lond. 178, 160—161 (1956)

24. Extrapolation auf die Schallintensität Null

Unabhängig davon, ob infinitesimale oder endliche Amplituden vorliegen, ob sich die Wellenform ändert oder nicht, besteht im Ultraschallfeld ein Temperatureffekt, auf den SCHREUER[1] zuerst aufmerksam gemacht hat. Aus der in einem Schallfeld transportierten akustischen Energie wird nämlich laufend durch Absorption eine gewisse Wärmemenge frei. Sie setzt in Fig. 10 die Temperatur des eigentlichen Meßraums M, also der von den Schallwellen durchsetzten Flüssigkeitssäule, trotz einer Umströmung mit der Kühlflüssigkeit K eines Thermostaten ein wenig herauf. Diese Erwärmung kann mit Hilfe künstlicher Durchwirbelung W noch etwas verringert, aber prinzipiell nicht beseitigt werden, da ein direkter Eingriff in das Schallfeld nicht erlaubt ist und andersartige Meßfehler hervorrufen würde. Dieser Effekt ist von der Erzeugungsart des Ultraschalls und von der Meßmethodik völlig unabhängig. Er hängt nur von der Schwingungsamplitude bzw. der Schallintensität ab. SCHREUER hat die Untersuchung mit der optischen Methode der sekundären Interferenzen durchgeführt.

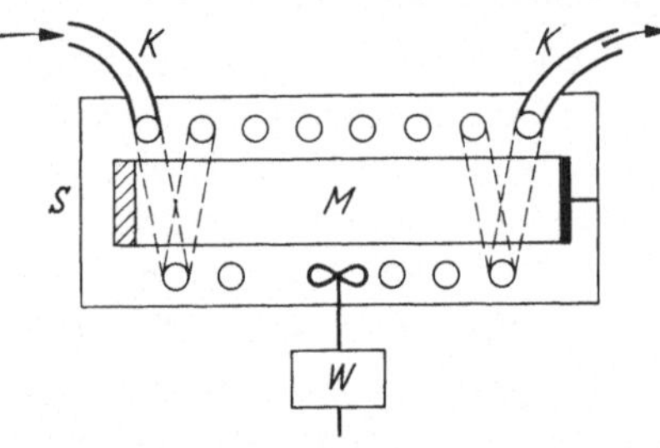

Fig. 10. Unvermeidbarkeit einer Temperatur-erhöhung im Meßraum M einer von Schallwellen durchsetzten Flüssigkeitssäule

Eine absolut exakte Schallgeschwindigkeitsmessung bedarf danach einer Messung bei mehreren Intensitäten und einer anschließenden Extrapolation auf die Schallintensität Null. Dann ist nicht nur das der Wellengleichung zugrunde liegende Hookesche lineare Kraftgesetz in idealer Weise erfüllt, sondern auch der Temperatureffekt ausgeschaltet. SCHREUER hat seine Untersuchungen an den Flüssigkeiten Toluol, Tetralin, Amylacetat, Methylacetat und Wasser durchgeführt. Die Fig. 11 zeigt die Meßreihen für Toluol und Wasser. Eine Messung geht so vor sich, daß an einem im Quarzkreis liegendem Hochfrequenzinstrument bei jeweils gleicher Phasenlage der stehenden Wellen eine der Intensität proportionale Größe abgelesen und die Zahl der Interferenzstreifen, aus denen die Schallgeschwindigkeit zu berechnen ist, ermittelt wird. Dann werden kleinere Intensitäten eingestellt, etwa durch Veränderung einer Kopplung, und nochmals die Streifen gezählt. Die so als Funktion von Intensitäten ermittelten Schallgeschwindigkeiten werden graphisch aufgetragen. Durch lineare Extrapolation werden dann die Schallgeschwindigkeiten für die Intensität Null be-

---

[1] SCHREUER, E.: Akust. Z. 4, 215—230 (1939).

stimmt. Alle diese Messungen erfolgen natürlich bei einer genauestens kontrollierten Resonanzfrequenz. In Fig. 11 sind die schwarz gezeichneten Meßpunkte verschiedenen Intensitäten zugeordnet und nur die extrapolierten Kreispunkte gehören zu den auf den Abszissen angegebenen Frequenzen. Die Extrapolationsstrecken haben in organischen Flüssigkeiten einen nach oben gerichteten Verlauf; nur im Wasser sind sie nach unten gerichtet. Darin drückt sich aus, daß die Beobachtungen von Schreuer tatsächlich auf einem Temperatureffekt beruhen, denn

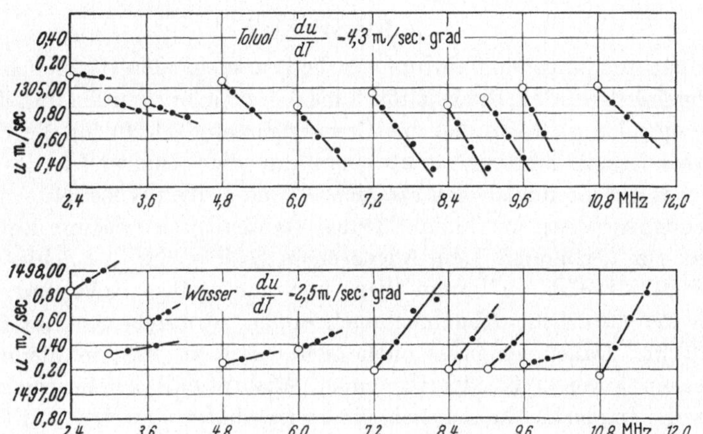

Fig. 11. Extrapolation der Schallgeschwindigkeit auf die Schallintensität Null für Toluol und Wasser (nach Schreuer)

Wasser hat im Gegensatz zu organischen Flüssigkeiten als einziger Stoff einen positiven Temperaturkoeffizienten der Schallgeschwindigkeit.

Aus der Untersuchung von Schreuer geht hervor, daß man gewöhnlich mit einem unvermeidbaren Temperatureffekt innerhalb eines Ultraschallbündels von etwa 0,3 m/sec rechnen muß. Das ist etwa 10% der Schallgeschwindigkeitsänderung pro 1° C. Nun wird man selten bereit sein, das zeitraubende Verfahren der Extrapolation auf die Schallintensität Null durchzuführen, zumal wenn man noch mit anderen Fehlerquellen rechnen muß, die in der nicht ausreichenden chemischen Reinheit und, wie Schreuer in der gleichen Arbeit gezeigt hat, im Auftreten nicht vermeidbarer Kombinationswellen liegen. Dann darf man aber die Schallgeschwindigkeit nicht so genau angeben, wie es in leider allzu vielen Ultraschallarbeiten noch geschieht. Auf Grund dieser für die Methodik der Ultraschallgeschwindigkeitsmessungen überhaupt wichtigen Untersuchungen hat es sich der Verfasser in diesem Buch zur Richtschnur gemacht, fast alle absoluten Angaben über Schallgeschwindigkeiten, die genauer als 0,5⁰/₀₀ waren, rücksichtslos zu korrigieren. Schreuer sagte vor 20 Jahren mit Recht, daß zahllose Messungen von

Autoren über eine angebliche Dispersion der Schallgeschwindigkeit mit der Frequenz durch die Nichtbeachtung des hier geschilderten Temperatureffektes wertlos gewesen sind. Leider gilt das auch heute noch trotz der Schreuerschen Untersuchung, die wie so viele andere exakte Untersuchungen in einem Institut von Prof. HIEDEMANN gemacht worden ist.

F. Die Absorption von Ultraschallwellen
25. Historisches

Als im vergangenen Jahrhundert die grundlegenden Untersuchungen durchgeführt wurden, die in Ziffer 2 bis 6 geschildert wurden und die zur Wellengleichung (II.10) und zur Grundgleichung (II.20) für die Schallgeschwindigkeit führten, kannte man nur die Schallwellen des Hörbereiches mit ihren niedrigen Frequenzen und großen Wellenlängen. Für Forschungsarbeiten an fluiden Medien standen praktisch nur Luft und Wasser zur Verfügung. Dem Augenschein nach spielte eine Schwächung dieser Schallwellen auf ihrem Wege nur eine geringe Rolle und wurde durch die natürliche Abnahme nach einem Abstands-Quadrat-Gesetz überdeckt. Daher schien es auch nicht nötig zu sein, in die mathematischen Formeln Glieder mit einem Absorptionskoeffizienten aufzunehmen. Immerhin haben sich einige namhafte Forscher mit diesen Problemen theoretisch beschäftigt und sind zu den später in Ziffer 28 und 157 zu besprechenden Ergebnissen gekommen.

Die Situation wurde schlagartig anders, als die Experimentalphysiker die Meßmethoden des Ultraschalls entwickelten, Absorptionskoeffizienten messen konnten und dabei fanden, daß die alten theoretischen Vorstellungen mit der Wirklichkeit absolut nicht harmonierten, während sich die Schallgeschwindigkeitsmessungen relativ gut einfügen ließen. Auch heute ist es noch immer so, daß die Erforschung des Zusammenhangs zwischen Schallgeschwindigkeit und Molekülstruktur einerseits und des Zusammenhangs zwischen Schallabsorption und Molekülstruktur andererseits weitgehend unabhängig nebeneinander herläuft. Erst in jüngster Zeit scheint sich hier eine Änderung anzubahnen, wie in Ziffer 192 gezeigt werden wird. Auf dem Gebiet der akustischen Relaxationserscheinungen ist allerdings vorzugsweise durch die Arbeiten von H. O. KNESER ein enger Zusammenhang zwischen Schallabsorptionsmaxima und Schallgeschwindigkeits-Dispersionsstufen gefunden und in vielen Arbeiten durchforscht worden.

26. Einfluß des Schallfeldes vor einem Ultraschallschwinger
Die klassische Definition eines Ultraschallabsorptionskoeffizienten, wie sie unten in Formel (II.69) gegeben wird, setzt ein Schallfeld voraus, das experimentell nur schwierig zu realisieren ist. Es gibt nämlich keinen

kolbenförmig schwingenden Ultraschallsender, der nur ein einziges fort-schreitendes Schallbündel B mit konstantem Querschnitt aussendet. Nach dem Huygensschen Prinzip hat vielmehr jeder Sender eine so-genannte Richtcharakteristik, derzufolge verschiedene Schallbündel ab-gestrahlt werden, wie in Fig. 12 durch Punktierung angedeutet ist. Mit Hilfe einer Schlierenmethodik haben OSTERHAMMEL[1] und HIEDEMANN[2] die Richtcharakteristiken piezoelektrischer Schwinger und die Struktur des Ultraschallfeldes vor ihnen sichtbar gemacht. OSTERHAMMEL hat die verwickelte Struktur des Amplitudenfeldes im Nahbereich eines Schwing-quarzes durch Experiment und Rechnung gedeutet. Bei Benutzung von

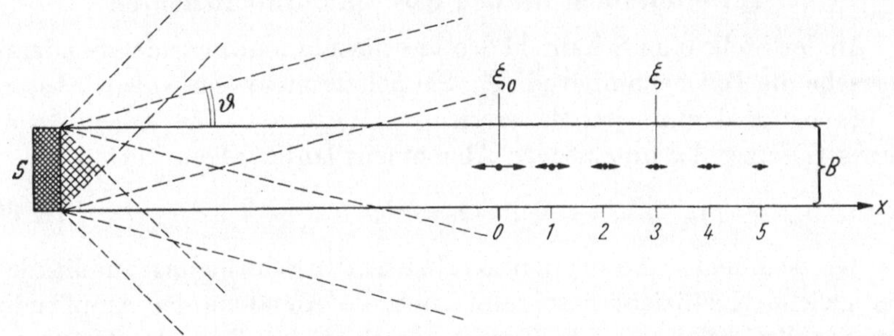

Fig. 12. Bereich vor einem Ultraschallsender, wo die Definition des Absorptionskoeffizienten exakt gilt

weißem Licht in der Schlierenapparatur entstehen einfarbige Streifen, welche die Orte gleichen Schalldrucks miteinander verbinden. Man spricht von der „Methode der geschlossenen Isochromaten", die die Struk-tur des Schallfeldes, in dem Absorptionsmessungen vorgenommen werden sollen, vorzüglich zu beurteilen gestattet. HIEDEMANN hat in seinem Buche über Ultraschallforschung eine farbige Tafel mit schönen Bildern von Richtcharakteristiken gebracht.

Um eine Absorptionsmessung in einem einwandfreien Schallfeld vor-nehmen zu können und dabei den ganzen Querschnitt auszunützen, muß man, wie die Figur zeigt, in eine größere Entfernung a vom Sender S gehen. Diese Entfernung a ergibt sich aus

$$\text{tang}\,\vartheta = \frac{D}{a} \approx \sin\vartheta = \frac{\Lambda}{D}$$

zu

$$a \approx \frac{D^2}{\Lambda} = \frac{D^2 \nu}{u}. \tag{II.68}$$

Für Sender üblicher Größe mit $D = 2$ cm ergibt sich bei $u = 1000$ m/sec und $\nu = 10^6$ Hz eine Entfernung $a = 40$ cm. Für höhere Frequenzen

[1] OSTERHAMMEL, K.: Akust. Z. **6**, 73—86 (1941).

[2] HIEDEMANN, E.:Grundlagen und Ergebnisse der Ultraschallforschung. Berlin: W. de Gruyter 1939. 287 S.

wird a schnell so groß, daß wir uns in dem für Absorptionsmessungen absolut unerwünschten Aufsteilungsgebiet für Ultraschallwellen nach Ziffer 21 befinden. Eine wirklich exakte Absorptionsmessung ist daher beinahe unmöglich. Man muß in der Praxis einen Kompromiß schließen und trotz Fig. 12 in die Nähe des Senders gehen. Der schraffierte Bereich ist aber auf jeden Fall zu vermeiden. Dadurch wird die Genauigkeit von Schallabsorptionsmessungen wesentlich kleiner als die von Schallgeschwindigkeitsmessungen. Man muß zufrieden sein, wenn man Absorptionskoeffizienten auf einige Prozent genau angeben kann.

27. Definitionen für den Absorptionskoeffizienten

An der Stelle 0 im Schallfeld des sinusförmig schwingenden Senders S herrsche die Teilchenamplitude ξ_0. Sie nehme mit wachsendem Abstand x proportional zum jeweils erreichten Wert ab. Die Formulierung dieses Gesetzes des organischen Abnehmens lautet bekanntlich

$$\xi = \xi_0\, e^{-\alpha x}. \tag{II.69}$$

Die Größe α heißt „Absorptionskoeffizient der Schwingungsamplitude". Der gleiche Koeffizient beschreibt auch die Abnahme der Amplituden von Schallschnelle und Schallwechseldruck in den Formeln (II.50) und (II.52)[1]. Der Absorptionskoeffizient α wird in $[\mathrm{cm}^{-1}]$ gemessen und ist ein Maß für diejenige Wegstrecke $x = 1/\alpha$, längs der die Schwingungsamplitude auf den e-ten Teil abgefallen ist. Hierfür wird auch der Ausdruck Neper/cm gebraucht. Die Einheit Dezibel pro Meter ist in der Molekularakustik wenig üblich. Es ist $1\ [\mathrm{cm}^{-1}] \equiv 1\ \mathrm{Neper/cm} = 8{,}686\ \mathrm{db}$.

Vielfach wird die Absorption aus der Abnahme der Schallintensität J beurteilt. Diese gibt die Schallenergie an, die in 1 sec durch den Querschnitt von $1\ \mathrm{cm}^2$ des Schallbündels B in Fig. 12 hindurchtritt, und ist durch Formel (II.56) festgelegt. Durch Einsetzen von (II.69) folgt

$$J = (\tfrac{1}{2}\,\varrho\,u\,\omega^2\,\xi_0^2)\, e^{-2\alpha x}. \tag{II.70}$$

Die Größe 2α wird als „Absorptionskoeffizient der Schallintensität" bezeichnet und ebenfalls in $[\mathrm{cm}^{-1}]$ angegeben. Da in der Literatur für die beiden Absorptionskoeffizienten oft dasselbe Symbol benutzt wird, muß der Leser erst aus dem Zusammenhang entnehmen, welcher Koeffizient gemeint ist.

Wie schon in Ziffer 25 angedeutet wurde, besteht kein einfacher und übersichtlicher Zusammenhang zwischen u und α. Er kann aber bis zu einem gewissen Grade dadurch erforscht werden, daß man die Absorptionskoeffizienten der Amplitude und der Intensität auf die Strecke $\Lambda = u/\nu$

---

[1] Es ist zu beachten, daß der Index „0" in verschiedenen Kapiteln dieses Buches verschiedene Bedeutungen hat.

bezieht und die beiden dimensionslosen Absorptionskoeffizienten

$$\alpha^* = \Lambda \cdot \alpha \quad \text{und} \quad (2\alpha)^* = \Lambda \cdot (2\alpha)$$

definiert. Dann gibt $x/\Lambda = 1/\alpha^*$ die Anzahl der Wellenlängen an, die auf jene Strecke fallen, in der die Schwingungsamplitude auf den e-ten Teil abgesunken ist.

Um bei der Messung der Absorptionskoeffizienten von einer periodischen Verteilung der Schallenergie im Raume frei zu sein, vermeidet man das Auftreten stehender Wellen. Die Schallenergie muß nach dem Passieren der Meßstellen durch Absorber verschluckt oder sie muß diffus zerstreut werden oder sich in einer Art Sackgasse totlaufen. Die Messungen beruhen dann auf der Anwendung von Gl. (II.69) für zwei getrennte Örter mit den Koordinaten x_1 und x_2. Aus

$$\xi_1 = \xi_0\, e^{-\alpha x_1}$$
$$\xi_2 = \xi_0\, e^{-\alpha x_2}$$

folgt die Bestimmungsgleichung

$$\alpha = \frac{1}{x_2 - x_1}\ln\frac{\xi_1}{\xi_2}. \tag{II.71}$$

An die Stelle von ξ_1 und ξ_2 können sinngemäß auch die Schallschnellen oder die Schallwechseldrucke treten. Da die Schallintensitäten leichter zu messen sind, ergibt sich unter Zuhilfenahme von Formel (II.70) die zweite Bestimmungsgleichung für α in der Gestalt

$$\alpha = \frac{1}{2}\,\frac{1}{x_2 - x_1}\ln\frac{J_1}{J_2}. \tag{II.72}$$

28. Die Schallabsorption α/ν^2

In Ziffer 6 wurde von dem „klassischen Dogma" der aus der Wellengleichung (II.10) folgenden frequenzunabhängigen Schallgeschwindigkeit u gesprochen. In ähnlicher Weise galt lange Zeit die Meinung, daß der Ausdruck α/ν^2 eine Konstante sei und sich aus Daten der inneren Reibung und der Wärmeleitung berechnen lasse. Dies hat sich als unrichtig erwiesen und dabei ergab sich, daß auch der Satz von der Konstanz der Schallgeschwindigkeit nicht generell gültig sein konnte. Im vergangenen Jahrhundert, als noch keine Möglichkeit bestand, wie wir schon in Ziffer 25 erwähnten, den Ausdruck α/ν^2 an beliebigen Stoffen bei beliebigen Frequenzen zu prüfen, gab es eine vorwiegend auf die Arbeiten von GEORG GABRIEL STOKES[1] und GUSTAV KIRCHHOFF[2] zurückgehende

---

[1] STOKES, GEORG GABRIEL: Cambridge Transactions 8, 287 (1845); 9, § 49 (1851).

[2] KIRCHHOFF, GUSTAV: Pogg. Ann. 134, 177 (1868). Die Theorie von STOKES und KIRCHHOFF findet sich auch bei Lord RAYLEIGH in der Theory of Sound im II. Buch, Kap. XIX über „Reibung und Wärmeleitung". In der im Vorwort zitierten amerikanischen Ausgabe auf S. 312—342.

Theorie über die Schallabsorption, die den Ausdruck α/ν^2 lieferte. Nach dieser Theorie setzt sich der Absorptionskoeffizient α aus drei Anteilen zusammen:

$$\alpha = \alpha_\eta + \alpha_k + (\alpha_{st}). \tag{II.73}$$

Der dritte Anteil α_{st} wird darauf zurückgeführt, daß ein Wärmeaustausch zwischen den Molekülen im Schallfeld bekanntlich nicht nur durch Wärmeleitung, sondern auch durch elektromagnetische Strahlung erfolgt. Dieser Anteil kann aber gegenüber den beiden anderen völlig vernachlässigt werden, so daß er in Gl. (II.73) ausgeklammert wurde.

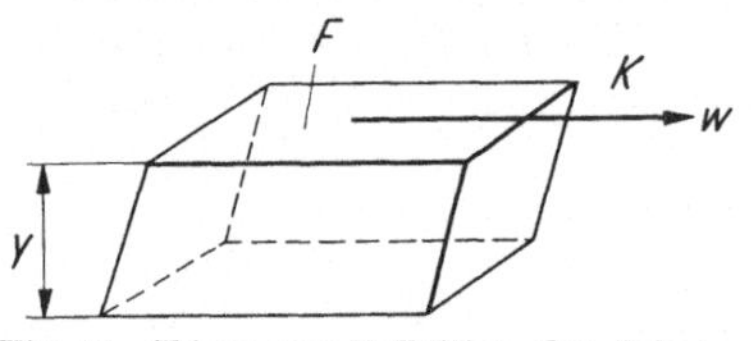

Fig. 13. Skizze zur Definition der Scherviscosität (innere Reibung)

Der erste Anteil α_η wird auf die innere Reibung zurückgeführt und durch den Ausdruck

$$\alpha_\eta = \frac{8\,\pi^2\,\nu^2}{3\,\varrho\,u^3} \cdot \eta \tag{II.74}$$

beschrieben. Die innere Reibung, die auch Viscosität oder Zähigkeit genannt wird, kommt in der Größe η zum Ausdruck. Für viele Flüssigkeiten gilt nach Fig. 13 die Definition von NEWTON, daß die Schubspannung K/F, die an der Fläche F eines Parallelepipedes angreift, ihr eine Geschwindigkeit w gibt und das Geschwindigkeitsgefälle $\partial w/\partial y$ erzeugt, diesem Gefälle proportional ist:

$$\frac{K}{F} = \eta \cdot \left(\frac{\partial w}{\partial y}\right)_T. \tag{II.75}$$

Flüssigkeiten, deren innere Reibung η nur von der Temperatur und dem hydrostatischen Druck abhängt, also nicht von K oder $\partial w/\partial y$, werden auch „normale zähe Flüssigkeiten" oder „Newtonsche Flüssigkeiten" genannt. Kolloide Lösungen gehören meist nicht dazu. η hat die Dimension $[\mathrm{cm}^{-1}\,\mathrm{g}^1\,\mathrm{sec}^{-1}]$ und wird nach POISEUILLE in „Poise" bzw. in dem hundertsten Teile davon, dem „Centipoise", gemessen. Anstelle der dynamischen Zähigkeit η wird oft die „kinematische Zähigkeit" η/ϱ, wie sie nach Ziffer 23 in der Reynoldsschen Zahl auftritt, verwendet und in „Stokes" angegeben. Bisweilen ist für den reziproken Wert $1/\eta$ der Name „Fluidität" gebräuchlich. In dem Anteil α_η soll zum Ausdruck kommen, daß die Strömungsvorgänge in einem Ultraschallfeld mit Reibungsverlusten verbunden sind, so daß auf diese ganz natürliche Weise ein Verlust an Schallenergie eintritt.

Der zweite Anteil α_k wird auf die Wärmeleitfähigkeit eines fluiden Mediums zurückgeführt. Rechnerisch wird erhalten

$$\alpha_k = \frac{2\,\pi^2\,\nu^2\,M\,(\varkappa-1)}{\varrho\,u^3\,C_p} \cdot k. \tag{II.76}$$

Die Wärmeleitfähigkeit wird durch den Koeffizienten k beschrieben. Die Wärmemenge Q, die nach Fig. 14 in der Zeit t senkrecht durch eine Fläche F, in der das Temperaturgefälle $\partial T/\partial x$ herrscht, hindurchtritt, sei diesem Gefälle wieder proportional:

$$\frac{Q}{F} = -\,k\left(\frac{\partial T}{\partial x}\right)_T t\,.\qquad\text{(II.77)}$$

Das Minuszeichen zeigt an, daß der Wärmestrom in der Richtung der Temperaturabnahme fließt. Der Wärmeleitfähigkeitskoeffizient k hat die Dimension [cal cm^{-1} sec^{-1} grad^{-1}] und gibt die Wärmemenge an, die durch einen Einheitswürfel in 1 sec bei einem Temperaturgefälle von 1 Grad hindurchfließt. In dem Anteil α_k kommt zum Ausdruck, daß infolge der Wärmeleitfähigkeit eines Mediums prinzipiell zwischen den Kompressions- und den Dilatationsgebieten einer Schallwelle ein Energieaustausch stattfinden muß, so daß die Schallfortpflanzung, wenn man den strengsten Maßstab anlegt, nie völlig adiabatisch sein kann und die Schallgeschwindigkeit um eine Winzigkeit verkleinert sein muß. Der oben ausgeklammerte Anteil α_{st} wirkt in derselben Richtung.

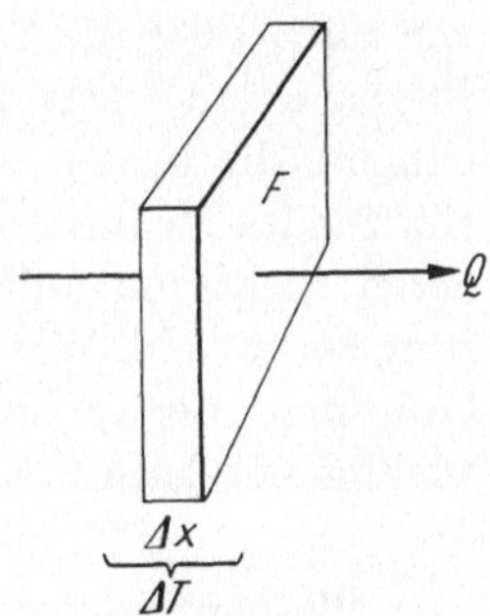

Fig. 14. Skizze zur Definition des Wärmeleitfähigkeitskoeffizienten

Faßt man die beiden Gln. (II.74) und (II.76) zusammen, so erhält man die Gleichung

$$\frac{\alpha}{\nu^2} = \frac{2\pi^2}{\varrho\,u^3}\left(\frac{4}{3}\,\eta + \frac{M(\varkappa-1)}{C_p}\,k\right).\qquad\text{(II.78)}$$

Diese klassische Formulierung fordert die Konstanz der Absorptionsgröße α/ν^2, wenn Temperatur und Druck im Medium vorgegeben sind. Berechnet man α/ν^2 für die beiden die atmosphärische Luft zusammensetzenden Gase Stickstoff N_2 und Sauerstoff O_2, so ergibt sich eine sehr gute Übereinstimmung von Rechnung und Messung. Beispielsweise hat bei 20° C, dem Außendruck 1 kp/cm^2 und der Frequenz $\nu = 600$ kHz Sauerstoff den Wert $\alpha/\nu^2 = 1{,}7\cdot10^{-13}$ [sec^2 cm^{-1}], der mit dem theoretischen Wert nach Formel (II.78) völlig übereinstimmt. Bei Stickstoff ist der gemessene Wert mit $1{,}35\cdot10^{-13}$ dem theoretischen mit $1{,}4\cdot10^{-13}$ sehr nahe. Das ist aber auch beinahe alles, was zur Bestätigung gerechneter Werte von α/ν^2 gesagt werden kann. In der Wirklichkeit liegen die gemessenen Werte bei anderen Stoffen meist mindestens 10 mal höher. Wenn Relaxation dazukommt, können sie sogar 1000 mal größer werden. Es ist bemerkenswert, daß in der Natur gerade die beiden Gase N_2 und O_2, aus denen sich die Luft zusammensetzt, die angegebenen kleinen klassischen Werte haben. Diese Kleinheit ist offensichtlich für dieses eine Lebenselement von Lebewesen notwendig. Ähnlich liegen die Dinge bei dem anderen Lebenselement dem Wasser. Hier stimmt der nach (II.78) berechnete Wert $\alpha/\nu^2 = 9 \cdot 10^{-17}$ mit dem gemessenen $25 \cdot 10^{-17}$ wenigstens der Größenordnung nach überein.

Es sind viele Überlegungen angestellt worden, um die Unstimmigkeiten zwischen Gl. (II.78) und der Wirklichkeit aufzuklären. Es wurde gefunden, daß in Gl. (II.73) noch ein vierter Anteil angesetzt werden muß, der auf Relaxationsvorgängen beruht. Dieser Anteil kann erheblich größer als alle übrigen sein. Für den relaxationsfreien Betrag von α/ν^2 blieb aber die Schwierigkeit der Erklärung bestehen, besonders in Flüssigkeiten. Das kann mit der Kontinuumshypothese zusammenhängen, die in den makroskopisch definierten Größen η und k steckt. Ein fluides Medium besteht ja in Wirklichkeit aus diskreten Molekülen, deren Elektronenhüllen Viscosität, Wärmeleitung und Schallfortpflanzung vermitteln. Wir werden in Ziffer 192 sehen, daß man ohne eine Verknüpfung der Schallabsorption mit Viscosität und Wärmeleitung auskommen kann.

29. Einfluß der Schwingungsform auf die Schallabsorption

Aus Gl. (II.78) und den anschließenden Betrachtungen geht hervor, daß die Schallabsorption wegen der Proportionalität

$$\alpha \sim \nu^2$$

nur dann mit den Formeln (II.71) und (II.72) exakt bestimmt werden kann, wenn die Ultraschallwellen reine Sinuswellen sind. Jede nichtsinusförmige durch Aufsteilung entstandene Schallwelle oder jeder nur aus mehreren Einzelschwingungen gebildeter Wellenzug oder jede mit steiler Front sich vorwärts bewegende Stoßwelle kann nach dem Theorem von FOURIER[1] in eine Grundschwingung und eine Anzahl dazu harmonischer Oberschwingungen zergliedert werden. Diese Oberschwingungen werden viel stärker als die Grundschwingung gedämpft. Über diese Fourier-Zerlegung nichtsinusförmiger Schwingungsvorgänge gibt es so viele Darstellungen, daß hier auf Rechnungsbeispiele und Literaturangaben verzichtet werden kann.

Das Theorem von FOURIER besagt, daß eine beliebige im Intervall von 0 bis 2π stetige Funktion $f(x)$ durch die unendliche Reihe

$$f(x) = \frac{a_0}{2} + \sum_{n=1}^{\infty} (a_n \sin 2\pi n\nu x + b_n \cos 2\pi n\nu x) \qquad \text{(II.79)}$$

---

[1] FOURIER, J. B.: Theorie analytique de la chaleur. Paris 1822. S. 258 u. f. — GEORG SIMON OHM hat das Theorem von FOURIER zuerst auf akustische Vorgänge angewendet. Pogg. Ann. Phys. u. Chem. **135**, 513 (1843).

dargestellt werden kann. Die Koeffizienten a_0, a_n und b_n ergeben sich aus der Funktion $f(x)$ nach den Vorschriften

$$\left.\begin{aligned}
a_0 &= \frac{1}{2\pi} \int_0^{2\pi} f(x)\,dx \\[2mm]
a_n &= \frac{1}{\pi} \int_0^{2\pi} f(x)\sin 2\pi(nv)\,x\,dx \\[2mm]
b_n &= \frac{1}{\pi} \int_0^{2\pi} f(x)\cos 2\pi(nv)\,x\,dx.
\end{aligned}\right\} \qquad \text{(II.80)}$$

Damit ist die durch das Experiment gegebene Kurve $f(x)$ in die Partialschwingungen der Frequenzen v, $2v$, $3v$, $4v \ldots nv$ aufgelöst. Man spricht auch von der Grundfrequenz v und der 2., 3. Harmonischen usw. Die Fourier-Analyse selbst kann rechnerisch, graphisch oder mit Hilfe eines mechanischen Analysators vorgenommen werden.

Die Anwendung der Fourier-Analyse auf die in Fig. 7 dargestellten Schallwellen endlicher Amplitude, die ihre Form mit zunehmendem Abstand vom Schallsender ständig verändern, ist keine einfache Sache. Die Form muß nämlich erst indirekt aus optischen Versuchen erschlossen werden, wie in Ziffer 22 ausgeführt wurde. Man wird es daher vorziehen, einen analytischen Ausdruck für die Schwingungsform aufzustellen und diesen zu analysieren, um einen Überblick über das Frequenzspektrum zu gewinnen. Erst wenn man einen solchen Überblick hat, kann man in aller Strenge beurteilen, ob ein gemessener Absorptionskoeffizient wirklich der Grundfrequenz allein zukommt oder nicht. Eine exakte

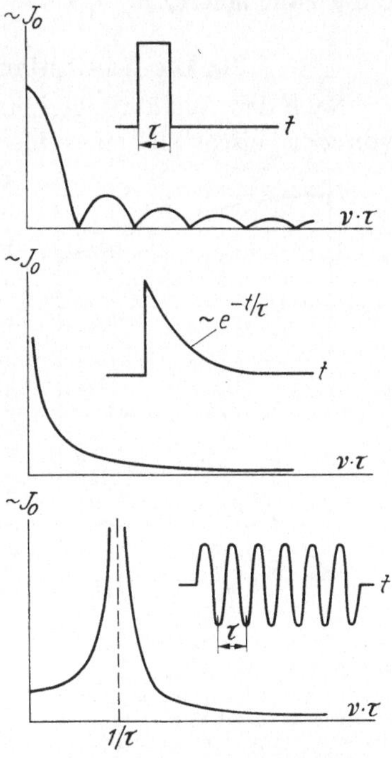

Fig. 15. Skizzen der Frequenzspektren, welche die Fourier-Analyse für drei Impulsformen liefert

Absorptionsmessung mit Schallwellen endlicher Amplitude wird besonders schwierig, wenn bei der Aufsteilung höhere Frequenzen erscheinen, die zu einem Relaxationsgebiet gehören. Alle diese Überlegungen zeigen, welche Problematik in einer Absorptionsmessung stecken kann.

Es ist daher unbedingt notwendig, daß Absorptionsversuche so geführt werden, daß kleinste Schallamplituden vorliegen. Wenn es aus schaltungstechnischen Gründen unmöglich ist, die Amplituden klein zu halten, dann muß man nach der Vorschrift von Ziffer 24 versuchen, von mehreren Schallintensitäten aus auf die Intensität Null zu extrapolieren.

Auf Grund des Fourierschen Theorems hat die Schallabsorption auch auf andere für molekularakustische Probleme wichtige Schwingungsformen einen wesentlichen Einfluß, z. B. auf den Rechteckimpuls, den ein Funkenknall in einer Flüssigkeit liefert, oder auf den steil ansteigenden und dann langsamer abfallenden Impuls einer Knallwelle in Gasen, oder auf die Wellengruppe, mit der in Impuls-Echo-Geräten zur Bestimmung von Schallgeschwindigkeit und Schallabsorption gearbeitet wird. Wir können darauf nicht weiter eingehen und beschränken uns mit Fig. 15 auf die Wiedergabe der Frequenzspektren, welche die Fourier-Analyse für diese Fälle liefert.

30. Die Absorption als Funktion der Intensität

Nach den Ausführungen in Ziffer 29 hängt die Absorption nicht nur von der Viscosität eines Mediums, sondern auch von den Fourier-Koeffizienten des Wellentypus ab. Dieser wiederum ist eine Funktion der vom Sender gelieferten Schallintensität. Die experimentelle Prüfung wird sich daher vorzugsweise auf den Zusammenhang zwischen Absorption und Intensität zu erstrecken haben. Fox[1] und WALLACE untersuchten die Absorption in Wasser und Tetrachlorkohlenstoff als Funktion von Schallintensität und Abstand vom Sender. Sie stellten fest, daß $2\alpha/v^2$ in Wasser bei 10 MHz um den Faktor 5 und in Tetrachlorkohlenstoff bei 5 MHz um den Faktor 2 ansteigt, wenn die Intensität von infinitesimalen Werten auf etwa 5 Watt/cm² erhöht wird. Dieser Befund zeigt, daß es in der Technik schwierig ist, größere Schallintensitäten in größerer Entfernung von einem Sender zu erzeugen.

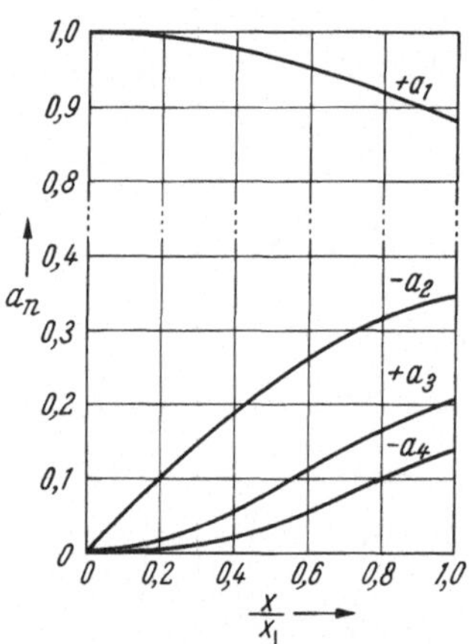

Fig. 16. Die ersten vier Fourier-Koeffizienten a_1 bis a_4 für eine anfänglich sinusförmig fortschreitende Welle endlicher Amplitude als Funktion des relativen Abstandes x/x_1 (nach HARGROVE)

Fox und WALLACE gaben den Verlauf der Fourier-Koeffizienten a_n als Funktion der Entfernung in einem dissipationslosen Medium auf Grund einer graphischen Konstruktion an. Ihre Angaben stimmen weitgehend mit denen überein, die HARGROVE[2] auf analytischem Wege abgeleitet hat

[1] Fox, F., and W. WALLACE: J. Acoust. Soc. Amer. **26**, 994—1006 (1954).
[2] HARGROVE, L.: J. Acoust. Soc. Amer. **32**, 511—512 (1960).

und die in Fig. 16 gezeichnet sind. Als Abszisse ist hier die Entfernung x in Einheiten des Abstandes $x_|$ aufgetragen worden (s. Ziffer 21). In einer schon länger zurückliegenden theoretischen Arbeit hatte FAY[1] sich mit der Fourier-Analyse einer Schallwelle mit endlichen Amplituden in freier Luft befaßt und war zu dem Ergebnis gekommen, daß auf Grund des Zusammenwirkens der Abnahme der Schallamplituden durch die Viskosität des Mediums und des relativen Anstieges ihrer Aufsteilung der Koeffizient α/ν^2 bei niedrigeren Frequenzen stärker mit der Intensität ansteigen müsse als bei höheren Frequenzen. Ob diese für Luft gemachte Aussage

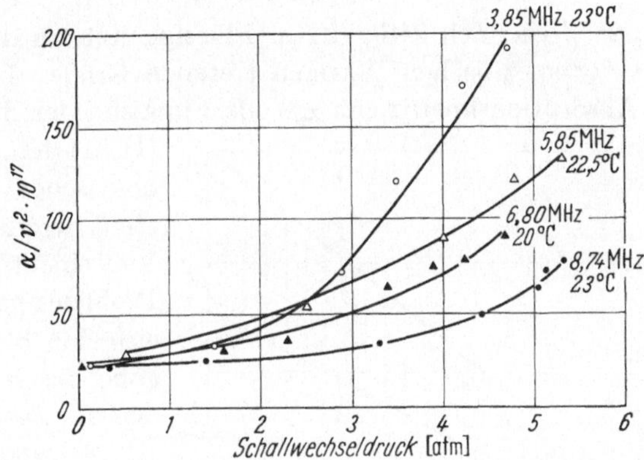

Fig. 17. α/ν^2 in Wasser als Funktion des Schallwechseldrucks bei verschiedenen Frequenzen (nach NARASIMHAN und BEYER)

auch in jedem anderen Falle zutrifft, ist noch nicht ausreichend untersucht worden. Bei destilliertem Wasser fanden NARASIMHAN[2] und BEYER sie qualitativ bestätigt, wie die nebenstehende Fig. 17 zeigt.

In einer schon oben erwähnten ausführlichen Arbeit hat NAUGOLNYKH[3] die Fragen des Anstiegs der Schallabsorption mit der Aufsteilung und mit dem Druck behandelt. Für Wasser findet er (in Ergänzung von Fig. 17), daß bei 100 kHz schon eine Verdopplung von α eintritt, wenn man von infinitesimalen Druckamplituden auf einen Wert von 0,01 kp/cm³ geht. Er bevorzugt in seiner Arbeit eine Darstellung des Zusammenhangs zwischen Absorption und Intensität in der Form

$$\frac{\alpha_\varrho}{\alpha} = f(Re).$$

Re ist die in Ziffer 23 durch die Definition

$$Re = \frac{v_0 \Lambda}{\zeta} \equiv \frac{2\pi \xi_0 u}{\zeta} = \frac{1}{\zeta v}\sqrt{\frac{2Ju}{\varrho}} \qquad (II.81)$$

[1] FAY, R.: J. Acoust. Soc. Amer. **3**, 222—241 (1931/32).

[2] NARASIMHAN, V., and R. T. BEYER: J. Acoust. Soc. Amer. **28**, 1233—1236 (1956).

[3] NAUGOLNYKH, K.: Sovjet Physics, Acoustics **4**, 115—124 (1958).

eingeführte Reynoldssche Zahl[1]. α_e stellt den für endliche Amplituden gemessenen Absorptionskoeffizienten dar. Die kinematische Zähigkeit ist bei NAUGOLNYKH durch

$$\zeta = \frac{1}{\varrho}\left(\frac{4}{3}\,\eta_S + \eta\right)$$

definiert, wobei mit η_S die Scherviscosität und mit η die Volumenviscosität bezeichnet ist. Er findet dann für Flüssigkeiten die Beziehung

$$\frac{\alpha_e}{\alpha} \approx \frac{K_2/2K_1 + 1}{\pi}\,Re. \tag{II.82}$$

Darin ist $K_2/2K_1$ die nach Ziffer 21 in Flüssigkeiten an die Stelle des Verhältnisses der spezifischen Wärmen tretende Größe. In Fig. 18 ist der relative Absorptionskoeffizient α_e/α als Funktion der durch Formel (II.81) definierten Reynoldsschen Zahl dargestellt worden. Bei der Vielschichtigkeit des Problems haben wir uns auf eine bloße Wiedergabe des Bereiches, für den der Zusammenhang (II.82) gilt, beschränkt und nur eine Meßreihe von Fox und WALLACE eingetragen. Die Fig. 18 ist für das Verhältnis $K_2/2K_1 = 7$ gezeichnet worden; das entspricht der Flüssigkeit Wasser.

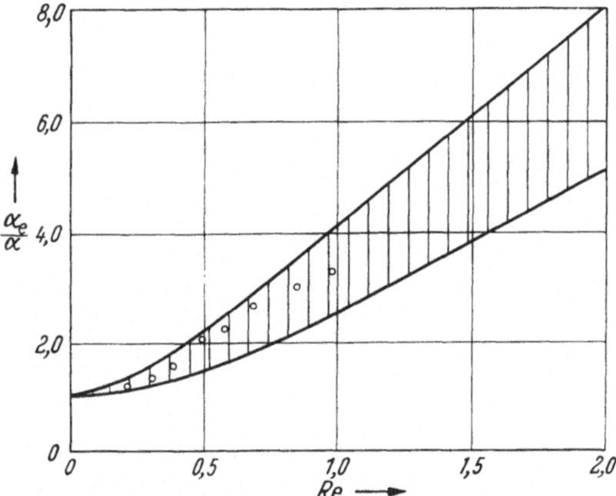

Fig. 18. Der relative Absorptionskoeffizient als Funktion der Reynoldsschen Zahl

Wenn man die Ausführungen in den Ziffern 20 bis 30 überdenkt, kann man den Eindruck haben, daß saubere Schallabsorptionsmessungen zu den schwierigen und unerfreulichen Dingen der Ultraschallphysik gehören. Das mag auch zutreffen, wenn man meint, mit großen Schallintensitäten arbeiten zu müssen. In der Molekularakustik sind aber meist kleine Intensitäten erwünscht und notwendig. Dafür lassen sich aber die Messungen immer exakt genug durchführen und auswerten. Es ist aber unbedingt notwendig, daß sich der Experimentator über die geschilderten Zusammenhänge klar ist. Ihre Nichtbeachtung hat in der Vergangenheit zu der Unzuverlässigkeit der mitgeteilten Meßwerte wesentlich beigetragen.

---

[1] Die Reynoldssche Zahl als Kriterium benutzt auch GOLDBERG in seinen theoretischen Untersuchungen: Sovjet Physics, Acoustics **2**, 346—350 (1956); **3**, 157—162, 340—347 (1957).

G. Gruppengeschwindigkeit und Phasengeschwindigkeit

31. Beispiele für Gruppengeschwindigkeiten aus der Physik

Bei der Integration der Wellengleichung in Ziffer 5 hatte sich ergeben, daß sich alle Phasen einer bei Zeitbeginn vorhandenen sinusförmigen Schwingung mit der gleichen Phasengeschwindigkeit ausbreiten. Die Phasengeschwindigkeit wurde als unabhängig von der Wellenlänge angenommen. Diese Unabhängigkeit ist in der gewöhnlichen Akustik der Normalfall; daher hat man sich daran gewöhnt die Bezeichnungen „Phasengeschwindigkeit" und „Schallgeschwindigkeit" synonym zu gebrauchen. Auch komplizierte und durch die Funktion (II.79) beschriebene Schwingungen pflanzen sich dann mit dieser Phasengeschwindigkeit fort.

Anders liegen dagegen die Verhältnisse, wenn die Ausbreitung der Partialwellen eines Frequenzgemisches von ihrer Wellenlänge abhängt. Diese Wellen mögen alle durch dasselbe Ereignis ausgelöst worden sein und von ihm ihre Energie empfangen haben. Es ist unmittelbar anschaulich, daß die Partialwellen dann allmählich mit den ihnen arteigenen Phasengeschwindigkeiten auseinanderlaufen werden. Ihr gemeinsames Energiezentrum wird aber mit anderer Geschwindigkeit fortschreiten als die schnellsten und langsamsten Partialwellen. In der Bewegung dieses Energiezentrums repräsentiert sich gewissermaßen die Geschwindigkeit der ganzen Gruppe, so daß man von einer *Gruppengeschwindigkeit* spricht. Liegt Dispersion vor, d.h. hängen die Phasengeschwindigkeiten von der Wellenlänge oder der Frequenz ab, dann kann die Gruppengeschwindigkeit größer oder kleiner als die Phasengeschwindigkeit von Partialwellen sein. Das hat die wichtige Konsequenz, daß bei einer Dispersion in einem fluiden Medium nur die Gruppengeschwindigkeit gemessen werden kann, nicht aber die Phasengeschwindigkeit. Durchmißt man z.B. mit einem zeitlich begrenzten Ultraschallsignal eine Strecke, so benutzt man dabei den Anfang oder das Ende oder eine ausgeprägte Spitze des Signals. Auf Grund der Fourier-Analyse (s.Fig.15) geschieht die Messung der Schallgeschwindigkeit dann in der Form einer Gruppengeschwindigkeit des Signals.

Es gibt viele Demonstrationsbeispiele für den Unterschied zwischen Gruppengeschwindigkeiten und Phasengeschwindigkeiten. Nach den ersten diesbezüglichen Untersuchungen von WILHELM WEBER[1] und seinem Bruder HEINRICH demonstriert man sie an Wasserwellen, deren Geschwindigkeit v gemäß. $v = \sqrt{\dfrac{g}{2\pi}\lambda}$ von der Wellenlänge abhängt. Bei langen runden Stäben mit dem Radius r hängt die Geschwindigkeit

---

[1] WEBER, W. u. H.: Wellenlehre auf Experimente begründet. Leipzig 1825.

u_b der Biegewellen von der Frequenz ν gemäß der Formel $u_b = \sqrt{\pi r \nu}\,\sqrt[4]{E/\varrho}$ ab[1].

In der Optik versteht man unter Lichtgeschwindigkeit die Phasengeschwindigkeit des weißen Lichtes, wenn das Medium durch den leeren Raum gegeben ist, wie z. B. bei der Methode der Beobachtung der Verfinsterung der Jupitermonde durch OLAF RÖMER. Man mißt aber eine von jener stark abweichende Gruppengeschwindigkeit, wenn das Medium aus Materie besteht, z. B. aus Schwefelkohlenstoff oder Glas, wie sie zur Erzeugung eines Spektrums benutzt werden. Am prägnantesten ist der Unterschied zwischen Gruppen- und Phasengeschwindigkeit bei den Materiewellen der Quantenmechanik. Dort kann eine große bewegliche Masse als Wellengruppe von Materiewellen aufgefaßt werden. Den einzelnen Materiewellen sind Überlichtgeschwindigkeiten zuzuordnen, während ihre Gruppengeschwindigkeit mit der langsamen Bewegungsgeschwindigkeit der Masse identisch ist.

32. Die Rayleighsche Formel

Der einfachste und für die Molekularakustik wichtigste Fall, bei dem der Unterschied zwischen Gruppen- und Phasengeschwindigkeit berücksichtigt werden muß, liegt vor, wenn zwei Partialschwingungen ungefähr die gleiche Amplitude, aber etwas verschiedene Wellenlängenabhängigkeit haben. Man spricht dann von einer „Schwebung mit Dispersion". Für diesen Fall hat LORD RAYLEIGH die Beziehung

$$u^* = u - \Lambda \frac{du}{d\Lambda} \tag{II.83}$$

abgeleitet, die auch oft in der Gestalt

$$\frac{1}{u^*} = \frac{d\left(\dfrac{\nu}{u}\right)}{d\nu}$$

angegeben wird. Diese Gruppengeschwindigkeit u^* wird als Schallgeschwindigkeit in den modernen Impuls-Echo-Geräten gemessen. Diese Geräte geben Impulse, die sich nach FOURIER aus einer Grundschwingung und ihren harmonischen Oberschwingungen derart zusammensetzen lassen, daß diese sich außerhalb des Impulses selbst gegenseitig auslöschen. Übt das Medium Dispersionswirkungen aus — sie sind zahlenmäßig sehr klein —, so laufen gewisse Partialwellen mit etwas anderer Geschwindigkeit als die übrigen hindurch. Da man das Signalmaximum, welches dem Energiezentrum entspricht, zu beobachten pflegt, mißt man die Gruppengeschwindigkeit u^* und nicht die Phasengeschwindigkeit, die hier nicht beobachtbar ist.

---

[1] Ausführlich erläutert z. B. bei CL. SCHAEFER, Einführung in die theoretische Physik, Bd. 1, Kap. 15, Abschnitt 162

Kapitel III

Die Erzeugung von Ultraschallwellen

33. Magnetostriktive und piezoelektrische Methoden

Nach den Ausführungen in Kap. II, Abschnitt E, muß man bestrebt sein, bei molekularakustischen Untersuchungen mit möglichst geringer Schallintensität zu arbeiten. Daher spielen die sonst beim technischen Ultraschall wichtigen hochfrequenztechnischen Fragen der rationellen Erzeugung und möglichst verlustarmen Übertragung großer Schallenergie und die damit zusammenhängenden Fragen optimaler Anpassung von Sender und Empfänger an ein Medium hier nur eine geringe Rolle. Nur bei Meßgeräten höchster Präzision und Genauigkeit wie z. B. bei dem in Ziffer 44 beschriebenen Phasenvergleichsinterferometer oder bei einigen Impulsgeräten müssen eingehende hochfrequenztechnische Berechnungen, die den meisten Physikern und Chemikern nicht liegen, angestellt werden.

In der Tabelle III/1 sind die Materialien und die Frequenzdaten zusammengestellt worden, die in der Molekularakustik am meisten gebraucht

Tabelle III/1. *Die Eigenfrequenzen verschiedener Ultraschallschwinger*

Material	Form und Schnitt	Eigenfrequenz der Grundschwingung [Hz]	Üblicher Anwendungsbereich	Obere Grenze einer sicheren Betriebstemperatur
Nickelblech	Fig. 19	$\nu = \dfrac{480\,000}{2l}$	10 kHz bis 100 kHz	350° C
Quarz-Kristall (SiO_2)	Fig. 20a	$\nu = \dfrac{545\,000}{2l}$	50 kHz bis 200 kHz	550° C
	Fig. 20b	$\nu_x = \dfrac{570\,000}{2l}$	150 kHz bis 30 MHz für $n > 1$ bis $\sim$1000 MHz	
Turmalin-Kristall	Fig. 21	$\nu = \dfrac{720\,000}{2l}$	2 MHz bis 60 MHz für $n > 1$ bis $\sim$1000 MHz	
Barium-titanat-Keramik ($BaTiO_3$)	Fig. 22	$\nu = \dfrac{440\,000}{2l}$	100 kHz bis 5 MHz für $n > 1$ bis 100 MHz	100° C

werden. In der dritten Spalte stehen die praktischen Formeln, die man zur schnellen Berechnung der Eigenfrequenz eines Ultraschallschwingers braucht. Ihnen liegt die Formel

$$v = \frac{n}{2l} \sqrt{\frac{E}{\varrho}} \qquad\qquad (\text{III.1})$$

zu Grunde. l ist die Ausdehnung in Schwingungsrichtung, E der Elastizitätsmodul in der gleichen Richtung. Für $n = 1$ liegt die Grundschwingung vor. Es war die wichtige Entdeckung von CADY[1] 1922, daß starke Schwingungen erregt werden, wenn Formel (III.1) mit der Schwingungskreisformel

$$v = \frac{1}{2\pi\sqrt{LC}}$$

kombiniert wird. Die praktischen Formeln der Tabelle III/1 dienen der überschlägigen Berechnung. In der Praxis wird man die Frequenz stets mit einem Wellenmesser zu kontrollieren haben oder man steuert den Sender mit einem piezoelektrischen Frequenznormal.

Magnetostriktive Schwinger für den unteren Frequenzbereich des Ultraschalls werden meist aus Nickelblech aufgebaut. Man kann ein einzelnes dünnes Blech nehmen und nach Fig. 19 so zusammenbiegen, daß keine geschlossenen Wirbelströme entstehen. An das Ende lötet man hart eine Kappe zur Schallabstrahlung an. Gehaltert wird der Schwinger in der Knotenebene[2]. Bei magnetostriktiven Schwingern ist stets eine Gleichstromvormagnetisierung notwendig, damit sie im richtigen Arbeitspunkt schwingen und keine Verdopplung und Verzerrung der Frequenz zeigen. Meist benutzt man Schwinger, die nach Fig. 19 aus Nickelpacketen aufgebaut und bisweilen zu mehreren in einem Aggregat zusammengefaßt sind. Die Schallabstrahlung erfolgt von der angeschliffenen Stirnfläche. Nähere Unterlagen über magnetostriktive Schallsender finden sich in den Büchern von HUETER[3] und BOLT

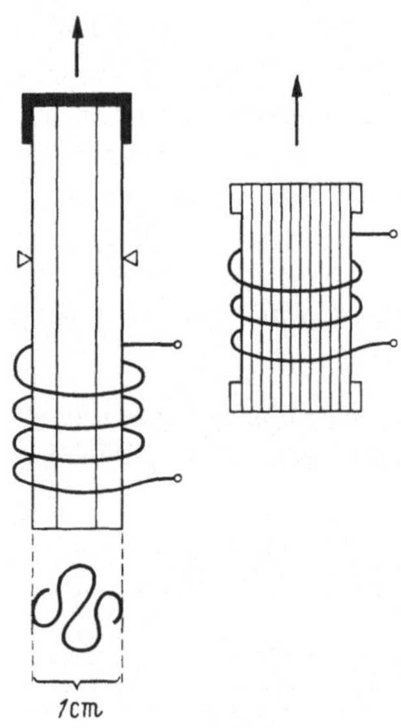

Fig. 19. Aufbau einfacher magnetostriktiver Schwinger

---

[1] CADY, W. G.: The Piezoelectric Resonator. Proc. Inst. Radio Engrs. 10, 83—114 (1922).

[2] Näheres über diesen Schwinger und seine elektrische Schaltung bei SCHAAFFS, Kapitel Ultraschall in Methoden der Organischen Chemie" (HOUBEN-WEYL) Bd. III, 2, S. 987—1002. Stuttgart: Georg Thieme 1955.

[3] HUETER, TH., and P. BOLT: Sonics, Kap. 5. New York: John Wiley and Sons 1955.

sowie von E. G. RICHARDSON[1]. Für Ultraschallfrequenzen unter 30 kHz gewinnen neuerdings piezomagnetische keramische Werkstoffe an Bedeutung. Sie haben einen viel höheren elektro-akustischen Wirkungsgrad als die magneto-striktiven Materialien aus Metall. Eine ausführliche vergleichende Analyse keramischer und metallischer Schwinger hat VAN DER BURGT[2] gegeben.

Über Ultraschallsender auf piezoelektrischer Grundlage gibt es eine reichhaltige Literatur. Ein wertvolles wissenschaftliches Werk ist das von MASON[3], desgleichen das von CADY[4]. Über Quarz allein unterrichtet die Monographie von SCHEIBE[5]. In dem schon genannten Buch von HUETER und BOLT handelt das 4. Kapitel von piezoelektrischen Wandlern. Eine Übersicht über diese Wandler und ihre Materialeigenschaften gibt auch DOBELLI[6].

Bei Quarzstäben ist stets ein Winkel von 71,5° gegen die optische z-Achse gemäß Fig. 20a einzuhalten, damit die Amplitudenverteilung über die schallaussendende Fläche gleichmäßig ist. Bei kreisförmigen Quarzplatten, die als Dickenschwinger arbeiten sollen, steht die elektrische x-Achse senkrecht auf den Plattenflächen. Diese einfache und meistgebrauchte Form hat aber aus Gründen, deren Erläuterung hier zu weit führen würde, eine sehr unregelmäßige und frequenzabhängige Amplitudenverteilung, die SCHAAFFS[7] an polierten und halbdurchsichtig metallisierten Platten mittels einer Schlieren-

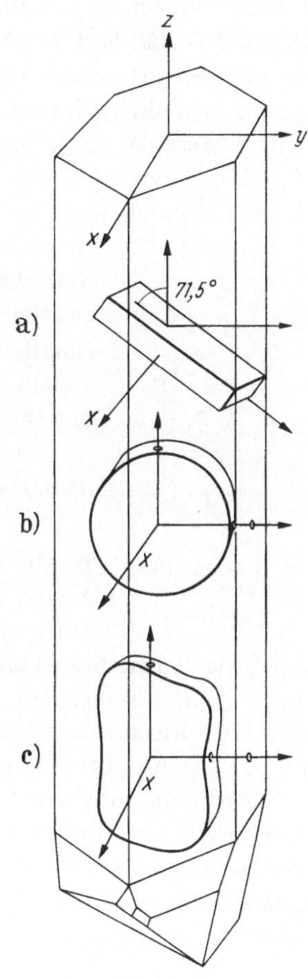

Fig. 20. Verschiedene Schnittformen piezoelektrischer Schwinger aus Quarz

[1] RICHARDSON, E. G.: Technical Aspects of Sound, Bd. 2, darin S. 75 bis 107. Amsterdam: Elsevier Publ. Comp. 1957.

[2] BURGT, VAN DER: Valvo-Berichte 5, 1—33 (1959).

[3] MASON, W.: Piezoelectric Crystals and their Application to Ultrasonics. New York 1950. 508 S., 200 Fig.

[4] CADY, W.: Piezoelectricity. New York: McGraw-Hill Book Comp. 1946. 854 S., 173 Fig. Dies ist ein vorzügliches Buch.

[5] SCHEIBE, A.: Piezoelektrizität des Quarzes. Dresden und Leipzig: Theodor Steinkopff 1938. 233 S. 175 Fig.

[6] DOBELLI, A.: Acustica 6, 346—356 (1956).

[7] SCHAAFFS, W.: Z. Physik 105, 576—578 (1937).

anordnung sichtbar gemacht hat. An den Stellen stärkster Schwingungsamplituden wird die Quarzplatte warm und erzeugt in einer Flüssigkeit
Zerstreuungslinsen, so daß auf einem Projektionsschirm dunkle Flecke
mit hellen Rändern erscheinen, wie die Fig. 23 zeigt. Schon geringe Frequenzänderungen lassen Ort und Ausdehnung der Bereiche stärkerer Erregung erheblich schwanken. Um eine Stelle stärkster Schallemission eindeutig festlegen zu können, ist es notwendig, der Quarzplatte gemäß
Fig. 20c in der yz-Ebene eine Umrandung zu geben, die den geometrischen
Ort der Wurzeln aus den Elastizitätsmoduln der yz-Ebene darstellt. Da-

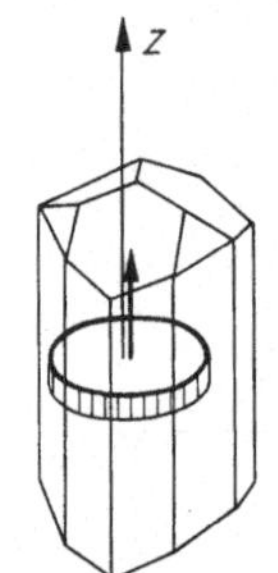

durch wird erreicht, daß elastische Störungen, die von
der Mitte ausgehen, den Rand zu gleicher Zeit erreichen und umgekehrt. Dann erfolgt die Ultra-
schallemission in definierter Weise von der Mitte der
Platte aus. Über Einzelheiten hat SCHEIBE in dem
erwähnten Buche eingehend berichtet. Quarzkristalle
in den Schnittformen nach Fig. 20a und 20c werden
nach ihrem Entdecker auch Straubel-Quarze genannt[1].

Fig. 21. Schnitt einer
piezoelektrischen
Platte aus Turmalin

Mit steigender Eigenfrequenz wird eine Kristallplatte immer dünner. Dadurch wird ihre Kapazität
größer und die Anpassung an die Betriebsbedingungen
eines elektrischen Schwingungskreises immer schwie-
riger. Bei Turmalinkristallen liegen diese Verhältnisse etwas günstiger als
beim Quarz. Außerdem ist beim Turmalin, dessen einzige polare Achse
mit der optischen z-Achse zusammenfällt, in dem üblichen Schnitt nach
Fig. 21 die Amplitudenverteilung gleichmäßig. Nachteilig ist, daß es in
der Natur nur selten größere Kristalle gibt, so daß man sich meist mit
runden Platten von 10 mm Durchmesser begnügen muß.

Die von einer Kristallplatte abgestrahlte Schallintensität ist dem
Quadrat der Amplitude ξ_0 proportional [vgl. Formel (II.56)]. Auf Grund
des reziproken piezoelektrischen Effekts ist ξ_0 von der Spannung V und
der piezoelektrischen Konstanten d linear abhängig. Mithin ist

$$I \sim d^2 V^2 . \tag{III.2}$$

Wegen der kleinen piezoelektrischen Konstanten des Quarzes von
$d = 6{,}36 \cdot 10^{-8}$ $[\mathrm{cm}^{\frac{1}{2}} \mathrm{g}^{-\frac{1}{2}} \mathrm{s}^1]$ muß man meist eine Spannung von einigen
hundert Volt für Ultraschallversuche aufwenden. Das hat bei hohen
Frequenzen und sehr dünnen Quarzplatten oft erhebliche Isolations-
schwierigkeiten zur Folge. Sie können durch die Verwendung von
Bariumtitanat, das eine piezoelektrische Konstante von $d \approx 600 \cdot 10^{-8}$
hat, überwunden werden.

Bariumtitanat $\mathrm{BaTiO_3}$ ist eine bei hohen Temperaturen aus einem
Brei gebrannte Keramik, die in beliebig geformten Platten, Stäben und

---

[1] STRAUBEL H.: Z. Hochfr. u. Electroak. **38**, 14—32 (1931).

Schalen herstellbar ist. Wenn man eine Platte aus diesem Material bis unterhalb der Curie-Temperatur von 120° C in ein elektrisches Feld bringt, so wird sie polarisiert. Die Titanatome im Bariumtitanatgitter des Perovskit-Typs werden in eine bestimmte stabile Lage gezogen und verursachen nach Fig. 22 eine Ausrichtung der Polarisationsvektoren der Kristallite. Infolge der hohen piezoelektrischen Konstante kann für gleiche abgegebene Leistung die Betriebsspannung erheblich niedriger als beim Quarz sein. Man kommt meistens mit Hochfrequenzspannungen von 10 Volt, die keine Isolierungsschwierigkeiten bereiten, aus. Der Schwinger ist mit nur wenigen Windungen an den Hochfrequenzsender induktiv anzukoppeln. Nach den Beobachtungen des Verfassers ist die Resonanzkurve einer mit dick aufgedampften Elektroden versehenen Bariumtitanatplatte verhältnismäßig flach, so daß man einen Frequenzbereich von 1 MHz bis 20 MHz unter Ausnützung der Oberschwingungen durchfahren und dabei mindestens die für Schallgeschwindigkeits- und Schallabsorptionsmessungen ausreichenden ersten Beugungsbilder des Schallgittereffekts ausmessen kann. Für Versuche mit sehr hohen Frequenzen ist Bariumtitanat wegen seiner ungewöhnlich großen Dielektrizitätskonstanten weniger geeig-

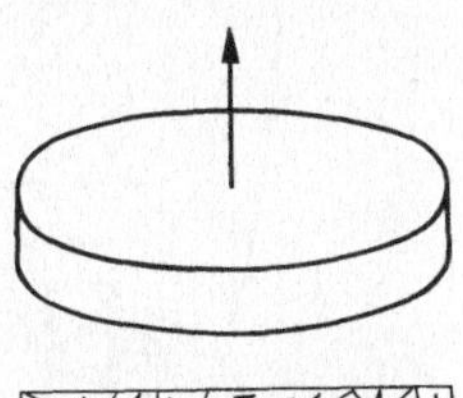
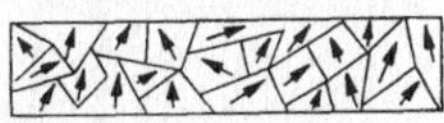

Fig. 22. Polarisation einer Bariumtitanatplatte

net. Bariumtitanatplatten schwingen leider mit ebenso unregelmäßiger Amplitude wie kreisrunde Quarzplatten, was aus ihrer Domänenstruktur heraus verständlich ist.

Für die Halterung und Fassung piezoelektrischer Schwinger können keine allgemeine Regeln gegeben werden, da die Versuchsbedingungen stark variieren. Nach der persönlichen Meinung des Verfassers sollte man aber dafür sorgen, daß Kristallplatten möglichst frei schwingen und nicht auf feste Unterlagen aufgedrückt oder gar aufgekittet werden. Der Verfasser bevorzugt eine Halterung, wie sie in Fig. 24 im Querschnitt dargestellt ist. Die leicht auswechselbare kreisrunde Platte Q liegt zwischen zwei Ringen, von denen der kleinere Ring durch federnde Bügel an die Platte angedrückt wird und durch nicht gezeichnete isolierende Abstandsstückchen gegen ein Verrutschen gesichert ist.

34. Erwärmung und ponderomotorische Wirkungen

Schwingt eine Kristallplatte im Hochfrequenzfeld, so wird ein Teil ihrer mechanischen Energie in Wärme verwandelt. Die Erwärmung ist nach Fig. 23 an den Stellen größerer Amplitude am stärksten. Da von der schwingenden Platte ponderomotorische Wirkungen ausgehen, wird die erzeugte Wärme schnell in das Schallfeld hineintransportiert und gibt dort zu großen Störungen Anlaß. Die ponderomotorische Wirkung kommt dadurch zustande, daß in der Phase, wo die Schallströmung (= Schallschnelle) von der Oberfläche des Schwingers weggerichtet ist, von der Seite her Flüssigkeit (oder Gas) angesaugt wird, die bei Umkehr der Phase nicht wieder zurückgedrückt werden kann. Man hat diesen Effekt mit dem in Ziffer 18 beschriebenen Schallstrahlungsdruck in Verbindung gebracht, doch scheint er eine Eigenständigkeit zu haben und

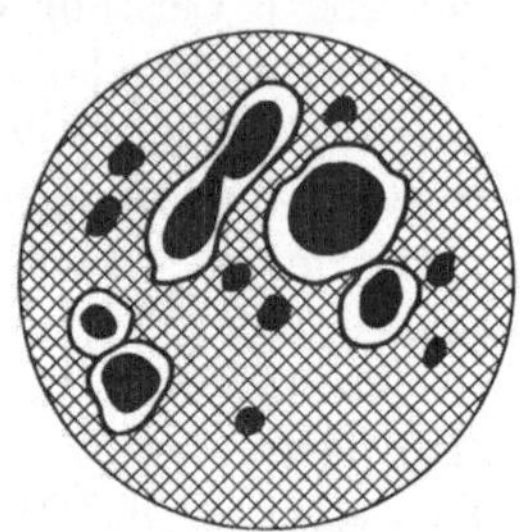

Fig. 23. Schlierenbild der Intensitätsverteilung auf der Oberfläche einer dünnen schwingenden Quarzplatte (nach SCHAAFFS)

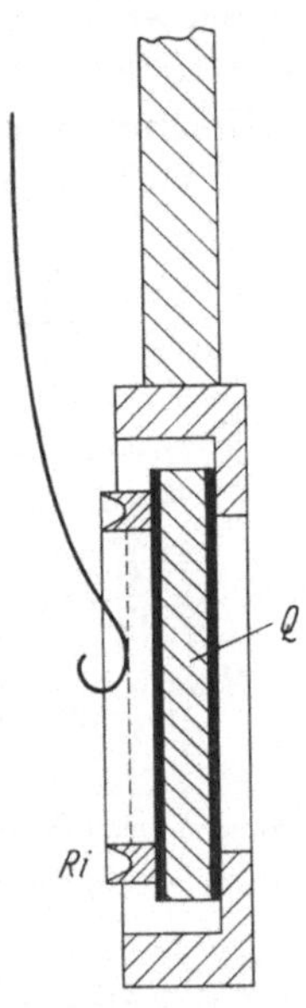

Fig. 24. Halterung für leicht auswechselbare kreisförmige piezoelektrische Schwinger

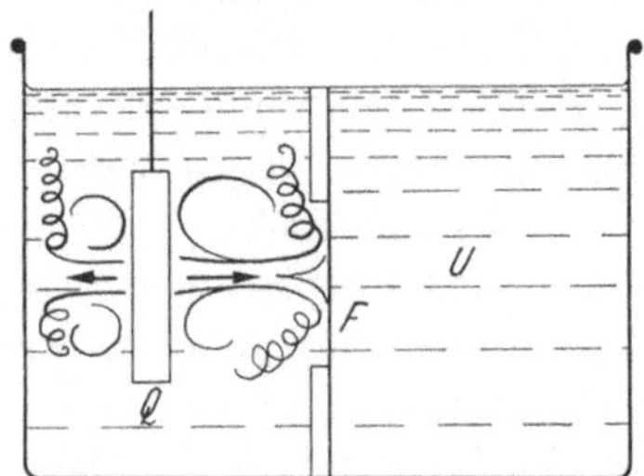

Fig. 25. Wärmetransport vor piezoelektrischen Schwingern infolge ponderomotorischer Wirkungen

nur bedingt mit jenem zusammenzuhängen. Die ponderomotorische Wirkung allein wäre an sich belanglos, sie wirkt sich nur durch die Kopplung mit der Erwärmung störend aus. Daher müssen die Schallschwinger Q nach Fig. 25 oft in ein vom Untersuchungsraum U getrenntes Gefäß gesetzt werden. Die Trennwand ist mit einem Fenster F zu versehen, dessen Dicke so gewählt wird, daß ein Maximum an Ultraschallenergie hindurchtreten kann. Die Durchlässigkeit Du läßt sich nach der Formel

$$Du = \frac{1}{1 + \frac{1}{4}\left(\frac{\varrho_2 u_2}{\varrho_1 u_1} - \frac{\varrho_1 u_1}{\varrho_2 u_2}\right)^2 \sin^2 \frac{2\pi l}{\varLambda_2}} \tag{III.3}$$

berechnen. Die Indizes „1" beziehen sich auf ein beiderseits des Fensters F gleiches Medium, die Indizes „2" auf das Fenstermaterial selbst. Die Durchlässigkeit ist relativ am größten, wenn die Dicke l des Fensters ein ganzzahliges Vielfaches der halben Wellenlänge Λ_2 darin ist:

$$l = n\frac{\Lambda_2}{2}; \quad n = 1, 2, 3, \ldots.$$

Untersuchungen der Strömungen im Ultraschallfeld mit Aluminiumflittern hat Liebermann[1] angestellt. Zarembo[2] und Shklovskaia-Kordi machen die Strömungen sichtbar, indem sie Filme von gefärbtem Wasser zwischen zwei nicht vermischte im Schallfeld bewegte Flüssigkeiten (Glycerin und Vaselinöl) einfließen lassen.

Kapitel IV

Die indirekten Meßmethoden zur Bestimmung der Schallgeschwindigkeit

35. Historisches über die direkte und indirekte Meßmethodik

Die direkten Methoden zur Bestimmung der Schallgeschwindigkeit u beruhen auf der Beziehung (II.12)

$$u = l/t$$

und enthalten echte Längen- und Zeitmessungen. Die Bestimmung der Schallgeschwindigkeit in atmosphärischer Luft aus der Zeit, die ein Signal braucht, um entweder eine bestimmte Wegstrecke zurückzulegen oder als Echo zurückzukehren, hat im 17. und 18. Jahrhundert die Physiker im Zusammenhang mit der durch Formel (II.19) repräsentierten Newtonschen Theorie sehr beschäftigt. Die Bestimmung der Schallgeschwindigkeit in Wasser nach der gleichen Methodik hat zum ersten Male Beudant im Jahre 1790 in einer Meeresbucht bei Marseille vorgenommen. Colladon[3] und Sturm berichteten darüber und schrieben 1827 eine Abhandlung über ihre eigenen exakten Untersuchungen im Genfer See. Die direkte Meßmethodik hat dann später in der Gestalt des Echolots von A. Behm in der Meerestiefenmessung eine große Bedeutung gewonnen.

Die wissenschaftliche Forschung bediente sich seit der klassischen Untersuchung von August Kundt 1866 vorzugsweise der indirekten Meßmethodik, die auf der Newtonschen Formel (II.13)

$$u = \Lambda \cdot \nu$$

beruht. Aber erst das Ultraschall-Interferometer von Pierce brachte 1925 jene universelle und meistangewendete Form des indirekten Meß-

---

[1] Liebermann, L.: Phys. Rev. **75**, 1415 (1949).

[2] Zarembo, L., u.V. Shklovskaia-Kordi: Sovjet Physics, Acoustics **3**, 401—402 (1957).

[3] Colladon, J.D., u. K. Sturm: Ann. Physik u. Chemie **88**. F. **12**, 171—189 (1828).

verfahrens, die auch durch die nachfolgenden optischen Methoden nicht verdrängt werden konnte. Zu den optischen Verfahren gehören die Messungen mit dem Schallgittereffekt, mit den sekundären Interferenzen und dem Amplitudengitter. Dabei nimmt der Schallgittereffekt insofern eine Sonderstellung ein, als die Messung von der Laufstrecke der Schallwellen unabhängig ist. Die einzige indirekte Meßmethodik, bei der nicht die Formel $u = \Lambda \nu$ zugrundeliegt, ist jene, bei der ein Machscher Winkel bestimmt werden muß, wie es bei der Auswertung von Kopfwellen in Ziffer 77 der Fall ist.

In jüngster Zeit ist nun wieder in der Gestalt der Impuls-Echo-Methodik ein direktes Meßverfahren in den Vordergrund des Interesses getreten. Man arbeitet nach dem Radarprinzip und kann Schallgeschwindigkeit und Schallabsorption gleichzeitig messen, muß aber einen sehr großen hochfrequenztechnischen Aufwand in Kauf nehmen. Dieses Verfahren ist von BIQUARD und AHIER 1943 eingeführt worden.

36. Die Methode der Kundtschen Staubfiguren

Bei der bekannten in Fig. 26a skizzierten Methode der Kundtschen Staubfiguren[1] wird in einer Glasröhre eine stehende Schallwelle erzeugt. Die Schallwellen werden von einem durch Reiben oder auf elektromagnetische Weise angeregten Stab S abgestrahlt und an einem verschiebbaren Reflektor R zurückgeworfen. Die Glasröhre enthält etwas trockenes Pulver (z.B Korkmehl), das sich zu den bekannten Staubfiguren ordnet, wenn die Länge l ein ganzzahliges Vielfaches n der halben Wellenlänge wird. Der Stab S wird in der Grundschwingung erregt; seine Frequenz ν ist durch Formel (III.1) gegeben. Die Schallgeschwindigkeit in dem Gas, welches die Glasröhre enthält, ist dann

$$u = \Lambda \cdot \nu = \nu \cdot \frac{2l}{n}.$$

An dieser Formel ist eine Korrektur anzubringen, wenn die Glasröhre einen Durchmesser von weniger als 5 cm hat und die Frequenz ν in der Größenordnung von 100 Hz liegt[2]. Diese Methode, die von KUNDT für Frequenzen von einigen Kilohertz ausgebildet worden war, kann noch bis etwa 50 kHz benutzt werden. Zur Anregung der Gassäule dient dann entsprechend Fig. 26b ein elektromagnetischer Sender[3] oder ein Gasstromschwinggenerator nach HARTMANN[4].

---

[1] KUNDT, A.: Ann. Phys. Chem. **127**, 497—523 (1866).

[2] ANDRADE, C.: Proc. Roy. Soc. Lond. A **134**, 445—470 (1932); — Phil. Trans. Roy. Soc. Lond. A **230**, 413—445 (1932).

[3] HUTCHISSON, E, and F. MORGAN: Phys. Rev. **37**, 1155–1163 (1931).—COOK, R.: Phys. Rev. (2) **37**, 1189—1190 (1931).—HASTINGS, R., and D. BALL: J. Acoust. Soc. Amer. **7**, 59—63 (1935).

[4] HARTMANN, J.: The acoustic air-jet generator, Monographie. Kopenhagen: G. E. C. Gad. 1939. 202 S.

Der Methode der Staubfiguren ist einmal dadurch eine natürliche
Grenze gesetzt, daß die Staubkörnchen bei sehr kleinen Wellenlängen
das Meßergebnis beeinflussen müssen, zum anderen dadurch, daß größere
Gasmengen eines beliebigen Stoffes meist nicht zur Verfügung stehen.
Die Methode ist auch bei Flüssigkeiten[1] und sogar festen Körpern[2] ange-
wendet worden, hat aber dort keine Bedeutung für die Molekularakustik
gewonnen. Bei einer Varianten dieser Methode[3] befindet sich kein
Pulverstaub in der Röhre, sondern ein dünner ins Glühen gebrachter
Draht, der an den Stellen stärkster Schallschnelle abgekühlt wird, so

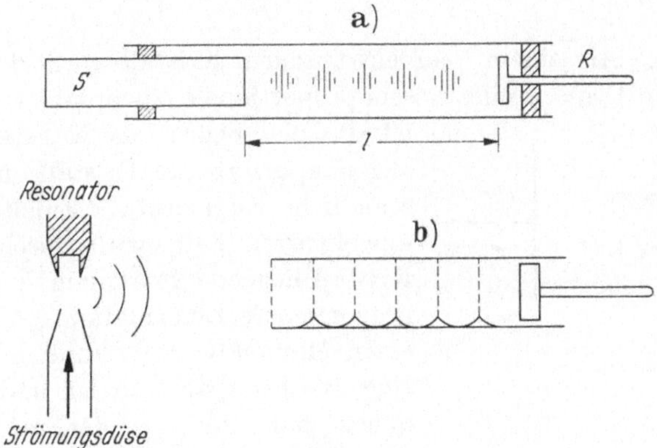

Fig. 26. Die Methode der Kundtschen Staubfiguren

daß die stehenden Wellen an der Periodizität der leuchtenden Draht-
abschnitte erkennbar werden. Die Anregung der Gassäule erfolgt in
diesem Falle meist durch die Änderung der Frequenz einer Galtonpfeife.
Die Anwendbarkeit ist auf chemisch inerte Gase beschränkt.

Die historische Bedeutung der Methode der Kundtschen Staubfiguren liegt darin, daß mit ihr die ersten eigentlichen molekularakustischen Untersuchungen durchgeführt worden sind. Mit dieser Methode
wurde die Frage entschieden, ob die gasförmigen Elemente des Periodischen Systems aus einatomigen oder aus zweiatomigen Molekülen
bestehen. Die Einatomigkeit ergab sich für die Edelgase Helium, Argon
und Neon, die Zweiatomigkeit für Wasserstoff, Stickstoff und Sauerstoff.

37. Grundprinzip des Interferometers von PIERCE

Eine 1925 von G. W. PIERCE[4] veröffentlichte Abhandlung über das
nach ihm benannte Ultraschall-Interferometer und über die damit

[1] DÖRSING, K.: Ann. Phys. (4) 25, 227—251 (1908). — BOYLE, R., J. LEHMANN
and S. MORGAN: Trans. Roy. Soc. Canada (3) 22, 371—378 (1928).

[2] RÖHRICH, K.: Z. Physik 73, 813—832 (1932). — WOOD, R. W., and A. L.
LOOMIS: Phil. Mag. (7) 4, 417—436 (1927).

[3] KRÖNCKE, H.: Phys. Z. 31, 908 (1930).

[4] PIERCE, G. W.: Proc. Amer. Acad. Boston 60, 271—302 (1925); 59, 81 (1923).

gemachte Beobachtung einer Schalldispersion in CO_2 stellt einen Markstein in der Entwicklung der Molekularakustik dar. Das Interferometer von PIERCE beruht auf einer Kombination von direktem und reziprokem Piezoeffekt[1] und ist in Fig. 27 dargestellt. Der direkte Piezoeffekt wird durch die Formel

$$V = \frac{d}{C + C_s}\, p \qquad\qquad (IV.1)$$

und der indirekte Piezoeffekt durch die Formel

$$\xi_r = f_r \cdot d \cdot V \qquad\qquad (IV.2)$$

beschrieben. An einem piezoelektrischen Kristall wird durch einen aufgeprägten Druck p eine diesem proportionale Spannung V erzeugt; d ist die piezoelektrische Konstante, C die Eigenkapazität des Kristalls und C_s die schädliche Kapazität der Zuleitungen. Im umgekehrten Falle wird durch eine am Kristall liegende Spannung V eine dieser proportionale Deformation ξ erzeugt, die einen Maximalwert ξ_r annimmt, wenn V eine Wechselspannung ist und eine Frequenz hat, die mit der mechanischen Eigenfrequenz der Kristallplatte nach Formel (III.1) in Resonanz ist. In diesem Falle ist der Faktor f_r sehr viel größer als Eins. Die Schallquelle Q sendet gemäß dem indirekten Piezoeffekt eine Schallwelle aus, die an dem Reflektor R zurückgeworfen wird und entsprechend dem direkten Piezoeffekt auf die Schallquelle und den Sender einwirkt. Der Strom

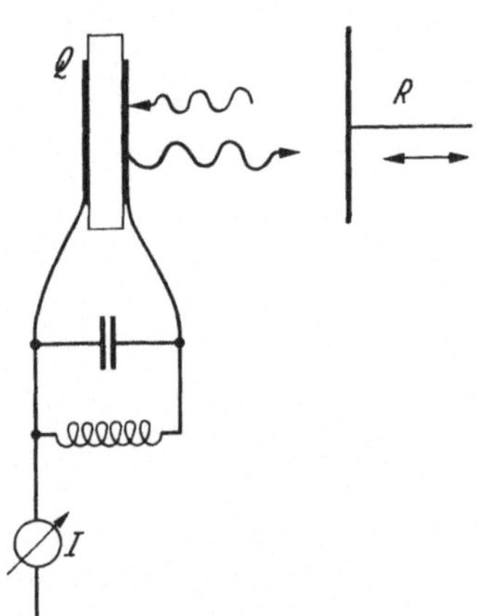

Fig. 27. Die Kombination von direktem und indirektem Piezoeffekt im Ultraschall-Interferometer von PIERCE

durch das Instrument J setzt sich aus zwei Anteilen zusammen, die dem direkten und dem reziproken Piezoeffekt entstammen. Das besondere dieses Interferometers ist, daß man für Schallgeschwindigkeitsmessungen über die Anpassung des Mediums an den Sender, über die Dämpfung der Schallwellen im Medium und über die komplizierten Phasenverschiebungen zwischen den Wechselströmen nichts zu wissen braucht. Das Instrument J muß lediglich so empfindlich sein, daß es die Veränderung der dem Medium zugeführten Schallenergie durch die reflektierte Energie anzeigen kann. Wenn die Meßstrecke ein ganzzahliges Vielfaches der halben Wellenlänge ist, dann befindet sich die

---

[1] Literatur unter Ziffer 33. Der direkte Piezoeffekt wurde 1880 von den Brüdern PIERRE und JACQUES CURIE entdeckt, der reziproke (auch indirekt genannte) von LIPPMANN 1881 vorausgesagt und dann von den Gebrüdern CURIE gefunden.

Säule des Mediums zwischen Schallquelle Q und Reflektor R in Resonanz mit dem elektrischen Schwingungskreis und entzieht diesem ein Maximum an Energie. Die Anzeige auf dem Instrument J, meist als Mikroamperemeter ausgeführt und in Kompensationsschaltung im Anodenkreis liegend, schwankt periodisch bei Verschiebung des Reflektors R. Man zählt die n Extrema (Maxima oder Minima), die auf eine Verschiebung von R um die Strecke l fallen. Beginnt man mit einem Extremum, so ist die Schallgeschwindigkeit

$$u = \frac{2l}{n-1}\, v. \quad \text{(IV.3)}$$

Nimmt man die Form der Rückwirkungskurven auf, so ergibt sich im allgemeinen ein auffallender Unterschied zwischen den Messungen in Flüssigkeiten und Gasen. Nach Fig. 28 liegen zwar die Maxima in

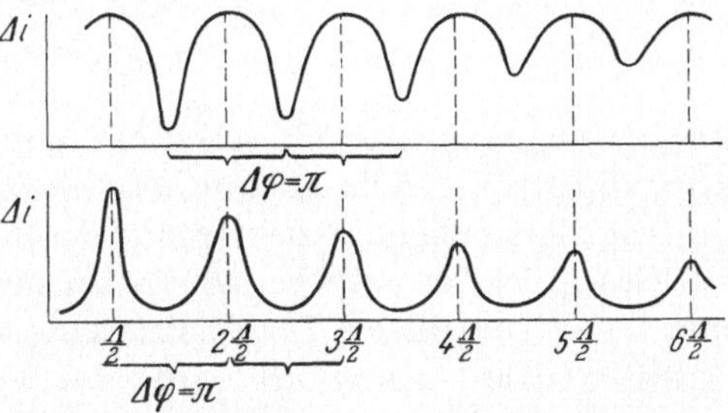

Fig. 28. Rückwirkungskurven im Interferometer für Gase (unten) und Flüssigkeiten (oben). Die Änderungen Δi liegen in den Größenordnungen 1 bis 100 μA. Die Figur gilt für gleiche Frequenzen oben und unten

beiden Medien an den Stellen, die durch den Phasenunterschied π zwischen abgehender und reflektierter Welle gekennzeichnet sind, aber bei Gasen sind die Maxima und bei Flüssigkeiten die Minima schärfer ausgeprägt. Meßtechnisch wird man immer die Spitzen zur Auszählung verwenden. Die Ursache dieser Erscheinung liegt in der verschiedenen Dämpfung begründet, die ein piezoelektrischer Schwinger in einem Gase und in einer Flüssigkeit erfährt. In einem Gase ist seine Dämpfung relativ gering, die Resonanzkurve zwischen Schwinger und Medium ist schmal; daher sind die Maxima scharf ausgeprägt. In einer Flüssigkeit schwingt die Kristallplatte von vornherein sehr viel gedämpfter. Die zusätzliche Dämpfung im Resonanzfalle macht sich dann weniger bemerkbar; dafür prägt sich das Nichtschwingen der Säule des Mediums in Form schärferer Minima deutlicher aus.

Das mechanisch-elektrische Schwingungssystem, das aus dem elektrischen Schwingungskreis mit Kristall und dem durch den Reflektor abgeschlossenen angekoppelten Medium besteht, ist Gegenstand einer Reihe theoretischer Untersuchungen gewesen, die sich alle an die Interferometertheorie von Hubbard[1] anschließen. Im wesentlichen geht es darum, ein elektrisches Ersatzschaltbild des Interferometers aufzustellen und daraus nicht nur die experimentell bekannten Interferometereigenschaften abzuleiten, sondern auch die optimale Bemessung des Geräts festzulegen. Neben der schon genannten Theorie sei auf die Arbeiten

---

[1] Hubbard, J. C.: Phys. Rev. **38**, 1011—1019 (1931); **41**, 523—535 (1932).

von Fox[1] und besonders von Borgnis[2] verwiesen. Für den im allgemeinen erstrebten Fall, daß der Kristall in seiner Resonanzfrequenz schwingt, eine ebene Welle aussendet und daß der Absorptionskoeffizient des Mediums klein ist, gibt die Theorie von Hubbard und Borgnis für die elektrische Impedanz Z des Interferometers den Ausdruck

$$Z = \frac{\varrho\, u a^2}{4 d F}\; \frac{1 - r e^{-2\alpha l}\, e^{-2\omega j \frac{l}{u}}}{1 + r e^{-2\alpha l}\, e^{-2\omega j \frac{l}{u}}}\,. \tag{IV.4}$$

Darin bedeuten neben den schon bekannten Symbolen: a die Dicke der Kristallplatte und F ihre Fläche. l ist die *Länge* der Interferometerstrecke zwischen Kristall und Reflektor. r ist der Reflexionsfaktor des Reflektors; bei Gasen liegt er nahe bei 100%, bei Flüssigkeiten meist zwischen 80 und 90%. Aus diesem Impedanzausdruck wird, wie in den genannten Arbeiten näher ausgeführt wird, das Verhalten des Interferometers unter verschiedenen Arbeitsbedingungen hinsichtlich Schallgeschwindigkeit und Schallabsorption abgeleitet. Da sich die Impedanz Z bei Verschiebung des Reflektors periodisch ändert, schwankt auch der in Fig. 27 durch den Kristall fließende Hochfrequenzstrom periodisch. Im elektrischen Ersatzschaltbild gehört dabei zur Kapazität des Kristalls ein kleines Zusatzglied, so daß eine gewisse Änderung seiner Schwingungsfrequenz die Folge ist, die von Hubbard und Loomis auch zur Wellenlängenmessung herangezogen wurde. Die in Fig. 28 skizzierten verschiedenen Formen der Rückwirkungskurven für Gase und Flüssigkeiten hat Borgnis in der erwähnten Arbeit auf die Größe

$$\frac{1}{v^2}\; \frac{\varrho_M\, u_M}{\varrho_Q\, u_Q}$$

zurückgeführt. Der Index M deutet das Medium, der Index Q die Schallquelle an. Nach seiner Darlegung ist der Unterschied durch die Frequenzgleichheit bedingt; durch sinngemäße Frequenztransformation können die Formen beider Kurven ineinander übergeführt werden.

Beim Arbeiten mit Interferometern ist auf einige Fehlerquellen zu achten, die sich aus den Rückwirkungskurven erkennen lassen. Die Maxima der Fig. 28 sind nämlich bisweilen von schwächeren Nebenmaxima begleitet. Diese heißen Satelliten und haben ihre Ursache meist in einer fehlerhaften Bearbeitung der piezoelektrischen Platte oder nach

---

[1] Fox, F.: Phys. Rev. **52**, 973—981 (1937). — Fox, F., and G. Rock: Proc. Inst. Radio Engrs. **30**, 29—33 (1942). — Fox, F., and J. Hunter: Proc. Inst. Radio Engrs. **36**, 1500—1503 (1948).

[2] Borgnis, F. E.: Techn. Rep. Nr. 3 of Calif. Inst. Techn. 1952, 60 S.; — Acustica **7**, 151—174 (1957).

einer ausführlichen Untersuchung von MATUSCHE[1] in einer schwachen Neigung der Reflektorplatte gegen die Fläche des Schwingers. Die verschiedenen Interferometerkonstruktionen müssen daher in erster Linie auf gute Parallelität von Reflektor und Schwinger achten[2].

Ferner ist es nicht zweckmäßig mit dem Reflektor in unmittelbarer Nähe des Senders zu arbeiten, da durch die Richtcharakteristik des Senders (vgl. Fig. 12 und Ziffer 26) dort ein Kombinationswellenfeld besteht. Dieses täuscht eine größere Wellenlänge vor, als in Wirklichkeit vorhanden ist[3]. Damit die Nebenordnungen eines Ultraschallbündels nicht durch Reflexion an den Wänden des Interferometergefäßes in größeren Entfernungen vom Kristall verfälschend wirksam werden können, legt man entweder Blendensysteme[4] in das Schallfeld hinein oder versieht die Gefäßwände mit Rillen[5], um die störenden Wellen diffus zu zerstreuen.

38. Hochfrequenzschaltungen zum Betrieb von Interferometern

Aus der Vielzahl der Ausführungen von Interferometern, die in dem weiten Temperaturbereich zwischen den Schmelzpunkten des Heliums unter Druck und den kritischen Punkten hochsiedender Stoffe angewendet werden können, sind in Fig. 30 einige skizziert worden.

Es gibt zahlreiche Hochfrequenzschaltungen, mit denen diese Interferometer betrieben werden und bei denen die Kombination von direktem und indirektem Piezoeffekt zur Anzeige dient. Auf Frequenzkonstanz, lose Ankopplung (zur Vermeidung von Zieherscheinungen) und große Meßempfindlichkeit wird viel Sorgfalt verwendet. Man hat aber bisweilen den Eindruck, daß die übertriebene Sorgfalt nutzlos ist, wenn der Reinheitsgrad der untersuchten Substanzen nicht entsprechend gut ist, und wenn die in der vorigen Ziffer 37 genannten Fehlerquellen nicht ausreichend beseitigt worden sind. In Fig. 29 sind vier verschiedene Hochfrequenzschaltungen abgebildet worden. Schaltung 29a ist eine Meißnersche Rückkopplungsschaltung. Der Anodenstrom ist kompensiert

---

[1] MATUSCHE, H.: Diss. Tech. Hochschule Breslau 1943; s. a. L. BERGMANN, Ultraschall, 6. Aufl., S. 357.

[2] Andere Ursachen für das Auftreten von Satelliten sind: Schiefe Schallabstrahlung von Sender [K. JATKAR, J. Ind. Inst. Sci. **21**, 455—465 (1938)], Nebenfrequenzen [P. T. KAO, Ann. Phys. Paris **17**, 315—370 (1932)], Querwellen senkrecht zur Rohrrichtung [P. KRASNOVOSHKIN, Phys. Rev. (2) **65**, 190—195 (1944)], mehrfache Reflektionen [W. PIELEMEIER, Phys. Rev. **38**, 1236—1246 (1931)].

[3] Quantitative Untersuchungen darüber haben M. GRABAU, J. Acoust. Soc. Amer. **5**, 1—9 (1933), u. E. GROSSMANN, Phys. Z. **35**, 83—88 (1934) angestellt.

[4] Zum Beispiel bei A. EUCKEN u. R. BECKER, Z. phys. Chem., Abt. B **27**, 219—234 (1934).

[5] Zum Beispiel Ausführung eines US-Interferometers der Firma Steeg und Reuter, Homburg (Taunus).

worden und nur seine Schwankungen werden an einem Mikroamperemeter beobachtet. Die Frequenzkonstanz wird mit einem Leuchtquarz L
kontrolliert, der nach dem sekundären Piezoeffekt arbeitet. Die Kopplung zwischen Schwingquarz Q und dem Sender ist so lose wie möglich

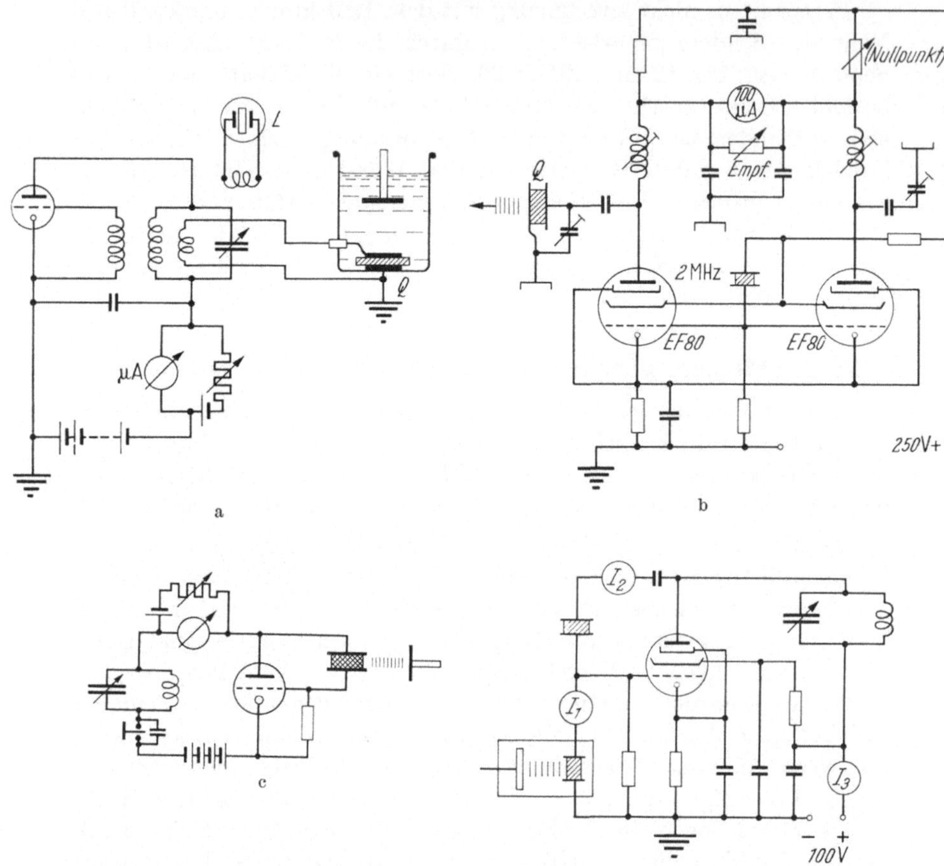

Fig. 29a—d. Hochfrequenzschaltungen zum Betrieb von Interferometern: a) Meissnersche Rückkopplungsschaltung mit Frequenzkontrolle durch Leuchtquarz, b) frequenzstabilisierte Kompensationsschaltung beim Interferometer der Firma Steeg und Reuter, c) verbesserte Piercesche Interferometerschaltung für Gase, d) Kombination von Resonator- und Oszillatorschaltung (nach NOMOTO)

zu machen. Die Schaltung 29b wurde von H. BORN entwickelt und
wird in dem Gerät der Firma Steeg und Reuter verwendet. Der symmetrisch aufgebaute Sender wird durch einen Steuerquarz auf einer
Frequenz von 2 MHz konstant gehalten. Das Gerät ist für technische
Zwecke leicht zu bedienen. Für Forschungsaufgaben größerer Genauigkeit wäre es wünschenswert, wenn man die Sendeintensität auf kleinst-
mögliche Werte herunterregeln könnte. Die Schaltung 29c ist für die

Verwendung in Gasen gedacht[1]. Bei Gasen ist die abgegebene Ultraschalleistung besonders klein, weil sich die Schallwellenwiderstände zwischen Quarz und Gas weit stärker als zwischen Quarz und Flüssigkeit unterscheiden. PIERCE hat ursprünglich zwei Schaltungen angegeben. Die eine ist eine sogenannte Resonatorschaltung und liegt der Zeichnung 29c zugrunde, die andere ist eine Oszillatorschaltung, bei der der Schwingkristall im Gitterkreis zwischen Gitter und Kathode liegt. NOMOTO[2] hat die in Fig. 29d abgebildete Kombination von Resonator- und Oszillatorschaltung angegeben und das Ersatzschaltbild und die Fehlerquellen ausführlich besprochen. Die Rückwirkungen der Reflektorverschiebung können an den Instrumenten J_1, J_2, oder J_3 kontrolliert und abgelesen werden.

Wie schon erwähnt wurde, haben HUBBARD[3] und LOOMIS gefunden, daß bei der Rückwirkung der Schallwellen auf den Sender geringe Frequenzänderungen auftreten. Sie haben diese Änderungen mit Hilfe einer Überlagerungsschaltung zur Anzeige gebracht. Man kann auf diese Weise noch über große Meßstrecken messen. Der Verfasser hat bei seinen ersten Untersuchungen mit einer solchen Interferometerschaltung bei einer Frequenz von 545 kHz, einer schallabstrahlenden Quarzfläche von 0,25 cm² und einer Anodenverlustleistung des Senders von 3 Watt in atmosphärischer Luft noch in 50 cm Entfernung die Rückwirkungen hörbar nachweisen können.

39. Interferometer-Konstruktionen

Die Planparallelität von Schwingkristall und Reflektor und ein gewisser Druck auf ersteren müssen oft mühselig durch Justierschrauben eingestellt werden (Fig. 30a). JACOBSEN[4] hat dies durch zwangsweise Führung eines den Interferometerraum ausfüllenden Stempels zu umgehen gesucht (Fig. 30b). In einfacher und origineller Weise erreichen QUIRCK[5] und ROCK die Parallelität, indem sie den Reflektor mit Hilfe eines klemmenden Kugelgelenkes auf die Kristallfläche herabsenken und dadurch zwangsweise parallel machen. Diese Anordnung ist seitdem oft verwendet worden (Fig. 30c).

McMILLAN[6] und LAGEMANN haben in ihrem Präzisions-Interferometer den Quarz nicht induktiv, sondern kapazitiv angekoppelt und bringen die Rückwirkungen durch Messung der Hochfrequenzspannung

[1] Siehe auch H. KNESER, Verbesserte Piercesche Schaltung. Ann. Phys. 11, 777—801 (1931); 12, 1015—1016 (1932).

[2] NOMOTO, O., and T. KISHIMOTO: Bull. Kob. Inst. Phys. Res. 2, 24—35 (1952).

[3] HUBBARD, J., and A. LOOMIS: J. Opt. Soc. Amer. 17, 295—307 (1928); — Phil. Mag. (7) 5, 1177—1190 (1928).

[4] JACOBSEN, B.: Ark. Kemi, Stockh. 2, 177—210 (1950).

[5] QUIRCK, A., and ROCK, G.: Rev. Sci. Instrum. 6, 6—7 (1935).

[6] McMILLAN, D., and R. LAGEMANN: J. Acoust. Soc. Amer. 19, 956—960 (1947).

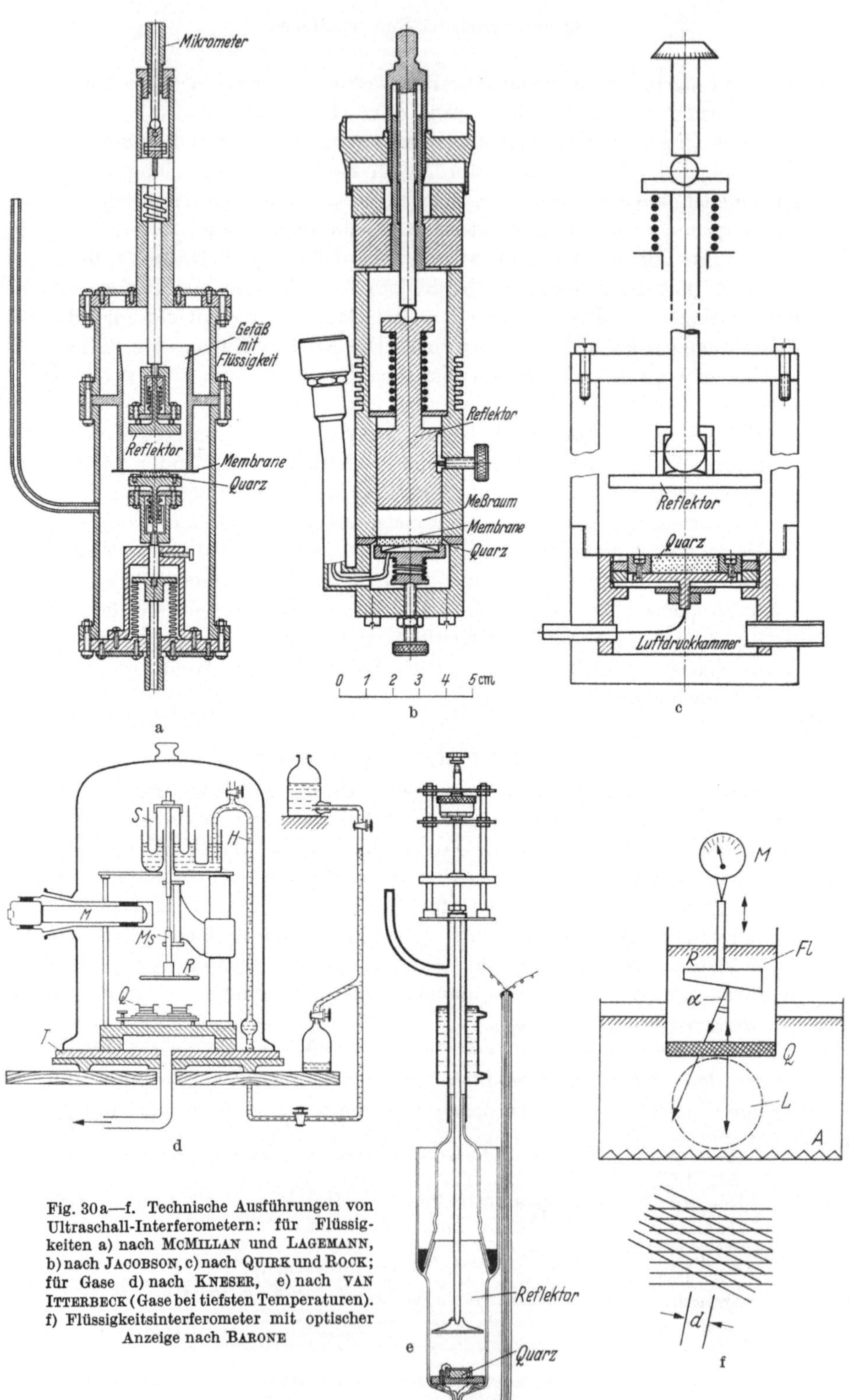

Fig. 30 a—f. Technische Ausführungen von Ultraschall-Interferometern: für Flüssigkeiten a) nach MCMILLAN und LAGEMANN, b) nach JACOBSON, c) nach QUIRK und ROCK; für Gase d) nach KNESER, e) nach VAN ITTERBECK (Gase bei tiefsten Temperaturen). f) Flüssigkeitsinterferometer mit optischer Anzeige nach BARONE

an einem zum Kristall parallel liegenden Röhrenvoltmeter zur Anzeige. Die dabei benutzte Ultraschallfrequenz von 500 kHz wird als Differenz zweier kristallgesteuerter Oszillatoren von 4500 und 5000 kHz erzeugt.

BERGMANN[1] beschreibt ein Interferometer, bei dem der Reflektor durch Druck auf einen Knopf rasch verschoben wird und die dabei auftretenden Strommaxima (bzw. -Minima) mit Hilfe einer elektrischen Dezimalzählröhre gezählt und abgelesen werden. Diese Schnellanzeige soll Rückschlüsse auf chemische Reaktionen in einem Medium gestatten.

Ausgiebigen Gebrauch von Interferometern zur Messung der Schallgeschwindigkeit in verflüssigten Gasen machen VAN ITTERBEEK[2] und seine Mitarbeiter. Bei ihren Konstruktionen wird Wert auf relativ leichte Auswechselbarkeit der Schwingkristalle gelegt.

Ein Interferometer ungewöhnlicher Konstruktion hat BARONE[3] beschrieben. Es ist in Fig. 30f abgebildet. Der Schwingquarz Q teilt das Interferometergefäß in zwei Teile. Der untere Teil stellt eine Küvette mit planparallelen Glaswänden dar und enthält eine Flüssigkeit, die auf jeden Fall durchsichtig sein muß. Die dem Schwinger Q gegenüber liegende Seite ist mit einem Absorber A (eventuell auch einem Diffusor) belegt. Der obere Teil enthält die zu messende Flüssigkeit Fl, in die ein mikrometrisch verschiebbarer Reflektor R mit schräg gestellter Fläche eintaucht. Der Schwinger Q strahlt nach beiden Seiten ein Ultraschallbündel aus. Das an dem Reflektor R reflektierte Bündel durchsetzt den Schwinger Q mit relativ geringen Verlusten (die Dicke von Q ist ja gleich der halben Schallwellenlänge in Quarz) und überlagert sich in dem freien Teil des Interferometers mit dem direkt abgestrahlten Bündel zu einem Interferenzfeld. Dieses wird nun senkrecht zur Zeichenebene von einem Lichtbündel L durchstrahlt. Die Lichtverteilung in L zeigt dann eine Helligkeitsperiodizität, die der Intensitätsperiodizität des Ultraschall-Interferenzfeldes genau entspricht. Die Schallgeschwindigkeit u ist $u = d \cdot 2v \sin \alpha/2$, wenn d der Streifenabstand und α der Winkel zwischen den beiden Schallbündeln ist. Je kleiner α wird, um so größer fällt d aus. Gemessen und ausgewertet wird aber nicht mit dieser Formel, sondern mit der Beziehung $u = \dfrac{2l}{n} v$, wenn der Reflektor R um die Strecke l verschoben und dabei die Anzahl n der optischen Streifen gezählt wird, die eine Meßmarke durchwandern. Die Meßgenauigkeit soll unter 0,05% liegen. Dieses Interferometer wurde für die in Ziffer 98 beschriebenen Messungen an unterkühlten Flüssigkeiten benutzt. Die Interferenzoptik hat eine gewisse Verwandtschaft mit der in Ziffer 46 und Fig. 42 später beschriebenen.

[1] BERGMANN, L.: Akustische Beihefte zu Acustica 4, 591—593 (1954).
[2] ITTERBEEK, A. VAN: Physica, Haag 20, 133—138 (1954); 5, 593—604 (1938).
[3] BARONE, A.: Nuovo Cim. 5, 717—728 (1957); — Cons. Naz. d. Ricerche; Ist. Naz. Ultracustica, Roma 1958. 10 S., 6 Fig.

Für Gase hat seinerzeit KNESER[1] das in Fig. 30d schematisch abgebildete Gerät konstruiert. Es ist zur Untersuchung mit mehreren Schwingquarzen und bei verschiedenen Frequenzen gedacht. Der Reflektor kann mittels eines Quecksilber-Hebemechanismus verschoben und seine Stellung optisch abgelesen werden. Gas-Interferometer müssen für Dispersionsmessungen meist mit veränderlichem Gasdruck und bei verschiedenen Frequenzen betrieben werden. Das abgebildete Gerät ist daher der Prototyp aller Gas-Interferometer-Konstruktionen.

Für Messungen bei hohen Temperaturen bis zu 2000° C haben SHERRATT[2] und GRIFFITHS ein Gerät entwickelt. Die Wand dieses Interferometers ist ein Kohlerohr, das durch einen elektrischen Strom auf die erforderliche Temperatur gebracht werden kann. Der Reflektor besteht ebenfalls aus Kohle. Der Schwingquarz ist für kurze Zeit senkrecht zur Rohrachse verschiebbar. Über ein Prisma ist ein Einblick in das glühende Rohr und eine Temperaturmessung mittels eines optischen Pyrometers möglich.

Im allgemeinen werden Gas-Interferometer nicht bei höheren Frequenzen benutzt. Bei Schallgeschwindigkeiten um 100 m/s und bei Frequenzen um 1 MHz liegen die halben Wellenlängen des Ultraschalls unter 1/20 mm, so daß Justierung und Messung größere Schwierigkeiten bereiten. Immerhin haben J. und E. STEWART[3] ein solches Gerät benutzt und später durch eine automatische Registrierung der Interferometerkurven ergänzt. Das Gerät arbeitet bei 4 MHz und bei Temperaturen bis zu 500° C. Der Reflektor ist als massiver von außen her betätigter Stempel ausgebildet. Hinter dem Schwingquarz befindet sich im $\varLambda/4$-Abstand eine feste Reflektorscheibe, um eine Schallabstrahlung nach dieser Seite hin zu vermeiden. Das Gerät ist durch Tombackrohre gasdicht verschlossen; die Gaszuführung erfolgt seitlich. Der Gasdruck ändert sich bei Verschiebung des Reflektors nicht.

40. Doppelkristall-Interferometer

Die Besonderheit und konstruktive Einfachheit des Interferometers von PIERCE liegt in der Identität von Sende- und Empfangskristall. Interferometrische Messungen sind aber auch mit den sogenannten Doppelkristall-Interferometern durchgeführt worden, bei denen die Reflektorplatte durch einen verschiebbaren Empfangskristall ersetzt ist.

[1] KNESER, H.: Ann. Phys. (5) 11, 777—801 (1931); s. a. H. ZÜHLKE, Ann. Phys. (5) 21, 667—670 (1935). — PENMAN, H.: Proc. Phys. Soc. Lond. 47, 543—548 (1935).

[2] SHERRATT, G., and E. GRIFFITHS: Proc. Roy. Soc. Lond. A 147, 292—308 (1934).

[3] STEWART, J. u. E.: Rev. Sci. Instrum. 17, 59—65 (1946); — J. Acoust. Soc. Amer. 24, 22—26 (1952).

Zur Anzeige dient dann die Hochfrequenzspannung am Empfänger, bisweilen unter Verwendung eines magischen Auges. Theoretische Überlegungen zu diesem Meßprinzip finden sich bei FRY[1]. Messungen in Gasen bei 11 MHz haben GREENSPAN[2] und THOMPSON ausgeführt. Ein Doppel-Kristallinterferometer für Dispersionsuntersuchungen in Flüssigkeiten im Frequenzbereich von 5 bis 25 MHz wurde von BARTHEL[3] und NOLLE entwickelt und an etwa 30 wäßrigen Lösungen erprobt. Das Meßprinzip ist in Fig. 31 skizziert. Die Oszillatorfrequenz wird über zwei Kanäle geleitet. In dem einen befindet sich die Meßstrecke mit dem in Richtung der Ultraschallquelle Q gleichmäßig schnell bewegten Empfangskristall E. Dadurch wird infolge des Dopplereffekts die Empfangsfrequenz verändert und es ergibt sich im Verstärker durch Überlagerung eine Schwebungsfrequenz, die nach entsprechender Verwandlung auf einer Trommel T in einer bestimmten Richtung hintereinander kurze Striche schreibt.

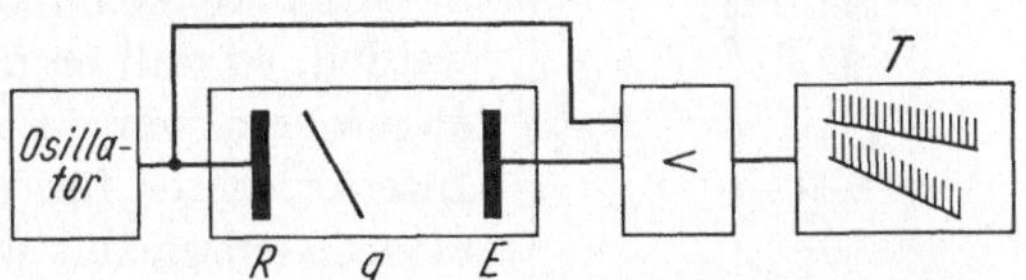

Fig. 31. Meßprinzip beim Doppelkristall-Interferometer (nach BARTHEL und NOLLE). An die Stelle von R ist das Zeichen Q zu setzen

Tritt bei einer anderen Frequenz eine Dispersion der Schallgeschwindigkeit auf, so weicht die Richtung dieser Strichgruppe von der anderen etwas ab. Dispersionen der Schallgeschwindigkeit um etwa 0,07% sollen noch nachweisbar sein. Der unerwünschte Einfluß stehender Wellen soll durch schräg gestellte Gummifolien g unterdrückt werden. Eine Variante dieser Methode ist von TELESNIN[4] und KRASSILNIKOW angegeben worden. Sie setzen hinter den Verstärker eine Elektronenstrahlröhre, auf deren eines Plattenpaar der Sender und auf deren anderes Plattenpaar der Empfänger wirkt. Dadurch entsteht als Lissajousche Figur eine Ellipse, die entweder bei Bewegung des Empfängers oder bei einer Frequenzänderung fortwährend ihre Lage wechselt. Die Frequenz konnte zwischen 650 und 810 kHz varriiert werden. Stehende Wellen sind natürlich zu vermeiden. Je nach der angewendeten Methodik wird die Schallgeschwindigkeit aus den beiden Formeln

$$u = \frac{v \cdot \Delta l}{n} \qquad \text{oder} \qquad u = \frac{l \cdot \Delta v}{n} \qquad\qquad \text{(IV.5)}$$

ermittelt. n ist die Anzahl der Umläufe der Lissajouschen Figur.

---

[1] FRY, W.: J. Acoust. Soc. Amer. **21**, 29—34 (1949); **24**, 412—415 (1952).
[2] GREENSPAN, M., and M. THOMPSON: J. Acoust. Soc. Amer. **23**, 627 (1951).
[3] BARTHEL, R., and A. NOLLE: J. Acoust. Soc. Amer. **24**, 8—15 (1952).
[4] TELESNIN, N., u. W. KRASSILNIKOW: Dokl. Akad. Nauk. SSSR. (russ.) **72**, 1037 (1950).

41. Interferometer für hohe Drucke

Da das Piercesche Interferometer zur Messung der Schallgeschwindigkeit in Flüssigkeiten und Gasen mit gleich gutem Erfolg gebraucht wer-

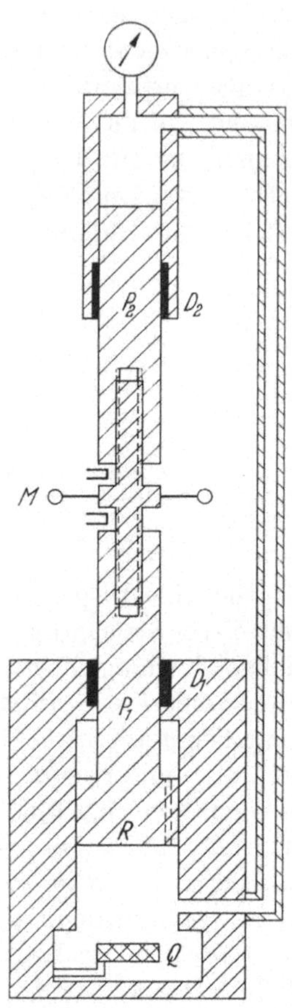

Fig. 32. Konstruktion eines
Flüssigkeits-Interferometers
für hohe Drucke (nach
PARBROOK)

den konnte, lag es nahe, es zu Untersuchungen im Bereich des kritischen Zustandes einzusetzen. Im kritischen Zustandsbereich nähern sich die Eigenschaften von Flüssigkeiten und Gasen so stark, daß sie im kritischen Punkt identisch zu werden scheinen. Über das Verhalten der Schallgeschwindigkeit im kritischen Punkt konnte aber aus den Formeln (II.31) und (II.37) in Ziffer 10 keine sichere Voraussage gemacht werden, so daß man allein auf das Experiment angewiesen war. Für solche Versuche mußten Interferometer für höhere Drucke und Temperaturen entwickelt werden.

Als Beispiel eines für Untersuchungen an CO_2 im kritischen Gebiet gebrauchten Interferometers sei in Fig. 32 eine Ausführung gebracht, die ungefähr dem Gerät von PARBROOK[1] entspricht. Durch Drehen des zentralen mit Mikrometergewinde versehenen Rades M werden die beiden mit gegenläufigen Gewinden versehenen Druckkolben P_1 und P_2 auseinander bewegt. Die beiden Volumina V_1 und V_2, in denen sich die zu untersuchende Substanz befindet, sind miteinander verbunden, damit oben der Druck gemessen werden kann, der unten zwischen Schwingquarz Q und Reflektor R herrscht. Die Stopfbuchsen D_1 und D_2 sorgen für sorgfältige Abdichtung der unter Druck stehenden Volumina.

Die Erwägung, daß das Zustandsdiagramm eines Stoffes erst dann wirklich bekannt ist, wenn die Funktion $f(p, V, T) = 0$ vollständig durchgemessen worden ist, gilt natürlich auch für eine dynamische Zustandsgleichung der Form

$$f\left(u = \sqrt{\frac{\partial p}{\partial \varrho}},\, p,\, T\right) = 0.$$

Der experimentellen Untersuchung dieser Beziehung hat sich NOSDREW[2] eingehend gewidmet und verschiedene mit Ultraschallmeßstrecken ver-

[1] PARBROOK, H.: Acustica 3, 49—54 (1953).
[2] Zusammenfassende Darstellung in dem im Vorwort genannten Buch.

sehene Autoklaven gebaut. Da diese Autoklaven nicht nur für interferometrische Messungen, sondern auch für Messungen mit dem Schallgittereffekt und mit der Impulsmethodik konstruiert sind, sollen sie erst in Ziffer 74 besprochen werden.

42. Interferometer für eine erstarrende Schmelze

Interferometer dienen normalerweise zur Messung der Schallgeschwindigkeit in fluiden Medien und können bis in die Nähe des

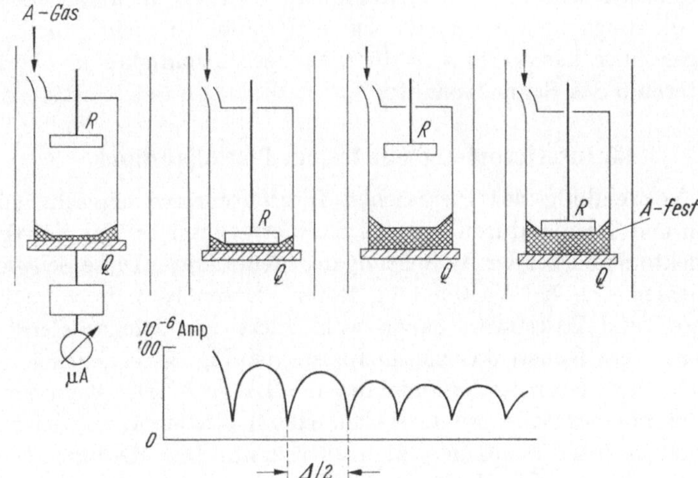

Fig. 33. Prinzip einer Schallgeschwindigkeitsmessung in erstarrendem Argon (nach BARKER und DOBBS)

Schmelz- bzw. Erstarrungspunktes benutzt werden. BARKER[1] und DOBBS haben nun durch Messungen an festem feinkristallinem Argon im Temperaturbereich zwischen 65 und 80° K gezeigt, daß und wie man ein Interferometer nicht nur für Schmelzen, sondern auch für feste Stoffe einsetzen kann. Die von ihnen recht genau beschriebene und in mancher Hinsicht richtungweisende Apparatur arbeitet nach dem in Fig. 33 skizziertem Prinzip. In die aus Perspex bestehende und durch flüssigen Sauerstoff auf tiefen Temperaturen gehaltene Interferometerzelle wird Argongas eingelassen und nach Bildung des übersättigten Dampfes auf der kälteren Quarzkristallfläche Q sublimiert, während der wärmere Reflektor R freibleibt. Dann wird der Reflektor herabgesenkt und die Durchlässigkeit der entstandenen Argonschicht durch den Ausschlag eines Mikroamperemeters μA gekennzeichnet. Nach der Zurücknahme des Reflektors läßt man die feste Argonschicht duch Hinzutreten von sublimierendem Argongas weiter

---

[1] BARKER, J., and E. DOBBS: Phil. Mag. (7) **46**, 1069—1080 (1955).

wachsen, senkt dann den Reflektor wieder herab, macht die Messung, und fährt so fort. Man erhält auf diese Weise eine dem oberen Bild der Fig. 28 ähnliche Kurve, deren Minima den Abstand einer halben Wellenlänge haben. Bei den Versuchen von BARKER und DOBBS lag beispielsweise das 8. Minimum bei einer Schichtdicke von 4,43 mm des sublimierten Argons. Bemerkenswert ist noch die Angabe, daß die Longitudinalwellengeschwindigkeit mit einem 1 MHz-Quarz im x-Schnitt, die Transversalwellengeschwindigkeit mit einem 600 kHz-Quarz im Y-Schnitt erhalten wurde. Einzelheiten über die zuletzt genannte Messung werden allerdings nicht mitgeteilt. Diese Methodik ist wichtig für Untersuchungen über das Verhältnis der Schallgeschwindigkeiten oberhalb und unterhalb des Schmelzpunktes.

43. Interferometer mit festem Plattenabstand

Die Verwendung des Pierceschen Interferometers bei sehr hohen Drucken und Temperaturen bereitet Schwierigkeiten bei der Bewegung des Reflektors und bei der Abdichtung des Meßraumes. Diese Schwierigkeiten lassen sich bei Verwendung fester Plattenabstände vermeiden. HUBBARD[1] und ZARTMANN haben wohl zuerst ein solches Gerät beschrieben. Das Konstruktionsprinzip ist aus Fig. 34 ersichtlich. Die eigentliche Interferometerkammer hat die Länge l. Die Kammer befindet sich in einer Zelle, die durch eine Heizspirale erwärmt oder durch einen Kolben unter Druck gesetzt werden kann. Das Medium M steht mit der Umgebung U in Verbindung. URICK[2] hat ein solches Interferometer als Sonde zur Messung der Schallgeschwindigkeit in Meerestiefen benutzt. Bei einer bestimmten Frequenz ist die Meßstrecke l gleich einem ganzzahligen Vielfachen der Wellenlänge und daher ist die Energieaufnahme ein Maximum. Bei Veränderung der Frequenz tritt ein solches Maximum mehrmals auf und es ergibt sich die in Fig. 34a skizzierte Meßkurve. Andererseits kann bei festgehaltener Frequenz die Temperatur oder der Druck stetig verändert werden; dann ergibt sich eine Meßkurve nach Fig. 34b. Eine Theorie dieser Kurven, die die Veränderlichkeit der elektrischen Impedanz des Interferometers anzeigen, hat BORGNIS[3] gegeben. Für die beiden Fälle der Variation $\Delta \nu$ der Frequenz bei konstanter Schallgeschwindigkeit und der Variation der Zustandsgröße ΔZ bei konstanter Frequenz ν_r gelten folgende Formeln:

$$u = 2\,l \cdot \Delta \nu, \tag{IV.6}$$

$$\frac{\Delta u}{\Delta Z} = -\frac{u^2}{2\,l\,\nu_r} \cdot \frac{1}{\Delta Z}. \tag{IV.7}$$

---

[1] HUBBARD, J., and I. ZARTMANN: Rev. Sci. Instrum. **10**, 382—386 (1939).
[2] URICK, R.: Phys. Rev. (2) **72**, 746 (1947).
[3] BORGNIS, F.: J. Acoust. Soc. Amer. **24**, 19—21 (1952).

Im ersten Falle folgt die Schallgeschwindigkeit aus den Frequenzdifferenzen $\varDelta v$ der Extrema der Meßkurve Fig. 34a. Im zweiten Falle wird aus der Meßkurve Fig. 34b die Zustandsänderung $\varDelta Z = \varDelta p$ oder $\varDelta Z = \varDelta T$ zwischen zwei benachbarten Extrema E abgelesen, doch ist zur Ermittlung der jeweils vorliegenden Schallgeschwindigkeit aus dem Betrag von $\varDelta u$ die Kenntnis des absoluten Wertes der Anfangs-Schallgeschwindigkeit notwendig. Beide Formeln sind aber nur Approximationen und enthalten Vernachlässigungen, deren Einfluß nicht immer ganz sicher zu beurteilen ist. Man wird daher bei einem Interferometer nach diesem Prinzip keine allzugroße Genauigkeit erwarten dürfen. Es kommt auch mehr darauf an, eine Übersicht über den Verlauf der Schallgeschwindigkeit bei extremen Bedingungen zu erlangen als eine Genauigkeit, die besser ist als einige Prozent.

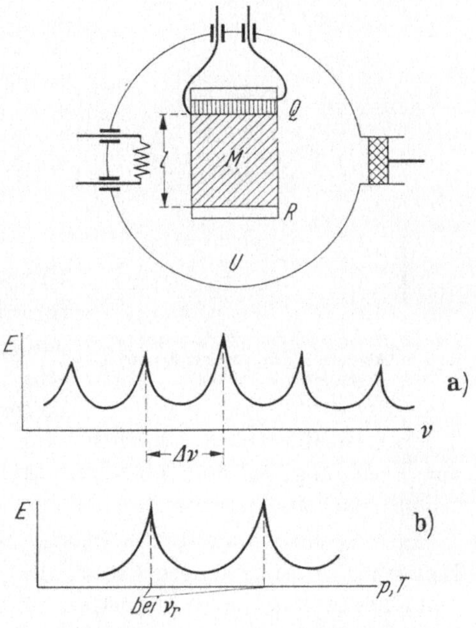

Fig. 34. Konstruktion und Registrierung bei Interferometern mit festem Plattenabstand

Nach der Theorie von Borgnis ist es nicht nötig, an den Messungen eine die Geometrie des Interferometers und den Reflektionskoeffizient von R berücksichtigende Korrektur anzubringen, wie es in älteren Arbeiten geschehen ist. Er führt diese Vereinfachung darauf zurück, daß mit der Reflektion an R eine gewisse Änderung von Amplitude und Phase der reflektierten Welle verbunden ist. Die Interferometertheorien gehen nämlich von der nur bedingt zutreffenden Annahme aus, daß die vom Kristall abgestrahlten Schallwellen ebene Wellenflächen und daher konstante Wellenlängen haben. Fehler lassen sich nach den schon in Ziffer 37 genannten Untersuchungen von Grossmann und Grabau vermeiden, wenn man nur die Maxima und Minima in größerem Abstand vom Sender zur Messung heranzieht. Dazu ist man aber im Interferometer mit festem Plattenabstand nicht in der Lage.

Bei der Schallgeschwindigkeitsbestimmung nach Formel (IV.6) hängt die Zahl der verwertbaren Maxima der Meßkurve von der Interferometerlänge l ab. Ist diese bei einer Schallgeschwindigkeit in der Größenordnung $u = 1000$ m/s klein, z. B. 1 cm, so ist $\Delta \nu = 50$ kHz. Bei niedrigeren Frequenzen ist dann wegen der schmalen Resonanzkurve von Q vielleicht nur ein Nebenmaximum auf der Kurve vorhanden. Nur bei hohen Frequenzen kann man mehrere erwarten.

Die Verwendung der Formel (IV.7) sei noch an dem Beispiel eines idealen Gases mit $u = \sqrt{\varkappa \dfrac{RT}{M}}$ erläutert. Verlangt wird eine Messung zwischen zwei Temperaturen T_2 und T_1. Dann ist nach Fig. 34b bei einer Resonanzfrequenz

$$\nu_r = \frac{-u^2}{2l \, \Delta u}$$

ein Maximum zu erwarten, wenn

$$\nu_r = \frac{1}{2l} \; \frac{u_1}{1 - \sqrt{T_2/T_1}} \qquad \text{(IV.8)}$$

ist. Sollen sich sehr kleine Temperaturunterschiede auswirken, so muß danach die Frequenz ν_r sehr groß sein. Stehen aus technischen oder thermischen Erwägungen nur große

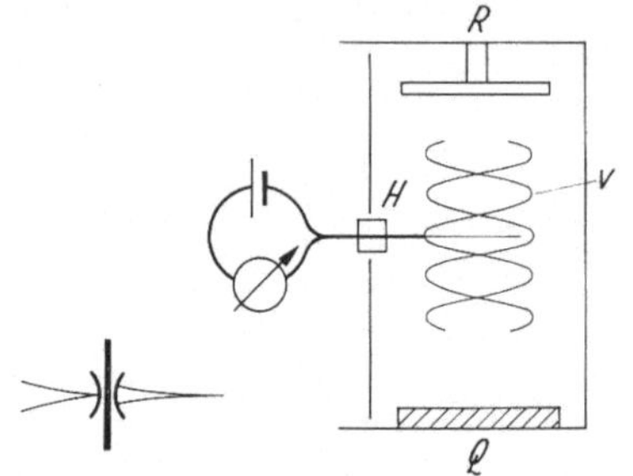

Fig. 35. Interferometer mit Hitzdrahtanzeige für Messungen in organischen Dämpfen (nach RICHARDSON)

Temperaturdifferenzen, zwischen denen nicht beobachtet werden kann, zur Verfügung, so muß eben im unteren Frequenzbereich des Ultraschalls gearbeitet werden.

Interferometer mit festem Plattenabstand sind noch von BENDER[1], HERGET[2], QUIGLEY[3] angegeben worden. Das Interferometer von MATTA und RICHARDSON[4] hat zwar auch einen festen Abstand zwischen Schwingkristall und Reflektor, doch wird die Periodizität des stehenden Schallfeldes durch Abtasten mit einem bewegten Hitzdraht registriert. Die periodische Abkühlung dieses Hitzdrahtes H in Fig. 35 spricht auf die Amplitude der Schallschnelle an und gibt einen ungefähr sinusförmigen Verlauf der Meßkurve. Das Gerät arbeitet bei 200 kHz, wobei die Störung des Schallfeldes durch den Hitzdraht weniger ins Gewicht fällt. Es dient zu Messungen in organischen Dämpfen.

44. Das Phasenvergleichs-Interferometer

Ein Doppelkristall-Interferometer mit festem Plattenabstand für Feinstrukturuntersuchungen der Schallgeschwindigkeit in elektrischen und magnetischen Feldern und bei sehr kleinen Konzentrationsänderun-

[1] BENDER, D.: Ann. Phys. (5) 38, 199—214 (1940).
[2] HERGET, C. M.: Rev. Sci. Instrum. 11, 37—39 (1940).
[3] QUIGLEY, TH.: Phys. Rev. (2) 67, 298—303 (1945).
[4] MATTA, K., and E. G. RICHARDSON: J. Acoust. Soc. Amer. 23, 58—61 (1951); s. a. E. G. RICHARDSON, Ultrasonic Physics, S. 110—112, 1952.

gen an singulären Punkten von Mischungen wurde von SCHAAFFS [1] und KALWEIT entwickelt. Dieses Gerät ist zum Nachweis und zur Messung kleinster Änderungen der Schallgeschwindigkeit bis unter 1 mm/s be-

stimmt. Im Unterschied zu allen übrigen Interferometern, bei denen nur die Anzahl der Maxima oder Minima gezählt werden, während die Meßkurven selbst uninteressant sind, muß in diesem Falle der Phasenverlauf zwischen Maxima und Minima sorgfältig diskutiert werden. Fig. 36 zeigt das Blockschema des Geräts. Ein quarzgesteuerter Generator G liefert eine Hochfrequenzspannung von 4,04 MHz, die über zwei getrennte Kanäle geleitet wird und sich auf dem Schirm eines Elektronenstrahloszillographen O zu einer Ellipse zusammensetzt. In dem einen Kanal liegt zwischen zwei Selektivverstärkern die Ultraschallmeßstrecke US, in der die Schallgeschwindigkeit im gestrichelten Bereich durch äußeren Eingriff verändert werden kann. In dem anderen Kanal liegt zwischen zwei Selektivverstärkern ein als Phasenschieber Φ dienendes LC-Netzwerk. Der Phasenschieber Φ gestattet, die Phase der Hochfrequenzspannung um den Grobbetrag $-116°$ bis $+116°$ und um den Feinbetrag $\pm 10°$ zu drehen. Da also zwei Phasen einer Hoch

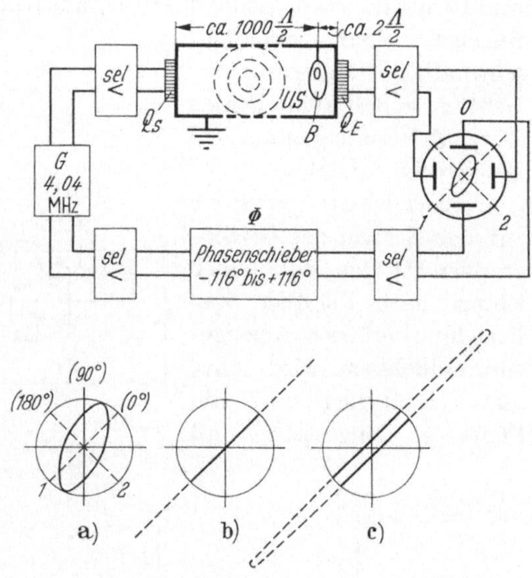

Fig. 36. Blockschema und Meßanzeige beim Phasenvergleich-Interferometer (nach SCHAAFFS und KALWEIT)

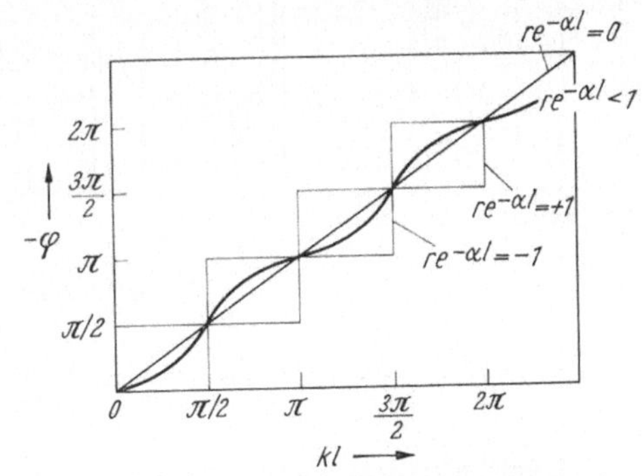

Fig. 37. Einfluß stehender Wellen auf den Phasenunterschied zwischen den Spannungen am Sende- und Empfangsquarz des Phasenvergleich-Interferometers

frequenzspannung zur Überlagerung und zum Vergleich kommen, heißt das Gerät Phasenvergleichs-Interferometer.

Die Meßmethodik genügt drei wichtigen Bedingungen: Der Nullpunkt ist dadurch unterdrückt worden, daß auf die Meßstrecke (12 cm lang)

---

[1] SCHAAFFS, W., u. CL. KALWEIT: Acustica 10, 385—393 (1960).

etwa 1000 Halbwellenlängen fallen, aber nur etwa 2 Halbwellen zur Anzeige kommen. Die Intensität der Ultraschallwelle ist im Sinne der Ausführungen in den Ziffern 24 und 30 sehr klein, was sich in einer Spannung von 10 bis 20 V am Sendequarz Q_s ausdrückt. Schließlich erfolgt die Anzeige einer Schallgeschwindigkeitsänderung momentan, so daß keine Fehler durch Erwärmungen auf der Meßstrecke entstehen.

Normalerweise entsteht auf dem Schirm des Oszillographen O das Bild einer Ellipse nach Fig. 36a. Zur Erzielung größter Anzeigeempfindlichkeit wird aber die Verstärkung und die Phase so eingestellt, daß

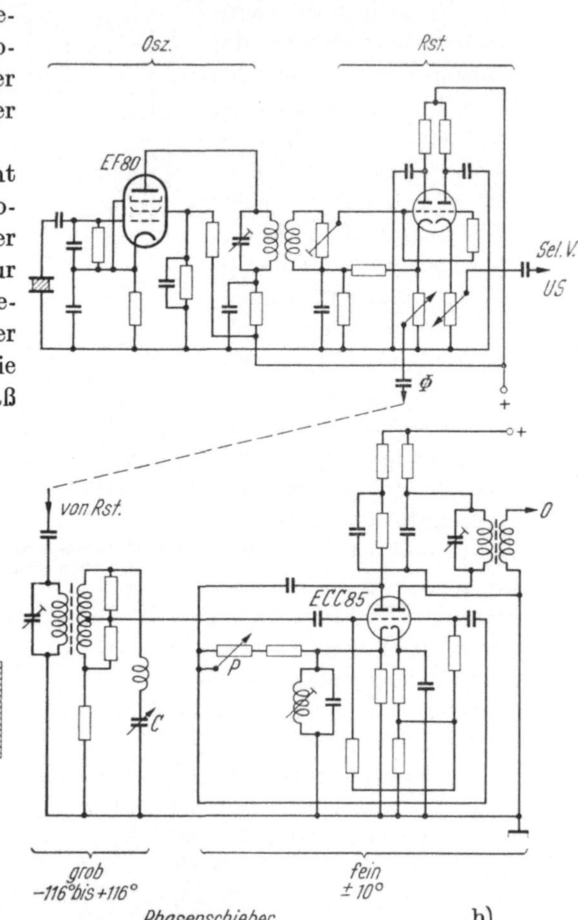

Fig. 38. a) Konstruktion der Ultraschallstrecke des Phasenvergleich-Interferometers. b) Schaltung von Generator und Phasenschieber

nach Fig. 36b eine unter 45° geneigte zu einer langen Geraden entartete Ellipse entsteht. Eine winzige Änderung der Schallgeschwindigkeit auf der Meßstrecke US macht sich dann nach Fig. 36c als Aufspaltung der Geraden bemerkbar. Eine kleine Änderung Δu der Schallgeschwindigkeit hängt dann mit der Länge l der Meßstrecke und der Phasenänderung $\Delta \varphi$ durch

$$\Delta u = \frac{u^2}{2\pi v\, l}\, \Delta \varphi \qquad\qquad (IV.9)$$

zusammen. Die Phasenänderung selbst folgt aus dem Verhältnis der großen zur kleinen Achse der Ellipse zu

$$\varDelta \varphi = 2 \text{ arc tang } \varepsilon_1/\varepsilon_2. \tag{IV.10}$$

Die Verfasser haben in ihrer Arbeit gezeigt, daß Änderungen bis unter 1 mm/s mühelos nachgewiesen werden können. Aus Formel (IV.9) geht hervor, daß die Anzeigeempfindlichkeit noch weiter steigt, wenn die Länge l der Meßstrecke vergrößert wird.

Da die Formel (IV.9) nur für ein fortschreitendes Wellenfeld gilt, war eine genaue Diskussion der Phasenbeziehungen und ihres Einflusses auf das Meßergebnis nötig. Der Einfluß stehender Wellen wurde experimentell durch Einführung einer schräggestellten Lochblende B und durch Ausnützung der in Ziffer 33 und Fig. 23 gezeigten ungleichmäßigen Schwingungsamplitude einer runden Quarzkristallplatte beseitigt. In Fig. 37 ist der Phasenunterschied φ zwischen dem Sendequarz Q_S und dem Empfangsquarz Q_E als Funktion von $\dfrac{2\pi}{\varLambda} l$ aufgetragen. Parameter ist der Ausdruck $r \cdot e^{-\alpha l}$, wobei α der Absorptionskoeffizient der Schwingungsamplitude und r der Reflektionsfaktor der Schallwellen an Q_E ist. Für die Grenzwerte $re^{-\alpha l} = \pm 1$ entartet die Phasenkurve zu einer Treppe. Normalerweise liegt die stark eingezeichnete Wellenkurve vor, wonach die Meßgenauigkeit bei stehenden Wellen periodisch schwankt. Zu erstreben ist stets der durch

$$re^{-\alpha l} = 0$$

gekennzeichnete lineare Zusammenhang, der eine fortschreitende Welle charakterisiert.

Die drei wichtigsten Glieder dieses Geräts sind die Meßstrecke US, der Generator G und der Phasenschieber $\varPhi$. Sie sind in Fig. 38 abgebildet worden. Die hochfrequenztechnischen Details wurden von KALWEIT berechnet.

45. Der Schallgittereffekt in Flüssigkeiten

Im Jahre 1932 entdeckten R. LUCAS[1] und P. BIQUARD in Paris und P. DEBYE[2] und F. SEARS in USA unabhängig voneinander, daß ein Lichtbündel durch eine Ultraschallwelle wie bei einem optischen Strichgitter gebeugt und aufgespalten wird. Diese Entdeckung bildet einen Markstein in der Entwicklung der Ultraschallphysik, da durch sie die optischen Untersuchungsmethoden von Ultraschallwellen eingeführt wurden. Der Effekt wurde von LUCAS und BIQUARD in zahlreichen

[1] LUCAS, R., et P. BIQUARD: C. R. Acad. Sci. Paris 194, 2132—2134 (1932); — J. Phys. Radium 3, 464—477 (1932).

[2] DEBYE, P., and F. SEARS: Proc. Nat. Acad. Sci. Wash. 18, 410—418 (1932).

Untersuchungen erforscht und auf molekularakustische Fragen angewendet. Aus Gründen der Parität wird diese Entdeckung in diesem Buche mit dem sachlichen Namen „Schallgittereffekt" bezeichnet.

Die Versuchsanordnung ist in Fig. 39 dargestellt. Das Licht einer monochromatischen Lichtquelle, das von dem Spalte Sp ausgeht, wird durch die Linse L_1 parallel gemacht und durchsetzt eine Küvette $K\ddot{u}$ mit planparallelen Glaswänden. Eine Linse L_2 bildet den Spalt auf einem Schirm scharf ab. Das parallele Lichtbündel wird von der Ultraschallwelle in der mit Flüssigkeit gefüllten Küvette so aufgespalten, daß auf

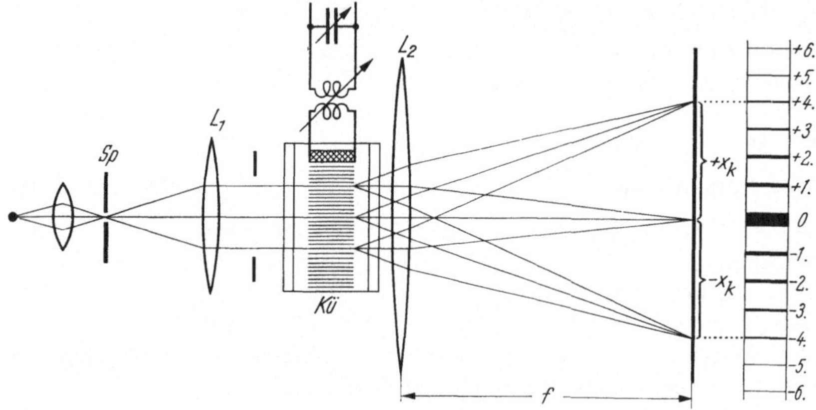

Fig. 39.   Schema der Versuchsanordnung zum Nachweis des Schallgittereffekts.   Aussehen des Beugungsspektrums

dem Schirm mehrere Beugungsordnungen auftreten. Durch die Ultraschallwelle entsteht ein Medium mit periodisch veränderlichem Brechungsindex. Die Maxima bzw. die Minima der Dichte und des Brechungsindex liegen jeweils um eine Wellenlänge auseinander. Wie zuerst LUCAS[1] und BIQUARD und später sehr ausführlich NOMOTO[2] gezeigt haben, kann das von Ultraschall durchsetzte Medium daher als eine Hintereinanderschaltung sehr vieler Zylinderlinsen aufgefaßt werden. Dabei ist es gleichgültig, ob man nur an Bikonvex- oder nur an Bikonkavlinsen mit sinusförmiger Verteilung des Brechungsindex denkt. Jede dieser Linsen zerstreut das von L_1 kommende Licht über einen relativ großen Bereich. Alle Teilstrahlen, die einen durch ganzzahlige Vielfache der Wellenlänge des Lichts beschriebenen Gangunterschied haben, setzen sich zu Maxima der Beugungsintensität zusammen. Es wird zwar von einigen Forschern gesagt, daß die sinusförmige Dichteverteilung nur zu Beugungsbildern 1. Ordnung führen könne und daß die höheren Ordnungen durch Mehr-

[1] LUCAS, R., et P. BIQUARD: Rev. d'Acoust. 3, 198—212 (1934).
[2] NOMOTO, O.: Bull. Kob. Inst. Phys. Res. 1, 42—71, 189—220 (1951).

fachbeugung zu erklären wären, doch brauchen wir diese Frage hier
nicht zu diskutieren. Danach ist das in die k-te Ordnung unter dem Winkel
α_k abgebeugte Licht der Wellenlänge λ durch die bekannte Gitterformel

$$\sin \alpha_k = \frac{k \cdot \lambda}{\Lambda} \qquad\qquad \text{(IV.11)}$$

festgelegt. Natürlich ist vorausgesetzt, daß Licht und Schall senkrecht
aufeinander stehen. Meistens handelt es sich beim Ultraschall um Wellenlängen Λ, die im Verhältnis zu den Lichtwellenlängen λ groß sind, so daß

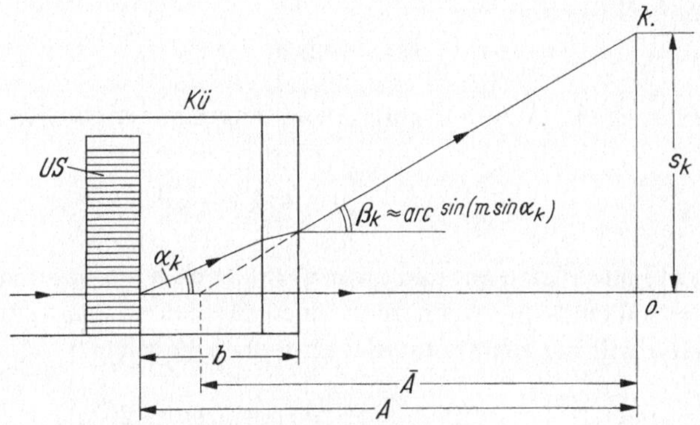

Fig. 40. Skizze zur Ableitung der Korrekturformel (IV.12) über den Verlauf eines Beugungsstrahles
k-ter Ordnung

in Gl. (IV.11) der Sinus durch den Tangens ersetzt werden kann. Dieser
ist gleich dem Abstand s_k des Beugungsbildes k-ter Ordnung vom nullten
dividiert durch den Abstand A des Beugungsschirmes von der Austritts-
ebene des Lichtes aus der Ultraschallwelle. Wir erhalten daher aus
(IV.11)

$$\sin \alpha_k = \operatorname{tang} \alpha_k = \frac{s_k}{A} = \frac{k\lambda}{\Lambda} = \frac{k\lambda\nu}{u}$$

und damit die Schallgeschwindigkeit

$$u = \frac{k\,\lambda\,\nu\,A}{s_k}.$$

Während in der Optik das an einem Strichgitter abgebeugte Licht
meist nur in der Luft läuft, tritt hier eine zweimalige Brechung ein, einmal an der Grenze der Flüssigkeit gegen die Glaswand der Küvette und
dann an der Grenze der Glaswand gegen die umgebende Luft. Das bedingt nach Fig. 40 die Einführung eines reduzierten Abstandes $\bar{A}$. Es ist

$$A = \bar{A} + b\left(1 + \frac{1}{m}\right),$$

wenn b der Abstand zwischen Schallwelle und Glaswand und m der
Brechungsindex ist. Nach Fig. 39 wird die Lichtaufspaltung in einer

Ebene scharf abgebildet. Dabei wird von einem bekannten Satze der geometrischen Optik über parallele schräg zur Linsenachse verlaufende Lichtbündel Gebrauch gemacht. Damit keine weitere Korrektur erforderlich ist und

$$s_k = x_k$$

gesetzt werden kann, muß die Linse L_2, wie es in der Zeichnung angedeutet ist, möglichst dünn und sehr nahe an die Küvette herangerückt sein. Ist ihre Brennweite f und ihre Dicke in der Hauptsache gleich d, so möge man die Bedingung

$$\overline{A} - f = d/2$$

einzuhalten suchen. Aus den vorstehend angeführten Beziehungen erhält man

$$u = \frac{k\,\lambda\,v\,f}{x_k}\left\{f + \frac{d}{2} + b\left(1 - \frac{1}{m}\right)\right\}. \tag{IV.12}$$

Setzt man übliche Werte an, und zwar $d = 0{,}2$ cm, $b = 1$ cm und $m \approx 1{,}5$, so muß $f = 200$ cm sein, wenn man einen Meßfehler von $\varDelta u = +2\,^0/_{00}$ noch zulassen will bei Benutzung der einfachen Formel

$$u = \frac{k\,\lambda\,v\,f}{x_k} \quad \text{mit} \quad (f \geqq 200 \text{ cm}, \; \varDelta u \leqq 2\,^0/_{00}). \tag{IV.13}$$

Auf diese Korrekturen ist in älteren Arbeiten oft nicht geachtet worden, so daß die Messungen mit dem Schallgittereffekt denen mit dem Interferometer und mit den sekundären Interferenzen unterlegen zu sein schienen.

Das Lichtbündel, welches die Ultraschallwelle durchsetzt, hat meistens eine Breite von 1 bis 2 cm. Es darf aber nicht schmaler als eine Schallwellenlänge $\varLambda$ werden. In diesem Falle trifft das Licht nur auf eine einzige Zylinderlinse und wird divergent zerstreut, so daß eine Interferenzerscheinung durch Überlagerung gleichphasiger Lichtstrahlen nicht möglich ist.

Bei sehr hohen Frequenzen oberhalb von 30 MHz beginnt die normale Beugung des Lichtes in den Ultraschallwellen gegenüber einer Spiegelung an den Ultraschallwellenfronten unter dem Braggschen Glanzwinkel immer mehr zurückzutreten, wie Nomoto[1] für 30 MHz und Rytow[2] bis 180 MHz gezeigt haben[3]. Das bedeutet, daß bei genau senkrechtem Einfall des Lichtes keine Beugungsbilder mehr entstehen.

---

[1] Nomoto, O.: Proc. Phys. Math. Soc. Jap. **19**, 264—270 (1937).

[2] Rytow, S.: Phys. Z. Sowjet. **8**, 626—643 (1935); — C. R. Moskau **2**, 229—233 (1936); **3**, 151—156 (1936).

[3] Über selektive Beugung unter dem Braggschen Winkel s. a. Ziffer 22. Die Bedingungen, unter denen Braggsche Reflexionen auftreten, werden bei Willard, J. Acoust. Soc. Amer. **21**, 101—103 (1949); und bei E. H. Wagner, Acustica **6**, 17—24 (1956), diskutiert.

Sie treten erst durch eine winzige Neigung zwischen Licht und Schallwellenfronten wieder in Erscheinung. An sehr exakten Schallgeschwindigkeitsmessungen wären daher kleine Korrekturen anzubringen, sofern
nicht die Überlappung dieser Erscheinung mit der nach Ziffer 22 auf
Grund endlicher Amplituden auftretenden ähnlichen Wirkung eine solche
Genauigkeit fragwürdig macht.

46. Die Unterschiede in den Ultraschallgittern stehender und fortschreitender Wellen

Eine genauere Untersuchung des Schallgittereffekts hat sich nicht
nur auf den für die Schallgeschwindigkeitsbestimmung nach Formel
(IV.13) wichtigen Abstand der Beugungslinien, sondern auch auf ihre
für Absorptionsmessungen wichtige Intensität zu erstrecken. Außerdem
können die Frequenz und Kohärenz des Lichtes in den Linien wichtig
sein. RAMAN[1] und NATH haben zuerst gezeigt, daß die ebene Wellenfront
des einfallenden Lichtes in der Ultraschallwelle periodisch deformiert
wird. So entsteht ein Ultraschall-Phasengitter, das zur Folge hat, daß
die Linienintensitäten in komplizierter Weise von dem Ausdruck
$\Delta n \cdot l/\lambda$ abhängen. Dabei ist l/λ das Verhältnis des Lichtwegs in der
Ultraschallwelle zur Wellenlänge des Lichtes und Δn die größte Brechungsindexänderung, die durch die Ultraschallwelle verursacht wird. Es kann
also vorkommen, daß Beugungsbilder höherer Ordnung große Helligkeit
aufweisen, während das Bild nullter Ordnung verschwindet[2]. Tritt
dieser (ungewollte) Fall bei Schallgeschwindigkeitsmessungen ein und
ist er störend, so muß die Breite des Ultraschallbündels verändert
werden, wenn Änderungen von Δn und λ nicht möglich oder nicht
erwünscht sind.

Es sei darauf hingewiesen, daß E. H. WAGNER[3] eine einheitliche
Theorie für alle in den Ziffern 45—46 und 50—53 beschriebenen Erscheinungen durchgerechnet hat, sofern sie den Einfluß fortschreitender Ultraschallwellen auf das Licht betreffen. Er hat dabei die Beugung der
Lichtwellen als strenges Randwertproblem der Maxwellschen Gleichungen formuliert und behandelt. Als Kriterium für das Auftreten der

---

[1] RAMAN, C. V., and N. NATH: Proc. Ind. Acad. Sci. A 2, 406—420 (1935); 3,
75—84, 119—125, 459—465 (1936). Weitere Literatur dazu: O. NOMOTO, Proc. Phys.
Math. Soc. Japan 22, 77—90 (1940); 24, 380—400, 613—639 (1942), (mit vielen
Photos); R. EXTERMANN u. G. WANNIER, Helv. phys. Acta 9, 520—532 (1936); 10,
185—217 (1937). Eine Zusammenstellung verschiedener Theorien bei NAGENDRA
NATH, Akust. Z. 4, 263—272, 289—301 (1939).

[2] Diese spezielle Frage hat behandelt A. NEUMANN, Proc. Phys. Soc. Lond. 51,
794—802 (1939).

[3] WAGNER, E. H.: Z. Physik 141, 604—642 (1955); 143, 249—256, 412—430
(1955); — Acustica 6, 17—24 (1956).

verschiedenen Beugungstypen gibt er den zwischen 10^{-1} und 10^3 liegenden Zahlenwert des dimensionslosen Parameters

$$16\left(n\,\frac{\Lambda}{\lambda_0}\right)^2\frac{\Delta n}{n}$$

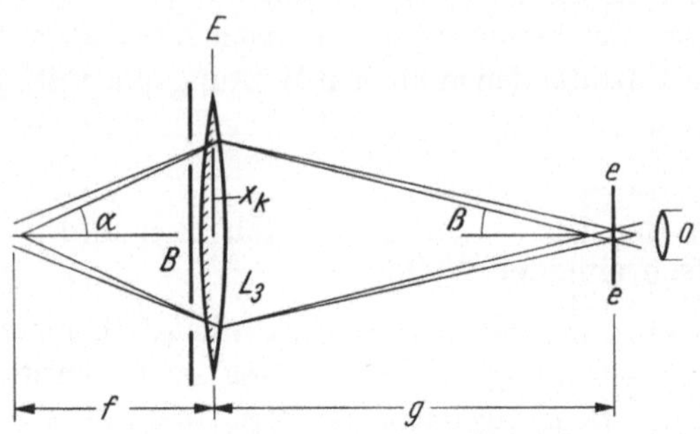

Fig. 41. Anordnung zur Superposition zweier Beugungsordnungen im Schallgittereffekt

an. Darin bedeutet n den mittleren Brechungsindex der Flüssigkeit, Δn die Amplitude der Brechungsindex-Modulation; λ_0 ist die Wellenlänge des Lichtes im Vakuum.

Das äußere Erscheinungsbild des Schallgittereffekts ist hinsichtlich der für die Molekularakustik wichtigsten Formel (IV.13) bei fortschreitenden und stehenden Wellen gleich. Die Frequenz des Lichtes in den Beugungsordnungen selbst ist aber auf Grund des Dopplereffekts moduliert. Betrachten wir nur die Beugungslinien ± 1. Ordnung, so gilt für fortschreitende Ultraschallwellen in der Ausbreitungsrichtung die Frequenz $N+\nu$, in entgegengesetzter Richtung $N-\nu$, wenn N die Lichtfrequenz ist. Das Licht dieser beiden Beugungs-

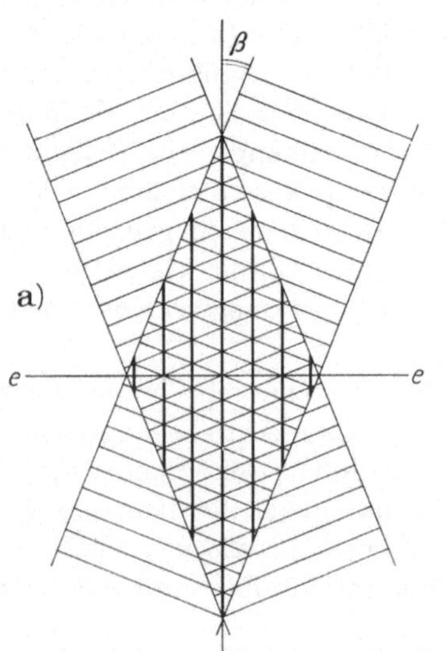

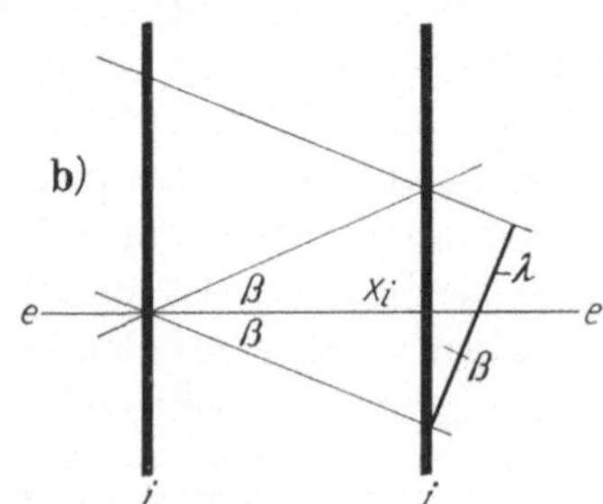

Fig. 42. a) Interferenzstreifen bei der Überlagerung zweier kohärenter Beugungslinien gleicher Ordnung. b) Skizze zur Berechnung des Streifenabstandes

ordnungen ist daher nicht kohärent und nicht miteinander zur Interferenz zu bringen, obwohl die Schallfrequenzen sich um etwa 8 Zehnerpotenzen von denen des Lichts unterscheiden. Bei stehenden Wellen, wie sie in einer durch parallele Wände begrenzten Küvette immer vorliegen, weisen dann beide Beugungsbilder 1. Ordnung das gleiche

Frequenz-Doublett $N \pm \nu$ auf und lassen sich zu einem Interferenzbild überlagern. Dieses Bild kann auch zu Schallgeschwindigkeitsmessungen herangezogen werden.

Man setzt dann nach Fig. 41 vor die Bildebene E eine Blende B, die nur die ersten Beugungsordnungen durchläßt. Diese werden mit Hilfe der in der Ebene E angeordneten Linse L_3 in größerer Entfernung g zur Überlagerung gebracht. Die in der Ebene e auftretenden Interferenzstreifen, deren Entstehung aus Fig. 42a ersichtlich ist, werden mit dem Meßokular O beobachtet. Der Abstand x_i dieser Interferenzstreifen i hängt wesentlich von dem Winkel β ab und berechnet sich nach Fig. 42b zu

$$x_i = \frac{\lambda}{2 \sin \beta} \cdot \tag{IV.14}$$

Für sehr kleine Winkel kann wieder der Sinus durch den Tangens ersetzt werden und für den Zusammenhang zwischen dem Beugungsbilde 1. Ordnung und x_i ergibt sich

$$x_1 = \frac{\lambda \cdot g}{2\,x_i} \cdot$$

Setzen wir diesen Ausdruck in Formel (IV.13) ein, so erhalten wir die von der Wellenlänge des benutzten Lichtes unabhängige Beziehung

$$u = 2\,\frac{f}{g}\,\nu\,x_i\,. \tag{IV.15a}$$

Bei Beschränkung auf das Verhältnis $f/g = \tfrac{1}{2}$ der Linse L_3 (d.h. $g = 4$ Meter bei $f = 2$ Meter) folgt die sehr einfache Schallgitterformel

$$u = \nu \cdot x_i\,. \tag{IV.15b}$$

In diesem Falle gibt x_i die Strecke einer Ultraschallwellenlänge Λ in der Beobachtungsebene e wieder und wird in der bekannten Weise aus einer Strecke im Meßokular und der Anzahl der Linien darin berechnet. Eine nähere Bezeichnung für diese Art der Schallgeschwindigkeitsbestimmung mit dem Schallgittereffekt ist nicht bekannt geworden.

47. Der Schallgittereffekt in festen Körpern, in Gasen und Schmelzen

Der Schallgittereffekt ist an Flüssigkeiten entdeckt worden und wird vorzugsweise bei ihnen angewendet. Er ist natürlich auch für durchsichtige feste Körper und für Gase verwendbar. Bei festen Körpern findet er meist in der Gestalt der Schaefer-Bergmannschen[1] Elastogramme Anwendung und gestattet, longitudinale und transversale Wellen voneinander zu unterscheiden.

---

[1] Zusammenfassende Darstellung bei L. BERGMANN, Ultraschall, 6. Aufl., S. 567—641, 1954.

Da die Wellenlängen des Ultraschalls in Gasen etwa um den Faktor 5 kleiner als in Flüssigkeiten sind, kann auch A bzw. f viel kleiner gemacht werden. Systematische Schallgeschwindigkeitsmessungen in Gasen mit Hilfe des Schallgittereffekts sind dem Verfasser bislang nicht bekannt geworden. Den Effekt als solchen hat unter anderen GOLLMICK[1] untersucht. Seine Versuchsanordnung zeigt Fig. 43. Er benutzte als intensive Lichtquelle eine Hg-Höchstdrucklampe mit einer Leuchtdichte von 25 000 sb, um genügend Licht in den Beugungsordnungen der scharfen

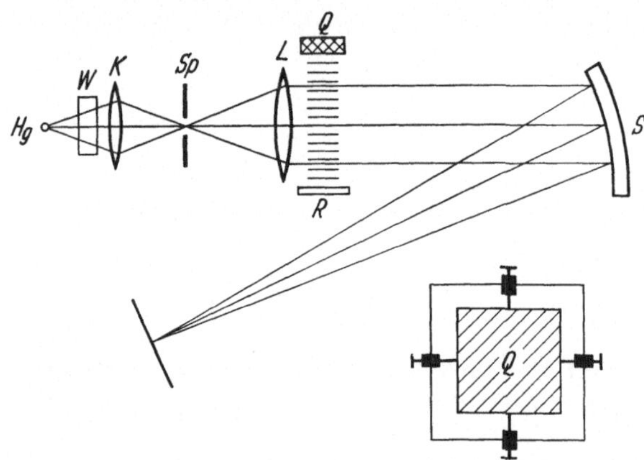

Fig. 43. Optische Anordnung zur Erzeugung des Schallgittereffekts in Luft (nach GOLLMICK)

Spektrallinien zu bekommen. Er konnte bis zu 15 Beugungsordnungen photographieren, wenn er das Licht nullter Ordnung abblendete. Der Kondensor K hat eine Brennweite von 15 cm. W ist eine Kühlwasserküvette. Der Mikrometerspalt Sp hatte eine Breite von 0,025 mm. L war ein Achromat von 80 cm Brennweite und 8 cm $\varnothing$. Zur Untersuchung fortschreitender Schallwellen kann man den Glasreflektor R um 45° kippen und die Schallwellen aus der Versuchsebene herauslenken. Der vorderseitig belegte Hohlspiegel S hatte eine Brennweite von 350 cm. Als Schwingquarz Q diente eine quadratische Kristallplatte von 6×6 cm² mit einer Eigenfrequenz von etwa 600 kHz, die mit dünnen Isolierstiften möglichst störungsfrei in einem Rahmen gehalten und mit einer Hochfrequenzspannung von 1100 V betrieben wurde.

BÖMMEL[2] hat oberhalb von 1 MHz, wo Interferometermessungen sehr schwierig werden, mit dem Schallgittereffekt Dispersionsuntersuchungen angestellt, indem er den schwingenden Kristall nicht nur in der Grundschwingung, sondern auch in höheren Harmonischen anregte.

[1] GOLLMICK, H. J.: Diss. Univ. Berlin 1940, 47 S., 17 Abb.; s. a. L. BERGMANN, Ultraschall, 6. Aufl., S. 282.
[2] BÖMMEL, H.: Helv. phys. Acta 16, 423—425 (1943); 18, 3—20 (1945).

Die Beugungsbilder 1. Ordnung, deren Abstände x_1 bei gleicher Schallgeschwindigkeit u sich wie die Frequenzen verhalten müssen, werden photographiert. Die nachträgliche Ausmessung läßt dann erkennen, ob diese Angabe zutrifft oder ob eine Dispersion der Schallgeschwindigkeit stattgefunden hat.

Will man den Schallgittereffekt in Schmelzen bei tiefen Temperaturen und in verflüssigten Gasen anwenden, so muß man den Meßbereich frei von Wärmeschlieren und von dem Einfluß einer unruhigen Flüssigkeitsoberfläche halten. LIEPMANN[1], SCHAAFFS[2] und VAN ITTERBEEK[3] haben dies mit der in Fig. 44 skizzierten Anordnung erreicht. Das Licht wird durch einen Glas- oder Quarzblock B geleitet und an dem Spiegel S reflektiert. In dem Bereich vor dem Kristall Q wird das Licht aufgespalten.

Zur Messung der Schallgeschwindigkeit in undurchsichtigen Medien hat PARSHAD[4] die Brechung von Schallwellen beim Durchtritt durch die Grenze zweier Medien gemessen und dabei den Schallgittereffekt zur Intensitätsanzeige benutzt.

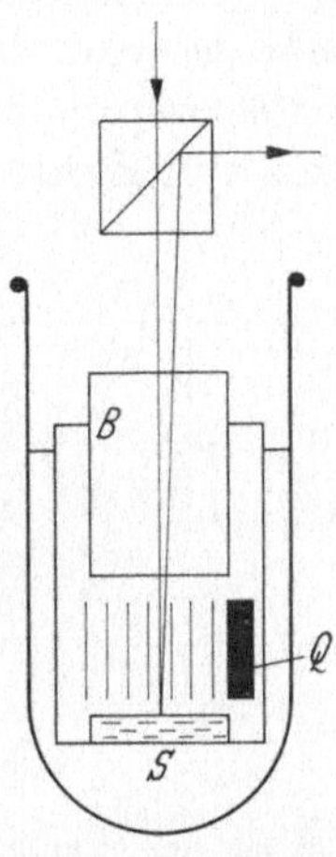

Fig. 44. Anordnung für Messungen mit dem Schallgittereffekt unter extremen Temperaturbedingungen

48. Gebräuchliche Hochfrequenzschaltungen

Zur Erzeugung der piezoelektrischen Schwingungen dienen meist Hochfrequenzsender in Dreipunkt-Schaltung und in Gegentakt-Schal-

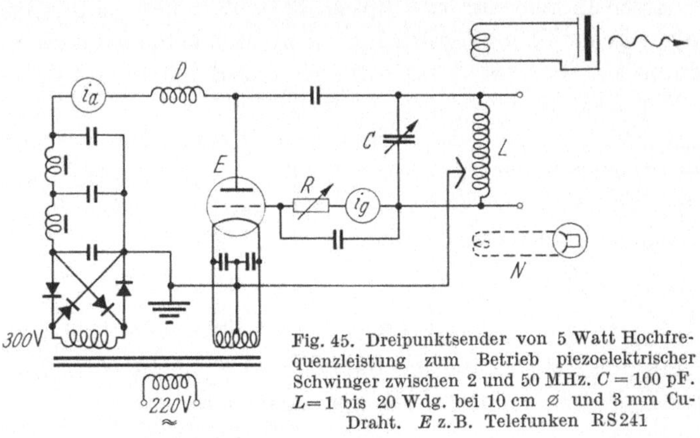

Fig. 45. Dreipunktsender von 5 Watt Hochfrequenzleistung zum Betrieb piezoelektrischer Schwinger zwischen 2 und 50 MHz. $C = 100$ pF. $L = 1$ bis 20 Wdg. bei 10 cm $\varnothing$ und 3 mm Cu-Draht. E z.B. Telefunken RS 241

[1] LIEPMANN, H. W.: Helv. phys. Acta **9**, 507—510 (1936); **11**, 381—396 (1938).
[2] SCHAAFFS, W.: Z. Physik **105**, 658—675 (1937).
[3] ITTERBEEK, A. VAN: Physica, Haag **20**, 307—310 (1954); **21**, 860—866 (1955).
[4] PARSHAD, R.: Current Sci. **13**, 13—14 (1944).

tung. Dabei ist zu beachten, daß man für den Fall galvanischer Ankopplung des Schwingers nur solche Dreipunktschaltungen wählt, die keine Anodengleichspannung im Schwingungskreis führen, weil sonst die Gefahr besteht, daß durch Addition von Anodenspannung und Hochfrequenzspannung ein Spannungsüberschlag über den Rand des Schwingers von Elektrode zu Elektrode eintritt. Die wichtigsten Daten einer Dreipunktschaltung sind der Erläuterung zu Fig. 45 zu entnehmen. Die Frequenzkontrolle durch einen Wellenmesser oder — bei konstanter Frequenz — die Kontrolle mit einem Leuchtquarznormal N sollte nie fehlen.

Gegentaktschaltungen arbeiten stabiler als Dreipunktschaltungen. Fig. 46 zeigt eine solche mit ihren wichtigsten Schaltdaten. Will man bei konstanter Frequenz

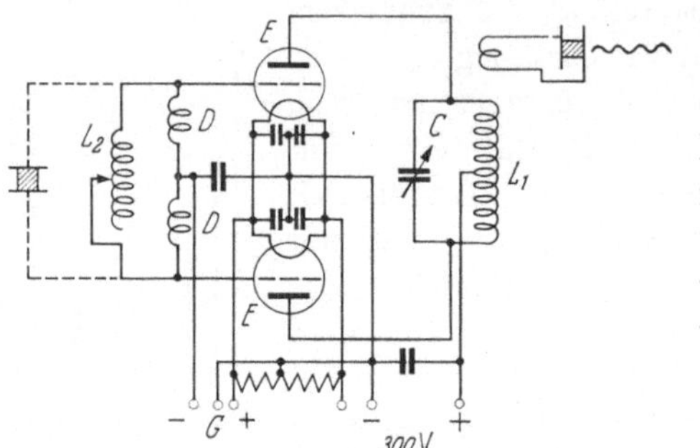

Fig. 46. Gegentaktsender für 10 Watt Hochfrequenzleistung zum Betrieb piezoelektrischer Schwinger. $C = 100$ pF. L_1 wenige Wdg. Klingeldraht, 5 cm ⌀, eng gewickelt. L_2 mit 1 cm ⌀ Lackdraht eng gewickelt

arbeiten, so kann man anstelle der Gitterspule L_2 eine Steuerung durch ein Quarznormal vorsehen, wie punktiert angedeutet worden ist.

49. Das Ziehen eines piezoelektrischen Schwingers

Eine starke Fehlerquelle für Schallgeschwindigkeitsmessungen liegt in der Erscheinung, die man „das Ziehen" eines piezoelektrischen Schwingers nennt. Sie gilt auch für andere Meßmethoden, z B mit dem Interferometer, den sekundären Interferenzen und dem Amplitudengitter. Wir besprechen sie an dieser Stelle, weil sie mit dem Schallgittereffekt am deutlichsten erkannt und demonstriert werden kann. Aus der Hochfrequenztechnik ist bekannt, daß in zwei induktiv gekoppelten Schwingungskreisen der Resonanzfrequenz v_r bei starker Kopplung k Doppelwelligkeit auftritt. Es gilt

$$v_1 = \frac{v_r}{\sqrt{1-k}}, \qquad v_2 = \frac{v_r}{\sqrt{1+k}} \qquad \text{(IV.16)}$$

mit dem durch die gegenseitige Induktivität $L_{1,2}$ und die Einzelinduktivitäten L_1 und L_2 definierten Kopplungsfaktor

$$k = \frac{L_{1,2}}{\sqrt{L_1 L_2}} - \left(\frac{\vartheta_1 - \vartheta_2}{2\pi}\right)^2. \qquad \text{(IV.17)}$$

ϑ_1 und ϑ_2 sind die Dämpfungsdekremente der beiden Kreise. Ist nun ein piezoelektrischer Schwinger der wesentliche Bestandteil des 2. Schwingungskreises und arbeitet man mit den Ultraschallwellen in der Resonanznähe, so ist bei zu fester Kopplung eine Verstimmung vom Betrage

$$|v_2 - v_r|$$

zu erwarten. Die durch die Gln. (IV.16) beschriebene Erscheinung wird durch den die Energie liefernden Röhrengenerator, durch die angekoppelte Ultraschallstrecke und die Dämpfungsdekremente beider Kreise hinsichtlich des Schallgittereffekts zwar in unübersichtlicher Weise modifiziert, doch kann man jeder Verfälschung von Messungen dadurch begegnen, daß man $k = 0$ macht, also so lose wie nur irgend möglich koppelt.

Man prüft die Erfüllung der Bedingung $k = 0$ durch Beobachtung der Verstimmung $|v_2 - v_r|$ mit dem Meßokular, mit dem man normalerweise die Linien der Fig. 39 beobachtet und ausmißt. Man stellt den Faden des Meßokulars auf die Mitte einer Linie ein und dreht die Kopplung von maximalen zu minimalen Werten so lange durch, bis keine Linienverschiebung mehr stattfindet. Man darf den Einfluß des Ziehens auf die Genauigkeit einer Messung nicht unterschätzen. Nach eigenen Untersuchungen des Verfassers im Frequenzgebiet zwischen 15 und 20 MHz bei Flüssigkeitsmengen von etwa 30 cm³ in der Küvette können dadurch Meßfehler von 20% auftreten! Durch die Nichtbeachtung der Zieherscheinung sind wiederholt Messungen, vor allem in älteren Arbeiten, wertlos geworden. Daß das Ziehen die Ursache dafür war, kann man daraus erkennen, daß die Fehler um so geringer werden, je größer die Absorption des Ultraschalls in der Meßstrecke ist und je größer damit das Dämpfungsdekrement des piezoelektrischen Schwingers wird. Dieses vermindert ja nach der obigen Gl. (IV.17) den Kopplungsfaktor und macht die Verstimmung $|v_2 - v_r|$ kleiner.

Die Bezeichnung „Ziehen" rührt daher, daß durch stetige Änderung der Frequenzverstimmung $(v_2 - v_r)$ der Hochfrequenzstrom im angekoppelten Kreise bzw. die Ultraschallintensität in der Meßstrecke auf einen anormal hohen Wert gezogen wird. Man beobachtet dann im Schallgittereffekt nicht nur Linienverschiebungen, sondern auch eine größere Anzahl von Beugungsordnungen.

Die hier an induktiv gekoppelten Kreisen gemachten Darlegungen gelten sinngemäß auch für galvanische und kapazitive Ankopplungen. HIEDEMANN[1] und ASBACH haben mit Hilfe des Schallgittereffekts die Zieherscheinung optisch demonstriert, H. E. BECKER[2] hat sie näher untersucht. Der Verfasser ist der Ansicht, daß die trotz der Benutzung sehr reiner Substanzen auch heute noch zwischen den Schallgeschwindigkeits-

[1] HIEDEMANN, E., u. H. R. ASBACH: Phys. Z. **34**, 494 (1933).
[2] BECKER, H. E.: Ann. Phys. **25**, 359—372 (1936); **26**, 645—658 (1936).

messungen erfahrener Forscher bestehenden Differenzen letztlich in der immer noch nicht ganz beseitigten Zieherscheinung ihre Ursache haben. Der Kopplungsfaktor k kann ja streng genommen nicht wirklich Null werden, weil sonst keine Energieübertragung mehr stattfindet.

50. Die Methode der sekundären Interferenzen

In Fig. 39 durchdringen sich die Lichtbündel der verschiedenen Beugungsordnungen nach ihrem Austritt aus der Ultraschallwelle, bevor sie durch die Linse L_2 sauber getrennt in der Ebene E als helle Linien er-

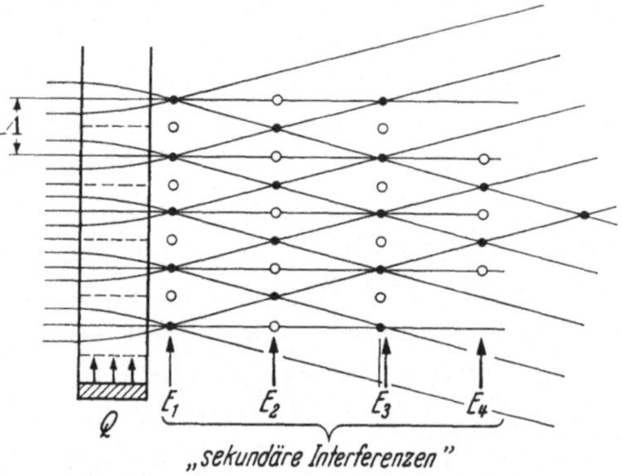

Fig. 47. Schema zur Veranschaulichung der Meßmethode der sekundären Interferenzen

scheinen. Wir setzen nun das Vorhandensein einer stehenden Schallwelle voraus und betrachten diesen Durchdringungsbereich an Hand der stark schematisierten Fig. 47 näher. Die Schematisierung besteht darin, daß wir monochromatisches Licht angenommen haben, daß für jede Ultraschallinse nur drei Teilstrahlen gezeichnet sind, daß gleiche Schallabsorption über die ganze Strecke angenommen worden ist und daß wir schließlich einen Augenblick herausgegriffen haben, in dem die Unterschiede der Dichte und des Brechungsindex maximal ausgeprägt sind. Beim Durchkreuzen der verschiedenen Lichtstrahlen entstehen Konvergenzlinien, die in äquidistanten parallelen Ebenen angeordnet sind. Es ist aus der Figur sofort abzulesen, daß die Konvergenzlinien den Abstand einer Wellenlänge Λ voneinander haben. Eine halbe Schwingungsperiode später haben sich die Zylinderlinsen des Ultraschalls um eine halbe Wellenlänge in Schallrichtung verschoben; denn wo vorher ein Maximum der Dichte und des Brechungsindex war, ist jetzt ein Minimum und umgekehrt. So entsteht eine zweite Konvergenzlinienschar, die um $\Lambda/2$ gegen die erste versetzt ist und die wir mit kleinen Kreisen in Fig. 47 bezeichnet haben.

Wird nun mit der Linse L_2 nicht der Spalt Sp in der Beobachtungsebene abgebildet, sondern eine dieser Konvergenzlinien-Ebenen E_1, E_2, E_3 usw., so erhält man ein Streifensystem aus hellen Linien, deren Abstand voneinander durch das Produkt aus der halben Wellenlänge $\Lambda/2$ und dem Vergrößerungsfaktor der Linse L_2 gegeben ist. Welche Konvergenzlinien-Ebene man mit L_2 abbildet, ist für eine Schallgeschwindig-

keitsmessung prinzipiell gleichgültig, doch sucht man sich natürlich eine
der am schärfsten ausgebildeten heraus, z. B. E_1 oder E_3.

Das ganze System dieser Konvergenzlinien führt die Bezeichnung
„sekundäre Interferenzen" und die darauf aufgebaute Meßmethodik
heißt „die Methode der sekundären Interferenzen". Man kann freilich
der Meinung sein, daß hier keine Interferenzen im eigentlichen Sinne des
Wortes, sondern nur Konvergenzbereiche des Lichtes vorlägen. Die Bezeichnung „sekundäre Interferenzen" würde viel besser zu der durch

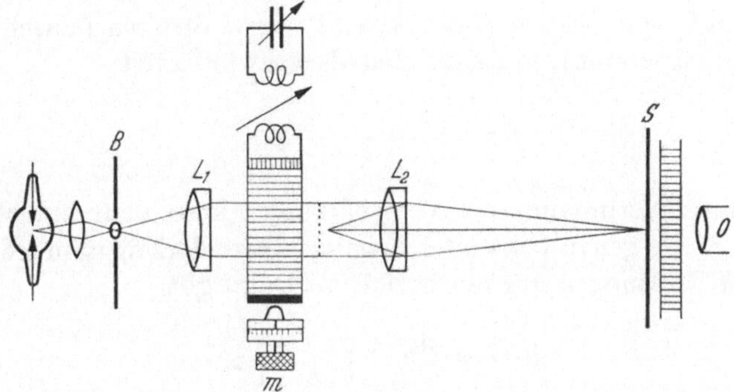

Fig. 48. Versuchsanordnung zur Messung mit sekundären Interferenzen

Fig. 42 dargestellten Erscheinung passen, wenn man die Beugungsordnungen des Schallgittereffekts selbst als „primäre Interferenzen"
versteht.

Die Konvergenzliniensysteme wurden von BACHEM[1], HIEDEMANN
und ASBACH entdeckt. Die Linien sind in Wirklichkeit nicht scharf ausgeprägt, wie es das Schema der Fig. 47 erwarten läßt. Einmal pflegt
man in der Praxis nicht mit monochromatischen, sondern mit weißem
Licht oder mit dem hellen mehrfarbigen Licht einer Quecksilberhöchst-
drucklampe zu arbeiten. Sodann haben andere Bereiche der Ultra-
schallzylinderlinsen ein etwas anderes Brechungsvermögen und daher
etwas andere Konvergenzlinien-Ebenen. Es liegen also Konvergenzbereiche, nicht eigentliche Linien vor. Für eine Schallgeschwindigkeitsmessung ist das allerdings nebensächlich. Über das Erstreckungsgebiet
dieser Konvergenzbereiche in Lichtrichtung haben HIEDEMANN[2] und
SCHREUER näheres ausgeführt und dabei gezeigt, daß in den Bereichen
schlechterer Sichtbarkeit (zwischen E_1, E_2, E_3 usw.) eine Überlappung
und damit ein Streifensystem doppelter Anzahl auftreten kann.

---

[1] BACHEM, CH., E. HIEDEMANN u. H. R. ASBACH: Z. Physik **87**, 734—737
(1934); ferner Z. Physik **94**, 68—71 (1935); **101**, 541—577 (1936); s. a. N. SEIFEN,
Z. Physik **108**, 681—697 (1938).

[2] HIEDEMANN, E., u. E. SCHREUER: Z. Physik **107**, 463—472 (1937).

Als Lichtquelle dient eine feine Punktblende B, die zweckmäßig mit einer intensiven Quecksilber- oder Xenon-Höchstdrucklampe beleuchtet wird. Eine einmal eingestellte Konvergenzlinienebene muß beibehalten werden, auch wenn sie bei einem anderen Stoffe zunächst an anderer Stelle liegt. Die Einstellung der richtigen Lage geschieht durch Veränderung der Schallintensität. Diese ist durch entsprechende Ankopplung so klein zu machen, wie es mit der Erkennbarkeit der Streifen verträglich ist.

Ist g in Fig. 48 der Vergrößerungsfaktor der Linse L_2 und liegt auf der Strecke l auf dem Schirm S die Anzahl von n Streifen (einschließlich des ersten und letzten), so ist die Schallgeschwindigkeit

$$u = v\,\varLambda = \frac{v}{g}\,\frac{l}{n-1}\,.$$

Anstelle einer Bestimmung der Vergrößerung g kann man eine Messung mit einem Stoffe genau bekannter Schallgeschwindigkeit u_0 machen und alle übrigen Messungen auf ihn beziehen. Dann gilt

$$u = \left(u_0\,\frac{n_0-1}{l_0}\right)\cdot\frac{l}{n-1}\,. \tag{IV.18}$$

Eine andere Meßmethodik ist die, daß man die Meßküvette mitsamt Schwinger und Schallwelle durch eine Mikrometerschraube m senkrecht zum Lichtbündel verschiebt und die Zahl der Streifen (einschließlich des ersten und letzten) zählt, die durch eine Meßmarke im Okular O wandern. In diesem Falle spielt die Vergrößerung der Linse L_2 keine Rolle und man kann für jeden Versuch die beste Konvergenzebene heraussuchen und auf sie einstellen. Ist die Verschiebung der Küvette s und die Zahl der Streifen n, so wird

$$u = v\,\varLambda = v\,\frac{2s}{n-1}\,. \tag{IV.19}$$

SCHREUER[1] hat mit dieser Meßmethodik jene grundsätzlichen Untersuchungen angestellt, über die in Ziffer 24 berichtet wurde. Er hat dabei die in Fig. 49 abgebildete Meßküvette, die von HIEDEMANN und BACHEM entwickelt wurde und einen von einem Thermostaten her umströmten Kühlmantel besitzt, verwendet. Er gibt an, daß sich als Mittelwert verschiedener Messungen eine absolute Genauigkeit in der Schallgeschwindigkeitsbestimmung von $0{,}1\,^0/_{00}$ und eine relative von etwa $0{,}01\,^0/_{00}$ erreichen ließe. Eine dünne Membran trennt den Meßraum vom Kühlmantel, in dem sich der piezoelektrische Schwinger befindet. Ein verschiebbarer und schwenkbarer Reflektor gestattet eine saubere Ein-

---

[1] SCHREUER, E.: Akust. Z. 4, 215—230 (1939).

stellung der stehenden Schallwelle und vermindert dadurch den Einfluß von Kombinationswellen.

HIEDEMANN[1] und SCHAEFER haben die stehende Ultraschallwelle zusammen mit einem Glasmaßstab photographiert und nachträglich ausgewertet. SCHAAFFS[2] hat die Streifensysteme stark vergrößert auf

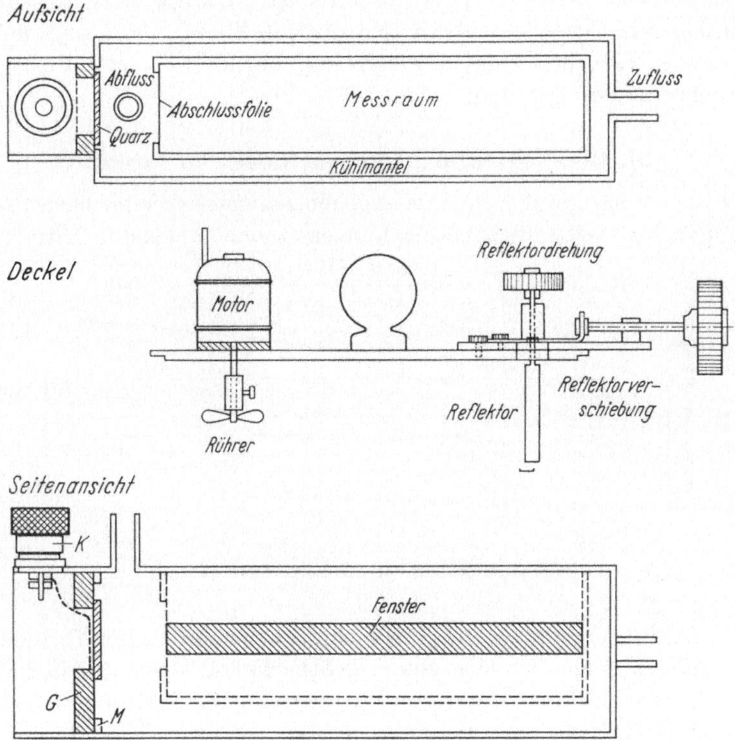

Fig. 49. Meßküvette für Untersuchungen mit der Methode der sekundären Interferenzen

einen Projektionsschirm geworfen und nach der Formel (IV.18) ausgewertet (etwa 80 Streifen auf 50 cm). GIACOMINI[3] und PESKE haben eine der Fig. 49 sehr ähnliche Küvette für Messungen in Elektrolyten benutzt. Auch sie betonen die Wichtigkeit sauberer Justierung von Schwinger und Reflektor auf Parallelität.

Während der Schallgittereffekt beinahe bis zu beliebig hohen Frequenzen brauchbar ist, besteht für die sekundären Interferenzen eine obere Grenze. Die Konvergenzbereiche verlaufen allmählich ineinander, wenn das Verhältnis zwischen halber Schallwellenlänge und der Licht-

[1] HIEDEMANN, E., and J. SCHAEFER: Fiat Rev., Bd. 8, Kap. 2/24, 1947.
[2] SCHAAFFS, W.: Z. Phys. Chem. **194**, 28—38 (1944).
[3] GIACOMINI, A.: Ric. sci. **11**, 605—618 (1940).

wellenlänge nicht mehr genügend groß ist. Oberhalb von 10 MHz pflegt man keine Messungen mehr zu machen, doch liegen genauere Untersuchungen darüber nicht vor. Die gebräuchlichen Hochfrequenzsender sind die gleichen wie beim Schallgittereffekt.

Auf Gase hat diese Meßmethode bislang noch keine Anwendung gefunden, soweit dem Verfasser bekannt ist. Da die Brechungsindexänderungen in Gasen wesentlich kleiner als in Flüssigkeiten sind, müssen brauchbare Konvergenzlinien weiter weg von der Küvette liegen und schwächer ausgeprägt sein.

51. Die Sichtbarmachungsmethode von Nomoto

Nomoto[1] hat mit der von ihm angegebenen nach dem gleichen Grundprinzip arbeitenden Sichtbarmachungsmethode stehender Ultraschall-

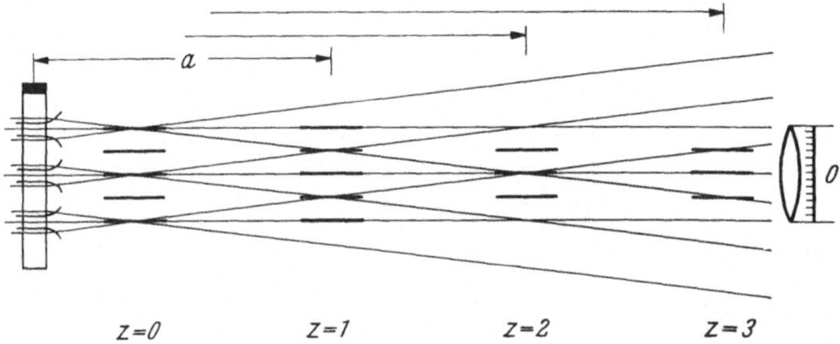

Fig. 50. Schematische Darstellung der Sichtbarmachungsmethode von Nomoto

wellen darauf hingewiesen, daß in dem Lichtbündel nullter Ordnung in regelmäßiger Folge Bereiche guter Sichtbarkeit des Schallwellengitters mit solchen schlechter Sichtbarkeit abwechseln. Daher kann man auch in größerer Entfernung von mehreren Metern mit einer Lupe O ohne Benutzung der Linse L_2 die Wellenlänge und damit die Schallgeschwindigkeit direkt messen. Man befindet sich dann gemäß Fig. 50 schon weit außerhalb des gewöhnlichen Konvergenzbereiches der Fig. 47. Man kann sich diese Erscheinung an Hand der Fig. 50 aus der Überschneidung sehr schwach konvergenter Strahlenanteile im Lichtbündel hinter der Ultraschallwelle zu veranschaulichen suchen. Die Entfernungen a der Konvergenzbereiche bester Sichtbarkeit, vom Schwingkristall ab gemessen, ergeben sich zu

$$a = (2z + 1) \frac{\varLambda^2}{4\lambda}.$$
$$(IV.20)$$

z durchläuft die Zahlen 0, 1, 2, 3, usw.

---

[1] Nomoto, O.: Proc. Phys. Math. Soc. Japan 18, 402—424 (1936); 19, 337—365 (1937) (in Deutsch).

52. Spezielle Methodik zur Messung von Temperaturkoeffizienten der Schallgeschwindigkeit

Die sekundären Interferenzen sind am besten ausgeprägt, wenn die Meßstrecke in der Küvette ein genau ganzzahliges Vielfaches der halben Schallwellenlänge ist. Sie verschwinden aber nahezu, wenn ein ungradzahliges Vielfaches vorliegt. Das hat HEUSINGER[1] dazu benutzt, um in ähnlicher Weise wie bei einem Interferometer mit festem Abstand zwischen Schwinger und Reflektor die Temperaturkoeffizienten der Schallgeschwindigkeit zu messen. Wenn sich nämlich die Schallgeschwindigkeit bei kontinuierlicher Änderung der Temperatur ändert, so werden die Interferenzstreifen abwechselnd heller und dunkler. Der jeweilige Temperaturkoeffizient $\dfrac{1}{u}\dfrac{\varDelta u}{\varDelta T}$ ergibt sich dann zu

$$\frac{1}{u}\frac{\varDelta u}{\varDelta T} = \frac{l}{S\,N\,\varDelta T} \tag{IV.21}$$

mit $N = N_0 \pm m\,\dfrac{l}{S}$ und $u = \dfrac{2\,l\,\nu}{N}$.

Dabei hat die gesamte Schallstrecke eine Länge S und eine einzige — etwa bei Zimmertemperatur vorgenommene — absolute Messung auf der Meßstrecke l ergibt die Streifenzahl N_0. Von dieser Absolutmessung ab gerechnet ist m eine Laufzahl $0, 1, 2, 3, \ldots$, welche die Änderung der Zahl der Halbwellenlängen auf S angibt. Dieses interessante Meßverfahren vermeidet die mehr oder minder umständliche Benutzung eines Thermostaten und eignet sich besonders gut für Messungen an Flüssigkeiten mit nichtkonstanten Temperaturkoeffizienten, wie z. B. beim Wasser.

53. Das Amplitudengitter-Verfahren

Es ist bisweilen so, daß das einfachste und doch hinreichend genaue Verfahren zur Messung einer physikalischen Größe erst zuletzt gefunden wird, wenn durch die aufwendigeren früheren Meßverfahren das wichtigste Zahlenmaterial schon gesammelt worden ist. Eine solche Meßmethode bürgert sich dann nur sehr langsam ein. Bei dem Amplitudengitterverfahren von BERGMANN[2] und GOEHLICH liegt dieser Fall vor. Dieses Meßverfahren unterscheidet sich von dem nach dem Schallgittereffekt Fig. 39 und dem nach der Methode der sekundären Interferenzen Fig. 48 lediglich dadurch, daß sämtliche Linsen weggenommen sind, so daß die stehende Ultraschallwelle von einem divergenten Lichtbündel durchleuchtet wird. In Fig. 51 dient ein kleines Taschenglühlämpchen Gl als Lichtquelle. Dafür bewähren sich Lämpchen mit eng gewickelter

---

[1] HEUSINGER, P.: Akust. Beih. zu Acustica **1951**, H. 1, 3—6.
[2] BERGMANN, L., u. H. J. GOEHLICH: Phys. Z. **38**, 9—13 (1937); s. a. L. BERGMANN u. H. OERTEL, Akust. Z. **3**, 332—349 (1938).

Glühwendel, bei denen die Lichtquelle eine Ausdehnung von 1 bis 2 mm hat, und die in einer Entfernung von 50 bis 70 cm von der Küvette aufgestellt sind. Noch besser ist allerdings ein kleines Einfaden-Glühlämpchen, bei dem in einer schlierenfreien Glaskugel ein etwa 1 cm langer gerader Glühfaden angebracht ist. Der Faden wird parallel zu den Schallwellenfronten eingestellt. Dieses Lämpchen kann sogar sehr nahe an die Küvette herangebracht werden. Hält man schräg in den Zwischenraum zwischen Küvette K und Beobachtungsschirm S ein weißes Papier, so sieht man ein System divergierender Streifen, die ihren Ursprung in Gl haben. Da kein Zweifel darüber besteht, daß dieses Streifensystem in den periodischen Amplituden von Dichte und Brechungsindex innerhalb der Ultraschallwelle seinen Ursprung hat, heißt die darauf gegründete Meßmethodik das „Amplitudengitter-Verfahren". Die Fig. 51 läßt als Charakteristikum dieses Verfahrens erkennen, daß der Beobachtungsschirm S eine beliebige Entfernung von der Küvette mit der Schallwelle haben kann, ohne daß Gebiete schlechter Sichtbarkeit der Streifen vorkommen.

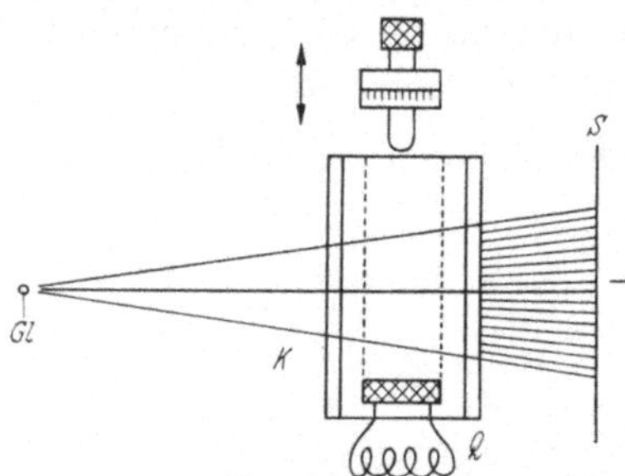

Fig. 51. Schallgeschwindigkeitsmessung mit dem Amplitudengitter-Verfahren (nach BERGMANN)

So einfach und eindrucksvoll und für physikalische Praktika geeignet diese Methode zur Sichtbarmachung stehender Ultraschallwellen auch ist, so schwierig scheint es zu sein, eine völlig exakte Erklärung des Strahlengangs in und hinter der Ultraschallwelle zu geben. Eine Schwierigkeit liegt darin, daß dieses Meßverfahren zwischen 300 kHz und 10 MHz gut angewendet werden kann, daß aber bei höheren Frequenzen das Streifensystem verschwindet und einem einzelnen schmalen Lichtband mit spezieller Helligkeitsverteilung Platz macht. Hinsichtlich der Erklärung sei auf die experimentellen und theoretischen Arbeiten von BERGMANN[1], HEINEMANN[2] und besonders von E. H. WAGNER[3] verwiesen. Man kann sich die Erscheinung des Amplitudengitters durch folgende geometrisch-optische Überlegung einigermaßen verständlich machen: Das divergente Lichtbündel trifft das System der in Schallrichtung hintereinander geschalteten Zylinderlinsen. Jeder Teilstrahl, der durch eine Hauptachse dieser Linsen geht, bleibt unabgelenkt und wird nur um ein kleines Stück parallel verschoben. Diese durch die Hauptachsen laufenden Teilstrahlen prägen die in Fig. 51 skizzierte

[1] BERGMANN, L.: In Ultraschall, 6. Aufl.
[2] HEINEMANN, E.: Optik 9, 486—497 (1952).
[3] WAGNER, E. H.: Z. Physik 143, 249—256, 412—430 (1955).

Erscheinung. Alle anderen Teilstrahlen werden mehr oder minder stark aus ihrer ursprünglichen Richtung herausgebrochen und führen nur zu einer allgemeinen Aufhellung des Bildschirms S.

Da die unabgelenkten Strahlen sowohl in der stehenden Ultraschallwelle wie in der Glaswand der Küvette eine Parallelverschiebung erfahren, die mit zunehmendem Abstand von der Mittelnormalen zur Küvette wächst, und da auch noch eine Brechung beim Austritt aus dem Glas in die Luft eintritt, kann man die Schallgeschwindigkeit, wenn größere Genauigkeit erwünscht ist, nicht einfach durch Auszählen der Streifen auf dem Schirm S ermitteln. Es ist vielmehr notwendig, die Meßküvette mitsamt der Schallwelle mikrometrisch zu verschieben und die Streifen durch eine Meßmarke am Schirm oder in einem Meßokular wandern zu lassen. Dann gilt auch hier die Formel (IV.19) aus Ziffer 50

$$u = v \cdot \frac{2s}{n-1}. \quad \text{(IV.22)}$$

Als einzigen Rest von Präzisionsoptik enthält Fig. 51 noch die Küvette K mit optisch einwandfreien Spiegelglasfenstern. In einer durch Fig. 52 skizzierten Anordnung hat SCHAAFFS[1] diese Küvette durch

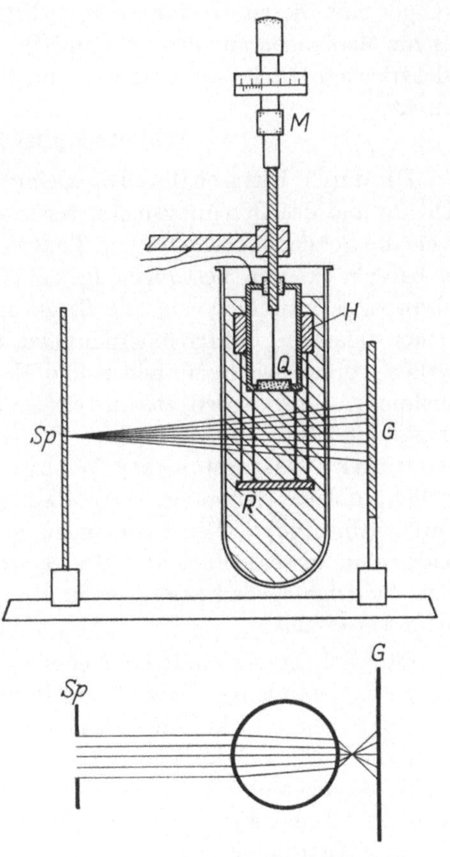

Fig. 52. Amplitudengitter-Meßverfahren ohne Präzisionsoptik (nach SCHAAFFS)

ein gewöhnliches Reagenzröhrchen ersetzt. Das divergente Lichtbündel geht von einem durch eine Glühlampe oder nur durch Tageslicht beleuchtetem Spalt Sp aus. Das mit Flüssigkeit gefüllte Reagenzröhrchen konzentriert das Licht, so daß auf der Mattglasscheibe G die Streifensysteme hinreichend deutlich erscheinen. Das Reagenzröhrchen von etwa 15 mm ⌀ muß im Bereich der Meßstrecke konstanten Querschnitt haben. Glasschlieren parallel zu seiner Achse in der Glaswand stören

<hr>

[1] SCHAAFFS, W.: Ergebn. exakt. Naturw. **25**, 131 (1951).

aber nicht. Der Reflektor R wird bei H ungefähr auf jeweils günstigen Abstand eingestellt. Die ganze Meßstrecke wird mit dem Mikrometer M verschoben und die Zahl der Streifen wird gezählt, die durch eine Meßmarke wandern.

Wie schon angedeutet wurde, liegen nur wenige systematische Messungen mit diesem Verfahren vor. KANNEBLEY[1] und SCHAAFFS haben es für Messungen an siliziumorganischen Verbindungen verwendet. Die elektrischen Betriebsschaltungen sind die gleichen wie beim Schallgittereffekt.

54. Schlierenoptische Verfahren

Da durch Ultraschallwellen kleine periodische Veränderungen der Dichte und des Brechungsindex verursacht werden, ist zu ihrem Nachweis die Schlierenmethodik von TOEPLER sehr geeignet. Bisweilen kann es bei sehr exakten Messungen der Schallgeschwindigkeit und der Schallabsorption notwendig sein, die Struktur des gesamten Ultraschallfeldes sicher zu kennen, um Irrtümern infolge des Auftretens von Kombinationswellen vorzubeugen. Methoden und Ergebnisse solcher Schlierenuntersuchungen sind in den zusammenfassenden Darstellungen von BERGMANN[2] und SCHOCH[3] zu finden. Ferner sei noch auf die Arbeiten von HIEDEMANN[4], OSTERHAMMEL[5], WILLARD[6] und wegen der Kombinationswellenprobleme besonders von BARNES[7] und BURTON hingewiesen. Diese schlierenoptischen Untersuchungen über die Struktur des Schallfeldes sind ausschließlich an Flüssigkeiten und Gläsern gemacht worden. Für Schallgeschwindigkeitsmessungen im engeren Sinne wurden sie nicht verwendet.

Für Schallgeschwindigkeitsmessungen an stehenden Ultraschallwellen in Gasen haben TAWIL[8] und POHLMAN[9] Anordnungen angegeben. POHLMAN benutzt ein Autokollimationsverfahren. Für fortschreitende Ultraschallwellen in Luft hat DONATI[10] eine Anordnung entwickelt und dabei als Schallsender einen Straubel-Quarz von 400 kHz benutzt (s. Ziffer 33 und Fig. 20c). Die Ultraschallwelle wird sichtbar, weil sie in seiner Anordnung mit dem einmal von ihr moduliertem Licht selbst

---

[1] KANNEBLEY, G., u. W. SCHAAFFS: Acustica 4, 661—664 (1954).

[2] BERGMANN, L.: Ultraschall, 6. Aufl, S. 249—263.

[3] SCHOCH, A.: Ergebn. exakt. Naturw. 23, 127—234 (1950).

[4] HIEDEMANN, E.: Z. Physik 107, 273—282 (1937); 104, 197—206 (1937); — Proc. Indian Acad. 8, 275—280 (1938).

[5] OSTERHAMMEL, K.: Akust. Z. 6, 73—86 (1941).

[6] WILLARD, G. W.: Bell Lab. Rec. 25, 194—200 (1947).

[7] BARNES, B., and CH. BURTON: J. Appl. Phys. 20, 286—294 (1949).

[8] TAWIL, E. P.: C. R. Acad. Sci. Paris 191, 92—95, 168, 998—1000 (1930).

[9] POHLMAN, R.: Naturwissenschaften 23, 511 (1935).

[10] DONATI, M. L.: Diss. Univ. Berlin 1943; s. a. L. BERGMANN, Ultraschall, 6. Aufl., S. 513.

wieder durchleuchtet wird. Für molekularakustische Fragen haben diese Methoden aber bislang keine Verwendung gefunden.

Bisweilen kommt es vor, daß Messungen nur an fortschreitenden Wellen und bei kurzzeitiger Beleuchtung gemacht werden dürfen. Dann ist die Schlierenmethodik mit einer Funkenbelichtung zu kombinieren. Dafür haben HUBBARD[1], ZARTMANN und LARKIN; THALER[2], FITZPATRICK und CHANG; Anordnungen entwickelt.

55. Stroboskopische Verfahren

Will man eine fortschreitende Ultraschallwelle durch stroboskopische Belichtung für längere Zeit sichtbar machen, so moduliert man das Licht

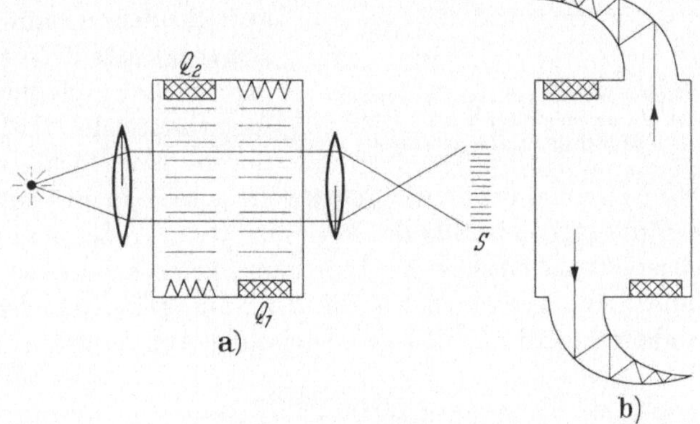

Fig. 53. Schallgeschwindigkeitsmessung mit zwei in entgegengesetzten Richtungen fortschreitenden Ultraschallwellen (nach GIACOMINI)

mit der Ultraschallfrequenz selbst. Die Modulationsfrequenz ergibt sich sowohl beim Schallgittereffekt wie bei den sekundären Interferenzen daraus, daß die Amplitude der Dichte und des Brechungsindex innerhalb einer Schwingungsperiode zweimal durch Null bzw. durch ein Maximum geht. Sie ist also 2ν.

Eine spezielle Anordnung dieser Art hat GIACOMINI[3] angegeben, um die bei stehenden Wellen oft schwer zu beseitigenden Verfälschungen durch Einflüsse von Kombinationswellen bei nicht ganz genauer Parallelität von Sender- und Reflektorfläche ausschließen zu können. Um den Status fortschreitender Wellen zu erreichen, hat GIACOMINI diffus zerstreuende „Reflektoren" verwendet. Seine Anordnung zeigt die Fig. 53a. Die beiden hochfrequenten Schwingkristalle Q_1 und Q_2 von 4 MHz senden in entgegengesetzten Richtungen Schallwellen aus. Das auf einem

---

[1] HUBBARD, J., I. ZARTMANN and C. LARKIN: J. Opt. Soc. Amer. **37**, 832—836 (1947).

[2] THALER, J., J. FITZPATRIK and L. CHANG: Amer. J. Phys. **18**, 393 (1950).

[3] GIACOMINI, A.: Rend. Acc. Naz. Lincei **2**, 791—794 (1947).

Schirm bei S erhaltene Bild ist dem der sekundären Interferenzen oder des Amplitudengitterverfahrens äußerlich gleich. Der Abstand der Streifen entspricht $\Lambda/2$. Da diffus reflektierende Flächen der gezeichneten Art nicht gerade ideal sind, kann es zweckmäßig sein, total absorbierende Körper, in denen die Schallwellen sich totlaufen, entsprechend Fig. 53 b zu verwenden.

Eine andere ähnlich arbeitende Anordnung haben Fox[1] und Rock beschrieben. Sie ist in Fig. 54 skizziert. Ein Hohlraum H absorbiert die auffallenden Schallwellen des Schwingkristalls Q, so daß im eigentlichen Meßraum nur fortschreitende Wellen vorliegen. Das Licht der Lichtquelle L wird zweimal durch die Schallwelle geschickt und entwirft auf der Platte P das stehende Bild der Periodizitäten. Außer dem Spiegel S und der Glasplatte G enthält die Anordnung keine nennenswerte Optik und ist daher ähnlich einfach wie die Anordnung Fig. 51. Die Schallgeschwindigkeit u wird aus den geometrischen Abmessungen der Lichtwege zu

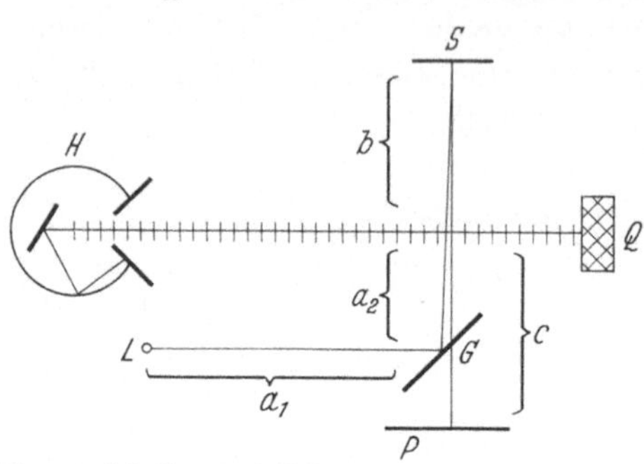

Fig. 54. Schallgeschwindigkeitsmessung an einer fortschreitenden Ultraschallwelle mit Hilfe selbstmodulierten Lichtes (nach Fox und Rock)

$$u = v\,d\,\frac{2b}{(a_1 + a_2) + 2b + c} \qquad (\text{IV}.23)$$

berechnet. Wenn die Lichtstrahlen in Medien von verschiedenem Brechungsindex laufen, sind noch entsprechende Korrekturen anzubringen. Eine experimentelle Untersuchung über die Bestimmung von Schallgeschwindigkeiten mit Hilfe von ultraschallmoduliertem Licht haben auch Gessert[2] und Hiedemann veröffentlicht.

Es kann wünschenswert sein, den Modulationsgrad des zur stroboskopischen Belichtung benutzten Lichtes möglichst groß zu machen oder nur jeweils relativ kurze Lichtblitze zu verwenden. Dann benutzt man eine

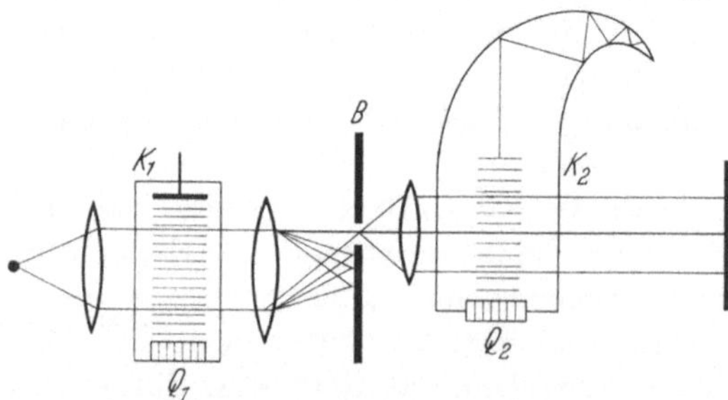

Fig. 55. Ultraschallstroboskopische Belichtung fortschreitender Schallwellen. (Der Strahlengang im Bereich der Blende B ist stark schematisiert)

[1] Fox, F., and G. Rock: Rev. Sci. Instrum. 10, 345—348 (1939).
[2] Gessert, W., and E. Hiedemann: J. Acoust. Soc. Amer. 28, 944—950 (1956).

durch Fig. 55 skizzierte Anordnung, bei der das Licht durch die stehende Ultraschallwelle in der Küvette K_1 gemäß dem Schallgittereffekt aufgespalten und dann die gewünschte Beugungsordnung durch eine verschiebbare Blende B herausgegriffen wird. Die jeweils höchsten Beugungsordnungen können sich ja nur in den Phasen stärkster Ultraschallamplituden ausbilden. Mit ihrem Licht wird dann die in der Küvette K_2 befindliche fortschreitende Welle sichtbar gemacht. Das Frequenzverhältnis zwischen Q_1 und Q_2 kann $1:2$ sein. Eine ausführliche und anschauliche Theorie der Sichtbarmachung von Ultraschallwellen mit stroboskopischen Verfahren hat Nomoto[1] gegeben.

Kapitel V

Experimentelle Methoden der Absorptionsbestimmung

56. Fehlerquellen und Schallfeldstruktur

Die exakte Bestimmung des Absorptionskoeffizienten α nach Gl. (II.71) oder (II.72) bereitet erheblich mehr Schwierigkeiten als die Bestimmung einer Schallgeschwindigkeit. Das liegt aber nicht nur daran, daß die Absorption stark frequenzabhängig ist und für jeden Frequenzbereich besonders konstruierte Meßgeräte benötigt. Für die Messungen von α sind folgende Gesichtspunkte zu beachten:

a) Messungen sind möglichst nur in einem Feld fortschreitender Ultraschallwellen auszuführen, weil im Feld stehender Wellen die Energiedichte ortsabhängig ist. Muß ein Meßindikator in das Schallfeld gebracht werden, so darf er in seiner Umgebung nicht Anlaß zu stehenden Wellen geben; seine Abmessungen müssen daher klein gegen die Wellenlänge sein. Da Absorptionsmessungen fast stets in einem eng begrenzten Raum und bei kleinen Substanzmengen ausgeführt werden, müssen an den Gefäßwänden Absorber oder Diffusoren angebracht werden. Wenn es möglich ist, sollte man sich mit Hilfe einer Schlierenmethode die Struktur des Schallfeldes ansehen, denn oft werden in den festen Gefäßwänden Transversal- und Biegewellen angeregt, die ihrerseits zu stehenden Longitudinalwellen im Medium Anlaß geben.

So sinnvoll auch die Forderung nach fortschreitenden Wellen ist, so läßt sie sich doch in Gasen bei kleinen Substanzmengen und unter extremen Versuchsverhältnissen, z. B. in der Gegend des absoluten Nullpunktes, kaum verwirklichen. Hier ist man gezwungen, ein stehendes Ultraschallfeld auszumessen und α nur rechnerisch zu erschließen.

---

[1] Nomoto, O.: J. Phys. Soc. Japan **9**, 267—286 (1954).

b) Eine Fehlerquelle, der man erst in jüngster Zeit größere Beachtung geschenkt hat, liegt in der Aufsteilung der Ultraschallwellen bei nicht infinitesimaler Intensität. Darüber wurde in den Ziffern 20, 21 und 29 so ausführlich berichtet, daß eine Wiederholung an dieser Stelle nicht mehr notwendig ist.

c) Anläßlich der Besprechung der Genauigkeit von Schallgeschwindigkeitsmessungen wurde bemängelt, daß manche Autoren Angaben machen, die den tatsächlichen chemischen Reinheitsgraden nicht entsprechen. Die Fehler werden dort im allgemeinen die Größe von 1% nicht erreichen. Absorptionskoeffizienten können dagegen sehr empfindlich auf geringste Verunreinigungen reagieren. Das ist bei Gasen sehr genau untersucht worden, vor allem in Hinblick auf die Verunreinigungen durch Kohlendioxyd und Wasserdampf. Als Beispiel sei erwähnt, daß ein Zusatz von $^1/_{100}$% H_2O zu CO_2 die Relaxationsfrequenz auf den doppelten Wert verschiebt. Die Emp-

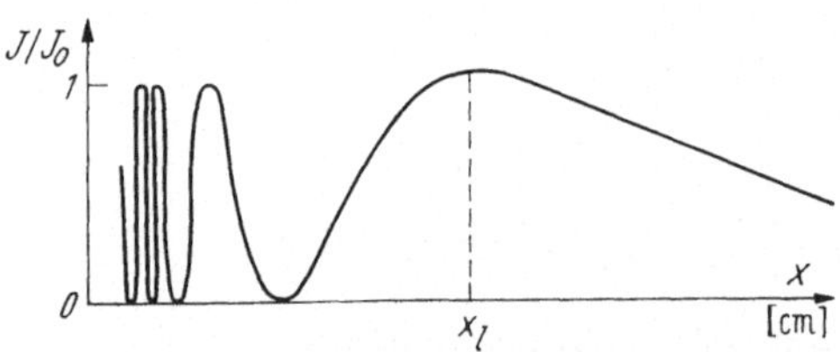

Fig. 56. Verlauf der relativen Schallintensität auf der Mittelnormalen eines piezoelektrischen Kolbenschwingers

findlichkeit ist so groß, daß Schallabsorptionsmessungen zur laufenden Kontrolle der Reinheit von Gasen dienen können und auch in der Industrie Verwendung gefunden haben.

d) Die bei weitem wichtigste Fehlerquelle liegt in der eigenartigen Struktur eines Schallfeldes vor einem Schwinger. Diese Struktur ergibt sich nach Fig. 12 aus der Richtcharakteristik des Schwingers, weil sich die Schallbündel der verschiedenen Ordnungen zu einem komplizierten Interferenzfeld überlagern. Mit den schon in Ziffer 54 genannten Schlierenmethoden kann dieses Interferenzfeld studiert werden. H. Born[1] hat im Anschluß an eine Untersuchung von Backhaus[2] und Trendelenburg die relative Schallintensität längs der Mittelsenkrechten über einer kolbenförmig schwingenden runden Kristallplatte berechnet und hat (bei Annahme kleiner Absorption) eine in Fig. 56 skizzierte Periodizität gefunden. Seine Formel lautete

$$J = J_s \sin \frac{2\pi}{\Lambda} \left(\sqrt{R^2 + x^2} - x \right). \tag{V.1}$$

Erst von dem letzten Maximum der relativen Intensität J/J_0 ab ist danach in Strenge eine Absorptionsmessung gestattet. Dieses letzte Maxi-

[1] Born, H.: Z. Physik 120, 383—396 (1943).

[2] Backhaus, H., u. F. Trendelenburg: Z. techn. Phys. 7, 630—635 (1926). Siehe auch die zusammenfassende Darstellung bei H. Stenzel in „Leitfaden zur Berechnung von Schallvorgängen". Berlin: Springer 1939.

mum hat den Abstand

$$x_l = \frac{1}{4}\left(\frac{D^2}{\Lambda} - \Lambda\right) \approx \frac{D^2 v}{4u} \tag{V.2}$$

vom Sender. D ist der Durchmesser des kreisförmigen Schwingers. Diese einfache, aber wichtige Beziehung (V.2) ist in Fig. 57 für die meist üblichen Kristallscheiben von 1 bis 3 cm $\varnothing$ und den Frequenzbereich bis 10 MHz dargestellt worden. Zugrundegelegt wurde eine Schallgeschwindigkeit $u = 1000\,\text{m/s}$. Danach soll man den Durch-
messer D möglichst klein
machen, um in der Nähe
des Schwingers bleiben
und erträgliche Gefäß-
größen benutzen zu kön-
nen. In der Praxis wird
man meist nicht in der
Lage sein, die Bedingun-
gen der Formel (V.2) und
der Fig. 57 zu erfüllen.
Man verläßt sich auf die
etwas vage Annahme, daß
zwar in der Mittelachse
die geschilderten Verhältnisse zutreffen, aber seitlich davon ein gewisser
Ausgleich stattfindet, so
daß bei einem großflächi-
gem Schallempfänger bzw. bei einer Durchstrahlung mit Licht ein der Wirklichkeit näher kommender und noch tragbarer Integralwert geliefert wird.

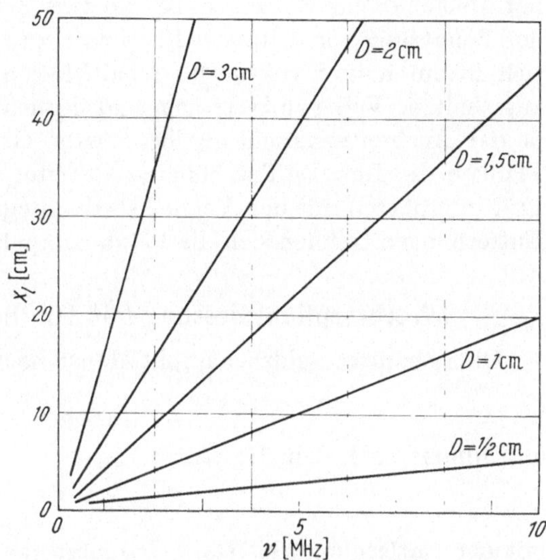

Fig. 57. Abstand x_l des letzten Interferenzmaximums vom Schwinger in Abhängigkeit von der Frequenz für verschiedene im Ultraschallgebiet übliche Kristallscheiben-Durchmesser

Eine noch exaktere auch die Dämpfung berücksichtigende Rechnung hat Born in der erwähnten Arbeit mitgeteilt. Er berücksichtigt in dem Rayleighschen Geschwindigkeitspotential, aus dem die Beziehung von Backhaus und Trendelenburg entwickelt worden ist, die Dämpfung durch Einführung des Absorptionskoeffizienten und erhält im Frequenzgebiet unter 1 MHz für Entfernungen $x > x_l$ die Bestimmungsgleichung

$$\alpha = \ln \frac{J_0}{J_x} \cdot \frac{1}{2x} \frac{\sin^2 \dfrac{\pi D^2}{8\Lambda}\Big/(x_l + x)}{\sin^2 \dfrac{\pi D^2}{8\Lambda}\Big/x_l} . \tag{V.3}$$

Es ist x_l die Entfernung des letzten Maximums vom Sender. Erst dort herrscht die Intensität J_0, von der ab x und J gerechnet werden. Bei sehr großem x_l wird der Quotient der Sinusfunktionen gleich Eins und wir haben dann wieder das einfache Gesetz nach Formel (II.72), welches man der Definition von α zugrunde zu legen pflegt und das für ein Schallbündel mit gleichbleibendem Querschnitt und ebenen Wellenflächen gilt.

Bei der Beurteilung älterer Messungen der Schallabsorption muß man sich diese Überlegungen stets vor Augen halten. Ihre Nichtbeachtung hat Meßfehler zur Folge gehabt, die zwischen 10 und 100% lagen. Bei der Benutzung von Ultraschallimpulsen zur Absorptionsmessung lassen sich die durch die Struktur des Schallfeldes bedingten Fehler weitgehend ausschalten. Völlig zu beseitigen sind sie nicht, denn auch ein sehr kurzer in der Ausbreitungsrichtung begrenzter Grundimpuls trägt in seinen Flanken die Impulse der höheren Ordnungen der Richtcharakteristik. Erst in größeren mit den Versuchsbedingungen nicht zu vereinbarenden Entfernungen trennen sich die Flankenimpulse vom Hauptimpuls.

57. Absorptionsmessung mit dem Schallwechseldruck

Die Schallwechseldruckamplitude ist nach Gl. (II.52)

$$P = \xi_0\, \omega\, \varrho\, u$$

und nimmt nach dem Gesetz

$$P_x = P_0\, e^{-\alpha x}$$

mit der Entfernung ab. Die Schallintensität nach Gl. (II.56) läßt sich dann auch

$$J = \frac{1}{2}\,\frac{P^2}{\varrho u}$$

schreiben. Durch Einsetzen dieses Ausdrucks in (II.72) wird

$$\alpha = \frac{1}{x_2 - x_1}\, \ln \frac{P_1}{P_2}\,. \qquad (V.4)$$

Um eine dem Schallwechseldruck proportionale elektrische Spannung messen zu können, ohne dabei das Feld fortschreitender Wellen zu stören, müssen die piezoelektrischen oder magnetoelastischen Indikatoren klein gegen die Wellenlänge sein. Im Frequenzbereich unter 200 kHz ist es nicht schwierig, diese Bedingung zu erfüllen. Kann oder will man sie nicht einhalten, so muß man mit Fehlern von etwa 10% des Meßwertes rechnen.

Als Schallfeldsonden dienen Mikrophone mit winzigen Kristallen von 1 bis 3 mm³ Volumen. Als Kristalle benutzt man möglichst solche mit höheren piezoelektrischen Konstanten, z.B. Lithiumsulfat und Bariumtitanat. Auf gute elektrische Abschirmung dieser Empfänger ist Wert zu legen. Abbildungen und Literaturhinweise über solche Mikrophone, z.B. in der Ausführungsform des akustischen Laboratoriums des Pennsylvania State College, findet man in dem Buche von BERGMANN[1]. Es sei auch darauf hingewiesen, daß KOPPELMANN[2] ein Bauprinzip für Mikrophonsonden angegeben hat, bei dem die Schallübertragung entweder von der Meßstelle über einen Stahldraht auf den Piezokristall oder mittels eines magnetoelastischen Effekts über einen Nickeldraht auf eine Spule erfolgt.

Absorptionsmessungen mit dem Schallwechseldruck haben unter anderen OTPUSHTSHENNIKOV[3]; LABAW[4] und WILLIAMS; RINGO[5], FITZGERALD und HURDLE (in Hg) gemacht.

58. Absorptionsmessung mit Hilfe des Schallstrahlungsdrucks

BIQUARD[6], der in einer ausführlichen Arbeit als einer der ersten die experimentellen Probleme der Ultraschallabsorptionsmessungen behandelt hat, hat auch die seitdem viel verwendete Meßmethode mit dem Schallstrahlungsdruck eingeführt. Nach den Ausführungen in Ziffer 18 ist die Schallintensität J mit der Energiedichte $\bar{e}$ und dem Langevinschen Strahlungsdruck $\overline{p - p_a}$ durch

$$J = \bar{e}\, u = (\overline{p - p_a})\, u = \tfrac{1}{2}\, \varrho\, u\, \xi_0^2\, \omega^2$$

verknüpft, so daß sich der Absorptionskoeffizient α aus zwei Messungen des Strahlungsdrucks zu

$$\alpha = \frac{1}{2} \frac{1}{x_2 - x_1} \ln \frac{\overline{\varDelta p_1}}{\overline{\varDelta p_2}} \tag{V.5}$$

ergibt. Im allgemeinen wird man in der Lage sein, an mehreren Stellen des Mediums Strahlungsdruckmessungen vorzunehmen, so daß α oder 2α aus der Steigung der Geraden

$$\ln \overline{\varDelta p} = \ln \overline{\varDelta p_0} - 2\alpha x \tag{V.6}$$

abgelesen werden kann. Gleichzeitig ist eine gewisse Kontrolle dafür vorhanden, ob α bei gegebener Frequenz innerhalb der Meßfehler auch wirklich konstant ist. Als Beispiel für die Größe von Schallstrahlungsdrucken sei angegeben, daß in Benzol bei einer vom Kristall abgegebenen akustischen Leistung von 3 Watt/cm² bei 500 kHz in einer Entfernung von 10 cm ein Strahlungsdruck von etwa 200 Dyn/cm² auftritt.

Diese Meßmethode ist auf Flüssigkeiten beschränkt, weil in Gasen infolge der sehr geringen Dichte ϱ die Werte des Strahlungsdrucks sehr

[1] BERGMANN, L.: l. c. 6. Aufl. 1954, S. 234—237.
[2] KOPPELMANN, J.: Acustica 2, 92—95 (1952).
[3] OTPUSHTSHENNIKOV, N.: Phys. Z. UdSSR. 12, 736—744 (1937).
[4] LABAW, L., and A. WILLIAMS: J. Acoust. Soc. Amer. 19, 30—34 (1947).
[5] RINGO, G., J. FITZGERALD and B. HURDLE: Phys. Rev. (2) 72, 87—88 (1947).
[6] BIQUARD, P.: Ann. Phys. (Paris) 6, 195—304 (1936).

klein werden. Gegen die Meßmethode in Flüssigkeiten bestehen gewisse grundsätzliche Bedenken, weil man früher mit großer Schallintensität, d.h. mit großer Amplitude ξ_0 gearbeitet hat. Das bedeutet nach den Ausführungen in Ziffer 18 und 30, daß die Voraussetzungen der Gültigkeit des linearen Kraftgesetzes nicht mehr erfüllt sind.

Die Versuchsanordnung ist in Fig. 58 skizziert. Die fortschreitenden Schallwellen treffen auf die Radiometerscheibe S einer Torsionswaage und verdrillen den Draht D. Die Verdrillung wird am Torsionskopf K rückgängig gemacht und der Verdrillungswinkel bzw. der Strahlungsdruck, auf den die Skala geeicht ist, abgelesen. Die Scheibe S besteht zweckmäßigerweise aus zwei Glimmerplättchen oder Metallfolien mit dazwischen liegendem Luftpolster, um die Schalldurchlässigkeit auf Null herabzusetzen. Wichtig ist, daß keine stehenden Wellen die Messung verfälschen und daß auch keine Wellen auf die Rückseite der Scheibe gelangen. Um stehende Wellen

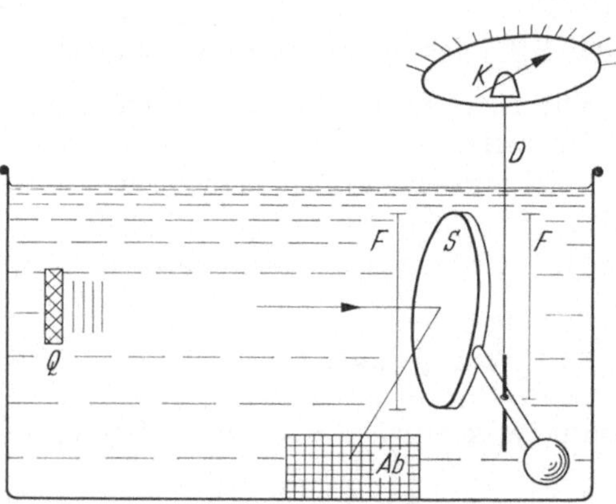

Fig. 58. Schema einer Absorptionsmessung mit Hilfe des Schallstrahlungsdrucks (nach BIQUARD)

zu vermeiden, haben verschiedene Forscher verschiedene Wege eingeschlagen. Entweder wird die Scheibe S, wie es die Fig. 58 andeutet, etwas gegen die einfallenden Schallwellen geneigt, so daß diese auf den Absorber oder Diffusor Ab treffen, oder man verwendet einen Hohlkegel anstelle von S und umgibt ihn mit einem absorbierenden Zylinder[1], oder man verwendet eine Hohlkugel als Meßindikator[2]. Im Meßergebnis ist natürlich der Formfaktor des Indikators zu berücksichtigen. Korrekturformeln für Messungen mit Scheiben und Kugeln finden sich bei KING[3]. Eine empfindliche Meßanordnung wird von BUSS[4] beschrieben, der die bewegliche Radiometerscheibe S als Elektrode eines Plattenkondensators ausbildete und noch Strahlungsdrucke unter 1 dyn/cm² nachweisen konnte.

[1] Zum Beispiel bei E. BAUMGARDT, C. R. Acad. Sci. Paris **204**, 751—754 (1937).

[2] Zum Beispiel bei J. CLAEYS, J. ERRERA and H. SACK, Trans. Faraday Soc. **33**, 136—141 (1937); E. WADA, J. Sci. Res. Inst. Tokyo **44**, 127—129 (1950); bei L. VAN CRAEYNEST, Verh. Vlamse Acad. Wetensch. Nr. 49, 1955, 50 S. ist die Kugel mit Porzellanstückchen gefüllt.

[3] KING, L. V.: Proc. Roy. Soc. Lond. A **153**, 1—16 (1935).

[4] BUSS, W.: Ann. Phys. (5) **33**, 143—159 (1938).

Da nach Ziffer 34 die ponderomotorischen Wirkungen von Schwing-
kristallen zu störenden Gleichströmungen im Ultraschallfeld führen,
bringt man sehr nahe vor und hinter der Scheibe S hauchdünne schall-
durchlässige Cellophanfolien F an. Da die Gleichströmung eine gewisse
Zeit zu ihrer Ausbildung und Auswirkung braucht, kann man nach dem
Vorbild von BIQUARD Ultraschallimpulse erzeugen und mit ihnen die
Radiometerscheibe zu ballistischen Ausschlägen veranlassen. Praktische
Ausführungen von Meßanordnungen finden sich bei RIECKMANN[1].

59. Kalorimetrische Bestimmung von Absorptionskoeffizienten

Wenn man von der Überlegung ausgeht, daß die vom Schwingkristall abgegebene Ultraschallenergie schließlich als Wärme erscheint,
die mit dem Thermometer gemessen werden kann, ergibt sich als einfachste Meßmethode eine kalorimetrische. Erst in neuerer Zeit haben
sich PARTHASARATHY[2] und seine Mitarbeiter mit dieser Methodik befaßt
und sie bei 5 MHz an Flüssigkeiten erprobt. Die in einer Substanz der
Masse M und der spezifischen Wärme q sekundlich erzeugte Wärmemenge
Q ist mit der Schallintensität J und dem Wärme-
äquivalent A durch

$$J = A Q = A q M \Delta T$$

verknüpft. In Analogie zur Abnahme der Intensität
mit der Entfernung ist dann

$$Q_x = Q_0 \, e^{-2\alpha x}$$

und für zwei Meßstellen wird

$$\alpha = \frac{1}{2} \frac{1}{x_2 - x_1} \ln \frac{\Delta T_1}{\Delta T_2}. \qquad (V.7)$$

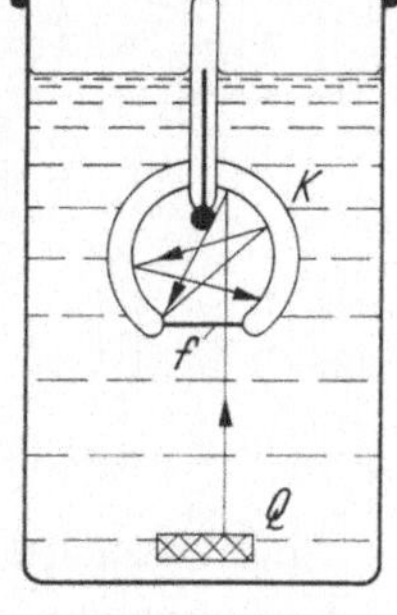

Fig. 59. Kalorimetrische
Bestimmung des Absorp-
tionskoeffizienten (nach
PARTHASARATHY und
Mitarbeitern)

Fig. 59 zeigt die sehr einfache Anordnung. Die
Schallenergie wird in einem doppelwandigen durch
ein dünnes Glimmerfenster f verschlossenen und mit
der umgebenden Flüssigkeit gefüllten Kalorimeter K
absorbiert. Die Temperaturänderungen werden an einem Quecksilber-
thermometer abgelesen. Da in dem von den Autoren benutzten Kalorimeter die erzeugte Wärme in der Größenordnung von nur 0,01 cal/sec
lag, war eine Bestrahlung von etwa 30 min Dauer erforderlich.

60. Absorptionsmessung mittels Schallgittereffekt

Beim Schallgittereffekt (Fig. 39) wächst die Anzahl der Beugungslinien mit der Schallintensität. Um daraus ein quantitatives Meßver-

---

[1] RIECKMANN, P.: Phys. Z. 40, 582—590 (1939).
[2] PARTHASARATHY, S.: Z. Naturforsch. 8a, 272—273 (1953); — Ann. Phys. (6)
12, 8—16 (1953).

fahren für den Absorptionskoeffizienten machen zu können, muß die Helligkeitszunahme der einzelnen Beugungslinien bekannt sein. Diese hängt aber nach den Ausführungen in Ziffer 46 in komplizierter Weise von dem Ausdruck $\Delta n \, \frac{l}{\lambda}$ der Raman-Nathschen Theorie bzw. von dem Parameter $16 \left(n \frac{\Lambda}{\lambda_0}\right)^2 \frac{\Delta n}{n}$ der Wagnerschen Theorie ab. Übersichtliche Verhältnisse wird man daher nur erwarten können, wenn man sich auf fortschreitende Schallwellen so kleiner Intensität beschränkt, daß die Absorption nur noch in der Helligkeitsänderung der Beugungslinien 1. Ordnung eindeutig zum Ausdruck kommt. Inwieweit das wirklich der Fall ist, läßt sich experimentell prüfen.

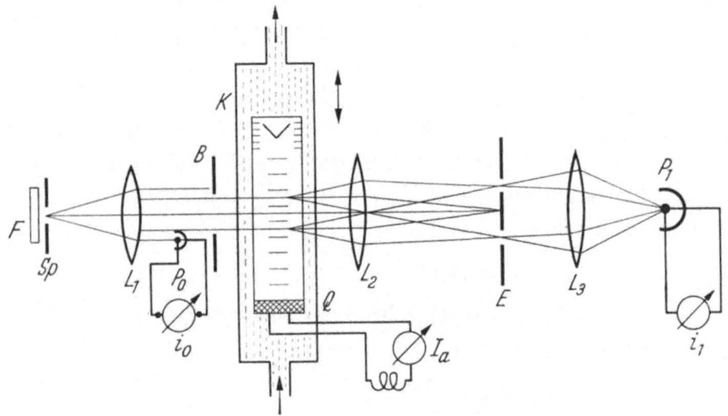

Fig. 60. Absorptionsmessung mittels Schallgittereffekt

Eine Versuchsanordnung ist in Fig. 60 abgebildet. Das von dem Spalt Sp herkommende monochromatische oder durch ein Filter F aus weißem Licht homogenisierte Lichtbündel wird durch die Linse L_1 parallel gemacht und durchsetzt die bewegliche und mit einer Thermostaten-Flüssigkeit umspülte Küvette K. Um die Existenz einer fortschreitenden Welle zu gewährleisten, treffen die von Q abgestrahlten Ultraschallwellen am anderen Ende auf geeignet ausgebildete Diffusoren bzw. auf Absorber. Die zweite Linse L_2 bildet die Beugungsfigur in der Ebene E eines Doppelspaltes ab. Die Linse L_3 sammelt das Licht der beiden ersten Beugungsordnungen in der Photozelle P_1, so daß der Photostrom i_1 angezeigt wird. Vor der Blende B, die nur einen Ausschnitt aus dem Lichtbündel durchläßt, liegt die Photozelle P_0, die einen der Stärke des Lichtbündels proportionalen Photostrom i_0 erzeugt.

Wenn zwischen der Schallintensität und dem in die 1. Ordnung abgebeugtem Licht Proportionalität besteht, muß am Schwingkristall Q und in der Entfernung x gelten

$$J_0 \sim \left(\frac{i_1}{i_0}\right)_0, \quad J_x \sim \left(\frac{i_1}{i_0}\right)_x \tag{V.8}$$

und mithin

$$\left(\frac{i_1}{i_0}\right)_x = \left(\frac{i_1}{i_0}\right)_0 e^{-2\alpha x} \, . \qquad (V.9)$$

Der Absorptionskoeffizient α ergibt sich dann aus der Neigung der linearen Kurven

$$\ln\left(\frac{i_1}{i_0}\right)_x = \text{const} - 2\alpha x, \qquad (V.10)$$

wobei nach Fig. 61 die Benutzung verschiedener (kleiner) Schallintensitäten das gleiche Resultat ergeben muß. Da die von Q abgestrahlte Energie dem Quadrate I_Q^2 des Hochfrequenzstromes proportional ist, müssen sich für verschiedene Abstände x bei einer Darstellung in der Form

$$\frac{i_1}{i_0} = f\,(\ln I_Q^2) \qquad (V.11)$$

lineare durch den Nullpunkt gehende Kurven ergeben. Aus den beiden Darstellungsarten nach Fig. 61 geht auch hervor, ob die Annahmen der Formeln (V.8) berechtigt waren. Wenn man ganz sicher gehen will, daß auch

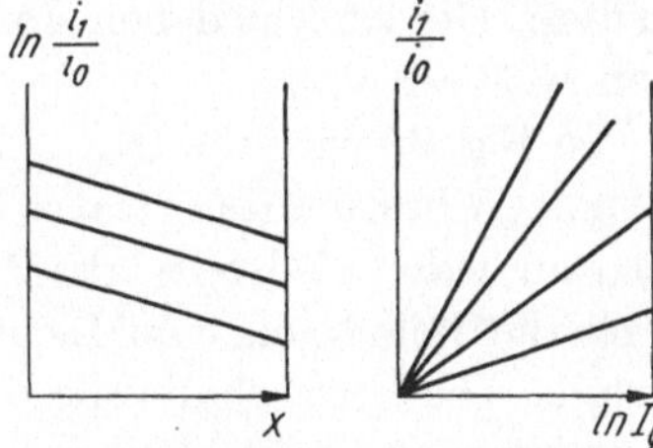

Fig. 61. Kontrolle von Absorptionsmessungen mit dem Schallgittereffekt

bei etwas größeren Schallenergien die Voraussetzungen noch zutreffen, reguliert man an verschiedenen Stellen x die Intensität so ein, daß stets die gleiche Beugungsfigur, d.h. das gleiche J_0 und J_x wirksam wird. Da diese Intensitäten dem Quadrat der Hochfrequenzwechselspannung E proportional sind, tritt an die Stelle von Gl. (V.10) die Gerade mit der Gleichung

$$\ln E = \text{const} - \alpha x. \qquad (V.12)$$

Von dieser optischen Meßmethodik gibt es verschiedene Varianten. Die in Fig. 60 gezeigte Form ist von SETTE[1] ausführlich beschrieben und in mehreren Arbeiten angewendet worden. BIQUARD[2] und andere haben das Beugungslicht 0. Ordnung durchgelassen und haben die höheren Ordnungen abgeblendet. Es wird dann nur eine Photozelle P_1 benötigt und anstelle des Verhältnisses i_1/i_0 tritt sinngemäß ein Ausdruck der Form $(1 - i_1/i_0)$. Um Messungen der Absorption bei hohem Druck vornehmen zu können, hat BIQUARD[3] das einfallende Lichtbündel in 5 parallele Teilbündel aufgeteilt und als Ultraschallstrecke eine mit 5 Fensterpaaren versehene Druckbombe von 95 cm Länge und 6,5 cm innerer Weite benutzt. Ein gut durchkonstruiertes Gerät dieser Art ist von NOSDREW in seinem Buche beschrieben und abgebildet worden. Von weiteren

---

[1] SETTE, D.: Nuovo Cim. 7, 55—63 (1950).

[2] BIQUARD, P.: C. R. Acad. Sci. Paris 196, 257—259 (1933).

[3] BIQUARD, P.: Rev. d'Acoust. 8, 130—139 (1939).

Untersuchungen nach diesem Verfahren seien die Arbeiten von Burton[1], Willis[2] und Kurtze[3] genannt. Willis benutzt zum Lichtvergleich eine Photozellen-Differentialschaltung; Kurtze hat ein automatisch arbeitendes Meßgerät entwickelt. Willard[4] bestimmt α nach Gl. (V.12) durch Messungen an zwei Stellen . Dabei verwendet er den Umstand, daß die Lichtverteilung in den Beugungsordnungen wellenlängenabhängig ist. Er benutzt als Lichtquelle eine Quecksilberlampe mit ihren verschieden-farbigen Spektrallinien und stellt auf gleiche Farbe des Lichtes in der 0. Ordnung ein.

Das Absorptionsmeßverfahren mit dem Schallgittereffekt ist bis zu Frequenzen von 100 MHz benutzt worden, allerdings nur in Flüssig-keiten. Die verschiedenen Forscher geben eine mittlere Meßgenauigkeit von 10% an.

In Fig. 60 wird die Ultraschallwelle mit einem durch die Öffnung der Blende B bestimmten relativ breitem Lichtbündel durchstrahlt. α wird also an jeder Meßstelle als Mittelwert ermittelt. Am konsequentesten wäre die Benutzung von Lichtbündeln einer etwas unter $\Lambda/2$ liegenden Breite. Die Ultraschallwelle wirkt dann aber wie eine einfache Zylinder-linse konvexer oder konkaver Art und verbreitert nur das Lichtbündel nach Maßgabe des Schallwechseldrucks, wie Lucas[5] und Biquard fest-gestellt haben und wir in Ziffer 45 kurz erwähnten.

61. Die Verwendung von Schlierenmethoden zur Absorptionsbestimmung

Schlierenmethoden haben den Vorzug, daß sie zum Koeffizienten α noch zusätzlich die Struktur des Schallfeldes liefern und schon für kleine Schallintensitäten empfindlich sind. Korolew[6] hat wohl als erster mit einer Schlierenmethode gemessen. Von weiteren Arbeiten seien die von Grobe[7], Willard[8] und Hazzard[9] genannt.

Bei hinreichend schwacher Schallintensität kann das Abklingen des Schallwechseldrucks und der optischen Brechungsindexänderung mit einem Blick übersehen werden. Zur Beobachtung wird nach Fig. 62 Dunkelfeldbeleuchtung verwendet. Das von der Punktblende B_1 aus-gehende Licht muß von dem Achromaten L_1 auf gute Parallelität ge-

---

[1] Burton, Ch.: J. Acoust. Soc. Amer. **20**, 186—199 (1948).

[2] Willis, F.: J. Acoust. Soc. Amer. **19**, 242—248 (1947).

[3] Kurtze, G.: Nachr. Götting. Akad., Abt. IIa, **1952**, 57—79.

[4] Willard, G.: J. Acoust. Soc. Amer. **12**, 438—448 (1941).

[5] Lucas, R., et P. Biquard: J. Phys. Radium **3**, 464—477 (1932).

[6] Korolew, F.: C. R. Moskau **15**, 35—36 (1937); — J. exp. theor. Phys. USSR. **11**, 184—193 (1941).

[7] Grobe, H.: Phys. Z. **39**, 333—338 (1938).

[8] Willard, G.: Bell Lab. Rec. **25**, 194—200 (1947).

[9] Hazzard, G.: J. Acoust. Soc. Amer. **22**, 29—32 (1950).

bracht werden. Das ist bei Gasen besonders wichtig. Der zweite Achromat L_2 konzentriert das Licht auf die Blende B_2 und erzeugt auf dem Schirm S ein helles Feld. In der Küvette K befindet sich bei A ein Absorber oder Diffusor. Das fortschreitende Wellenfeld erscheint gemäß der rechten Seite der Zeichnung in abklingender Schwärzung auf dem Schirm S. Davon daß die Bedingung kleiner Schallintensität auch wirklich erfüllt ist, überzeugt man sich an dem alleinigen Auftreten der Beugungsbilder 1. Ordnung auf B_2 und dem noch innerhalb der beleuchteten Fläche auf S sichtbarem völligem Abklingen der Schwärzung. Die Messung geht so vor sich, daß eine Photographie des Schwärzungsbildes nachträglich photometriert

wird. Die Schwärzung tritt gewissermaßen an die Stelle der Schallintensität. Dieses Meßverfahren ist vorzugsweise für Untersuchungen im Frequenzgebiet zwischen 5 und 80 MHz benutzt worden. Als obere Grenze wird die Meßbarkeit von $\alpha = 50 \text{ cm}^{-1}$ angegeben.

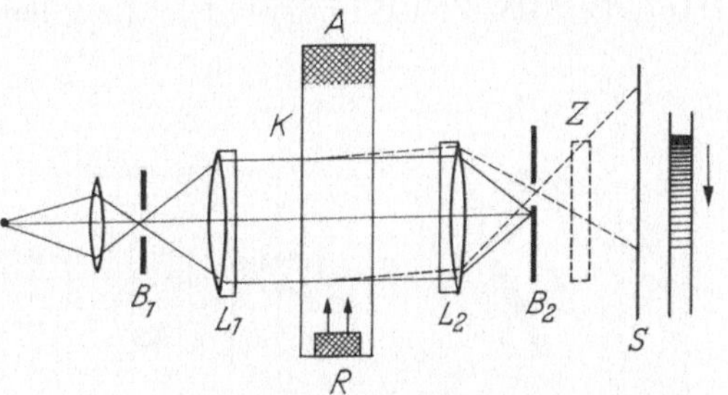

Fig. 62. Aufbau einer Schlierenmethodik für Absorptionsmessungen (L_1 mit $f = 24$ cm, L_2 mit $f = 14$ cm)

Wenn die Oberfläche des Piezokristalls nicht mit gleichmäßiger Amplitude schwingt, wie wir in Ziffer 33 und Fig. 23 dargelegt haben, hat das Schwärzungsbild eine zerfranste Form und bereitet der Auswertung Schwierigkeiten. Daher hat PETERSEN[1] bei seinen Untersuchungen in Gasen zwischen Punktblende B_2 und Schirm S eine Zylinderlinse Z angeordnet, deren Längsachse parallel zur Schallrichtung liegt. Dadurch zieht er die Schwärzung in ein schmales Band zusammen und integriert über den ganzen Querschnitt des Schallbündels. DAVID[2] hat Anwendungsbereich und Fehler dieser Anordnung theoretisch behandelt. LINDBERG[3] hat das Verfahren auf Flüssigkeiten ausgedehnt. KELLER[4] hat diese Methodik bei Messungen in verschiedenen Gasen unter verschiedenen Drucken benutzt.

Läßt man die Ultraschallwellen nicht von einer ausgedehnten Fläche abstrahlen, sondern von der schmalen Stirnseite eines stabförmigen Kristalls, so erhält man nach HIEDEMANN[5] und OSTERHAMMEL[6] die gut ausgeprägte Richtcharakteristik des Ultraschallsenders. Der Kristall-

[1] PETERSEN, O.: Phys. Z. 41, 29—36 (1940).
[2] DAVID, E.: Phys. Z. 41, 37—41 (1940).
[3] LINDBERG, A.: Phys. Z. 41, 457—467 (1940).
[4] KELLER, H.: Phys. Z. 41, 386—393 (1940).
[5] HIEDEMANN, E.: Z. Physik. 107, 273—282 (1937); — Proc. Indian Acad. Sci. A 8, 275—280 (1938).
[6] OSTERHAMMEL, K.: Akust. Z. 6, 73—86 (1941).

quader sei nach Fig. 63 aus dem Muttermaterial herausgeschnitten, wenn es sich um einen Quarz handelt. Die abstrahlende Fläche sei die Quaderfläche $a \times b$. Bei einem Quader aus Bariumtitanat entfällt eine bestimmte Schnittrichtung. Tritt nun in Fig. 62 das Licht parallel zur Richtung der Kante c ein und ist die Kante a mit der Wellenlänge Λ des Schalls in der umgebenden Flüssigkeit vergleichbar, also z.B. $a = 4\Lambda$, so erhält man das in Fig. 63 rechts gezeichnete Bild mit den Kurven gleicher Farbe bzw. gleicher Schwärzung. SCHREUER[1] und OSTERHAMMEL haben diese Schlierenmethodik zur Absorptionsmessung verwendet; siehe auch die Arbeit von KANNUNA[2] darüber. Die Absorption macht sich durch die Häufigkeit der Zonen in der x-Richtung bemerkbar. Diese Zonen haben

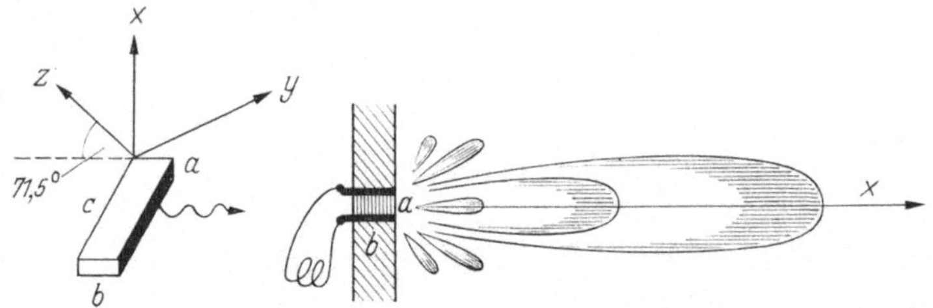

Fig. 63. Verwendung der Richtcharakteristik eines piezoelektrischen Stabschwingers zur Absorptionsbestimmung (nach HIEDEMANN und Mitarbeitern)

bei Benutzung monochromatischen Lichts auf der Photographie die gleiche Schwärzung, bei Benutzung von weißem Licht die gleiche Farbe. Die Aufeinanderfolge der Zonen wird aus dem Abstand zweier Punkte gleicher Schwärzung oder gleicher Farbe oder gleichen Farbumschlags ermittelt. Da es sich bei der Anordnung nach Fig. 63 nicht um Messungen an Schallwellen mit ebenen Wellenfronten handelt, für die ja der Absorptionskoeffizient definiert ist, geht der Abstand x zusätzlich in die Auswertung ein. In einem kleinen Winkelbereich um die x-Achse herum nimmt daher die Intensität J_0 nach dem Gesetz einer Zylinderwelle ab, so daß die Intensitätsformel mit

$$J_x = J_0 \cdot \frac{1}{x} \cdot e^{-2\alpha x} \qquad \text{(V.13)}$$

anzusetzen ist und die Auswertungsformeln für α mit Zusatzgliedern zu versehen sind. Die Meßfehler werden mit 5 bis 10% des Meßwertes angegeben.

62. Das Interferometer als Absorptionsmeßgerät

Die in Ziffer 57 bis 61 besprochenen Meßmethoden sind hauptsächlich für Flüssigkeiten gedacht. Eine Untersuchung von Gasen in

[1] SCHREUER, E., u. K. OSTERHAMMEL: Naturwissenschaften 29, 44 (1941).
[2] KANNUNA, M.: J. Acoust. Soc. Amer. 27, 5—8 (1955).

kleinen abgeschlossenen Räumen bei hohen und tiefen Temperaturen und bei starker Veränderung des Druckes ist dagegen recht schwierig. Man sah sich daher doch veranlaßt, das Interferometer mit seinen stehenden Wellen für diesen Zweck durchzurechnen und zu prüfen. Man kam um diese Zwangslage nicht herum, weil das Studium von Relaxationserscheinungen gerade bei Gasen relativ leicht ist und zu vielen schönen Ergebnissen geführt hat. Es wurde erhebliche theoretische Arbeit in die Theorie des Ultraschall-Interferometers gesteckt, um aus der Abnahme der Maxima und Minima der Rückwirkungskurven in Fig. 28 den Absorptionskoeffizienten α exakt zu errechnen. Es sind wirklich sehr viele theoretische Arbeiten über diesen Gegenstand erschienen, aber sie befriedigen einen Experimentator nicht ganz. Es wird zwar immer wieder gesagt, daß die jeweils vorgelegte Lösung „streng" sei, aber bei näherem Zusehen ist sie das nur unter bestimmten Voraussetzungen, die dann die Brauchbarkeit doch stark reduzieren. Man hat auch den Eindruck, daß manche Autoren niemals praktisch mit Interferometern gearbeitet haben, sonst würden sie doch die Formeln für α explizit als Funktion klar definierter und mühelos erfaßbarer Meßgrößen hinschreiben und nicht in implizierter und unübersichtlicher Form stehen lassen. Das Interferometer als Absorptionsmeßgerät ist eben doch nur ein Notbehelf, dem man möglichst auszuweichen suchen muß. Einschlägige Arbeiten über die Interferometertheorie haben wir schon in Ziffer 37 genannt und wir beschränken uns jetzt auf die Gesichtspunkte, welche die Absorption α betreffen.

Den ersten (überschlägigen) Versuch zur Bestimmung von α machte PIELEMEIER[1], indem er nach dem Schema der Fig. 27 die Änderung i des Hochfrequenzstromes (oder auch des Anodenstromes) dem Quadrat des auf den Oszillator Q auftreffenden Schallwechseldruckes p proportional setzte:

$$\sqrt{i} \sim p = p_0\, e^{-\alpha x}.$$

Bei Änderung der Reflektorstellung um $\varDelta x$ erhielt er aus zwei aufeinanderfolgenden maximalen Stromänderungen die Bestimmungsgleichung

$$\sqrt{i_2/i_1} = e^{-\alpha \varDelta x}, \tag{V.14}$$

die auch in der Form

$$\alpha \varLambda = \frac{\ln i_2 - \ln i_1}{n_2 - n_1} \tag{V.15}$$

geschrieben wird, wenn solche Meßpunkte miteinander verglichen werden, die um n_1 und n_2 halbe Wellenlängen vom Sender Q entfernt liegen.

---

[1] PIELEMEIER, W.: Phys. Rev. **34**, 1184—1203 (1929).

Danach hat aber HUBBARD[1] gezeigt, daß der Zusammenhang zwischen den Stromänderungen und dem Absorptionskoeffizienten im allgemeinen doch komplizierter ist und daß grundsätzlich der Reflexionsfaktor und der Abstand zwischen Schallsender und Reflektor in die Messung eingehen. Die Formel von PIELEMEIER ist nur für eine überschlägige Bestimmung in Gasen brauchbar. HUBBARD stellt in seiner grundlegenden Theorie ein elektrisches Ersatzschaltbild für das mit einem elektrischen Schwingungskreis gekoppelte Interferometersystem aus Kristall und Schallsäule auf und ermittelt daraus die Bestimmungsgrößen für α in Gasen. Es geht ihm also um die nähere Untersuchung der Interferometer-Impedanz, die sich aus der Impedanz des piezoelektrischen Kristalls, der Impedanz des Mediums und einem Kopplungsglied zwischen beiden zusammensetzt. Den Reflektionsfaktor des Reflektors wird man bei Gasen meistens gleich Eins zu setzen haben. Neben den Hubbardschen Arbeiten sei auf die von ALLEMANN[2], E. und J. STEWART[3], TABUCHI[4] und die schon früher erwähnte Arbeit von BORGNIS[5] verwiesen.

Die zweckmäßigste Form der Absorptionsmessung in Gasen scheint danach die zu sein, bei der man durch Zuschalten von Kapazitäten oder Widerständen zum Schwingquarz bzw. seinem elektrischen Schwingungskreis die beobachteten Stromänderungen wieder kompensiert. Das hat HUBBARD[6] durch eine veränderliche Zusatzkapazität gemacht und HERSHBERGER[7] durch einen variablen Widerstand parallel zum Kristall. Sind im zuletzt genannten Falle die Reflektorstellungen durch

$$l_1 = \left(n \pm \frac{1}{2}\right)\frac{\Lambda}{2}, \quad l_2 = n\frac{\Lambda}{2}, \quad l_3 = 2n\frac{\Lambda}{2}, \quad l_4 = \left(2n \pm \frac{1}{2}\right)\frac{\Lambda}{2}$$

gegeben und die zugehörigen Widerstandswerte, bei denen die Spannungen an den Kristallelektroden gleich sind, durch

$$W_1, W_2, W_3, W_4,$$

so berechnet sich der Absorptionskoeffizient aus der Gleichung

$$\alpha = \frac{1}{2l_2} \operatorname{Ar Cos} \frac{(W_2 - W_1)\,W_3\,W_4}{2\,(W_3 - W_4)\,W_1\,W_2}. \tag{V.16}$$

FOX[8] sowie FOX[9] und HUNTER haben die Hubbardsche Theorie für ein Flüssigkeits-Interferometer weiter entwickelt und sind zu folgender

[1] HUBBARD, J. C.: Phys. Rev. **38**, 1011—1019 (1931) (Teil I); **41**, 523—535 (1932) (Teil II); **46**, 525 (1934) (Berichtigung).

[2] ALLEMANN, R.: Phys. Rev. **55**, 87—93 (1939).

[3] STEWART, E. und J.: Phys. Rev. **69**, 632—640 (1946); — Rev. Sci. Instrum. **17**, 59—65 (1946).

[4] TABUCHI, D.: Memoirs Inst. Sci. Ind. Res. **12**, 111—120 (1955).

[5] BORGNIS, F.: Acustica **7**, 151—174 (1957).

[6] HUBBARD, J. C.: Phys. Rev. (2) **36**, 1668—1669 (1930).

[7] HERSHBERGER, W.: J. Acoust. Soc. Amer. **4**, 173—174, 273—283 (1932).

[8] FOX, F.: Phys. Rev. **52**, 973—981 (1937).

[9] FOX, F., u. J. HUNTER: Proc. Inst. Radio Engrs. **36**, 1500—1503 (1948).

Bestimmungsgleichung für α gelangt:

$$\alpha\left[(2n+1)\frac{\varLambda}{4}\right] = \frac{1}{S}\left(\frac{i_+}{i_- - i_+}\cdot\frac{i_{0+} - i_{0-}}{i_{0-}} - 1\right) + \frac{\ln\gamma}{2}. \qquad (V.17)$$

Die Größen dieser Gleichung haben folgende Bedeutung: Die eckige Klammer auf der linken Seite ist der Abstand zwischen Sender und Reflektor, ausgedrückt durch die Anzahl n der Stromminima i_-, die nach Fig. 28 Abstände vom Sender im Werte der ungeradzahligen Vielfachen einer Viertelwellenlänge haben. i_+ und i_- sind Maximum und Minimum des Hochfrequenzstromes im Sendekreis. γ ist der Reflektionskoeffizient am Reflektor. Er hat für Gase den Wert Eins, für Flüssigkeiten ist er wegen der größeren Annäherung der Schallwiderstände kleiner als Eins, so daß der Energieverlust im Material des Reflektors in Rechnung gestellt werden muß, wenn man den Reflektor nicht so konstruieren kann, daß γ praktisch gleich Eins ist. i_{0+} und i_{0-} sind die entsprechenden Strommaxima und Stromminima, die man erhält, wenn man vor der Füllung des Interferometers mit der zu untersuchenden Flüssigkeit die Reflektionskurven in Luft aufnimmt. Mit der Größe S gehen die piezoelektrischen Eigenschaften des Sendekristalls ein. Es ist

$$S = \frac{AB}{R}\,\varrho\,u.$$

A ist die wirksame Kristallfläche, B die piezoelektrische Konstante und R das Widerstandsäquivalent des Kristalls bei seiner Anregungsfrequenz. ϱ und u sind Dichte und Schallgeschwindigkeit des Mediums. Stellt man $\dfrac{i_+}{i_- - i_+}$ als Funktion der Anzahl n der aufeinanderfolgenden Stromminima dar, so ergibt sich eine Gerade, aus deren Steigung der Absorptionskoeffizient α berechnet wird zu

$$\alpha = \frac{2}{\varLambda}\,\frac{\dfrac{i_{0+} - i_{0-}}{i_{0-}}}{S}\,\frac{d}{dn}\left(\frac{i_+}{i_- - i_+}\right). \qquad (V.18)$$

Die Größe S wird aus dem Versuch selbst entnommen, indem der Reflektor bis nahe zur Schallquelle Q herangeschoben und der erste Wert von i_+ und i_- gemessen wird. Dann errechnet sich S aus

$$S = \frac{1+\gamma}{1-\gamma}\left[\left(\frac{i_+}{i_- - i_+}\right)_1 - 1\right]. \qquad (V.19)$$

63. Das Resonanz-Abkling-Verfahren

Der Anwendungsbereich der bisher besprochenen Absorptionsmeßmethoden erstreckt sich vornehmlich von 0,5 bis 100 MHz. Die später noch zu besprechenden Impulsmethoden sind für den Frequenzbereich von 10 bis 500 MHz besonders geeignet. Für den unteren Frequenzbereich von etwa 5 kHz bis 2 MHz haben sich die Nachhall-Verfahren als brauchbar erwiesen. Sie wurden von KNUDSEN[1] für den Hörbereich in die Meßtechnik eingeführt und dann von LEONARD[2] und anderen auch im Ultraschallgebiet verwendet. Das von KNUDSEN angewendete in Fig. 64 gezeigte Ventilatorverfahren sei kurz skizziert. Der von einem Magnetostriktionsoszillator MG (8 bis 130 kHz) abgestrahlte Schall wird von einem mit 1 Hz rotierenden Fächer *Fä* nach allen Richtungen gestreut. Ein Seignettesalz-Mikrophon *Mi*, das an einem Pendel schwingt, nimmt die Energie der abklingenden Schallimpulse auf, die mit einem Registrier-Galvanometer festgehalten werden.

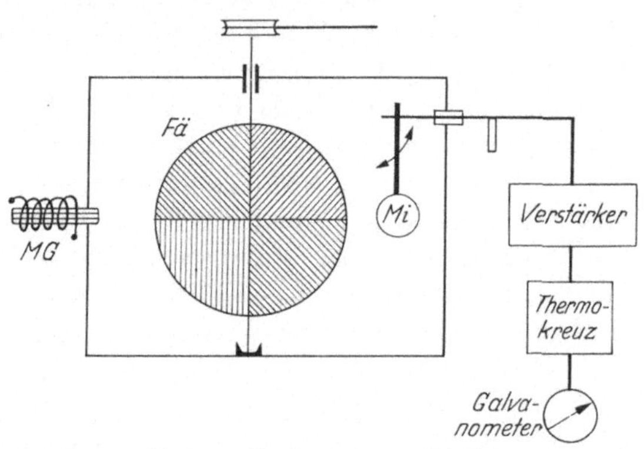

Fig. 64. Ventilatorverfahren zur Bestimmung von Schallabsorptionen (nach KNUDSEN)

Man unterscheidet zwei Varianten. Bei der einen, die von den meisten Autoren als Resonanz-Abkling-Verfahren oder kurz als Resonanzverfahren bezeichnet wird, wird ein in einem abgegrenzten Volumen befindliches Medium zu kräftigen Eigenschwingungen angeregt. Nach dem Abschalten wird die Abklingkurve der Resonanzschwingung untersucht. Bei der anderen Variante, die stets als Nachhallverfahren bezeichnet wird, erfüllt man das Medium in einem abgeschlossenem Raum mit einem weit außerhalb der Grundschwingung liegenden Frequenzband fortschreitender Wellen. Nach dem Abschalten wird dann die Nachhallkurve dieses Frequenzgemisches untersucht. Dieses spezifische Nachhallverfahren wurde von SKUDRZYK[3] und MEYER eingeführt.

Das Resonanzverfahren ist für den Frequenzbereich von 5 bis 50 kHz besonders geeignet. Eine von KURTZE[4] und TAMM entwickelte Apparatur

---

[1] KNUDSEN, V.: J. Acoust. Soc. Amer. **3**, 126—138 (1931); **5**, 112—121 (1933); **10**, 89—97 (1938); **12**, 245—254 (1940).

[2] LEONARD, R.: J. Acoust. Soc. Amer. **18**, 252 (1946); s. a. O. B. WILSON and L. LIEBERMANN, J. Acoust. Soc. Amer. **19**, 286 (1947); O. B. WILSON and R. LEONARD, J. Acoust. Soc. Amer. **26**, 223—226 (1954); C. MOEN, J. Acoust. Soc. Amer. **23**, 62—70 (1951).

[3] SKUDRZYK, E., u. E. MEYER: Öst. Ing.-Arch. **4**, 408 (1950).

[4] KURTZE, G., u. K. TAMM: Acustica **3**, 33—48 (1953).

ist in Fig. 65 als Blockschaltbild abgebildet. Im Mittelpunkt steht ein kugelförmiges Gefäß von etwa 30 cm ⌀ mit etwa 1 bis 2 mm dünnen Wänden aus Aluminium, Glas oder Quarzglas, welches das Versuchsmedium M enthält. Die Grundfrequenz der Mediummasse lag bei einer Wasserfüllung bei etwa 4 kHz. Es konnten die höheren Harmonischen dieser Grundfrequenz piezoelektrisch angeregt werden. Die für die Gefäßwände benutzten Materialien haben geringe innere Verluste.

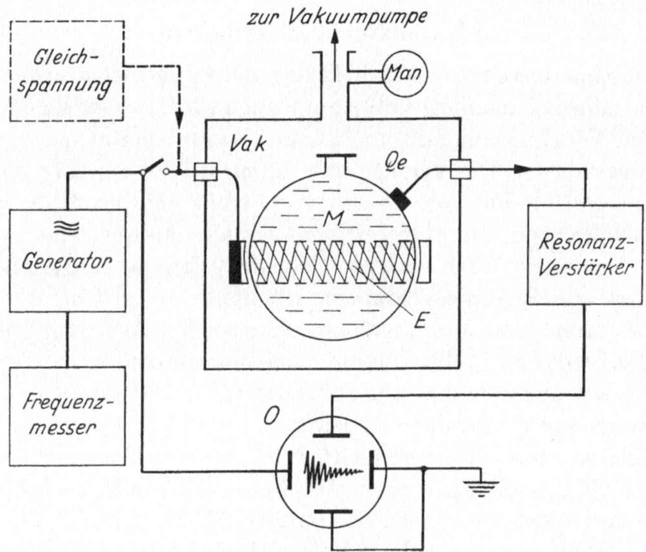

Fig. 65. Blockschema für das Resonanz-Abkling-Verfahren zur Messung der Schallabsorption
(nach KURTZE und TAMM)

Um zu verhindern, daß von der Oberfläche des Gefäßes Schallenergie nach außen hin abgestrahlt wird, befindet sich das Gefäß in einem Vakuum Vak von einigen Torr. Bei Benutzung eines kugelförmigen Gefäßes und einer Erregung in möglichst radialsymmetrischen Pulsationen, sind die Schallenergie-Verluste in den Gefäßwänden besonders klein. Um diese Radialschwingungen bevorzugt anzuregen, haben KURTZE und TAMM das Resonanzgefäß mit einer ringförmigen auf hoher Gleichspannung liegenden Elektrode E umgeben. Als Empfänger Q_e wurde ein ADP-Kristall von außen auf die Kugelwand aufgekittet.

Um den Einfluß der Gefäßwände auf die Messungen möglichst zu eliminieren, benutzt man dieses Gerät zweckmäßig nur zu Relativmessungen. Sie lassen sich bei wäßrigen Lösungen, z.B. bei Elektrolyten, leicht ausführen. Das Gefäß wird mit destilliertem Wasser, dessen Absorption gut bekannt ist, gefüllt und die Abklingkurve wird experimentell festgestellt. Für die zu messende Flüssigkeit wird dieses Verfahren wiederholt. Sind die Abklingkonstanten im Wasser $\bar{\alpha}_{H_2O}$ und in der Meßflüssigkeit $\overline{\alpha}_{Fl}$, so ist der gesuchte Ultraschall-Absorptionskoeffizient α der Flüssigkeit selbst

$$\alpha = \frac{\overline{\alpha}_{Fl} - \overline{\alpha}_{H_2O}}{u}. \tag{V.20}$$

Voraussetzung ist dabei noch, daß die Schallgeschwindigkeiten im Wasser und im Elektrolyten ungefähr gleich sind.

64. Das Nachhallverfahren

Im Bereich oberhalb von 50 kHz liegen die Eigenfrequenzen der Gefäße M so nahe beieinander, daß es unmöglich wird, sie einzeln anzuregen. Nach dem Vorgang von SKUDRZYK und MEYER benutzt man daher ein Nachhallverfahren. Die Versuchsanordnung ist der von Fig. 65 im wesentlichen gleich. Es werden von vornherein eine große Anzahl von Eigenschwingungen, die aber nur ein schmales Frequenzband erfüllen, erzeugt. Man trägt durch geeignete Konstruktion des Meßgefäßes dafür Sorge, daß alle Eigenschwingungen möglichst die gleiche Abklingzeit haben. MULDERS[1] hat Messungen mit einer solchen Anordnung gemacht. Nachteilig ist das zu große Volumen des Meßgefäßes.

Eine etwas andere Schaltung zur Absorptionsbestimmung aus Nachhallmessungen zeigt die Fig. 66. Diese Anordnung ist von KARPOVICH[2] beschrieben worden. Mit einer gleichen haben auch LAWLEY[3] und REED gearbeitet. KARPOVICH gibt einen Arbeitsbereich von 20 bis 600 kHz an, LAWLEY und REED einen solchen von 200 kHz bis 2 MHz. Der Sendekristall Q_s erhält rechteckige Impulse aus Geräuschfrequenzen bestehend. Diese treten in verformter Gestalt in den Verstärker ein, in welchem sie durch Steuerung über die Leitung st so beschnitten werden, daß nur die allein interessierenden Abklingbereiche übrig bleiben. An den Zeitmarken, die ebenfalls auf den Schirm des Oszillographen O geschrieben werden, kann man ablesen, wann die Anfangsamplitude des Nachhalls auf den e-ten Teil abgesunken ist. Wenn die Gefäßwände keinen Einfluß auf die Messung haben, so ergibt sich der Absorptionskoeffizient aus dieser Abfallzeit τ zu

$$\alpha = \frac{1}{u\,\tau} \tag{V.21}$$

oder für eine beliebige Zeit t zu

$$\alpha = \frac{1}{u\,t} \ln \frac{A_0}{A_t}, \tag{V.22}$$

wenn A_0 und A_t die Ausschläge zu Beginn und nach der Zeit t sind.

---

[1] MULDERS, C.: Appl. Sci. Res. 1, 149—166, 341—357 (1948).

[2] KARPOVICH, J.: J. Acoust. Soc. Amer. 26, 819—823 (1954).

[3] LAWLEY, L., u. R. REED: Acustica 5, 316—322 (1955).

Die Zeitkonstante τ der Nachhallkurve wird in der Anordnung von
LAWLEY und REED dadurch bestimmt, daß einmal in die Steuerleitung
st ein Generator G mit exponentiell abklingenden Gleichspannungs-
impulsen und das andere Mal hinter den Vorverstärker ein Detektor D
eingeschaltet wird. Das hat zur Folge, daß im Vorverstärker die exponentiell abklingenden vom Empfangskristall Q_e kommenden Gleichspannungsimpulse durch entsprechende Gleichspannungsimpulse des

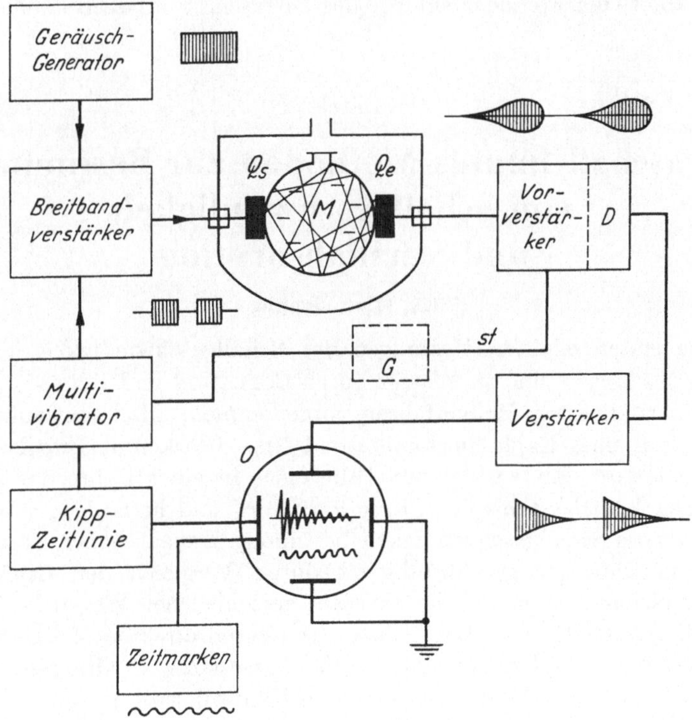

Fig. 66. Blockschema für das Nachhallverfahren zur Messung des Absorptionskoeffizienten
(nach KARPOVICH)

Generators G kompensiert werden können. Auf dem Oszillographenschirm erscheint dann eine Nullinie. Die Nachhallkonstante kann auf
einer Skala von G abgelesen werden.

Man bemüht sich, den Einfluß der Gefäßwände auf die Messung
möglichst klein zu halten, um Formel (V.21) anwenden zu können. Allgemein gilt, daß die Schallenergie im Medium M nach dem Gesetz

$$J = J_0\, e^{-2(k+\alpha u)\,t} \tag{V.23}$$

abklingt. Die Bestimmung des Gefäßwandeinflusses k in der beobachteten Abfallkonstanten $(k + \alpha u) = 1/\tau_b$ wird bei LAWLEY und REED eingehend diskutiert.

In Fig. 66 hat das Meßgefäß nur ein Volumen von $^1/_2$ l. Die piezoelektrischen Kristalle Q_s und Q_e sind aus Bariumtitanat. Die Genauigkeit einer einzelnen Absorptionsmessung ist gering. Durch Mittelwertbildung aus einer größeren Anzahl einzelner Messungen kann eine Genauigkeit von $\pm 15\%$ bis hinunter zu $\pm 5\%$ erreicht werden. Das ist im Vergleich zu anderen Absorptionsmeßmethoden ein schlechter Wert. Die Bedeutung der Nachhallmeßverfahren liegt nur darin, daß wir mit ihnen die tiefen Frequenzbereiche des Ultraschalls erfassen können.

Kapitel VI

Ultraschall-Impuls-Methoden zur Bestimmung von Schallgeschwindigkeit und Schallabsorption

65. Historisches

Die ersten exakten Messungen der Schallgeschwindigkeit in Luft durch MERSENNE und in Wasser durch COLLADON und STURM wurden mit einem direkten Meßverfahren vorgenommen. Man bestimmte die Laufzeiten eines Explosionsknalles und eines Glockenton-Impulses. In Luft hat dann REGNAULT[1] mit Hilfe eines in einer Röhre des unterirdischen Kanalsystems der Stadt Paris hin- und herlaufenden Knallimpulses die Schallgeschwindigkeit bestimmt. Danach haben ZOCH und BOSSCHA die Schallgeschwindigkeit durch Vergleich der Laufzeiten zweier gleichzeitig erzeugter, aber auf verschiedenen Wegen laufender Signale ermittelt. Eine Darstellung der älteren direkten Meßverfahren findet sich u. a. in dem alten Lehrbuch von CHWOLSON[2]. Die Benutzung eines Knalles ist nach unseren heutigen Kenntnissen nur dann erlaubt, wenn sehr große Wegstrecken für eine Messung zur Verfügung stehen. Ein Knall ist eine Stoßwelle, deren Geschwindigkeit nach den Ausführungen in Ziffer 12 von ihrer Intensität abhängt. Zwar geht die Geschwindigkeit sehr rasch auf Schallgeschwindigkeit herunter, doch sind die Abweichungen bei den kleinen Substanzmengen und Wegstrecken, mit denen heute im Laboratorium gearbeitet wird, durchaus nicht zu vernachlässigen.

Die modernen direkten Meßverfahren unterscheiden sich von den genannten älteren im Prinzip nicht. Die Benutzung eines Schallimpulses ist geblieben, aber er besteht aus einem Wellenzug hochfrequenter intensitätsschwacher Wellen. Wesentlich neu ist, daß neben der Schall-

---

[1] REGNAULT, H. V.: Phil. Mag. J. Sci. (4) **35**, 161—171 (1868).
[2] CHWOLSON, O. D.: Kapitel „Die Lehre vom Schall", 2. Aufl. 1919.

geschwindigkeit gleichzeitig die Schallabsorption gemessen werden kann, und zwar mit verhältnismäßig großer Genauigkeit. Darin liegt ein großer Vorteil der Impulsverfahren, der den Nachteil ihres komplizierten hochfrequenztechnischen Aufbaus aufwiegt. Trotzdem wäre es wohl kaum zu einer so umfangreichen Verwendung dieses Verfahrens gekommen, wenn nicht bei der Bekämpfung und Ortung von U-Booten und Flugzeugen im 2. Weltkrieg das elektromagnetische Radarsystem entwickelt worden wäre. Am Ende des Krieges standen sehr viele Radargeräte zur Verfügung, deren Sender und Empfänger durch Ankopplung von Piezoquarzen mühelos auf die Abgabe und den Empfang von Ultraschallwellen umgestellt werden konnten.

Aber schon vorher hatte BIQUARD[1], dem so viele richtungweisende Arbeiten auf dem Gebiet des Ultraschalls zu danken sind und der auch den Schallgittereffekt mitentdeckt hatte, zusammen mit AHIER die erste Impuls-Echo-Apparatur geschaffen, so daß die Brauchbarkeit der Radargeräte für dieses Forschungsgebiet bewiesen war. Die Reihe der Untersuchungen mit dem Impulsverfahren begann nach dem Kriege mit einer Arbeit von PELLAM[2] und GALT. Die technische Weiterentwicklung wurde dann allerdings weniger durch das Streben nach wissenschaftlicher Information über u und α, als vielmehr durch das Streben nach einer zerstörungsfreien und die Röntgenmethoden ergänzenden Materialprüfung fester Körper bestimmt. Dadurch sind die industriellen Impulsgeräte zweckgebunden geblieben und vielfach nicht für exakte wissenschaftliche Untersuchungen brauchbar. Eine zusammenfassende Darstellung aller Gesichtspunkte, die bei der Impuls-Meßmethodik zu beachten sind, stammt von PINKERTON[3].

Man unterscheidet das Impuls-Echo-Verfahren, das auch Reflektionsverfahren genannt wird, von dem Durchstrahlungsverfahren, das auch Transmissionsverfahren genannt wird. Im ersteren Falle wird nur ein einziger Piezokristall verwendet; das Arbeitsprinzip eines Geräts ähnelt dem eines Pierceschen Interferometers. Im zweiten Falle liegt der Vergleich mit einem Doppelkristall-Interferometer nahe. Beide Verfahren werden praktisch nur in Flüssigkeiten und festen Körpern angewendet. Die durchaus mögliche Verwendung in Gasen wird durch den allzu starken Unterschied der Schallwiderstände von Kristall und Gas gehemmt.

Schließlich sei noch einmal auf die Ausführungen in Ziffer 32 hingewiesen, wonach mit einem Impulsverfahren grundsätzlich nur die Gruppengeschwindigkeit, nicht aber die Phasengeschwindigkeit von Ultraschallwellen gemessen wird. In Flüssigkeiten, die kaum eine

---

[1] BIQUARD, P.: Cahiers de Phys. **15**, 21—42 (1943).
[2] PELLAM, J., and J. GALT: J. Chem. Phys. **14**, 608—614 (1946).
[3] PINKERTON, I.: Proc. Phys. Soc. Lond. **62**, 286—299 (1949).

Dispersion aufweisen, ist der Unterschied verschwindend klein. Bei Gasen müßte er schon ins Gewicht fallen, doch sind eben noch keine Impulsgeräte für diesen Aggregatzustand entwickelt worden.

66. Bestimmung der Schallgeschwindigkeit aus der Zeitlinie eines Polaroszillogramms

Mit Hilfe der von M. v. ARDENNE[1] entwickelten Polarkoordinaten-Elektronenstrahlröhre haben GERDIEN und SCHAAFFS verschiedene Meßverfahren zur Bestimmung von hohen Geschwindigkeiten ballisti-

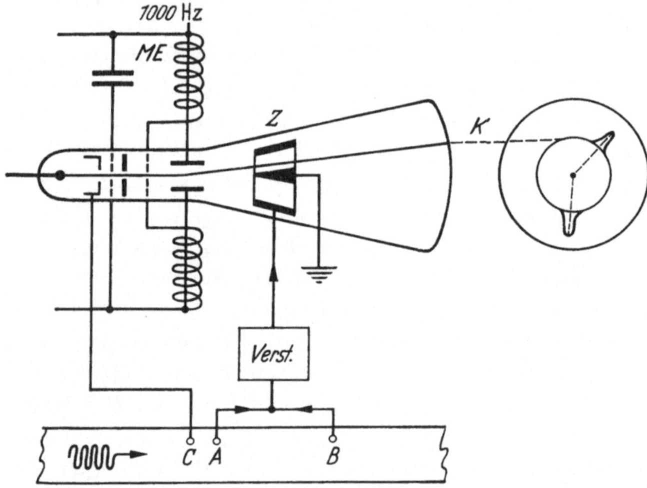

Fig. 67. Laufzeitmessung eines Ultraschallsignals mit der Polarkoordinaten-Elektronenstrahlröhre

scher Körper und von Schallgeschwindigkeiten entwickelt. Die Unterlagen darüber sind am Ende des Krieges verloren gegangen, so daß hier nur über das Grundprinzip berichtet werden kann. Eine Polarkoordinaten-Elektronenstrahlröhre nach Fig. 67 arbeitet mit gemischter magnetisch-elektrischer Ablenkung ME, so daß sich der Elektronenstrahl bei richtiger Wahl der Feldstärken auf einen Kegelmantel bewegt und auf dem Schirm der Röhre einen Zeitkreis K erzeugt. Der Kegelmantel liegt innerhalb eines Zylinderkondensators Z. Werden Spannungen an diesen Zylinderkondensator gelegt, so wird der Elektronenstrahl radial ausgelenkt. Bei einem Kreisdurchmesser von 12 cm hat die geschlossene Zeitlinie eine Länge von etwa 36 cm. Bei einer Frequenz von 1000 Hz im Schwingungskreis der magnetisch-elektrischen Ablenkung entspricht die Zeitlinie einer Spanne von 10^{-3} sec. Abgelesen werden kann auf mindestens 0,5 mm, d.h. auf $\pm 1{,}4 \cdot 10^{-6}$ sec. Läuft nun eine Schallwelle, deren Geschwindigkeit zu messen ist, an den beiden

---

[1] ARDENNE, M. v.: Z. techn. Phys. 17, 660—666 (1936).

Meßindikatoren A und B vorbei, so erzeugt sie elektrische Signale, die nach ihrer Verstärkung als Auslenkungen auf dem Schirm der Polarröhre erscheinen und deren Winkelabstand ein Maß für die Schallgeschwindigkeit ist. Zweckmäßig schreibt man die helle Zeitlinie erst, nachdem durch ein Vorsignal an C die Hell—Dunkel-Steuerung des Wehneltzylinders der Röhre freigegeben worden ist. Bei Verwendung eines stark nachleuchtenden Schirmes müssen die Auslenkungen noch eine gewisse Zeit lang erkennbar sein. Es kann aber zweckmäßiger sein, die Meßsignale zusätzlich in einem geschlossenen mit Verzögerungsstrecken

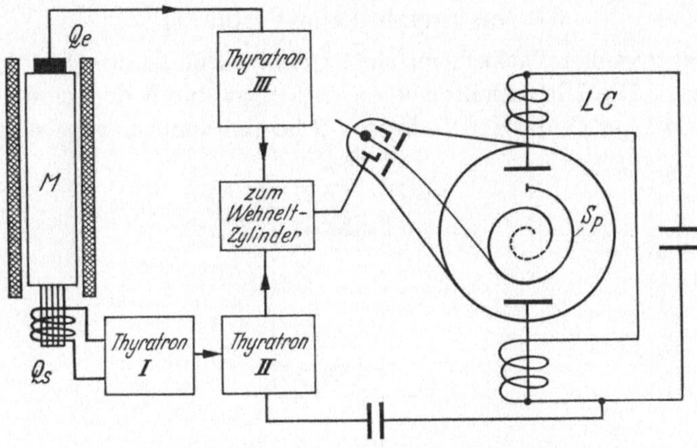

Fig. 68. Aufzeichnung der Laufzeit eines Ultraschallimpulses mittels einer Zeitspirale (nach JACOB)

ausgerüsteten Kreise periodisch umlaufen zu lassen, wodurch die Ablesbarkeit erheblich erhöht wird. Die Meßstrecke hatte eine Länge von 50 cm.

Ein in mancher Beziehung ähnliches Meßverfahren hat JACOB[1] angegeben und zur Messung der Schallgeschwindigkeit in Stäben und Schmelzen eines Metalls benutzt. Es ist in Fig. 68 skizziert. Ein Thyratron I gibt mittels einer Kippschaltung in regelmäßigen Zeitabständen Stromimpulse auf einen Magnetstriktionsschwinger Q_s, der sie als kurze Kompressionsstöße in das in einem elektrischen Ofen befindliche Medium M sendet. Gleichzeitig wird über ein Thyratron II ein Schwingungskreis LC, dessen Selbstinduktion aus den magnetischen Ablenkspulen einer Elektronenstrahlröhre gebildet wird, zu gedämpften Schwingungen derart angeregt, daß auf dem Bildschirm eine logarithmische Spirale Sp, die eine aufgerollte Zeitachse darstellt, beschrieben wird. Ist der Schallimpuls an das Ende der Meßstrecke gekommen, so wird er dort von einem piezoelektrischen Druckempfänger Q_e aufgenommen und zündet das

---

[1] JACOB, W.: Diss. Göttingen 1939; s. a. W. SCHAAFFS, Ergebn. exakt. Naturw. **25**, 132—133 (1951).

Thyratron III, welches den Elektronenstrahl wieder sperrt und die Zeitspirale unterbricht. In dieser Schaltung werden 50 Impulse pro Sekunde
gegeben. Der die Messung anzeigende Abschnitt der Zeitspirale wird
photographiert. Die Schallgeschwindigkeit berechnet sich aus

$$u = l \cdot v \cdot \frac{360}{\psi}. \tag{VI.1}$$

Es ist l die Länge der Meßstrecke, v die Eigenfrequenz des LC-Kreises
und ψ der in Graden gemessene und bisweilen mehr als 360° betragende
Polarwinkel.

67. Das Impuls-Echo-Verfahren

Fig. 69 zeigt das Blockschema eines Impuls-Echo-Geräts (Reflektions-
Verfahren). Die Ultraschallmeßstrecke US ist durch den piezoelektrischen Schwinger Q und den Reflektor R begrenzt und hat meistens eine

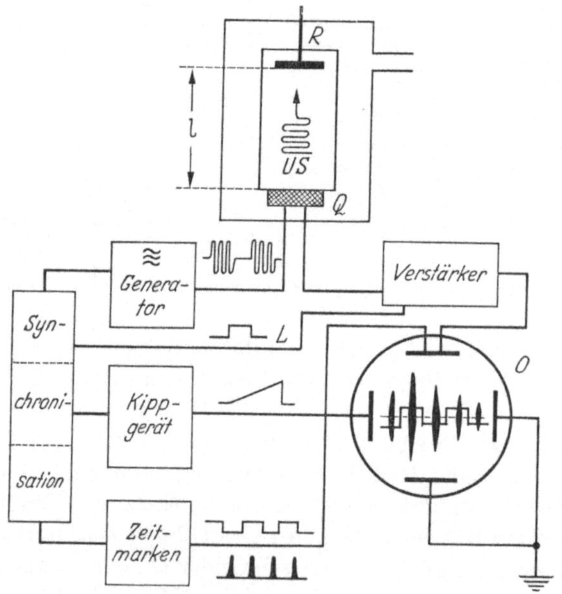

Fig. 69. Blockschema eines Impuls-Echo-Verfahrens

Länge von einigen Zentimetern. Saubere Planparallelität der Oberflächen von Q und R ist erforderlich. Die Meßkammer wird von einer
Thermostatenflüssigkeit umspült. Der Generator liefert die Hochfrequenz zur Erregung von Q, eine Stufe des Synchronisiergeräts die Impulsfolge. Die einzelnen Impulse haben eine Länge von 1 bis 15 µsec und
werden mindestens fünfzigmal in der Sekunde wiederholt. Die Ultraschallimpulse durchlaufen die Meßstrecke infolge von Reflektionen an
R und Q mehrmals und erscheinen auf dem Schirm des Elektronenstrahl-

oszillographen O als eine Folge von Signalen. Um den zeitlichen Abstand dieser Signale messen zu können, steuert das Synchronisiergerät einen Zeitmarkenerzeuger. Die Zeitmarken haben entweder die Form einer Trapezkurve oder einer Folge von Spitzen. Das Synchronisiergerät sorgt für eine eindeutige Zuordnung von Kippfrequenz, Impulsfolge und Zeitmarkierung. Es erscheint auf dem Schirm O ein stehender Vorgang. Der Verstärker V ist notwendig, um auch schwache Reflektionssignale sichtbar zu machen. Da in diesem Falle das Primärsignal die Fläche des Bildschirms überschreitet, wird seine Spannung oft durch einen über die Leitung L laufenden Impuls herabgesetzt.

Die Signale, die auf dem Bildschirm von O erscheinen und deren Abstände und Höhen gemessen werden, können verschiedene Gestalt haben, je nachdem wie die Impulsmodulation und der Frequenzbereich des Signalverstärkers ausgeführt ist. Fig. 70 zeigt drei Möglichkeiten. Man wird sich im allgemeinen auf eine Ablesung an den Spitzen der Ultraschallimpulse einstellen.

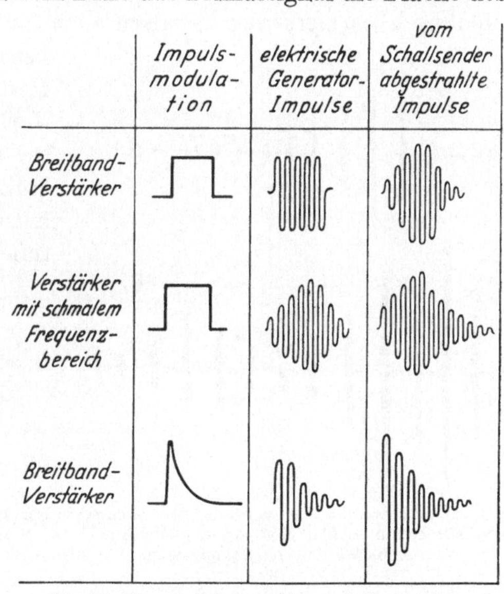

Fig. 70. Formen von erzeugten und abgestrahlten Ultraschallimpulsen

Ist die Länge der US-Meßstrecke l und sind die Zeitabschnitte zwischen den einzelnen Signalen auf dem Bildschirm Δt_i, so ist die Schall-(Gruppen-)Geschwindigkeit

$$u = \frac{2l}{\Delta t_i} = \frac{(n-1)\,2l}{(n-1)\,\Delta t_i} = \frac{(n-1)\,2l}{t_{1,n}}, \qquad \text{(VI.2)}$$

wenn wir n Signale (einschließlich des ersten und letzten) beobachten und die dazugehörige Zeit $t_{1,n}$ ist.

Die Messung des Absorptionskoeffizienten ist etwas schwieriger als die der Schallgeschwindigkeit. Im idealen Falle müßte die Enveloppe der Reflektionssignale gemäß Fig. 71a einer e-Funktion folgen, wenn wir von dem künstlich begrenzten Primärsignal P absehen. Da die Schallintensität J dem Quadrat E^2 der Kristallspannung proportional ist, folgt aus Formel (II.72) für zwei benachbarte Spannungssignale E_i und E_{i+1}

$$\alpha = \frac{1}{2l} \ln \frac{E_i}{E_{i+1}}, \qquad \text{(VI.3)}$$

oder, wenn man das erste und das n-te Reflektionssignal nimmt,

$$\alpha = \frac{1}{(n-1)\,2l}\,\ln\frac{E_1}{E_n}. \tag{VI.4}$$

In der Praxis kann man diese Formeln aber nur gebrauchen, wenn man auf größere Genauigkeiten verzichten will. Die Absorptionsmessungen nach diesem Verfahren unterliegen zwei störenden Einflüssen. Der eine kommt dadurch zustande, daß die Schallenergie nicht nur im Medium absorbiert wird, sondern auch im Kristall der Schallquelle und besonders bei unvollkommener Reflektion im Reflektor. Der Verlust im Reflektor kann, wenn es die Versuchsbedingungen erlauben, dadurch sehr klein gehalten werden, daß man die reflektierende Fläche sehr dünn

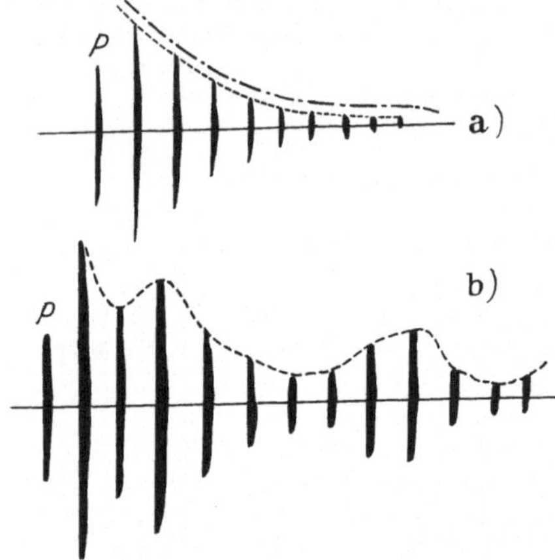

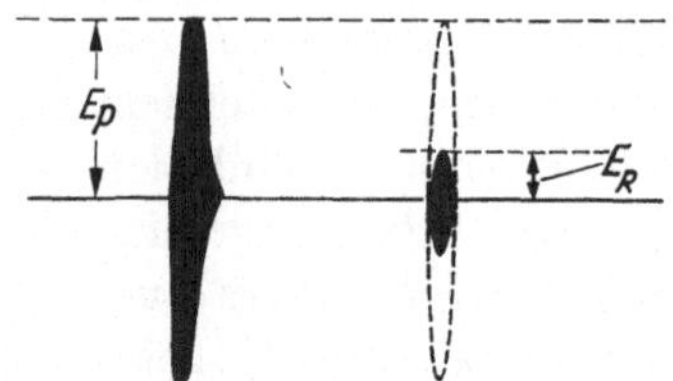

Fig. 71 a u. b. Schwierigkeiten bei der Bestimmung von Absorptionskoeffizienten aus der Enveloppe der Abnahme der Schallamplituden

Fig. 72. Absorptionsbestimmung durch ein Kompensationsverfahren bei der Impuls-Echo-Methodik

und starr macht und auf der Rückseite mit einem Luftpolster versieht. Die Enveloppe der wirklichen Absorption im Medium liegt also in Fig. 71 a etwas höher (strich-punktiert) als die gemessene.

Der zweite störende Einfluß ist wesentlich ernster zu nehmen und setzt sich aus zwei Komponenten zusammen. Wenn keine vollkommene Parallelität zwischen Sender- und Reflektorfläche besteht, so treffen die reflektierten Wellenzüge nicht mehr gleichphasig auf den Sender auf und verändern dann die Amplituden auf dem Bildschirm in periodischer Weise. Dazu kommt, daß jeder Schwinger eine Richtcharakteristik besitzt, so daß die Anteile der ersten und mindestens noch der zweiten Ordnung mit steigender Zahl der Reflektionen immer größere Wege zurücklegen müssen. Dadurch kommen ebenfalls Periodizitäten in die Amplituden auf dem Bildschirm. Zusätzlich werden diese Verhältnisse dadurch verwickelt, daß nach Fig. 23 die Schallabstrahlung nicht gleichmäßig über die Fläche des Sendekristalls hin erfolgt. Das Ergebnis ist ein Bild, wie es Fig. 71 b beschreibt. Es ist durch ein meist unregelmäßiges An- und Abschwellen der Amplituden gekennzeichnet.

Derartige Schwierigkeiten bei der Bestimmung des Absorptionskoeffizienten kann man durch ein Kompensationsverfahren umgehen. Zu diesem Zweck öffnet man die Leitung L oder man macht den Verstärkungsgrad so klein, daß der Primärimpuls P in natürlicher Größe mit der Spannung E_P erscheint. Der erste Reflektionsimpuls hat dann nach Fig. 72 die Spannung E_R. Nunmehr wird der Verstärkungsfaktor soweit erhöht, bis auf dem Schirm der reflektierte Impuls die gleiche Höhe hat, welche ursprünglich der Primärimpuls hatte. Der Verstärkungsfaktor f kann auf dem Oszillographenschirm oder noch besser an einem geeichten Dämpfungsglied des Verstärkers abgelesen werden. Es ist,

$$\alpha = \frac{\ln f}{2l}. \qquad (VI.5)$$

Es ist noch nachzutragen, daß die Impulsfolge und die Länge der US-Meßzelle so aufeinander abgestimmt werden müssen, daß alle Reflektionen abgeklungen sind, bevor ein neuer Primärimpuls gestartet wird. Die Meßstrecke $2l$ darf auch nicht so kurz sein, daß der Anfang eines Impulses zurückkommt, bevor das Ende ausgesendet worden ist. Läßt sich eine kleine Meßstrecke nicht vermeiden, weil von der zu untersuchenden Flüssigkeit nur eine geringe Menge zur Verfügung steht, so muß zwischen Sendekristall und Medium eine tote Zone, z.B. in Gestalt eines Quarzzylinders, eingeschaltet werden. Das bedeutet, daß die Impulsdauer t_i sein muß

$$t_i < 2l/u. \qquad (VI.6)$$

68. Das Durchstrahlungsverfahren

Bei dem Durchstrahlungsverfahren, dessen Blockschema in Fig. 73 skizziert ist, können gegenüber dem Echoverfahren keine Komplikationen dadurch eintreten, daß die hin- und herreflektierten Wellen die Gefäßwände zum Mitschwingen bringen oder daß Störungen durch die höheren Ordnungen der Richtcharakteristik der Schwinger eintreten. Dieses Verfahren benötigt zwei Kristallplatten als Sender und Empfänger. Die Messung ist abgeschlossen, wenn der vom Sender abgehende Impuls den Empfänger erreicht hat. Das Blockschema ist aus der Figur heraus und aus den Erläuterungen zum Impuls-Echo-Verfahren ohne weiteres verständlich. Es wurde nur das mit dem Signalverstärker verbundene Dämpfungsglied getrennt gezeichnet, weil es als fertiges Schaltelement von der Industrie geliefert werden kann. Auf dem Schirm der Röhre O läßt man den Sendeimpuls von Q_s und den Empfangsimpuls von Q_e erscheinen. Wenn man die Kippfrequenz kleiner macht, erscheinen auch diejenigen Impulse, die nach Reflektion an Q_e und anschließend an Q_s wiederum auf Q_e treffen; sie interessieren aber nicht mehr.

Die Schallgeschwindigkeit ergibt sich in einfachster Weise aus

$$u = l/t,$$

wenn t an den Zeitmarken abgelesen wird. Vielfach ist es üblich, den Empfangskristall Q_e als beweglichen Reflektor auszubilden und ihn gemäß Fig. 73 so einzustellen, daß der Empfangsimpuls mit einer Zeitmarke zusammenfällt. Dann wird Q_e um die Strecke Δl verschoben, bis der

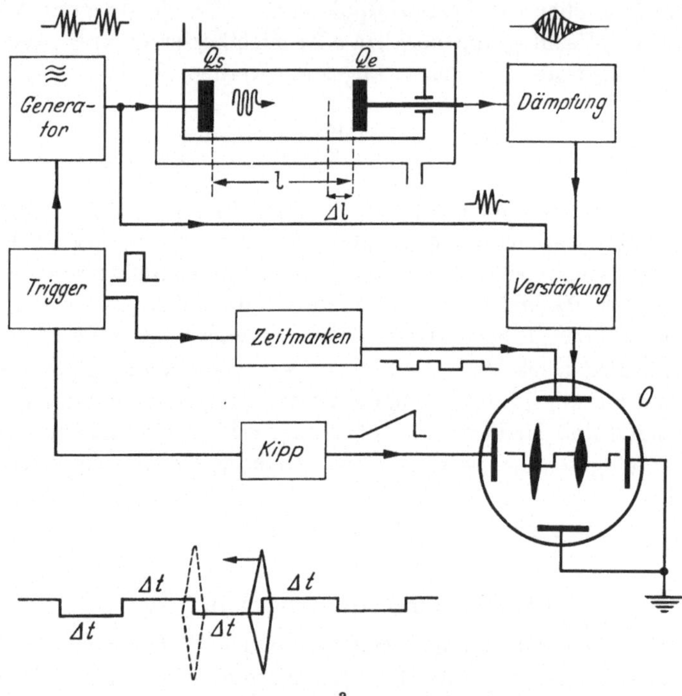

Fig. 73. Blockschema zur Messung von Schallgeschwindigkeit und Schallabsorption mit einem Durchstrahlungsverfahren

Impuls mit der nächsten Zeitmarke zusammenfällt. Die gesuchte Schallgeschwindigkeit ist dann

$$u = \Delta l / \Delta t. \tag{VI.7}$$

Der Absorptionskoeffizient α wird in der gleichen Weise gemessen wie bei Fig. 72 in Ziffer 67; die Schwächung der Impulse kann an dem geeichten Dämpfungsglied direkt abgelesen werden. Da die Impulse die Meßstrecke nur einmal durchlaufen, ist hier

$$\alpha = (\ln f)/l. \tag{VI.8}$$

Noch besser ist allerdings folgendes Verfahren, bei dem von der Höhe des Sendeimpulses kein Gebrauch gemacht wird. Man registriert die Höhe

E des Empfangsimpulses auf dem Bildschirm. Dann verschiebt man den Empfangskristall Q_e um einen bestimmten Betrag Δl in Richtung auf den Sendekristall hin. Dann ändert sich E um den Betrag ΔE und wir haben

$$\alpha = \frac{1}{\Delta l} \ln \left(1 + \frac{\Delta E}{E}\right). \tag{VI.9}$$

Das wiederholt man, indem Q_e Schritt für Schritt weiter geschoben wird. Dadurch ist eine gute Kontrolle der Konstanz von α gewährleistet. Erforderlichenfalls muß die Meßreihe mit kleinerer Schallintensität wiederholt werden.

69. Andere Echoverfahren

Sowohl für das Durchstrahlungsverfahren wie für das Echoverfahren sind verschiedene Varianten entwickelt worden. Wir wollen hier die Echo-Pulsationsmethode von RICHARDSON[1] und TAIT[2] und die Echo-Vergleichsmethode von GORDON bringen.

Bei der Pulsationsmethode von RICHARDSON und TAIT in Fig. 74 moduliert ein Stromtor die Hochfrequenzspannung eines 3 MHz-Generators. Der Sendeimpuls läuft als Ultraschallwelle in das zu untersuchende Medium hinein, wird aber über die Leitung L für den Weiterlauf zum Oszillographen gesperrt. Kommen jetzt die reflektierten Hochfrequenzimpulse am Empfänger an, so werden sie dort mit der über die direkte Leitung D laufenden Hochfrequenz gemischt und geben nach ihrer Gleichrichtung einen Gleichspannungsimpuls bestimmter Höhe. Die Höhe dieses Impulses hängt von dem Phasenverhältnis zwischen dem Reflektionsimpuls und der direkten Hochfrequenzspannung ab. Die Phase schwankt nun bei Verschiebung des Reflektors R periodisch und

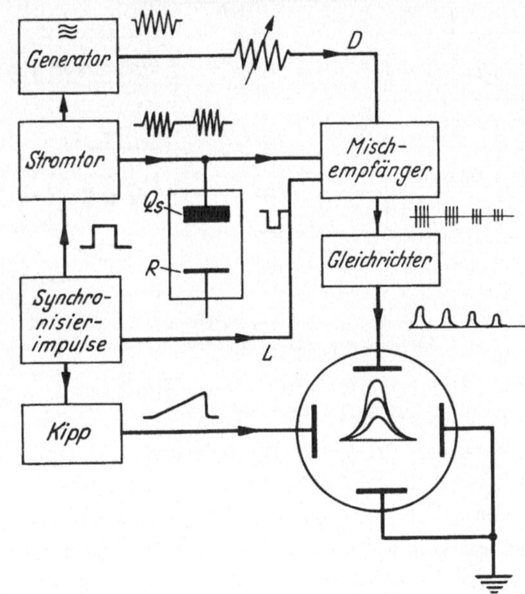

Fig. 74. Blockschema des Pulsationsverfahrens zur Bestimmung der Schallgeschwindigkeit (nach RICHARDSON und TAIT)

[1] RICHARDSON, E. G.: Phil. Mag. **2**, 1—14 (1957).
[2] TAIT, R.: Acustica **7**, 193—200 (1957).

läuft nach jeder halben Schallwellenlänge durch ein Maximum. Man braucht also nur wie bei einem gewöhnlichen Interferometer bei Verschiebung des Reflektors die Zahl der Pulsationen auf dem Bildschirm zu zählen, um daraus die Schallgeschwindigkeit zu erhalten. Die Bestimmung des Absorptionskoeffizienten ist schon schwieriger und bedarf bei diesem Gerät eines kleinen Hilfsreflektors, wie in der Originalarbeit nachzulesen ist. Das Gerät wurde für Messungen bei höheren Drucken bis zu 700 atm und für verschiedene Temperaturen entwickelt und an sieben organischen Flüssigkeiten erprobt.

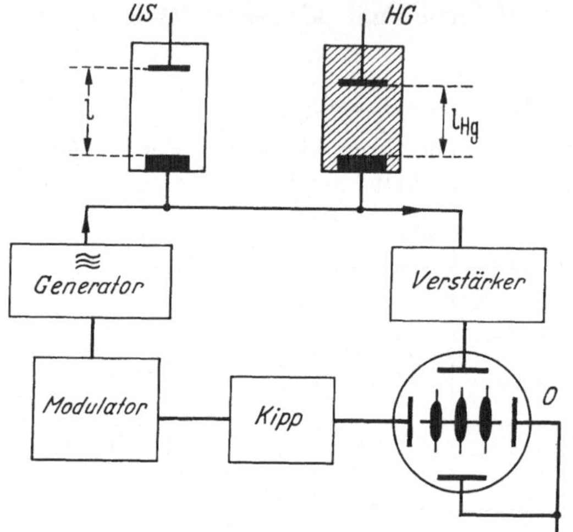

Fig. 75. Bestimmung der Schallgeschwindigkeit durch Laufzeit-Vergleich zweier Impulse (nach GORDON)

Bei dem Verfahren von GORDON[1], das in Fig. 75 skizziert ist, werden wie bei der schon in Ziffer 65 genannten alten Methode von ZOCH und BOSSCHA die Laufzeiten zweier gleichzeitig abgesandter Signale verglichen. Die Hochfrequenzimpulse von 5 MHz durchlaufen die eigentliche US-Meßstrecke (in diesem Falle eine unmittelbar an den Kristall anschließende Metallschmelze aus Blei oder Zinn) und zugleich eine Quecksilbervergleichsstrecke HG. Derartige Vergleichsstrecken sind als Verzögerungslinien (delay lines) bekannt und genau untersucht. Durch Verschieben des Reflektors der geeichten Verzögerungsstrecke HG wird erreicht, daß die Reflektionsimpulse von Meßstrecke und Vergleichsstrecke genau koinzidieren. Daraus folgt die gesuchte Schallgeschwindigkeit zu

$$u = u_{\text{Hg}} \cdot \frac{l}{l_{\text{Hg}}}. \qquad (\text{VI.10})$$

Diese Methodik schließt aus, daß irgendwelche Schaltungseigenschaften in die Messung eingehen.

70. Andere Durchstrahlungsverfahren

Zur Messung von u und 2α bei 12 MHz im Temperaturbereich zwischen 0° und 150° C haben BUSCH[2] und MAIER die im Blockschaltbild der

[1] GORDON, R.: Acta metallurg. 7, 1—7 (1959).
[2] BUSCH, G., u. W. MAIER: Z. Physik 137, 494—502 (1954).

Fig. 76 skizzierte Apparatur angegeben. Ein vom 50 Hz-Wechselstrom-netz gesteuertes Thyratron liefert die Impulsfolge. Der eigentliche Impulsgeber gibt Impulslängen von 1 bis 15 μsec. Der Sendekristall Q_s ist eine Quarzplatte mit der Grundfrequenz 4 MHz und wird in den höheren Harmonischen betrieben. Ihm ist eine Blende vorgesetzt, um

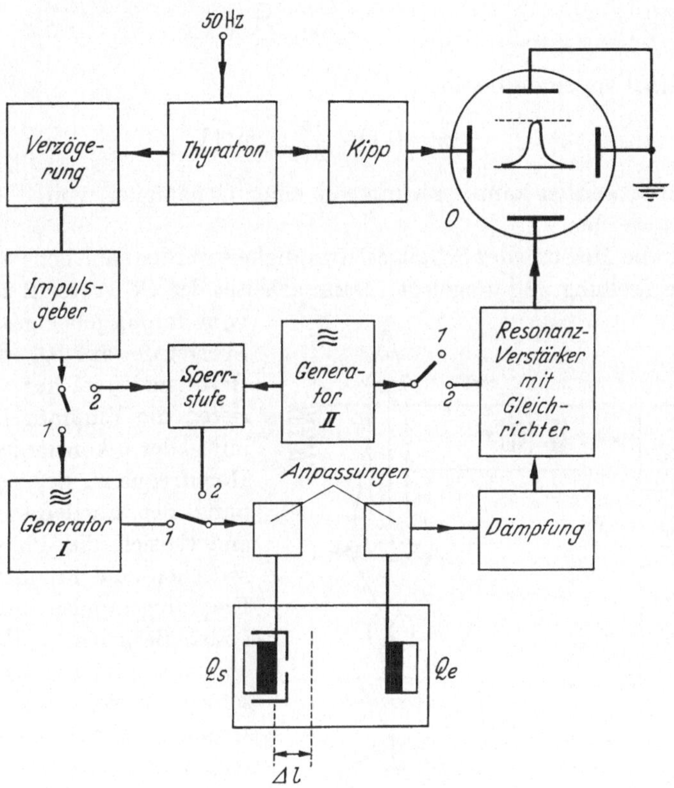

Fig. 76. Blockschema des Durchstrahlungsverfahrens nach BUSCH und MAIER

ein Schallbündel mit kleinerem Durchmesser zu haben. Sende- und Empfangsquarz tragen auf ihren Rückseiten Luftkammern. Die Meß-zelle hat ein Volumen von 120 cm³. Der Sendekristall Q_s kann um die Strecke von 37 mm mikrometrisch verschoben werden. Als Dämpfungs-glied findet eine Eichleitung der Firma Rohde und Schwarz[1] Verwendung. Hinsichtlich der technischen Einzelheiten wie z.B. der Quarzhalterungen, der Meßstrecke und der elektrischen Daten siehe die Originalarbeit.

Für Absorptionsmessungen liegen die diversen Schalter in der Stel-lung „1" und auf dem Bildschirm O erscheint ein Gleichspannungsimpuls

---

[1] Typ DPR (0 bis 300 MHz, 0 bis 100 db). Über Eichleitungen siehe A. KRAUS, ATM Z 14—3 (1950).

bestimmter Höhe. Der Sendequarz Q_s wird um eine gewisse Strecke Δl verschoben und das Dämpfungsglied so geregelt, daß die Impulse auf O stets die gleiche Höhe behalten. In kleinen Schritten wird eine größere Meßstrecke durchfahren und dadurch die Konstanz des Absorptionskoeffizienten kontrolliert. Die Eichleitung gibt die Dämpfung

$$b = 20 \log_{10} \frac{p_1}{p_2}$$

in Dezibel an, so daß α aus

$$\alpha = 0{,}115 \frac{\Delta b}{\Delta l} \quad [\text{cm}^{-1}] \tag{VI.11}$$

berechnet werden kann. α kann mit einer Genauigkeit von $\pm 1\%$ bestimmt werden.

Für die Messung der Schallgeschwindigkeit werden sämtliche Schalter auf die Stellung „2“ umgelegt. Dann arbeitet der Generator 2 über die vom Impulsgeber gesteuerte Sperrstufe auf Q_s, und im Resonanzverstärker interferieren die Empfangsimpulse mit der kontinuierlichen Hochfrequenz. Bei Verschiebung des Sendequarzes Q_s ändert sich die Phasenlage zwischen der Frequenz der Empfangsimpulse und der kontinuierlichen Hochfrequenz, so daß auf dem Bildschirm die Höhe der Gleichspannungsimpulse periodisch schwankt. Man durchfährt eine größere Anzahl n der Schwankungen und erhält die Schallgeschwindigkeit wieder aus

$$u = v \cdot \frac{\Delta l}{n}. \tag{VI.12}$$

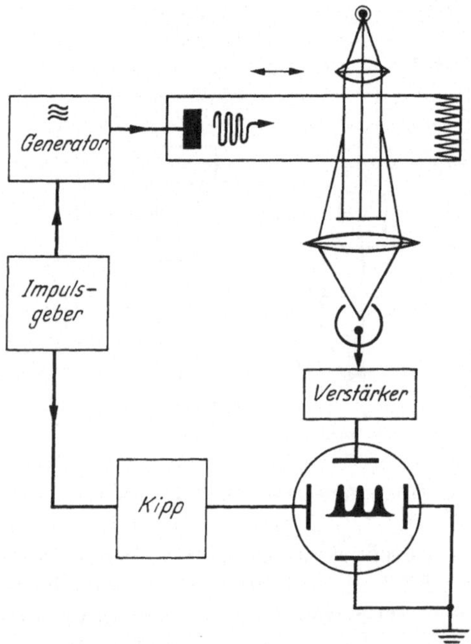

Fig. 77. Blockschema eines mit dem Schallgittereffekt arbeitenden Durchstrahlungsverfahrens

Eine interessante Variante der Durchstrahlungsverfahren hat ÇILESIZ[1] gebracht, indem er den vom Sender ausgehenden Ultraschallwellenzug ein Lichtbündel passieren läßt, welches dem Schallgittereffekt gemäß aufgespalten wird und über einen Photomultiplier den Empfangsimpuls auf den Bildschirm gibt. Das in Fig. 77 schematisch

---

[1] ÇILESIZ, A.: Physique, Ser. C Univ. Istanbul 20, 94—112 (1955).

dargestellte Gerät ist für Frequenzen von etwa 5 bis 15 MHz konstruiert. Gewisse Schwierigkeiten, welche die optischen Methoden der Absorptionsbestimmung kennzeichnen und in Ziffer 60 besprochen worden sind, gehen natürlich in eine solche Messung ein.

71. Die Absorptions-„Reichweite"

Definitionsgemäß gibt der Absorptionskoeffizient α diejenige Wegstrecke an, auf der die Schallamplitude auf den e-ten Teil abgesunken ist, also grob gerechnet nur noch ein Drittel ihres ursprünglichen Wertes hat. Nennen wir diese Wegstrecke l_α die „Absorptions-Reichweite", so ist

$$l_\alpha = \frac{1}{\alpha}. \qquad (VI.13)$$

Für die relaxationsfreie Schallabsorption gilt nach Ziffer 28 bei einer kleinen Frequenz ν_{min} und einer großen Frequenz ν

$$\frac{\alpha_{(min)}}{\nu^2_{min}} = \frac{\alpha}{\nu^2}.$$

Setzen wir diese Beziehung in die Definition (VI.13) ein, so ist die „Reichweite"

$$l_\alpha = \frac{1}{\left(\dfrac{\alpha_{(min)}}{\nu^2_{min}}\right) \cdot \nu^2}. \qquad (VI.14)$$

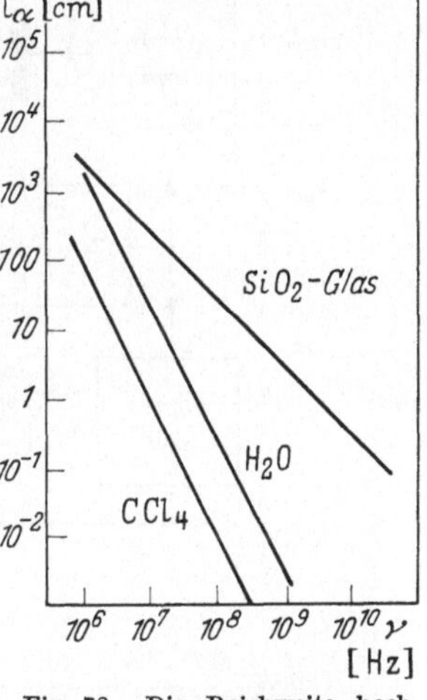

Fig. 78. Die Reichweite hochfrequenter Ultraschallwellen in Wasser, Tetrachlorkohlenstoff und Quarzglas

Zur Veranschaulichung ist in Fig. 78 die Reichweite l_α als Funktion von ν für drei verschiedene Stoffe aufgetragen worden. Bei sehr hohen Frequenzen nimmt die Reichweite von Ultraschallwellen außerordentlich ab.

Man sieht aus Fig. 78 sofort, welchen experimentellen Schwierigkeiten die Absorptionsmessung bei Frequenzen über 100 MHz ausgesetzt ist. Die Reichweite ist so klein, daß Sender und Empfänger sehr nahe aneinander rücken müssen. Abgesehen von der schon in Ziffer 67 und Formel (VI.6) genannten Abstandsbedingung steigt die Schwierigkeit außerordentlich an, den Empfangsteil vom Senderteil hochfrequenzmäßig einwandfrei abzuschirmen. Man umgeht nun diese Schwierigkeit, indem man vor und hinter die eigentliche Meßstrecke sogenannte tote Zonen einfügt. Das sind Verzögerungsstrecken aus meist festem Material mit kleiner Dämpfung. Als besonders geeignet hat sich Quarzschmelzgut[1] mit dem Absorptionskoeffizienten $\alpha/\nu = 1{,}23 \cdot 10^{-9}$ sec/cm für

---

[1] RAPUANO, R.: Phys. Rev. (2) **72**, 78—79 (1947).

Longitudinalwellen erwiesen[1]. Die „Reichweiten"-Kurve dieses Stoffes ist daher in Fig. 78 mit eingetragen worden. Bei Medien mit Relaxationen sind die Reichweiten wesentlich kleiner, als es hier angegeben worden ist.

72. Das Durchstrahlungsverfahren für sehr hohe Frequenzen

Die Anordnung, die McSkimin[2] für den Frequenzbereich von 20 bis 200 MHz und für höhere Temperaturen entwickelt hat, ist in Fig. 79

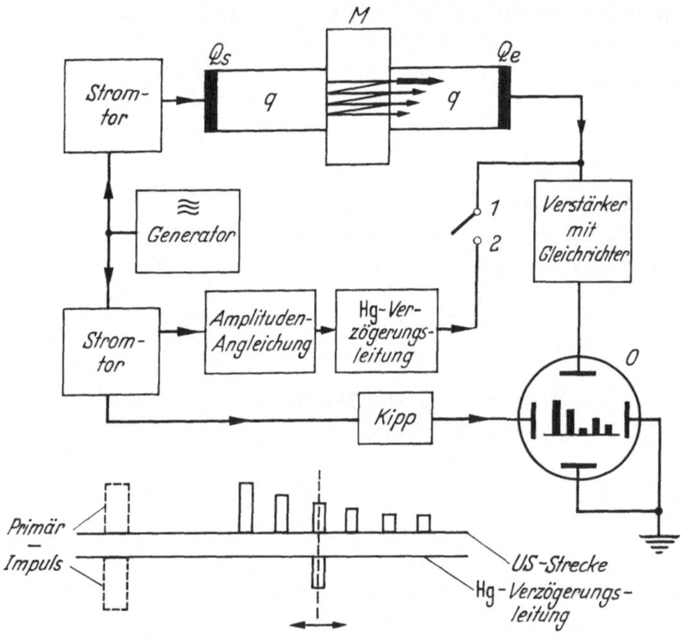

Fig. 79. Das McSkiminsche Durchstrahlungsverfahren für sehr hohe Frequenzen

skizziert. Das untersuchte Medium M liegt entsprechend den Ausführungen in der vorigen Ziffer zwischen zwei Quarzstäben q. Ein Ultraschallimpuls, der den Empfänger Q_e erreicht, besteht aus mehreren Komponenten, die durch mehrfache Reflexionen innerhalb von M entstehen, wie es schematisch angedeutet ist. Liegt der Schalter in der Stellung „1", so erscheint auf dem Bildschirm O die Impulsserie, aus der ohne weiteres die Schallgeschwindigkeit $u = l/t$ abgelesen werden kann, wenn ein in der Figur nicht gezeichneter Zeitmarkengeber vorhanden ist. Liegt der Schalter in der Stellung „2", so wird ein zweiter gleichartiger Hoch-

[1] Für Scherwellen ist $\alpha/\nu = 1{,}88 \cdot 10^{-10}$ sec/cm. Bei Quarz steigt die Absorption linear mit der Frequenz! s. a. W. Mason and H. McSkimin, J. Acoust. Soc. Amer. **19**, 466—473 (1947).

[2] McSkimin, H.: J. Acoust Soc. Amer. **22**, 413—418 (1950); **23**, 429—434 (1951).

frequenzimpuls, der über die Quecksilber-Verzögerungsstrecke[1] gelaufen ist, mit der von Q_e kommenden Impulsserie im Verstärker gemischt. Er kann so verzögert werden, daß er auf dem Bildschirm mit dem n-ten Reflektionssignal koinzidiert, und seine Amplitude kann (mit entgegengesetztem Vorzeichen) so angeglichen werden, daß das betreffende Reflektionssignal auf dem Bildschirm ausfällt. Es bedarf nach unseren früheren Ausführungen keiner weiteren Erläuterung, daß auf diese Weise

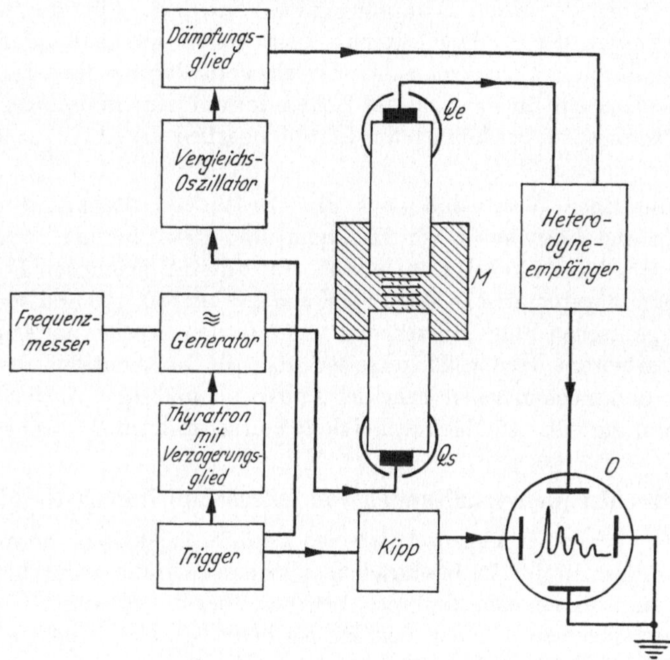

Fig. 80. Blockschema zur Bestimmung der Schallabsorption in Elektrolyten bis zu Frequenzen von 300 MHz (nach TAMM und KURTZE)

die Schallgeschwindigkeit ohne Zeitmarkengeber mit größerer Genauigkeit bestimmt und auch der Absorptionskoeffizient an einem Dämpfungsglied in der Amplitudenangleichung ermittelt werden kann. McSKIMIN[2] hat das durch Fig. 79 skizzierte Meßprinzip auch für eine Echo-Methodik ausgebildet.

Zur Untersuchung der Schallabsorption in Elektrolyten bei Frequenzen zwischen 100 und 300 MHz haben TAMM[3] und KURTZE die Anordnung nach Fig. 80 verwendet. Die Grundfrequenz des Sendequarzes

---

[1] Eine ausführliche Abhandlung über Ultraschall-Verzögerungsketten hat D. ARENBERG in J. Acoust. Soc. Amer. **20**, 1—26 (1948) veröffentlicht.

[2] McSKIMIN, H.: J. Acoust. Soc. Amer. **22**, 413—418 (1950); **28**, 1228—1232 (1956); **29**, 1185—1192 (1957).

[3] TAMM, K., u. G. KURTZE: Acustica **4**, 380—386 (1954).

Q_s war 20 MHz (Dicke etwa 0,14 mm); er konnte bis zur 15. Harmonischen (etwa 300 MHz) erregt werden. Die vorgeschalteten Quarzstrecken hatten eine Länge von 7 cm. Die Impulsdauern waren 6 µsec, die Impulsfolge war 50 Hz. Die Impulse gelangen über einen Heterodyne-Empfänger an den Oszillographen. Ihre Amplituden werden durch Vergleich bestimmt. Um von den Verstärkereigenschaften unabhängig zu sein, werden Vergleichsimpulse durch einen Vergleichsoszillator erzeugt und in ihrer Höhe durch ein Dämpfungsglied verändert. Für die Messung wird zunächst der Vergleichsimpuls dem ersten an Q_e empfangenen Ultraschallimpuls gleich gemacht. Durch Veränderung der Länge der Ultraschallstrecke ändern sich die Höhen der auf dem Bildschirm angezeigten Impulse und es können am Dämpfungsglied die Abfallkonstanten abgelesen werden.

In ähnlicher Weise sind auch die Geräte von ANDREAE[1], BASS. HEASELL und LAMB sowie von HEASELL[2] und LAMB für den Frequenzbereich von 1 bis 200 MHz aufgebaut. Die zuletzt genannten Forscher haben damit systematische Messungen von α/ν^2 bei 100, 150 und 200 MHz an 94 organischen Flüssigkeiten gemacht. In der Arbeit von ANDREAE und Mitarbeitern werden Einzelheiten über die Konstruktion der elektrischen und mechanischen Teile der Apparatur und ihrer Anwendungsgrenzen mitgeteilt. Die Meßgenauigkeit von α wird mit 2% angegeben.

73. Hochfrequenzschaltungen von Ultraschall-Impuls-Geräten

In den wenigsten wissenschaftlichen Veröffentlichungen, die mit den in den Ziffern 67 bis 72 beschriebenen Impuls-Verfahren durchgeführt worden sind, finden sich konkrete Angaben über die elektrische Bemessung der einzelnen Glieder der Blockschemata. Den Hochfrequenztechnikern und jenen Physikern, die in akustischen Fragen geschult sind, bereitet die Konstruktion eines Impulsgerätes keine besonderen Schwierigkeiten, wenn die physikalische Fragestellung und die experimentelle Planung durch ein Blockschema umrissen sind. Um aber auch anderen an molekularakustischen Fragen interessierten Kreisen, wozu auch Chemiker und Physikochemiker gehören, eine Hilfe zu geben, seien wenigstens 2 Literaturstellen angeführt, in denen in ausführlicher Form darüber berichtet wird.

In den Fig. 81 und 82 sind die beiden Hauptbestandteile einer relativ einfachen und wirksamen Impulsapparatur abgebildet worden. Es handelt sich in Fig. 81 um den elektrischen Teil eines Impulsgenerators zur Erzeugung von Ultraschallimpulsen und in Fig. 82 um den elektrischen

---

[1] ANDREAE, J., R. BASS, E. HEASELL u. J. LAMB: Acustica 8, 131—142 (1958).

[2] HEASELL, E., and J. LAMB: Proc. Phys. Soc. Lond. B 69, 869—877 (1956).

Teil des Empfängers für die Ultraschallimpulse. Die beiden Schaltungen können entweder getrennt nach dem Impuls-Durchstrahlungsverfahren

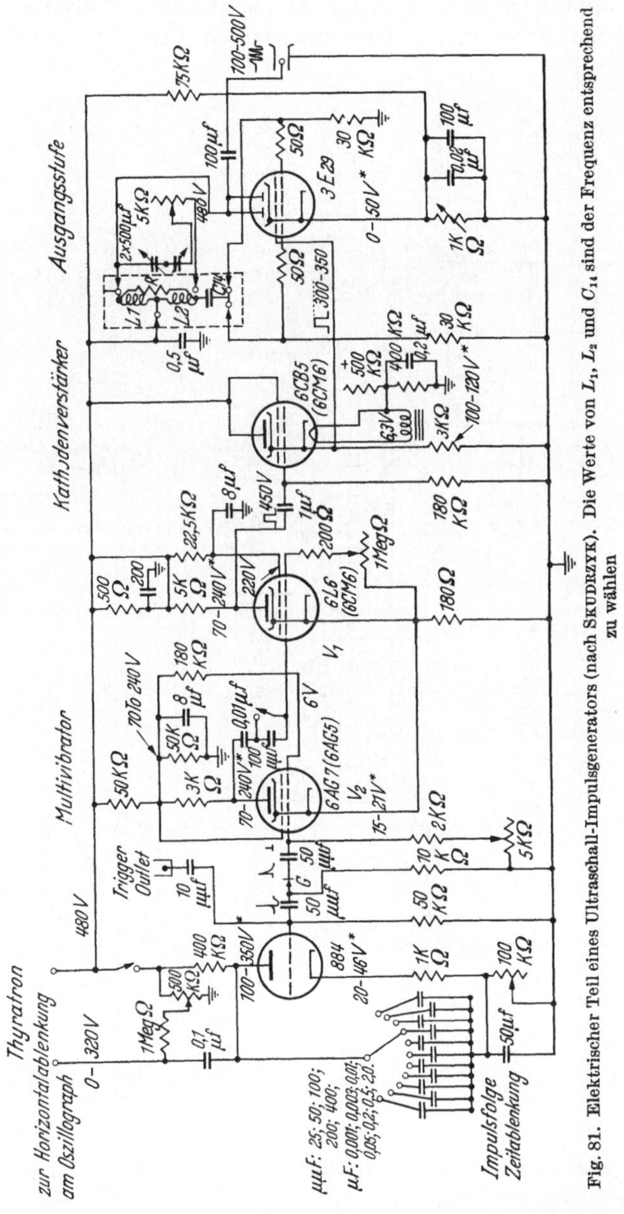

Fig. 81. Elektrischer Teil eines Ultraschall-Impulsgenerators (nach Skudrzyk). Die Werte von L_1, L_2 und C_{14} sind der Frequenz entsprechend zu wählen

oder bei Parallelschaltung des Verstärkereingangs mit dem Generatorausgang nach dem Impuls-Echo-Verfahren gebraucht werden. Diese

Schaltungen sind von SKUDRZYK[1] auf Grund langjähriger Erfahrungen mitgeteilt worden.

Der Impulsgenerator nach Fig. 81 liefert eine Impulsfolge zwischen 1 Impuls in 10 sec und 25000 Impulsen in 1 sec bei einer zwischen

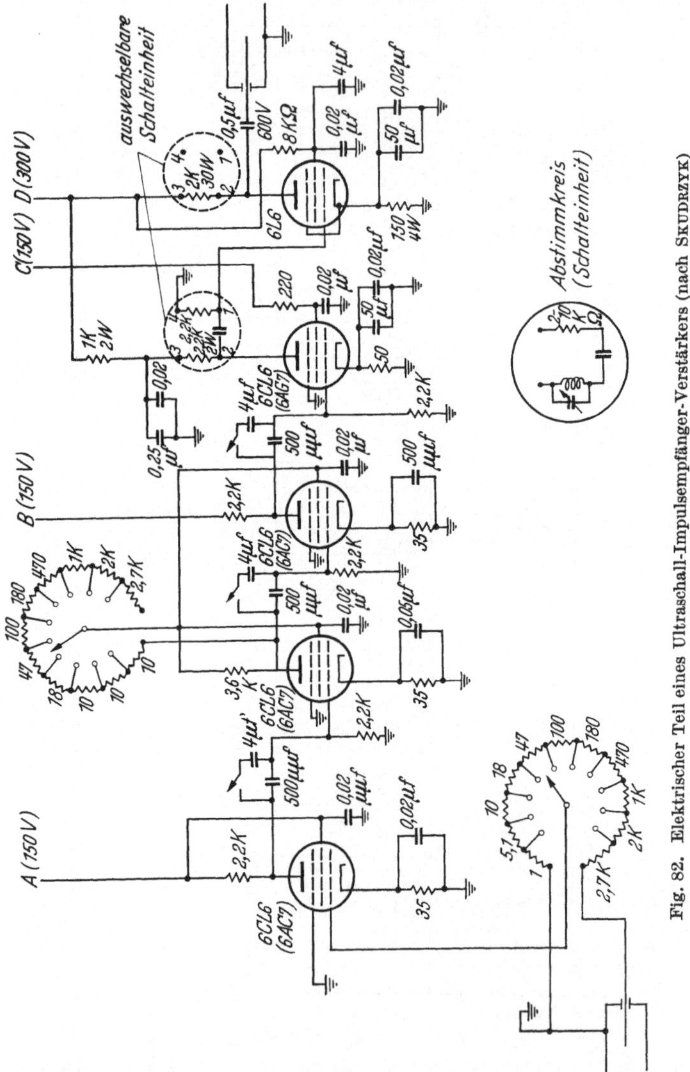

Fig. 82. Elektrischer Teil eines Ultraschall-Impulsempfänger-Verstärkers (nach SKUDRZYK)

$1/3 \cdot 10^{-6}$ sec und 10^{-1} sec veränderlichen Impulsdauer. Die Impulse selbst bestehen aus Sinusschwingungen im Frequenzbereich zwischen 50 Hz und 100 MHz. Die Ausgangsleistung für Impulse von weniger als

[1] SKUDRZYK, E.: J. Acoust. Soc. Amer. **32**, 565—571 (1960).

$2 \cdot 10^{-3}$ sec Dauer liegt für Frequenzen unter 10 MHz zwischen 50 und 250 Watt. Der Empfangsverstärker nach Fig. 82 muß bei Betrieb in Impuls-Echo-Schaltung den hohen Anfangsimpuls begrenzen und nach dem Abklingen dieses Impulses mit voller Empfindlichkeit betriebsbereit sein können. Der Verstärkungsfaktor liegt bei 10^5, kann aber noch erhöht werden. Über alle weiteren Einzelheiten muß auf die Originalarbeit und die dort angegebene Literatur verwiesen werden.

CHICK[1], ANDERSON und TRUELL haben bis in die letzten Details hinein ein Echo-Impuls-Gerät zur Messung der Schallgeschwindigkeit und insbesondere der Schallabsorption beschrieben, welches den Frequenzbereich von 5 bis 200 MHz umfaßt. Es ist zwar vorzugsweise zur Absorptionsmessung an Einkristallplatten gedacht, kann aber natürlich auch für Schallgeschwindigkeitsmessungen in Flüssigkeiten verwendet werden. Diese Autoren haben eine weitere Beschreibung eines noch genaueren Schallgeschwindigkeitsmeßgerätes angekündigt, die aber noch nicht in der Literatur erschienen ist.

74. Anwendung der Autoklaventechnik auf Ultraschallwellen

Die Impulstechnik ist vortrefflich dazu prädestiniert, unter den verschiedenartigsten Bedingungen des Druckes und der Temperatur das zu erforschen, was man die Zustandsgleichung des Ultraschalls nennen könnte. Das soll heißen, daß die thermisch-statische Zustandsgleichung der Materie in der bekannten Form

$$f(p,\ T,\ \varrho) = 0$$

zu ergänzen oder zu ersetzen wäre durch thermisch-dynamische Gleichungen in den Formen

$$f_u(u,\ p,\ T,\ \varrho) = 0, \tag{VI.15}$$
$$f_\alpha(\alpha,\ p,\ T,\ \varrho) = 0 \tag{VI.16}$$

oder

$$f_{u,\alpha}(u,\ \alpha) = 0. \tag{VI.17}$$

Durch die Erforschung der Funktionen (VI.15), (VI.16), (VI.17) fällt viel neues Licht auf die Zustandsgleichung in der Form $f(p,\ T,\ \varrho) = 0$. Auch kann die Einführung von Ultraschallmeßmethoden die herkömmliche Kontroll- und Meßtechnik in der Industrie sehr bereichern. Das hat vor allen NOSDREW erkannt und Autoklaven konstruiert, in denen neben den in üblicherweise bestimmten Drucken, Temperaturen und Dichten auch die Schallgeschwindigkeiten und die Schallabsorptionen gemessen werden können. In den Fig. 83 und 84 bringen wir Konstruktionsschemata und Abmessungen von zwei Nosdrewschen Autoklaven.

---

[1] CHICK, B., G. ANDERSON and R. TRUELL: J. Acoust. Soc. Amer. **32**, 186—193 (1960).

Diese Autoklaven sind auch für interferometrische und optische Meßmethoden geeignet. Hinsichtlich der Konstruktionseinzelheiten muß
auf das schon im Vorwort
genannte Buch von Nos-
DREW und einige seiner
dort angeführten Ori-
ginalarbeiten verwiesen

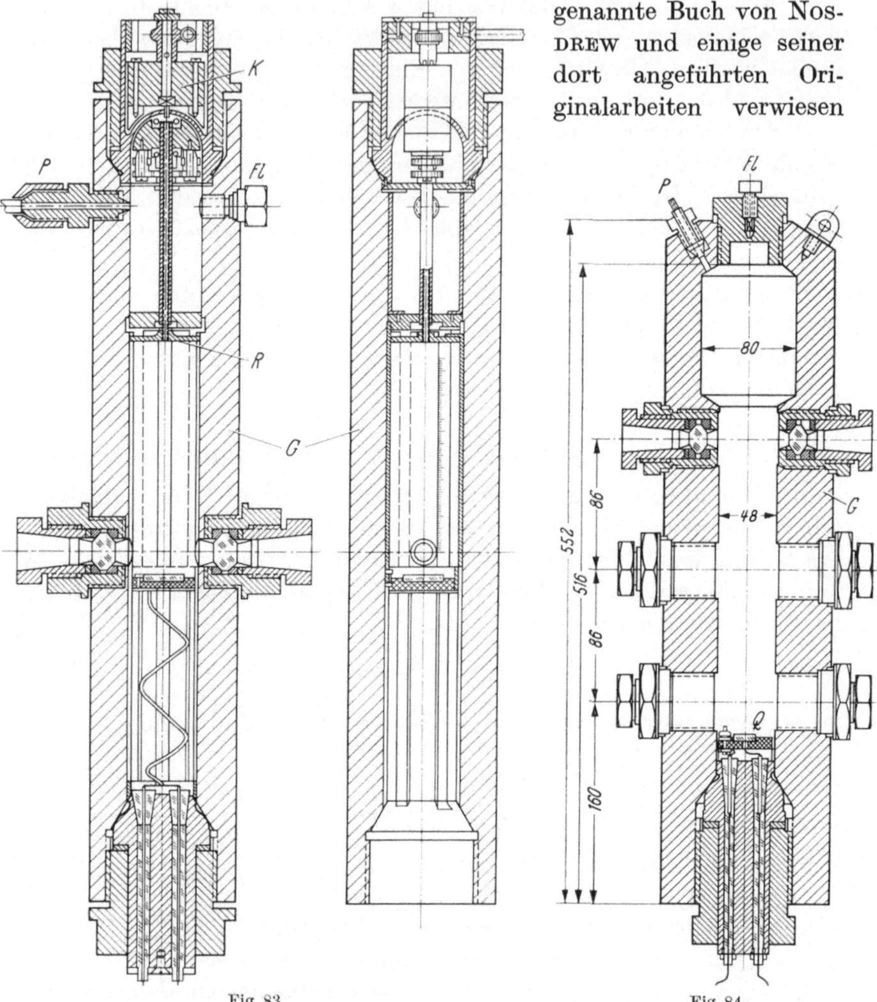

Fig. 83

Fig. 84

Fig. 83. Aufbauschema eines Ultraschall-Universal-Autoklaven (nach NOSDREW)

Fig. 84. Konstruktion eines Hochdruck-Hochtemperatur-Autoklaven für Ultraschall und andere
Messungen (nach NOSDREW). Maße in Millimetern

werden[1]. Ganz allgemein wird man sagen dürfen, daß die Verknüpfung
der Experimentiertechnik, die BRIDGMAN[2] in seinen klassischen Unter-

---

[1] Siehe auch den Bericht von NOSDREW in den Akten des III. internat. Akustiker-
kongr. Stuttgart 1959, Bd. I, S. 442—444.

[2] BRIDGMAN, P.W.: The Physics of High Pressure. London: G. Bell and Sons 1952.

suchungen mit hohen Drucken geschaffen hat, mit der Ultraschall-impulstechnik ein reichhaltiges Versuchsmaterial in der Zukunft zusammenbringen wird.

In Fig. 83 findet sich das Bild eines Universalautoklaven von Nos-DREW. In dem massiven Gehäuse G können sowohl der Schwingquarz Q wie der Reflektor R durch geeignete Mechanismen gemeinsam oder getrennt verschoben werden. Der Reflektor wird gebraucht, wenn man interferometrisch oder mit der Echomethodik messen will. Ein Absorber anstelle des Reflektors wird gebraucht, wenn man Absorptionsmessungen mit dem Schallgittereffekt ausführen will. Die Bewegung von Reflektor oder Absorber geschieht mit Hilfe einer magnetischen von außen gesteuerten Kupplung K. Dadurch wird der Gebrauch von Stopfbuchsen vermieden. Die Stromzuführung für den Schwingquarz geschieht von unten her. Bei Fl können Flüssigkeiten eingefüllt und bei P können hohe Drucke gegeben werden.

Fig. 84 gibt das maßstabsgerechte Bild eines anderen Ultraschall-Autoklaven für Temperaturen bis 300° C und

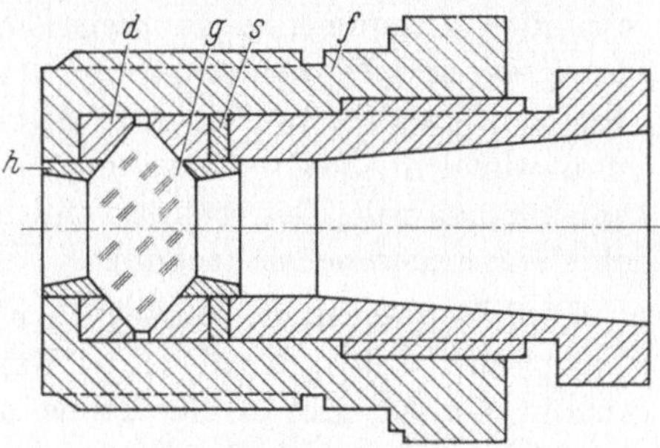

Fig. 85. Dichtungsfenster für optische Beobachtungen und Messungen in Ultraschall-Autoklaven

Drucke bis 400 atm nach NOSDREW. In dem Autoklavengehäuse G sind 6 Fenster nach Art von Fig. 85 angebracht, um den gesamten Versuchsraum optisch erfassen zu können. Bei Fl kann die Flüssigkeit eingefüllt, bei P das Hochdruckmanometer angeschlossen werden. Der Schwingquarz Q bekommt den Hochfrequenzstrom wieder von unten. Die Innenwände des Autoklaven sind verchromt. Die Vielzahl der Fenster dient einmal zur Beobachtung des Standes von Flüssigkeiten und Dämpfen, aber auch für optische Messungen in diesen beiden Aggregatzuständen. Das Gerät wird hauptsächlich für Messungen mit dem Schallgittereffekt und der Impuls-Echo-Methodik gebraucht.

Die meisten Schwierigkeiten beim Bau derartiger Autoklaven bereiten die Fenster, welche die Lichtstrahlen nicht nur optisch einwandfrei durchlassen sollen, sondern auch druck- und dichtefest sein müssen. In Fig. 85 ist ein solches Fenster aus den Geräten nach Fig. 83 und 84 abgebildet worden. Das Prinzip der Selbstabdichtung dieser Fenster ist aus der Zeichnung zu ersehen. Es bedeutet: f die Fensterfassung, h einen stählernen Haltering, d einen Dichtungsring aus Blei, g das Fenster aus Glas, s eine Stahlscheibe und b eine stählerne Gewindebuchse mit Sechskantkopf.

Kapitel VII

Erzeugung und Untersuchung von Stoßwellen

75. Bemerkungen über Stoßwellenuntersuchungen der üblichen Art

Für infinitesimale Teilchenamplituden, Schallwechseldrucke, Dichte-änderungen und Intensitäten ist bei gegebener Temperatur und Frequenz die Schallgeschwindigkeit und — in relaxationsfreien Gebieten — im allgemeinen auch die Schallabsorption eine Konstante. Mit steigender Schallintensität steigen aber auch die Verdichtungen und Verdünnungen im Schallfeld an, bis die Kavitation der weiteren Verdichtung ein Ende setzt. Man muß dann schon den Außendruck erheblich erhöhen, wenn man die Zusammenhänge zwischen Schallgeschwindigkeit, Schall-absorption und Verdichtung weiter studieren will. Wesentlich einfacher aber ist es, an Stoßwellen diese Studien zu machen, wenn man die zu infinitesimalen Zustandsänderungen entgegengesetzten Verhältnisse kennenlernen will. Das erfordert eine besondere schon weitgehend durch-gebildete Experimentiertechnik.

Über Stoßwellen, die je nach ihrer Erzeugungsart auch Druckwellen, Funkenschallwellen, Knallwellen, Explosions- und Detonationswellen[1] genannt werden, gibt es eine große Zahl von Veröffentlichungen. Die meisten beziehen sich freilich aus aerodynamischen und aus mathe-matischen Gründen auf ideale Gase und auf Luft.

Stoßwellenuntersuchungen in Flüssigkeiten mit Beziehung auf spe-zifisch molekularakustische Fragen gibt es kaum, obwohl gerade hier interessante Ergebnisse zu erwarten sind, da sich Dichte und Druck so stark steigern lassen, daß die Raumerfüllung der Moleküle gegen den Wert Eins geht und die Verquetschung der äußersten Bohrschen Bahnen beginnt.

Das meiste Interesse fanden bislang noch die plötzlichen Erzeugun-gen sehr hoher Temperaturen und die dadurch bewirkten chemischen Reaktionen in Stoßwellen. Einblicke in dieses Forschungsgebiet vermit-telt die Monographie von GREENE[2] und TOENNIES. Ihr Wert ist allerdings dadurch stark gemindert, daß eine große Zahl wichtiger und wesent-licher Untersuchungen aus dem europäischen Bereich, insbesondere aus Deutschland und der Sowjetunion ausgelassen worden sind. Die meisten in den nachfolgenden Ziffern behandelten Methoden und Ergebnisse finden sich dort nicht.

---

[1] Detonationswellen sind solche, bei denen gleichzeitig eine chemische Reaktion im Stoßbereich abläuft.

[2] GREEENE, E., u. J. TOENNIES: Chemische Reaktionen in Stoßwellen, deutsche Übersetzung von H. G. WAGNER, aus: Fortschritte der physikalischen Chemie. Bd. 3. Darmstadt: Dr. Dietrich Steinkopff 1959. 202 S., 85 Abb.

Die Stoßwellentechnik steht meist in enger Beziehung zur militärischen Ballistik und Sprengstofftechnik. Für ein Laboratorium, in dem molekularakustische Untersuchungen mit Stoßwellen ausgeführt werden sollen, fällt aber aus Sicherheitsgründen die Benutzung von Sprengstoffen und Geschossen aus. Die Beschreibung diesbezüglicher Versuchsanordnungen ist daher in den folgenden Ziffern unterblieben. Der elektrische Funken stellt einen vollwertigen Ersatz dar und gestattet exakte Orts- und Zeitbestimmungen der von ihm ausgehenden Stoßwellen.

76. Geschwindigkeitsmessung nach der Schlierenmethodik

Auf den grundlegenden Arbeiten von AUGUST TOEPLER[1] über die Schlierenmethodik und ihre Anwendung zur Sichtbarmachung von Schall- und Knallwellen baute ERNST MACH[2] auf. Er entdeckte das Phänomen der Kopfwellen und erkannte die Bedeutung des Verhältnisses von Strömungsgeschwindigkeit zu Schallgeschwindigkeit. Dieses Verhältnis wird nach ihm „Mach-Zahl" genannt. Hinsichtlich der Schlierenverfahren und ihrer Anwendungen sei auf die zusammenfassende Darstellung von SCHARDIN[3] verwiesen. Über die dabei meist zur Anwendung kommende Funkenkinematographie berichten SCHARDIN[4] und FÜNFER. Die Kontrolltechnik schneller Bewegungsvorgänge behandelt FRÜNGEL[5]. Einen guten Einblick in die technische Seite des gesamten Fragenkomplexes gibt das Kongreßbuch über den 2. internationalen Kongreß über Kurzzeitvorgänge in Paris 1954[6].

Alle Geschwindigkeitsmessungen an Stoßwellen erfordern eine hohe Bildfrequenz oder einen sehr schnell ablaufenden Film. Bei einer Meßstrecke von 10 cm Länge und einer Geschwindigkeit in der Größenordnung 1000 m/s bedeutet die Messung von Zentimeter zu Zentimeter eine Bildfrequenz von 10^5 Hz. Dafür ist das klassisch zu nennende Kinematographie-Verfahren mit ruhendem Film und sehr hoher Bildfrequenz von CRANZ[7] und SCHARDIN ausgebildet und zur Messung der Überschallgeschwindigkeiten von Knallwellen benutzt worden. Es ist für alle Aggregatzustände brauchbar, jedoch an die Durchsichtigkeit eines Mediums geknüpft.

---

[1] TOEPLERs klassische Arbeiten aus den Jahren 1864 und 1866 sind abgedruckt in Bd. 157 und 158 von OSTWALDs Klassikern der exakten Wissenschaften. AUGUST TOEPLER ist nicht mit MAX TOEPLER zu verwechseln. Letzterer hat 1904 Funkenschallwellen mit der Methode des ersteren sichtbar gemacht.

[2] MACH, E.: Wien. Ber. **95**, 764 (1887) und die folgenden Jahrgänge; **105**, 605 (1896) und die Folgezeit.

[3] SCHARDIN, H.: Ergebn. exakt Naturw. **20**, 303—439 (1942).

[4] SCHARDIN, H., u. E. FÜNFER: Z. angew. Phys. **4**, 185—199, 224—238 (1952).

[5] FRÜNGEL, F.: Z. angew. Phys. **6**, 183—192 (1954).

[6] Actes du 2. Congr. Int. de Phot. et Cinematographie Ultra-Rapides, Paris, Dunod 1956. 455 S.

[7] CRANZ, C., u. H. SCHARDIN: Z. Physik **56**, 147—183 (1929).

Das Verfahren ist in Fig. 86 skizziert. Eine Reihe von Funkenstrekken $F_1, F_2, \ldots F_5$ kann in regelmäßiger Folge dadurch gezündet werden, daß von den vorher aufgeladenen Kondensatoren der erste C_0 durch den zu untersuchenden Vorgang getriggert wird, so daß sich C_1 über F_1 entlädt, mit einer durch die Selbstinduktion L_2 gegebenen Verzögerung dann C_2 über F_2 und so weiter fort. Die große Schlierenkopflinse L (Durchmesser 20 cm, Brennweite 300 cm) bildet die Funken auf den Schlierenblenden B_1 bis B_5 ab. Läuft die Stoßwelle S vorbei, so wird sie in verschiedenen Zeitmomenten von den Projektionslinsen P als Schliere

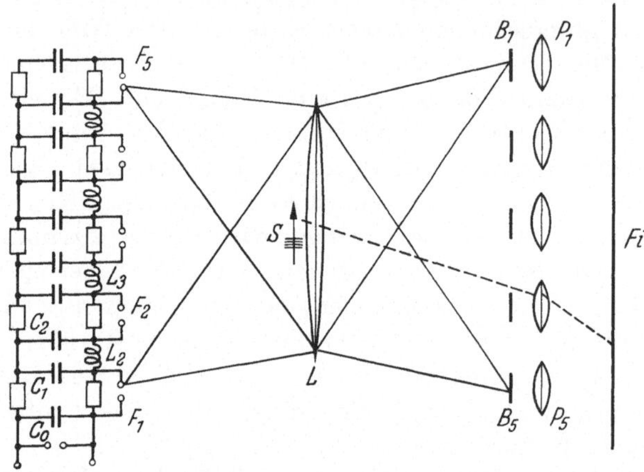

Fig. 86. Schlieren-Kinematographie von CRANZ und SCHARDIN zur Untersuchung von Knallwellen

auf dem Film Fi abgebildet. Die Bildfrequenz kann bis über 10^6 Hz gesteigert werden. Die Anzahl der aufgenommenen Bilder hängt von der Zahl der Funkenstrecken, Schlierenblenden und Projektionslinsen ab. Aus Gründen der Übersichtlichkeit sind in Fig. 86 nur 5 gezeichnet worden. Die in der Originalarbeit gebrachten Bilder zeigen für Entfernungen unterhalb von 4 cm vom Ursprung beträchtliche Steigerungen der Schallgeschwindigkeit in Luft.

77. Die von Schmidtschen Kopfwellen

Wenn man nach OSWALD VON SCHMIDT[1] im Grenzgebiet zweier Medien verschiedener Schallgeschwindigkeit einen Funkenüberschlag erzeugt, so zieht die im Medium mit der größeren Schallgeschwindigkeit w_2 laufende Welle im Medium mit der kleineren Geschwindigkeit w_1 eine Kopfwelle unter dem Winkel ψ nach sich. Für diesen nach MACH genannten Winkel ist

$$\sin \psi = w_1/w_2. \qquad (VII.1)$$

---

[1] SCHMIDT, O. v.: Z. techn. Phys. **19**, 554—561 (1938).

Fig. 87 zeigt den Effekt und zugleich das Schema der mit einer Machschen Schaltung betriebenen Toeplerschen Schlierenmethode zur Photographie der Erscheinung. Der von einer Hochspannungsquelle aufgeladene Kondensator C_1 erzeugt an der Grenzfläche zweier Flüssigkeiten einen Funken F, von dem aus sich die Kugel-Knallwellen (in der Projektion Kreise) ausbreiten. Mit einstellbarer Verzögerung entlädt sich dann C_2, so daß an der Beleuchtungsfunkenstrecke Fu ein Lichtblitz entsteht, der das Schlierenbild der Knallwelle auf den Schirm S projiziert.

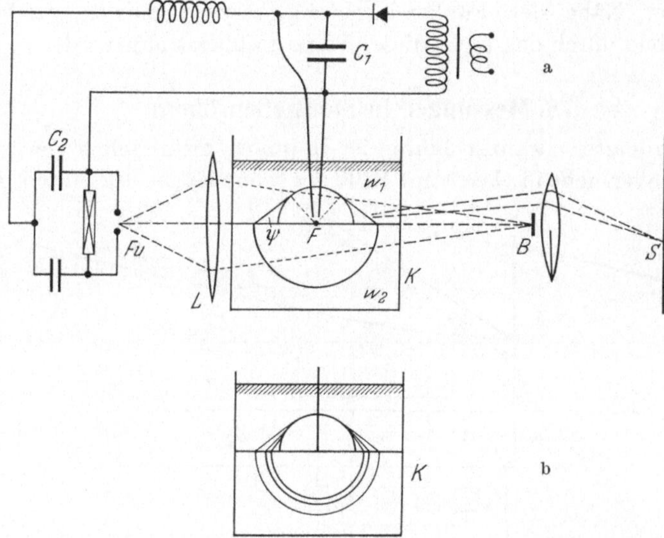

Fig. 87. Bestimmung der Geschwindigkeit von Knallwellen mit Hilfe der Kopfwellen-Methode nach v. Schmidt

Da das direkte über die Schlierenkopflinse L auf die Schlierenblende B gelangende Licht abgefangen wird, erscheinen die Knallwellenschlieren hell auf dunklem Grunde.

Aus Gl. (VII.1) geht zunächst nur hervor, wie das Verhältnis der Stoßwellengeschwindigkeiten in beiden Medien zu ermitteln ist. Wenn nun das untere Medium ein fester Körper ist, so sind die Dichteänderungen dort normalerweise so gering, daß sich die Knallwelle w_2 mit der Schallgeschwindigkeit u_2 ausbreitet. Dadurch ist die Stoßwellengeschwindigkeit w_1 nach Formel (VII.1) durch

$$w_1 = u_2 \sin \psi$$

festgelegt. Bei geringer Funkenintensität und bei hinreichend großem Abstand der Wellen vom Ursprungsort hat auch im oberen Medium die Stoßwelle eine Schallgeschwindigkeit u_1. Dann ist

$$\sin \psi = \frac{u_1}{u_2}. \tag{VII.2}$$

Mit dieser Gleichung ist ein in Kapitel IV nicht genanntes indirektes Meßverfahren für Schallgeschwindigkeiten gegeben. Dieses Verfahren hat für die Bestimmung der elastischen Koeffizienten eines festen Körpers Bedeutung. Da in ihm Longitudinal-, Transversal- und Oberflächen- oder auch Biegungswellen auftreten können, sieht man nicht das einfache Schlierenbild der Fig. 87 a, sondern eines vom Typ Fig. 87 b.

Die Bruchfestigkeit der durchsichtigen Küvette K setzt der Steigerung der Knallintensität vorzeitig eine Grenze. Außerdem kann man in unmittelbarer Nähe des Funkendurchschlags nicht messen, weil das Schlierenbild durch das Licht dieses Funkens überstrahlt wird.

78. Messungen in Stoßwellenröhren

In den letzten zwanzig Jahren ist es immer mehr üblich geworden, Stoßwellenversuche in Gasen mit Hilfe der schon länger bekannten Stoß-

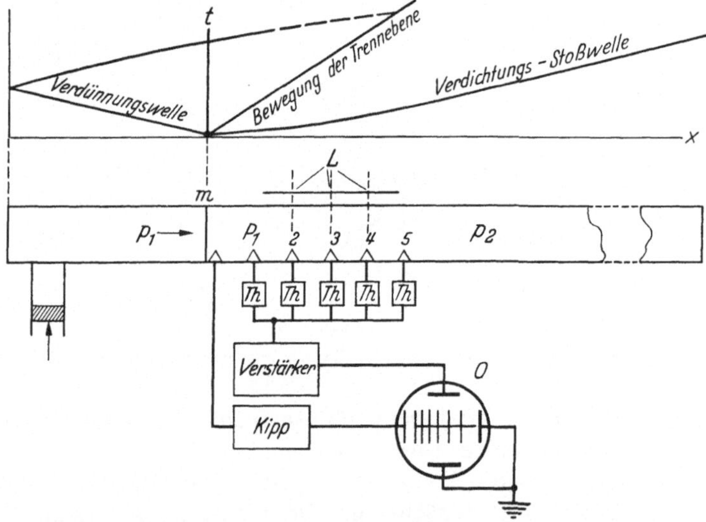

Fig. 88. Stark schematisierte Darstellung eines Stoßwellenrohres und des zeitlichen Ablaufs der elastischen Wellen beim Bersten der Membran m

wellenröhre durchzuführen. Eine solche Röhre ist nach Fig. 88 dadurch gekennzeichnet, daß der Gasinhalt der Röhre durch eine hauchdünne Membran m aus Cellophan oder Metall von $\lessapprox 0{,}01$ cm Dicke in zwei Bereiche verschiedenen Drucks ($p_1 > p_2$) geteilt wird. Das Bersten der Membran m tritt bei Druckdifferenzen von etwa 5 kp/cm² ein. Nach dem Bersten breitet sich nach rechts in den Niederdruckteil p_2 hin eine Stoßwelle aus und nach links in den Hochdruckteil p_1 hin eine mit Schallgeschwindigkeit beginnende Verdünnungswelle, während die (ursprüngliche) Kontaktfläche zwischen den beiden Druckbereichen sich erheblich langsamer als die Stoßwelle nach rechts hin bewegt. Die Stoßwelle beginnt mit Überschallgeschwindigkeit und nimmt allmählich Schallgeschwindigkeit an. Es ist dafür Sorge zu tragen, daß der Hochdruckteil so lang ist, daß die am Ende reflektierte Verdünnungswelle die Kontaktebene nicht zu früh einholt und die Verdichtung schwächt. Kürzlich ist eine Monographie von WRIGHT[1] erschienen, in der die Physik und Anwendung von Stoßröhren in leicht lesbarer Form beschrieben wird und auf die deshalb hier aufmerksam gemacht werden soll. Die Stoßwellenröhre ist von VIEILLE 1899 angegeben worden.

Der Querschnitt eines Stoßrohres wird rund oder rechteckig gewählt. Im letzteren Falle und bei Benutzung durchsichtiger Wände ist die von CRANZ und SCHARDIN beschriebene Schlierenmethode das geeignetste Beobachtungs- und Meßverfahren. Viele Meßverfahren bedienen sich eines Elektronenstrahloszillographen zur Anzeige. Gemäß Fig. 88 befinden sich an äquidistanten Punkten $P_{1, 2, 3} \cdots$ Indikatoren, die über Thyratronstufen und Verstärker Spannungssignale auf den Schirm eines Elektronenstrahloszillographen geben, der durch die berstende Membran getriggert wird. Die Indikatoren können bestehen: aus elektrischen Sonden, die beim

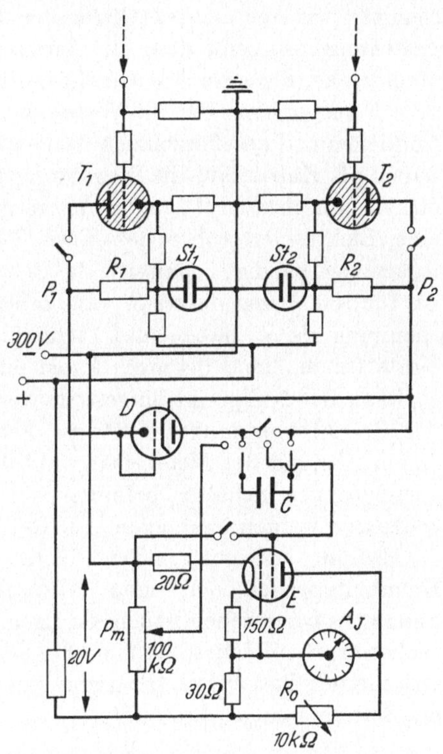

Fig. 89. Schaltschema eines Kurzzeitmeßgeräts nach dem Kondensator-Verfahren

Durchgang der Stoßwellen leitend werden; aus Photozellen mit Multipliern, die das veränderte Licht gegenüberliegender Lichtquellen L aufnehmen; aus piezoelektrischen Kristallen, die allerdings weniger empfindlich sind; aus sehr dünnen Metallstreifen, die unter dem Einfluß der Temperatur der Stoßwelle ihre Leitfähigkeit ändern.

Die Geschwindigkeit von Stoßwellen in Stoßröhren kann mit Hilfe von Kurzzeitmeßgeräten, die nach dem sogenannten Kondensatorverfahren arbeiten, in einfachster Weise direkt gemessen werden. Das Schema einer kleinen und handlichen für diese Zwecke vom Verfasser

---

[1] WRIGHT, J. K.: Shock Tubes. London: Methuen & Co.; New York: John Wiley & Sons 1961. 164 S., 74 Fig.

entwickelten Schaltung zeigt Fig. 89. Die von zwei benachbarten Meßstellen kommenden steilen Signale zünden nacheinander die Gastrioden
T_1 und T_2, so daß zwischen den Punkten P_1 und P_2 ein rechteckiger
Spannungsstoß, dessen Länge genau der zu messenden Kurzzeit entspricht, auftritt. Dieser Spannungsstoß öffnet kurzzeitig die Ventil-
röhre D, so daß sich der Kondensator C aufladen kann. Durch Um-
schalten wird er an das Gitter der Elektrometerröhre E gelegt. Das
Instrument A_J zeigt dann die Kurzzeit, bzw. bei bekannter Länge der
Meßstrecke, die gesuchte Geschwindigkeit direkt an. Wichtig für das
gute Funktionieren ist: die Verwendung eines in einem Stahlmantel befindlichen und mit Porzellan verschlossenen Styroflexkondensators C von
30000 pF Kapazität; die Benutzung einer (älteren) Stahlröhre D mit
einzeln durch Molybdänglas herausgeführten Elektrodenzuleitungen;
eine Elektrometerröhre des Typs T113 von Telefunken; Bernstein-
isolationen bei den Schaltern; die Benutzung von Stabilisatoren St_1 und
St_2 für 100 V, von denen St_2 eine fabrikatorisch etwas geringere Brenn-
spannung als St_1 haben muß; schließlich ein Instrument A_J mit 270°-
Skala für maximal 0,4 mA. P_m ist ein Meßbereich-Potentiometer. An
R_0 kann der Nullpunkt eingestellt werden. Bei guter Konstanthaltung
der Betriebsspannungen liegt der Fehler einer einzelnen Messung bei
einem Abstand der Meßstellen von 20 cm voneinander bei $\pm^1/_2\%$. Die
verschiedenen Schalter befinden sich auf einer gemeinsamen Schalt-
walze und werden in sinngemäßer Reihenfolge geöffnet und geschlossen.

Eichung und gelegentliche Kontrolle des Geräts kann mit einem
Helmholtzpendel oder einem Kurzzeitnormal, wie es GERDIEN[1] und
SCHAAFFS beschrieben haben, erfolgen. Die sehr einfache in vielen Versuchen erprobte Schaltung nach Fig. 89 kann auch mit einer Glimmröhre
anstelle der Stahlröhre D ausgerüstet werden, doch sind Glimmröhren
im Betrieb weniger beständig.

79. Das Röntgenblitzverfahren für Flüssigkeiten

Die Untersuchungen mit dem Schlierenverfahren nach Fig. 86 lassen
erkennen, daß die Geschwindigkeit einer mit einem Funken erzeugten
Stoßwelle anfänglich sehr hoch ist und daß in unmittelbarer Nähe des
Funkens sehr große Verdichtungen der Materie auftreten müssen. Leider
gestattet aber das grelle Licht eines starken Funkens keine schlieren-
optische Untersuchung seiner allernächsten Umgebung, so daß ein anderes
Untersuchungsverfahren ausfindig gemacht werden muß.

Wie später in Ziffer 114 ausgeführt werden wird, hat der Verfasser gefunden, daß die Schallgeschwindigkeit in organischen Flüssigkeiten der Raumerfüllung der Moleküle proportional ist. Die Raum-

---

[1] GERDIEN, H., u. W. SCHAAFFS: Frequenz 2, 49—51 (1948).

erfüllung liegt bei Atmosphärendruck zwischen den Werten 0,2 und 0,5. Der Grenzwert 1 ist nur unter gewaltigen Drucken, wie sie in der Umgebung eines Funkens kurzzeitig erzeugt werden können, erreichbar. Das bedeutet dann eine Steigerung der Schallgeschwindigkeit auf ein Vielfaches ihres normalen Wertes. Um dieses interessante molekularakustische Problem des Zusammenhangs zwischen den größtmöglichen Verdichtungen der Materie und den dabei auftretenden Überschallgeschwindigkeiten experimentell exakt behandeln zu können, haben SCHAAFFS[1]

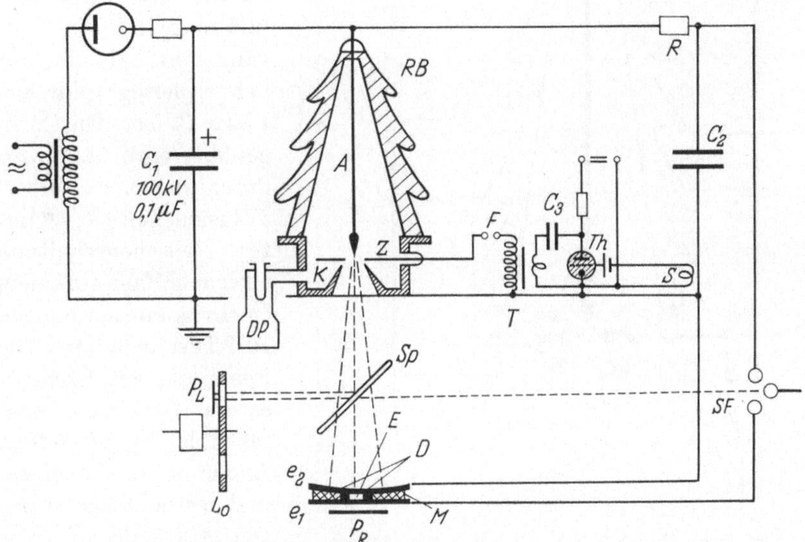

Fig. 90. Röntgenblitzmethodik zur Bestimmung von Geschwindigkeit und Dichte bei sehr starken Stoßwellen in Flüssigkeiten (nach SCHAAFFS)

und TRENDELENBURG eine Röntgenblitzmethodik veröffentlicht, die in Fig. 90 skizziert ist. Über die Erzeugung von Röntgenblitzen und die Konstruktion von Röntgenblitzröhren siehe die Veröffentlichungen von SCHAAFFS[2], K. H. HERRMANN[3], THOMER[4], ELLE[5] und FÜNFER[6]. Den inneren Aufbau einer Hochvakuum-Röntgenblitzröhre und ihres Kathodensystems zeigt Fig. 91.

Wird in Fig. 90 durch Schließen der Schaltfunkenstrecke SF der aufgeladene Kondensator C_2 an den Plattenkondensator mit den Aluminium-

---

[1] SCHAAFFS, W., u. F. TRENDELENBURG: Z. Naturforsch. 3a, 656—668 (1948); 4a, 463—472 (1949).

[2] SCHAAFFS, W.: Ergebn. exakt. Naturw. 28, 1—46 (1955); — Z. angew. Phys. 1, 462—473 (1949); — Handbuch der Physik, Bd. 30, S. 1—77, darin Kap. F II. 1957.

[3] HERRMANN, K. H.: Z. angew. Phys. 6, 23—35 (1954).

[4] THOMER, G.: Z. angew. Phys. 5, 217—221 (1953).

[5] ELLE, D.: Z. angew. Phys. 8, 81—85 (1956).

[6] FÜNFER, E.: Z. angew. Phys. 5, 426—440 (1953).

elektroden e_1 und e_2 gelegt, so gibt es einen elektrischen Durchschlag durch das nichtleitende flüssige Medium M. Es bildet sich ein heißer zentraler Entladungsraum E, der von einem Verdichtungsraum D umgeben ist, dessen Außenfront sich als Stoßwelle mit Überschallgeschwindigkeit ausbreitet. Eine gewisse Zeit später durchstrahlt die Röntgenblitzröhre RB den Vorgang und hält ihn auf der photographischen Platte P_R fest. Die Röntgenblitzröhre RB wird durch die Quecksilberdiffusionspumpe DP unter Zwischenschaltung einer Kühlfalle auf einem Hochvakuum von einigen 10^{-5} Torr gehalten. Die Spannung des Kondensators C_1 liegt zwischen der kegelförmigen Anode A aus Wolfram und der hohlkegelförmigen Kathode K aus Eisen. Oberhalb der Kathode K ist eine tellerförmige Zündelektrode Z im Abstand von etwa 1/10 mm angeordnet. Wird nun der Kondensator C_2 über das Medium M entladen, so gelangt über die Kopplungsschleife S ein Spannungsimpuls an das Gitter des Thyratrons Th, der dort zündet und die

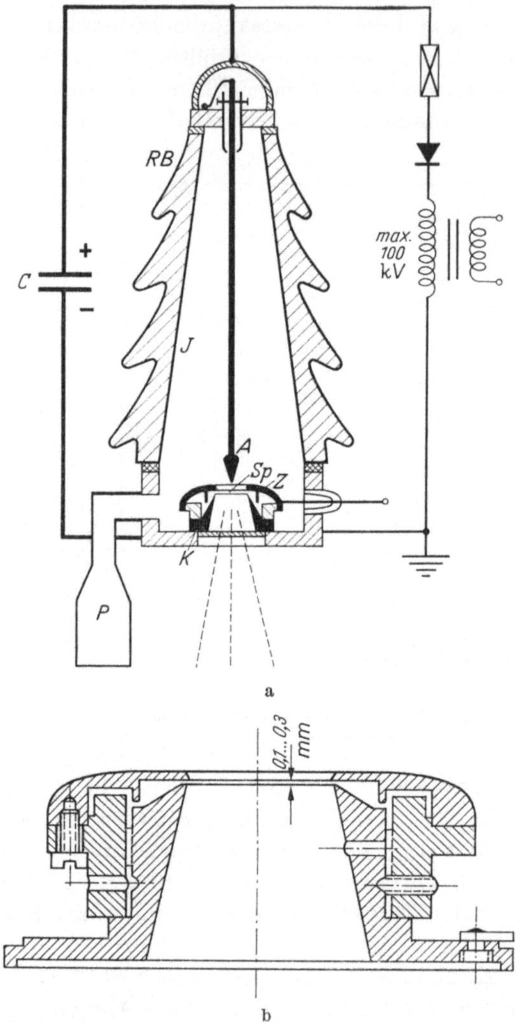

Fig. 91. a) Konstruktionsschema einer Hochvakuum-Röntgenblitzröhre; b) Aufbau des Kathodensystems

Entladung des Kondensators C_3 bewirkt. Die Folge ist, daß ein hoher Spannungsimpuls des Transformators T zu Funken zwischen Z und K infolge von Feldelektronenemission führt und den Hochvakuumdurchschlag zwischen der Anode A und der Kathode K mit einer mittleren

Stromstärke von mehreren tausend Ampere auslöst. Der von der Spitze der Anode abgestrahlte Röntgenblitz fixiert den Stoßwellenvorgang im Plattenkondensator $e_1 e_2$ auf dem Film P_R. Wenn man dafür sorgt, daß die Impulsspannung auf der Sekundärseite des Zündtransformators linear ansteigt, kann man durch Veränderung der Schlagweite der Verzögerungsfunkenstrecke F bequem verschiedene Zeitmomente für die Röntgenblitzaufnahme einstellen. Wenn man, was aber nicht notwendig ist, das Strahlenaustrittsfenster der Röntgenblitzröhre durchsichtig macht (Glas oder Cellophan), so kann man den gleichzeitig von RB ausgesendeten Lichtblitz mit dem Lichtblitz der Schaltfunkenstrecke SF über den halbdurchlässigen Spiegel Sp koordinieren und mit Hilfe der bewegten Lochscheibe Lo und der Photoplatte P_L ebenfalls eine Zeitmessung ausführen.

Mit Hilfe dieser Meßmethodik können die ersten 50 µsec der Entstehung und des Ablaufs von Stoßwellen erfaßt werden. Aus der Geometrie des Funkenschallbildes kann die Verdichtung berechnet werden. Gegen eine an sich mögliche rein röntgenographische Dichtebestimmung bestehen allerdings große Bedenken[1]. Die in Ziffer 77 beschriebenen Kopfwellen lassen sich ebenfalls photographieren. Da die Elektroden aus undurchsichtigen stabilen Stoffen gemacht werden, kann man allerstärkste Entladungen verwirklichen, ohne daß jedesmal die Gefahr der Zerstörung des Plattenkondensators entsteht. Die effektive, d. h. die auf der Photoplatte P_R wirklich zur Auswirkung kommende Röntgenblitzdauer liegt zwischen 10^{-8} und $5 \cdot 10^{-7}$ sec. Obwohl die Stoßwellen Überschallgeschwindigkeiten bis zu 10000 m/s aufweisen können, ergeben sich infolge der außerordentlich kurzen effektiven Röntgenblitzdauer doch scharfe Bilder. Weitere Einzelheiten findet der Leser bei der Behandlung der Meßergebnisse in Kapitel XIII.

80. Die Röntgenblitzmethodik für Gase

K. H. HERRMANN[2] hat auf Veranlassung des Verfassers die in Fig. 92 skizzierte Meßmethodik ausgebildet. Sie wurde von ihm auf Gase angewendet, ist aber auch für Flüssigkeiten gedacht. Sie ist nicht nur für Versuche mit Röntgenblitzen, sondern auch mit Lichtblitzen geeignet, ist also universell verwendbar.

Man ist gefühlsmäßig geneigt anzunehmen, daß bei einer Röntgenblitzdurchstrahlung von Stoßwellen in Gasen wegen der geringen Gasdichten keine kontrastreichen Bilder zu erzielen wären. Das trifft indessen nicht zu, wenn man mit weicher Röntgenstrahlung arbeitet. Mit der charakteristischen Strahlung einer Kupferanode ($Cu\text{-}K_\alpha = 1{,}54$ Å)

---

[1] SCHAAFFS, W.: Z. Physik **137**, 200—206 (1954); **142**, 642—645 (1955).
[2] HERRMANN, K. H.: Z. angew. Phys. **10**, 349—356 (1958).

lassen sich nicht nur in Gasen mit hohem Molekulargewicht, sondern auch
in solchen mit kleinem Molekulargewicht Stoßwellenuntersuchungen
anstellen. Das haben die Versuche an Methyljodid (CH_3J, $M = 141,9$)
Kohlendioxyd (CO_2, $M = 44$), Argon (A, $M = 39,9$) und Luft (O_2, $M = 32$;
N_2, $M = 28$) gezeigt. Mit der nachstehend beschriebenen Apparatur
konnten Funkenknallwellen in Luft mit einer maximalen Gasdichte von
$5 \cdot 10^{-3}$ g/cm³ photographiert werden. Fig. 93 zeigt die Wiedergabe einer
Röntgenblitzaufnahme an Argon-Gas.

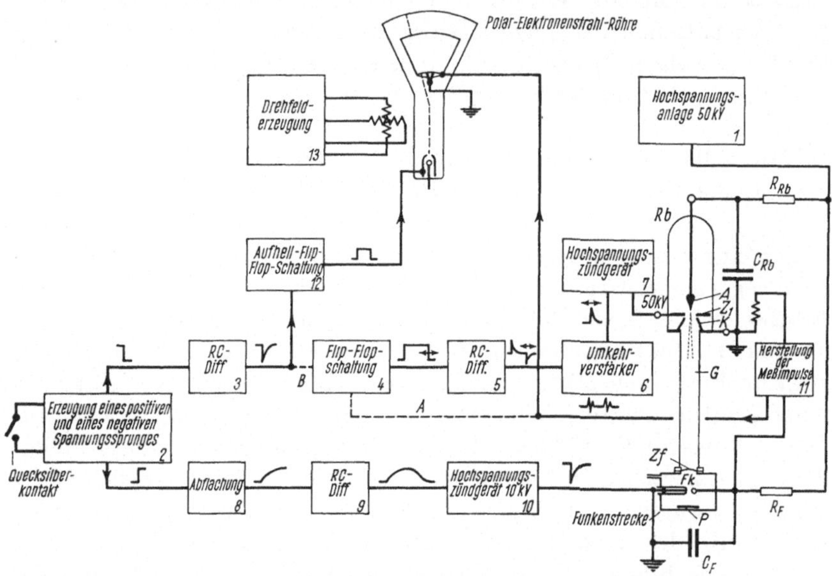

Fig. 92. Blockschema einer Röntgenblitzmethode zur Untersuchung von Funkenknallwellen in Gasen
(nach K.-H. HERRMANN)

Die Röntgenblitzröhre RB hat eine Kupferanode und ein Hochvakuum von $5 \cdot 10^{-5}$ Torr. Um die geometrische Bildunschärfe, die durch die
Ausdehnung des Anodenbrennflecks hervorgerufen wird, klein zu halten,
wurde ein etwa 60 cm langes Glasrohr G zwischen Brennfleck und Meßraum gelegt. Der Meßraum in Gestalt der Funkenkammer Fk ist zur
Röntgenröhre hin durch ein Fenster Zf aus nur 0,04 mm dickem Cellophan abgeschlossen. Die Kammer Fk ist mit verschiedenen Gasen bei
verschieden einstellbaren Drucken füllbar. Die Knallfunkenstrecke besteht aus einer kleinen Kugel und einer mit Zündspalt versehenen Elektrode. Die Aufnahmeplatte P ist mit doppelt gelegtem Schreibmaschi-
nen-Kohlepapier als Lichtschutz umkleidet. Die Zeitkonstanten der
Widerstände R_F und R_{RB} sind so gewählt, daß die Spannung am Kondensator C_{RB} sehr schnell, die an der Funkenstrecke dagegen nur langsam
(bis zum Durchbruch) ansteigt.

Die Versuchsanlage arbeitet folgendermaßen: Bei Betätigung des Quecksilber-Eingangskontaktes wird der Polaroszillograph aufnahmebereit gemacht. Die Zeitlinie beginnt (ähnlich wie in Fig. 67) aufzuleuchten, wenn die Funkenstrecke in der Funkenkammer Fk anspricht; sie wird wieder dunkel, wenn der Röntgenblitz in RB ausgelöst wird. Bei Betätigung des Eingangskontaktes wird aber auch über das Hochspannungszündgerät (10) die Knallfunkenstrecke in Fk und über eine mit Verzögerungsvorrichtungen versehene Stromtorschaltung (7) der Röntgenblitz ausgelöst. Man kann aber auch die Funkenstrecke über ein Anpassungsglied mit der Stromtorschaltung verbinden, so daß der Röntgenblitz vom Knallfunken selbst ausgelöst wird. Das Hochspannungs-Zündgerät (7) enthält einen Impulstransformator mit einem Übersetzungsverhältnis 1:10. Dieser gibt sekundär einen Spannungsanstieg von 50 kV in weniger als $3 \cdot 10^{-7}$ sec. Die Primärseite des Impuls-Transformators gehört zu einem Stoß-Stromkreis, der ein Wasserstoff-Thyratron enthält[1].

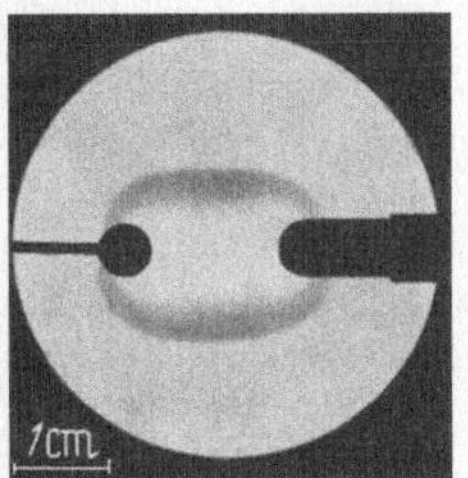

Fig. 93. Röntgenblitzaufnahme einer Funkenstoßwelle in Argon (nach K.-H. HERRMANN)

Um die Stoßwellenbilder nicht nur hinsichtlich der Ausbreitungsgeschwindigkeit, sondern auch hinsichtlich der Dichte quantitativ auswerten zu können, werden vom Röntgenblitz gleichzeitig mehrstufige Absorptions-Vergleichstreppen durchleuchtet (in der Fig. 92 nicht eingezeichnet). Die Dichteverteilung in der radialsymmetrisch ausgebildeten Stoßwelle wird mit Hilfe der Abelschen Integralgleichung aus ihrer röntgenographischen Parallelprojektion auf P berechnet.

Bei der Bewertung von Röntgenblitzbildern in Gasen ist sorgfältig zu diskutieren, ob die gemessene Steilheit einer Stoßwellenfront wirklich nur molekularakustisch bestimmt ist oder ob auch die Bewegungsunschärfe des Röntgenblitzbildes mitspielt. Die effektive Röntgenblitzdauer ist nämlich infolge der geringeren Ausfilterung langwelliger Röntgenstrahlanteile viel länger als in Flüssigkeiten.

81. Absorption in der Front einer Stoßwelle

Das Problem der Bestimmung der Absorption liegt bei Stoßwellen anders als bei gewöhnlichen Ultraschallwellen. Definitionsgemäß wird der Absorptionskoeffizient an Ultraschallwellen mit ebenen Wellenfronten für jeweils eine bestimmte Frequenz gemessen. Bei Stoßwellen

---

[1] Über Impulsgeneratoren unterrichtet das Buch von G. GLASOE und J. LEBACQZ, Pulse Generators. New York u. London: McGraw-Hill Book Co. 1948. 741 S., 502 Fig.

liegt aber meistens eine von einem kurzen oder gestrecktem Funken oder von einer Drahtexplosion ausgehende Erregung vor, so daß in die Bestimmung von α ein von den geometrischen Verhältnissen abhängiges Ausbreitungsgesetz eingeht. Noch wesentlicher aber ist es, daß ein Stoß kein Vorgang mit einer einzigen Sinus-Frequenz ist, sondern auf Grund der in Ziffer 29 besprochenen Fourier-Zerlegung ein ganzes Spektrum von Frequenzen enthält. Dadurch läßt sich ein Absorptionskoeffizient für eine Stoßwelle gar nicht eindeutig definieren, wenn man nicht zusätzliche Auswahlbestimmungen trifft.

Bei Stoßwellen verbirgt sich das Absorptionsproblem in der Frage nach der Steilheit und der Breite (bzw. der Tiefe) der Stoßwellenfront. Diese Frage hat R. BECKER[1] zum ersten Male in der schon in Ziffer 12 genannten Arbeit ausführlicher theoretisch behandelt. Seitdem sind viele vorzugsweise theoretische Arbeiten über diesen Gegenstand erschienen. Es hat sich aber herausgestellt, daß das Experiment entgegen der Theorie keine unendlich kleine Breite der Stoßfront ergibt.

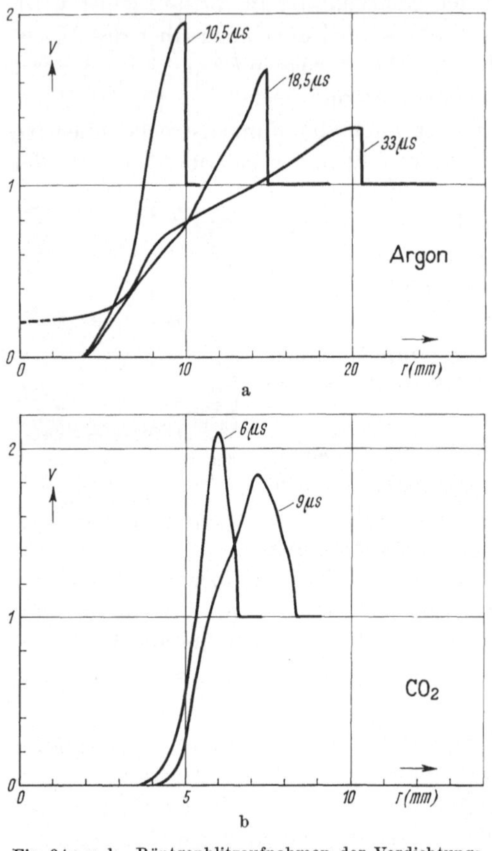

Fig. 94 a u. b. Röntgenblitzaufnahmen der Verdichtungskurven und der Stoßwellenfronten in den Gasen Argon und Kohlendioxyd

Dieser Fragenkomplex soll aber in diesem Buche nicht weiter diskutiert werden. Wir wollen das, worauf es offenbar bei der Beurteilung von Stoßwellenfronten entscheidend ankommt, an einem mit der in Ziffer 80 beschriebenen Röntgenblitzmethodik gemachtem Experiment aufzeigen.

Nach FOURIER hat ein Stoß ein breites Frequenzspektrum (vgl. Fig. 15). Zu jeder Partialfrequenz gehört nun ein anderer Absorptions-

<hr>

[1] BECKER, R.: Z. Physik 8, 321—362 (1922).

koeffizient α. Wenn kein Relaxationsprozeß in das gesamte Frequenzgebiet des Stoßes fällt, dann ist der Ausdruck α/ν^2 eine Konstante. Kein
Relaxationsprozeß bedeutet, daß die Kompressionsenergie der Ultraschallfrequenzen keine inneren Molekülschwingungen anregen kann. Die
Absorptionswerte α/ν^2 in der Stoßwellenfront ändern sich beim Fortschreiten des Stoßes nicht; seine Steilheit bleibt bestehen, wenn auch
seine Höhe abnimmt. Ein Gas, welches keine Schwingungsrelaxation
zeigt und auch nicht haben kann, ist das einatomige Argon. Daher zeigen
die Photometerkurven der Verdichtungen $v = \varrho_r/\varrho$, aufgenommen in den
Mittelsenkrechten der Bilder vom Typ Fig. 93, daß die Stoßwellen für
verschiedene Zeiten nach dem Durchschlag die gleiche Frontsteilheit
haben. Siehe Fig. 94a. ϱ_r ist die Dichte im Kopf der Stoßwelle bei
einer Entfernung r von der Mittellinie, ϱ ist die Dichte im ungestörten
Gase.

Ganz anders verhält sich ein Gas, welches eine Relaxation der Schwingungswärme besitzt. Der typische Fall dafür ist Kohlendioxyd CO_2. Die
Relaxationsfrequenz der Biegeschwingungen der C—O-Bindungen gegen-
einander liegt bei 90 kHz; der Dispersions-Absorptions-Bereich erstreckt
sich von etwa 40 kHz bis etwa 200 kHz. Die in diesem Bereich liegenden
Partialfrequenzen des Stoßes erfahren also eine beträchtliche Schwächung.
Die Absorption ist allein bei der Relaxationsfrequenz um mehrere
Zehnerfaktoren größer, als sie ohne Relaxation sein würde. Daraus folgt,
daß durch die starke Schwächung der höheren Harmonischen die tieferen
Frequenzen des Stoßes in der Verdichtungskurve stärker hervortreten.
Wir erhalten die Kurven der Fig 94b. Nach Meinung des Verfassers
vermag nur eine Röntgenblitzmethodik diesen Sachverhalt so scharf und
quantitativ auswertbar herauszuarbeiten. Eine bekannte andere Unter-
suchungsmethodik für diese Probleme bedient sich optischer Interferenzen, insbesondere des Mach-Zehnder-Interferometers.

Kapitel VIII

Die Schallgeschwindigkeit als Funktion der Temperatur in Gasen und Flüssigkeiten

82. Einleitung

Ein Ergebnis der in Kap. II A dargestellten älteren Elastizitätstheorie war die Aussage, daß die Schallgeschwindigkeit bei gegebenen
Werten von Temperatur und Druck frequenzunabhängig sei. Die Erfahrung hat gelehrt, daß man diese Aussage beibehalten kann, wenn
man ihren Gültigkeitsbereich genau angibt. Begnügt man sich mit einer
Diskussion von Schallgeschwindigkeiten, die bei Frequenzänderungen in

Flüssigkeiten etwa $3^0/_{00}$ und in Gasen etwa 3 % ihrer Werte nicht unter-
oder überschreiten, und schließt man das später in Ziffer 180 behandelte
Hyperschallgebiet aus, so wird man im allgemeinen mit der obigen Aussage nicht in Konflikt kommen. Es sei ausdrücklich vermerkt, daß die
Darlegungen dieses VIII. und des nachfolgenden IX. Kapitels innerhalb
dieser Grenzen gelten.

Jeder Chemiker charakterisiert einen von ihm gefundenen Stoff
durch sein Molekulargewicht und seine meist auf Atmosphärendruck
bezogene und stark strukturabhängige Dichte. Zur Charakterisierung
kann man aber auch die Schallgeschwindigkeit heranziehen, die nach
den Gln. (II.20) und (II.31) durch

$$u^2 = \left(\frac{\partial p}{\partial \varrho}\right)_S = \varkappa \left(\frac{\partial p}{\partial \varrho}\right)_T$$

definiert ist. Diese Definition zeigt die enge Verbundenheit der Schallgeschwindigkeit mit Druck und Dichte an und dadurch mit jenem Fragenkomplex, den wir mit dem Sammelnamen „Zustandsgleichung eines
Stoffes" zu umreißen pflegen. Zu Beginn dieses Jahrhunderts nahm im
Anschluß an die Arbeiten von CLAUSIUS, BOLTZMANN, LORENTZ, VAN DER
WAALS und später VON NERNST die Diskussion der Probleme der Zustandsgleichung noch einen breiten Platz in der Thermodynamik ein.
Es ist ungemein charakteristisch, daß dabei verschiedene schon in Ziffer
10 aufgeführte Differentialquotienten für sehr wichtig angesehen wurden,
aber der Differentialquotient $dp/d\varrho$ kaum ernstlich diskutiert wurde.

Im Gegensatz zu einer mehr theoretisch-mathematischen Betrachtungsweise hat die Wirklichkeit, die sich im Experiment offenbart, gezeigt, daß gerade auf diesen vergessenen Differentialquotienten, der das
Ultraschallgebiet und die Molekularakustik beherrscht, besonderer Wert
hätte gelegt werden müssen. Die geringe Beachtung, die er früher gefunden hat, mag damit zusammenhängen, daß der Zusammenhang
zwischen der adiabatischen Schallgeschwindigkeit u_{ad} und der aus der
thermischen Zustandsgleichung zu entnehmenden Größe u_{is} durch die
schwieriger zu erfassende Größe $\varkappa$ hergestellt wird. Die Vielzahl der in
den Kapiteln IV und VI dargestellten Meßmethoden für die Schallgeschwindigkeit führte aber zwangsläufig dazu, nach einfachen zunächst
nur empirischen Zusammenhängen zwischen der Schallgeschwindigkeit
und den anderen Stoffeigenschaften zu suchen und dabei keine Rücksicht auf den ungewissen Wert von $\varkappa$ zu nehmen. Es kann kein Zweifel
sein, daß sich auf diese Weise eine ganze Reihe von Gesetzmäßigkeiten
und Regeln herausgeschält hat, die von keiner der älteren Theorien, aber
auch nicht von der moderneren sogenannten statistischen Theorie der
Materie vorausgesagt oder auch nur angedeutet werden konnten. Nachträglich untersucht man jetzt, inwieweit eine Wesensgleichheit zwischen

Gesetzen und Regeln der älteren Thermodynamik und der neueren Ultraschallphysik besteht.

Wir wiesen schon in Ziffer 74 darauf hin, daß es nicht zweckmäßig zu sein scheint, Fragen der thermischen Zustandsgleichung immer nur in der Form $f(p, \varrho, T) = 0$ zu behandeln, wie es heute noch in den meisten Lehrbüchern der Thermodynamik und der Physikalischen Chemie geschieht. Die Experimente sprechen dafür, daß eine dynamische Form der Zustandsgleichung in der Gestalt der Gln. (VI.15) bis (VI.17) oder in den Formen

$$f(u, \varrho, T) = 0, \qquad f(u, p, T) = 0, \qquad f(u, \alpha, \varrho) = 0 \qquad \text{(VIII.1)}$$

ökonomischer sein kann. Einiges von dem experimentellen Zahlenmaterial, was über diese Zusammenhänge (VIII.1) vorliegt, soll im folgenden zusammengestellt und erörtert werden.

83. Das Schema der Funktion $u = f(T)$ bei Atmosphärendruck

Bei der Beschreibung der Aggregatzustände eines Stoffes treten vier ausgezeichnete Temperaturen auf: die Temperatur T_0 des absoluten Nullpunktes, die Schmelztemperatur (oder Erstarrungstemperatur) T_{sm}, die Siedetemperatur T_{si}, und die kritische Temperatur T_{kr}. Oberhalb der kritischen Temperatur kann nur noch der gasförmige Zustand existieren. Versucht man das Verhalten der Schallgeschwindigkeit unter Atmosphärendruck ($p \approx 1$ kp/cm²) im Gebiet zwischen diesen Temperaturpunkten qualitativ zu beschreiben, so erhält man das Schema der Fig. 95.

Oberhalb der Siedetemperatur T_{si} nimmt im Gaszustand die Schallgeschwindigkeit langsam und stetig nach einer parabelähnlichen Funktion zu. Die kritische Temperatur T_{kr} stellt auf dieser Kurve keinen eine Unstetigkeit oder Singularität andeutenden Fixpunkt dar.

Im Gebiet zwischen Schmelztemperatur T_{sm} und Siedetemperatur T_{si} nimmt die Schallgeschwindigkeit im flüssigen Aggregatzustand mit steigender Temperatur ab und hat dabei in der weit überwiegenden Anzahl der untersuchten Fälle einen geradlinigen Verlauf, wenn man von den äußersten Endstücken absieht, in denen sichere Messungen schwierig sind. Eine Ausnahme machen nur leichtes und schweres Wasser und Helium (unmittelbar über dem λ-Punkt).

Da der kritische Bereich eines Stoffes dadurch charakterisiert ist, daß sich flüssiger und gasförmiger Zustand einander nähern und oberhalb der kritischen Temperatur nur noch der letztere existenzfähig ist, muß die kritische Temperatur in Fig. 95 ungefähr dort liegen, wo sich die Schallgeschwindigkeitskurve des gasförmigen Zustands mit der verlängerten Kurve des flüssigen Zustandes trifft.

Zwischen absolutem Nullpunkt T_0 und Schmelzpunkt T_{sm} ist der Temperaturkoeffizient der Schallgeschwindigkeit klein und, soweit bis jetzt bekannt, negativ. Unterhalb der Schmelztemperatur T_{sm} im festen Aggregatzustand gibt es aber verschiedene Wellenarten. u_l ist die Geschwindigkeit reiner Longitudinalwellen, die im unendlich ausgedehnten bzw. gegen die Wellenlänge großem Medium gilt. Es gibt die Dehnungswellen mit der Geschwindigkeit u_D, die man bei niedrigen Frequenzen an dünnen Stäben mißt. Es gibt die Transversalwellen mit der Geschwindigkeit u_{tr}, die wieder für ein unendlich ausgedehntes Medium gilt. Die anderen Wellenarten, die im festen Körper noch möglich sind, nämlich die Torsionswellen, die Biegewellen und die Oberflächenwellen, können wir hier übergehen. In Fig. 95 ist vorausgesetzt, daß der feste Aggregatzustand zwischen T_0 und T_{sm} isotrop oder quasiisotrop ist, weil sonst für jede Kristallrichtung ein anderer Wert der Schallgeschwindigkeit anzusetzen wäre.

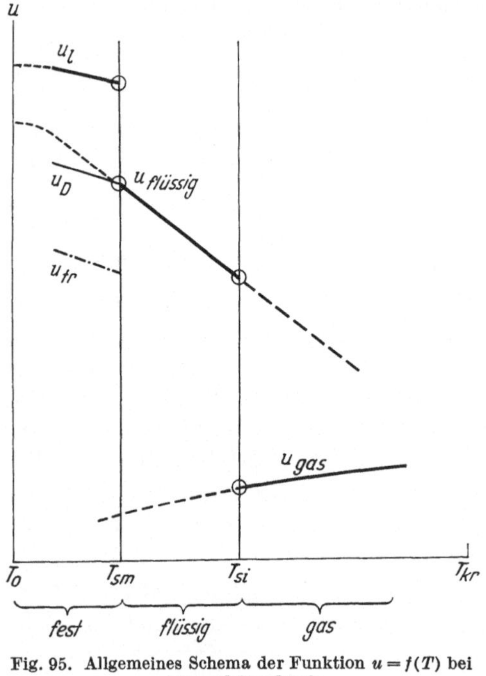

Über den Verlauf der Schallgeschwindigkeiten in der Nähe des absoluten Nullpunktes scheint es noch keine Untersuchung zu geben. Aus theoretischen Erwägungen heraus im Anschluß an den 3. Hauptsatz der Thermodynamik neigt der Verfasser zu der Annahme, daß die Schallgeschwindigkeitskurven senkrecht zur Ordinate mit $du/dt = 0$ einmünden werden. Die später in Ziffer 192 zu besprechende Stoßfaktortheorie fordert für Flüssigkeiten diesen Verlauf. Nach den Messungen von BARKER und DOBBS mit der in Ziffer 42 besprochenen Interferometermethode an flüssigem und festem Argon scheint dieser Verlauf sowohl für Longitudinalwellen wie für Transversalwellen vorzuliegen. Bei flüssigem Helium ist dieser Verlauf durch die Messungen von CHASE und HERLIN (Ziffer 205) sichergestellt.

Aus Fig. 95 lassen sich folgende Fragestellungen ablesen, die in den nächsten Ziffern behandelt werden:

a) Wie verläuft $u = f(T)$ in Gasen und Dämpfen?

Fig. 95. Allgemeines Schema der Funktion $u = f(T)$ bei Atmosphärendruck

b) Welche thermodynamischen Gesetze bestimmen die Linearität der Schallgeschwindigkeitskurven zwischen Schmelz- und Siedetemperatur ?

c) Verhilft das Theorem der übereinstimmenden Zustände zu Erkenntnissen über die Schallgeschwindigkeit ?

d) Haben die Schallgeschwindigkeiten am Siedepunkt und am Schmelzpunkt Sprünge, die einfachen Regeln gehorchen ?

84. Der $\sqrt{T}$-Verlauf der Schallgeschwindigkeit in idealen Gasen

In dem bekannten (p, V, T)-Diagramm oder in dem entsprechenden aber weniger bekanntem (p, ϱ, T)-Diagramm eines fluiden Mediums

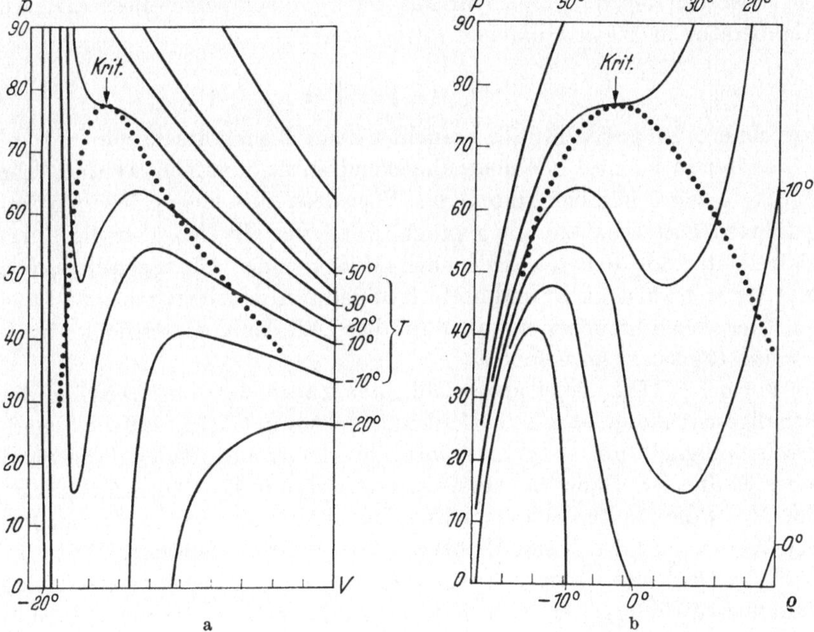

Fig. 96. a) Das (p, V, T)-Diagramm eines fluiden Mediums; b) das (p, ϱ, T)-Diagramm des gleichen Mediums

nach Fig. 96a und b haben die Isothermen bekanntlich bei hohen Temperaturen den Charakter gleichseitiger Hyperbeln. Der hyperbelähnliche Verlauf bleibt im Gaszustand auch noch rechts bzw. links der punktierten Sättigungskurve bei niedrigeren Temperaturen gewahrt. Verhält sich ein Gas so, daß seine Isothermen gleichseitige Hyperbeln sind, so spricht man von einem idealen Gase, welches der (pro Mol geschriebenen) Zustandsgleichung

$$p \cdot V = R \cdot T \qquad \text{(VIII.2)}$$

gehorcht[1]. Daraus ergibt sich bei Anwendung der Formeln (II.20) und (II.31) die Schallgeschwindigkeit in einem idealen Gase zu

$$u = \sqrt{\varkappa \frac{RT}{M}} \qquad\qquad \text{(VIII.3)}$$

oder in der anderen gleichwertigen Schreibweise

$$u = \sqrt{\varkappa \frac{p}{\varrho}}\,. \qquad\qquad \text{(VIII.4)}$$

Man unterscheidet vielfach 2 Fälle. In dem einen Fall soll das Verhältnis $\varkappa = C_p/C_V$ über den gesamten Bereich von Dichte und Temperatur konstant sein. Nur in diesem Falle läßt sich die Schallgeschwindigkeit bei einer beliebigen Temperatur aus der bei einer bestimmten anderen Temperatur nach der einfachen Proportion

$$u_1 : u_2 = \sqrt{T_1} : \sqrt{T_2} \qquad\qquad \text{(VIII.5)}$$

berechnen. Im anderen Falle braucht $\varkappa$ keine Konstante zu sein, worauf wir später in Kapitel XV noch eingehend zurückkommen werden. Die Größe $\varkappa$ wird nämlich durch das Verhalten der einem Medium zugeführten Ultraschallenergie geprägt. Diese verteilt sich über die Energiefreiheitsgrade der Moleküle nach Maßgabe der Ultraschallfrequenz und der Molekülstruktur und beeinflußt dadurch den Wert von $\varkappa$ und von u. Einstweilen brauchen wir aber auf diese Art der Veränderlichkeit von u keine Rücksicht zu nehmen.

Formel (VIII.3) zeigt als auffälligsten Zusammenhang zwischen der Schallgeschwindigkeit und der Molekülstruktur in Gasen, daß die Schallgeschwindigkeit um so größer wird, je kleiner das Molekulargewicht eines Stoffes ist. Daher haben Wasserstoff H_2 mit $M = 2$ und Helium He mit $M = 4$ die größten Schallgeschwindigkeiten; und zwar hat H_2 bei 0° C den Wert $u = 1237$ m/s und He bei 0° C den Wert $u = 969$ m/s. Die große Zahl der Gase und Dämpfe organischer Stoffe hat dagegen relativ kleine Schallgeschwindigkeiten, z. B. hat Benzol 219 m/s bei 120° C, n-Pentan 195 m/s bei 56° C, Äthylalkohol 274 m/s bei 88° C.

Wesentlich interessanter und von ausgesprochen molekularakustischem Charakter war die mit Hilfe des Boltzmannschen Äquipartitionstheorems (Ziffer 161), mit der Formel (VIII.3) und der in Ziffer 36 besprochenen Methode der Kundtschen Staubfiguren im vergangenen Jahrhundert getroffene Entscheidung über den molekularen Zustand einiger gasförmiger Elemente des Periodischen Systems und einiger einfacher gasförmiger chemischer Verbindungen. Die klassische Theorie

---

[1] Die Aussage, daß $pV =$ const ist, geht auf Boyle (1662) und Mariotte (1679) zurück. Die Form der Gl. (VIII.2) wurde von Gay Lussac (1816) und Charles gegeben.

gestattete den Wert von $\varkappa$ auf Grund des Äquipartitionstheorems zu berechnen. Dieses verteilte die innere Energie eines Gases gleichmäßig über die drei Freiheitsgrade der Translation, die drei Freiheitsgrade der Rotation und etwaige nach der Zahl der Atome im Molekül sich richtende Schwingungsfreiheitsgrade. So ergab sich für einatomige Moleküle $\varkappa = 5/3 = 1{,}67$, für zweiatomige Moleküle $\varkappa = 7/5 = 1{,}40$, für dreiatomige Moleküle $\varkappa = 8/6 = 1{,}33$. Edelgase haben einatomige Moleküle. Die beiden Hauptbestandteile der Luft, Sauerstoff und Stickstoff, haben zweiatomige Moleküle. Die Tabelle VIII/1 bringt einen Vergleich von

Tabelle VIII/1. *Vergleich nach Formel (VIII.3) berechneter und mit Ultraschall gemessener Schallgeschwindigkeiten in einigen idealen Gasen*

Gas		T [°C]	u theoretisch [m/s]		u gemessen [m/s]	
			$\varkappa$	$\sqrt{\varkappa \dfrac{RT}{M}}$	u	bei kHz
Helium	He	0	1,67	969	972	970
Argon	A	0	1,67	308	308	970
Sauerstoff	O_2	0	1.40	316	315	970
Stickstoff	N_2	0	1,40	337	337	970
Wasserstoff. . . .	H_2	0	1,40	1237	1260	38,6
Kohlenoxyd . . .	CO	1000	1,40	717	726	27,4
Kohlendioxyd . .	CO_2	30	1,33	275	276	92
Schwefeldioxyd .	SO_2	20	1,33	222	224	111
Schwefelkohlenstoff	CS_2	45	1,33	214	215	1000

theoretisch mit Hilfe der Formel (VIII.3) berechneten Schallgeschwindigkeiten mit solchen, die aus der Literatur entnommen und nach verschiedenen Ultraschallverfahren gemessen wurden. In der folgenden Tabelle VIII/2 sind einige von Hovi[1] bei noch höheren Frequenzen in einem größeren Temperaturbereich mit einem Interferometer gemessene Schallgeschwindigkeiten bekannter Gase zusammengestellt worden.

In der hauptsächlich von Clausius begründeten kinetischen Gastheorie[2] wird die ideale Zustandsgleichung (VIII.2) so interpretiert, daß sich in dem Druck p die von den Molekülen in der Zeiteinheit auf die Gefäßwände abgegebene Bewegungsgröße manifestiert, und daß die absolute Temperatur T ein quantitatives Maß für das mittlere Geschwindigkeitsquadrat $\overline{w^2}$ der nach allen Richtungen mit den verschiedensten Geschwindigkeiten fliegenden Moleküle ist:

$$T = \frac{1}{3}\frac{M}{R}\,\overline{w^2}\,. \tag{VIII.6}$$

---

[1] Hovi, V.: Ann. Acad. Sci. Fenn. A **6**, 3—19 (1959).

[2] Ausführliche Darstellung bei Cl. Schaefer im 5. Buch des II. Bandes seiner „Einführung in die theoretische Physik", 3. Aufl. Berlin: W. de Gruyter 1944.

Tabelle VIII/2. *Schallgeschwindigkeiten in Gasen bei verschiedenen Temperaturen nach Messungen von* HOVI

	T [°C]	ν [kHz]	u [m/s]		T [°C]	ν [kHz]	u [m/s]
H_2	$-67,5$	1750 / 2500	1085 / 1079,5	O_2	$-68,3$	1000 / 2000	274,5 / 276
	$+\ 3,6$	1750 / 2500	1249 / 1252		$-26,7$	1000 / 2000	299 / 299,5
	$+18,9$	1750 / 2500	1270 / 1282		$+18,6$	1000 / 2000	326 / 326
N_2	$-67,6$	1500 / 2000	294 / 295	Luft	$-68,2$	1500 / 2000	288 / 289
	$-26,7$	1500 / 2000	319 / 320		$-26,7$	1500 / 2000	314 / 314
	$+16,9$	1500 / 2000	347 / 347		$+\ 1,9$	1500 / 2000	333 / 333
					$+17,3$	1500 / 2000	342 / 342

Kombinieren wir diese Beziehung mit der nach T aufgelösten Gl. (VIII.3), so ergibt sich

$$u^2 = \frac{\varkappa}{3} \cdot \overline{w^2} \,. \tag{VIII.7}$$

Danach ist die Schallgeschwindigkeit in einem idealen Gase etwa $\frac{1}{3}$ so groß wie eine mittlere Geschwindigkeit, mit der die Moleküle durcheinander fliegen. Der normale Schall kann, was in diesem Falle unmittelbar anschaulich ist, nicht so schnell fortgepflanzt werden, wie die Moleküle zu fliegen vermögen. CLAUSIUS ging bei dieser Ableitung von der Annahme schnell bewegter Massenpunkte aus, welche nur beim Zusammenstoß Kräfte aufeinander ausüben sollten.

85. Annäherung der Schallwellenlängen an die mittlere freie Weglänge der Moleküle

Die ideale Gasgleichung (VIII/2) ist, wie ein Blick auf die Kurven der Fig. 96 lehrt, um so besser erfüllt, je höher die Temperatur T und je größer das Molvolumen V ist. Das ist verständlich, wenn man bedenkt, daß jedes Molekül ein Kraftzentrum darstellt und nur dann mit dem eines anderen Moleküls in Wechselwirkung tritt, wenn ein Stoß erfolgt, und wenn während der übrigen langen Zeit die Abstände der Moleküle groß sind. Die Schallgeschwindigkeit nach den Formeln (VIII.3) oder (VIII.4) ist daher wirklich unabhängig vom Druck. Gleichwohl gibt es auch in einem idealen Gase eine Grenze für diese Unabhängigkeit. Sie liegt dort, wo der Kontinuumscharakter des idealen Gases, für das die Schallgeschwindigkeit ursprünglich abgeleitet war, nicht mehr erfüllt ist. Das ist der Fall, wenn bei sehr starker Erniedrigung des Druckes und damit Erhöhung des Molvolumens die mittlere freie Weglänge der Moleküle sich der Wellenlänge der Ultraschallwellen nähert. Die mittlere freie Weglänge $\bar{l}$, also der Mittelwert jener Wegstrecken, die ein Molekül zwischen zwei Zusammenstößen zurücklegt, ist nach einer Formel von Clausius und Maxwell

$$\bar{l} = \frac{V}{\sqrt{2}\,\pi N D^2}, \qquad \text{(VIII.8)}$$

wenn D der Durchmesser der Moleküle ist, die als angenähert kugelförmig angesehen werden.

Boyer[1] hat darüber Messungen in Argon, Stickstoff, Sauerstoff und Luft bei einer Frequenz von 970,7 kHz und einer Temperatur von 0° C mit Hilfe eines Interferometers angestellt. Die Fig. 97 zeigt das Ergebnis seiner Messungen in Argon und Sauerstoff. Es ist deutlich, daß die Schallgeschwindigkeit zunächst unabhängig vom Gasdruck ist, dann aber bei kleinsten Drucken sehr stark ansteigt. Die Wellenlängen der Ultraschallwellen lagen bis herunter zu einem Druck von etwa $p = 2$ cm Hg in Argon bei $\Lambda \approx 32 \cdot 10^{-3}$ cm, in Sauerstoff bei $\Lambda = 33 \cdot 10^{-3}$ cm. Für einige Meßpunkte wurden die nach Formel (VIII.8) berechneten mittleren freien Weglängen in die Figur eingetragen. Die Schallgeschwindigkeit steigt stark an, obwohl die Schallwellenlängen noch um eine Zehnerpotenz größer als die mittleren freien Weglängen sind. Weitere Untersuchungen über diesen interessanten Gegenstand siehe in Ziffer 167.

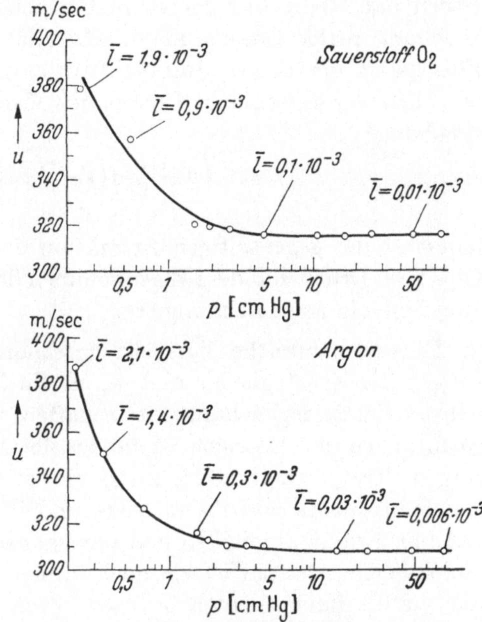

Fig. 97. Die Schallgeschwindigkeit als Funktion des Drucks in Argon und Sauerstoff bei 0° C, 971 kHz und verschiedenen mittleren freien Weglängen $\bar{l}$ (in cm), (nach Boyer)

86. Schallgeschwindigkeiten und Virialkoeffizienten in realen Gasen

Je mehr sich die Moleküle bei Erniedrigung der Temperatur und bei Erhöhung von Druck und Dichte nähern, desto stärker machen sich ihre Eigenvolumina und ihre Kraftfelder bemerkbar und bewirken

[1] Boyer, R.: J. Acoust. Soc. Amer. **23**, 176—178 (1951).

zunehmende Abweichungen vom idealen Verhalten. Unter bestimmten Druck- und Temperaturverhältnissen wird das gasförmige Medium schließlich zu einem flüssigen. Man nennt den Bereich zwischen dem flüssigen Zustand einerseits und dem des idealen Gases andererseits das Gebiet der realen Gase. Die Unterschiede zwischen idealen und realen Gasen hat REGNAULT zuerst ausführlicher untersucht. Die Zustandsgleichung realer Gase muß die Grenzfälle des idealen Gases und der Flüssigkeit umfassen. JOHANN DIEDERIK VAN DER WAALS schuf 1873 mit Hilfe der kinetischen Theorie der Materie seine berühmte Zustandsgleichung[1]

$$\left(p + \frac{a}{V^2}\right)(V - b) = RT, \tag{VIII.9}$$

indem er der gegenseitigen Attraktion der Moleküle durch ein Zusatzglied zum Druck und dem Eigenvolumen der Moleküle durch einen Abzug vom Molvolumen Rechnung trug.

Es sind zahlreiche Versuche unternommen worden, durch Abänderungen der Zusatzglieder und durch Einführung weiterer individueller Glieder Zustandsgleichungen zu schaffen, welche den Gegebenheiten des gasförmigen und flüssigen Zustandes der Materie noch besser Rechnung tragen. Trotzdem hat die bewundernswerte van der Waalssche Zustandsgleichung nichts von ihrem Wert und ihrer Brauchbarkeit eingebüßt. Mit nur zwei individuellen und physikalisch hinreichend durchsichtigen Moleküleigenschaften ist sie noch immer die beste Zustandsgleichung, die wir für fluide Medien besitzen. Man darf nur nicht den weit verbreiteten Fehler machen und die Größen a und b im gesamten Druck- und Temperaturbereich als Konstanten betrachten wollen. Dann kommt man allerdings mit der physikalischen Wirklichkeit in Konflikt. VAN DER WAALS selbst hat eine solche generelle Konstanz auch nicht behauptet. Die akustische Interpretation dieser Zustandsgleichung im übernächsten Kapitel wird sehr deutlich zeigen, daß b und a keine Konstanten sind und auch nicht sein können, und daß gerade die Veränderlichkeit von b ein Schlüssel zum Verständnis molekularakustischer Eigenschaften der Materie ist.

In etwas anderer Schreibweise lautet die van der Waalssche Zustandsgleichung

$$\left(p + \frac{a}{V^2}\right)V = RT \frac{1}{1 - b/V}.$$

---

[1] Zusammenfassende Literatur: VAN DER WAALS jr., J. D.: Zustände der gasförmigen und flüssigen Körper. In Handbuch der Physik von GEIGER und SCHEEL, Bd. X S. 126—222. Berlin: Springer 1926. — ROWLINSON, J. S.: The properties of real gases. In Handbuch der Physik, ed. S. FLÜGGE, Bd. XII, S. 1—72. Berlin-Göttingen-Heidelberg: Springer 1958.

Der Quotient der rechten Seite kann in eine geometrische Reihe entwickelt werden. Nach weiteren Umformungen erhält man dann

$$p = \frac{RT}{V} + \frac{RTb - a}{V^2} + \frac{RTb^2}{V^3} + \cdots . \qquad \text{(VIII.10)}$$

In dieser auf KAMERLINGH ONNES zurückgehenden Schreibweise kommt die Abweichung der thermischen Zustandsgleichung eines realen Gases vom idealen Verhalten am deutlichsten zum Ausdruck. Die Zähler der einzelnen Summanden hat ONNES als Virialkoeffizienten bezeichnet und entsprechend numeriert:

$$p = \frac{A_1}{V} + \frac{A_2}{V^2} + \frac{A_3}{V^3} + \cdots . \qquad \text{(VIII.11)}$$

Der 2. Virialkoeffizient ist danach

$$A_2 = (RTb - a). \qquad \text{(VIII.12)}$$

Bricht man hinter dem 2. Gliede ab, was meistens zulässig ist, so ergibt sich die Schallgeschwindigkeit u bei Berücksichtigung von $V = M/\varrho$ zu

$$u = \sqrt{\varkappa \frac{V^2}{M} \left(\frac{\partial p}{\partial V}\right)_T} = \sqrt{\varkappa \left(\frac{RT}{M} + \frac{2(RTb - a)}{M} \frac{1}{V}\right)}. \qquad \text{(VIII.13)}$$

Man pflegt meist noch weiter anzunähern, indem man die Näherung $1/V \approx p/RT$ einführt und

$$\left(b - \frac{a}{RT}\right) = A_2' \qquad \text{(VIII.14)}$$

setzt. Dann ist die Schallgeschwindigkeit in einem realen Gase durch

$$u = \sqrt{\varkappa \frac{RT + 2 A_2' p}{M}} \qquad \text{(VIII.15)}$$

beschrieben. Vielfach wird auch die Größe A_2' als zweiter Virialkoeffizient bezeichnet. Sie unterscheidet sich von dem Onnesschen Werte um den Faktor RT. Darauf muß man achten.

Die Virialkoeffizienten sind leider — mit Ausnahme des ersten — äußerst komplizierte und schwierig zu berechnende Größen, deren Kenntnis aber nicht nur für industrielle Anwendungen der thermischen Zustandsgleichung benötigt wird, sondern auch zur Reduktion von Relaxationsmessungen auf den idealen Gaszustand nötig ist, wie wir später in Ziffer 166 noch sehen werden. Im allgemeinen genügt die Kenntnis des 2. Virialkoeffizienten zur Beurteilung der Abweichungen eines realen Gases vom idealen Zustand. Fig. 98 zeigt nach einer Arbeit von HOLBORN[1] und OTTO den Temperaturverlauf des 2. Virialkoeffizienten für eine Reihe bekannter Stoffe. Bei niedrigen Temperaturen ist er stark negativ. Mit steigender Temperatur wird er positiv, nimmt allerdings

---

[1] HOLBORN, L., u. J. OTTO: Z. Physik **23**, 77—94 (1924); **33**, 1—11 (1925).

keine großen Werte an und scheint bei allen Stoffen früher oder später durch ein flaches Maximum zu gehen. Infolge dieser experimentell sichergestellten Annäherungen an die Abszisse bei höheren Temperaturen kann glücklicherweise in vielen Fällen die Schallgeschwindigkeit auch in realen Gasen durch den Wert eines idealen Gases angenähert und ersetzt werden.

VAN ITTERBEEK, der mit seinen Mitarbeitern viele Untersuchungen [1-6] über Schallgeschwindigkeiten, Virialkoeffizienten und spezifische Wärmen in realen Gasen ausgeführt hat, berechnet in einer mit VAN DONINCK [7] zusammen veröffentlichten Arbeit über die Schallgeschwindigkeit in Luft bis herab zu den Temperaturen des flüssigen Sauerstoffs den Zusammenhang zwischen u, p, T und A_2. Ihre Berechnung knüpft an die Gl. (II.21) in der Gestalt

$$u^2 = - \frac{C_p}{C_V}\,\frac{V^2}{M}\left(\frac{\partial p}{\partial V}\right)_T$$

an und geht folgenden Gang: Diese Gleichung wird nach C_p/C_V aufgelöst und der partielle Differentialquotient aus Gl. (VIII.10) berechnet. Eine zweite Gleichung für $C_p - C_V$ folgt aus der allgemeinen thermodynamischen Beziehung (II.34) in Ziffer 10. Auch hier werden die partiellen Differentialquotienten aus (VIII.10)

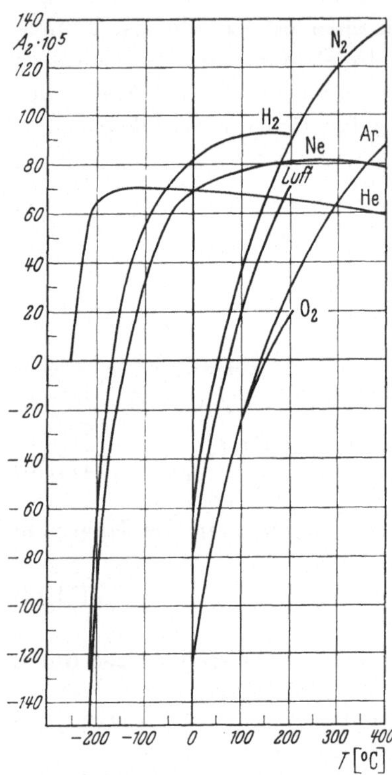

Fig. 98. Die Temperaturabhängigkeit des 2. Virialkoeffizienten einiger bekannter Gase (nach HOLBORN und OTTO)

berechnet. C_V und C_p selbst werden durch Integration aus den kalorischen Zustandsgleichungen (II.37a) und (II.37b) in Ziffer 10 unter Zuhilfenahme von (VIII.10) bestimmt. Schließlich wird die so erhaltene,

[1] ITTERBEEK, A. VAN, u. W. VAN DONINCK: Proc. Phys. Soc. Lond. **58**, 615—623 (1946).

[2] ITTERBEEK, A. VAN, u. W. VAN DONINCK: Proc. Phys. Soc. Lond. **62**, 62—69 (1949).

[3] ITTERBEEK, A. VAN, u. G. FORREZ: Physica, Haag **20**, 767—772 (1954).

[4] ITTERBECK, A. VAN, H. LAMBERT u. G. FORREZ: Appl. Sci. Res. A **6**, 15—20 (1955).

[5] ITTERBEEK, A. VAN, u. W. DE LAET: Physica, Haag **24**, 59—67 (1958).

[6] ITTERBEEK, A. VAN, u. J. ZINK: Appl. Sci. Res. A **7**, 375—385 (1958).

[7] ITTERBEEK, A. VAN, u. W. VAN DONINCK: Ann. Phys., Paris **19**, 88—104 (1944).

allerdings sehr komplizierte Gleichung nach u^2 aufgelöst. Für den Fall, daß die Reihenentwicklung in (VIII.10) nach dem 2. Gliede abgebrochen werden darf, lautet die Auflösung

$$u = \sqrt{\varkappa_{p=0}\,\frac{RT}{M}\left\{1 + p\,\frac{2\,S(T)}{R'T}\right\}}. \qquad \text{(VIII.16)}$$

Darin ist $R' = 1/273$, wenn p in Atmosphären ausgedrückt und die Funktion $S(T)$ durch

$$S(T) = A_2 + \frac{RT}{(C_V)_{p=0}}\,\frac{dA_2}{dT} + \frac{(RT)^2}{2\,(C_V)_{p=0}[(C_V)_{p=0}+R]}\,\frac{d^2A_2}{dT^2} \qquad \text{(VIII.17)}$$

beschrieben wird. Das quadratische Glied in $S(T)$ kann bisweilen vernachlässigt werden, z.B. in Luft. Hinsichtlich der Einzelheiten über das Verfahren zur Bestimmung des 2. Virialkoeffizienten A_2 aus den Messungen selbst muß auf die Originalarbeit[1] und die unter[2] zitierten Arbeiten verwiesen werden. Aus der unter[3] zitierten Arbeit von VAN ITTERBEEK, LAMBERT und FORREZ sei in Fig. 99 die Abhängigkeit des 2. Virialkoeffizienten des Stickstoffs von der absoluten Temperatur im Bereich zwischen Schmelzpunkt und Siedepunkt wiedergegeben (daher die negativen Werte).

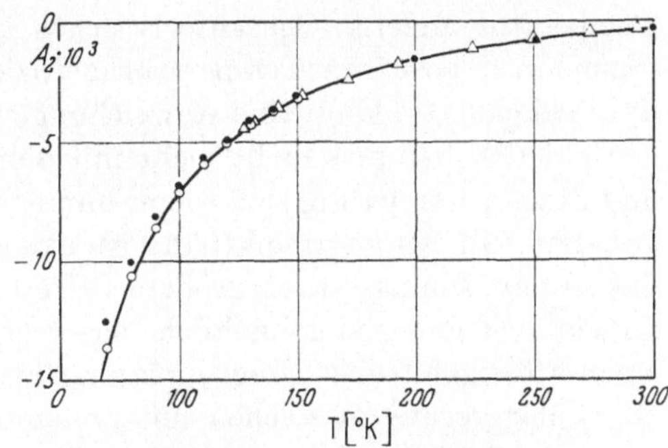

Fig. 99. Abhängigkeit des 2. Virialkoeffizienten des Stickstoffs von der Temperatur (nach VAN ITTERBEEK u. Mitarb.)

Im Verhältnis zur Gesamtzahl der Arbeiten über Ultraschallgeschwindigkeiten gibt es nur sehr wenige systematische Untersuchungen über die Schallgeschwindigkeiten in realen Gasen. Ein Grund dafür ist der physikalisch nicht gerade sehr durchsichtige Virialkoeffizient in den Gln. (VIII.13) oder (VIII.15), der andere wesentlichere Grund aber ist der, daß auch in einem realen Gase der Einfluß der Molekülstruktur auf den Zahlenwert der Schallgeschwindigkeit im Vergleich zu dem strukturlosen Molekulargewicht M noch zu gering ist. Nur die später in Kapitel XV zu besprechenden Relaxationsprozesse machen hier eine Ausnahme. Aber bei diesen Prozessen kommt es auch nicht auf den absoluten Wert der Schallgeschwindigkeit an, sondern nur auf seine Änderung im Dispersionsgebiet und ihre Zuordnung zur Schallabsorption.

---

[1] Siehe Fußnote 7, S. 172.

[2] Siehe Fußnoten 1—6, S. 172.

[3] Siehe Fußnote 4, S. 172.

87. Schallgeschwindigkeiten in Flüssigkeiten mit konstanten Temperaturkoeffizienten bei Atmosphärendruck

Zu den auffälligen Gesetzmäßigkeiten des Ultraschalls gehört die lineare Abhängigkeit der Schallgeschwindigkeit von der Temperatur in Flüssigkeiten. Diese Art der Abhängigkeit war nicht von vornherein zu erwarten und ließ sich auch nicht aus den Steigungen der Kurven in den Fig. 96a und b herauslesen. Überdies schienen viele ältere Messungen der Temperaturabhängigkeit nichtlineare Zusammenhänge zu ergeben, doch wissen wir heute, daß die Ursachen dafür in der mangelhaften Berücksichtigung der im Kapitel II E genannten Fehlerquellen gelegen haben.

Nicht in jedem Falle nimmt die Schallgeschwindigkeit bei konstantem Atmosphärendruck mit steigender Temperatur linear ab. Gründe für das Abweichen von der Linearität gibt es verschiedene: Die Flüssigkeit kann aus Assoziaten bestehen, deren Mengenverhältnis sich mit der Temperatur ändert. Charakteristisches Beispiel dafür ist Wasser, das sogar einen positiven Temperaturkoeffizienten aufweist. In der Nähe des Siedepunktes kann eine Abweichung auftreten, wenn das Molekulargewicht des Dampfes nicht mehr mit dem der Flüssigkeit identisch ist und diese Veränderung sich schon unmittelbar vor der Siedetemperatur anbahnt. In Schmelzpunktnähe ist etwas ähnliches dadurch möglich, daß in der Schmelze noch größere Gitteraggregate des festen Zustandes schwimmen und erst allmählich verschwinden. Ferner kann innerhalb einer Flüssigkeit eine Umgruppierung bis dahin gleichmäßig verteilter Molekülaggregate zu solchen mit anderem Molekulargewicht oder von anderem Aufbau eintreten, so daß die Temperaturkurve aus zwei Stücken mit verschiedener Neigung besteht und im Übergangsbereich eine aus der Frequenzabhängigkeit erkennbare Relaxation auftritt.

Auf Grund dieser Erwägungen sei im folgenden eine Linearität nur behauptet, wenn der Stoff physikalisch homogen bleibt und wenn der Temperaturbereich einige Grade über der Schmelztemperatur beginnt und einige Grade unterhalb der Siedetemperatur endet, sofern nicht die Messungen selbst noch wesentlich näher an diese Fixpunkte heranreichen. Formal läßt sich die lineare Abnahme der Schallgeschwindigkeit u mit der absoluten Temperatur T in einer Flüssigkeit durch die empirische Formel

$$u = -\left(\frac{\partial u}{\partial T}\right)_{p=1} (T_a - T) + u_a \qquad \text{(VIII.18)}$$

beschreiben. Die mit dem Index a versehenen Größen gelten für eine willkürlich wählbare Temperatur, gegebenenfalls für die Schmelz- oder Siedetemperatur selbst. Man gebraucht diese Formel zu Extrapolationen, die über den Bereich zwischen Schmelz- und Siedetemperaturen hinaus-

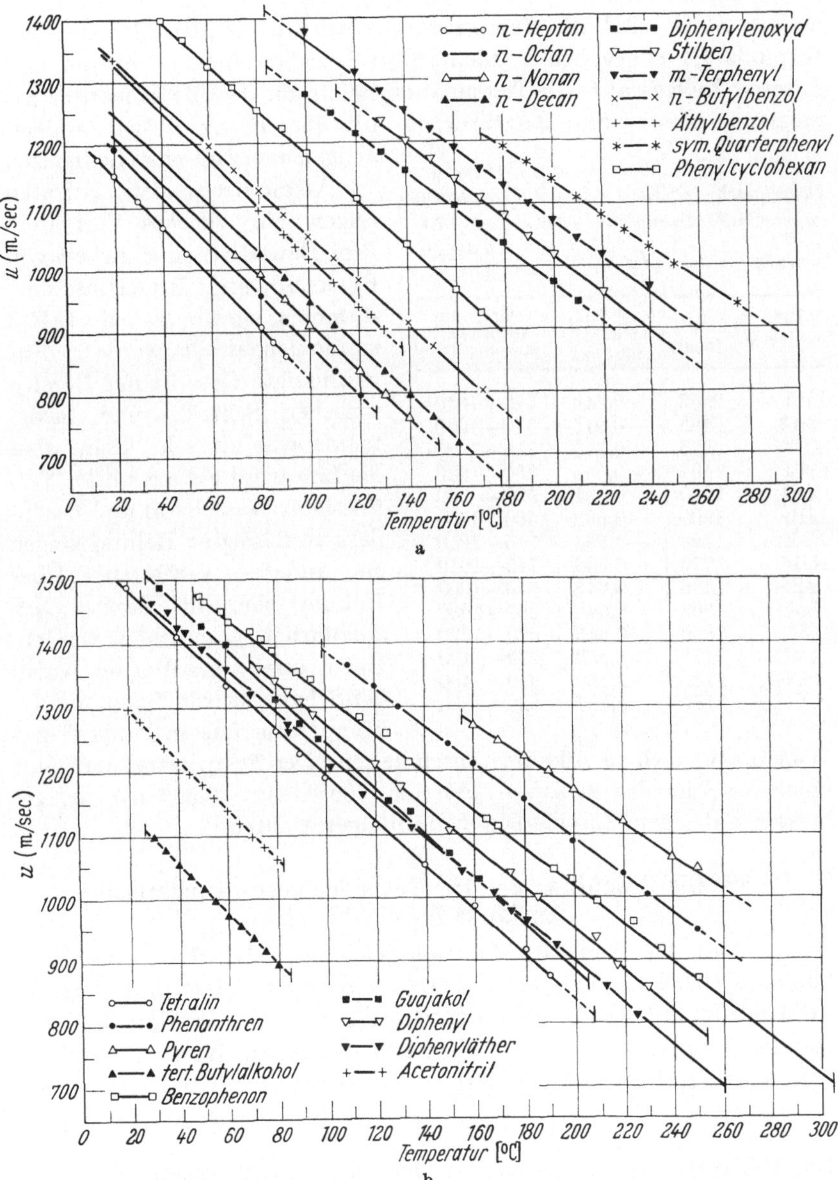

Fig. 100 a u. b. Schallgeschwindigkeiten in organischen Flüssigkeiten als Funktion der Temperatur T bei Atmosphärendruck (nach Messungen von KUHNKIES und WOELK)

gehen. Die Fig. 100 zeigt die lineare Gesetzmäßigkeit für verschiedene Stoffe. Diese organischen Substanzen hat der Verfasser von seinen Mitarbeitern R. KUHNKIES und H. U. WOELK durchmessen lassen. Für andere Stoffe sind die Temperaturkoeffizienten in den Tabellen des Kapitels IX angegeben worden. Dort beziehen sich die oberen und unteren Indizes auf den Temperaturbereich, für den die Linearität gemessen worden ist. Sie gilt natürlich noch darüber hinaus. Die ganz andersartigen anorganischen Schmelzen von Alkalisalzen und von Nitraten zeigen ein gleiches Verhalten. Ihre Daten, die einer Arbeit von BOCKRIS[1] und RICHARDS entstammen, sind in Tabelle VIII/3 zusammengestellt worden. Für verflüssigte Gase ist der Bereich zwischen Schmelz- und Siedetemperatur oft sehr klein, aber die Linearität gilt auch hier. Verflüssigter Wasserstoff und besonders verflüssigtes Helium zeigen ein anderes Verhalten. Über Helium wird in Kapitel XX ausführlich gesprochen werden. Einen streng gradlinigen Abfall der Schallgeschwindigkeit mit der Temperatur fanden TRELIN[2] und WASSILJEW auch in Alkalimetallschmelzen. Der Temperaturkoeffizient einer Na-Schmelze zwischen 100 und 700° C ist $-0{,}583$ m/s · gr, gemessen mit einem Impuls-Durchstrahlungsverfahren.

Tabelle VIII/3. *Der lineare Verlauf der Schallgeschwindigkeit mit der Temperatur in verschiedenen anorganischen Salzen. Darstellung in der Form* $u_T = u_0 + \dfrac{du}{dT}\, T$.

Salzschmelze	u_0 [m/s]	$\dfrac{du}{dT}$ [m/s · g]	Temperaturbereich der Messung [°C]
LiCl	2556	—0,849	620—1010
NaCl	2483	—0,915	810—1010
KCl	2275	—0,878	785—1020
CsCl	1597	—0,675	660—1010
$CdCl_2$	1280	—0,381	570— 760
LiBr	1800	—0,602	560—1000
NaBr	1798	—0,634	745—1010
KBr	1770	—0,669	745—1010
CsBr	1426	—0,648	650—1000
NaJ	1502	—0,542	660—1030
KJ	1555	—0,642	690—1020
$LiNO_3$	2173	—1,259	270— 480
$NaNO_3$	2164	—1,150	310— 450
KNO_3	2157	—1,194	320— 530

88. Die Bedeutung des Theorems der korrespondierenden Zustände für die Akustik

Die van der Waalsche Zustandsgleichung (VIII.9) ist eine in V kubische Gleichung und hat daher drei Wurzeln. Diese drei Wurzeln werden beim kritischen Punkt identisch V_{kr}, wenn der Druck in Fig. 96 a auf der kritischen Isotherme T_{kr} jenen kritischen Wert p_{kr} erreicht, von dem ab nur noch die gasförmige Phase existenzfähig ist. Dann ist

$$(V - V_{kr})^3 = 0. \qquad \text{(VIII.19)}$$

Durch Koeffizientenvergleich mit der nach V aufgelösten Zustandsgleichung ergeben sich für a, b und R die Ausdrücke

$$a = 3 p_{kr} V_{kr}^2, \qquad b = \frac{V_{kr}}{3}, \qquad R = \frac{8}{3}\frac{p_{kr} V_{kr}}{T_{kr}}. \qquad \text{(VIII.20)}$$

---

[1] BOCKRIS, O'M., and N. E. RICHARDS: Proc. Roy. Soc. Lond. A **241**, 44—66 (1957).
[2] TRELIN, J., u. I. WASSILJEW: Buchreihe im Vorwort zitiert (russ), Bd. XIII, S. 3—13, 1961.

Substituiert man diese Ausdrücke in Gl. (VIII.9), so erhält man die sogenannte reduzierte Zustandsgleichung

$$\left(\frac{p}{p_{kr}} + \frac{3}{\left(\frac{V}{V_{kr}}\right)^2}\right)\left(3\left(\frac{V}{V_{kr}}\right) - 1\right) = 8\,\frac{T}{T_{kr}}\,.\qquad\text{(VIII.21)}$$

Hier wird Druck, Volumen und Temperatur in Bruchteilen der entsprechenden kritischen Daten gezählt, so daß sich eine Gleichung ohne individuelle Konstanten ergibt. Da nun die ursprüngliche Zustandsgleichung (VIII.9) den fluiden Zustand zwar gut beschreibt, aber nicht streng gültig ist, ist natürlich auch die Universalität der reduzierten Gleichung nur formaler Natur. Immerhin hat die These von VAN DER WAALS, die er an diese reduzierte Zustandsgleichung knüpfte, etwas bestechendes, daß sich nämlich prinzipiell eine allgemein gültige Funktion der Form

$$f\left(\frac{p}{p_{kr}},\ \frac{T}{T_{kr}},\ \frac{V}{V_{kr}}\right) = 0\qquad\text{(VIII.22)}$$

finden lassen könnte. Diese These[1] heißt „das Theorem der korrespondierenden Zustände". Formalmathematisch ist dieses Theorem nur an die Existenz von drei individuellen Konstanten, aber nicht an die spezielle Gestalt der reduzierten Zustandsgleichung gebunden. Da sich durch eingehende Prüfung gezeigt hat, daß das Theorem in der vorliegenden Form nicht streng gültig ist, schließt man daraus, daß eine vollkommenere Zustandsgleichung als (VIII.9) noch mindestens eine weitere individuelle Molekülgröße haben muß. Trotzdem ist das Theorem von großem ordnendem und heuristischem Wert. Es wurde an speziellen, jeweils durch verwandte Strukturen gekennzeichneten Körperklassen bestätigt gefunden. Man hat es, um nur einige Beispiele zu nennen, an kalorischen Größen, bei Fragen der Viscosität und an den durch $\sqrt{a}$ und b gekennzeichneten Moleküleigenschaften geprüft.

In der Praxis wendet man das Theorem vielfach in einer abgeschwächten Form an, indem man es nicht nur auf korrespondierende Zustände im strengen Sinne bezieht, sondern beispielsweise auch auf Zustandsgrößen unter Atmosphärendruck. Wenn man also beim Studium einer physikalischen Größe von der reduzierten Temperatur T/T_{kr} ausgeht, so muß man sich dann wenigstens vergewissern, daß bei der untersuchten Körperklasse die kritischen Drucke p_{kr} untereinander ungefähr von gleicher Größenordnung sind. Dann kann man, obwohl man z.B. Verhältnisse am Siedepunkt untersucht, anstelle der reduzierten Drucke das Verhältnis $1\,\mathrm{Atm}/p_{kr}$ benutzen. Aber wie gesagt, das ist immer

---

[1] Ausführliche Darstellung in den Ziffern 46—58 des in Ziffer 68 zitierten Handbuchartikels von VAN DER WAALS jr.

nur für eine bestimmte Körperklasse und nicht generell für beliebige Stoffe erlaubt.

Ob man nun auch die Schallgeschwindigkeit und die Schallabsorption so ohne weiteres wie andere thermische Größen nach den Prinzipien dieses Theorems behandeln darf, darüber gehen die Meinungen auseinander. Für die isotherme Schallgeschwindigkeit nach Formel (II.19) ist die Berechtigung dieser Behandlung wohl nicht zu bezweifeln, aber für die adiabatische Schallgeschwindigkeit nach Formel (II.20), die von dem Verhältnis $\varkappa$ der Molwärmen mitgeprägt ist, scheint das nicht sicher zu sein. Daß aber eine enge Verknüpfung zwischen der Schallgeschwindigkeit und dem Theorem besteht, ersieht man daraus, daß für die kritische Isotherme im kritischen Punkt die Beziehung

$$\left(\frac{\partial p}{\partial V}\right)_T = 0$$

gilt. Die molekularakustische Fassung dieser Beziehung lautet dann

$$\left(\frac{u^2}{\varkappa}\right)_{T=T_{kr}} = 0 \,. \tag{VIII.23}$$

Auf jeden Fall kann man das Theorem der korrespondierenden Zustände in der abgeschwächten Form auch in der Akustik zunächst als Leitmotiv benutzen und die Brauchbarkeit dieser Annahme durch das Experiment prüfen. Ausführlichere Untersuchungen grundsätzlicher Art liegen aber in bezug auf die adiabatische Schallgeschwindigkeit bislang noch nicht vor.

89. Die akustische Fassung der Guldbergschen Regel

Man denke sich in Fig. 95 die lineare Kurve der Schallgeschwindigkeit in der flüssigen Phase über die Siedetemperatur T_{si} hinaus geradlinig bis in die Nähe der kritischen Temperatur verlängert. Da sich zeigt, daß bei parallelen Kurven verschiedener Flüssigkeiten (s. Fig. 100) die jeweils höher liegende meistens auch die höhere kritische Temperatur hat, scheint das übereinstimmende Verhalten im Verlauf der Schallgeschwindigkeiten in Flüssigkeiten mit der kritischen Temperatur zusammenzuhängen. Es liegt daher nahe zu untersuchen, ob das übereinstimmende Verhalten im linearen Abfall der Schallgeschwindigkeit mit der Temperatur nur ein anderer Ausdruck für die Guldbergsche Regel ist.

Die Guldbergsche Regel[1] besagt, daß das Verhältnis der absoluten kritischen Temperatur zur absoluten Siedetemperatur bei Atmosphärendruck

$$T_{kr}/T_{si} = G \approx 1,5 \text{ bis } 1,7 \tag{VIII.24}$$

---

[1] C. M. GULDBERG: Z. phys. Chem. 5, 374—382 (1890).

sein soll. Vielfach findet man auch das umgekehrte Verhältnis T_{si}/T_{kr} angegeben. Der Zahlenwert von G schwankt etwas für die verschiedenen Stoffklassen[1]. Vollständige Übereinstimmung des Wertes G bei allen Stoffen ist ja nicht zu erwarten, weil sich dieser Ausdruck auf Atmosphärendruck bezieht und nicht auf die kritischen Drucke in den verschiedenen Körperklassen.

SCHAAFFS[2] hat an Hand der Kurven der Fig. 100 und des Schemas Fig. 101 folgende Überlegung angestellt: Wenn man die Temperaturkurven der Schallgeschwindigkeiten in den Flüssigkeiten bis zum Schnitt mit der T-Achse verlängert, so ergeben sich Temperaturen, die durchweg höher als die kritischen Temperaturen sind. Diese müssen also links davon liegen. Die Verlängerung über die Siedetemperatur T_{si} hinaus führt aber zunächst zum Schnittpunkt P mit der etwa durch die Formel (VIII.3) beschriebenen Kurve der Schallgeschwindigkeit in der gasförmigen Phase. Der Punkt P ist aber nicht physikalisch realisierbar, denn von der gasförmigen Phase her gesehen bezieht er sich auf Atmosphärendruck, während er sich von der flüssigen Phase aus gesehen auf einen sehr viel höheren Druck beziehen muß. Die Verlängerung der geraden Temperaturkurven über die Siedetemperatur T_{si} hinaus ist physikalisch realisierbar, wenn man mit der Temperatur auch den Druck steigert. Bei ständiger Steigerung des Druckes muß aber die Kurve in der flüssigen Phase von der Geraden nach unten hin abweichen (s. auch Fig. 102). Diese Abweichung wird dadurch nahegelegt, daß nach Gl. (VIII.23) die Schallgeschwindigkeit für den kritischen Punkt gegen Null konvergieren soll, wenn man nicht gerade die unwahrscheinliche Annahme macht, daß auch $\varkappa$ gegen Null geht. In Wirklichkeit konvergiert die Schallgeschwindigkeit zwar nicht gegen Null, aber doch gegen einen sehr kleinen Wert. Wenn nun der vermutete Zusammenhang zwischen dem Temperaturkoeffizienten $\left(\dfrac{\partial u}{\partial T}\right)_a$, der die Linearität bei Atmosphärendruck a beschreibt, und dem Quotienten T_{kr}/T_{si} der Guldbergschen Regel einfach sein soll, wird man die Hypothese machen müssen,

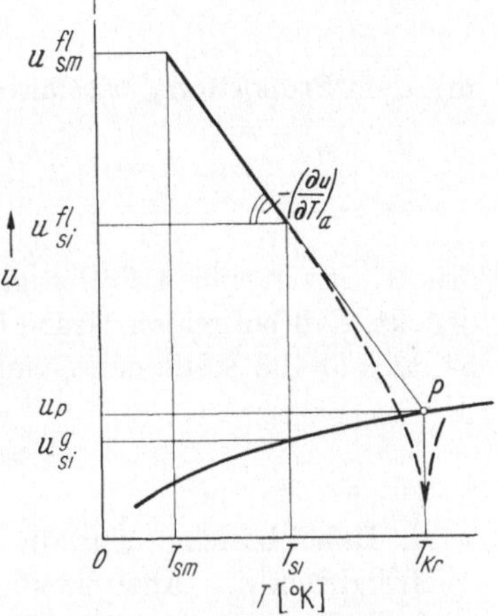

Fig. 101. Skizze zur Ableitung des Zusammenhangs zwischen dem Temperaturkoeffizienten der Schallgeschwindigkeit und der Guldbergschen Regel

---

[1] Zahlenmaterial und nähere Erläuterungen bei J. VAN LAAR, Die Zustandsgleichung von Gasen und Flüssigkeiten, Kap. II, Ziffer 14. Leipzig: L. Voss 1924.

[2] SCHAAFFS, W.: Acustica **10**, 160—166 (1960).

daß der Schnittpunkt P die Abszisse T_{kr} hat. Dann ist nach Fig. 101

$$\left(\frac{\partial u}{\partial T}\right)_a = -\frac{u_{si}^{fl} - u_P}{T_{kr} - T_{si}}. \qquad \text{(VIII.25)}$$

Führen wir in diese Gleichung die Guldbergsche Regel (VIII.24) ein, bezeichnen den Sprung der Schallgeschwindigkeit am Siedepunkt mit $q = u_{si}^{fl}/u_{si}^{g}$ und setzen für u_{si}^{g} die Gl. (VIII.3) an, so wird

$$\left(\frac{\partial u}{\partial T}\right)_a = K_{si}\frac{u_{si}^{fl}}{T_{si}} \qquad \text{(VIII.26)}$$

mit dem Proportionalitätsfaktor

$$K_{si} = \frac{\frac{1}{q}\sqrt{\overline{G}} - 1}{G - 1}. \qquad \text{(VIII.26a)}$$

Mit $\overline{G}$, das in vielen Fällen gleich G gesetzt werden kann, wird ausgedrückt, daß bei realen Gasen der 2. Virialkoeffizient zu berücksichtigen ist, also an die Stelle von G der Ausdruck

$$\overline{G} = \frac{T_{kr} + 2\,A'_{kr}\,p_a/R}{T_{si} + 2\,A'_{si}\,p_a/R} \qquad \text{(VIII.27)}$$

tritt. Dabei beziehen sich die Virialkoeffizienten A'_{kr} und A'_{si} auf Atmosphärendruck p_a. Anstelle von T_{si} kann in Formel (VIII.25) natürlich auch T_{kr}/G gesetzt werden. Dann tritt an die Stelle von (VIII.26)

$$\left(\frac{\partial u}{\partial T}\right)_a = K_{kr}\frac{u_{si}^{fl}}{T_{kr}} \qquad \text{(VIII.28)}$$

mit dem Proportionalitätsfaktor

$$K_{kr} = \frac{\frac{1}{q}\left(\sqrt{\overline{G}} - 1\right)}{1 - \frac{1}{G}}. \qquad \text{(VIII.28a)}$$

Die Gl. (VIII.28) enthält den von uns auf Grund des abgeschwächten Theorems der korrespondierenden Zustände gesuchten Zusammenhang[1].

Der Faktor K_{si} muß aus q, G und $\overline{G}$ für jede Körperklasse gesondert berechnet werden. Der tiefere Grund liegt eben darin, daß das Theorem nicht in seiner strengen Fassung benutzt werden konnte. Hinsichtlich der Berechnung von K_{si} sei auf die Originalarbeit verwiesen. Für viele organische Flüssigkeiten mit mittleren Siedetemperaturen zwischen 0 und

---

[1] KISHIMOTO und NOMOTO haben in J. Phys. Soc. Japan **9**, 66—72 (1954) eine ähnliche Formel aufgestellt, jedoch nicht die Schallgeschwindigkeit am Siedepunkt angesetzt und auch nicht den Zusammenhang mit der Guldbergschen Regel bzw. dem Theorem hergestellt. Ihre Formel führt daher nicht zu einem eindeutigen Zusammenhang zwischen Temperaturkoeffizient und Siedetemperatur.

$200°$ C liegt K_{si} bei etwa $-1{,}34$. Für verflüssigte Gase liegt er um $-0{,}8$ herum; für hochsiedende Alkalischmelzen bei $-1{,}2$; für einige Leichtmetalle um $-0{,}31$. Über den Wert des Schallgeschwindigkeitssprunges q, der für die Berechnung von K_{si} erforderlich ist, s. Ziffer 92.

Da sich G im Nenner von Formel (VIII.26a) nur um etwa 60% vom Werte Eins unterscheidet, ist K_{si} verhältnismäßig empfindlich gegen Änderungen und Unsicherheiten in der Bestimmung von G. Man darf daher keine zu großen Erwartungen an die Übereinstimmung von gemessenen und berechneten Werten des Temperaturkoeffizienten in Flüssigkeiten und Schmelzen knüpfen. Die Gl. (VIII.26) beschreibt aber qualitativ befriedigend den Umstand, daß der Temperaturkoeffizient um so größer wird, je tiefer die absolute Siedetemperatur ist, und daß er bei Metallen mit ihren sehr hohen Siedetemperaturen und kritischen Temperaturen recht klein wird. Neuere noch nicht veröffentlichte Messungen von $\left(\dfrac{\partial u}{\partial T}\right)_a$ bei einer ganzen Reihe höher schmelzender und siedender organischer Stoffe zeigen, daß der Temperaturkoeffizient den Erwartungen entsprechend kleiner wird. In der Tabelle VIII/4 sind für vier verschiedene Körperklassen einige berechnete und gemessene Werte von $\left(\dfrac{\partial u}{\partial T}\right)_a$ miteinander verglichen worden.

Inzwischen wurde dem Verfasser das in Ziffer 95 noch zu besprechende Verfahren von NOSDREW bekannt, um die Schallgeschwindigkeiten am kritischen Punkt zu bestimmen, ohne dort schwierige Messungen

Tabelle VIII/4. *Vergleich gemessener und berechneter Temperaturkoeffizienten der Schallgeschwindigkeit in Flüssigkeiten*

Flüssigkeit, Schmelze	Chemische Formel	T_{si} [°K]	$\left(\dfrac{\partial u}{\partial T}\right)_a \left[\dfrac{m}{s \cdot g}\right]$	
			berechnet	gemessen
Stickstoff	N_2	78	$-8{,}7$	$-9{,}0$
Sauerstoff	O_2	90	$-8{,}1$	$-8{,}3$
Äthyläther	$(C_2H_5)_2O$	308	$-4{,}0$	$-4{,}4$
Aceton	$CO(CH_3)_2$	330	$-4{,}3$	$-4{,}3$
Äthyljodid	C_2H_5J	345	$-2{,}9$	$-2{,}7$
Thiophen	C_4H_4S	357	$-3{,}9$	$-4{,}1$
Äthylalkohol	C_2H_5OH	351	$-3{,}7$	$-3{,}4$
Chloroform	$CHCl_3$	334	$-3{,}5$	$-3{,}3$
Lithiumbromid . . .	LiBr	1583	$-0{,}77$	$-0{,}6$
Kaliumjodid	KJ	1593	$-0{,}53$	$-0{,}64$
Natriumbromid . . .	NaBr	1668	$-0{,}65$	$-0{,}63$
Natriumchlorid . . .	NaCl	1713	$-0{,}82$	$-0{,}91$
Cäsium	Cs	981	$-0{,}38$	$-0{,}3$
Rubidium	Rb	986	$-0{,}4$	$-0{,}4$
Kalium	K	1035	$-0{,}35$	$-0{,}5$
Natrium	Na	1156	$-0{,}16$	$-0{,}3$

ausführen zu müssen. Damit wäre der Weg gewiesen, bei dem vorliegenden Problem die strenge Fassung des Theorems der korrespondierenden Zustände anzuwenden. Vermutlich wird sich dann eine verbesserte Form der Gln. (VIII.26) und (VIII.28) ergeben.

90. Ableitung und Grenzen einer Regel von Lagemann

Ersetzt man in Gl. (VIII.26) u_{si}^{fl} durch qu_s^g, berechnet u_{si}^g nach Gl. (VIII.3) und multipliziert mit $\sqrt{M}$, so erhält man[1]

$$\left(\frac{\partial u}{\partial T}\right)_a \sqrt{M} = \frac{q K_{si}\sqrt{\varkappa}}{\sqrt{T_{si}}}\sqrt{R + \frac{2 A_2' p}{T_{si}}} \approx \frac{q K_{si}\sqrt{\varkappa R}}{\sqrt{T_{si}}}. \qquad (VIII.29)$$

Die rechte Seite dieser Gleichung hat für organische Flüssigkeiten mit Siedetemperaturen im Bereich zwischen 350° und 400° K einen Wert in der Größenordnung $-35 \left[\frac{m}{s \cdot grad} \cdot g^{\frac{1}{2}}\right]$, wie sich leicht durch Einsetzen bekannter Werte von q, K_{si}, T_{si} und $\varkappa$ feststellen läßt. In dieser Form $\left(\frac{\partial u}{\partial T}\right)_a \sqrt{M} \approx$ const ist die rein empirisch gefundene Regel vor Jahren von Lagemann[2], McMillan und Woolf angegeben worden. Zu beachten ist, was rein empirisch nicht festgestellt werden kann, daß sich M und $\varkappa$ auf den Gaszustand beziehen, während $\left(\frac{\partial u}{\partial T}\right)_a$ für die flüssige Phase gilt. Da sich bisweilen der Assoziationsgrad von Molekülen beim Übergang von der Flüssigkeit in das Gas ändert, liegt es nahe, diese Änderung des Molekulargewichts am Zahlenwert der Formel ablesen zu wollen. Diese Hoffnung ist aber trügerisch, denn es ändert sich dann auch q, so daß eine Molekulargewichtsänderung unsichtbar bleibt.

Tabelle VIII/5. *Prüfung der Werte* $\left(\frac{\partial u}{\partial T}\right)_a \sqrt{M}\sqrt{T_{si}}$ *auf Konstanz*

Flüssigkeit	chemische Formel	M	$\left(\frac{\partial u}{\partial T}\right)_a$ $\left[\frac{m}{s\,gr}\right]$	T_{si} [°K]	$\left(\frac{\partial u}{\partial T}\right)_a \sqrt{M}\sqrt{T_{si}}$ $\left[\frac{m}{s \cdot gr} \cdot g^{\frac{1}{2}}\right]$
Benzol	C_6H_6	78	—4,7	353	782
Fluorbenzol	C_6H_5F	96	—4,2	358	780
Chlorbenzol	C_6H_5Cl	113	—3,7	405	792
Brombenzol	C_6H_5Br	157	—3,1	430	800
Jodbenzol	C_6H_5J	204	—2,7	462	830
Methylenchlorid . .	CH_2Cl_2	85	—3,9	314	638
Methylenbromid . .	CH_2Br_2	174	—2,55	368	645
Methylenjodid . . .	CH_2J_2	268	—1,85	454	644

[1] Schaaffs, W.: Acustica **11**, 360—362 (1961).

[2] Lagemann, R., D. McMillan and W. Woolf: J. Chem. Phys. **17**, 369—373 (1949).

Für nahe verwandte Substanzen, kenntlich an ihrer gemeinsamen Struktur und Atomzahl, für die auf Grund des Äquipartitionstheorems wenigstens $\varkappa$ als konstant angesehen werden kann, prüft man Gl. (VIII.29) zweckmäßig in der Form

$$\left(\frac{\partial u}{\partial T}\right)_a \sqrt{M}\,\sqrt{T_{si}} \approx \text{const}. \qquad \text{(VIII.30)}$$

Inwieweit dieser Ausdruck dann konstant ist, zeigt Tabelle VIII/5, in der die Meßdaten von Lagemann zugrunde gelegt wurden. Die Siedetemperaturen wurden einem Tabellenwerk entnommen. Ein leichter offenbar durch die schweren Atome in den Molekülen bedingter Gang der Werte ist unverkennbar.

91. Experimente von W. Nosdrew

Nosdrew hat eingehende Experimentaluntersuchungen über die Abhängigkeit der Schallgeschwindigkeit in organischen Flüssigkeiten von Temperatur, Druck und Dichte gemacht. Sie wurden mit den in Ziffer 74 beschriebenen Autoklaven durchgeführt. Die Ergebnisse seiner Untersuchungen sind in dem schon im Vorwort genannten Buche dargestellt worden[1]. Die Messungen Nosdrews erstrecken sich weit über den normalen Siedepunkt eines Stoffes hinaus und erstreben gesicherte Unterlagen über die schon in (VIII.1) genannten Funktionen. Dabei wurde dem Theorem der korrespondierenden Zustände besondere Aufmerksamkeit gewidmet. Ausführlich diskutiert wurden die experimentellen Zusammenhänge in den beiden Formen

$$u = f\left(\frac{T}{T_{kr}}\right), \quad u = f\left(\frac{T - T_{sm}}{T_{kr} - T_{sm}}\right). \qquad \text{(VIII.31)}$$

Da es indes für die zweite Form der Darstellung keine theoretische Fundierung gibt, obwohl sie die Beobachtungen oft besser wiedergibt, wollen wir sie im Rahmen dieses Buches nicht weiter behandeln.

Nosdrew führte seine Untersuchungen an den Kohlenwasserstoffen n-Hexan, n-Heptan, n-Oktan, Benzol und Toluol; an den Acetaten Methyl-, Äthyl-, Propyl- und Butylacetat; an den einfachen Alkoholen Methanol, Äthanol, Propanol und Butanol; schließlich an Tetrachlorkohlenstoff durch. Bei Messungen im Autoklaven stehen diese Stoffe nicht unter Atmosphärendruck, sondern unter dem ständig steigenden Druck ihres eigenen gesättigten Dampfes, dessen Schallgeschwindigkeit in einem solchen Gerät mitgemessen werden kann. In Fig. 102 sind einige Ergebnisse Nosdrews zusammengestellt. Diese Messungen hat

---

[1] Weitere Ergebnisse finden sich in der ebenfalls im Vorwort genannten Buchreihe des Moskauer Pädagogischen Instituts.

Nosdrew mit bemerkenswerter Gründlichkeit bei den verschiedensten Frequenzen zwischen 465 kHz und 25 MHz ausgeführt. Dadurch hat er sichergestellt, daß keine Dispersionsanomalien auftreten.

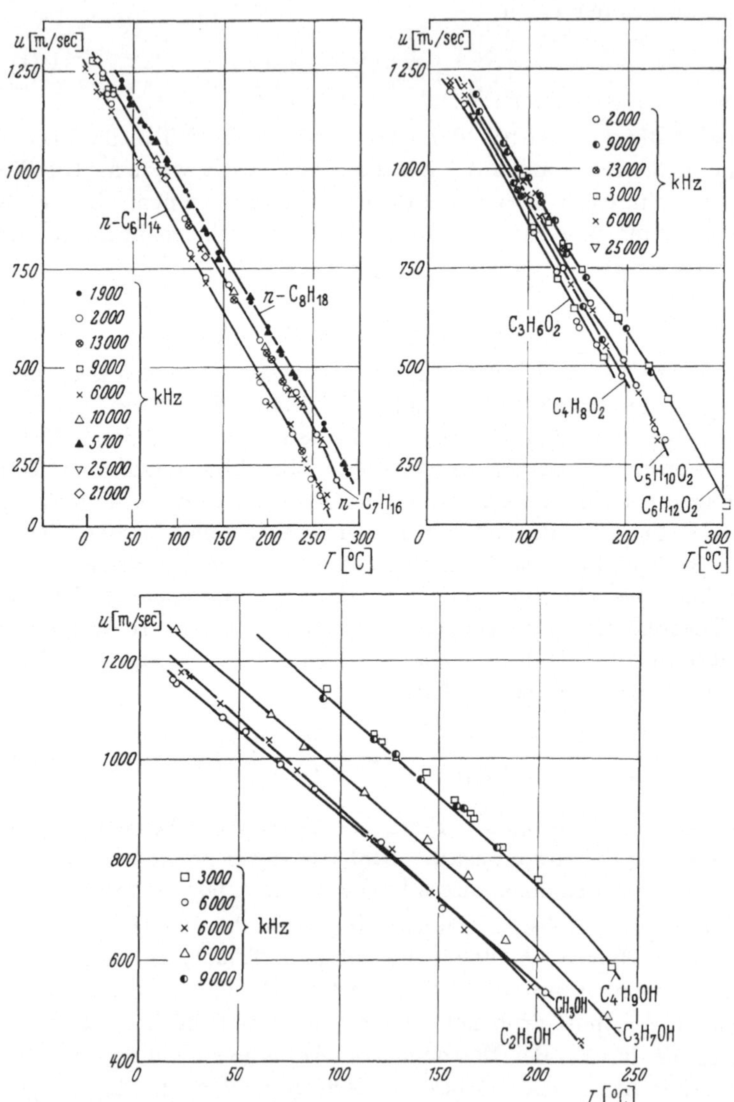

Fig. 102. Schallgeschwindigkeiten in Flüssigkeiten als Funktion der Temperatur T unter dem Druck ihres eigenen gesättigten Dampfes (nach Nosdrew)

Um einen Zusammenhang der Form $u = f(T/T_{kr})$ empirisch finden zu können, hat Nosdrew folgenden Weg eingeschlagen: Die schon in

Ziffer 86 gebrauchte Gleichung

$$u^2 = -\frac{V^2}{M}\left(\frac{\partial p}{\partial V}\right)_T \frac{C_p}{C_v}$$

wurde durch den Ausdruck

$$\frac{p}{p}\left(\frac{p_{kr}\,T_{kr}\,V_{kr}}{p_{kr}\,T_{kr}\,V_{kr}}\right)$$

erweitert und folgendermaßen geordnet:

$$M\,u^2 = -\frac{V}{p}\left(\frac{\partial p}{\partial V}\right)_T \cdot \frac{V}{V_{kr}} \cdot \frac{p}{p_{kr}} \cdot \frac{C_p}{C_v} \cdot T_{kr} \cdot \frac{V_{kr}\,p_{kr}}{T_{kr}}\,.$$

Der letzte Faktor hat nach den Gln. (VIII.20) in Ziffer 88 den Wert $\tfrac{3}{8}R$. Dann ist

$$\frac{M\,u^2}{T_{kr}} = -\left(\frac{V}{p}\left(\frac{\partial p}{\partial V}\right)_T \frac{C_p}{C_v}\right) \cdot \left(\frac{3R}{8}\,\frac{V}{V_{kr}}\,\frac{p}{p_{kr}}\,T_{kr}\right).$$

Nosdrew meint damit den Zusammenhang zwischen Schallgeschwindigkeit und Theorem so weit formuliert zu haben, daß es sinnvoll sei, die Funktion

$$\frac{M\,u^2}{T_{kr}} = f\left(\frac{T}{T_{kr}}\right) \qquad\qquad \text{(VIII.32)}$$

empirisch zu untersuchen. Gegen die Richtigkeit dieser Überlegung lassen sich zwar gewichtige Gründe anführen, doch kommt auf diese Weise eine gewisse Ordnung in die Messungen, wie aus Fig. 103 ersichtlich ist. Nur die Alkohole weichen mit zunehmender Entfernung vom Werte $T/T_{kr} = 1$ von den übrigen Stoffen stärker ab. Um die Übersichtlichkeit nicht zu stören, sind für die Alkohole keine Meßpunkte, sondern glatte Kurven, auf denen sie liegen, eingezeichnet worden. Die Figur macht deutlich, daß die Schallgeschwindigkeit mit Annäherung an den kritischen Punkt recht klein wird.

Die Kurve, um die sich die Meßpunkte in Fig. 103 gruppieren, ist offensichtlich eine Parabel, deren Scheitelpunkt zwischen den Abszissenwerten 1,1 und 1,2 zu liegen scheint. Ihr ungefährer Verlauf müßte sich für den Bereich zwischen Schmelztemperatur und Siedetemperatur, d.h. für $\frac{1}{3} < \frac{T}{T_{kr}} < \frac{2}{3}$, aus den Gln. (VIII.26) und (VIII.26a) ermitteln lassen. Da aber nach Fig. 102 die meisten Kurven noch über die Siedetemperatur hinaus geradlinig weiter verlaufen, kann man eine Gültigkeit noch bis etwa $T/T_{kr} \approx 0{,}8$ erwarten. Wenn man den Temperaturkoeffizienten durch $\frac{u - u_p}{T_{kr} - T}$ ausdrückt, T_{si} durch T_{kr}/G ersetzt, den Schallgeschwindigkeitssprung $q = u_{si}^{fl}/u_{si}^{g}$ einführt, für die Berechnung von u_{si}^{g} und u_p die ideale Gasgleichung ansetzt und die Vereinfachung

$\bar{G} = G$ macht, so erhält man

$$\frac{u - \sqrt{\dfrac{\varkappa R T_{kr}}{M}}}{T_{kr} - T} = \frac{\dfrac{\sqrt{G} - q}{G - 1}\sqrt{\bar{G}}\sqrt{\varkappa R}}{\sqrt{M}\sqrt{T_{kr}}}.$$

Löst man diese Gleichung nach u auf, multipliziert mit $\sqrt{M}$, dividiert durch $\sqrt{T_{kr}}$ und quadriert den so erhaltenen Ausdruck, so ergibt sich schließlich der gesuchte Zusammenhang zu

$$\left.\begin{aligned}\frac{M u^2}{T_{kr}} = A \cdot \left(\frac{T}{T_{kr}}\right)^2 - \\ - B\left(\frac{T}{T_{kr}}\right) + C\,.\end{aligned}\right\} \quad \text{(VIII.33)}$$

Die Faktoren A, B, C sind komplizierte Funktionen von $\varkappa$, q und G, die leider relativ empfindlich gegen Abweichungen dieser Größen von einem Normalwert sind. Daher ist es verständlich, daß sich die Nosdrewschen Messungen in Fig. 103 zwar um eine Parabel herum ordnen lassen, aber doch keine Methode zur Berechnung von Schallgeschwindigkeiten aus reduzierten Temperaturen erhalten werden kann.

Es besteht noch eine andere Möglichkeit, um an die Zusammenhänge zwischen der Schallgeschwindigkeit und dem Theorem der korrespondierenden Zustände heranzukommen, indem man eine Funktion der Form

$$\frac{u}{u_{kr}} = f\left(\frac{T}{T_{kr}}\right) \quad \text{(VIII.34)}$$

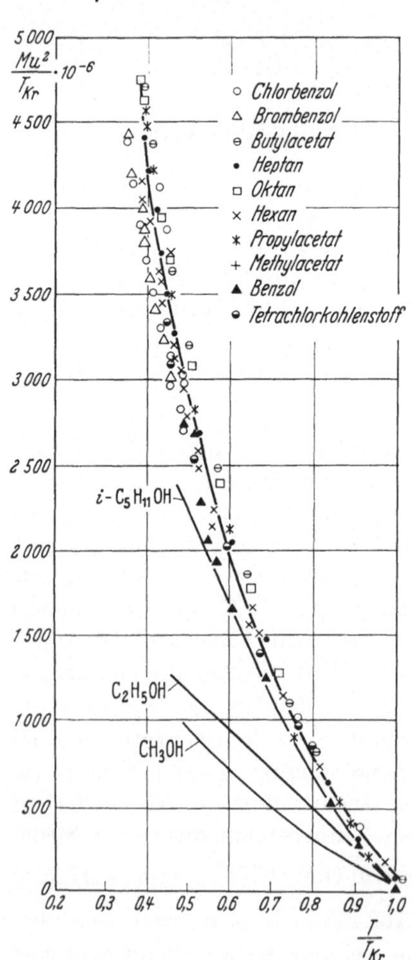

Fig. 103. Darstellung der Formel (VIII.32) an 13 organischen Flüssigkeiten (nach Nosdrew)

untersucht. Eine solche Untersuchung wird nur dadurch erschwert, daß die Werte von u_{kr} noch nicht allgemein zugänglich sind und auch mit stärkeren Fehlern behaftet sein dürften. Man kann zur Zeit die Beziehung (VIII.34) nur näherungsweise prüfen, indem man für u_{kr} die Schallgeschwindigkeit in einem anderen Fixpunkt einsetzt, z.B. in der Nähe des Siedepunktes bei $T/T_{kr} = 0{,}6$. Ein solcher Zusammenhang in der Form

$$\frac{u}{u_{0,6}} = f\left(\frac{T}{T_{kr}}\right) \quad \text{(VIII.34a)}$$

ist in Fig. 104a und b nach den Angaben von NOSDREW abgebildet worden. Es ist offensichtlich, daß die Gruppe der Alkohole von den übrigen Flüssigkeiten abweicht, was möglicherweise auf Assoziationen zurückgeführt werden kann.

Zurückblickend wird man sagen müssen, daß das Theorem der korrespondierenden Zustände zwar eine gewisse Ordnung in die Messungen bringt, aber in den verwendeten Formen noch nicht ausreichend ist, um ganz klare Zusammenhänge erkennen zu lassen. Nach Meinung des Verfassers bezieht sich dieses Theorem ursprünglich auch nur auf die Zustandsgleichung ohne $\varkappa$ und damit auch nur auf die isotherme Schallgeschwindigkeit. Es wäre daher zu untersuchen, ob nicht eine Darstellung in der Form

$$\frac{u}{u_{kr}}\sqrt{\frac{\varkappa_{kr}}{\varkappa}} = f\left(\frac{T}{T_{kr}}\right) \quad \text{(VIII.35)}$$

wesentlich klarere Zusammenhänge schafft.

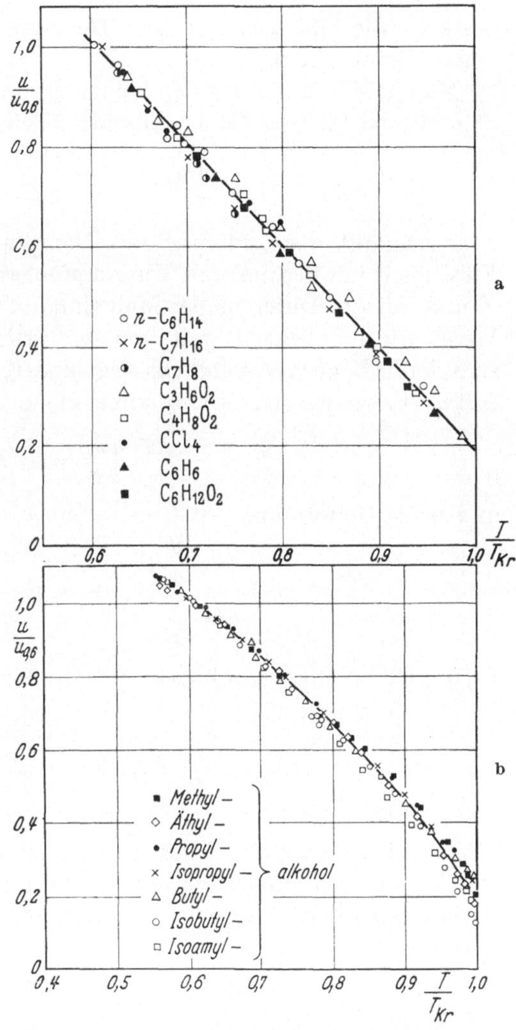

Fig. 104 a u. b. Prüfung einer reduzierten Schallgeschwindigkeit als Funktion der reduzierten Temperatur (nach NOSDREW)

92. Der Sprung der Schallgeschwindigkeit am normalen Siedepunkt

Wir wenden uns dem nächsten durch Fig. 95 skizzierten Problem zu, ob nämlich am normalen Siedepunkt (d. h. Siedepunkt unter Atmosphärendruck) ein einfaches Sprunggesetz für die Schallgeschwindigkeit besteht. Es wird also die Frage nach dem Werte des Quotienten

$$q = u_{fl}/u_y \quad \text{bei} \quad T = T_{si} \quad \text{und} \quad p = p_a$$

gestellt. Sie läßt sich aus dem Theorem der übereinstimmenden Zustände beantworten.

Man geht von der aus den beiden Hauptsätzen der Thermodynamik abgeleiteten Clausius-Clapeyronschen Gleichung aus:

$$\frac{dp_g}{dT} = -\frac{Q}{T}\frac{1}{V_g - V_{fl}}. \tag{VIII.36}$$

Sie verknüpft die Änderung des Dampfdrucks p_g im Gas über einer Flüssigkeit mit der molaren Verdampfungswärme Q bei der Temperatur T und mit der Differenz der Molvolumina von Dampf und Flüssigkeit. Wenn wir hinreichend weit von der kritischen Temperatur entfernt sind, kann V_{fl} gegen V_g vernachlässigt und V_g angenähert durch den Wert RT/p_g ersetzt werden. Dann erhält man

$$\frac{Q}{T} = -\frac{RT}{p_g}\frac{dp_g}{dT} = -R\frac{d\ln p_g}{d\ln T}$$

und nach Umformung

$$\frac{Q}{T} = -R\,\frac{d\ln\dfrac{p}{p_{kr}}\,p_{kr}}{d\ln\dfrac{T}{T_{kr}}\,T_{kr}} = -R\,\frac{d\left(\ln\dfrac{p}{p_{kr}} + \ln p_{kr}\right)}{d\left(\ln\dfrac{T}{T_{kr}} + \ln T_{kr}\right)}.$$

Da die Differentiale von konstanten Größen gleich Null sind, folgt

$$\frac{Q}{T} = -R\,\frac{d\ln\dfrac{p}{p_{kr}}}{d\ln\dfrac{T}{T_{kr}}}.$$

Wir wenden diesen Ausdruck auf den normalen Siedepunkt T_{si} beim Druck p_a an und erhalten unter Weglassung des negativen Vorzeichens, welches nur die Richtung der Energiezuführung beim Verdampfen ausdrückt,

$$\frac{Q_{si}}{T_{si}} = R\,\frac{d\ln\dfrac{p_a}{p_{kr}}}{d\ln\dfrac{T_{si}}{T_{kr}}}. \tag{VIII.37}$$

Nach dem Theorem der korrespondierenden Zustände soll die rechte Seite für alle Substanzen den gleichen Wert haben. Hinsichtlich T_{si}/T_{kr} besagt dies die in Ziffer 89 behandelte Guldbergsche Regel. Die Thermodynamik lehrt, daß der Wert des Dampfdrucks p_a in Fig. 96a jeweils durch die Flächengleichheit von zwei Gebieten bestimmt wird, die entstehen, wenn man die Schnittpunkte der punktierten Kurve mit den Isothermen geradlinig verbindet. Daraus folgt, daß auch die zu den reduzierten Temperaturen gehörenden reduzierten Dampfdrucke übereinstimmen müssen. So ergibt sich die von PICTET[1] und TROUTON[2] gefundene Regel, daß das Verhältnis der molaren Verdampfungswärme am Siedepunkt zur absoluten Siedetemperatur eine Konstante sein soll, die auf Grund der Experimente dann für die meisten Stoffe den Wert

$$\frac{Q_{si}}{T_{si}} = C \approx 21 \, \frac{\text{cal}}{\text{grad} \cdot \text{Mol}}$$

(VIII.38)

hat.

Aus dieser Formel ergibt sich nach SCHAAFFS[3] durch folgende Überlegung der Sprung der Schallgeschwindigkeit am normalen Siedepunkt: Nach der kinetischen Gastheorie ist die Siedetemperatur T_{si} ein Maß für die mittlere kinetische Energie der Moleküle daselbst, ist also dem mittleren Geschwindigkeitsquadrat $\overline{v^2}$ proportional. Die Verdampfungswärme Q_{si} läßt sich in N Energiebeträge ε der einzelnen Moleküle aufteilen. Diese Beträge ε setzen sich aus Anteilen zusammen, von denen der eine zur Überwindung der Attraktion der Moleküle bei der Verdampfung dient und der andere einem mittleren Geschwindigkeitsquadrat $\overline{w^2}$ in der Flüssigkeit am Siedepunkt proportional angesetzt werden kann. So ergibt sich aus (VIII.38) eine Beziehung der Form

$$\frac{\overline{w^2}}{\overline{v^2}} = \frac{2}{3}\left(\frac{C}{R} - 1\right).$$

Nun ist weiter v^2 mit der Schallgeschwindigkeit u_g am normalen Siedepunkt durch die schon in Ziffer 84 genannte Beziehung

$$\overline{v^2} = \frac{3}{\varkappa}\, u_g^2$$

verknüpft. Handhabt man für die Siedetemperatur T_{si}, aber auch nur für diese, das Theorem großzügiger, so wird man versuchsweise für $\overline{w^2}$ eine ähnliche Proportionalität zu u_{fl}^2 in der Flüssigkeit ansetzen:

$$\overline{w^2} = f \cdot \frac{3}{\varkappa}\, u_{fl}^2.$$

In dem Faktor f wird unser derzeitiger Mangel an näherer Kenntnis ausgedrückt. Damit bekommt nun das Verhältnis der Schallgeschwindigkeiten selbst den Wert

$$\frac{u_{fl}}{u_g} = \frac{\sqrt{\frac{2}{3}\left(\frac{C}{R} - 1\right)}}{\sqrt{f}} = \frac{2{,}52}{\sqrt{f}}.$$

(VIII.39)

[1] PICTET, R.: Ann. chim. phys. (5) **9**, 180 (1876).
[2] TROUTON, FR.: Phil. Mag. (5) **18**, 54 (1884).
[3] SCHAAFFS, W.: Acustica **6**, 382—386 (1956).

Ist das Theorem der korrespondierenden Zustände am Siedepunkt auch nur einigermaßen anwendbar, so muß man erwarten, daß f eine Konstante ist. Sie kann zwar abgeschätzt werden, wird aber besser aus den Experimenten entnommen. Das Ergebnis lautet für viele Flüssigkeiten

$$\frac{u_{fl}}{u_g} = q \approx 5 \qquad\qquad (VIII.40)$$

und ist in Fig. 105 für sechs Substanzen anschaulich dargestellt.

Dort, wo die Troutonsche Regel (VIII.38) vom Wert 21 stark abweicht, wird man auch eine entsprechende Abweichung des Quotienten q vom Werte 5 erwarten dürfen. Solche Abweichungen sind vorzugsweise dadurch bedingt, daß sich der Assoziationsgrad der Moleküle beim Übergang von der Flüssigkeitsphase in die Gasphase ändert. Dabei kann Assoziation, aber auch Dissoziation eintreten. Wasser und Methylalkohol sind dafür bekannte Beispiele. In der Tabelle VIII/6 sind für einige organische Verbindungen, deren Moleküle beim Sieden ihren Assoziationsgrad nicht verändern, die Schallgeschwindigkeitssprünge $q = u_{fl}/u_g$ und die Troutonschen Koeffizienten Q_{si}/T_{si} nebeneinander gestellt worden.

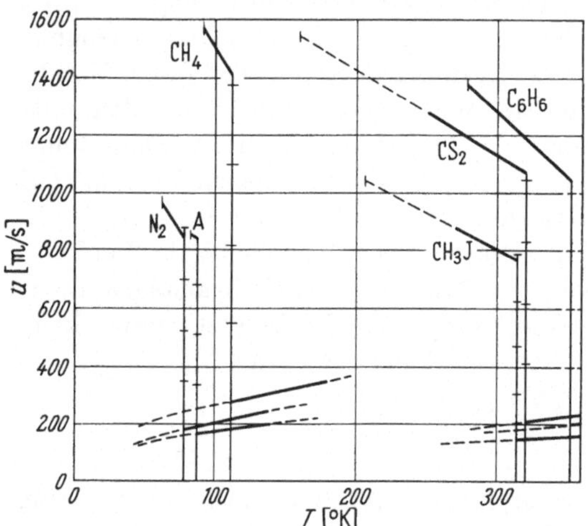

Fig. 105. Beispiele für den Sprung der Schallgeschwindigkeit am normalen Siedepunkt

Tabelle VIII/6. *Der Sprung der Schallgeschwindigkeit am normalen Siedepunkt für einige organische Flüssigkeiten*

Flüssigkeit	Chemische Formel	T_{si} [°C]	Q_{si}/T_{si} $\left[\dfrac{cal}{g \cdot Mol}\right]$	u_{fl}/u_g
Methan	CH_4	-161	18,2	5,23
Äthyläther	$(C_2H_5)_2O$	$+35$	20,7	4,91
Methyljodid	CH_3J	$+43$	20,4	4,97
Schwefelkohlenstoff .	CS_2	$+46$	21,0	5,12
Aceton	$CO(CH_3)_2$	$+56$	21,7	4,96
Tetrachlorkohlenstoff	CCl_4	$+77$	20,2	4,99
Benzol	C_6H_6	$+80$	20,8	5,34
Fluorbenzol	C_6H_5F	$+85$	21,1	4,98
n-Heptan	C_7H_{16}	$+98$	20,0	4,64

Es ist bekannt, daß Wasserstoff und Helium aus besonderen Gründen sehr stark von der Troutonschen Regel abweichen. Wenn die obigen Überlegungen, die von Gl. (VIII.38) zu Gl. (VIII.40) geführt haben, in den Grundzügen richtig sind, hat man proportionale Abweichungen zu erwarten und der Quotient aus Troutonscher Regel und Schallgeschwindigkeitssprung bleibt konstant. Das zeigt Tabelle VIII/7 für einige Elemente, und zwar für tiefsiedende Gase und für Quecksilber. Damit ist natürlich über die gemeinsame Ursache nichts gesagt, wohl aber ist gezeigt, daß der Schallgeschwindigkeitssprung ein wichtiges Hilfsmittel für sonst nur rein thermisch diskutierte Probleme darstellt.

Tabelle VIII/7. *Das Verhältnis des Troutonschen Koeffizienten zum Schallgeschwindigkeitssprung am Siedepunkt einiger Elemente*

Element	Formel	T_{si} [°C]	Q_{si}/T_{si}	u_{fl}/u_g	$\dfrac{Q_{si}}{T_{si}} : \dfrac{u_{fl}}{u_g}$
Sauerstoff	O_2	-183	18,1	5,15	3,50
Stickstoff	N_2	-195	17,3	4,80	3,60
Argon	A	-186	17,3	5,00	3,45
Wasserstoff	H_2	-253	10,8	3,12	3,45
Helium	He	-269	5,7	1,73	3,30
Quecksilber	Hg	$+357$	21,6	6,22	3,47

Warum das Verhältnis des Troutonschen Koeffizienten zum Schallgeschwindigkeitssprung bei Elementen etwas kleiner ist (3,45) als bei zusammengesetzten Molekülen (etwa 4,1), ist noch nicht näher untersucht worden. Wenn man einmal von Quecksilber absieht, so liegen die Siedepunkte der fünf Elemente der Tabelle VIII/7 unter 100° K, die der Verbindungen der Tabelle VIII/6 mit Ausnahme des Methans zwischen 300 und 400° K, also etwa 250° K höher. Falls die Unterschiede im Verhältnis von $\dfrac{Q_{si}}{T_{si}} : \dfrac{u_{fl}}{u_g}$ mit der Siedetemperatur zusammenhängen, müßte bei Stoffen, deren Siedepunkte um 600° K liegen, das Verhältnis noch größer geworden sein. Das ist auch tatsächlich der Fall, wie noch nicht veröffentlichte Messungen ergeben haben. Der Anstieg erfolgt ungefähr proportional zur absoluten Siedetemperatur. Daraus folgt, daß die mannigfachen Vernachlässigungen, unter denen das Ergebnis (VIII.40) erhalten worden ist, einer genaueren Überprüfung bedürfen.

93. Der Sprung der Schallgeschwindigkeit am normalen Schmelzpunkt

Auch am Schmelzpunkt mit der Temperatur T_{sm} existiert ein Sprung der Schallgeschwindigkeit. Dabei muß angegeben werden, auf welche Wellenform sich die Schallgeschwindigkeit im festen Aggregatzustand bezieht. Es sei vorausgesetzt, daß der feste Körper isotrop oder quasi-isotrop bzw. polykristallin ist. Von den verschiedenen Formen elastischer

Wellen in festen Körpern interessieren hier nur die reinen Longitudinalwellen, die Transversalwellen und die Dehnungswellen mit den Schallgeschwindigkeiten u_∞, u_{tr}, u_D. Die ersten beiden Wellenformen treten nur in „unendlich ausgedehnten" Medien auf bzw. in solchen Medien, die gegen die Wellenlänge hinreichend groß sind. Das ist im Ultraschallgebiet bei Frequenzen über 5 MHz und bei einem festen Körper von 1 cm³ Volumen und mehr immer der Fall. Die Schallgeschwindigkeit der Dehnungswellen ist für stabförmige Körper, deren Querdimensionen klein gegen die Wellenlänge sind, gültig. Die drei genannten Schallgeschwindigkeiten in festen Körpern sind durch die Relation

$$u_\infty > u_D > u_{tr}$$

miteinander verbunden. Das geht aus den Formeln

$$u_\infty = \sqrt{\frac{E}{\varrho}\,\frac{1-\sigma}{(1+\sigma)\,(1-2\sigma)}}\,, \quad u_D = \sqrt{\frac{E}{\varrho}}\,, \quad u_{tr} = \sqrt{\frac{E}{\varrho}\,\frac{1}{2\,(1+\sigma)}}\,,$$

die in Kapitel II A vorkamen, hervor. Es stehen daher folgende Sprungwerte der Schallgeschwindigkeit zur Diskussion:

$$u_\infty/u_{fl}, \quad u_D/u_{fl}, \quad u_{tr}/u_{fl}. \tag{VIII.41}$$

Der Versuch, auf theoretischem Wege in ähnlicher Weise wie in Ziffer 92 eine Konstante der Entropiezunahme Q_{sm}/T_{sm} am Schmelzpunkt abzuleiten und von dort durch molekularkinetische Betrachtungen zum Schallgeschwindigkeitssprung u_∞/u_{fl} zu gelangen, scheint aussichtslos zu sein. Es sei daher das Experiment zur Hilfe gezogen und in Tabelle VIII/8 aus einer Arbeit von SCHAAFFS[1] eine Zusammenstellung des bislang bekannt gewordenen Materials gebracht. Es ist interessant, daß von einer auch nur annähernden Konstanz von Q_{sm}/T_{sm} keine Rede sein kann, daß aber die Schallgeschwindigkeitssprünge eine vergleichsweise bemerkenswerte Übereinstimmung aufweisen und um den Wert 1,23 herum liegen. Interessant ist ferner, daß die Umrechnung auf den Sprung u_D/u_{fl} mit Hilfe des Poissonschen Querkontraktionskoeffizienten einen um den Wert Eins herum liegenden Betrag ergibt. Über den Schallgeschwindigkeitssprung am Schmelzpunkt organischer Substanzen s. Ziffer 131.

Die Messungen von JACOB[2], KLEPPA[3], POLOTSKII[4] und Mitarbeitern in heißen Schmelzen sind mit Impuls-Verfahren durchgeführt worden. In heißen Metallschmelzen ist die Genauigkeit des Impuls-Verfahrens

---

[1] SCHAAFFS, W.: Acustica **6**, 387—390 (1956).

[2] Siehe *Zitat in Ziffer 66*.

[3] KLEPPA, O.: J. chem. Phys. **17**, 668 (1949); **18**, 1331—1336 (1950).

[4] POLOTSKII, I., V. TABOROW und Z. KHODOW: Soviet Physics, Acoustics **5**, 202—205 (1959).

Tabelle VIII/8. *Der Sprung der Schallgeschwindigkeit am Schmelzpunkt einiger Metalle*

Metall	$\dfrac{Q_{sm}/T_{sm}}{\left[\dfrac{\text{cal}}{\text{grad} \cdot \text{Mol}}\right]}$	$\dfrac{u_\infty}{u_{fl}}$	$\dfrac{u_D}{u_{fl}}$	Berechnet aus den Messungen nachfolgender Autoren:
Zink. . . .	2,16	1,26	1,03	KLEPPA; KOHLRAUSCH
Cadmium .	2,04	1,12	0,92	KLEPPA; BORDONI[1] und NUOVO
Zinn. . . .	2,71	1,25	1,03	JACOB; POLOTSKII u. Mitarb.
Wismut . .	3,95	1,36	1,12	KLEPPA; BORDONI und NUOVO
Quecksilber	2,39	1,27	1,04	JACOB
Natrium . .	1,70	1,25	1,03	KLEPPA; BRIDGMAN
Cäsium . .	1,72	1,18	0,97	KLEPPA; BRIDGMAN
Gallium . .	4,40	1,25	1,02	KLEPPA; BRIDGMAN
Blei	1,90	1,12	0,91	GORDON; BORDONI u. NUOVO
	Mittelwerte: 1,23	1,01		

nicht besonders gut. Die Messungen der verschiedenen Forscher über die Schallgeschwindigkeiten in festen Metallen und in Metallschmelzen zeigen mitunter erhebliche Unterschiede. Das rührt daher, daß bei festen Körpern die Vorbehandlung und die Mikrostruktur in die Messung nicht unerheblich eingehen.

94. Die Schallgeschwindigkeit im Bereich des kritischen Punktes[2]

Da der kritische Punkt im Theorem der korrespondierenden Zustände eine entscheidende Rolle spielt, ist die Frage nach der Schallgeschwindigkeit und der Schallabsorption in seinem Bereich von besonderem Interesse. Der kritische Punkt wird durch die beiden Aussagen

$$\left(\frac{\partial p}{\partial V}\right)_T = 0 , \quad \left(\frac{\partial^2 p}{\partial V^2}\right)_T = 0 \qquad\qquad \text{(VIII.42)}$$

charakterisiert. Nach Fig. 96 besagt die erste Aussage, daß die kritische Isotherme dort parallel zur Abszisse verläuft, und die zweite Aussage, daß sie dort einen Wendepunkt hat. Das heißt, die isotherme Schallgeschwindigkeit wird Null und durchläuft dabei ein flaches Minimum. Dabei steigt sie zu kleinem V hin steiler als zu großem V hin an. Die isotherme Schallgeschwindigkeit hat aber nach Fig. 2 nur für die Frequenz Null Bedeutung und ist bei Ultraschallfrequenzen nur eine Rechengröße. Dadurch daß die adiabatische Schallgeschwindigkeit, die wir messen, sich durch $\sqrt{\varkappa}$ von ihr unterscheidet, wird das Problem wesentlich kom-

---

[1] BORDONI, P. G., and M. NUOVO: Nuovo Cim. **10**, 386—394 (1953); **1**, 155—158 (1955).

[2] Literatur: ROWLINSON, J. CH.: s. Zitat in Ziffer 86; KOBE, K., and R. LYNN: The Critical Properties of Elements and Compounds, Chem. Rev. **52**, 117—236 (1953); NOSDREW, W., s. Buchzitat im Vorwort, ferner Soviet Physics, Acoustics, **1**, 249—261 (1955); **2**, 209—214 (1956).

plizierter. Indem wir die schon früher in Ziffer 10 erwähnte Gl. (II.34) in der Form

$$\frac{C_p}{C_V} = 1 - \frac{T}{C_V}\,\frac{\left(\dfrac{\partial p}{\partial T}\right)_V^2}{\left(\dfrac{\partial p}{\partial V}\right)_T}$$

schreiben und in den Ausdruck (II.21) für die Schallgeschwindigkeit einführen, erhalten wir

$$u^2 = \frac{V^2 T}{M\,C_V}\left(\frac{\partial p}{\partial T}\right)_V^2 - \frac{V^2}{M}\left(\frac{\partial p}{\partial V}\right)_T. \tag{VIII.43}$$

Der zweite Summand ist die isotherme Schallgeschwindigkeit und wird nach (VIII.42) am kritischen Punkt gleich Null, so daß dort gilt

$$u_{kr}^2 = \frac{V_{kr}^2\,T_{kr}}{M\,C_V}\left(\frac{\partial p}{\partial T}\right)_V^2. \tag{VIII.44}$$

Der Differentialquotient kann zwar aus der van der Waalsschen Zustandsgleichung zu

$$\left(\frac{\partial p}{\partial T}\right)_V^2 = \frac{R}{(V_{kr} - b_{kr})^2}$$

bestimmt werden, aber die eigentlich schwierige Größe dieser Formel (VIII.44) ist C_V, die a priori zu berechnen wir zur Zeit keine Möglichkeit haben. Man kann nur folgendes sagen und dann das Experiment sprechen lassen: Mit Hilfe der Ausdrücke für den Ausdehnungskoeffizienten

$$A = \frac{1}{V}\left(\frac{\partial V}{\partial T}\right)_p$$

und der isothermen Kompressibilität

$$\beta_T = -\frac{1}{V}\left(\frac{\partial V}{\partial p}\right)_T$$

sowie der Umrechnungsformel

$$\left(\frac{\partial p}{\partial T}\right)_V = -\left(\frac{\partial p}{\partial V}\right)_T\left(\frac{\partial V}{\partial T}\right)_p$$

läßt sich bekanntlich nach Gl. (II.34) auch schreiben

$$C_p - C_V = \frac{A^2\,VT}{\beta_T}. \tag{VIII.45}$$

Nun wird am kritischen Punkt sowohl A wie β_T „unendlich groß". Das kann heißen, daß nur C_p unendlich groß wird und C_V klein bleibt, oder daß beide groß werden, jedoch C_p viel stärker als C_V. In letzterem Falle haben wir damit zu rechnen, daß nach Gl. (VIII.44) die Schallgeschwindigkeit die Tendenz zeigt, recht klein zu werden.

Experimentaluntersuchungen über die Schallgeschwindigkeiten am kritischen Punkt liegen für die Substanzen vor, die in Tabelle VIII/9 aufgeführt sind. Da die Meßdaten verschiedener Forscher voneinander abweichen, teils wegen noch vorhandener Verunreinigungen in den Substanzen, teils wegen der Möglichkeit des Auftretens von Dispersionen, sind die in der Tabelle VIII/9 angegebenen Daten noch nicht als endgültig sichergestellt anzusehen. Die kritischen Daten wurden abgerundet angegeben.

Tabelle VIII/9. *Beispiele für Schallgeschwindigkeiten in einigen Stoffen am kritischen Punkt*

Stoff	Chemische Formel	Kritische Daten		Schallgeschwindigkeit [m/s]		u_a bei T_{kr} und $p_a = 1$	Autor für u_{kr}
		T_{kr} [°C]	p_{kr} [atm]	u_{kr}	bei ν [kHz]		
Xenon	X	16,8	57	95	750	180	CHYNOWETH u. SCHNEIDER
Äthylen . . .	C_2H_2	9,7	51	160	274	330	HERGET
Kohlendioxyd .	CO_2	31,0	73	140	410	280	TIELSCH u. TANNEBERGER
Äthan	C_2H_6	32,3	49	147	300	310	TANNEBERGER
i-Pentan . . .	C_5H_{12}	187,8	33	110	3000	240	⎫ KLING, NICOLINI
n-Pentan . . .	C_5H_{12}	197	33	100	3000	244	⎭ u. TISSOT
Methylalkohol .	CH_3OH	240	78,5	156	5000	390	NOSDREW
Äthylalkohol .	C_2H_5OH	243	63	169	5000	334	NOSDREW
Äthylacetat . .	$C_2H_5COOCH_3$	250	38	127	5000	235	NOSDREW u. SOBOLEW
Isobutylalkohol	C_4H_9OH	283	48	134	5000	260	NOSDREW

Es ist dem Verfasser aufgefallen, daß die kritischen Schallgeschwindigkeiten u_{kr} zu den Schallgeschwindigkeiten u_a bei Atmosphärendruck etwa im Verhältnis

$$u_{kr} : u_a \approx 1 : 2$$

stehen. Ob hier eine brauchbare Regel zur Abschätzung von Schallgeschwindigkeiten im kritischen Punkt vorliegt, kann aber noch nicht beantwortet werden. Für die angenäherte Berechnung von u_a wurde übrigens die ideale Gasgleichung verwendet.

Es hat sich als notwendig erwiesen, den thermischen Zustand des Systems, in dem die Schallgeschwindigkeit am kritischen Punkt gemessen werden soll, mit großer Sorgfältigkeit zu kontrollieren, und zwar hinsichtlich aller drei Zustandsgrößen, nämlich Druck, Temperatur und Dichte. Dazu gehört sogar die Berücksichtigung des Einflusses der Schwerkraft im Meßraum. Sie gibt zu einem Druck- und Dichtegefälle Anlaß und beeinflußt dadurch die thermische Gleichgewichtseinstellung. Die Einstellung der zeitlichen Unveränderlichkeit von p, ϱ, T zueinander erfolgt

am kritischen Punkt wesentlich langsamer als in anderen Zustands-
bereichen. Das bedeutet, daß erhebliche und nach vielen Stunden zäh-
lende Wartezeiten entstehen, bis man nach einer vorgenommenen Änderung von Druck und Temperatur akustische Messungen vornehmen
darf. Es scheint zweckmäßig zu sein, bei diesen Untersuchungen die
Temperatur stets von hohen nach niedrigen Werten zu verändern und
jeweils wenigstens 3 Stunden zu warten, bis das System einen Gleichgewichtszustand zwischen den Dichten seiner beiden Phasen erreicht hat.

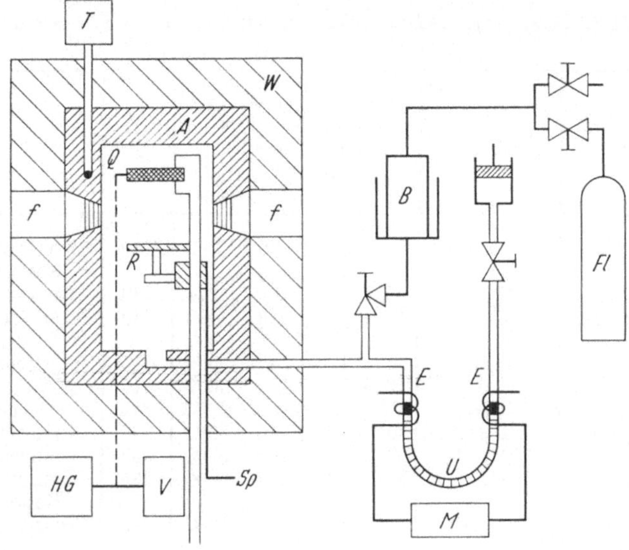

Fig. 106. Apparatur von TANNEBERGER für Untersuchungen im kritischen Bereich

Bei der Beschreibung einer Meßapparatur und bei der Wiedergabe
von Meßergebnissen folgen wir den Publikationen von TANNEBERGER[1]
und TIELSCH[2] und TANNEBERGER und bringen ihre Messungen an Äthan
C_2H_6 als Beispiel. Nach Fig. 106 wurden die Messungen in einem Hoch-
druckautoklaven A vorgenommen, dessen Temperatur durch ein von
einem Kontaktthermometer gesteuertes Wasserbad W erzeugt wird.
Die Temperatur selbst wird mittels eines Platinwiderstandsthermo-
meters T kontrolliert. Im Autoklaven befindet sich die Interferometer-
Meßstrecke zwischen einem Straubelquarz Q der Frequenz 300 kHz und
dem Reflektor R. Dieser kann mittels einer Spindel Sp gegen den Quarz
verstellt werden. Beide lassen sich zusammen verschieben, um den Einfluß der Schwerkraft auf das Medium erkennen zu können. Der Meßraum hat einen Durchmesser von 9 cm und eine Länge von etwa 30 cm.

[1] TANNEBERGER, H.: Z. Physik **153**, 445—457 (1959).
[2] TIELSCH, H., u. H. TANNEBERGER: Z. Physik **137**, 256—264 (1954).

Durch den mehrstufigen Hochfrequenzgenerator *HG* kann dem Quarz *Q* auch eine Frequenz von 900 kHz zugeführt werden. Die Impedanzschwankungen werden an dem Röhrenvoltmeter *V* kontrolliert. Die Versuchssubstanz wird der Flasche *Fl* entnommen, im Behälter *B* kon-

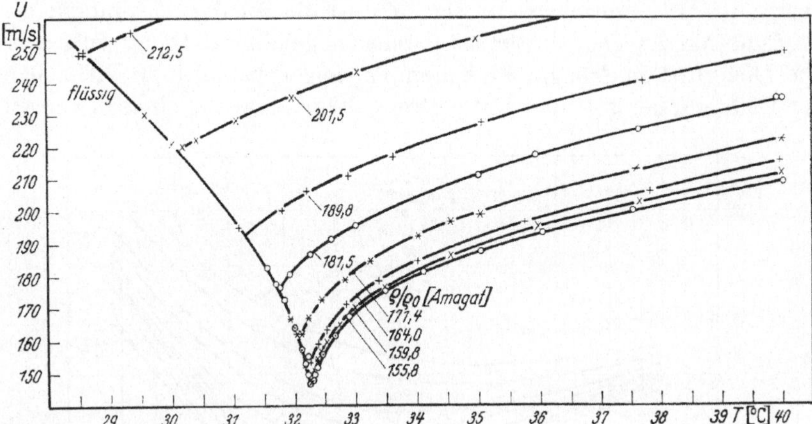

Fig. 107 a. Schallgeschwindigkeit in Äthan als Funktion der Temperatur auf Isochoren $\varrho/\varrho_0 > \varrho_k/\varrho_0$

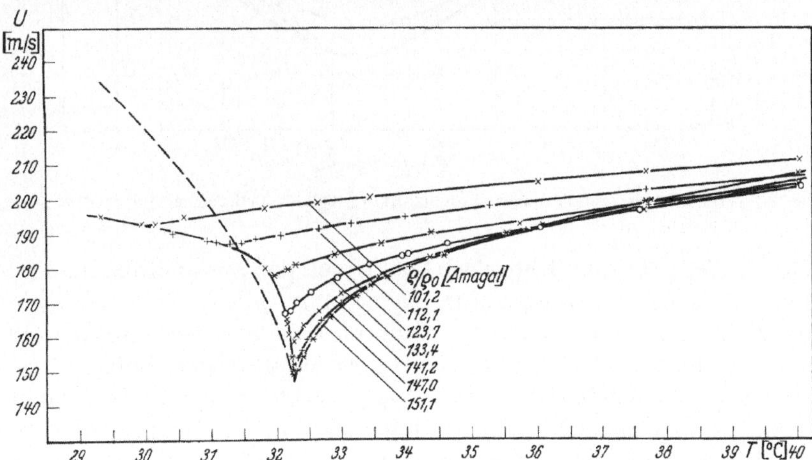

Fig. 107 b. Schallgeschwindigkeit in Äthan als Funktion der Temperatur auf anderen Isochoren $\varrho/\varrho_0 < \varrho_k/\varrho_0$

densiert und über Ventile in den Meßraum gedrückt. Die Einfüllung kann durch die Fenster *f...f* beobachtet werden. Der Druck *p* wird an einem Kolbenmanometer erzeugt. Das Manometeröl ist an das im Autoklaven zu untersuchende Gas durch eine U-förmige Quecksilberstrecke *U* angekoppelt. Auf dem Quecksilber schwimmen zwei Eisenstücke *E*, deren Lage die Druckänderung anzeigt. Die Lage wird mittels zweier Spulen und einer Wechselstrom-Meßbrücke *M* genauestens kontrolliert.

Der Zusammenhang zwischen Druck und Dichte bei verschiedenen Temperaturen der Meßsubstanz wurde mit einem anderen Autoklaven bestimmt.

Die Meßergebnisse von TANNEBERGER an Äthan bei 300 kHz sind in Fig. 107 wiedergegeben. In Fig. 107 a ist die Schallgeschwindigkeit u als Funktion der Temperatur bei jeweils festgehaltener Dichte zu sehen. Die Dichte ist in Amagat-Einheiten ϱ/ϱ_0 angegeben, d.h. in Vielfachen der Dichte ϱ_0 bei 0° C und 1 atm Druck. Wenn man auf einer Isochoren

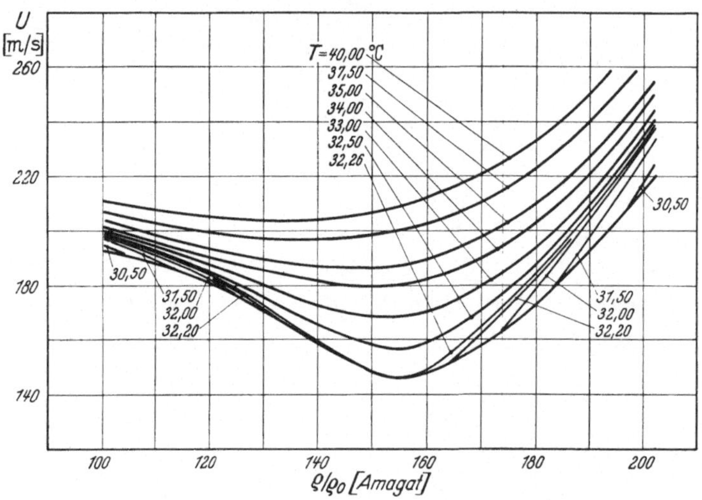

Fig. 107 c. Die Isothermen der Schallgeschwindigkeit in Äthan als Funktion der Amagat-Dichte ϱ/ϱ_0

$\varrho/\varrho_0 > \varrho_{kr}/\varrho_0$ links vom kritischen Punkt (vgl. das Zustandsdiagramm in Fig. 96) von höheren Temperaturen herkommt, fällt die Schallgeschwindigkeit bis zu einem Minimum. Dann aber muß sie bei nunmehr veränderlicher Dichte auf der Grenzkurve wieder ansteigen. Befindet man sich aber auf einer Isochoren $\varrho/\varrho_0 < \varrho_{kr}/\varrho_0$ rechts vom kritischen Punkt, so fällt die Schallgeschwindigkeit mit abnehmender Temperatur ebenfalls auf ein Minimum ab, steigt dann aber bei veränderlicher Dichte auf der Grenzkurve wieder an. In Fig. 107 b ist die Grenzkurve der flüssigen Phase aus Fig. 107 a nochmal gestrichelt eingezeichnet worden. In Fig. 107 c ist eine etwas andere Darstellungsform der Schallgeschwindigkeit, nämlich als Funktion der Amagat-Dichte ϱ/ϱ_0 auf Isothermen, gewählt worden. Sie läßt deutlich erkennen, daß das Minimum der Schallgeschwindigkeit am kritischen Punkt flach durchlaufen wird, während die vielfach in der Literatur übliche Darstellung $u = f(p)_T$ den Eindruck eines singulären Punktes erweckt. Schließlich ist in Fig. 108 der Verlauf der Molwärme C_V, wie er sich nach Gl. (VIII.43) aus den

Messungen von u, p, T und ϱ zu

$$C_V = \frac{T\left(\dfrac{\partial p}{\partial T}\right)_\varrho^{\,2}}{\varrho^2\left[u^2 + \left(\dfrac{\partial p}{\partial \varrho}\right)_T\right]} \qquad \text{(VIII.46)}$$

ergibt, dargestellt worden.

Die Versuchsergebnisse zeigen einige Besonderheiten, die beachtet werden müssen, deren eindeutige Klärung aber noch aussteht. Der

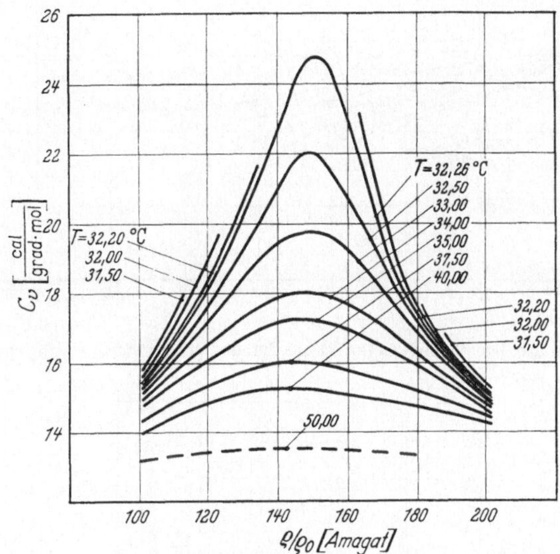

Fig. 108. Spezifische Wärme bei konstantem Volumen für Äthan, berechnet aus der Schallgeschwindigkeit

kleinste Wert der Schallgeschwindigkeit wird nicht an dem thermodynamisch durch T_{kr}, ϱ_{kr} und p_{kr} definiertem kritischen Punkt erreicht. Er liegt vielmehr bei ein wenig höherer als der kritischen Dichte bzw. bei etwas niedrigerem Molvolumen als dem kritischen bzw. bei einem etwas höherem als dem kritischen Druck. Ob dies aber auf eventuelle Verunreinigungen zurückgeführt werden kann, bleibe dahingestellt. Aus Fig. 107 b geht hervor, daß in einem kleinen Bereich von etwa 0,7° unterhalb der kritischen Temperatur die Schallgeschwindigkeit in der flüssigen Phase kleiner ist als in der gasförmigen. Eine gleichartige Beobachtung ist auch an Schwefelhexafluorid SF_6 gemacht worden.

Wie schon erwähnt, ist es meistens üblich, die Funktion $u(p)$ bei verschiedenen Temperaturen zu messen und darzustellen. Die Schallgeschwindigkeit erscheint dann als singulärer Punkt im Diagramm. Eine Darstellung dieser Art ist in Fig. 109 nach Messungen von TIELSCH und TANNEBERGER für CO_2 wiedergegeben. In dieser Darstellung hat links vom kritischen Druck p_{kr} die Isotherme jene Unstetigkeitslücken, die man auch als Koexistenzlücken bezeichnet und die mit abnehmender

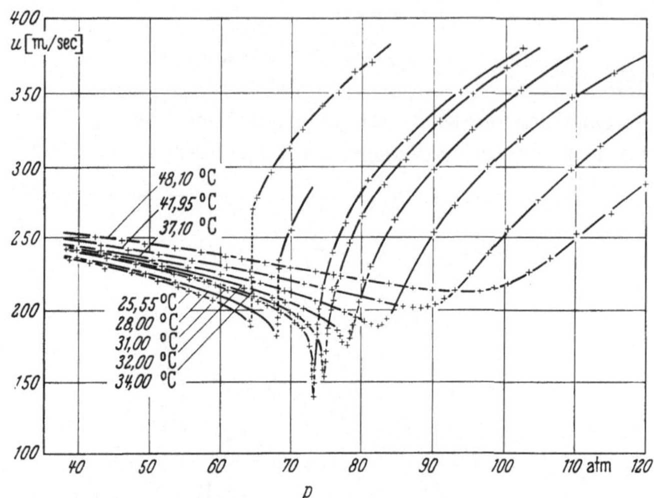

Fig. 109. Die Schallgeschwindigkeit als Funktion des Drucks auf den Isothermen in CO_2

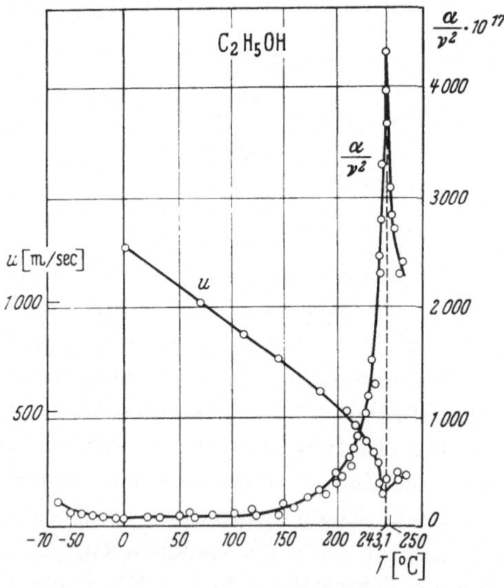

Fig. 110. Schallgeschwindigkeit u und Absorption α/ν^2 am kritischen Punkt von Äthylalkohol

Temperatur immer größer werden, bis schließlich nach den Ausführungen in Ziffer 92 bei Atmosphärendruck der Unterschied den Faktor 5 erreicht.

Die Koexistenz zweier verschiedener Phasen nahe am kritischen Punkt und die langsame Einstellung des thermischen Gleichgewichts dort müssen innerhalb einer Schwingungsperiode beim Übergang des Schallwechseldrucks von Unterdruck zu Überdruck ständig Verschiebungen der Zustandsphasen gegeneinander zur Folge haben. Diese Verschiebungen können aber, wie die äußerst langsame Einstellung des

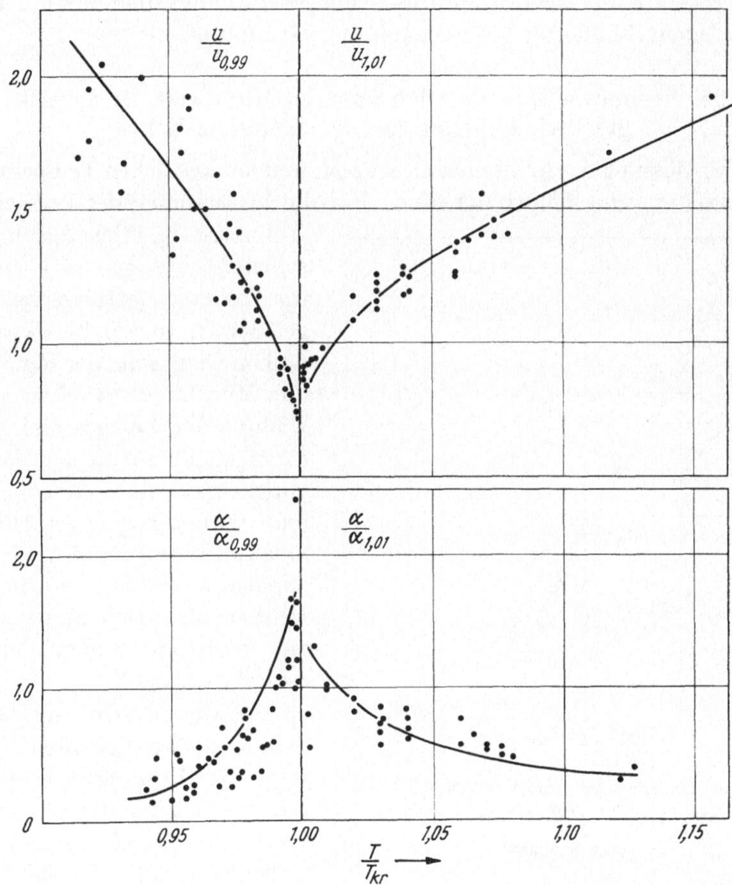

Fig. 111. Relative Schallgeschwindigkeiten und relative Absorptionskoeffizienten von 10 Stoffen als Funktion der reduzierten Temperatur im kritischen Bereich (nach NOSDREW und GLINSKIJ)

thermischen Gleichgewichts zeigt, den schnellen Ultraschallfrequenzen gar nicht folgen. Eine beträchtliche Relaxation könnte die Folge sein und sich in einem starken Anstieg der Schallabsorption bemerkbar machen. Fig. 110 zeigt nach einer Untersuchung von NOSDREW an Äthylalkohol den enormen Anstieg von α/ν^2 verglichen mit den Verhältnissen bei Zimmertemperatur. Fig. 111 gibt nach NOSDREW[1] und

---

[1] NOSDREW, W., u. A. GLINSKIJ: l. c. im Vorwort, Buchreihe Bd. XII, S. 81—85, 1960.

Glinskij für 10 verschiedene Alkohole und Acetate die Verhältnisse beiderseits von $T/T_{kr} = 1$ in relativen Maßen wieder. Die allzu träge Einstellung des thermischen Gleichgewichts ist aber auffällig. Nach der in Ziffer 192 und 194 behandelten Stoßfaktortheorie ist die hohe Absorption hauptsächlich auf das Schallgeschwindigkeitsminimum und den kleinen Stoßfaktor der Moleküle zurückzuführen.

95. Nosdrews Satz über den linearen Mittelwert der Schallgeschwindigkeiten auf der Sättigungskurve

Die Messung des kritischen Drucks p_{kr} und der kritischen Temperatur T_{kr} bereitet keine Schwierigkeiten. Für die Bestimmung des kritischen Volumens V_{kr} oder der kritischen Dichte ϱ_{kr} wird meist die Cailletet-Matthiassche Regel herangezogen. Sie besagt, daß im Diagramm der Fig. 96b die Mittellinie zwischen den Dichten der flüssigen und gasförmigen Phase auf der Sättigungskurve eine Gerade ist und auf den kritischen Punkt hinzielt. Die Dichte ϱ_{kr} kann danach analytisch bestimmt werden, ohne daß Messungen am kritischen Punkt selbst erforderlich sind.

Bei der Bestimmung der Schallgeschwindigkeiten u_{kr} treten ähnliche Schwierigkeiten wie bei der Bestimmung von ϱ_{kr} auf. Wie schon in Ziffer 94 erwähnt wurde, tragen nämlich der Schallwechseldruck und die hohe Schallabsorption sehr zur Erhöhung der Labilität des kritischen Zustandes und zur Ungenauigkeit der Messung von u_{kr} bei. Nosdrew[1] hat nun einen ähnlichen Weg zur Bestimmung von u_{kr} gewiesen, wie ihn die Cailletet-Matthiassche Regel für die Dichte aufzeigt. Mißt man nämlich im Autoklaven gleichzeitig die Schallgeschwindigkeiten in der flüssigen Phase und in der Phase des gesättigten Dampfes, so bekommt man, wie Fig. 112 für Isobutylalkohol zeigt, zwei Kurven, die im kritischen Punkt zusammenlaufen müssen. Nosdrew hat bei den von ihm untersuchten Stoffen

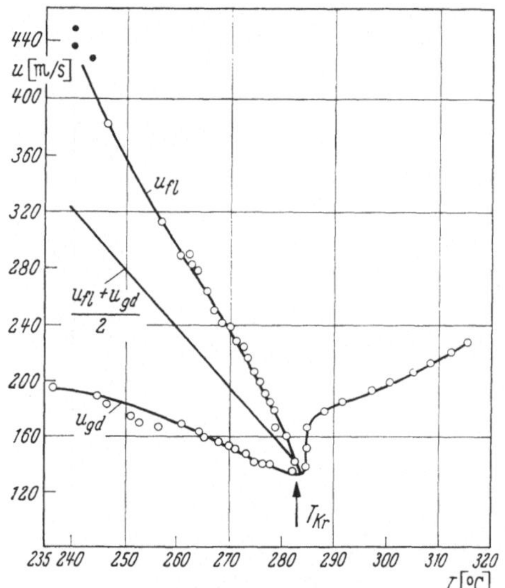

Fig. 112. Die Lage der geraden Schallgeschwindigkeits-Mittellinie $\dfrac{u_{fl} + u_{gd}}{2}$ bei Isobutylalkohol (nach Nosdrew)

---

[1] Nosdrew, W.: Soviet Physics, Acoustics 1, 249—261 (1955); 2, 209—213 (1956).

gezeigt, daß die Mittelwerte der Summen der Ordinaten dieser Kurven linear von der Temperatur abhängen, so daß die kritische Schallgeschwindigkeit analytisch berechnet werden kann. Es ist

$$\frac{u_{fl} + u_{gd}}{2} = u_{kr} + \frac{du}{dT}\,(T_{kr} - T). \qquad \text{(VIII.47)}$$

Es gibt noch einen zweiten Weg zur Bestimmung von u_{kr}, wie NOS-DREW gezeigt hat, und zwar durch Bestimmung der Schallwiderstände $\varrho\,u$, für die dann eine ähnliche Gleichung wie (VIII.47) gilt, nämlich

$$\left.\begin{array}{l} \dfrac{u_{fl}\,\varrho_{fl} + u_{gd}\,\varrho_{gd}}{2} = u_{kr}\,\varrho_{kr} + \\[2mm] \quad + \dfrac{d\varrho\,u}{dT}\,(T_{kr} - T). \end{array}\right\} \quad \text{(VIII.48)}$$

Dieser zweite Weg, bei dem Cailletet-Matthiassche und Nosdrewsche Regel kombiniert werden, ist meßtechnisch weniger einfach. Ob er genauer ist, bedarf noch der näheren Untersuchung. Fig. 113 zeigt die Schallwiderstandslinien und ihre Mittellinie am Beispiel des Äthylalkohols. Die gerade Mittellinie trifft die Widerstandskurve dort, wo diese bei der kritischen Temperatur T_{kr} eine vertikale Tangente hat. In der Tabelle VIII/10 sind die nach den Gln. (VIII.47) und (VIII.48) berechneten kritischen Schallgeschwindigkeiten miteinander verglichen worden.

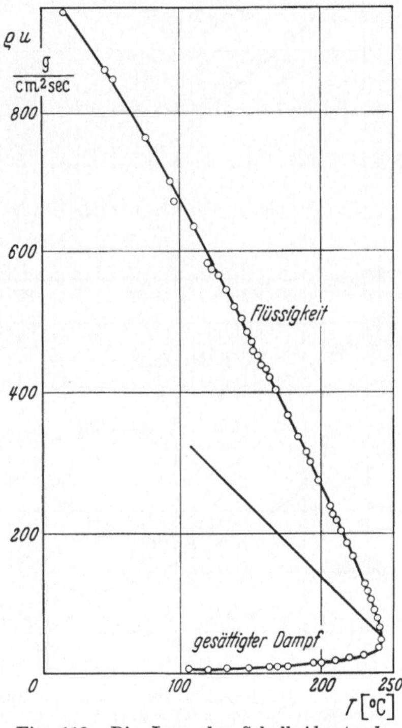

Fig. 113. Die Lage der Schallwiderstands-Mittellinie bei Äthylalkohol (nach NOSDREW)

Tabelle VIII/10. *Kritische Schallgeschwindigkeiten u_{kr} nach* NOSDREW

Substanz	T_{kr} [°C]	u_{kr} nach Gl.(VIII.47) [m/s]	u_{kr} nach Gl.(VIII.48) [m/s]	Substanz	T_{kr} [°C]	u_{kr} nach Gl.(VIII.47) [m/s]	u_{kr} nach Gl.(VIII.48) [m/s]
n-Hexan. . .	230	140	148	Propylacetat .	232	125	108
n-Heptan . .	267	175	181	Methylalkohol	240	156	157
Methylacetat.	233	164	164	Äthylalkohol .	243	163	170
Äthylacetat .	250	146	147	Isobutylalkohol	283	134	134

96. Die Funktion $u(T)$ bei konstanter Dichte in Flüssigkeiten

Wenn man die Schallgeschwindigkeit in einer Flüssigkeit als Funktion der Temperatur bei Atmosphärendruck untersucht, erhält man eine gerade Linie. Wenn man sie unter dem Sättigungsdruck des eigenen Dampfes untersucht, erhält man eine Linie, die zunächst auch gerade ist, aber mit Annäherung an den kritischen Punkt sich zur Temperatur-Abszisse hin neigt. In beiden Fällen scheint der Zusammenhang zwischen Schallgeschwindigkeit und Temperatur einfach zu sein und ist durch einen negativen Temperaturkoeffizienten der Schallgeschwindigkeit gekennzeichnet. NOSDREW hat darauf hingewiesen, daß bei dieser Darstellung der Funktion $u(T)$ stets auch die Dichte ϱ mitgeändert wird. Wenn man den Versuch aber so führt, daß ϱ konstant gehalten wird, dann ist $\dfrac{du}{dT}$ stark veränderlich und meistens positiv. Ein einfacher Zusammenhang zwischen u und T scheint dann nicht mehr vorzuliegen, wie Fig. 114 und 115 an drei Beispielen deutlich machen.

Eine Darstellung $u = f(T)_\varrho$ und $\left(\dfrac{\partial u}{\partial T}\right)_\varrho$ kann in Verbindung mit einer Messung der Schallabsorption α/v^2 als Funktion der Temperatur bei ebenfalls konstanter

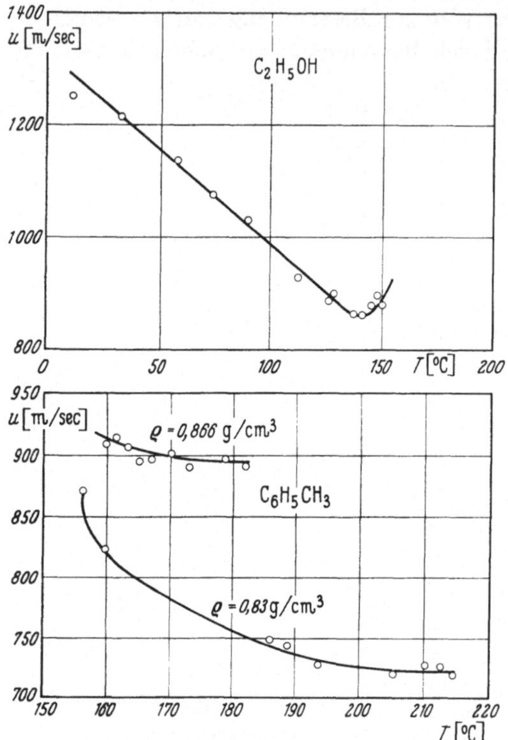

Fig. 114. Die Schallgeschwindigkeit als Funktion der Temperatur bei konstanter Dichte in flüssigem Toluol und Äthanol

Dichte wichtige Hinweise auf die Flüssigkeitsstruktur in der Nähe der Sättigungskurve geben. Das geht aus einer Untersuchung hervor, die NOSDREW[1], KALYANOW und SHIRKEVICH bei 6 MHz an Methylalkohol angestellt haben. In Fig. 115 ist der gemessene Zusammenhang

$$u = f(T) \quad \text{bei} \quad \varrho = \text{const}$$
$$\alpha/v^2 = f(T) \quad \text{bei} \quad \varrho = \text{const}$$

dargestellt worden. Längs der Sättigungskurve hat die Schallgeschwindigkeit einen negativen Temperaturkoeffizienten und die Absorption α/v^2 einen positiven. Auf den Isopyknen aber hat die Schallgeschwindig-

---

[1] NOSDREW, W., W. KALYANOW u. M. SHIRKEVICH: Proc. III Int. Congr. Acoustics, Bd 1, S. 544—548. Amsterdam: Elsevier Publ. Comp. 1961.

keit einen positiven Temperaturkoeffizienten, während die Absorption nach Durchlaufen eines kleinen Maximums einen negativen Koeffizienten aufweist. Dieses kleine Maximum scheint das eigentlich Interessante an diesem Versuch zu sein. Es könnte auf eine Relaxation hindeuten, die

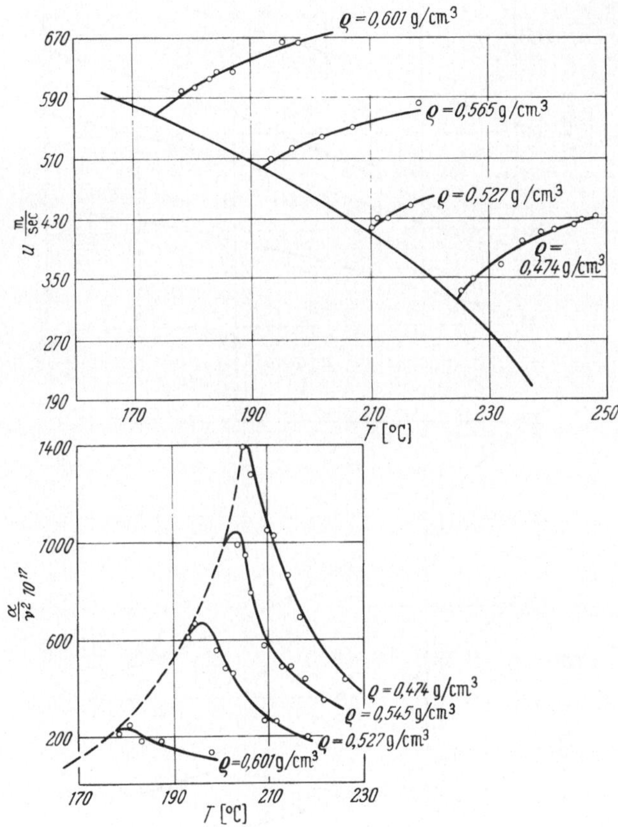

Fig. 115. Schallgeschwindigkeit u und Schallabsorption α/ν^2 in Methylalkohol auf den Isopyknen (nach NOSDREW, KALYANOW und SHIRKEVICH)

in der Schallgeschwindigkeit selbst nicht zum Ausdruck kommt, weil die zugehörige Dispersion vermutlich nicht meßbar ist.

97. Die normale Druckabhängigkeit der Schallgeschwindigkeit in Flüssigkeiten

Wenn man u weit außerhalb des kritischen Gebiets und nicht in der Nähe der Grenzkurve als Funktion des Druckes p bei konstanter Temperatur untersucht, so ergibt sich experimentell ein einfacher Zusammenhang. Die Schallgeschwindigkeit steigt bei kleinen Drucken bis etwa

500 atm nahezu linear mit dem Druck an. Bei größeren Drucken beginnt eine leichte Krümmung zur Abszisse hin. Bei sehr hohen Drucken

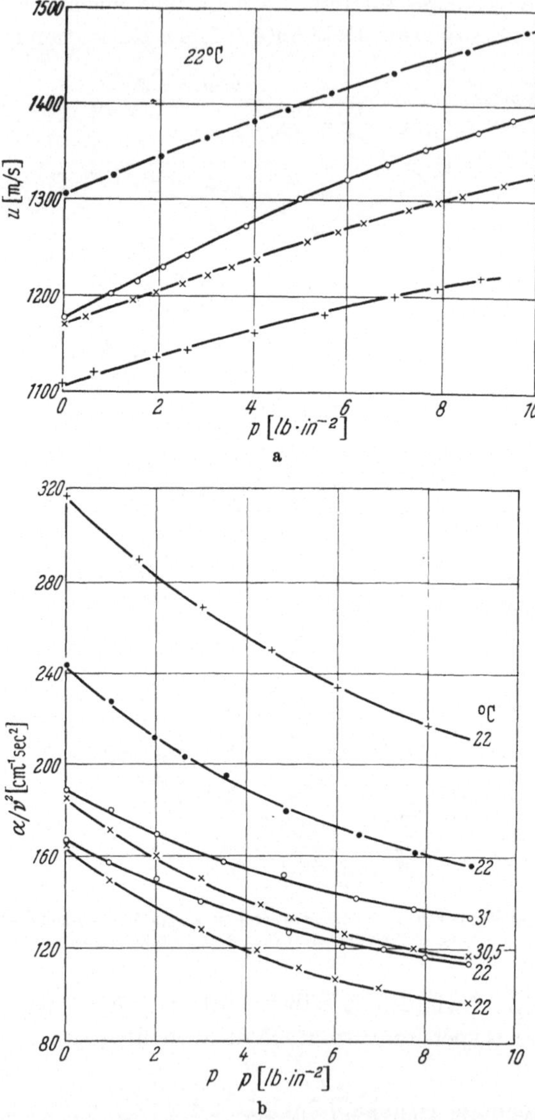

Fig. 116a u. b. Schallgeschwindigkeit und Schallabsorption bei konstanter Temperatur als Funktion des Drucks in Fluor-(○), Chlor-(●), Brom-(×) und Jodbenzol-(+) (nach EDEN und RICHARDSON)

weit über 10^4 atm muß sie einem Grenzwert zustreben, sofern nicht schon vorher durch Erstarrung des Mediums andere Strukturverhältnisse eingetreten sind.

Die ersten systematischen Messungen sind von SWANSON[1] und BI-
QUARD[2] gemacht worden. Ersterer arbeitete mit dem Interferometer
mit festem Plattenabstand bei 197 kHz, letzterer mit dem Schallgittereffekt bei 10 MHz. Charakteristische Beispiele für den Verlauf von u und
α bei Drucken bis etwa 1300 atm zeigt Fig. 117 nach Messungen von
MIFSUD[3] und NOLLE mit einer Impuls-Echo-Methode. u und α sind

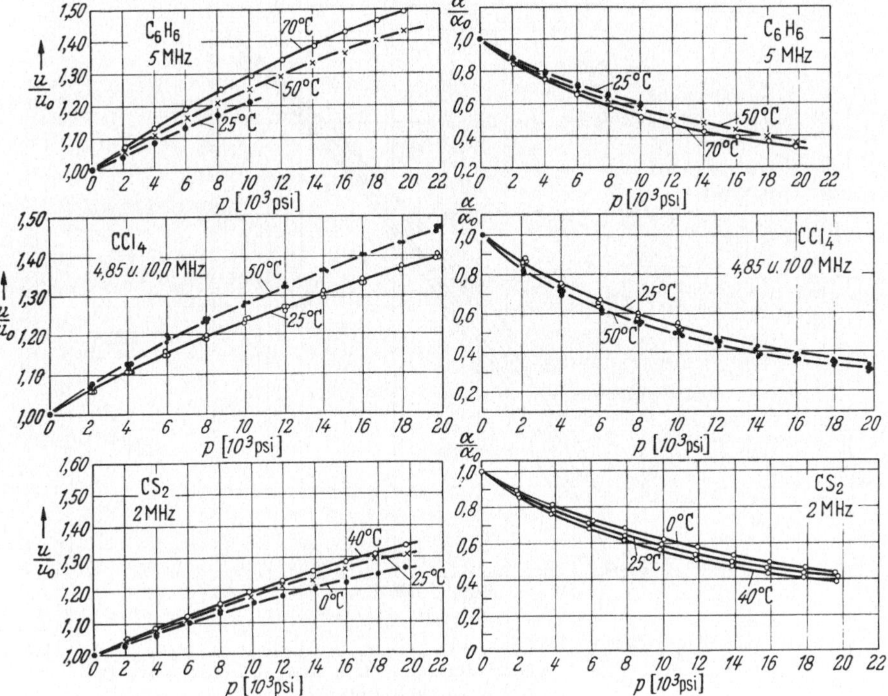

Fig. 117. Relative Schallgeschwindigkeit und relative Absorption in C_6H_6, CCl_4 und CS_2 als Funktion
des Drucks bei verschiedenen Temperaturen (nach MIFSUD und NOLLE)

dabei in den Beträgen ihrer Anfangswerte gemessen worden. Die benutzten Frequenzen gehen aus den Beschriftungen der Figur hervor.
Weitere Messungen bis zu Drucken von 1000 atm haben RICHARDSON[4]
und TAIT mit dem Impulsverfahren in Benzol, Tetrachlorkohlenstoff,
Äther, Pentan und Glycerin durchgeführt. Messungen von u und α/v^2 bis
zu 1000 atm bei verschiedenen Temperaturen teilen EDEN[5] und RICHARD-
SON für Fluor-, Chlor-, Brom- und Jodbenzol, Aceton, Isopentan, n-Hexan,

[1] SWANSON, CH.: J. Chem. Phys. 2, 689—693 (1934).
[2] BIQUARD, P.: Rev. d'Acoust. 8, 130—139 (1939).
[3] MIFSUD, J., and A. NOLLE: J. Acoust. Soc. Amer. 28, 469—477 (1956).
[4] RICHARDSON, E., and R. TAIT: Phil. Mag. 2, 1—14 (1957).
[5] EDEN, C., u. E. RICHARDSON: Acustica 10, 309—315 (1960).

Methanol, Äthanol und Acetaldehyd mit. Fig. 116 zeigt eine Gruppe dieser Messungen[1]. Die Schallgeschwindigkeit unter Druck ist in Wasser öfters gemessen worden, z. B. von HOLTON[2] bis 6000 atm, von A. H. SMITH[3] und LAWSON bis 9600 atm, von TAIT[4] bis 775 atm zwischen 15° und 80° C. Fig. 118 zeigt die Funktion $u = f(p)$ nach den Messungen von SMITH und LAWSON mit der Impuls-Echo-Technik. Kürzlich hat W. WIL-

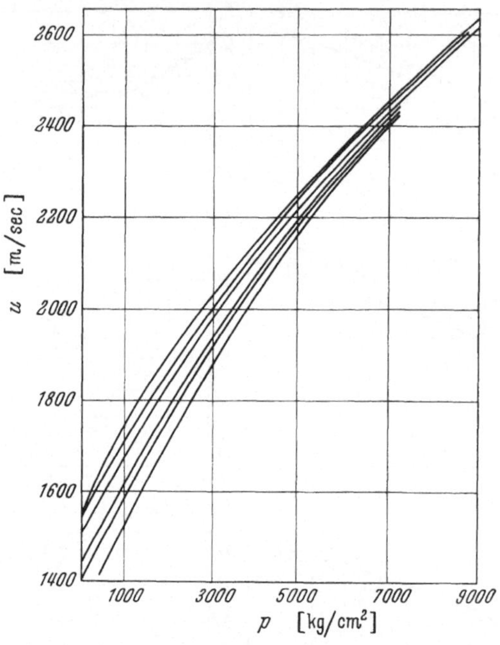

Fig. 118. Die Schallgeschwindigkeit in Wasser als Funktion des Drucks. Die Kurven gelten von unten nach oben für folgende Temperaturen: —8,1; 0; +7,3; +30; +50; +96,5° C. (Nach SMITH und LAWSON)

SON[5] den Verlauf der Schallgeschwindigkeit in schwerem Wasser als Funktion von T und p durchgemessen.

98. Die Schallgeschwindigkeit in unterkühlten Flüssigkeiten

Bekanntlich kann man viele Flüssigkeiten bis unter den normalen Schmelzpunkt unterkühlen. Ist nun die Temperaturkurve der Schallgeschwindigkeit bis zum Schmelzpunkt hin eine streng lineare Kurve gewesen, so scheint der Annahme nichts im Wege zu stehen, daß sich diese

---

[1] Das engliche Druckmaß lb/in² ist gleich $7 \cdot 10^{-2}$ kp/cm².
[2] HOLTON, G.: J. Appl. Phys. **22**, 1407—1413 (1951).
[3] SMITH, Ä. H., and A. LAWSON: J. Chem. Phys. **22**, 351—359 (1954).
[4] TAIT, R.: Acustica **7**, 193—200 (1957).
[5] WILSON, W.: J. Acoust. Soc. Amer. **33**, 314—316 (1961).

Kurve geradlinig mit gleichem Temperaturkoeffizienten unterhalb des Schmelzpunktes fortsetzen läßt. Indes hat auch hier das Experiment entschieden, daß dies so sein kann, aber nicht zu sein braucht. BARONE[1], PISENT und SETTE haben mit einem Präzisionsinterferometer darüber Messungen gemacht, desgleichen PARTHASARATHY[2] und BINDAL. Ein Teil ihrer Ergebnisse ist in Tabelle VIII/11 zusammengestellt worden. Es ist unverkennbar, daß die Temperaturkurve der Schallgeschwindig-

keit unterhalb des Schmelzpunktes eine etwas andere Neigung hat als oberhalb, wenn auch der Unterschied bei einigen Stoffen recht gering ist. Die mitgeteilten Messungen genügen aber nach Ansicht des Verfassers nicht, um am Schmelzpunkt selbst sichere Aus-

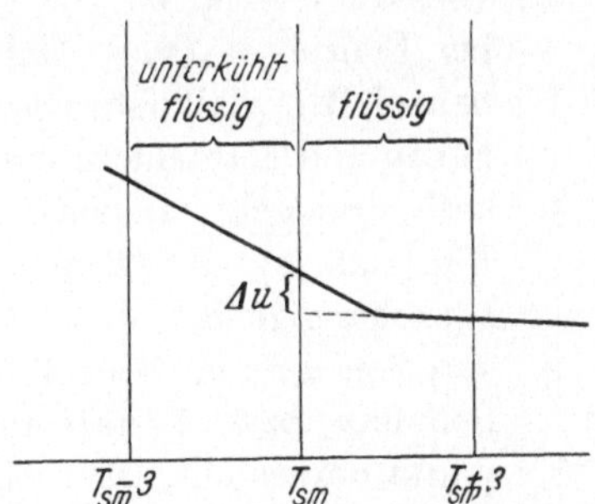

Fig. 119. Skizze über die Änderung des Temperaturkoeffizienten der Schallgeschwindigkeit in der Nähe des Schmelzpunktes T_{sm}

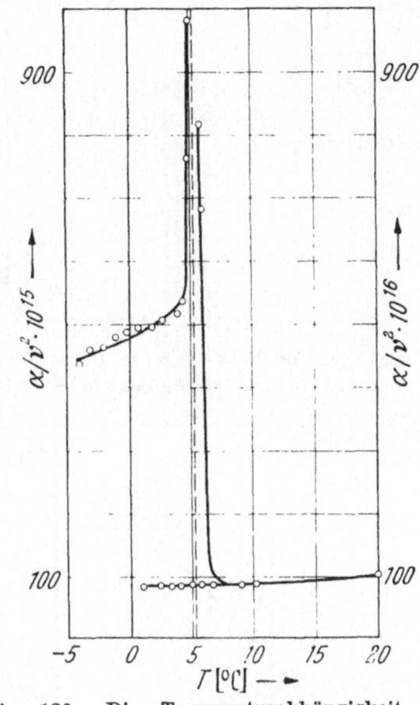

Fig. 120. Die Temperaturabhängigkeit der Absorption α/v^2 am Schmelzpunkt von Benzol

sagen zu machen. Nach BARONE, PISENT und SETTE gilt, daß das Abknicken der Kurve zu größerer Steilheit hin schon in der normalen Flüssigkeit vor dem Erreichen der Schmelztemperatur T_{sm} beginnt, wie Fig. 119 zeigt. PARTHASARATHY und BINDAL haben keine Punkte in unmittelbarer Nähe gemessen und beschränken sich darauf, für die unterkühlte Flüssigkeit einen Verlauf bis zum Punkte T_{sm} und für die normale Flüssigkeit einen der punktierten, aber nicht gemessenen Linie entsprechenden Verlauf anzugeben. Der allerdings sehr kleine Sprung Δu ist in der 6. Spalte der Tabelle VIII/11 angegeben worden. Das positive Vorzeichen gilt, wenn die Schallgeschwindigkeit vom normalen zum unterkühlten Zustand hin steigt.

Wenn man den kleinen Sprung des Temperaturkoeffizienten auf eine Veränderung der Packungsdichte der Moleküle zurückführt, die dann

[1] BARONE, A., G. PISENT u. D. SETTE: Acustica 7, 109—112 (1957).
[2] PARTHASARATHY, S., and V.N. BINDAL: Indian J. Phys. 34, 272—277 (1960).

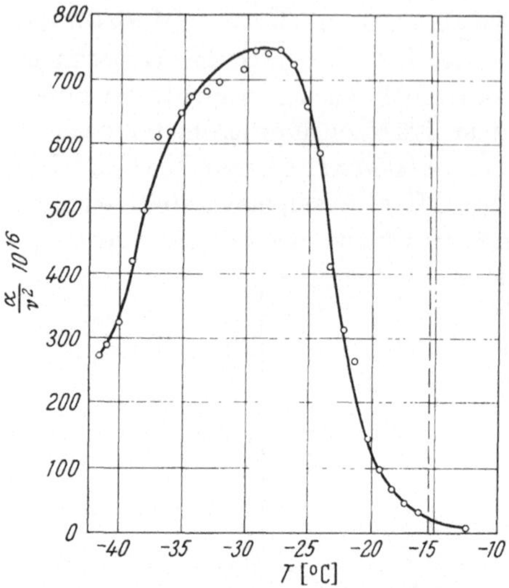

Fig. 121. Schallabsorption in Benzylalkohol
unterhalb des Schmelzpunktes bei —15,3° C

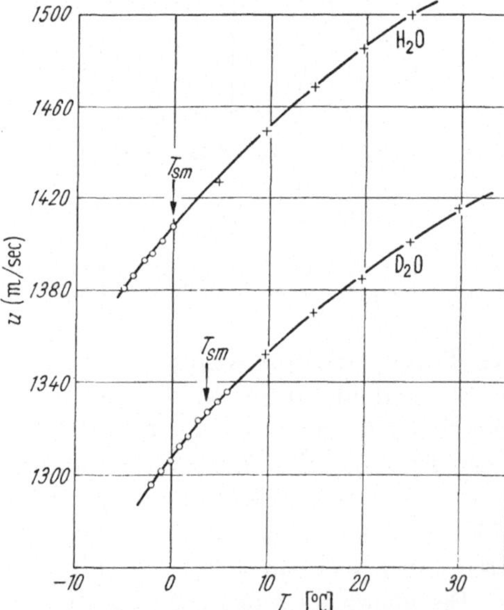

Fig. 122. Keine Unstetigkeit der Schallgeschwindigkeit
bei Unterkühlung von leichtem und schwerem Wasser

gewissermaßen eine Stellung zueinander einnehmen, die es ihnen leichter gestattet, sich zum Gitter des festen Aggregatzustandes aufzubauen, als es aus der größeren Unordnung der Flüssigkeit heraus sonst möglich ist, dann muß natürlich im Schallfeld wieder der Strukturrelaxation auftreten und die Absorptionskurve muß ein Maximum durchlaufen. Darüber liegt eine Arbeit von NOSDREW[1], KOSHKIN und GORBUNOW vor, die Messungen von α/v^2 bei Benzol, o-Xylol, Chlorbenzol, Benzylalkohol, Cyclohexan und Tetrachlorkohlenstoff gemacht haben. In Fig. 120 ist die Temperaturabhängigkeit der Absorption α/v^2 in Benzol am Schmelz- bzw. Erstarrungspunkt dargestellt. Der rechte Maßstab bezieht sich auf die flüssige, der linke auf die feste Phase. Bei vorsichtiger Unterkühlung des Benzols bleibt die Absorption unterhalb der Erstarrungstemperatur $T_{sm} = 5,5°$ C konstant. Aber bei der Erstarrung, die durch Erschütterungen, gegebenenfalls durch die Intensität der Ultraschallwelle selbst leicht hergeführt werden kann, steigt die Absorption

enorm an. Wie groß sie bei T_{sm} tatsächlich ist, läßt sich offenbar nicht recht feststellen. Bei Chlorbenzol, o-Xylol und Tetrachlorkohlenstoff liegen

<hr>

[1] NOSDREW, W., N. KOSHKIN u. M. GORBUNOW: Proc. 3rd. I. C. A. 549—552 (1959). Amsterdam: Els. Publ. Comp. 1961.

die Verhältnisse so wie in Fig. 120. Bei Benzylalkohol und Cyclohexan wurde etwas anderes gefunden. Hier verschiebt sich gemäß Fig. 121 das Maximum der Absorption bei Erstarrung von der Schmelztemperatur weg nach niedrigeren Temperaturen und weist auch keine scharfe Spitze, sondern einen breiten Buckel auf. Offenbar gibt es zwei Klassen von Flüssigkeiten, die durch die Lage des Absorptionsmaximums in bezug auf T_{sm} gekennzeichnet sind.

Das Verhalten des Wassers, welches oberhalb der Schmelztemperatur eine starke Assoziation der Moleküle aufweist, haben LAGEMANN[1], GILLEY und McLEROY untersucht. Sie finden nach Fig. 122 weder für leichtes noch schweres Wasser bei Unterkühlung eine Unstetigkeit im Temperaturkoeffizienten der Schallgeschwindigkeit.

Eine Änderung im Temperaturkoeffizienten, aber einen sonst linearen und stetigen Verlauf der Schallgeschwindigkeit finden LITOVITZ[2] und LYON im Über-gangsgebiet von der fluiden zur glasigen Zustandsform bei den asso-ziierten Flüssigkeiten Glycerin $C_3H_5(OH)_3$ und Diphenylpentachlorid $C_6H_5 \cdot C_6Cl_5$. Für Glycerin ist der Verlauf der Schallgeschwindigkeit als Funktion der Temperatur in Fig. 123 dargestellt. Die Übergangs-

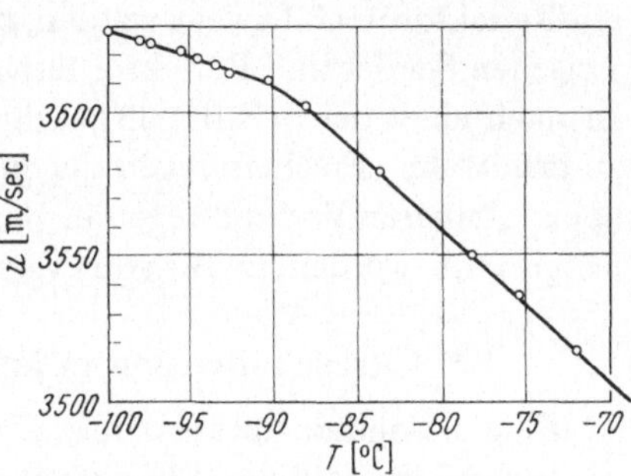

Fig. 123. Die Schallgeschwindigkeit im Über-gangsgebiet vom fluiden zum glasigen Zustand des Glycerins

Tabelle VIII/11. *Die Temperaturkoeffizienten der Schallgeschwindigkeit bei unter-kühlten Flüssigkeiten*

Substanz	Chemische Formel	T_{sm} [°C]	$\left(\dfrac{\partial u}{\partial T}\right)_a$ bei $T > T_{sm}+3$	$T < T_{sm}-3$	Δu [m/s]	u [m/s]	
Menthol	$C_{10}H_{20}O$	43	−3,05	−3,42	+1,2	1271 bei 50°	nach BARONE, PISENT, SETTE
Diphenyl-äther	$C_{12}H_{10}O$	28	−3,75	−4,10	+1,9	1405 bei 45°	
m-Chlornitro-benzol	$C_6H_4ClNO_2$	44	−3,33	−3,40	0	1351 bei 45°	
Thymol	$C_{10}H_{14}O$	51,5	−3,33	−3,11	−1,7	1310 bei 60°	nach PARTHASA-RATHY und BINDAL
Benzophenon	$C_{13}H_{10}O$	48	−3,83	−3,00	−2,9	1442 bei 60°	
Diphenyl-amin	$C_{12}H_{11}N$	54	−3,13	−3,66	+10,0	1507 bei 60°	
Phenol	C_6H_6O	41	−3,09	−3,11	0	1392 bei 60°	

---

[1] LAGEMANN, R., L. GILLEY and E. McLEROY: J. Chem. Phys. **21**, 819—821 (1953).

[2] LITOVITZ, Th., and T. LYON: J. Acoust. Soc. Amer. **30**, 856—859 (1958).

14*

temperatur liegt bei etwa $-88°$ C. Im fluiden Zustand ist der Temperaturkoeffizient $-5,0$ m/s·grad, im glasigen Zustand $-1,5$ m/s·grad. Bei Diphenylpentachlorid liegt die Übergangstemperatur bei etwa $-36°$ C und die bezüglichen Temperaturkoeffizienten sind $-5,9$ m/s·grad und $-1,9$ m/s·grad. Diese Erscheinung wird auf Strukturumlagerungen zurückgeführt, die allerdings eine gegenüber der Dauer eines Experiments so große Relaxationszeit haben, daß keine Dispersion erwartet und auch nicht beobachtet wird. Die Messungen wurden bei 22 MHz mit zwei verschiedenen Impulsmethoden ausgeführt, denn im flüssigen Zustand kann ein Reflektor noch bewegt werden, im glasigen Zustand muß der Abstand zwischen Sender und Reflektor festbleiben und die Schallgeschwindigkeit ist nach einer der in Ziffer 69 beschriebenen Impuls-Vergleichs-Methoden zu ermitteln. Erscheinungen der in Fig. 123 beschriebenen Art sind bei hochpolymeren Verbindungen in glasigen und festen Zuständen mehrfach festgestellt worden, z.B. von Verdini[1] und Wada[2] und Yamamoto.

99. Ultraschallwellen in kristallinen Flüssigkeiten

Eine besonders interessante Gruppe fluider Medien stellen die sogenannten kristallinen Flüssigkeiten dar. Die Erscheinung, die dieser Gruppe, die vornehmlich Paraderivate des Benzols enthält, eigentümlich ist, besteht darin, daß am Schmelzpunkt die Schmelze nicht klar wird, sondern trübe bleibt, und daß erst am sogenannten Klärpunkt normale Verhältnisse eintreten. Im Existenzgebiet der trüben Schmelze herrscht ein gewisser optisch nachweisbarer Ordnungszustand der Moleküle, der an die Eigenschaften eines Kristalls erinnert. Die vornehmlich langgestreckten Moleküle ordnen sich nämlich zeitweilig zu Schwärmen und stellen in dieser Form labile Mikrokristallite dar. O. Lehmann[3] und D. Vorländer[4] haben viele kristalline Flüssigkeiten eingehend untersucht. Es ist zu erwarten, daß der temperaturabhängige Wechsel in der Größe der Molekülaggregate bzw. der Mikrokristallite sich auch im Wert der Schallgeschwindigkeit und der Schallabsorption sehr prägnant auswirkt.

Gabrielli[5] und Verdini haben p-Azoxyanisol, an welchem die Erscheinung einst entdeckt worden ist, und Cholesterinbenzoat bei einer Frequenz von 1,95 MHz untersucht. Ihre Ergebnisse an p-Azoxyanisol sind in Fig. 124 dargestellt. Das Gebiet unmittelbar vor dem Klärpunkt bei $135°$ C zeigt ein tiefes Minimum der Schallgeschwindigkeit, eine

[1] Verdini, L.: Nuovo Cim. 5, 648—658 (1957).

[2] Wada, Y., and K. Yamamoto: J. Phys. Soc. Japan 11, 887—892 (1956).

[3] Lehmann, O.: Flüssige Kristalle, 1. Aufl. 1906, 55 S.; 2. Aufl. 1908, 69 S.

[4] Vorländer, D.: Kristallinisch-flüssige Substanzen. Stuttgart: Ferdinand Enke 1908.

[5] Gabrielli, I., e L. Verdini: Nuovo Cim. 2, 526—541 (1955).

plötzliche Änderung der Dichte und ein starkes Ansteigen des Absorptionskoeffizienten α. Diese Form der Zuordnung von u und α scheint
nach den anderen in diesem Kapitel mitgeteilten Beobachtungen nicht

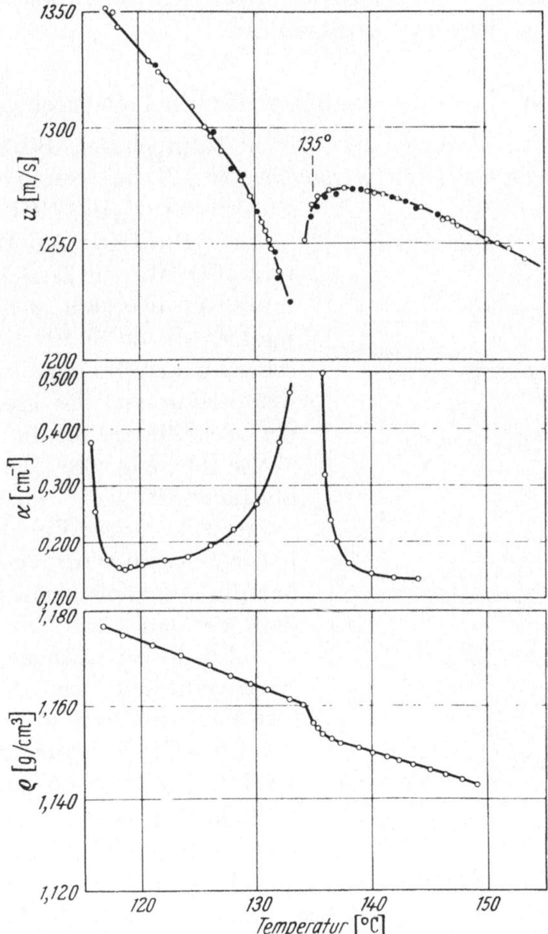

Fig. 124. Schallgeschwindigkeit, Dichte und Schallabsorption zwischen Schmelz- und Klärtemperatur
bei p-Azoxyanisol (nach GABRIELLI und VERDINI)

weiter verwunderlich zu sein. Trotzdem bleibt es zweifelhaft, ob diese
Zuordnung den kristallinen Flüssigkeiten eigentümlich sein muß, denn
bei Cholesterinbenzoat wurde unterhalb des Klärpunktes lediglich eine
Richtungsänderung der Schallgeschwindigkeit wie bei Glycerin in Fig. 123
gefunden und der Absorptionskoeffizient fiel nach höheren Temperaturen
hin gleichmäßig ab, ohne eine Unstetigkeit im Klärgebiet zu zeigen.
Anderes experimentelles Material ist dem Verfasser nicht bekannt

geworden. Bei Anwendung der später in Ziffer 192 behandelten Stoßfaktortheorie erklärt sich der Unterschied im Verhalten der Schallabsorptionen der beiden kristallinen Flüssigkeiten zwanglos aus den Änderungen der Raumerfüllungen ihrer Moleküle. Inwieweit Relaxationseffekte mitspielen, ist noch nicht untersucht worden.

100. Die Ultraschalldispersion in Fettsäuren

Nicht in den Rahmen aller zuvor besprochenen Beobachtungen passen die Ergebnisse einer Untersuchung von WADA[1], SIMBO und ODA an

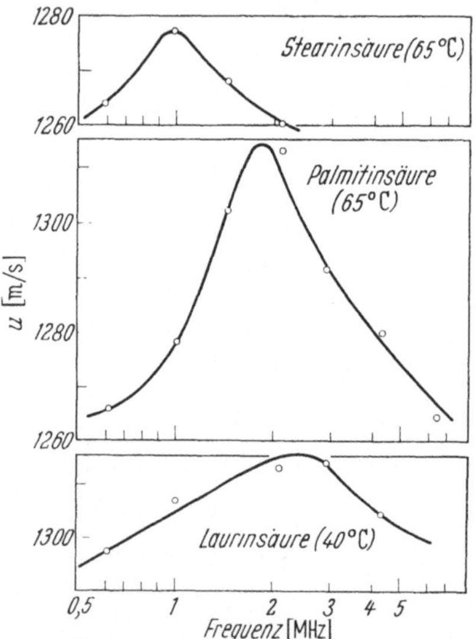

Fig. 125. Frequenzabhängigkeit der Schallgeschwindigkeit in Stearin-, Palmitin- und Laurinsäure wenige Grade oberhalb ihrer Schmelzpunkte (nach WADA, SIMBO und ODA)

Stearinsäure $C_{17}H_{35}COOH$, Palmitinsäure $C_{15}H_{31}COOH$ und Laurinsäure $C_{11}H_{23}COOH$. Sie fanden, daß unmittelbar oberhalb des Schmelzpunktes dieser Stoffe die Schallgeschwindigkeit bei jeweils gegebener Temperatur von der Frequenz und der Schallintensität in auffälliger Weise abhängig wird. Die Frequenzabhängigkeit wird durch Fig. 125 dargestellt. Da der Effekt bei etwas höherer Temperatur verschwindet, hat die Annahme einiges für sich, daß hier eine Art Resonanzeffekt zwischen der Schallfrequenz und den Säureassoziaten eine Rolle spielt. Das Maximum liegt in Stearinsäure bei 1,0 MHz, in Palmitinsäure bei 1,8 MHz, in Laurinsäure bei 2,6 MHz.

Bemerkenswert ist nun, daß im Dispersionsgebiet, also unterhalb der Temperatur, von der ab die Schallgeschwindigkeit nicht mehr frequenzunabhängig ist, diese noch zusätzlich von der Intensität der Schallwellen abhängt. Für Palmitinsäure sieht der Zusammenhang nach WADA und Mitarbeitern so aus wie in Fig. 126. Die Schallgeschwindigkeit wächst mit der Intensität stark an. HIEDEMANN[2] und W. MAYER haben diesen intensitätsabhängigen Verlauf in allen drei Säuren qualitativ bestätigt und eine sehr einfache Methode angegeben, um einen derartigen Effekt einwandfrei und anschaulich nachzuweisen. Wenn man in die Palmitin-

---

[1] WADA, Y., S. SIMBO and M. ODA: J. Phys. Soc. Japan 5, 345—348 (1950); — J. Acoust. Soc. Amer. 22, 880 (1950).

[2] HIEDEMANN, E., and W. MAYER: J. Acoust. Soc. Amer. 28, 649—651 (1956); — Naturwissenschaften 43, 123 (1956).

säure bei 65° C starke Ultraschallimpulse nach dem Echoverfahren hineingibt, so wird jedes spätere Echo mit schwächerer Intensität als das vorhergehende die Meßstrecke durchlaufen. Infolge der dadurch verminderten Geschwindigkeit benötigt es jeweils eine größere Zeit zum Durchlaufen der gleichen Wegstrecke. Auf dem Oszillographenschirm wächst mithin gemäß Fig. 127 der Abstand der Impulse. Die Messungen von WADA, SIMBO und ODA sind übrigens mit einem Interferometer gemacht worden. Die Fig. 127 wurde von HIEDEMANN und MAYER mit der Impuls-Echomethode bei 2,6 MHz aufgenommen.

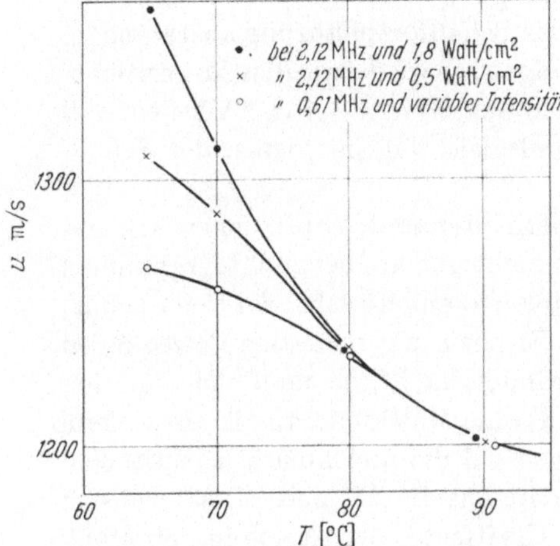

Fig. 126. Abhängigkeit der Schallgeschwindigkeit in Palmitinsäure von der Schallintensität

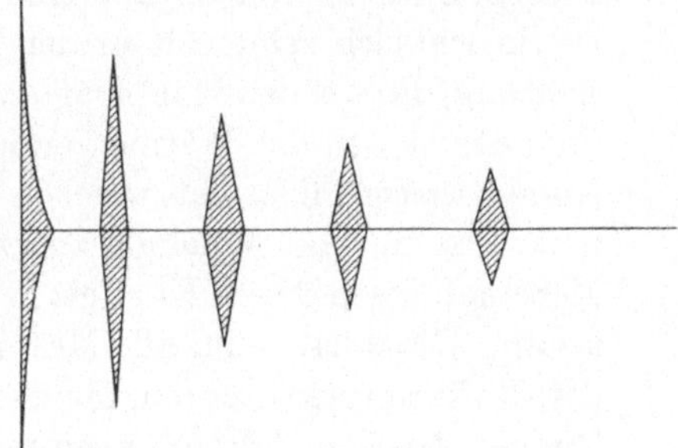

Fig. 127. Nachweis des von WADA u. Mitarb. beobachteten Effekts mit Hilfe einer Impuls-Echomethode (nach HIEDEMANN und MAYER)

101. Rückblick und Ausblick

Die ältere Thermodynamik hat sich eingehend mit der Diskussion von Zustandsgleichungen befaßt und im Laufe der Zeit eine große Menge experimentellen Materials und eine ganze Reihe von Regeln und Gesetzen beigebracht. Dabei unterschied man die Probleme der thermischen Zustandsgleichung — die van der Waalssche Gleichung ist eine solche — von den Problemen der kalorischen Zustandsgleichung. Die letztere wird durch die Gl. (II.37 a) und (II.37 b) beschrieben und arbeitet nicht mit molekularkinetischen Vorstellungen.

Es wurde schon angedeutet, daß dieser Thermodynamik eine sehr mangelhafte Bewertung des Differentialquotienten $\left(\dfrac{\partial p}{\partial \varrho}\right)_s \equiv u^2$ zu eigen ist. Die Darlegungen in diesem Kapitel haben aber gezeigt, daß man begonnen hat, das Gebiet der Zustandsgleichungen von der Schallgeschwindigkeit und der Schallabsorption her noch einmal durchzumessen und durchzudenken. Natürlich muß noch sehr viel experimentelles Material beigebracht werden, wenn man einen befriedigenden Überblick über die akustischen Eigenschaften der fluiden Medien bekommen will. Zustandsgleichungen, in denen die Schallgeschwindigkeit als wesentliche Größe auftritt, wird man vielleicht einmal im Unterschied zu den statischen thermischen Zustandsgleichungen als „dynamische thermische Zustandsgleichungen" zu bezeichnen haben

Eine solche dynamische Zustandsgleichung muß aber mit einer kalorischen noch näher verwandt sein, als es diese mit der statischen war. Das verknüpfende Glied ist das Verhältnis $\varkappa$ der Molwärmen. Es steckt in der adiabatischen Schallgeschwindigkeit und sagt etwas über die Energien aus, die sich beim Prozeß der Schallfortpflanzung austauschen. Das Verhalten von Energiemengen prägt aber wiederum den Absorptionskoeffizienten des Schalls. Wir werden später in Kapitel XV sehen, daß die Probleme der kalorischen Zustandsgleichung mit denen der Schallabsorption beinahe identisch sind.

So wie sich seinerzeit in der Thermodynamik neben jener Arbeitsrichtung, die von den Hauptsätzen ausgeht und auf bestimmte Annahmen über das Wesen der Wärme verzichtet, die andere sehr viel tiefer schürfende herausgebildet hat, welche alle Erscheinungen aus den Bewegungen realer Atome und Moleküle zu ergründen sucht, so muß sich aus den Meßergebnissen dieses Kapitels heraus eine Molekularakustik entwickeln lassen. Diese hat dann alle Messungen auf die molekulare Konstitution der Stoffe zurückzuführen, insbesondere auf die Art und Weise, wie sich Mengen, Größen, Anordnungen und Kraftfelder der Atome in den Molekülen addieren und subtrahieren.

Während die in diesem Kapitel mitgeteilten Ergebnisse der experimentellen Forschung keinen Bezug auf die spezifische chemische Konstitution nehmen, steht diese im nächsten Kapitel im Mittelpunkt des Interesses. Man ordnet und variiert die Stoffe von ihrer chemischen Konstitution her, legt die einfachen Zustandsbedingungen des Atmosphärendrucks und der Zimmertemperatur zugrunde und betrachtet die Änderungen der Schallgeschwindigkeit und der Dichte. Dabei kommt dem Vergleich zwischen den mechanisch-akustischen Größen einerseits und den optisch-elektrischen andererseits eine größere Bedeutung zu, denn beide haben ihre Ursachen in den gleichen Molekülstrukturen.

Kapitel IX

Systematik der Schallgeschwindigkeiten und Dichten in flüssigen chemischen Verbindungen

102. Kleine Übersicht über Schallgeschwindigkeiten

Die Vierwertigkeit verleiht dem Kohlenstoff eine bevorzugte Stellung im Periodischen System der Elemente und gestattet ihm, eine ungeheuere Mannigfaltigkeit von Verbindungen aufzubauen. Diese Verbindungen unterscheiden sich geometrisch nur durch die Anordnung und Gruppierung ihrer Atome im Molekül; physikalisch und chemisch verhalten sie sich aber sehr verschieden. Daher sind diese organischen Verbindungen das gegebene Objekt zum Studium des Zusammenhangs zwischen Schallgeschwindigkeit und Molekülstruktur. Unter den mechanischen Eigenschaften der Materie hat bislang eigentlich nur die Dichte ϱ den Chemiker interessiert, weil sie leicht meßbar ist und eine Art Etikett für den Stoff abgibt. Als zweite mechanische Eigenschaft ist erst in jüngster Zeit die Schallgeschwindigkeit hinzugekommen. Da sich Konstitutionseigentümlichkeiten in ihr schärfer ausprägen als in der Dichte, ist es erstrebenswert, daß sie unter die Zahlenangaben des bekannten Handbuchs der chemischen Verbindungen von BEILSTEIN aufgenommen wird.

Aus der Fülle des Zahlenmaterials bringen wir im folgenden einige charakteristische Auszüge. Dabei wird zu jeder Schallgeschwindigkeit eines Stoffes auch die (auf Wasser von 4° C bezogene) Dichte angegeben, da beide Größen in den meisten molekularakustischen Gleichungen gemeinsam auftreten. Wenn möglich wurde auch der Temperaturkoeffizient du/dT mitgeteilt. Bei ihm deuten der untere und obere Index den Temperaturbereich in Celsiusgraden an, für den gemessen worden ist. Sämtliche Werte von u und ϱ beziehen sich auf Atmosphärendruck. Die Zahlenwerte in den Tabellen sind — abweichend von den Angaben der Autoren — oft aufgerundet worden, da auf Grund der Ausführungen in Ziffer 20 bis 24 eine Genauigkeit von $\pm\,2^0/_{00}$ für die meisten Grobstrukturuntersuchungen ausreicht. Die Tabelle IX/1 gibt eine Übersicht über

Tabelle IX/1. *Übersicht über die Bereiche der Schallgeschwindigkeit in Flüssigkeiten bei Atmosphärendruck*

Flüssigkeiten und Schmelzen	Bruttoformel	T [°C]	u [m/s]
Hexadekafluorheptan	C_7F_{16}	60	444
Bis-trifluormethyl-chlor-nonofluor-cyclohexan	C_8ClF_{15}	60	582
Trifluoressigsäure	$C_2F_3O_2H$	30	652
Siliciumtetrachlorid	$SiCl_4$	30	766
Methyljodid	CH_3J	20	834
Tetrachlorkohlenstoff	CCl_4	20	938
Trichloräthylen	C_2HCl_3	20	1049
Brombenzol	C_6H_5Br	20	1170
1-Decen	$C_{10}H_{20}$	20	1250
Benzol	C_6H_6	20	1326
Pyridin	C_5H_5N	20	1441
Benzylalkohol	C_7H_8O	20	1540
Anilin	C_6H_7N	20	1659
Phenylhydrazin	$C_6H_5NHNH_2$	20	1738
Kalium	K	64	1820
Glycerin	$C_3H_8O_3$	20	1923
Hydrazin	N_2H_4	25	2071
Indium	In	250	2168
Zinn	Sn	232	2270
Natrium	Na	200	2365

Tabelle IX/2. *Schallgeschwindigkeiten und Dichten in einzelnen organischen Flüssigkeiten*

	Organische Flüssigkeit	Bruttoformel	Strukturformel	T [°C]	ϱ_4 [g/cm³]	u [m/s]	$\left(\dfrac{\partial u}{\partial T}\right)$ $\left[\dfrac{\text{m}}{\text{s}\cdot\text{gr}}\right]$
C_1	Nitromethan	CH_3NO_2	H_3C-NO_2	20	1,139	1346	
	Methylenjodid	CH_2J_2	$\begin{array}{c}H\\ H\end{array}\!\!>\!C\!<\!\!\begin{array}{c}J\\ J\end{array}$	20	3,325	973	$-1{,}85\,^{60}_{10}$
	Chloroform	$CHCl_3$	$\begin{array}{c}Cl\\ H\end{array}\!\!>\!C\!<\!\!\begin{array}{c}Cl\\ Cl\end{array}$	20	1,487	1001	$-3{,}42\,^{60}_{0}$
	Tetrachlorkohlenstoff	CCl_4	$\begin{array}{c}Cl\\ Cl\end{array}\!\!>\!C\!<\!\!\begin{array}{c}Cl\\ Cl\end{array}$	20	1,594	938	$-3{,}11\,^{60}_{0}$
	Schwefelkohlenstoff	CS_2	$S=C=S$	20	1,264	1157	$-3{,}2\,^{30}_{0}$
C_2	Acetonitril	C_2H_3N	$H_3C-C\equiv N$	20	0,783	1300	$-4{,}0\,^{80}_{20}$
	Äthyljodid	C_2H_5J	CH_3CH_2J	20	1,936	876	$-2{,}74\,^{60}_{0}$
	Trichloräthylen	C_2HCl_3	$\begin{array}{c}H\\ Cl\end{array}\!\!>\!C=C\!<\!\!\begin{array}{c}Cl\\ Cl\end{array}$	20	1,477	1049	$-4{,}4\,^{30}_{10}$
	Pentachloräthan	C_2HCl_5	$\begin{array}{c}Cl\qquad Cl\\ Cl-C-C-H\\ Cl\qquad Cl\end{array}$	20	1,672	1113	
	Nitroäthylalkohol	$C_2H_5NO_3$	$\begin{array}{c}H\quad H\\ O_2N-C-C-OH\\ H\quad H\end{array}$	20	1,296	1578	

			Strukturformel				
C_3	Glycerin	$C_3H_8O_3$	$H_2C(OH)-CH(OH)-CH_2OH$	20	1,228	1895	$-1{,}90^{40}_{20}$
	Aceton	C_3H_6O	$O{=}C(CH_3)_2$	20	0,794	1189	$-4{,}3^{50}_{0}$
	Acrolein	C_3H_4O	$H_2C{=}CH-CHO$	20	0,841	1207	
	n-Propionitril	C_3H_5N	$H_5C_2-C{\equiv}N$	20	0,787	1271	
	Thiazol	C_3H_3NS	$\mathrm{HC{-}N{=}CH{-}S{-}CH}$ (Ring)	30	1,187	1372	
C_4	tert. Butylalkohol	$C_4H_{10}O$	$(H_3C)_3C-OH$	30	0,778	1098	$-4{,}2^{80}_{30}$
	n-Butylchlorid	C_4H_9Cl	$H_3C-(CH_2)_3-Cl$	20	0,885	1140	$-4{,}07^{60}_{0}$
	Äthylglycol	$C_4H_{10}O_2$	$H_5C_2-O-CH_2-CH_2-OH$	20	0,929	1325	$-4{,}1^{40}_{20}$
	Äthyläther	$C_4H_{10}O$	$H_5C_2-O-C_2H_5$	20	0,714	1008	$-3{,}60^{30}_{10}$
	Furan	C_4H_4O	$\mathrm{HC{=}CH{-}O{-}CH{=}CH}$ (Ring)	30	0,926	1105	
	Thiophen	C_4H_4S	$\mathrm{HC{=}CH{-}S{-}CH{=}CH}$ (Ring)	20	1,065	1301	$-4{,}10^{80}_{20}$

Tabelle IX/2 (Fortsetzung)

	Organische Flüssigkeit	Bruttoformel	Strukturformel	T [°C]	ϱ_4 [g/cm³]	u [m/s]	$\left(\dfrac{\partial u}{\partial T}\right)\left[\dfrac{m}{s\cdot gr}\right]$
C_5	Pyridin	C_5H_5N		20	0,983	1441	$-4{,}14\,^{60}_{0}$
	Piperidin	$C_5H_{11}N$		20	0,860	1400	
	Acetylaceton	$C_5H_8O_2$	$H_3C-C-C-C-CH_3$	20	0,970	1383	
	Cyclopenten	C_5H_8		30	0,761	1160	
	Cyclopentan	C_5H_{10}		30	0,735	1182	
C_6	Benzol	C_6H_6		20	0,878	1324	$-4{,}60\,^{70}_{10}$
	Cyclohexan	C_6H_{12}		20	0,779	1276	$-4{,}6\,^{70}_{20}$
	Anilin	C_6H_7N		20	1,022	1659	$-4{,}05\,^{50}_{0}$

	Name	Formel	Struktur	°C	Dichte	m/s	$\partial c/\partial t$
	Nitrobenzol	$C_6H_5NO_2$	$\langle\rangle-NO_2$	20	1,206	1475	$-3{,}3\,{}^{50}_{10}$
	Paraldehyd	$C_6H_{12}O_3$	(Trioxan-Ring mit CH_3-Gruppen)	20	0,994	1204	$-5{,}0\,{}^{30}_{13}$
	Phenylhydrazin	$C_6H_8N_2$	$\langle\rangle-N(H)-NH_2$	20	1,098	1738	
C_7	Toluol	C_7H_8	$\langle\rangle-CH_3$	20	0,866	1328	$-4{,}30\,{}^{50}_{0}$
	Benzaldehyd	C_7H_6O	$\langle\rangle-C(=O)H$	20	1,046	1479	
	Benzylalkohol	C_7H_8O	$\langle\rangle-CH_2OH$	20	1,045	1540	
	m-Kresol	C_7H_8O	$H_3C-\langle\rangle-OH$	20	1,035	1500	$-3{,}5\,{}^{40}_{10}$
	4-Heptanon	$C_7H_{14}O$	$H_7C_3-C(=O)-C_3H_7$	20	0,814	1275	
	Methylcyclohexan	C_7H_{14}	$\bigcirc-CH_3$	20	0,764	1247	
C_8	Styrol	C_8H_8	$\langle\rangle-CH=CH_2$	20	0,887	1354	
	Äthylbenzol	C_8H_{10}	$\langle\rangle-C_2H_5$	20	0,868	1338	$-3{,}9\,{}^{130}_{20}$

Tabelle IX/2 (Fortsetzung)

	Organische Flüssigkeit	Bruttoformel	Strukturformel	T [°C]	ϱ_4 [g/cm³]	u [m/s]	$\left(\dfrac{\partial u}{\partial T}\right)$ $\left[\dfrac{m}{s \cdot gr}\right]$
C_8	Acetophenon	C_8H_8O		20	1,026	1496	
	n-Oktan	C_8H_{18}	$H_3C-(CH_2)_6-CH_3$	20	0,704	1193	$-3,95\,^{100}_{20}$
	i-Oktan	C_8H_{18}		20	0,691	1111	
	4-Oktin	C_8H_{14}	$H_7C_3-C\equiv C-C_3H_7$	20	0,751	1205	
C_9	Inden	C_9H_8		20	0,998	1475	
	Mesitylen	C_9H_{12}		20	0,863	1362	$-4,8\,^{30}_{10}$
	Chinolin	C_9H_7N		20	1,093	1600	
	1,8-Nonadien	C_9H_{12}	$HC\equiv C-(CH_2)_5-C\equiv CH$	20	0,818	1375	

	Name	Formel	Strukturformel	°C	Dichte	Schallgeschw.	Temp.-Koeff.
C_{10}	Tetralin	$C_{10}H_{12}$	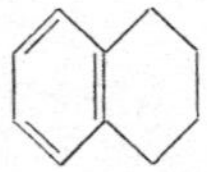 (Tetralin)	20	0,969	1484	$-3{,}5\,^{180}_{20}$
	Nikotin	$C_{10}H_{14}N_2$	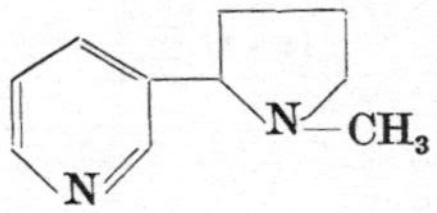 (Nikotin)	20	1,009	1491	
	Citral	$C_{10}H_{16}O$	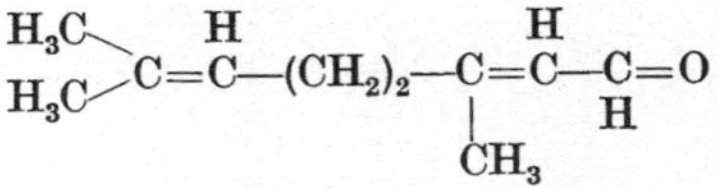 $H_3C{-}C{=}C{-}(CH_2)_2{-}C{=}C{-}C{=}O$	20	0,895	1442	
	α-Bromnaphthalin	$C_{10}H_7Br$	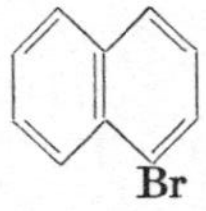 (Naphthalin—Br)	20	1,487	1372	$-3{,}05\,^{50}_{10}$
	Tetramethylbenzol	$C_{10}H_{14}$	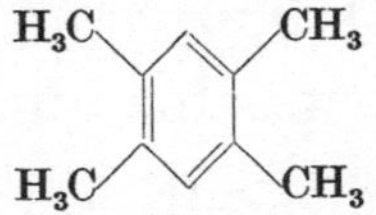 (Tetramethylbenzol)	80	0,838	1177	$-3{,}6\,^{160}_{80}$
C_{11}	Methyl-n-Nonylketon	$C_{11}H_{22}O$	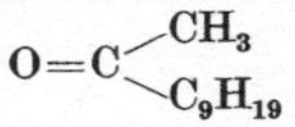 $O{=}C\,{<}^{CH_3}_{C_9H_{19}}$	20	0,826	1356	
	5-Äthyl-Nonanol-2	$C_{11}H_{24}O$	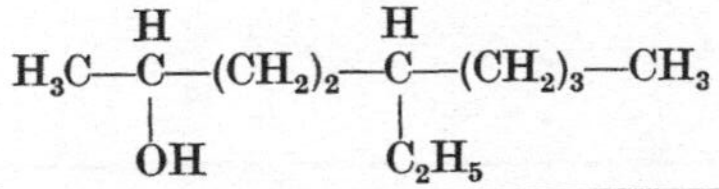 $H_3C{-}C{-}(CH_2)_2{-}C{-}(CH_2)_3{-}CH_3$	30	0,827	1327	
C_{12}	Dicyclohexyl	$C_{12}H_{22}$	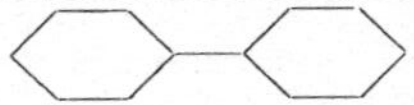 (Dicyclohexyl)	30	0,879	1422	
	Diphenylamin	$C_{12}H_{11}N$	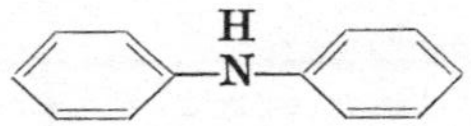 (Diphenylamin)	60	1,049	1508	$-3{,}4\,^{150}_{60}$

Tabelle IX/2 (Fortsetzung)

	Organische Flüssigkeit	Bruttoformel	Strukturformel	T [°C]	ϱ_4 [g/cm³]	u [m/s]	$\left(\frac{\partial u}{\partial T}\right)$ $\left[\frac{m}{s \cdot gr}\right]$
C_{12}	Diphenyl	$C_{12}H_{10}$	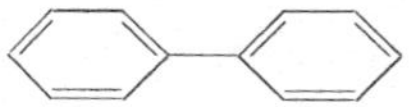	100	0,969	1271	$-3{,}55\,^{180}_{80}$
	Diphenylenoxyd	$C_{12}H_8O$	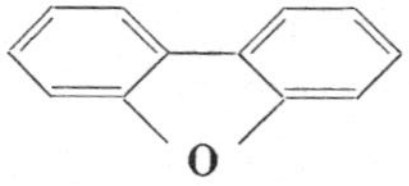	100	1,102	1282	$-3{,}06\,^{200}_{100}$
	Tri-Isobutylen	$C_{12}H_{26}$	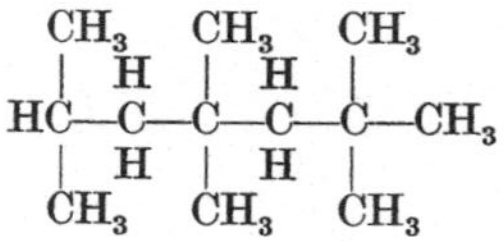	20	0,759	1237	
C_{13}	Fluoren	$C_{13}H_{10}$	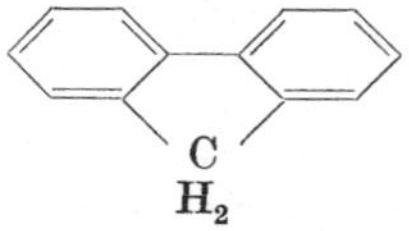	140	1,013	1205	$-3{,}1\,^{240}_{140}$
	Diphenylmethan	$C_{13}H_{12}$	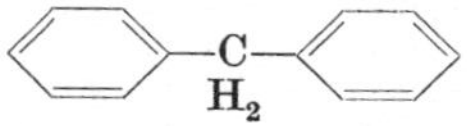	20	1,007	1514	$-3{,}3\,^{120}_{20}$
	α-Ionon	$C_{13}H_{20}O$	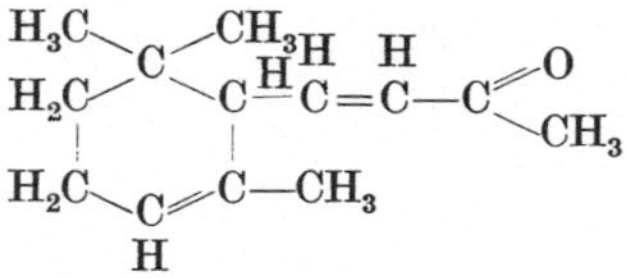	20	0,932	1432	

Reihe	Name	Summenformel	Strukturformel				
	Benzophenon	$C_{13}H_{10}O$	C_6H_5–CO–C_6H_5	100	1,045	1316	$-3{,}00\,^{300}_{70}$
C_{14}	Stilben	$C_{14}H_{12}$	C_6H_5–CH=CH–C_6H_5	140	0,954	1201	$-3{,}0\,^{230}_{130}$
	Dibenzyl	$C_{14}H_{14}$	C_6H_5–CH_2–CH_2–C_6H_5	60	0,961	1364	$-3{,}17\,^{160}_{60}$
	Phenantren	$C_{14}H_{10}$	(Phenanthren)	120	1,048	1336	$-3{,}0\,^{220}_{110}$
C_{15}	Äthylbenzylanilin	$C_{15}H_{17}N$	C_6H_5–N(C_2H_5)–CH_2–C_6H_5	20	1,029	1586	
C_{16}	Pyren	$C_{16}H_{10}$	(Pyren)	160	1,093	1275	$-2{,}61\,^{250}_{160}$
C_{18}	p-Terphenyl	$C_{18}H_{14}$	(p-Terphenyl)	250	0,931	959	$-2{,}8\,^{260}_{220}$
	Ölsäure	$C_{18}H_{34}O_2$	H_3C–$(CH_2)_7$–CH=CH–$(CH_2)_7$–COOH	20	0,898	1442	$-3{,}6\,^{50}_{20}$
C_{19}	Triphenylmethan	$C_{19}H_{16}$	$(C_6H_5)_3$CH	100	1,023	1328	$-3{,}2\,^{200}_{100}$

Schallgeschwindigkeiten in Flüssigkeiten und Schmelzen. Sie reicht von 400 m/s bis 2400 m/s und läßt erkennen, bei welchen Substanzen und Temperaturen die angegebenen Schallgeschwindigkeiten zu erwarten sind. Für jeden eine Spanne von 100 m/s umfassenden Schallgeschwindigkeitsbereich ist nur ein Beispiel aufgeführt worden. Der für organische Flüssigkeiten danach zur Verfügung stehende Gesamtbereich erstreckt sich bei Raumtemperatur über etwa 1000 m/s.

In der großen Tabelle IX/2 ist eine Reihe organischer Flüssigkeiten geordnet nach der Zahl der Kohlenstoffatome im Molekül zusammengestellt worden. Neben der Bruttoformel wurde auch die chemische Struktur angegeben, um dem Leser die Nachprüfung dieser oder jener der in späteren Ziffern gebrauchten Formeln zu erleichtern.

103. Die Änderungen von Schallgeschwindigkeit und Dichte bei Substitutionsänderungen

Aus den Angaben der Tabelle IX/2 ist kein Zusammenhang zwischen der Schallgeschwindigkeit und der Anzahl der Kohlenstoffatome und

Tabelle IX/3. *Der Einfluß der Substitution von Halogenen am Benzolring. 20° C.* (Nach LAGEMANN[1], EVANS und McMILLAN)

Flüssigkeit	Chemische Formel	Atomgewicht des Substituenten	ϱ_4^{20} [g/cm³]	u [m/s]	$\left(\dfrac{\partial u}{\partial T}\right)_a \left[\dfrac{m}{s \cdot grad}\right]$
Benzol	C_6H_6	1	0,878	1326	$-4{,}60\ ^{70}_{10}$
Fluorbenzol	C_6H_5F	19	1,025	1189	$-4{,}17\ ^{50}_{0}$
Chlorbenzol.	C_6H_5Cl	35,5	1,104	1289	$-3{,}73\ ^{60}_{0}$
Brombenzol	C_6H_5Br	80	1,495	1170	$-3{,}12\ ^{60}_{0}$
Jodbenzol	C_6H_5J	127	1,828	1114	$-2{,}70\ ^{60}_{0}$

Tabelle IX/4. *Schallgeschwindigkeit und Dichte einiger symmetrisch gebauter anorganischer Chlorverbindungen. 30° C.* (Nach WEISSLER[2])

Verbindung	Atomgewicht des zentralen Atoms	ϱ_4^{30} [g/cm³]	u [m/s]
CCl_4	12	1,575	906
$SiCl_4$	28	1,462	766
$TiCl_4$	48	1,708	977
$GeCl_4$	72	1,853	769
$SnCl_4$	119	2,200	782

der Substituenten herauszulesen, auch nicht andeutungsweise. Ein solcher Zusammenhang kann erst dann sichtbar werden, wenn man von einem bestimmten Grundmolekül ausgeht und es durch Zufügen oder Auswechseln bestimmter Glieder verändert. Derartige systematische Änderungen sind bei den Flüssigkeiten in den Tabellen IX/3—6 vorgenommen

---

[1] LAGEMANN, R., J. EVANS and D. McMILLAN: J. Amer. Chem. Soc. **70**, 2996—2999 (1948).

[2] WEISSLER, A.: J. Amer. Chem. Soc. **71**, 1272—1274 (1949).

Tabelle IX/5. *Erläuterungen zu den in Fig. 128 dargestellten homologen Reihen*

Nr.	Homologe Reihe	Aufbauformel (z = Laufzahl)	Endständiges Glied E	T [°C]	Autoren
1	gesättigte Kohlenwasserstoffe	C_zH_{2z+2}	—H	20	SCHAAFFS
2	Acetylenderivate	C_zH_{2z-2}	—C≡C—H	20	WEISSLER[1], DEL GROSSO
3	1-Olefine	C_zH_{2z}	—C=C(H)(H) mit H	20	LAGEMANN[2], McMILLAN, WOOLSEY
4	einwertige Alkohole	$C_zH_{2z+1}OH$	—OH	20	SCHAAFFS[3]
5	Fettsäuren	$C_zH_{2z+1}COOH$	—C(=O)(OH)	20	SCHAAFFS[3]
6	Alkyljodide	$C_zH_{2z+1}J$	—J	20	SCHAAFFS[3]
7	Alkylacetate	$C_zH_{2z+1}OCOCH_3$	—O—C(=O)(CH₃)	30	LAGEMANN[4], McLEROY, MILNER
8	Alkyl-phenyl-ketone	$C_zH_{2z+1}COC_6H_5$	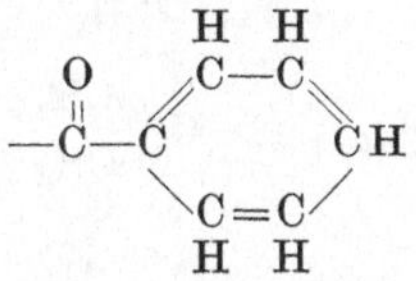 —C(=O)—C₆H₅ (Benzolring)	30	LAGEMANN[5], GWIN, LESTER, PROFFIT, SURRAT
9	Alkyl-p-Xylyl-ketone	$C_zH_{2z+1}COC_6H_3(CH_3)_2$	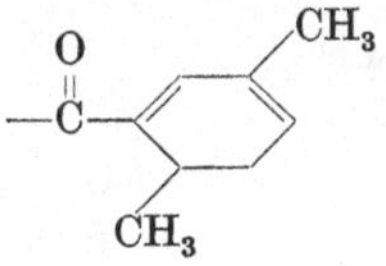 —C(=O)—C₆H₃(CH₃)₂ (Xylylring)	30	wie vorstehend

worden. Bei den Benzol-Derivaten in Tabelle IX/3 steigt die Dichte mit zunehmendem Atomgewicht des substituierten Halogenatoms gleichmäßig an, während der Temperaturkoeffizient der Schallgeschwindigkeit gleichmäßig abnimmt. Die Schallgeschwindigkeit selbst hat aber überraschenderweise bei Fluorbenzol ein Minimum. In Tabelle IX/4 sind **fünf** tetraederförmige Moleküle zusammengestellt worden, bei denen die zentralen Atome der gleichen Spalte des Periodischen

[1] WEISSLER, A., and A. DEL GROSSO: J. Amer. Chem. Soc. **72**, 4209—4210 (1950).

[2] LAGEMANN, R., D. McMILLAN and M. WOOLSEY: J. Chem. Phys. **16**, 247—249 (1948).

[3] SCHAAFFS, W.: Z. phys. Chem. **194**, 28—38 (1944).

[4] LAGEMANN, R., E. McLEROY and O. MILNER: J. Amer. Chem. Soc. **73**, 5891 (1951).

[5] LAGEMANN, R., R. GWIN, C. LESTER, J. PROFFIT and E. SURRAT: J. Amer. Chem. Soc. **73**, 3213—3214 (1951).

Tabelle IX/6. *Schallgeschwindigkeit und Dichte in Alkyl-Aryl-Ketonen bei Substitutionsänderungen am Benzolring.* (Nach Interferometer-Messungen bei 500 kHz und $T = 30°$ C von LAGEMANN[1], LANDRUM, LESTER, MILNER und McLEROY)

Struktur-Typus	Radikal R	Brutto-formel	ϱ_4^{30} [g/cm³]	u [m/s]	$\left(\dfrac{\partial u}{\partial T}\right)_a \left[\dfrac{m}{s \cdot grad}\right]$	Brechungs-index n_D^{30}
4-R-Acetophenone	—H	C_8H_8O	1,019	1463	$-3,70_{10}^{30}$	1,528
	—CH_3	$C_9H_{10}O$	0,997	1457	$-3,75_{10}^{30}$	1,530
	—C_2H_5	$C_{10}H_{12}O$	0,985	1453	$-3,65_{10}^{30}$	1,525
	—CH$(CH_3)_2$	$C_{11}H_{14}O$	0,971	1429	$-3,70_{10}^{30}$	1,519
	—$C(CH_3)_3$	$C_{12}H_{16}O$	0,957	1427	$-3,60_{10}^{30}$	1,517
4-R-Propiophenone	—H	$C_9H_{10}O$	1,001	1456	$-3,70_{10}^{30}$	1,521
	—CH_3	$C_{10}H_{12}O$	0,983	1450	$-3,75_{10}^{30}$	1,524
	—C_2H_5	$C_{11}H_{14}O$	0,970	1444	$-3,65_{10}^{30}$	1,520
	—CH$(CH_3)_2$	$C_{12}H_{16}O$	0,956	1424	$-3,70_{10}^{30}$	1,514
	—$C(CH_3)_3$	$C_{13}H_{18}O$	0,950	1420	$-3,65_{10}^{30}$	1,514
4-R-Isobutyrophenone	—H	$C_{10}H_{12}O$	0,975	1408	$-3,90_{10}^{30}$	1,513
	—CH_3	$C_{11}H_{14}O$	0,961	1410	$-3,70_{10}^{30}$	1,515
	—C_2H_5	$C_{12}H_{16}O$	0,951	1411	$-3,65_{10}^{30}$	1,513
	—CH$(CH_3)_2$	$C_{13}H_{18}O$	0,938	1399	$-3,75_{10}^{30}$	1,508
	—$C(CH_3)_3$	$C_{14}H_{20}O$	0,936	1395	$-3,75_{10}^{30}$	1,507
4-R-Pivalophenone	—H	$C_{11}H_{14}O$	0,961	1383	$-3,90_{10}^{30}$	1,506
	—CH_3	$C_{12}H_{16}O$	0,949	1387	$-3,70_{10}^{30}$	1,507

Systems angehören. Ein regelmäßiger Gang von u und ϱ ist hier aber nicht zu erkennen.

---

[1] LAGEMANN, R., B. LANDRUM, C. LESTER, O. MILNER and E. McLEROY: J. Amer. Chem. Soc. **74**, 1602 (1952).

In der Tabelle IX/5 sind die in Fig. 128 dargestellten homologen Reihen benannt worden. Sie gehen dadurch auseinander hervor, daß jeweils das eine Endglied in der Reihe der gesättigten Normal-Kohlenwasserstoffe durch ein anderes Glied ersetzt ist und im übrigen nur die Anzahl z der CH_2-Glieder verändert wird. Der Anschaulichkeit und Übersichtlichkeit halber sind die Meßwerte in Fig. 128 durch glatte Kurven mit einander verbunden worden. Diese Kurven haben aber keine physikalische Bedeutung.

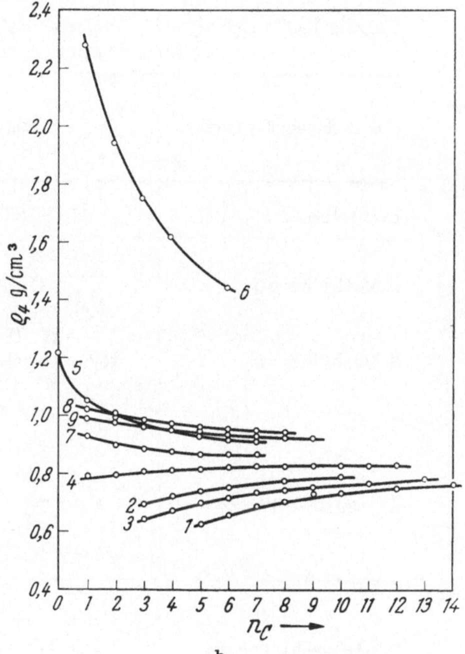

Fig. 128a u. b. Schallgeschwindigkeiten u und Dichten ϱ_4 in den in Tabelle IX/5 aufgeführten homologen Reihen; die Abszisse gibt die Anzahl n_c der Kohlenstoffatome in den CH_2-Gliedern an

104. Schallgeschwindigkeit und Dichte in Strukturisomeren

Von besonderem Interesse sind jene Verbindungen, die man als Strukturisomere bezeichnet. Sie sind chemisch sehr nahe verwandt und haben das gleiche Molekulargewicht, so daß dieser Parameter bei Schallgeschwindigkeitsänderungen keinen Einfluß hat. Bei Strukturisomeren hat der Stoff mit der wesentlich höheren Dichte auch die größere Schallgeschwindigkeit. Bei kleinen Dichteunterschieden, in denen sich mangelnde Reinheit der Versuchsstoffe verbergen kann, wird diese Aussage unsicher.

Die älteste Untersuchung über die Schallgeschwindigkeit in Strukturisomeren haben FREYER[1], HUBBARD und ANDREWS an den neun Isomeren

---

[1] FREYER, E. B., J. HUBBARD and H. ANDREWS: J. Amer. Chem. Soc. **51**, 759—770 (1929).

des Heptans angestellt. Über ihre Messungen gibt Tabelle IX/7 Auskunft
In Ziffer 119 wird die Frage behandelt werden, warum beim Vergleich
von Schallgeschwindigkeiten und Dichten jeweils die Zahl der CH_3-
Gruppen konstant zu halten ist. An Isomeren dieser Art kann der
Einfluß der Verzweigung von Kohlenwasserstoffketten am besten studiert

Tabelle IX/7. *Schallgeschwindigkeit und Dichte in den Isomeren des Heptans. 20° C.*
(Nach FREYER, HUBBARD und ANDREWS)

Bezeichnung der Isomere	Strukturformel	Zahl der CH_3-Gruppen	ϱ_4^{20} [g/cm³]	u [m/s]
n-Heptan	H_3C—$(CH_2)_5$—CH_3	2	0,6836	1154
2-Methylhexan		3	0,6789	1120
3-Methylhexan		3	0,6870	1135,5
3-Äthylpentan		3	0,6982	1169,5
2,2-Dimethylpentan		4	0,6737	1080,5
2,4-Dimethylpentan		4	0,6745	1083,5
3,3-Dimethylpentan		4	0,6935	1129,5
2,3-Dimethylpentan		4	0,6942	1148,5
2,2,3-Trimethylbutan		5	0,6901	1101,5

Tabelle IX/8. *Schallgeschwindigkeiten und Dichten in verschiedenen Strukturisomeren*

Isomere Flüssigkeiten	Strukturformeln	T [°C]	ϱ_4 [g/cm³]	u [m/s]	Autor
Butylalkohole					
Normal- . .	$CH_3—(CH_2)_3—OH$	30	0,802	1225	
Sekundär- .	$CH_3—CH_2—\overset{H}{\underset{CH_3}{C}}—OH$	30	0,798	1197	
Iso-	$CH_3—\overset{H}{\underset{CH_3}{C}}—CH_2—OH$	30	0,795	1176	WEISSLER[1]
Tertiär- . .	$(CH_3)_3—C—OH$	30	0,776	1102	
1,2-Dichlor-äthylen					
cis-		20	1,283	1090	BACCAREDDA[2] und GIACOMINI
trans-. . . .		20	1,255	1031	
1,2-Dibrom-äthylen					
cis-		20	2,246	957	BACCAREDDA[2] und GIACOMINI
trans-. . . .		20	2,231	936	
Dekahydro-naphthalin					
cis-		20	0,895	1451	BACCAREDDA[3]
trans-. . . .		20	0,873	1403	
Toluidin					
o-		60	0,967	1458	BACCAREDDA[3]
m-		60	0,958	1450	
p-		60	0,942	1409	
Chloranilin					
o-		70	1,159	1334	BACCAREDDA[3]
m-		70	1,167	1380	
p-		70	1,175	1388	

[1] WEISSLER, A.: J. Amer. Chem. Soc. **70**, 1634—1640 (1948).
[2] BACCAREDDA, M., e A. GIACOMINI: Accad. Naz. Linc. **1**, 401—408 (1946).
[3] BACCAREDDA, M.: Accad. Naz. Linc. **6**, 466—471 (1949).

Tabelle IX/8 (Fortsetzung)

Isomere Flüssigkeiten	Strukturformeln	T [°C]	ϱ_4 [g/cm]	u [m/s]	Autor
Xylol					
o-	CH_3 o	20	0,871	1360	
m-	m $\}$ CH_3	20	0,863	1340	$\}$ Schaaffs[1]
p-	p	20	0,860	1330	
Terphenyl					
o-		250	0,899	850	
m-		250	0,923	928	Woelk[2]
p-		250	0,931	960	
Maleinsäure-Diäthylester (cis)	$HC-C-O-C_2H_5$ $HC-C-O-C_2H_5$	20	1,069	1352	Baccaredda[3] und Giacomini
Fumarsäure-Diäthylester (trans)	$H_5C_2-O-C-CH$ $HC-C-O-C_2H_5$	20	1,058	1303	

werden. Bekanntlich gibt es für Propan nur ein Isomer, bei Butan
sind es 2, bei Pentan 3; von Hexan kennen wir schon 5 Isomere, von
Heptan 9, bei Oktan müssen es schon 18 sein. Leider existiert aber nur
die eine Untersuchung über die Isomeren des Heptans.

In der nächsten Tabelle IX/8 sind Messungen an anderen Strukturisomeren zusammengestellt. Einige Autoren geben die Dichten bis auf die

[1] Schaaffs, W.: Z. phys. Chem. **194**, 28—38 (1944).
[2] Woelk, H. U.: Diss. Techn. Univ. Berlin 1961.
[3] Baccaredda, M., e A. Giacomini: Accad. Naz. Linc. **1**, 401—408 (1946).

4. Dezimale an. In der Tabelle sind auf Grund der früher in Ziffer 24 gegebenen Erörterungen die Werte auf die 3. Dezimale aufgerundet worden.

105. Schallgeschwindigkeit, Dichte und Brechungsindex in silizium-organischen Verbindungen

Da das Element Silizium in der gleichen Spalte des Periodischen Systems steht wie der Kohlenstoff, ist es vierwertig und kann eine relativ hohe Zahl von organischen Verbindungen bilden. Dadurch hat es in neuerer Zeit erheblich an Bedeutung gewonnen. An einer noch relativ ein-

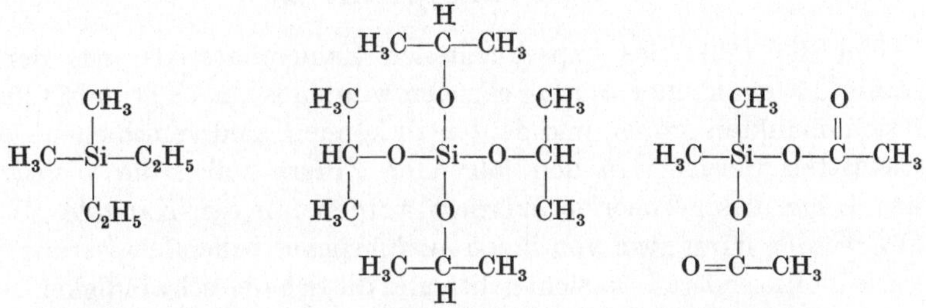

Nr. 4,
Dimethyldiäthylsilan

Nr. 11,
Tetraisopropoxysilan

Nr. 16,
Dimethyldiacetoxysilan

Fig. 129. Strukturformeln einiger siliziumorganischer Verbindungen

Tabelle IX/9. *Schallgeschwindigkeit u, Dichte ϱ_4 und Brechungsindex n_D bei 20° C in silizium-organischen Verbindungen*

Nr.		Bezeichnung	Chemische Formel	u [m/s]	ϱ_4 [g/cm³]	n_D
1		Tetraäthylsilan	$Si(C_2H_5)_4$	1213	0,767	1,427
2		Tetrapropylsilan	$Si(C_3H_7)_4$	1254	0,783	1,441
3	Tetra-alkylsilane	Tetrabutylsilan	$Si(C_4H_9)_4$	1292	0,801	1,446
4		Dimethyldiäthylsilan	$(CH_3)_2Si(C_2H_5)_2$	1089	0,719	1,402
5		Dimethyldipropylsilan	$(CH_3)_2Si(C_3H_7)_2$	1139	0,740	1,415
6		Dimethyldibutylsilan	$(CH_3)_2Si(C_4H_9)_2$	1187	0,763	1,427
7		Tetrametoxysilan	$Si(OCH_3)_4$	1104	1,033	1,368
8		Tetraäthoxysilan	$Si(OC_2H_5)_4$	1076	0,934	1,384
9		Tetrapropoxysilan	$Si(OC_3H_7)_4$	1149	0,911	1,402
10	Alkoxysilane[1]	Tetrabutoxysilan	$Si(OC_4H_9)_4$	1194	0,897	1,414
11		Tetraisopropoxysilan	$Si(O\text{-}iC_3H_7)_4$	1016	0,875	1,386
12		Tetraisobutoxysilan	$Si(O\text{-}iC_4H_9)_4$	1139	0,887	1,408
13		Tetraisoamoxysilan	$Si(O\text{-}iC_5H_{11})_4$	1203	0,885	1,420
14		Methyltriäthoxysilan	$CH_3Si(OC_2H_5)_3$	1068	0,896	1,385
15	Alkylalk-oxysilane	Tripropylmethoxysilan	$CH_3OSi(C_3H_7)_3$	1222	0,822	1,428
16		Dimethyldiacetoxysilan	$(CH_3)_2Si(OCOCH_3)_2$	1178	1,054	1,403
17		Methyltriacetoxysilan	$CH_3Si(OCOCH_3)_3$	1248	1,168	1,408

[1] Anderer Name: Orthokieselsäureester.

fachen Gruppe siliziumorganischer Verbindungen haben KANNEBLEY[1] und SCHAAFFS Messungen durchgeführt, deren Daten die Tabelle IX/9 wiedergibt. Um dem Leser ein Bild der Strukturen zu geben, ist für jede der drei Verbindungsgruppen in Fig. 129 ein Beispiel gezeichnet worden.

Kapitel X

Übersicht über die molekularkinetischen Theorien der Schallgeschwindigkeiten in Flüssigkeiten

Um die Fülle des experimentellen Zahlenmaterials, aus dem in Kapitel IX ein kleiner Auszug gegeben worden ist, nach grundsätzlichen Gesichtspunkten ordnen und deuten zu können, sind verschiedene Wege beschritten worden. In den folgenden Ziffern sollen die wichtigsten Grundzüge dieser Theorien skizziert werden. In den Kapiteln XI und XIV werden dann zwei von ihnen ausführlicher behandelt werden, weil sie die umfassendste Übersicht geben und die Schallgeschwindigkeit selbst in den Mittelpunkt ihrer Betrachtungen stellen.

Seltsamerweise gibt es noch immer Autoren, die über Ultraschall Bücher schreiben, aber fast alles ignorieren, was in den folgenden Kapiteln X bis XIV steht. Sie gehen darüber mit der Bemerkung hinweg, daß Theorien über den Zusammenhang zwischen Schallgeschwindigkeit und molekularer Struktur fehlten und nur empirische Methoden ohne theoretische Begründungen gesammelt würden. Es sei daher der Nachweis geführt, daß das genaue Gegenteil der Fall ist.

106. Die molekularkinetische Theorie

SCHAAFFS ging von der Erwägung aus, daß die aus der Elastizitätstheorie stammende und in Kapitel II A ausführlich abgeleitete Definition (II.20) für die Schallgeschwindigkeit

$$u = \sqrt{\left(\frac{\partial p}{\partial \varrho}\right)_S} \tag{X.1}$$

in enger Anlehnung an die thermodynamisch und elektrisch-optisch schon erforschten Eigenschaften der Moleküle diskutiert und weiter entwickelt werden müsse. Es muß dann eine gewisse Parallelität zwischen den thermisch, optisch und akustisch gewonnenen Aussagen über die Moleküle herauskommen. Für die Weiterentwicklung der Gl. (X.1) wurde die van der Waalssche Zustandsgleichung zugrunde gelegt, weil

---

[1] KANNEBLEY, G., u. W. SCHAAFFS: Acustica **4**, 661—664 (1954).

sie in den klassischen Untersuchungen von VAN DER WAALS, VAN LAAR u.a. ausführlich behandelt und theoretisch durchdacht worden ist und weil sie mit nur zwei dem Molekül arteigenen und hinreichend anschaulichen Eigenschaften, nämlich dem Molekülvolumen und der Molekularattraktion, auskommt. Einer universellen Gültigkeit dieser Zustandsgleichung für fluide Medien trägt man von vornherein dadurch Rechnung, daß a und b als Funktionen von Dichte und Temperatur angesetzt werden:

$$\left(p + \frac{a(\varrho, T)}{V^2}\right)(V - b(\varrho, T)) = RT. \tag{X.2}$$

Es erweist sich dann, daß für die Schallübertragung die Veränderlichkeit des Covolumens b von ausschlaggebender Bedeutung ist. Für diese Veränderlichkeit gilt der einfache Ansatz

$$b = s \cdot B. \tag{X.3}$$

VAN DER WAALS hat seinerzeit nachgewiesen, daß mit einem Faktor $s = 4$ zum Ausdruck gebracht wird, daß die Moleküle ideal starre und elastische Kugeln des Volumens B/N sind. N ist die Loschmidtsche Zahl, B mithin die Summe aller Eigenvolumina

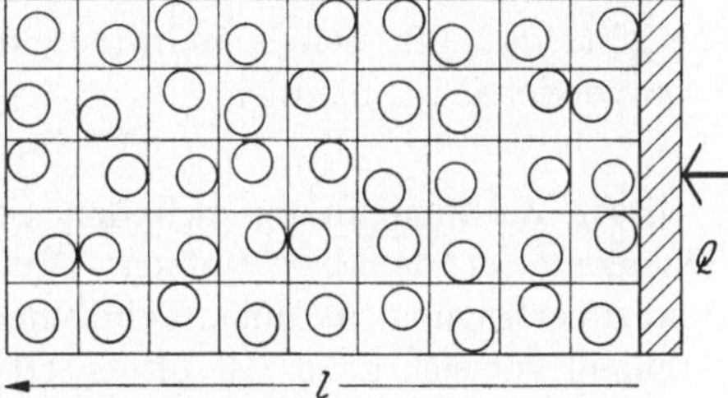

Fig. 130. Schematische Darstellung der Schallfortpflanzung als Funktion der Raumerfüllung der Moleküle

der Moleküle pro Mol. Dieser Zahlenwert 4 ist nach VAN DER WAALS der höchstmögliche. Für die realen Moleküle der Flüssigkeiten ist $s < 4$, da sie etwas ineinander eindringen, sich gegenseitig verzahnen und vor allem sich gegenseitig zur Rotation bringen können. Das wird sofort handgreiflich anschaulich, wenn man sich Molekülmodelle aus Atomkalotten aufbaut[1].

Man kann sich das Problem der Übertragung von Ultraschall an Hand des Schemas der Fig. 130 klarmachen, ohne zunächst genauere Kenntnisse über die Gestalt der Moleküle voraussetzen zu müssen. Man betrachtet ein Mol Flüssigkeit, d. h. das Volumen V, welches $N = 6 \cdot 10^{23}$ Moleküle einnehmen. In jeder Elementarzelle V/N befindet sich im zeitlichen Mittel ein einzelnes Molekül, wie die Figur im zweidimensionalen Schema zeigt. Wird von der Schallquelle Q her (Membran, piezoelektrische Platte oder dgl.) in Richtung des dicken Pfeiles ein Schallimpuls auf das Medium gegeben, so übernimmt jedes der angrenzenden Moleküle einen kleinen Betrag dieses Impulses und gibt ihn an die nächsten Moleküle weiter. Nach einer gewissen Zeit hat der Gesamtimpuls

---

[1] Zum Beispiel nach STUART u. BRIEGLEB, hergestellt von der Firma Leybolds Nachf. in Köln-Bayental.

die Strecke durchlaufen. Die Schallgeschwindigkeit, die wir so messen, ist dann wesentlich durch die Zeiten bestimmt, die die Moleküle in ihren Elementarzellen zurückzulegen haben. Es ist unmittelbar einleuchtend, daß je größer die Moleküle bei gegebener Elementarzelle sind oder je kleiner die Elementarzellen bei gegebener Molekülgröße sind, um so schneller die Impulsübertragung erfolgen und desto größer die Schallgeschwindigkeit sein wird. Es kommt also entscheidend auf das Verhältnis zwischen dem Volumen der Moleküle selbst und ihrem Bewegungsraum in der Elementarzelle an. Dieses Verhältnis ist die *Raumerfüllung* r der Moleküle, welche durch

$$r = B/V \tag{X.4}$$

ausgedrückt wird. Die nähere in Kapitel XI ausgeführte Berechnung ergibt, daß die Schallgeschwindigkeit u den beiden Größen s und r proportional ist, nämlich

$$u = u_\infty \cdot s \cdot r. \tag{X.5}$$

Dieser Zusammenhang zwischen Schallgeschwindigkeit und Molekülstruktur ist denkbar einfach. Aus (X.5) folgt sofort, daß die Impulsübertragung in einem einzelnen Molekül selbst nicht unendlich schnell vor sich geht, wie öfters irrtümlich angenommen wird, sondern mit einer Geschwindigkeit, die durchaus noch in die Größenordnung einer Schallgeschwindigkeit fällt.

Wenn ein solcher Zusammenhang zwischen Schallgeschwindigkeit u und Molekülgröße B besteht, dann muß in der Größe s, die als *Stoßfaktor* bezeichnet wird, eine Aussage über den Energieverlust bei der Schallübertragung enthalten sein. Wenn man einmal von den Komplikationen absieht, die durch Relaxationsprozesse eintreten können, so muß die Absorption beim idealen Stoß ($s = 4$) ein Minimum sein, und bei völlig unelastischem Stoß ($s < 1$) ein Maximum. Wie stark sich nun der Stoßfaktor s auf die Schallabsorption α/v^2 auswirkt, hängt von der jeweils vorliegenden Raumerfüllung r ab. Wir werden später in Ziffer 192 sehen, welche Funktion

$$\alpha/v^2 = f(s, r) \tag{X.6}$$

die molekularkinetische Theorie für fluide Medien liefert.

Aus Gl. (X.5) läßt sich in elementarer Weise der Ausdruck

$$\sqrt[3]{\frac{u}{u_\infty}}\, V$$

ableiten. Dieser Ausdruck ist bei mittleren Temperaturen und unter bestimmten durch den Stoßfaktor s geprägten Bedingungen temperaturunabhängig. Er ist mit dem Molekülvolumen B und dem Covolumen b sehr nahe verwandt. Von dem Covolumen ist schon lange bekannt, daß es am kritischen Punkt additive Eigenschaften aufweist, die infolge des Theorems der korrespondierenden Zustände auch bei Raumtemperatur und Atmosphärendruck noch einigermaßen gelten. Dadurch erklärt sich zwanglos die viel besprochene Additivität des Ausdrucks $\sqrt[3]{u}\,V$, der die Grundlage der in Ziffer 107 besprochenen Vorstellungen bildet.

Die Grundlagen der molekularkinetischen Theorie der Schallgeschwindigkeit liegen in jener kinetischen Theorie der Materie, mit deren Hilfe van der Waals seine Zustandsgleichung begründet und ausgebaut hat. Er hat dabei von dem Virialsatz von Clausius entscheidenden Gebrauch gemacht. Bei der Herleitung der einfachen Formel (X.5) aus der Zustandsgleichung (X.2) war es aber nicht zu umgehen, die Fundamentaltatsache der organischen Chemie, nämlich die Fähigkeit des vierwertigen Kohlenstoffs zur Bildung homologer Reihen halbempirisch einzuführen.

107. Die rein empirische Theorie von Lagemann über die sogenannte „molare Schallgeschwindigkeit"

Es ist ein nützliches Arbeitsprinzip, bei Strukturuntersuchungen nach einem möglichst temperaturunabhängigen Ausdruck zu fragen und zu suchen. Rama Rao[1] hat zu diesem Zweck mit einem glücklichen Griff die relativen Temperaturänderungen von Schallgeschwindigkeit und Dichte (bzw. spezifischem Volumen) miteinander verglichen und ist für Stoffe, bei denen keine Assoziation den Ansatz für das Molekulargewicht und das Molvolumen störte, zu dem Schluß gekommen, daß der Ausdruck

$$\frac{\dfrac{1}{u}\dfrac{du}{dT}}{\dfrac{1}{V}\dfrac{dV}{dT}} = -\,3{,}03 \approx -\,3 \tag{X.7}$$

bzw. nach Integration der Ausdruck

$$\sqrt[3]{u}\,V = \mathscr{R} \tag{X.8}$$

eine Konstante sei. Der Zahlenwert 3,03 bzw. 3 hat sich durch die zufällige Auswahl der von Rao untersuchten Flüssigkeiten ergeben. Formel (X.8) mit dem Wurzelexponenten 3 ist von vielen Autoren — früher auch vom Verfasser — bei ihren Untersuchungen über Schallgeschwindigkeit und Molekülstruktur kritiklos beibehalten worden, weil sie so einfach war und brauchbar erschien. Inzwischen hat sich gezeigt, daß das Experiment in der Ausgangsgleichung (X.7) auch andere Werte liefert, z.B. 2,6 bei Aceton, 2,4 bei Bromoform, 3,2 bei n-Butylbromid.

---

[1] Rao, R.: Indian J. Phys. **14**, 109—116 (1940); — J. Chem. Phys. **9**, 682—685 (1941).

Ein Wurzelexponent 3 in einer allgemein gebrauchten Formel der Form (X.8) muß dann aber eine andere Ursache und Begründung haben und kann nicht aus Gl. (X.7) stammen.

Der Verfasser hat in diesem Buche den Ausdruck $\sqrt[3]{u}\,V$ als „Raoschen Ausdruck" oder als „Raosche-Regel" bezeichnet und dafür die Abkürzung $\mathscr{R}$ verwendet. Über diesen Ausdruck $\mathscr{R}$ sind zahlreiche Messungen und Betrachtungen ausgeführt worden, ohne daß daraus ersichtlich geworden wäre, welche physikalische Bedeutung er eigentlich hat. Einige Autoren haben den Schluß gezogen, daß die Konstanz von $\mathscr{R}$ rein zufällig sei. Wir werden später in Ziffer 122 sehen, was wir schon in Ziffer 106 angedeutet haben, welche Faktoren in Wirklichkeit diesen Ausdruck $\mathscr{R}$ bestimmen.

$\mathscr{R}$ hätte wahrscheinlich kein so großes Interesse gefunden, wenn nicht R. Rao und Lagemann gezeigt hätten, daß sich $\mathscr{R}$ aus Inkrementen additiv aufbauen läßt. Rao selbst hat dafür Atominkremente in Vorschlag gebracht, während Lagemann[1], Dunbar und Corry und weiterhin Weissler[2] Bindungsinkremente bevorzugten. Verbesserte und vermehrte Werte der Atominkremente haben Padmini[3] und Mitarbeiter veröffentlicht.

Aus der Additivität ergaben sich viele Parallelen zu anderen additiven Moleküleigenschaften, so daß sich Lagemann veranlaßt sah, in Parallele zur optischen Molekularrefraktion eine „molare Schallgeschwindigkeit" $\mathscr{R}$ einzuführen. Wir benutzen aber in diesem Buche für $\mathscr{R}$ die Bezeichnung „Raoscher Ausdruck", weil der Name „molare Schallgeschwindigkeit" sachlich nicht gerechtfertigt ist. Einmal handelt es sich hier nicht um eine Geschwindigkeit, sondern nur um die dritte Wurzel daraus, zum anderen haben die später zu besprechenden Untersuchungen ergeben, daß $\mathscr{R}$ so zu ergänzen ist, daß der neben V stehende Faktor dimensionslos wird. Dadurch ist die Additivität auf die leichter zu verstehende Additivität eines Volumens zurückgeführt. Schließlich ergibt sich, daß der so ergänzte Ausdruck dem Molekülvolumen B äquivalent ist. Da die große Fülle des experimentellen Materials über $\mathscr{R}$ auf diese Weise durch die molekularkinetische Theorie zwanglos gedeutet werden kann, wird die weitere theoretische Diskussion von $\mathscr{R}$ im Zusammenhang mit dieser Theorie geführt werden.

---

[1] Lagemann, R., W. Dunbar and J. Corry: J. Phys. Chem. **49**, 428—436 (1945); J. Chem. Phys. **10**, 759 (1942); **16**, 247—249 (1948); — J. Amer. Chem. Soc. **70**, 2996—2999 (1948).

[2] Weissler, A.: J. Amer. Chem. Soc. **70**, 1634—1640 (1948); **71**, 419—421 (1949).

[3] Padmini, L., S. Rao and Rch. Rao: Trans. Faraday Soc. **56**, 1404—1408 (1960).

108. Die Theorie von ALTENBURG über die Abhängigkeit der Schallgeschwindigkeit von den zwischenmolekularen Kräften

Ein ganz anderer Weg zur Erforschung der Zusammenhänge zwischen Schallgeschwindigkeit und Molekülstruktur ist von ALTENBURG[1] beschritten worden. Er geht von Modellbetrachtungen aus, wie sie wohl zuerst von NEWTON und in neuerer Zeit von M. BORN[2] und v. KARMAN angestellt worden sind. Ausgangspunkt der Betrachtungen ist gemäß Fig. 131 die „eindimensionale unendliche Massenpunkt-Kette" oder wie man auch sagt, der „lineare Kristall". Während in Ziffer 106 die Ähnlichkeit des flüssigen und gasförmigen Aggregatzustandes, wie sie sich in der van der Waalsschen Zustandsgleichung manifestiert, die Ausgangsbasis der Theorie war, bestimmt in diesem Falle die Verwandtschaft zwischen dem flüssigen und dem kristallin-festem Zustande den Gang der theoretischen Überlegungen. Ein fester Körper in Gestalt

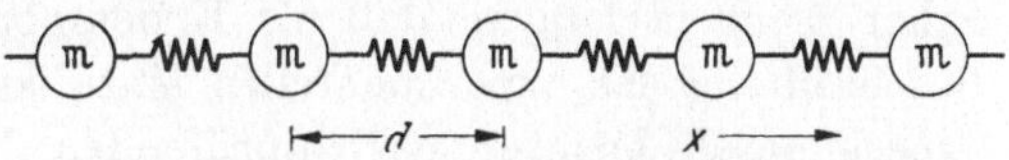

Fig. 131. Schema der eindimensionalen unendlichen Massenpunktkette (auch „linearer Kristall" genannt)

eines Kristalls ist durch eine weitreichende Ordnung seiner Elementarbausteine gekennzeichnet. In einer Flüssigkeit herrscht, wie auch Röntgeninterferenzversuche bewiesen haben, eine Nahordnung der Moleküle, so daß durch eine gedankliche Hintereinanderschaltung derartiger Nahordnungen eine gewisse Verwandtschaft zum Kristall gegeben ist.

Nach den Ausführungen in Ziffer 93 besteht zwischen der Schallgeschwindigkeit in einer Flüssigkeit und der Dehnungswellengeschwindigkeit im quasiisotropen festen Stoff am Schmelzpunkt kein nennenswerter Unterschied. Da die Dehnungswellengeschwindigkeit für einen unendlich dünnen Stab bzw. einen „linearen Kristall" gilt, ist daraus ebenfalls ein Hinweis auf die Behandlung einer Flüssigkeitssäule als linearer Kristall bei der Übertragung von Ultraschallwellen zu entnehmen. Eine gewisse Schwierigkeit liegt freilich darin, wie man dem Übergang von der Massenpunktkette zur Aufeinanderfolge realer Moleküle Rechnung trägt. Dieser Punkt muß sorgfältig überlegt werden. Für Wellenlängen, die sehr groß gegenüber dem Abstand d der Massenpunkte m sind, ergibt, sich aus der Theorie der linearen Kette eine Schallgeschwindigkeit

$$u = d\sqrt{\frac{D}{m}}. \tag{X.9}$$

---

[1] Zusammenfassende Darstellung in „Schallgeschwindigkeit und Molekülstruktur". Habil.-Schrift Leipzig 1959. 158 S., 21 Abb. Nach Abschluß dieses Buches ist der Inhalt der Habilitationsschrift in 4 Teilen in Z. phys. Chem. **216**, 126—138, 139—145, 146—162 (1961); **217**, 71—90 (1961) erschienen.

[2] BORN, M., u. TH. v. KARMAN: Phys. Z. **13**, 297—309 (1912).

Darin ist D die Direktionskraft, welche die Massenpunkte nach erfolgter Auslenkung proportional zu ihr wieder in die Ausgangsruhelage zurückzieht.

Um eine derart modellmäßig definierte Schallgeschwindigkeit mit meßbaren Moleküleigenschaften verknüpfen zu können, muß man eine Annahme über die zwischenmolekularen Kräfte und ihre Potentiale machen, welche die Direktionskraft D bestimmen[1]. Während die Theorie von SCHAAFFS diesen schwierigen Punkt vermeidet und die zwischenmolekularen Potentiale in den Werten der Molekülvolumina B/N und der Stoßfaktoren s versteckt hält, müssen in der Theorie von ALTENBURG die schwierigen Probleme der anziehenden und abstoßenden Kräfte zwischen den Molekülen wirklich durchdiskutiert werden. Man kann daher nicht verlangen, daß als Endergebnis eine ebenso abgerundete Beschreibung des experimentellen Materials herauskommt wie in jener experimentell leichter nachzuprüfenden Theorie. Die Endergebnisse beider Theorien sind ähnlich, doch gewinnt man durch die Aussagen der Altenburgschen Theorie einen Einblick in den Einfluß der Elektronenhülle der Moleküle auf die Schallgeschwindigkeit.

Das Gesamtpotential P der anziehenden und abstoßenden Kräfte zwischen den Massenpunkten bzw. den realen Molekülen wird meist in der Form

$$P = - \frac{K_p}{a^p} + \frac{K_q}{a^q} \tag{X.10}$$

angesetzt. Mit $p < q$ stellt das erste Glied die anziehenden und das zweite Glied die abstoßenden Wirkungen dar. a ist der Abstand des Aufpunktes von einem Molekülzentrum. Im allgemeinen wählt man in diesem Ansatz nach dem Vorgang von LENNARD-JONES den Exponenten p der anziehenden Kräfte zu $p = 6$ und den Exponenten q der abstoßenden Kräfte zu $q = 12$. Mit diesen Ansätzen geht ALTENBURG in die obige Formel ein und erhält die Proportionalität

$$u \sim \sqrt{\frac{P_{\min}}{m}}. \tag{X.11}$$

Das Potentialminimum zwischen den Molekülen bestimmt mithin den Betrag der Schallgeschwindigkeit.

Nunmehr ist die physikalische Natur der Potentiale und ihres Minimums näher zu untersuchen. Diese Natur ist zweifellos elektrischer Art. Sie wird durch die Polarisierbarkeit eines einzelnen Moleküls im elektri-

---

[1] Über zwischenmolekulare Kräfte unterrichten folgende Bücher und Abhandlungen: B. G. BRIEGLEB, Zwischenmolekulare Kräfte, Karlsruhe 1949; I. HIRSCHFELDER, C. CURTISS and R. BIRD, Molecular Theory of Gases and Liquids, New York 1954; H. A. STUART, Die Struktur des freien Moleküls, Berlin 1952; H. MARGENAU, Rev. Mod. Phys. 11, 1—35 (1939).

schen Feld der übrigen Moleküle geprägt und steht unter dem bestimmenden Einfluß der Anzahl der wirksamen Hüllenelektronen. So folgt schließlich ein Ausdruck in der Gestalt

$$u \sim f(z_e) \cdot \frac{\Re_M}{V} \, . \tag{X.12}$$

Darin ist die Molekularrefraktion $\Re_M$ mit der Größe B der Formel (X.4) wesensgleich. Der Faktor davor, der eine Funktion der Elektronenzahl z_e der Molekülhülle ist, kann im Sinne des Stoßfaktors s gedeutet werden. Das wird jedenfalls bei der Substitution schwerer Atome in Kohlenwasserstoffen deutlich. Die starke Erniedrigung von Stoßfaktor und Schallgeschwindigkeit hängt in diesem Falle damit zusammen, daß Molekulargewicht M und Anzahl z_e der Außenelektronen nicht mehr proportional zueinander anwachsen, wie es bei den leichten Atomen und Molekülen der ersten horizontalen Reihe des Periodischen Systems noch der Fall ist.

109. Die Schallgeschwindigkeit in der Theorie des sogenannten freien Volumens

Bisweilen wird die Schallgeschwindigkeit zur Abschätzung der Größe des Zwischenraums zwischen den Molekülen herangezogen. Dieser Zwischenraum spielt eine Rolle bei der Beurteilung der Aufsaugfähigkeit einer Flüssigkeit für Gase und andere Stoffe und bei der Beurteilung der Diffusionsgeschwindigkeit in Schmelzen. Man spricht in diesem Zusammenhang auch von einer Löchertheorie des flüssigen Zustands. So haben z.B. BOKRIS und RICHARDS die in Tabelle VIII/3 wiedergegebenen Messungen an anorganischen Salzschmelzen durchgeführt, um Unterlagen über die Größe der Zwischenräume zu erhalten. Bei Benutzung der Gl. (X.5) aus Ziffer 106 ergibt sich für organische Flüssigkeiten sofort das Volumen V_a der Zwischenräume exakt zu

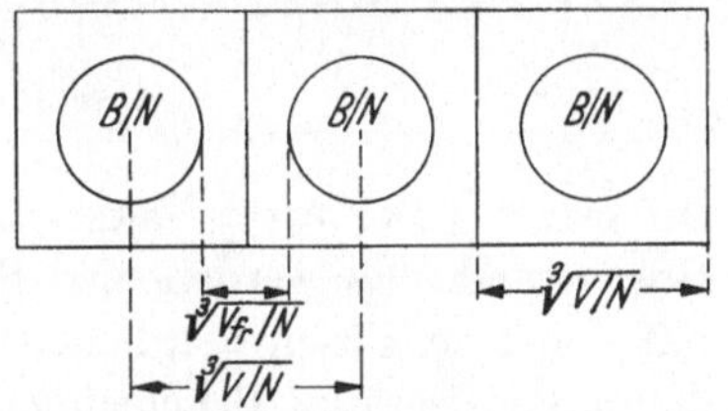

Fig. 132. Schema zur Theorie des freien Volumens

$$V_a = V - B = V\left(1 - \frac{u}{u_\infty s}\right) . \tag{X.13}$$

Von dieser Gleichung ist aber bislang bei Diffusionsproblemen kein Gebrauch gemacht worden.

Die zur Zeit in Gebrauch befindlichen Formeln über den Zwischenraum zwischen den Molekülen gehen von der zwar einfachen, aber unzutreffenden Annahme aus, daß die Moleküle auch in Flüssigkeiten wie starre elastische Kugeln behandelt werden können (Fig. 132). Infolgedessen sind auch die unter dieser Annahme abgeleiteten Formeln für die Schallgeschwindigkeit, die Schallabsorption und deren beiden Temperaturkoeffizienten für molekularakustische Studien ziemlich unbrauchbar. Gleichwohl mögen sie für chemische Diffusionsprobleme einige Dienste leisten. Man hat übrigens, worauf KITTEL[1] aufmerksam gemacht hat, zwischen dem „verfügbaren" und dem sogenannten „freien" Volumen zu unterscheiden. Ersteres ist durch

$$V_a = V - B = V\left(1 - \frac{B}{V}\right) \qquad (\text{X.14})$$

gegeben. Letzteres wird gewöhnlich durch den möglichen Bewegungsraum der Molekülmittelpunkte definiert und ist, pro Mol gerechnet, gleich

$$V_{fr} = V\left(1 - \sqrt[3]{\frac{B}{V}}\right)^3. \qquad (\text{X.15})$$

Dieses „freie" Volumen ist ungefähr halb so groß wie das „verfügbare" Volumen. Letzteres hat also mehr eine geometrische Bedeutung, während ersteres eine Aussage über das tatsächliche Aufnahmevermögen für geeignete Fremdmoleküle beinhaltet.

Unter der schon genannten unzutreffenden Annahme ideal starrer Moleküle haben EYRING[2] und Mitarbeiter für die Schallgeschwindigkeit u in Flüssigkeiten die Formel

$$u = \sqrt{\frac{\varkappa RT}{M}} \cdot \sqrt[3]{\frac{V}{V_{fr}}} \qquad (\text{X.16})$$

aufgestellt. Der erste Faktor ist die Schallgeschwindigkeit im idealen Gaszustand. Es werden also Schallgeschwindigkeiten in Flüssigkeiten mit denen in Gasen verglichen, ohne daß dem Theorem der korrespondierenden Zustände Beachtung geschenkt wird. V_{fr} ist das freie Volumen, welches der dritten Potenz des Abstandes zweier Moleküloberflächen entspricht.

Eine andere Formel hat KITTEL in der schon zitierten Arbeit durch Differentiation einer Zustandsgleichung von TONKS[3] gewonnen. Diese Gleichung lautete

$$pV \cdot \left(1 - \sqrt[3]{\frac{B}{V}}\right) = RT.$$

Aus ihr ergibt sich bei Verwendung des Begriffs des verfügbaren Volumens $V_a = V - B$ mit Hilfe der Formel $u^2 = (\partial p/\partial \varrho)_s$ die Schallgeschwindigkeit zu

$$u = \left(\frac{V}{V_a}\right) \cdot \sqrt{3\,\frac{\varkappa_{fl}}{\varkappa_g}} \cdot u_g. \qquad (\text{X.17})$$

[1] KITTEL, CH.: J. Chem. Phys. 14, 614—624 (1946).

[2] EYRING, H., J. KINCAID, J. HIRSCHFELDER and D. STEVENSON: J. Chem. Phys. 5, 587—596, 896—912 (1937); 6, 620—629 (1938).

[3] TONKS, L.: Phys. Rev. 50, 955—963 (1936).

KITTEL hat in seiner Arbeit mit Hilfe dieser Formel die Zustandsgleichung von TONKS nach allen Richtungen durchgeprüft. Das Ergebnis ist, daß die Beziehungen (X.16) und (X.17) für exaktere molekularakustische Untersuchungen, wie sie in diesem Buche vorgetragen werden, nicht brauchbar sind. Auch auf dem Diffusionsgebiet scheint eine gewisse Brauchbarkeit nur bei hohen Temperaturen, wo eine Flüssigkeit einem Gase noch am ehesten ähnlich ist, gewährleistet zu sein.

B. JACOBSON[1] hat sich mit dem gleichen Problem beschäftigt und hat eine halbempirische Beziehung der Form

$$u\sqrt{\varrho}\,L = K \tag{X.18}$$

angegeben. Die „freie Länge" L wird dabei durch

$$L = \frac{2(V-V_0)}{\sqrt[3]{36\pi N V_0^2}} \tag{X.19}$$

definiert. Das Molvolumen V_0 bezieht sich auf den absoluten Nullpunkt. Der Nenner ist der Oberflächenbereich der kugelförmig angenommenen Moleküle pro Mol. K ist eine temperaturabhängige Konstante. KAULGUD[2] hat die Beziehung von JACOBSON auf die Schallgeschwindigkeit und die mittleren freien Weglängen der Moleküle in Flüssigkeitsmischungen anzuwenden versucht.

Kapitel XI

Die molekularkinetische Theorie der Schallgeschwindigkeit von Schaaffs[3]

110. Grundlagen der van der Waalsschen Zustandsgleichung

CLAUSIUS[4] leitete die empirisch gefundene Zustandsgleichung idealer Gase

$$pV = RT$$

aus den klassischen Gesetzen der Dynamik unter der Annahme ab, daß ein ideales Gas durch Moleküle repräsentiert sei, die keinerlei Kräfte aufeinander ausüben, die Eigenschaft völliger Glattheit besitzen und sich vollkommen elastisch stoßen. Nur von den Gefäßwänden, zwischen

---

[1] JACOBSON, B.: Acta Chem. scand. **6**, 1485 (1952).

[2] KAULGUD, M. V.: Acustica **10**, 316—322 (1960).

[3] Ältere Darstellung in Ergebn. exakt. Naturw. **25**, 109—192 (1951); Ergänzungen und Erweiterungen in Acustica **4**, 635—639, 661—664 (1954); **11**, 351—360 (1961); **12**, 222—229 (1962). Ferner D. SETTE, Handbuch der Physik Bd. XI/1, S. 339—359. Berlin-Göttingen-Heidelberg: Springer 1961.

[4] CLAUSIUS, R.: Abhandlungen über die mechanische Wärmetheorie: Bd. 3 (1889/91) Kinetische Theorie der Gase.

denen ein solches Gas eingeschlossen ist, sollen beim Stoß Kräfte auf die Moleküle ausgeübt werden. Die klassischen Gesetze formulierte CLAUSIUS in einer für den vorliegenden Zweck dienlichen und allgemein gültigen Form, die keine weiteren Voraussetzungen über die Struktur der Moleküle enthält, als sie eben genannt wurden. Diese Form ist als der „Virialsatz" von CLAUSIUS bekannt. Darstellungen darüber finden sich in vielen Lehrbüchern der Thermodynamik, so daß hier nur der Satz als solcher hingeschrieben zu werden braucht:

$$\sum \frac{m}{2}\,\overline{w^2} = -\frac{1}{2}\,\overline{\sum (Xx + Yy + Zz)}\,. \tag{XI.1}$$

Dieser Satz besagt, daß das zeitliche Mittel über die kinetischen Energien sämtlicher Moleküle der Masse m gleich ist dem zeitlichen Mittel von potentiellen Energien in der Gestalt des rechts stehenden „Virials" dieses mechanischen Systems. X, Y, Z sind die Kraftkomponenten; x, y, z die Lagekoordinaten. Mit diesem Virialsatz hat CLAUSIUS das ideale Gasgesetz abgeleitet, indem er für die rechte Seite den Ausdruck $\frac{3}{2}\,pV$ fand und die linke Seite als Maß der Temperatur erkannte.

JOHANNES DIDERICK VAN DER WAALS[1] ging einen bedeutenden Schritt weiter und ordnete den Molekülen Kraftfelder zu; und zwar ein anziehendes, welches nur eine Funktion des Abstandes der Moleküle ist, im flüssigen Aggregatzustand den Zusammenhalt bewirkt und als „innerer Druck" oder „Kohäsionsdruck" auftritt; und ein abstoßendes Kraftfeld, welches sich erst bei der Berührung der Moleküle auswirkt und infolgedessen durch deren Eigenvolumen geprägt ist. Dabei nahm er zunächst das Molekül noch immer als starr, glatt und elastisch an. Dadurch verändern sich im Ansatz für das Virial die Kraftkomponenten. Zu dem Teil des Virials, der wie früher den Druck gibt, tritt ein von den Molekularkräften herrührender Anteil neu hinzu. Die Berechnung dieses „Attraktions-Virials" aus den Wechselwirkungen aller Moleküle pro Mol führte zu dem bekannten Zusatzglied a/V^2.

Da reale Moleküle einen gewissen Platzbedarf haben, wächst der Einfluß ihres Eigenvolumens bei Kompression eines Gases und ist bei Flüssigkeiten besonders stark. Statt V in der idealen Gasgleichung ist dann $(V-b)$ zu setzen und die Eigenschaft von b besonders zu begründen. H. A. LORENTZ hat die Größe b ebenfalls mit Hilfe des Virialsatzes begründet, während VAN DER WAALS selbst einen anderen Weg eingeschlagen

---

[1] VAN DER WAALS hat eine geschlossene Darstellung seiner Arbeiten in einem Buch mit dem Titel „Die Kontinuität des gasförmigen und flüssigen Zustands" gegeben. Der 1. Teil (1899, 182 S.) ist der Zustandsgleichung im speziellen gewidmet, der 2. Teil (1900, 192 S.) enthält Anwendungen auf binäre Gemische. Leipzig: Johann Ambrosius Barth. 1. Teil übersetzt von FR. ROTH, 2. Teil übersetzt von J. VAN LAAR.

hat. Nach Lorentz kommt zum Druckvirial und Attraktionsvirial nunmehr ein „Repulsionsvirial" hinzu, welches der Abstoßung Rechnung trägt. Das repulsive Virial wirkt sich nur bei der „Berührung" der Moleküle aus, wenn der Abstand ihrer Mittelpunkte gleich ihrem Durchmesser ist und die Moleküle selbst als Kugeln angesehen werden. Auf diese Weise kommt das Molekülvolumen in die Rechnung hinein. Das repulsive Virial pro Molekülpaar ergibt sich als das Produkt aus dem Abstand ($=$ Durchmesser) der Moleküle und der zeitlichen Änderung ihrer Bewegungsgröße; es muß dann für alle in einer längeren Zeit denkbaren Zusammenstöße im Molvolumen summiert werden. Durch diese Integration der repulsiven Viriale der einzelnen Molekülpaare kommt der bekannte Faktor 4 in die Zustandsgleichung hinein. Es ist danach $b = 4B$, wenn B das Molekülvolumen pro Mol ist und b nach van der Waals Covolumen genannt wird.

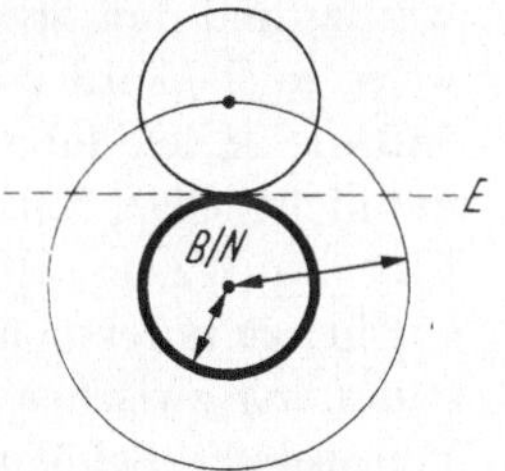

Fig. 133. Zur Definition der Deckungssphäre bei idealen Molekülen

Die anschauliche Interpretation dieses Ergebnisses ist folgende: Wenn man gemäß Fig. 133 um das Zentrum der undeformierbaren Molekülkugel mit dem Eigenvolumen B/N eine Kugel mit dem doppelten Radius legt, so hat diese zweite Kugel das 8fache Volumen des Moleküls. Diese zweite Kugel bezeichnet man auch als die Deckungssphäre des Moleküls, da fremde Moleküle nicht näher an dieses herankommen können, als bis ihre Mittelpunkte in der Oberfläche der Deckungssphäre liegen. Erst dann wirkt das repulsive Virial, das man sich in Analogie zu dem oben genannten Druckvirial so zu veranschaulichen pflegt, daß man sagt, daß die Molekülzentren der anderen Moleküle wie Massenpunkte auf die Deckungssphäre trommeln, so daß im zeitlichen Mittel dort ein (innerer) thermischer Druck ausgeübt wird. Das repulsive Gesamtvirial ist mithin durch das Gesamtvolumen der Deckungssphären dividiert durch 2 bestimmt. Diese Division durch 2 ist notwendig, weil immer je 2 Moleküle beim Stoß in Wechselwirkung treten und sie nicht doppelt gezählt werden dürfen. Die halbe Deckungssphäre ist aber identisch mit dem 4fachen Volumen eines Kugelmoleküls. Nunmehr lautet die aus der Boyle-Mariotteschen Gleichung entstandene Zustandsgleichung von van der Waals

$$\left(p + \frac{a}{V^2}\right)(V - b) = RT \tag{XI.2}$$

und beschreibt das Verhalten fluider Medien qualitativ gut.

111. Die Veränderlichkeit des Covolumens b

Wir fassen einige für uns wichtige Aussagen der vorigen Ziffer zusammen: Der Zahlenfaktor 4 zwischen Covolumen und Molekülvolumen ist gleich dem Verhältnis zwischen der halben Deckungssphäre und dem Molekülvolumen. Er ist das quantitative Maß für die Annahme, daß die Moleküle aus Kugeln mit folgenden Eigenschaften bestehen: Abstoßung erst bei Berührung; völlige Starre, die kein Eindringen der Moleküloberflächen ineinander erlaubt; ideale Glattheit der Molekülkugeln mit der Folge, daß bei Stoßberührung in der Tangentialebene E keine Kräfte auftreten, die zu Rotationen Anlaß geben könnten; gleichmäßige Beschaffenheit der Moleküloberfläche, d.h. das Nichtvorhandensein singulärer Gebiete mit Kraftzentren elektrischer oder anderer Art.

Es war bei Aufstellung der Zustandsgleichung (XI.2) von vornherein klar, daß es in der Natur Moleküle mit solchen Eigenschaften nicht geben würde, und daß auch die einatomigen Moleküle von Edelgasen nur teilweise solche Forderungen erfüllen. Seitdem ist das durch die Erkenntnis, daß die Moleküloberfläche eine räumlich ausgedehnte Elektronenhülle mit nicht scharf festzulegendem Radius ist, noch viel deutlicher geworden. VAN DER WAALS selbst hat bald begonnen, die Veränderlichkeit von a und b näher zu untersuchen und hat sie zur Herstellung einer guten Übereinstimmung zwischen Theorie und Experiment als notwendig angesehen. Von seinen Schülern hat besonders VAN LAAR ausgedehnte Untersuchungen darüber angestellt. Wir geben daher der van der Waalsschen Gleichung für die weitere Diskussion die schon in Ziffer 106 genannte allgemeinere Form

$$\left(p + \frac{a(\varrho, T)}{V^2}\right)(V - b(\varrho, T)) = RT. \tag{XI.3}$$

Am wichtigsten ist für uns die Veränderlichkeit des Covolumens b mit Temperatur und Dichte. Darüber gibt es zahlreiche ältere Untersuchungen, die aber alle einen Mangel haben: sie können nicht nur schlecht unterscheiden, ob die Veränderung des Covolumens auf einer Änderung des Molekülvolumens B selbst, einem veränderlichen Stoßfaktor von kleinerem Wert als 4, oder auf einer Veränderung beider Größen beruht. Gerade das aber ist für molekularakustische Fragen wichtig, denn wir suchen nach dem Zusammenhang zwischen der Schallgeschwindigkeit u und der Schallabsorption α mit den Molekülgrößen selbst. Folgende Überlegungen sprechen dafür, daß der Faktor zwischen b und B veränderlich und das Molekülvolumen B in erster Näherung konstant ist:

1. In Gl. (XI.2) müßte das Druckglied unendlich groß werden, wenn bei Kompression $b \to V$ geht. Wir werden aber in Ziffer 144 zeigen, daß noch bei endlichen Drucken sogar schon der Fall $B = V$ zu erreichen ist. Es ist daher zu vermuten, daß in Flüssigkeiten schon bei Zimmertemperatur und Atmosphärendruck ein kleinerer Faktor als 4 anzusetzen ist. Auf Grund einer Überlegung über dichteste Kugelpackungen kommt HERZFELD[1]

---

[1] HERZFELD, K. F. im Lehrbuch von MÜLLER-POUILLET Bd. III/2. 1925.

zu dem Schluß, daß der Faktor etwa den Wert 3 haben müsse. Der Verfasser kommt in Ziffer 117 auf ganz andersartigem Wege zu dem Ergebnis, daß er bei 20° C höchstens den Wert 2,78 haben könne, jedenfalls in organischen Flüssigkeiten. Wie dem nun auch im einzelnen sei, so ist der Faktor 4 zwischen b und B unter normalen Druck- und Temperaturverhältnissen sicher viel zu groß.

2. Reale Moleküle müssen beim Stoß sich ein wenig deformieren, wie es im Modellfall nicht nur Tennisbälle, sondern auch harte Stahlkugeln tun. Damit wird der Abstand der Molekülmittelpunkte kleiner, als es dem ursprünglichen Moleküldurchmesser entspricht; infolgedessen muß auch der Zahlenfaktor ein wenig kleiner als 4 werden. Der Einfluß dieser Deformationen ist aber vergleichsweise sehr klein und dürfte sich erst bei hohen Temperaturen auswirken, wo die kinetische Energie der Moleküle größer ist und die Zahl ihrer Stöße untereinander häufiger wird. Wir wollen daher mit einer konstanten Molekülgröße B, wie sie auch in der Temperaturkonstanz der Molekularrefraktion zum Ausdruck kommt, rechnen.

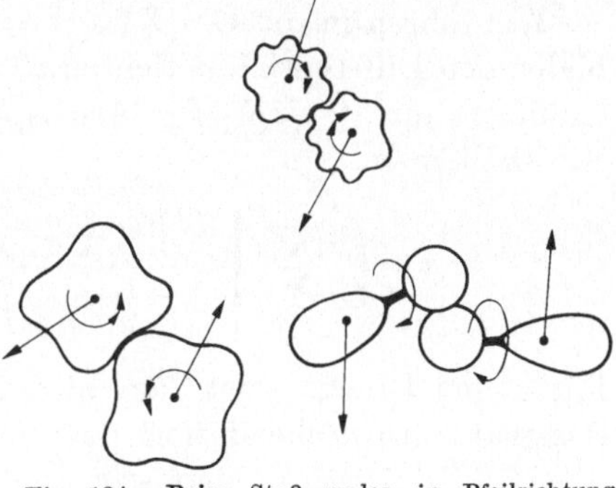

Fig. 134. Beim Stoß realer in Pfeilrichtung bewegter Moleküle ausgelöste Rotationen (Doppelpfeile)

3. Reale Moleküle sind weder kugelförmig noch glatt. Sie müssen daher beim Stoß einen Teil ihrer Stoßenergien in Rotationen umsetzen, wie es das Schema der Fig. 134 anschaulich macht. Auch bei kugelähnlicher Gestalt führt eine rauhe Oberfläche zu Rotationen. Das bedeutet, daß das repulsive Virial nicht mehr allein nach Art eines thermischen Drucks auf die Deckungssphäre gedeutet werden kann, sondern noch einen zweiten Anteil enthält, der von den in der Tangentialebene E der Fig. 133 wirkenden Kräften stammt. Dieser Anteil wirkt so, als ob den Molekülen kurze Zeit eine gemeinsame Deckungssphäre zukommt, die kleiner ist als die Summe der beiden ursprünglichen. Dieser nichtelastische Stoß zwischen den Molekülen führt auch zu einer Verminderung des Faktors 4 bzw. zu einer weiteren Verminderung des unter Punkt 1 genannten Faktors 3.

4. Ein letzter Grund für die Nichtelastizität der Stöße realer Moleküle untereinander liegt darin, daß die Moleküle Dipole oder Quadrupole sind oder wenigstens starke elektrische Partialmomente besitzen. Teilweise geht diese Eigenschaft Hand in Hand mit den unter Punkt 3 genannten Eigenschaften.

Wir sind nun zunächst nicht in der Lage, die unter Punkt 1 bis 4 genannten Einflüsse voneinander zu trennen. Sie wirken aber alle in der Richtung einer Verminderung des idealen Zahlenfaktors 4. Wir fassen alle diese Erwägungen in der einen wichtigen Aussage zusammen, daß in Flüssigkeiten mit realen Molekülen

$$b = s \cdot B \quad \text{mit} \quad s \lesseqgtr 4 \tag{XI.4}$$

ist. Wir nennen den Faktor s den Stoßfaktor bei der Übertragung von akustischem Impuls von Molekül zu Molekül[1].

112. Die Schallgeschwindigkeit in der Darstellung durch die van der Waalssche Zustandsgleichung

Wir führen in die Gl. (XI.3) $V = M/\varrho$ ein, lösen sie nach p auf und bilden den Differentialquotienten $u^2 = (\partial p/\partial \varrho)_S$. Dann kann die Größe a eliminiert und $(\partial a/\partial \varrho)_T$ für Atmosphärendruck vernachlässigt werden. So erhält man

$$u = \sqrt{\frac{\varkappa RT}{M}} \sqrt{\frac{\left(1 + \frac{\varrho^2}{M}\left(\frac{\partial b}{\partial \varrho}\right)_T\right)}{\left(1 - \frac{b}{V}\right)^2} - \left(\frac{2}{1 - \frac{b}{V}} - \frac{2pV}{RT}\right)}. \tag{XI.5}$$

Für kleine Drucke p ist das Glied $2pV/RT$ in Flüssigkeiten vernachlässigbar. Abweichend von dem in früheren Veröffentlichungen des Verfassers geübten Verfahren können wir den Zähler im ersten Glied des Radikanden folgendermaßen abschätzen: Aus Gl. (XI.4) folgt

$$\left(\frac{\partial b}{\partial \varrho}\right)_T = s\left(\frac{\partial B}{\partial \varrho}\right)_T + B\left(\frac{\partial s}{\partial \varrho}\right)_T.$$

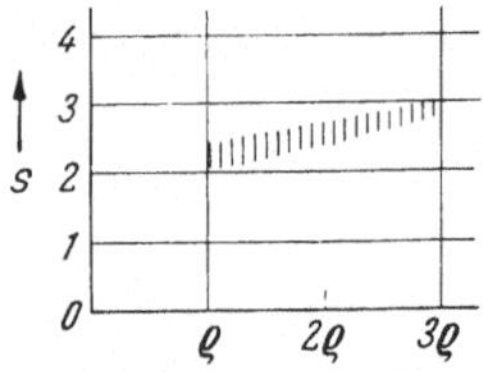

Fig. 135. Skizze zur Änderung des Stoßfaktors s mit der Dichte ϱ

Nach Punkt 2 von Ziffer 111 kann $\partial B/\partial \varrho$ gleich Null gesetzt werden. Über das zweite Glied läßt sich folgendes sagen: Wäre $s = 4$, so wäre $\partial s/\partial \varrho$ gleich Null. Nach der unter Punkt 1 der vorigen Ziffer genannten Überlegung von HERZFELD wäre von vornherein $s = 3$, mithin ebenfalls der Differentialquotient gleich Null. Nehmen wir nun einen schon recht unelastischen Stoß mit $s = 2$ an und betrachten den Extremfall, wie er durch die Experimente in Ziffer 144 ermöglicht wird, daß die Dichte bis zum Betrage 3ϱ gesteigert werden kann, so würde s nach Fig. 135 und den Ausführungen der vorigen Ziffer einen Verlauf haben, der durch das schraffierte Gebiet führt. Dafür wäre dann

$$\frac{\partial s}{\partial \varrho} \approx \frac{3 - 2}{2\varrho} = \frac{1}{2\varrho}.$$

---

[1] H. A, LORENTZ hat seinerzeit diesen Faktor s als „Raumerfüllungszahl" bezeichnet. Darin kommt einiges von seinem Wesen zum Ausdruck.

Daraus folgt für den Zähler in Gl. (XI.5)

$$\left(1 + \frac{\varrho^2}{M}\left(\frac{\partial b}{\partial \varrho}\right)_T\right) = 1 + \frac{B\varrho}{2M} = 1 + \frac{r}{2}.$$

Durch Einsetzen dieses Ausdrucks und der Relation (XI.4) in die Gl. (XI.5) folgt bei Vernachlässigung des Druckgliedes

$$u = \sqrt{\frac{\varkappa RT}{M}\left\{\frac{1 + \frac{r}{2}}{(1 - s\,r)^2} - \frac{2}{1 - s\,r}\right\}}. \tag{XI.6}$$

Da r in der Größenordnung $\frac{1}{5}$ bis $\frac{1}{3}$ liegt, kann $1 + \frac{r}{2}$ durch den Wert 1 weiter angenähert werden. Dann ist

$$u \approx \sqrt{\frac{\varkappa RT}{M}\frac{2\,s\,r - 1}{(1 - s\,r)^2}}. \tag{XI.7}$$

Da in den Nennern dieser Gleichungen kleine Differenzen relativ großer Zahlen stehen, ist die Schallgeschwindigkeit sehr empfindlich von $s\,r$ abhängig und der von uns gesuchte Zusammenhang zwischen Schallgeschwindigkeit und Molekülstruktur höchstwahrscheinlich durch

$$u = f(s\,r) \tag{XI.8}$$

darstellbar.

Wenn auch eine Berechnung von u aus der Raumerfüllung r bzw. dem Covolumen b wegen dieser Empfindlichkeit nicht sinnvoll ist, so kann man mit Hilfe der Gl. (XI.6) oder (XI.7) doch gut beurteilen, wie sich die Schallgeschwindigkeit ändern wird, wenn man jene Konstitutionsänderungen vornimmt, die durch die Messungen an homologen Reihen und an Isomeren in Ziffer 103 und 104 beschrieben worden sind. Das hat zuerst SCHAAFFS[1] getan. Dabei zeigt sich, daß die größten Schallgeschwindigkeitsänderungen eintreten, wenn bei einer Substitution die Dichte stark ansteigt. Eine gewisse Parallelität zwischen u und ϱ beherrscht ja die gesamten Zusammenhänge zwischen Schallgeschwindigkeit und Konstitution. Das ausgeprägteste Beispiel dieser Art ergibt sich, wenn man das H-Atom des Kettenendes von Äthylalkohol C_2H_5OH durch die Nitrogruppe NO_2 ersetzt und Nitroäthylalkohol $HO-C_2H_4-NO_2$ erhält. Dabei steigt die Dichte bei 20° C von 0,789 auf 1,296 g/cm³ und die Schallgeschwindigkeit von 1173 auf 1578 m/s, also um $+34,5\%$.

Wesentlich einfacher ist es, die Molekülgröße durch Auflösung der Gl. (XI.6) nach $b = s\,B$ zu bestimmen. Dann ist nämlich

$$b = \frac{M}{\varrho} - \frac{\varkappa RT}{\varrho\,u^2}\left(\sqrt{1 + 2\frac{M\,u^2}{\varkappa RT}} - 1\right) \tag{XI.9}$$

---

[1] SCHAAFFS, W.: Ann. Phys. (5) **40**, 393—404 (1941).

oder angenähert

$$b = \frac{M}{\varrho} - \sqrt{\frac{2\varkappa\,M\,RT}{\varrho^2 u^2}}\,. \tag{XI.10}$$

Früher war es oft üblich — der Verfasser hat das auch getan — unter der Annahme, daß der Stoßfaktor $s = 4$ gesetzt werden könne, aus dem Covolumen sogenannte Molekülradien mit Hilfe der Formel $\sqrt[3]{3b/16\pi N}$ zu berechnen. Heute, wo die Bedeutung des Stoßfaktors s deutlich geworden ist, wird man das so nicht mehr tun.

KUDRJAWZEW[1] hat in einem Buche die Berechnung von Molekülgrößen mit Gl. (XI.9) kritisiert. Er behauptet, daß der Verfasser bei der praktischen Berechnung $\varkappa$ weggelassen und den Schall als isothermen Vorgang angesehen habe. KUDRJAWZEW hat nicht beachtet, daß dieser Punkt ausführlich erläutert worden ist[2].

Es gibt bekanntlich eine ganze Reihe von Zustandsgleichungen, die sich entweder der van der Waalsschen anschließen oder noch weitere individuelle Größen als nur a und b einführen[3]. Damit mag zwar bisweilen ein besserer Anschluß an die Messungen erreicht werden, aber an physikalischer Klarheit wird nichts gewonnen. Das gilt dann erst recht für die abgeleitete Schallgeschwindigkeit.

113. Die Molekularrefraktion als Maß des Molekülvolumens und ihr Zusammenhang mit der Schallgeschwindigkeit

Wir wollen den Gedankengang, der zu der Beziehung $u = f(s\,r)$ geführt hat, unterbrechen und die Frage stellen, ob es nicht noch einen anderen als den thermodynamischen Weg gibt, um einen Hinweis auf die Zusammenhänge zwischen Schallgeschwindigkeit und Molekülstruktur zu erhalten. Da in der Raumerfüllung $r = B/V$ die Größe des Molekülvolumens B steht, liegt die Frage nahe, ob dieses nicht auf elektrischem oder optischem Wege berechnet werden könne. Bekanntlich gilt nun die Molekularrefraktion $\mathfrak{R}_M$ als ungefähres Maß des Molekülvolumens pro Mol. Sie ist durch die Lorentz-Lorenzsche Formel

$$\mathfrak{R}_M = \frac{n_D^2 - 1}{n_D^2 + 2}\,\frac{M}{\varrho} \tag{XI.11}$$

---

[1] KUDRJAWZEW, B.: Anwendung von Ultraschallverfahren bei physikalisch-chemischen Untersuchungen (Übersetzung aus dem Russischen), Berlin: VEB-Verlag d. Wiss. 1955. 253 S., 151 Fig. Dieses Buch macht dankenswerterweise mit einer Reihe von Arbeiten russischer Forscher bekannt, die nicht genügend beachtet worden sind. Leider enthält das Buch eine Reihe unberechtigter Urteile und läßt viele wesentliche Arbeiten zum Thema aus.

[2] SCHAAFFS, W.: Z. Physik **115**, 69—76 (1940).

[3] Zusammenstellung von 56 Zustandsgleichungen bei J. OTTO im Handbuch der Experimentalphysik von WIEN und HARMS, Bd. 8/2, S. 207—228. 1929.

mit dem Brechungsindex n_D für die Natrium-D-Linie gegeben. Die optisch gemessene Raumerfüllung der Moleküle ist dann durch das Verhältnis $\Re_M/V$ bzw. den Ausdruck $(n_D^2-1)/(n_D^2+2)$ definiert.

Wenn man nun uV als Funktion von $\Re_M$ rein empirisch untersucht, so erhält man für eine Reihe von Kohlenwasserstoffen und von Kohlenstoffverbindungen mit Sauerstoff- und Stickstoffkomponenten die Fig. 136. Offensichtlich besteht eine Proportionalität zwischen uV und $\Re_M$. Man wird vermuten, daß die Proportionalität exakter herauskommt, wenn man einmal berücksichtigt, daß in Gl. (XI.11) nicht der Brechungs-

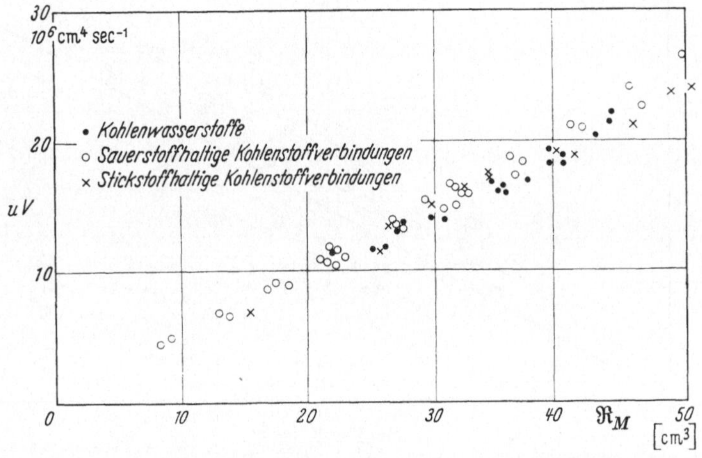

Fig. 136. Empirischer Zusammenhang zwischen dem Produkt uV und der Molekularrefraktion $\Re_M$ bei Kohlenstoffverbindungen ohne schwere Komponenten

index n_D für die Natrium-D-Linie, sondern der auf Lichtwellen sehr großer Wellenlänge extrapolierte stehen müßte, und zum anderen, daß zwischen einer optischen und einer akustischen Abtastung des Moleküls ein Unterschied bestehen muß. Akustische Abtastung bedeutet, daß nur die Elektronen der Molekülaußenseiten miteinander in Wechselwirkung gebracht werden. Optische Abtastung bedeutet, daß auch etwas tieferliegende Elektronen mit den Lichtquanten in Wechselwirkung treten. Eine exaktere Proportionalität zwischen uV und $\Re_M$ wird dadurch hergestellt, daß man versuchsweise $\Re_M \equiv B$ setzt und B dann ebenso additiv aufgebaut denkt, wie man die Molekularrefraktion aus Atomrefraktionen aufbaut. Im akustischen Falle möge das Molekülvolumen B aus „Atomsummanden" A zusammengesetzt werden. Man kann diese Atomsummanden als Mittelwerte aus einer größeren Anzahl von Messungen der Schallgeschwindigkeit und der Dichte berechnen.

Nach Fig. 136 sei W der Proportionalitätsfaktor zwischen uV und B. Dann steht die Beziehung

$$u = W r = W \frac{B}{V} = W \frac{\sum\limits_i (zA)_i}{V} \qquad (\text{XI.12})$$

zur Diskussion. In Fig. 137 ist diese Beziehung für die gleichen organischen Stoffe wie in Fig. 136 und für noch einige mehr dargestellt worden. Die hier zur Berechnung von B vom Verfasser benutzten

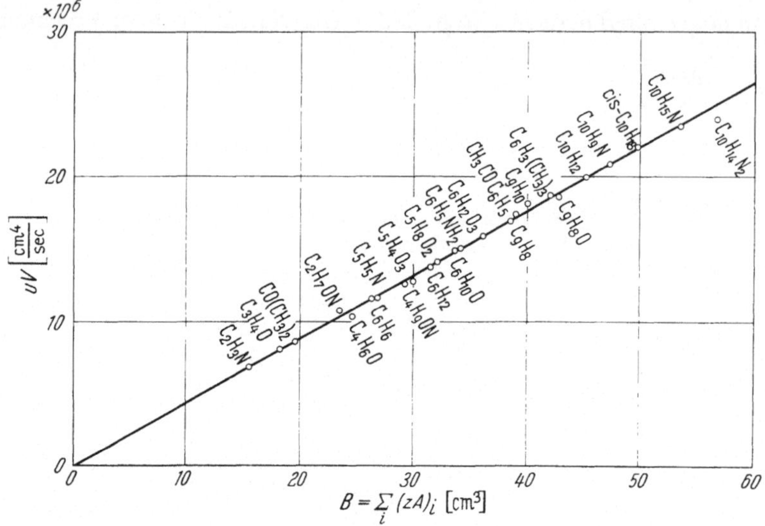

Fig. 137. Zusammenhang zwischen dem Produkt uV und dem Molekülvolumen B für einige ausgewählte Stoffreihen. Temperatur 20° C

Atomsummanden weichen aber ein wenig von denen ab, die später in Ziffer 115 und Tabelle IX/10 mitgeteilt werden. Das liegt daran, daß bei diesen ersten Untersuchungen über den Zusammenhang von Schallgeschwindigkeit und Molekülstruktur die Existenz von sogenannten „inneren Atomsummanden" noch nicht berücksichtigt werden konnte.

Aus Fig. 136 und 137 geht hervor, daß ein enger Zusammenhang zwischen der Schallgeschwindigkeit und den Elektronen der Molekülhülle bestehen muß. Das wird deutlich, wenn man bedenkt, daß sich die physikalische Bedeutung der Molekularrefraktion $\Re_M$ nicht darin erschöpft, daß sie ein Molekülvolumen repräsentiert. Die klassische Dispersionstheorie des Lichts liefert für die Molekularrefraktion die Formel

$$\Re_M = \frac{4\pi N}{3} \frac{e^2}{m_e} \sum_i \frac{1}{\omega_i^2 - \omega^2} \,. \qquad (\text{XI.13})$$

Sie besagt, daß i Elektronen mit der Ladung e und der Masse m_e die Kreisfrequenzen ω_i im Molekül haben und durch die Kreisfrequenzen ω des einfallenden Lichtes zu erzwungenen Schwingungen angeregt werden. Die Molekularrefraktion ist also ein Ausdruck für die Anzahl der schwingungsfähigen Elektronen und ihrer Eigenfrequenzen. Die Quantentheorie liefert eine modifizierte Dispersionsformel, in der nicht mehr eine endliche Anzahl von Eigenfrequenzen, sondern eine unendliche durch ω_i gekennzeichnete Folge von Frequenzen auftritt. In der Quantentheorie steht im Zähler hinter dem Summenzeichen eine von Eins verschiedene Größe. Dieser kurze Hinweis auf die tiefere Bedeutung von $\Re_M$ möge hier genügen.

114. Die Schallgeschwindigkeit als Funktion von Raumerfüllung und Stoßfaktor

Die Weiterführung des in Ziffer 112 begonnenen Gedankenganges wird durch die Ergebnisse von Ziffer 113 erleichtert, ist aber prinzipiell unabhängig von ihnen. In Fig. 138 ist der Verlauf der Funktion $f(s\,r)$ nach Gl. (XI.7) unter der Annahme eines mittleren Wertes von $\varkappa = 1{,}2$ für die Temperatur $T = 293°$ K gezeichnet worden. Die Kurven sind Isomerenkurven, die alle mit $u = 0$ bei $s\,r = \frac{1}{2}$ beginnen und für $s\,r = 1$ einen Wert $u = \infty$ geben. Die physikalische Wirklichkeit kennt aber nur Flüssigkeiten, die im Bereich

$$0{,}8 < s\,r < 0{,}95$$

liegen. Uns interessiert daher nur dieser Bereich.

In dieses Schema von Isomerenkurven wurden einige homologe Reihen organischer Flüssigkeiten eingezeichnet, bei denen die charakteristische Eigenschaft des vierwertigen Kohlenstoffs $>$C$<$, lange Ketten zu bilden, am deutlichsten zum Ausdruck kommt. Die Vierwertigkeit des Kohlenstoffs ist das Fundament der organischen Chemie. Jede organische Verbindung läßt sich als Glied einer homologen Reihe darstellen und, sofern sie flüssig ist, als Glied einer solchen in das Schema

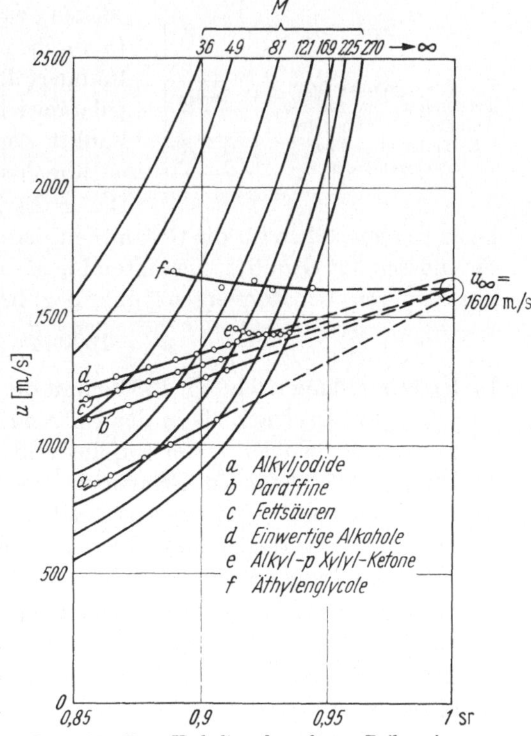

Fig. 138. Das Verhalten homologer Reihen im Isomerendiagramm der Funktion $f(s\,r)$ (nach SCHAAFFS)

der Isomerenkurven einordnen. Voraussetzung ist dabei nur, daß mit steigendem Molekulargewicht M die Kohlenwasserstoffglieder den Charakter der homologen Reihe immer stärker prägen. Eine Reihe etwa aus den Gliedern Methylalkohol, Glycol, Glycerin usw. ist keine solche Reihe, weil die Zahl der Sauerstoffatome proportional mit der der Kohlenstoffatome wächst. Man kann sich aber z.B. den Glycerinkomplex am Ende einer Kohlenwasserstoffkette denken, die ständig verlängert wird und schließlich nur noch durch die Kohlenwasserstoffglieder geprägt ist.

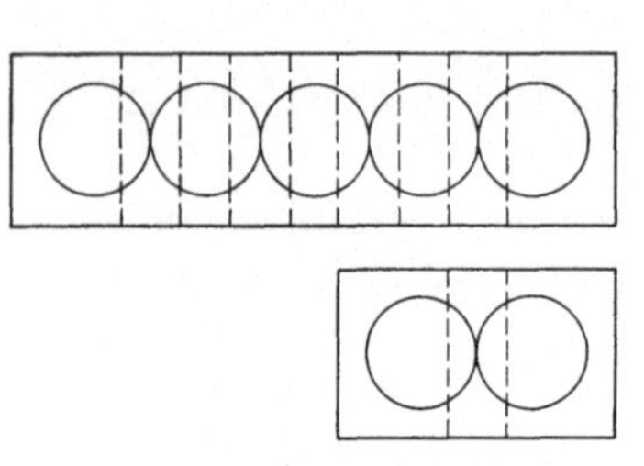

Fig. 139. Schema über die Zunahme der Raumerfüllung mit steigender Kettenlänge in einer homologen Reihe

Die Raumerfüllung der Moleküle einer solchen homologen Reihe nimmt mit steigendem Molekulargewicht zu, weil die Eigenvolumina der Kettenglieder selbst sich addieren, die ihnen zugehörigen „Bewegungsräume" sich aber überdecken, wie Fig. 139 anschaulich zeigt. Dadurch werden die Änderungen der Raumerfüllung mit steigendem Molekulargewicht immer kleiner, und die Punkte der homologen Reihen rücken nach rechts hin immer näher aneinander.

Die in Fig. 138 eingezeichneten homologen Reihen stehen für die Gesamtheit der organischen Flüssigkeiten da. Sie müssen auf Grund des gesagten für $M \to \infty$ bzw. $sr \to 1$ zwangsläufig konvergieren. Der Konvergenzpunkt liegt bei

$$u_\infty = 1600 \text{ m/s}. \qquad \text{(XI.14)}$$

In der Darstellung nach Fig. 138 kommt die Konvergenz ganz wesentlich schärfer zum Ausdruck als in der früheren Fig. 128, wo u als Funktion der Anzahl der Kohlenwasserstoffglieder dargestellt wurde.

Die Fig. 138 ist für eine Temperatur von 20°C gezeichnet worden. Soweit zu erkennen ist — nähere Untersuchungen darüber liegen nicht vor—, scheint der Konvergenzpunkt in einem weiten Temperaturbereich temperaturunabhängig zu sein. Für höhere Temperaturen werden nämlich die Schallgeschwindigkeiten in den homologen Reihen kleiner, gleichzeitig rücken aber die Isomerenkurven nach oben, weil $\sqrt{T}$ ansteigt und noch ein kleiner Betrag von $r/2$ dazukommt, der in Formel (XI.7) vernachlässigt wurde.

Nach Fig. 138 besitzen die organischen Flüssigkeiten die Eigenschaft für $sr \to 1$ dem gemeinsamen Grenzwert u_∞ zuzustreben. Es bleibt aber nicht nur offen, für welche Einzelwerte von s und r der Grenzwert u_∞ erreicht wird, sondern es geht aus dieser Darstellung auch nicht hervor, welche Werte von s und r eine Flüssigkeit in einem beliebigen anderen

Punkte des Diagramms hat. Nur so viel kann gesagt werden, daß ein Stoff mit dem idealen Faktor $s = 4$ den Grenzwert bei $r = \frac{1}{4}$, ein solcher mit dem schlechten Faktor $s = 2$ ihn bei $r = \frac{1}{2}$, und mit dem außerordentlich schlechten Stoßfaktor $s = 1$ bei $r = 1$ erreichen muß. Wenn wir nun die Schallgeschwindigkeit u als Funktion der Raumerfüllung r darstellen und den Stoßfaktor s als Parameter behandeln wollen, müssen wir eine Hypothese über s machen, welche einmal die genannten Grenzbedingungen berücksichtigt, aber auch die Geradlinigkeit der konvergierenden Kurven für höhere Glieder einer homologen Reihe beibehält. Diese Hypothese besteht in der Annahme, daß die verschiedenen Neigungen der Reihen in dem Isomerendiagramm der Fig. 138 lediglich auf der Unterschiedlichkeit des Stoßfaktors s beruhen. Transformieren wir die Fig. 138 mit dieser Hypothese, so wird gemäß Fig. 140 aus den konvergierenden Geraden ein System von Parallelen, die sich nur durch den Betrag des Stoßfaktors s unterscheiden und die Grenzbedingung $u = u_\infty$ für $s r = 1$ erfüllen. Es sei ausdrücklich betont, daß nunmehr auch $s r > 1$ sein kann und die unbedingte Identität von $s B$ mit

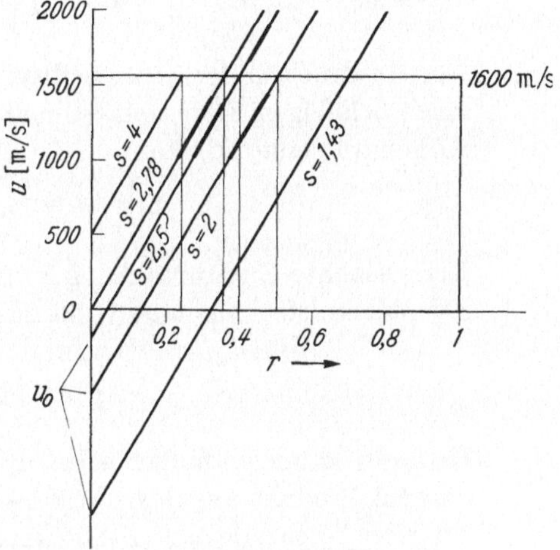

Fig. 140. Durch Koordinatenänderung aus Fig. 138 entstandene Darstellung homologer Reihen

dem Covolumen b im ursprünglichen Sinne aufgehoben ist. Für alle in organischen Flüssigkeiten gemessenen Schallgeschwindigkeiten, die größer als 1600 m/s sind, liegt dieser Fall vor.

Die Parallelen, auf denen jetzt sämtliche organischen Flüssigkeiten liegen, folgen der Gleichung

$$u = W \cdot r - u_0. \tag{XI.15}$$

u_0 sei der Schnittpunkt mit der Ordinate bei der Raumerfüllung $r = 0$. Die Steigung sei in Analogie zu Gl. (XI.12) und Fig. 137 mit W bezeichnet. Für eine bestimmte Gruppe reiner Kohlenwasserstoffe mit dem Dipolmoment Null kann der Stoßfaktor bei $20°$ C zu $s_n = 2,78$ angesetzt werden[1]. Die Begründung dafür wird erst in Ziffer 117 gegeben. Dann ist

$$W = u_\infty s_n = 1600 \cdot 2,78 = 4450 \text{ m/s}. \tag{XI.16}$$

---

[1] In einigen Arbeiten des Verfassers ist versehentlich ein falscher Wert 2,85 angegeben und von einigen Autoren übernommen worden (z.B. im Handbuch der Physik, Bd. XI/1, Akustik).

Dieser Wert von W hat an die Stelle eines in Ziffer 113 auf Grund der Molekularrefraktion nur ungefähr bestimmbaren Wertes zu treten. Indem wir formal-mathematisch $u_0 = W \cdot r_0 = u_\infty \, s_n \, r_0$ schreiben, erhalten wir aus Gleichung (XI.15)

$$u = u_\infty \, s_n \, (r - r_0)\,. \tag{XI.17}$$

Dafür läßt sich physikalisch durchsichtiger schreiben

$$u = u_\infty \left\{ s_n \left(1 - \frac{r_0}{r} \right) \right\} r\,. \tag{XI.18}$$

Der Ausdruck in den geschweiften Klammern stellt den Stoßfaktor s für einen beliebigen Stoff, gemessen an dem Stoßfaktor s_n gewisser einfacher Kohlenwasserstoffe, dar:

$$s \equiv s_n \left(1 - \frac{r_0}{r} \right)\,. \tag{XI.19}$$

Der gesuchte Zusammenhang zwischen der Schallgeschwindigkeit und der Molekülstruktur lautet nunmehr endgültig

$$\boxed{u = u_\infty \cdot s \cdot r}\,. \tag{XI.20}$$

Er kann kaum einfacher sein. In Worten: Die Schallgeschwindigkeit ist dem Produkt aus dem die Elastizität der Stöße der Moleküle untereinander beschreibenden Stoßfaktor und der Raumerfüllung der Moleküle proportional.

In dem besonderen Falle $r_0 = 0$, der für eine große Anzahl von Stoffen verwirklicht ist, haben wir

$$u = (u_\infty \, s_n) \, r = W r\,. \tag{XI.20a}$$

Diese Gleichung ist mit der Gleichung (XI.12) formal identisch, nur sind die Werte von W und B etwas gegeneinander verschoben, ohne daß sich dabei an u etwas ändert.

115. Additivitätsgesetze der Schallgeschwindigkeit

Das Additionstheorem, daß sich die Molekularrefraktion $\mathfrak{R}_M$ additiv aus Atomrefraktionen $\mathfrak{R}_A$ nach der Gleichung

$$\mathfrak{R}_M = \frac{n_D^2 - 1}{n_D^2 + 2} \, \frac{M}{\varrho} = \sum_i (z \, \mathfrak{R}_A)_i \tag{XI.21}$$

zusammensetzt, wenn über die i Atomsorten, die mit der Anzahl z im Molekül vertreten sind, summiert wird, ist bekannt. Dieses Theorem spielt in der Molekularoptik und in der theoretischen Chemie eine bedeutende Rolle. Analoges gilt in der Molekularakustik.

Eine strenge Additivität besitzt das Molekulargewicht M. Es wird aus der Summe der Atomgewichte m zu

$$M = \sum_i (z\,m)_i \qquad \text{(XI.22)}$$

berechnet. Das Molekulargewicht ist als Masse unabhängig von der chemischen Bindung und daher für Strukturuntersuchungen nur bedingt brauchbar.

Das Molekülvolumen B pro Mol, welches der Molekularrefraktion äquivalent ist, fassen wir als Summe von „äußeren Atomsummanden" A auf:

$$B = \sum_i (z\,A)_i. \qquad \text{(XI.23)}$$

Mit dem Namen „Atomsummanden" soll lediglich die Summationseigenschaft umschrieben werden. Diese Atomsummanden setzen sich aus zwei Anteilen zusammen, die einmal den Atomen als solchen, und zum anderen den Bindungszuständen zwischen den Atomen zukommen. Eine völlige Trennung beider Anteile ist nicht möglich. Daher sind die Atomsummanden nur Rechengrößen ohne sinnfällige phyikalische Bedeutung. Nur der Summationswert B ist anschaulich.

Die durch Gl. (XI.17) eingeführte Größe r_0, die wir als eine Art Raumerfüllung zu interpretieren haben, sei durch das Verhältnis

$$r_0 = \frac{\beta}{\beta + B} \qquad \text{(XI.24)}$$

charakterisiert. Unter β ist eine Volumengröße zu verstehen, in der die Besonderheiten des Potentialverlaufs am Molekül beim Vorhandensein schwerer Atome oder gewisser Atomkomplexe zum Ausdruck kommen. Sicher liegen diese Besonderheiten auch bei anderen Atomen vor, doch machen sie sich an diesen bei Zimmertemperatur kaum bemerkbar. In Analogie zur Raumerfüllung $r = B/V$ hätte man für r_0 den Quotienten β/B einführen können, doch hat sich experimentell ergeben, daß der Ansatz (XI.24) etwas bessere Resultate ergibt. Auch für β kann ein Additionstheorem der Form

$$\beta = \sum_i (z\,a)_i \qquad \text{(XI.25)}$$

angesetzt werden. Im Unterschied zu den äußeren Atomsummanden A seien die a als „innere Atomsummanden" bezeichnet[1]. Für die durch Formel (XI.25) postulierte Additivität hat ALTENBURG eine atomistische Deutung gegeben (siehe Ziffer 154).

---

[1] Der hier benutzte Buchstabe a ist nicht mit der Attraktionsgröße a in der van der Waalsschen Zustandsgleichung zu verwechseln!

Setzen wir die drei durch die Gln. (XI.22), (XI.23) und (XI.25) beschriebenen Additionstheoreme in Gl. (XI.18) ein, so erhalten wir für die Berechnung der Schallgeschwindigkeit die Formel

$$u = u_\infty \left\{ s_n \left(1 - \frac{\dfrac{\sum\limits_i (za)_i}{\sum\limits_i (za)_i + \sum\limits_i (zA)_i}}{\varrho \cdot \dfrac{\sum\limits_i (zA)_i}{\sum\limits_i (zm)_i}} \right) \right\} \frac{\sum\limits_i (zA)_i}{\sum\limits_i (zm)_i} \cdot \varrho \,. \qquad (XI.26)$$

Für den praktischen Gebrauch, bei dem die theoretische Übersichtlichkeit keine Rolle spielt, wird man die Formel (XI.26) in der Form

$$u = \frac{W \varrho B}{M} - \frac{W}{1 + \dfrac{B}{\beta}} \qquad (XI.27)$$

verwenden und M, B und β aus den oben genannten Additionstheoremen berechnen.

In den Tabellen XI/1 und XI/2 sind die vom Verfasser vor Jahren berechneten äußeren und inneren Atomsummanden zusammengestellt worden. Seitdem wurden viele neue Schallgeschwindigkeiten gemessen, so daß die angegebenen (Mittel-) Werte da und dort etwas zu verbessern wären. Auf eine solche Verbesserung wurde aber verzichtet, da es nicht

Tabelle XI/1. *Äußere Atomsummanden A einiger Atome*

Chemische Bindung	Atom-summand A [cm³]	Atom-refraktion für Na-D-Linie [cm³]	Chemische Bindung	Atom-summand A [cm³]	Atom-refraktion für Na-D-Linie [cm³]
H — alle Atome	1,06	1,100	(C)—N=(C)	4,35	3,776
=C<	3,36	3,284	(C)—N<(C)(C)	5,20	2,840
—C≡	3,66	3,617			
>C<	3,06	2,418	(H)—N<(C)(C)	5,80	
>Si<	7,10		(C)—N<(H)(H)	6,42	2,322
O=(C)	3,82	2,211	N≡(C)	5,45	3,118
(C)—O—(C)	1,64	1,643	NO₂—(C)	12,00	
(Si)—O—(C)	0,71		Cl—(C)	6,92	5,967
(C)—O—(H)	4,53	1,525	Br—(C)	13,20	8,865
			J—(C)	16,00	13,900

Tabelle XI/2. *Innere Atomsummanden einiger Atome und Atomkomplexe* (bei 20° C ermittelt)

Chemische Bindung	Innere Atomsummanden a [cm³]
$-\overset{\vert}{\underset{\vert}{C}}-CH_3$	0,10
$-\overset{\vert}{\underset{\vert}{C}}-OH$	0,16
$-\overset{\vert}{\underset{\vert}{C}}-COOH$	1,30
$-\overset{\vert}{\underset{\vert}{C}}-NO_2$	1,20
$-\overset{\vert}{\underset{\vert}{C}}-Cl$	0,25 bei 1 Atom Chlor im Molekül 0,52 bei 2 Atomen Chlor im Molekül 0,75 bei 3 Atomen Chlor im Molekül 0,87 bei 4 und mehr Atomen Chlor im Molekül
$\overset{\diagup}{\underset{\diagdown}{C}}-Cl$	0,87
$-\overset{\vert}{\underset{\vert}{C}}-Br$	4,20 bei 1 Atom Brom im Molekül 4,50 bei 2 Atomen Brom im Molekül 6,00 bei 3 und mehr Atomen Brom im Molekül
$\overset{\diagup}{\underset{\diagdown}{C}}-Br$	4,75
$-\overset{\vert}{\underset{\vert}{C}}-J$	4,60 bei 1 Atom Jod im Molekül
$-\overset{\vert}{\underset{\vert}{Si}}-CH_3$	0,29

unbedingt nötig ist, eine vollkommene Übereinstimmung zwischen gemessenen und additiv berechneten Absolutwerten der Schallgeschwindigkeiten zu erzielen. Es ist wichtiger, aus den Unterschieden auf Konstitutionseigentümlichkeiten schließen zu können. In der Tabelle der äußeren Atomsummanden sind, soweit bekannt, auch die entsprechenden Atomrefraktionen[1] aufgeführt worden, damit man die Verwandtschaft zwischen akustischen Atomsummanden und optischen Atomrefraktionen erkennen kann.

---

[1] Es handelt sich um die Atomrefraktionszahlen, die von EISENLOHR berechnet und seitdem allgemein anerkannt sind. EISENLOHR, F.: Z. phys. Chem. **75**, 585—607 (1910); **79**, 129—146 (1912).

Für die Berechnung von Schallgeschwindigkeiten nach diesem Verfahren seien zwei Beispiele gegeben:

CARVACROL (Fig. 141) hat die Dichte $\varrho_4^{20} = 0{,}976$ g/cm³. Das Molekülvolumen pro Mol ist:

$$B = \sum_i (z\,A)_i = 6 \cdot (= C\!\!<) + 4 \cdot (>\!\!C\!\!<) + 14 \cdot (H-) + 1 \cdot ((C)-O-(H))$$
$$= 6 \cdot 3{,}36 \quad + 4 \cdot 3{,}06 \quad + 14 \cdot 1{,}06 \quad + 1 \cdot 4{,}53$$
$$= 51{,}77 \text{ cm}^3.$$

β berechnet sich aus den inneren Atomsummanden zu

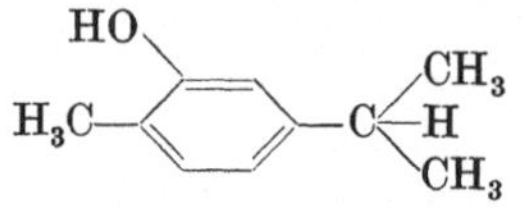

Fig. 141. Strukturformel für Carvacrol

$$\beta = \sum_i (z\,a)_i = 2 \cdot \left(-\overset{|}{\underset{|}{C}}-CH_3\right) + 1 \cdot \left(-\overset{|}{\underset{|}{C}}-OH\right)$$
$$= 2 \cdot 0{,}10 \quad\quad + 1 \cdot 0{,}16$$
$$= 0{,}36 \text{ cm}^3.$$

Durch Einsetzen in die Formel (XI.27) erhält man

$$u_{\text{ber}} = 1497 - 31 = 1466 \text{ m/s}.$$

Der vom Verfasser gemessene Wert bei 20° C beträgt

$$u_{\text{gem}} = 1475 \text{ m/s}.$$

Als zweites Beispiel sei Chloroform $CHCl_3$ gewählt. Die Dichte ist $\varrho_4^{20} = 1{,}487$ g/cm³. Das Molekülvolumen pro Mol ist:

$$B = \sum_i (z\,A)_i = 1 \cdot (>\!\!C\!\!<) + 1 \cdot (H-) + 3 \cdot (Cl-(C))$$
$$= 1 \cdot 3{,}06 \quad + 1 \cdot 1{,}06 \quad + 3 \cdot 6{,}92$$
$$= 24{,}88 \text{ cm}^3.$$

β berechnet sich zu

$$\beta = \sum_i (z\,a)_i = 3 \cdot \left(-\overset{|}{\underset{|}{C}}-Cl)\right) = 3 \cdot 0{,}75 = 2{,}25 \text{ cm}^3.$$

Durch Einsetzen in Formel (XI.27) erhält man

$$u_{\text{ber}} = 1379 - 370 = 1009 \text{ m/s}.$$

Der gemessene Wert ist bei 20° C

$$u_{\text{gem}} = 1001 \text{ m/s}.$$

In Tabelle XI/3 ist für verschiedene Gruppen organischer Flüssigkeiten ein Vergleich der gemessenen und der nach Formel (XI.26) bzw. (XI.27) berechneten Schallgeschwindigkeiten durchgeführt worden. Damit man den Einfluß der inneren Atomsummanden auf den Wert der

Tabelle XI/3. *Bestätigung der Formel $u = u_\infty\, sr$. Vergleiche zwischen Messung und Rechnung bei 20° C.*

organische Flüssigkeit	Brutto-formel	Dichte ϱ_4^{20} [g/cm³]	Schallgeschwindigkeit [m/s] gemessen	berechnet	u_0
Ringförmige Kohlenwasserstoffe					
Benzol	$C_6 H_6$	0,878	1326	1326	
Toluol	$C_7 H_8$	0,866	1328	1327	
o-Xylol	$C_8 H_{10}$	0,871	1360	1347	
m-Xylol	$C_8 H_{10}$	0,863	1340	1335	
p-Xylol	$C_8 H_{10}$	0,860	1330	1331	
Inden	$C_9 H_8$	0,998	1475	1471	
Tetralin	$C_{10}H_{12}$	0,967	1492	1468	
Cyclohexan	$C_6 H_{12}$	0,779	1284	1284	
Cyclohexen	$C_6 H_{10}$	0,811	1305	1304	
Methylcyclohexan	$C_7 H_{14}$	0,764	1247	1247	12
Hydrinden	$C_9 H_{10}$	0,910	1403	1369	
cis-Decalin	$C_{10}H_{18}$	0,896	1451	1435	
trans-Decalin	$C_{10}H_{18}$	0,870	1403	1392	
Ringförmige Kohlenstoffverbindungen mit O = (C)					
Acetophenon	$C_8 H_8 O$	1,026	1496	1482	
Benzaldehyd	$C_7 H_6 O$	1,046	1479	1480	
Zimtaldehyd	$C_9 H_8 O$	1,112	1570	1593	
Benzylaceton	$C_{10}H_{12}O$	0,989	1514	1463	
Äthylphenylketon	$C_9 H_{10}O$	1,009	1498	1470	10
Cyclohexanon	$C_6 H_{10}O$	0,948	1443	1428	
Kohlenstoffverbindungen mit der Gruppe OH					
Benzylalkohol	$C_7 H_8 O$	1,045	1540	1538	20
Carvacrol	$C_{10}H_{14}O$	0,976	1475	1466	31
o-Kresol	$C_7 H_8 O$	1,046	1523	1538	20
Cyclohexanol	$C_6 H_{12}O$	0,962	1493	1500	20
1-Linalool	$C_{10}H_{18}O$	0,863	1341	1359	21
Furfurylalkohol	$C_5 H_6 O_2$	1,135	1467	1470	24
Kohlenstoffverbindungen mit Stickstoff					
Diäthylanilin	$C_{10}H_{15}N$	0,934	1482	1476	
Äthylbenzylanilin	$C_{15}H_{17}N$	1,029	1586	1574	
Anilin	$C_6 H_7 N$	1,022	1656	1657	
o-Toluidin	$C_7 H_9 N$	0,998	1634	1630	
m-Toluidin	$C_7 H_9 N$	0,989	1620	1613	
Cyclohexylamin	$C_6 H_{13}N$	0,819	1435	1420	
Äthanolamid	$C_2 H_7 ON$	1,018	1741	1781	
Kohlenstoffverbindungen mit Chlor					
Chlorbenzol	$C_6 H_5 Cl$	1,107	1291	1295	116
m-Dichlorbenzol	$C_6 H_4 Cl_2$	1,287	1295	1295	193
o-Chlortoluol	$C_7 H_7 Cl$	1,085	1344	1334	101
m-Chlortoluol	$C_7 H_7 Cl$	1,070	1326	1313	101
p-Chlortoluol	$C_7 H_7 Cl$	1,066	1316	1305	101
α-Chlornaphthalin	$C_{10}H_7 Cl$	1,192	1483	1481	81
1,2,4-Trichlorbenzol	$C_6 H_3 Cl_3$	1,456	1301	1324	250
Trichloräthylen	$C_2 H\ Cl_3$	1,477	1049	1052	370
Acetylchlorid	$C_2 H_3 OCl$	1,103	1060	1088	183
Perchloräthylen	$C_2 Cl_4$	1,614	1066	1082	408

Tabelle XI/3. (Fortsetzung)

Organische Flüssigkeit	Brutto-formel	Dichte ϱ_4^{20} [g/cm³]	Schallgeschwindigkeit [m/s]		u_0
			gemessen	berechnet	
Kohlenstoffverbindungen mit Brom					
Äthylbromid	$C_2\,H_5\,Br$	1,461	900	820	662
n-Butylbromid	$C_4\,H_9\,Br$	1,275	990	968	490
n-Anylbromid.	$C_5\,H_{11}Br$	1,223	981	1024	430
n-Oktylbromid	$C_8\,H_{17}Br$	1,166	1182	1192	320
m-Methylcyclohexylbromid . .	$C_7\,H_{13}Br$	1,259	1194	1173	365
p-Methylcyclohexylbromid . . .	$C_7\,H_{13}Br$	1,267	1189	1183	365
Methylenbromid	$C\,H_2\,Br_2$	2,484	963	1025	985
Äthylenbromid	$C_2\,H_4\,Br_2$	2,178	1009	1014	871
Propylenbromid	$C_3\,H_6\,Br_2$	1,941	995	995	795
Bromoform	$C\,H\,Br_3$	2,890	928	925	1300
Acetylentetrabromid	$C_2\,H_2\,Br_4$	2,963	1041	1060	1270
Kohlenstoff-Silizium-Verbindungen					
Tetraäthylsilan	$SiC_8\,H_{20}$	0,767	1213	1215	96
Tetrabutylsilan	$SiC_{16}H_{36}$	0,801	1292	1289	54
Dimethyldipropylsilan	$SiC_8\,H_{20}$	0,740	1139	1141	95
Tetrapropoxysilan	$SiC_{12}H_{28}O_4$	0,911	1149	1145	76
Tetraisopropoxysilan	$SiC_{12}H_{28}O_4$	0,875	1016	1077	131
Methyltriäthoxysilan	$SiC_7\,H_{18}O_3$	0,896	1068	1060	52
Dimethyldiacetoxysilan	$SiC_6\,H_{12}O_4$	1,054	1178	1185	53

Schallgeschwindigkeit besser erkennen kann, enthält die letzte Spalte der Tabelle das zweite Glied

$$u_0 = \frac{W}{1 + \dfrac{B}{\beta}} \qquad (XI.28)$$

der Gl. (XI.27).

Wenn man eine graphische Darstellung ähnlich der von Fig. 137 geben will, die aber jetzt beliebige organische Flüssigkeiten umfasst, so ist die aus (XI.27) hervorgehende Gleichung

$$(u + u_0)\,V = W \cdot B \qquad (XI.29)$$

darzustellen. Dabei sind die Werte von B und u_0 aus den Additionstheoremen (XI.23) und (XI.25) zu berechnen, u und V aber zu messen. In Fig. 142 gruppieren sich die Punkte um die Gerade mit der Steigung W.

Die in den Tabellen XI/1 und XI/2 zusammengestellten äußeren und inneren Atomsummanden sind für eine Temperatur von 20° C ermittelt worden. Nach den Ausführungen in Ziffer 111 und 113 ist das Molekülvolumen B pro Mol mit der Molekularrefraktion $\mathfrak{R}_M$ wesensgleich, also wie diese weitgehend temperaturunabhängig. Das gilt dann auch für die äußeren Atomsummanden A.

Wenn man die Gl. (XI.27) nach β auflöst, erhält man die Gleichung

$$\beta = B \, \frac{1 - \dfrac{1}{r}\dfrac{u}{W}}{\dfrac{1}{r} - \left(1 - \dfrac{1}{r}\dfrac{u}{W}\right)} \, .$$

Sie verknüpft die in β und B steckenden inneren und äußeren Atomsummanden miteinander. Die Auswertung ergibt, daß die β-Werte mit

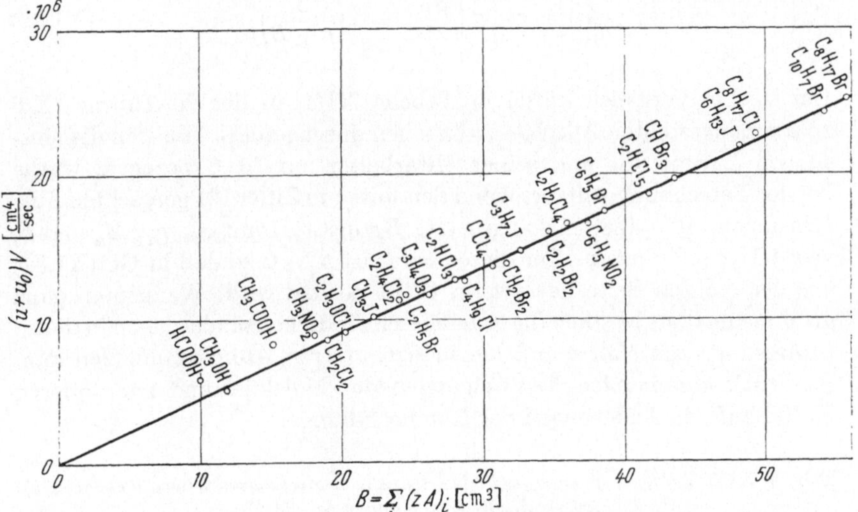

Fig. 142. Darstellung von $(u + u_0)\,V$ als lineare Funktion des Molekülvolumens B für beliebige organische Stoffe; in der Figur vorzugsweise für Verbindungen mit schweren Komponenten (nach Schaaffs) Temperatur 20° C

steigender Temperatur konstant bleiben oder zunächst nur schwach, später aber stärker ansteigen. Das ist verständlich, da die Größen β Bereiche darstellen, die einem Molekül arteigen sind und daher — in erster Näherung — nicht von seiner Temperaturbewegung abhängen. Die Größe W nimmt nach Ziffer 121 linear mit der Temperatur ab.

116. Vergleich gemessener und berechneter Relativwerte der Schallgeschwindigkeit

Bisweilen ist es zweckmäßiger — besonders bei neu durchgemessenen Verbindungsgruppen — nicht die Absolutwerte wie in Tabelle XI/3, sondern nur relative Werte mit einander zu vergleichen. Man greift dann aus einer Gruppe chemisch nahe verwandter Flüssigkeiten mit den Schallgeschwindigkeiten u_x die am einfachsten aufgebaute Verbindung der Schallgeschwindigkeit u_a heraus und schreibt die gemessenen Differenzen

$$\Delta u = u_a - u_x \qquad \text{(XI.30)}$$
$$\text{gem}$$

hin. Die entsprechenden nach Gl. (XI.27) berechneten Differenzen sind dann

$$\Delta u_{\text{ber}} = W\left(\frac{B_a\,\varrho_a}{M_a} - \frac{B_x\,\varrho_x}{M_x}\right) - W\left(\frac{\beta_a}{\beta_a + B_a} - \frac{\beta_x}{\beta_x + B_x}\right) \qquad \text{(XI.31)}$$

oder in kürzerer Schreibweise

$$\Delta u_{\text{ber}} = W\left\{\Delta\left(\frac{B\varrho}{M}\right) - \Delta\left(\frac{\beta}{\beta + B}\right)\right\}. \qquad \text{(XI.32)}$$

Ein solcher Vergleich wurde in Tabelle XI/4 an den in Tabelle IX/6 zusammengestellten Alkyl-Aryl-Ketonen durchgeführt. Da sich die Messungen LAGEMANNs und seiner Mitarbeiter auf 30° C bezogen, wurde bei der Berechnung, entsprechend den unten in Ziffer 121 gemachten Ausführungen, $W = 4383$ m/s angesetzt. Bezugsstoff mit u_a, ϱ_a, M_a und B_a war 4-H-Acetophenon. Für diesen Stoff ist $\beta_a = 0$, so daß in Gl. (XI.31) auf der rechten Seite das zweite Glied positiv wird. Wenn man ganz grob rechnet, so beruhen die Schallgeschwindigkeitsänderungen in dieser Stoffgruppe zur Hälfte auf den in den inneren Atomsummanden zum Ausdruck kommenden Verzweigungen der Moleküle und zur anderen Hälfte auf den Änderungen der Raumerfüllungen.

Tabelle XI/4. *Vergleich gemessener und berechneter Änderungen der Schallgeschwindigkeit in Alkyl-Aryl-Ketonen bei 30° C*

Verbindung		Δu gemessen	Δu berechnet	Aufteilung von Δu_{ber}	
				$W \cdot \Delta\left(\frac{B\varrho}{M}\right)$	$W \cdot \Delta\left(\frac{\beta}{\beta+B}\right)$
4-H—		0	0	0	0
4-CH$_3$—		+ 6	+ 8	8	0
4-C$_2$H$_5$—	Acetophenon	+10	+14	5	9
4-CH—(CH$_3$)$_2$—		+34	+31	15	16
4-C—(CH$_3$)$_3$—		+36	+46	24	22
4-H—		+ 7	+13	3	10
4-CH$_3$—		+13	+22	13	9
4-C$_2$H$_5$—	Propiophenon	+19	+35	19	16
4-CH—(CH$_3$)$_2$—		+39	+51	29	22
4-C—(CH$_3$)$_3$—		+43	+61	34	27
4-H—		+55	+42	24	18
4-CH$_3$—		+53	+50	34	16
4-C$_2$H$_5$—	Isobutyro-phenon	+52	+56	34	22
4-CH—(CH$_3$)$_2$—		+64	+71	44	27
4-C—(CH$_3$)$_3$—		+68	+75	44	31
4-H—	Pivalophenon	+80	+48	26	22
4-CH$_3$—		+76	+65	44	21

117. Die Zusammenhänge zwischen Dielektrizitätskonstante, Dipolmoment und Schallgeschwindigkeit[1]

Bei der Festsetzung des Wertes von W bei 20° C wurde in Ziffer 114 für gewisse dipolfreie und β-freie Verbindungen der Stoßfaktor $s_n = 2{,}78$ eingeführt. Dieser Wert ist jetzt bei der Besprechung des Zusammenhangs zwischen Schallgeschwindigkeit und Dipolmoment näher zu begründen.

In einem elektrischen Felde werden die Moleküle polarisiert. In älterer Zeit behandelte man die Moleküle als Kugeln mit im Innern frei verschiebbaren Ladungen. Daher rührt die Vorstellung, daß das Molekülvolumen ein Maß für die Polarisierbarkeit α ist[2]. Sie läßt sich auch heute noch aufrecht erhalten, obwohl die Vorstellungen über die Ladungsverteilung im Molekülinnern ganz andere geworden sind. Experimentell wird im homogenen elektrischen Feld die Dielektrizitätskonstante ε gemessen. Nach CLAUSIUS und MOSOTTI ist die Molekularpolarisation $\mathfrak{P}_M$, d.h. die Polarisation im Molvolumen,

$$\mathfrak{P}_M = \frac{4\pi}{3} N\alpha = \frac{\varepsilon - 1}{\varepsilon + 2}\, \frac{M}{\varrho}. \tag{XI.33}$$

Nach der Maxwellschen Theorie sollte $\varepsilon = n^2$ sein, wenn n der optische Brechungsindex ist. n ist zwar von der Wellenlänge des Lichtes abhängig, strebt aber für größere Wellenlängen einem Grenzwert zu, der von dem Wert für die Natrium-D-Linie nicht weit entfernt ist. Dann gilt die schon gebrauchte Lorentz-Lorenzsche Beziehung für die Molekularrefraktion

$$\mathfrak{R}_M = \frac{4\pi}{3} N\alpha = \frac{n_D^2 - 1}{n_D^2 + 2}\, \frac{M}{\varrho}. \tag{XI.34}$$

Zwischen $\mathfrak{P}_M$ und $\mathfrak{R}_M$ besteht nur für wenige Stoffe Übereinstimmung; meist ist $\mathfrak{P}_M$ erheblich größer als $\mathfrak{R}_M$. P. DEBYE erkannte, daß die Moleküle zweierlei Arten von Polarisation zeigen. Im elektrischen Felde erfolgt nicht nur eine Verschiebung der Ladungen in Feldrichtung gegeneinander, sondern auch eine Ausrichtung der schon von vornherein mit einem Dipolcharakter ausgerüsteten Moleküle. Ist das Dipolmoment μ, so setzt sich die Molekularpolarisation aus der durch $\mathfrak{R}_M$ erfaßten Verschiebungspolarisation und einem die Orientierungspolarisation enthaltenden Anteil zusammen:

$$\mathfrak{P}_M = \mathfrak{R}_M + \frac{4\pi N}{9k}\, \frac{\mu^2}{T}. \tag{XI.35}$$

---

[1] Über die elektrischen und optischen Grundlagen siehe: P. DEBYE, Polare Molekeln, Leipzig: S. Hirzel 1929, 200 S., 34 Abb.; ferner P. DEBYE u. H. SACK, Handbuch der Radiologie, Bd. 6, Teil II, S. 69—204, 1934.

[2] Die hier benutzte Größe α ist nicht mit dem Absorptionskoeffizienten zu verwechseln. Die Polarisierbarkeit wird durch $\mathfrak{m} = \alpha \cdot \mathfrak{F}$ definiert. Das Molekül nimmt das elektrische Moment $\mathfrak{m}$ an, wenn an ihm die innere elektrische Feldstärke $\mathfrak{F}$ eines Mediums angreift.

k ist die Boltzmannsche Konstante. Durch Auflösung nach μ ergibt sich die Debyesche Formel zur Bestimmung von Dipolmomenten aus elektrischen und optischen Messungen:

$$\mu = \sqrt{\frac{9\,kT}{4\,\pi\,N}\,(\mathfrak{P}_M - \mathfrak{R}_M)}\ \ [\cdot\,10^{-18}\,\text{e.s.E.}]\,. \tag{XI.36}$$

Im Prinzip ist zwar nicht zu erwarten, daß die Bestimmung eines Molekülvolumens auf akustischem und optischem Wege zum genau gleichen Resultat führt, doch kann man, ohne einen nennenswerten Fehler zu begehen, postulieren, daß das für gewisse einfache Stoffe ohne Dipolmoment μ und ohne innere Atomsummanden β (bei 20°C) der Fall sein möge. Es gibt nur wenige solche Stoffe. Für sie ist dann

$$\mathfrak{P}_M = \mathfrak{R}_M = \frac{\varepsilon - 1}{\varepsilon + 2}\,V = \frac{n_D^2 - 1}{n_D^2 + 2}\,V = B = \frac{uV}{W}\,.$$

Daraus folgt

$$W = u\,\frac{\varepsilon + 2}{\varepsilon - 1} = s_n\,u_\infty\,. \tag{XI.37}$$

Zum Beispiel Benzol mit $\varepsilon = 2,28$ gibt $W = 4430$ m/s. Als Mittelwert wurde $W = 4450$ m/s gefunden. Daraus folgt die Festsetzung

$$s_n = \frac{4450}{1600} = \frac{W}{u_\infty} = 2,78\quad \text{bei}\ 20°\,\text{C}\,. \tag{XI.38}$$

Nachdem auf diese Weise die in Ziffer 114, Gl. (XI.16) vorläufig eingeführten Werte von s_n und W festgelegt sind und der Anschluß an die Molekularoptik gewonnen worden ist, kann generell anstelle von (XI.36)

$$\mu = \sqrt{\frac{9\,k\,T}{4\,\pi\,N}\,(\mathfrak{P}_M - B)} \tag{XI.39}$$

geschrieben werden. Berechnen wir B aus Gl. (XI.27) mit der Vereinfachung $\beta \ll B$, so ist für die meisten organischen Flüssigkeiten

$$\mu = \sqrt{\frac{9\,k\,T}{4\,\pi\,N}\left(\frac{\varepsilon - 1}{\varepsilon + 2}\,V - \frac{uV}{2W} - \sqrt{\left(\frac{uV}{2W}\right)^2 + \beta V}\right)}\,. \tag{XI.40}$$

Speziell für Stoffe mit $\beta = 0$ gilt

$$\mu = \sqrt{\frac{9\,k\,T}{4\,\pi\,N}\left(\frac{\varepsilon - 1}{\varepsilon + 2} - \frac{u}{W}\right)V}\,. \tag{XI.40a}$$

Umgekehrt folgt für die Abhängigkeit der Schallgeschwindigkeit u von Dichte ϱ, Dielektrizitätskonstante ε, Dipolmoment μ und innerem Atomsummand β die Formel

$$u = u_\infty\,s_n\left(\frac{\varepsilon - 1}{\varepsilon + 2} - \frac{4\pi N\varrho\mu^2}{9\,kTM} - \frac{\beta}{\beta + \dfrac{\varepsilon - 1}{\varepsilon + 2}\dfrac{M}{\varrho} - \dfrac{4\pi N\mu^2}{9\,kT}}\right)\,. \tag{XI.41}$$

Die Schallgeschwindigkeit u ist also durchaus nicht in einfacher Weise von dem Dipolmoment μ abhängig, wie einige Autoren gemeint haben. In Tabelle XI/5 sind einige nach den Formeln (XI.36) und (XI.39) berechnete Dipolmomente einander gegenübergestellt worden.

Tabelle XI/5. *Beispiele für die Bestimmung von Dipolmomenten mit Hilfe der Schallgeschwindigkeit bei 20° C*

Flüssigkeit	Chemische Formel	$\mathfrak{P}_M$ [cm³]	Dipolmoment $\mu \cdot 10^{18}$ e.s.E.	
			mit $\mathfrak{R}_M$	mit u
n-Hexan	C_6H_{14}	30,5	0	0
Äthylalkohol	C_2H_5OH	73,5	1,70	1,66
Aceton	$CO(CH_3)_2$	170,0	2,80	2,69
Methylenchlorid	CH_2Cl_2	68	1,59	1,60
Cloroform	$CHCl_3$	52	1,25	1,30
n-Propylchlorid	C_3H_7Cl	98,5	1,92	1,94
Toluol	$C_6H_5CH_3$	34,7	0,37	0,38
o-Xylol	$C_6H_4(CH_3)_2$	43,3	0,52	0,54
m-Xylol	$C_6H_4(CH_3)_2$	39,3	0,36	0,33
p-Xylol	$C_6H_4(CH_3)_2$	36,7	0	0
Mesitylen	$C_6H_3(CH_3)_3$	41,4	0	0
Chlorbenzol	C_6H_5Cl	82,5	1,69	1,56
Nitrobenzol	$C_6H_5NO_2$	366,0	3,95	3,93
o-Chlortoluol	$C_6H_4ClCH_3$	79,5	1,35	1,41
m-Chlortoluol	$C_6H_4ClCH_3$	102,5	1,78	1,77
p-Chlortoluol	$C_6H_4ClCH_3$	115,5	1,90	1,92
Anilin	$C_6H_5NH_2$	79,7	1,52	1,53
o-Toluidin	$C_6H_4CH_3NH_2$	88,1	1,58	1,59
m-Toluidin	$C_6H_4CH_3NH_2$	78,9	1,44	1,43
o-Nitrotoluol	$C_6H_4CH_3NO_2$	326,0	3,69	3,72
Chinolin	C_9H_7N	137,9	2,16	2,13
Pyridin	C_6H_5N	138,7	2,34	2,31
Piperidin	$C_5H_{11}N$	57,4	1,20	1,19

118. Schallwellen in elektrischen und magnetischen Feldern

Es ist wiederholt — doch bis jetzt ohne Erfolg — nach Zusammenhängen zwischen Schallgeschwindigkeiten und elektrischen und magnetischen Feldern in Flüssigkeiten und Gasen gesucht worden. Effekte solcher Art sind für feste Stoffe wohlbekannt. Schließlich gehören ja die piezoelektrischen Erscheinungen an Kristallen mit polaren Achsen und die magnetostriktiven Eigenschaften ferromagnetischer Metalle, die beide überhaupt erst die Physik des Ultraschalls ermöglicht haben, hierher.

Eine Änderung der Schallgeschwindigkeit im elektrischen Felde läßt sich bei Benutzung der Gl. (XI.20) in der Gestalt

$$du = \frac{u_\infty}{M}\left(s\,B\,d\varrho + \varrho\,s\,dB + \varrho\,B\,ds\right) \qquad (XI.42)$$

schreiben. Danach setzt sich eine Schallgeschwindigkeitsänderung aus drei verschiedenen Komponenten zusammen. Die erste Komponente beruht auf Elektrostriktion und ist richtungsunabhängig. Die zweite Komponente enthält zwei verschiedene Anteile, weil die Molekülvolumenänderung in Feldrichtung entweder auf Verschiebungspolarisation oder auf der Orientierungspolarisation etwa vorhandener Dipole oder auf beiden beruhen kann. Die dritte Komponente ist bislang bei der Behandlung dieser Probleme nicht diskutiert worden. Sie enthält einen Zusammenhang mit der Schallabsorption.

Es ist sehr schwierig abzuschätzen, wie groß im konkreten Falle diese drei Komponenten sein könnten. Der negative Ausfall der bisher angestellten Versuche scheint darauf hinzudeuten, daß die erste Komponente am kleinsten ist und daß sich die beiden anderen weitgehend kompensieren. Das letztere ist für den Fall reiner Verschiebungspolarisation und bei Parallelität von Schallrichtung und elektrischem Feld unmittelbar einzusehen. Ein Auseinanderziehen der Ladungsmittelpunkte im elektrischen Feld bedingt einen positiven Wert von dB; bei den Stößen der Moleküle aufeinander in dieser Feldrichtung wird die Verweilzeit während der Stoßübertragung größer, mithin ds negativ.

Die Größe der Elektrostriktion, die in der ersten Komponente steckt, und die zum Nachweis derselben benutzten Meßmethoden sind lange Zeit hindurch sehr umstritten gewesen. Erst in neuerer Zeit konnte die Elektrostriktion einer Flüssigkeit völlig einwandfrei dadurch nachgewiesen werden, daß es gelang mit ihrer Hilfe Ultraschallwellen zu erzeugen. Darüber ist in den Arbeiten von FALKENHAGEN[1], GERDES[2] und GOETZ[3] (besonders ausführlich) berichtet worden. In einer einem Ultraschall-Interferometer ähnlichen Anordnung wurde von GOETZ[4] und ZAHN die Elektrostriktion auch in dipollosen Flüssigkeiten gemessen. Der Verfasser schätzt die Größe der ersten Komponente in Gl. (XI.42) bei Feldstärken von 10^5 V/cm auf etwa 5 mm/s ein.

Verschiedene Versuche des Verfassers, Schallgeschwindigkeitsänderungen im elektrischen Felde nachzuweisen, verliefen negativ. Die Flüssigkeiten C_6H_6, CCl_4, $m\text{-}C_6H_4(CH_3)_2$ und C_6H_5Cl wurden im transversalen Felde eines Plattenkondensators von 2 mm Plattenabstand mit Hilfe des Schallgittereffekts bei 17 MHz untersucht. Die elektrische Feldstärke konnte in Chlorbenzol ($\varepsilon = 10{,}7$; $\mu = 1{,}6 \cdot 10^{-18}$ e.s.E.) bis auf 120 kV/cm und bei m-Xylol ($\varepsilon = 2{,}4$; $\mu = 0{,}35 \cdot 10^{-18}$ e.s.E.) sogar auf 300 kV/cm gesteigert werden. Äußerste Reinheit der vier Flüssigkeiten

---

[1] FALKENHAGEN, H.: Z. angew. Phys. **1**, 304—306 (1949) (o, m-Xylol u. Toluol geben gute Effekte).

[2] GERDES, E.: Naturwissenschaften **45**, 280/281 (1958) (Kurze Mitteilung).

[3] GOETZ, H.: Z. Physik **141**, 277—293 (1955).

[4] GOETZ, H., u. W. ZAHN: Z. Physik **151**, 202—209 (1958).

war gewährleistet. Chlorbenzol wurde später mit der Methode der sekundären Interferenzen bei 2,7 MHz noch einmal untersucht, und es wurde sichergestellt, daß $du \ll 20$ cm/s sein müsse. Schließlich wurde gut gereinigtes Nitrobenzol ($\varepsilon = 34$, $\mu = 4 \cdot 10^{-18}$ e.s.E.) bei einer Feldstärke von 50 000 V/cm mit dem von Nomoto angegebenen Sichtbarmachungsverfahren bei 1,7 MHz untersucht. Da es sehr schwierig und mühselig ist, Nitrobenzol bis zur Leitfähigkeit Null zu destillieren, wurde mit der Messung gewartet, bis ein Gleichgewichtszustand zwischen der dem Medium im Plattenkondensator zugeführten Stromwärme und der vom Versuchsgefäß nach außen abgegebenen Wärme eingetreten war. Der Wärmeausgleich und der optisch-schlierenfreie Zustand der Flüssigkeit wird dadurch sehr begünstigt, daß das elektrische Feld ponderomotorische Wirkungen erzeugt und die Flüssigkeit durcheinander wirbelt. Es ergab sich schließlich, daß auch im Falle des stark polaren Nitrobenzols $du \ll 25$ cm/s sein mußte.

Aus diesen negativ ausgefallenen Versuchen wurde geschlossen, daß eine Beobachtungsmethode entwickelt werden mußte, mit der noch um zwei Zehnerpotenzen kleinere Schallgeschwindigkeitsänderungen nachzuweisen waren. Eine solche Methodik ist in der Form des Phasenvergleichsinterferometers in Ziffer 44 beschrieben worden. Neue Versuche sind in Vorbereitung.

Nolle[1] hat das gleiche Problem so untersucht, daß er eine 10 MHz-Ultraschallwelle durch ein transversales elektrisches Wechselfeld der Periode 400 Hz zwischen Elektroden von 5 cm Länge und 1,6 cm Abstand laufen ließ und festzustellen versuchte, ob die Phase oder die Amplitude oder beide Eigenschaften einer fortschreitenden Welle verändert wurden. Eine Änderung der Phase würde die Schallgeschwindigkeitsänderung, eine der Amplitude die Absorptionsänderung erkennen lassen. Er untersuchte 20 verschiedenartige Flüssigkeiten, doch ohne Erfolg. Die bei diesen ein wenig leitfähigen Flüssigkeiten beobachteten Änderungen ließen sich auf Temperatureinwirkungen zurückführen. Die benutzte elektrische Feldstärke betrug nur 1000 V/cm; das ist viel zu wenig.

Achadse[2] und Kudrjawtsew haben die Ultraschallabsorption in Lösungen bei Vorhandensein eines äußeren elektrischen Feldes untersucht, doch lassen sich aus den Meßergebnissen keine verläßlichen Schlüsse ziehen.

Experimente über den Einfluß eines transversalen magnetischen Feldes auf die Ultraschallgeschwindigkeit in konzentrierten paramagnetischen Lösungen von Eisensulfat, Eisenchlorür und Kaliumferrocyanid

---

[1] Nolle, A.: J. Appl. Phys. **20**, 589—592 (1949).

[2] Achadse, W. u. B. Kudrjawtsew: l. c. Vorwort, Buchreihe Bd. 12, S. 177—187, 1960.

bei magnetischen Feldstärken bis zu 10400 Gauss und einer Ultra-schallfrequenz von 4 MHz hat SCHAAFFS[1] angestellt, ohne indes einen Einfluß zu finden. Er schließt, daß ein Effekt $du < 25$ cm/s sein muß, wenn er existiert. Für Nitrobenzol, für das von anderer Seite ein beträchtlicher Effekt vorausgesagt worden war, ergab sich ebenfalls keine Wirkung.

Schließlich seien noch zwei Arbeiten von van ITTERBEEK[2] und THYS erwähnt, in denen der Einfluß eines transversalen Magnetfeldes auf die Schallabsorption in verschiedenen zweiatomigen Gasen untersucht wird. Für Sauerstoff O_2 ergab sich eine druck- und temperaturabhängige Abnahme der Absorption im Magnetfeld, die bei 1 atm und ca. 6000 Gauß etwa 30% betrug. Näheres über diesen bemerkenswerten Effekt ist dem Verfasser noch nicht bekannt geworden.

119. Die Beziehungen zwischen Schallgeschwindigkeit und Dichte in Strukturisomeren

Der aus Tabelle IX/7 u. 8 in Ziffer 104 ersichtliche experimentelle Befund, daß bei Strukturisomeren dem Stoffe mit der größeren Dichte offenbar auch die größere Schallgeschwindigkeit zukommt, findet durch die Formel (XI.27), die hier wiederholt sei, seine Erklärung:

$$u = u_\infty \, s_n \left(\frac{B}{M} \cdot \varrho - \frac{\beta}{\beta + B} \right). \qquad \text{(XI.43)}$$

Dabei sind 2 Fälle zu unterscheiden, je nachdem ob die Anzahl der inneren in β steckenden Atomsummanden bei den miteinander verglichenen Molekülen gleich oder ungleich ist.

Zu der ersten Gruppe gehören die Isomeren der Tabelle IX/8 mit Ausnahme der Butylalkohole. Entweder haben die Stoffe keine inneren Atomsummanden wie z.B. die Xylole und die Dekahydronaphthaline oder ihre Anzahl ist die gleiche wie z.B. bei den beiden Dichloräthylenen. Bei derartigen Isomeren sind die additiv berechneten Werte von M, B und β jeweils gleich, so daß tatsächlich nur noch die Proportionalität zwischen u und ϱ übrig bleibt.

Zu der zweiten Gruppe gehören die Butylalkohole und die Struktur-isomeren der Tabelle IX/7. Sie sind zwar jeweils hinsichtlich des Molekulargewichts M und des Molekülvolumens B isomer, aber nicht hinsichtlich des Wertes von β, so daß dem Stoffe mit der größeren Dichte durchaus nicht die größere Schallgeschwindigkeit zuzukommen braucht. Die Moleküle der Gruppe der Butylalkohole unterscheiden sich durch die Zahl der CH_3-Gruppen und dementsprechend durch die Zahl der

---

[1] SCHAAFFS, W.: Ann. Phys. (6) 2, 158—160 (1948).
[2] ITTERBEEK, A. VAN, u. L. THYS: Physica, Haag 5, 298—304, 640—642 (1938).

inneren Atomsummanden. Aber zufälligerweise macht sich dieser Unterschied in den Schallgeschwindigkeiten nicht sinnfällig bemerkbar, weil sich die Dichteunterschiede viel stärker auswirken als die Unterschiede in der Zahl der inneren Atomsummanden. In der Gruppe der 9 Isomeren des Heptans kommt aber der Einfluß der inneren Atomsummanden deutlich zum Ausdruck, denn man kann diese Isomeren nicht gleichzeitig in der Reihenfolge ihrer Dichten und Schallgeschwindigkeiten ordnen. Man muß sie vielmehr nach der Zahl der CH_3-Glieder ordnen, wie es geschehen ist. Dann hat innerhalb der Serie mit 3 CH_3-Gliedern der Stoff mit der größeren Dichte auch die größere Schallgeschwindigkeit und innerhalb der Serie mit 4 CH_3-Gliedern gilt das gleiche.

120. Ursachen der Abweichungen zwischen Messung und Rechnung bei gestreckten Molekülen

Bei der Einführung des Stoßfaktors s in Ziffer 111 wurde stillschweigend vorausgesetzt, daß beim Stoß der Moleküle untereinander nur jeweils zwei Partner in Wechselwirkung treten. Wenn aber langgestreckte Moleküle vorliegen, dann trifft diese Voraussetzung nur noch teilweise zu. Man betrachte Fig. 143, wo drei lange Moleküle mit schweren Enden im Stoß begriffen sind. Wenn Molekül A sich in Pfeilrichtung bewegt und auf das Molekül B stößt, so erhält letzteres eine Rotationskomponente. Die Rotation kann aber nicht recht zur Auswirkung kommen, weil gleich darauf das Molekül C von B getroffen wird, wodurch die Rotation von diesem gestoppt wird. Diesen Vorgang stelle man sich pro Mol summiert vor und bedenke die zusätzliche Verknäuelung mancher besonders langen Moleküle. Der Stoßfaktor kann sich dann nicht nach

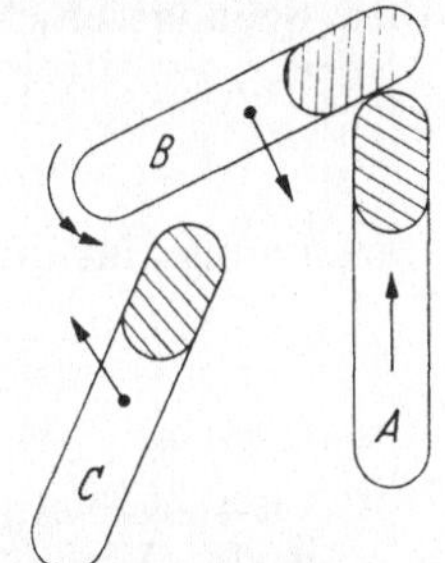

Fig. 143. Schema zur Darstellung des Einflusses der Moleküllänge auf den Stoßfaktor s

Maßgabe der Zahl der inneren Atomsummanden und der Raumerfüllung vermindern, sondern bleibt größer. Er müßte ein Zusatzglied bekommen, über dessen Eingliederung in die Formel (XI.18) aber zur Zeit nichts ausgesagt werden kann. Vielleicht läßt sich das Zusatzglied in der Gestalt eines Formfaktors hinschreiben, so daß an die Stelle von s der Ausdruck $f \cdot s$ mit $f > 1$ zu setzen wäre. Nähere Untersuchungen über diesen für die Beurteilung hochpolymerer Verbindungen wichtigen Fragenkomplex liegen nicht vor, so daß wir uns mit den vorstehenden Andeutungen begnügen müssen. Eine solche Veränderung des Stoßfaktors hat aber zur Folge, daß die nach $u = u_\infty\, s\, r$ in der üblichen Weise berechnete Schallgeschwindigkeit mit steigender Moleküllänge hinter der gemessenen zurückbleiben muß, wofür Tabelle XI/6 zwei Beispiele bietet.

Tabelle XI/6. *Beispiele des Zurückbleibens der berechneten gegenüber der gemessenen Schallgeschwindigkeit in langgestreckten Molekülen, wenn der Stoßfaktor in üblicher Weise ohne Formfaktor angesetzt wird. 20° C. Linke Gruppe 1-Olefine; rechte Gruppe Acetylenderivate*

Flüssigkeit	Brutto-formel	Schall-geschwindigkeit [m/s]		Flüssigkeit	Brutto-formel	Schall-geschwindigkeit [m/s]	
		ge-messen	be-rechnet			ge-messen	be-rechnet
1-Hepten . .	C_7H_{14}	1128	1155	1-Pentin . .	C_5H_8	1109	1122
1-Okten . . .	C_8H_{16}	1184	1185	1-Hexin . . .	C_6H_{10}	1164	1165
1-Nonen . .	C_9H_{18}	1218	1212	1-Heptin . .	C_7H_{12}	1204	1194
1-Deken . . .	$C_{10}H_{20}$	1250	1230	1-Oktin . . .	C_8H_{14}	1234	1217
1-Undeken .	$C_{11}H_{22}$	1275	1242	1-Dekin . . .	$C_{10}H_{18}$	1286	1241
1-Trideken .	$C_{13}H_{26}$	1313	1266	1-Dodekin . .	$C_{12}H_{22}$	1319	1277
1-Pentadeken	$C_{15}H_{30}$	1351	1286				

121. Die Temperaturabhängigkeit des Stoßfaktors

Wir betrachten zunächst Flüssigkeiten ohne innere Atomsummanden. Ihre Schallgeschwindigkeit ist

$$u = u_\infty \, s_n \, \frac{B}{M} \, \varrho \, .$$

Daraus folgt für ihren Stoßfaktor

$$s_n = \frac{u}{\varrho} \, \frac{M}{B u_\infty} \, . \qquad\qquad (XI.44)$$

Unter der bislang gemachten Annahme, daß B temperaturunabhängig sei, ist das Verhältnis von Schallgeschwindigkeit zu Dichte ein Maß für die Temperaturabhängigkeit des Stoßfaktors s_n. Für 20° C ist er nach den Ausführungen in Ziffer 117 gleich 2,78. Die Temperaturabhängigkeit kann für eine bestimmte Flüssigkeit nur für den Temperaturbereich, der zwischen ihrem Schmelz- und Siedepunkt liegt, bestimmt werden. Für Temperaturen darüber oder darunter muß man zur Ermittlung von s_n andere Flüssigkeiten heranziehen. Man erhält auf diese Weise den Verlauf von s_n für einen sehr großen Temperaturbereich unabhängig von der Individualität der Flüssigkeiten. Der höchstmögliche Wert 4 des Stoßfaktors darf dabei nicht überschritten werden. Dieser Wert könnte am absoluten Nullpunkt gültig sein, weil dort die Packung der Moleküle am dichtesten ist und infolgedessen verschiedene in Ziffer 111 angeführte Gründe für eine Wertverminderung des idealen Stoßfaktors hinfällig werden. In Fig. 144 ist s_n als Funktion von T aufgetragen worden. Die Figur ist einer Arbeit von SCHAAFFS[1], KUHNKIES und WOELK entnommen. Zugrunde liegen die Messungen von WOELK an

---

[1] SCHAAFFS, W., R. KUHNKIES u. H. U. WOELK: Acustica **12**, 222—229 (1962).

den Kohlenwasserstoffen Benzol, Tetralin, Naphthalin, Dibenzyl, Phenantren, Diphenyl, Diphenylmethan, Phenylcyclohexan, m- und p-Terphenyl. Diese Flüssigkeiten haben das Dipolmoment Null und bei Raumtemperatur keine inneren Atomsummanden. Es ist nun sehr wichtig zu sehen, daß im Rahmen der Meßgenauigkeit die Mittellinie aus den Meßwerten bei Extrapolation auf die absolute Temperatur Null wirklich fast genau auf den Wert 4 zuläuft. Offensichtlich folgt der Stoßfaktor s_n einer ein-

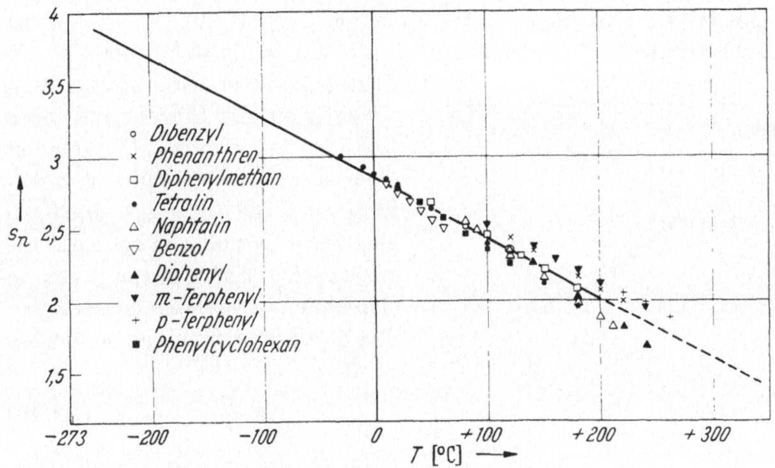

Fig. 144. Die Temperaturabhängigkeit des Stoßfaktors s_n

fachen durch die beiden Fixpunkte bei 0° K und bei 293° K festgelegten linearen Funktion der Form

$$s_n = 4\left(1 - \frac{T}{962}\right). \tag{XI.45}$$

Sie gilt sicher bis etwa 120° C. Um 200° C machen sich aber die Abweichungen schon deutlich bemerkbar.

Da der Stoßfaktor nicht negativ werden kann, muß er mit steigender Temperatur asymptotisch zur T-Abszisse verlaufen. Bei Verbindungen, in denen auch bei höheren Temperaturen keine inneren Atomsummanden auftreten würden, folgt der Stoßfaktor der obersten in Fig. 145 mit s_n bezeichneten Kurve. Die aus Fig. 144 ersichtliche Auffächerung der Meßpunkte deutet darauf hin, daß die beiden ursprünglichen Voraussetzungen, daß die Molekülvolumina B konstant und die inneren Atomsummanden null seien, für einige Verbindungen bei höheren Temperaturen nicht mehr gültig sind.

Nach Ziffer 114 ist der Stoßfaktor für einen beliebigen Stoff durch

$$s = s_n\left(1 - \frac{r_0}{r}\right)$$

definiert. Dann geht nicht nur die Temperaturabhängigkeit von s_n, sondern auch die von r_0 in die von s ein. Nach Ziffer 115 kann die aus den inneren Atomsummanden aufgebaute Größe

$$\beta = \sum_i (za)_i$$

temperaturabhängig sein. Bei hohen Temperaturen ist eine Konstanz von a und β nicht zu erwarten. Definitionsgemäß stellen sie Potentialbereiche in der Oberfläche eines Moleküls dar. Wenn sich dieses als Ganzes bei höherer Temperatur auch nur ein wenig deformiert, so bedeutet das doch eine starke Auswirkung auf die Einzelwerte von a und den Gesamtwert β. Die Folge ist eine scheinbare Volumenvermehrung von β und wegen $r_0 = \beta/(\beta + B)$ eine Vergrößerung von r_0/r und eine zusätzliche Verkleinerung von s. Berechnen wir daher aus $u = u_\infty\, s\, r$ den Stoßfaktor für einen beliebigen Stoff zu

$$s = \frac{u}{\varrho} \cdot \frac{M}{B\, u_\infty}, \qquad \text{(XI.46)}$$

so bleiben seine Werte unterhalb der für s_n in Fig. 145 geltenden Kurve.

Die durch Gl. (XI.45) beschriebene Gerade der Fig. 144 ist absichtlich nicht bis zum absoluten Nullpunkt durchgezeichnet worden. Es spricht einiges dafür, daß die Stoßfaktorkurve senkrecht zur Ordinate einmündet. Darüber kann aber aus den Messungen, die der Fig. 144 zugrunde liegen, keine Entscheidung getroffen werden.

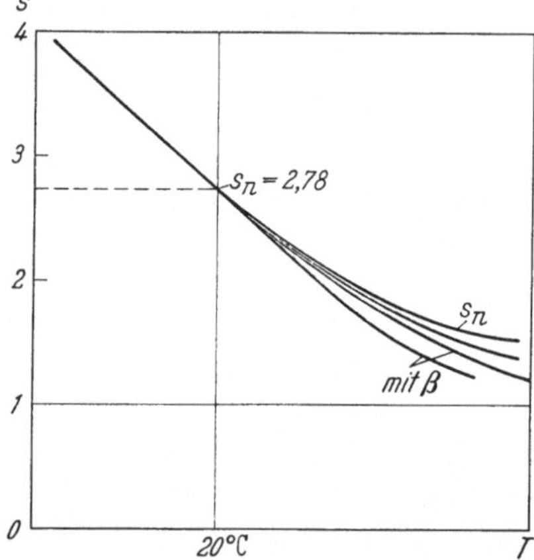

Fig. 145. Theoretischer Verlauf des Stoßfaktors s mit der Temperatur bei Stoffen ohne und mit inneren Atomsummanden

122. Das molare Schallvolumen[1]

Man kann der einfachen Formel für die Schallgeschwindigkeit

$$u = u_\infty\, s\, r$$

noch eine andere Fassung geben, wenn man in die Raumerfüllung $r = B/V$ die beiden Definitionen

$$B = N \cdot \frac{4\pi}{3}\, a_m^3 \qquad\qquad \text{(XI.47)}$$

und

$$V = N \cdot l^3 \qquad\qquad \text{(XI.48)}$$

---

[1] Schaaffs, W., R. Kuhnkies u. H. U. Woelk: Acustica **12**, 222—229 (1962).

einführt. Die Moleküle sind dabei als annähernd kugelförmige Gebilde vom Radius a_m angenommen. Der Abstand l ihrer Mittelpunkte wird nach Ziffer 106 auch als Kantenlänge der Elementarzelle l^3 bezeichnet. Dann ist

$$\frac{u}{u_\infty} = s \frac{B}{V} = s \frac{4\pi}{3} \frac{a_m^3}{l^3}.$$

Zieht man aus den Gliedern dieser Gleichung die dritte Wurzel und multipliziert mit dem Molvolumen (XI.48), so erhält man die Gleichung

$$\sqrt[3]{\frac{u}{u_\infty}}\, V = \sqrt[3]{s}\, \sqrt[3]{\frac{4\pi}{3}}\, (a_m\, l^2)\, N. \tag{XI.49}$$

Man erkennt sofort, daß in der linken Seite der in Ziffer 107 eingeführte Raosche Ausdruck $\sqrt[3]{u}\, V$ enthalten ist, daß diese Gleichung eine physikalische Interpretation dieses Ausdrucks enthält und daß die Bezeichnung „molare Schallgeschwindigkeit" für $\sqrt[3]{u}\, V$ unzweckmäßig ist. Der auf der linken Seite dieser Gleichung stehende Ausdruck $\sqrt[3]{\frac{u}{u_\infty}}\, V$ ist von GENÄHR[1] „Schallvolumen" genannt worden. In bestimmten Fällen ist es zweckmäßig, noch den rechts stehenden Faktor $\sqrt[3]{\frac{4\pi}{3}\, s}$ hinzuzunehmen. Die so entstehende Größe

$$\sqrt[3]{\frac{u}{u_\infty}}\, \sqrt[3]{\frac{1}{\frac{4\pi}{3}\, s}}\, V \tag{XI.50}$$

sei molares Schallvolumen genannt. Wenn man zum Ausdruck bringen will, daß die Annahme kugelförmiger Moleküle in (XI.47) natürlich nur eine Näherung ist und daß die Einteilung eines Molvolumens in kleine Würfel der Kantenlänge l bei hinreichender Kleinheit der Moleküle nützlich, bei großen Molekülen und weiter bei hexagonal dichtester Packung nicht willkürfrei ist, so wird man für (XI.50) schreiben

$$\sqrt[3]{\frac{u}{u_\infty}}\, \sqrt[3]{\frac{1}{f \cdot s}}\, V. \tag{XI.50a}$$

Die Größe f sei Formfaktor genannt. Sie muß gegebenenfalls gesondert bestimmt werden.

Die Gl. (XI.49) sei an Hand der Fig. 146 interpretiert[2]. Das Volumen der Elementarzelle l^3 nimmt wie das Molvolumen V mit steigender

---

[1] GENÄHR, R.: Acustica 8, 153—159 (1958).

[2] Der Verfasser hat in Acustica 4, 635—639 (1954) eine abweichende Interpretation gegeben, bei der eine Temperaturkonstanz des Stoßfaktors und eine Temperaturveränderlichkeit des Molekülvolumens angenommen wurde. Diese Annahmen sind durch die Ausführungen der vorhergehenden Ziffern überholt. Das Endergebnis ist aber für $\sqrt[3]{u}\, V$ ungefähr das gleiche.

Temperatur zu. Die Zunahme ist bei tieferen Temperaturen linear, bei höheren stärker als linear. Das Molekülvolumen $\frac{4\pi}{3}\,a_m^3$ bzw. das Molekülvolumen B pro Mol bleibt nach unseren bisherigen Ausführungen konstant und nimmt erst bei hohen Temperaturen ein wenig ab. Zwischen ihnen liegt die Mikrozelle $a_m\,l^2$, die weniger stark als die Elementarzelle l^3 mit der Temperatur ansteigt. Der Stoßfaktor s nimmt nach den Ausführungen in Ziffer 121 linear mit der Temperatur ab, danach richtet sich auch die Abnahme von $\sqrt[3]{s}$. Damit ist der Fall durchaus gegeben, daß auf der rechten Seite der Gl. (XI.49) $\sqrt[3]{s}\,a_m\,l^2$ praktisch temperaturunabhängig wird; aber eine generelle Aussage, daß dieses immer so sein müsse, ist damit nicht verbunden.

Der Fall einer Konstanz von $\sqrt[3]{\dfrac{u}{u_\infty}}\,V$ über einen größeren Temperaturbereich hin ist in der Figur durch den waagerechten Verlauf von $\sqrt[3]{s}\,a_m\,l^2$ angedeutet worden. Nur das Experiment kann entscheiden, ob dieser Fall vorliegt oder nicht.

Aus Fig. 146 ist folgende Ungleichung ablesbar:

$$a_m\,l^2 < \sqrt[3]{s}\,a_m\,l^2 < l^3.$$

Durch Multiplikation mit $\sqrt[3]{\dfrac{4\pi}{3}\,N}$ folgt

$$\sqrt[3]{\frac{4\pi}{3}\,N}\,a_m\,l^2 < \sqrt[3]{\frac{u}{u_\infty}}\,V < \sqrt[3]{\frac{4\pi}{3}}\,V.$$

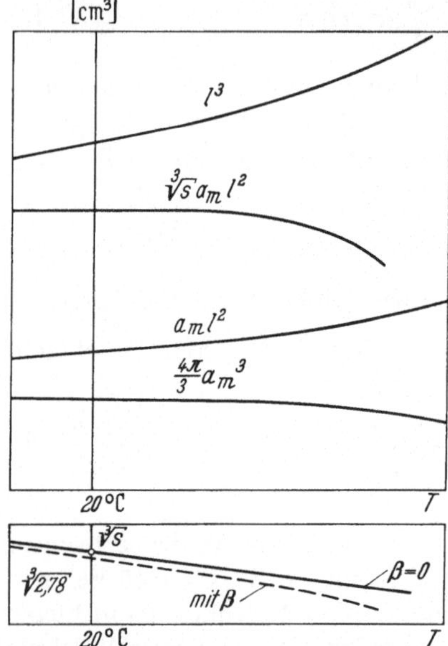

Fig. 146. Skizze über die Temperaturabhängigkeit und die Definition des molaren Schallvolumens

Die linke Seite kann weiter verkleinert werden, wenn für l ein kleinster Wert $2a_m$ eingeführt und die Relation $\frac{4\pi}{3} < 4\sqrt[3]{\frac{4\pi}{3}}$ beachtet wird. Dann ist

$$B < \sqrt[3]{\frac{u}{u_\infty}}\,V < 1{,}61\,V. \tag{XI.51}$$

Die Ungleichung (XI.51) macht die Stellung des Schallvolumens (und damit des Raoschen Ausdrucks) zwischen Molekülvolumen B und 1,6fachem Molvolumen V deutlich. Das kommt in der Zahlentabelle XI/7 noch besser zum Ausdruck. Das molare Schallvolumen liegt ungefähr in der Mitte zwischen beiden. Daraus folgt, daß $\sqrt[3]{\dfrac{u}{u_\infty}}\,V$ bzw $\sqrt[3]{u}\,V$ in

großen Zügen additive Eigenschaften haben müssen. Das Molekülvolumen ist nach Formel (XI.23) additiv. Das Molvolumen hat nur in
übereinstimmenden Zuständen wirklich additive Eigenschaften. Das
molare Schallvolumen ist nach Ausweis von Spalte 7 der Tabelle im
Mittel etwa 3mal so groß wie das Molekülvolumen. Das entspricht
nach alter schon in Ziffer 111 genannter Auffassung ungefähr dem Verhältnis zwischen dem Covolumen und dem Molekülvolumen in Flüssigkeiten.

Die von LAGEMANN[1] und DUNBAR angegebenen linearen Beziehungen
des Raoschen Ausdrucks zu anderen additiven Moleküleigenschaften, wie
z. B. der Molekularrefraktion, dem Covolumen,
dem kritischen Volumen, dem Parachor[2] usw.,
sndauf Grund des Gesagten hinreichend verständlich. Die nach Meinung des Verfassers
wichtigste Beziehung ist die zum Molekulargewicht M, worauf schon RAMA RAO[3] hingewiesen hat. Zweckmäßig wählt man eine
Darstellung, die sich aus Gl. (XI.49) zu

$$\frac{\sqrt[3]{\dfrac{u}{u_\infty}}}{\varrho} = f\left(\frac{1}{M}\right) \qquad \text{(XI.52)}$$

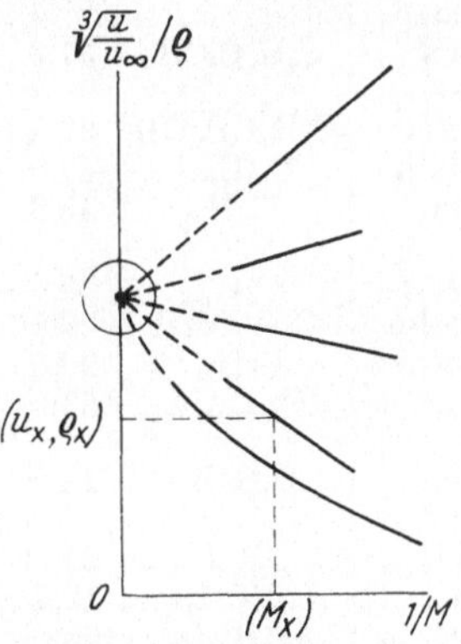

Fig. 147. Konvergenz homologer Reihen bei Darstellung
des molaren Schallvolumens
als Funktion des reziproken
Molekulargewichts

ergibt. Fig. 147 zeigt das Schema einer solchen
Darstellung für verschiedene homologe Reihen.
Die Konvergenz für $M \to \infty$ bzw. $1/M \to 0$ kommt
hier beinahe noch schärfer als in Fig. 137 zum
Ausdruck. Diese Art der Darstellung ist zur
Molekulargewichtsbestimmung organischer Flüssigkeiten brauchbar.
Wenn u_x und ϱ_x gemessen sind, kann daraus bei bekannter Kennlinie M_x
ermittelt werden.

Die mangelhafte Additivität des Raoschen Ausdrucks bzw. des Schallvolumens, über die in den folgenden Ziffern noch einiges zu sagen ist,
wird besser, wenn man das durch (XI.50) definierte molare Schallvolumen betrachtet. Darüber gibt die letzte Spalte der Tabelle XI/7 Auskunft.

---

[1] LAGEMANN, R., and W. DUNBAR: J. Phys. Chem. **49**, 428—435 (1945); s. auch
Ziffer 107.

[2] Unter Parachor wird der Ausdruck $\sqrt[4]{\sigma}\,\dfrac{M}{\varrho - \varrho_d}$ verstanden. σ ist die Oberflächenspannung, ϱ_d die Dampfdichte. Über einen empirisch gefundenen Zusammenhang zwischen σ und u in der Form $\sigma \sim \varrho \sqrt{u^3}$ berichtet R. AUERBACH in Kolloid-
Z. **113**, 97—101 (1949).

[3] RAO, RAMA: J. Chem. Phys. **9**, 682—685 (1941).

Tabelle XI/7. *Vergleiche zwischen dem Molekülvolumen B pro Mol, dem Schallvolumen $\sqrt[3]{\frac{u}{u_\infty}}\,V$ und dem molaren Schallvolumen $\sqrt[3]{\frac{u}{u_\infty}}\sqrt[3]{\frac{1}{\frac{4\pi}{3}s}}\,V$. 20° C*

Flüssigkeit	Chemische Formel	B [cm³]	$\sqrt[3]{\frac{u}{u_\infty}}\,V$ [cm³]	$\sqrt[3]{\frac{4\pi}{3}}\,V$ [cm³]	$\sqrt[3]{\frac{u}{u_\infty}}\sqrt[3]{\frac{1}{\frac{4\pi}{3}s}}\,V$ [cm³]	$\dfrac{\sqrt[3]{\frac{u}{u_\infty}}\,V}{B}$	$\dfrac{\sqrt[3]{\frac{u}{u_\infty}}\sqrt[3]{\frac{1}{\frac{4\pi}{3}s}}\,V}{B}$
Benzol . .	C_6H_6	26,4	83,3	144	36,8	3,16	1,39
Toluol . .	$C_6H_5CH_3$	31,6	100,0	170	44,1	3,17	1,39
Chlorbenzol	C_6H_5Cl	32,0	94,8	163	43,2	2,96	1,35
m-Chlor- . toluol .	$C_6H_4ClCH_3$	37,9	110,6	191	50,0	2,92	1,32
Benzyl- . alkohol .	$C_6H_5CH_2OH$	36,2	102,4	167	47,4	2,83	1,31
Chinaldin .	$C_{10}H_9N$	47,5	133,0	215	58,6	2,80	1,23
Tetralin .	$C_{10}H_{12}$	45,9	132,8	220	58,5	2,89	1,28
Cyclo- . . pentan .	C_5H_{10}	25,6	86,4	152	38,1	3,37	1,49
Morpholin	C_4H_8ONH	28,6	84,6	142	37,3	2,96	1,31
Cyclohexen	C_6H_{10}	29,6	94,4	162	41,5	3,19	1,40
Nicotin .	$C_{10}H_{14}N_2$	53,9	158,0	260	70,0	2,94	1,30
Äthyl- . . bromid .	C_2H_5Br	26,2	62,6	119	33,4	2,39	1,28
Methyl- . jodid .	CH_3J	22,5	50,2	100	27,5	2,23	1,22
Aceton . .	$CO(CH_3)_2$	19,7	66,3	118	29,2	3,37	1,48
Ölsäure .	$C_{18}H_{34}O_2$	106,0	304,0	505	135,0	2,87	1,27
Tetrachlorkohlenstoff . .	CCl_4	30,0	80,8	155	40,5	2,69	1,35
					Mittelwerte:	2,92 ±10%	1,34 ±5,7%

123. Das Verhältnis der relativen Änderungen von Schallgeschwindigkeit und Dichte

Rama Rao wurde durch eine Untersuchung der relativen Änderungen von Schallgeschwindigkeit und spezifischem Volumen auf den Ausdruck $\sqrt[3]{u}\,V$ geführt. Für einige nichtassoziierte Flüssigkeiten kam er zu dem Ergebnis, daß

$$\frac{\frac{1}{u}\frac{du}{dT}}{\frac{1}{V}\frac{dV}{dT}} = -3{,}03 \approx -3 \tag{XI.53}$$

sei. Durch bestimmte Integration ergab sich dann als ein konstanter Ausdruck $\sqrt[3]{u}\,V = \mathscr{R}$. Dieses Ergebnis ist mehr oder minder zufällig. Nach Meinung des Verfassers ist es wichtig, daß man sich über den tatsächlichen Wert des Quotienten (XI.53) und damit des Wurzelexponenten im Raoschen Ausdruck an Hand des experimentellen Materials Rechenschaft gibt. Tabelle XI/8 gibt einige ausgewählte Beispiele, die auf Messungen in dem in der dritten Spalte angegebenen Temperaturbereich beruhen. Gewiß haben die aromatischen Kohlenwasserstoffe im Mittel den Quotienten 3, aber schon bei den aliphatischen Verbindungen ist er wesentlich kleiner, und bei den übrigen Stoffen kann von einem brauchbaren Mittelwert überhaupt nicht die Rede sein. Es ist einfach nicht richtig, wie es in vielen Arbeiten geschehen ist und noch geschieht, ohne weitere Nachprüfung eine Gültigkeit und Temperaturunabhängigkeit von $\sqrt[3]{uV}$ zu postulieren und darauf dann weitreichende Schlüsse aufzubauen. Wenn es oft zutrifft, daß $\sqrt[3]{u}\,V$ von der Temperaur unabhängig ist, auch wenn der Quotient im Ausdruck (XI.53) nicht gleich 3 ist, dann rührt das nicht nur daher, daß aus formalmathematischen Gründen bei der Bildung der 3. Wurzel einer Größe Abweichungen erheblich verkleinert werden, sondern ganz besonders daher, daß es für die Einführung des Ausdrucks $\sqrt[3]{u}\,V$ noch eine andere Begründung gibt als die der Ableitung aus dem Quotienten (XI.53). Diese Begründung wurde in der vorigen Ziffer 122 gegeben.

Tabelle XI/8. *Werte des Quotienten* $\dfrac{1}{u}\dfrac{du}{dT}\Big/\dfrac{1}{V}\dfrac{dV}{dT}$ *bei verschiedenen Stoffgruppen*

	Flüssigkeit	Temperaturbereich [°C]	$\dfrac{1}{u}\dfrac{du}{dT}\Big/\dfrac{1}{V}\dfrac{dV}{dT}$
Verflüssigte Gase	Stickstoff	− 197 bis − 203	− 2,41
	Sauerstoff	− 183 bis − 193	− 2,25
	Argon	− 186 bis − 189	− 2,4
Metallschmelzen	Cäsium	29 bis 130	− 0,84
	Kalium	64 bis 160	− 0,965
	Wismut	271 bis 365	− 2,58
	Blei	327 bis 380	− 2,34
	Zinn	232 bis 380	−· 3,10
Aliphatische Kohlenstoffverbindungen	Äthyläther	10 bis 30	− 3,13
	n-Oktan	10 bis 30	− 3,06
	Bromoform	10 bis 30	− 2,44
	Aceton	20 bis 40	− 2,61
	Methyläthylketon	20 bis 40	− 2,78
	Glycerin	20 bis 40	− 0,78
	n-Butylbromid	20 bis 40	− 3,23
	Tetrachlorkohlenstoff	20 bis 40	− 2,82
Aromatische Kohlenstoffverbindungen	Benzol	10 bis 40	− 3,03
	Anilin	10 bis 30	− 2,93
	Toluol	20 bis 40	− 3,08
	Brombenzol	20 bis 40	− 2,99
	p-Chlortoluol	20 bis 40	− 3,12
	Jodbenzol	20 bis 40	− 3,00
	p-Bromtoluol	30 bis 50	− 3,10

Zur Prüfung der vermuteten Temperaturunabhängigkeit des Raoschen Ausdrucks, wie er aus Gl. (XI.49) zu

$$\sqrt[3]{u}\,V = \sqrt[3]{\frac{4\pi}{3}}\;\sqrt[3]{u_\infty}\;\sqrt[3]{s}\,a_m\,l^2\,N$$

folgt, zieht man am besten den Differentialquotienten

$$\frac{d}{dT}\sqrt[3]{s}\,l^2 \qquad \text{(XI.54)}$$

heran. Eine Berechnung, die in der schon genannten Arbeit von SCHAAFFS, KUHNKIES und WOELK gegeben ist, führt zu dem Ergebnis, daß

$$\frac{d}{dT}\sqrt[3]{s}\,l^2$$

$$\sim \left. \frac{2A\left(1-\dfrac{T}{962}\right)-\dfrac{1}{962}}{\sqrt[3]{\left(1-\dfrac{T}{962}\right)^2}} \right\} \qquad \text{(XI.55)}$$

ist. A ist hier der Ausdehnungskoeffizient von Flüssigkeiten und liegt in der Größenordnung 10^{-3}. Für mittlere Temperaturen wird der Quotient der rechten Seite nahezu null, für etwas höhere Temperaturen leicht negativ, für hohe Temperaturen stark negativ. Aus Fig. 148 geht deutlich hervor, wie das dem Raoschen Ausdruck proportionale Schallvolumen bei höheren Temperaturen absinkt. Die Konstanz des Raoschen Ausdrucks ist auf einen mittleren Temperaturbereich beschränkt.

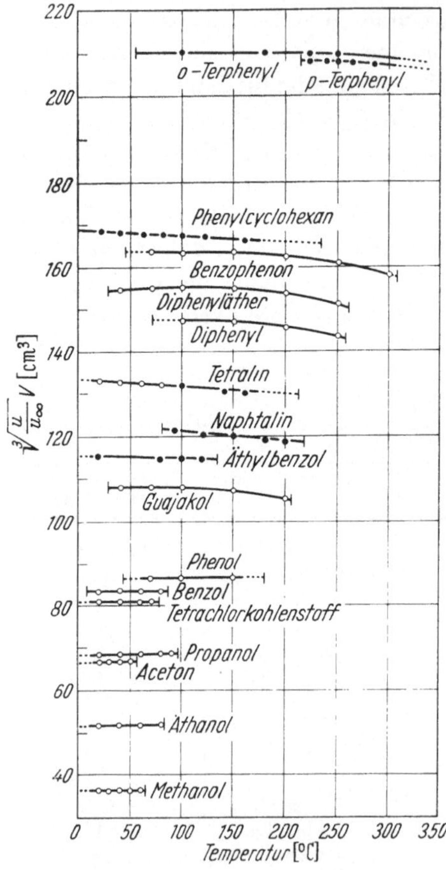

Fig. 148. Prüfung der Temperaturabhängigkeit von $\sqrt[3]{\dfrac{u}{u_\infty}}\,V$ (○ nach Messungen von KUHNKIES, ● nach denen von WOELK)

124. Über die Beurteilung zwischenmolekularer Kräfte aus dem Quotienten der relativen Änderungen von Schallgeschwindigkeit und Molvolumen

Die Unterschiedlichkeit in den Quotienten $\dfrac{1}{u}\dfrac{du}{dT}\Big/\dfrac{1}{V}\dfrac{dV}{dT}$ der organischen Flüssigkeiten der Tabelle XI/8 haben KUCZERA[1] und seine Mit-

---

[1] KUCZERA, F., A. OPILSKI u. S. SZYMA: Proc. 3. ICA-Kongr., Stuttgart 1959, Bd. I, S. 485—489. Amsterdam: Elsevier Publ. Comp. 1960.

arbeiter einer näheren Prüfung unterzogen und sie mit Hilfe der schon in Ziffer 108 genannten Theorie des linearen Kristalls auf den Potenzexponenten im Abstoßungsglied des Potentials der zwischenmolekularen Kräfte zurückgeführt. Da die Theorie des linearen Kristalls erst in Ziffer 149 u. f. behandelt werden wird, möge an dieser Stelle nur das Ergebnis der Untersuchungen mitgeteilt und im übrigen auf einige Originalarbeiten von KUCZERA[1] verwiesen werden.

Auf die Schallfortpflanzung in einer Flüssigkeit wird das Bild eines linearen Kristalls übertragen, zwischen dessen im Abstand l voneinander befindlichen Massenpunkten anziehende und abstoßende Kräfte herrschen, die das Potential

$$P = -\frac{K_p}{l^p} + \frac{K_q}{l^q}$$

haben. Als „Schallgeschwindigkeit" wird nun ein Ausdruck der Form

$$u = \sqrt{\frac{q(q-p)\,K_q}{\sqrt{2}} \cdot \frac{1}{l^q}} \tag{XI.56}$$

abgeleitet. Die Temperaturabhängigkeit von u wird dann bestimmt durch die von l. Die Bildung des Differentialquotienten du/dT und einige Umformungen führen dann zu der Aussage

$$\frac{1}{u}\frac{du}{dT} \bigg/ \frac{1}{V}\frac{dV}{dT} = -\frac{q}{6}. \tag{XI.57}$$

KUCZERA und Mitarbeiter machen darauf aufmerksam, daß der Exponent q, der meist mehr oder minder willkürlich zu 12 angesetzt wird, durch die Formel (XI.57) aber eindeutig festgelegt ist. Daraus folgt, daß die Raosche Regel

$$\mathscr{R} = \sqrt[q]{u^6}\, V \tag{XI.58}$$

geschrieben werden müßte.

125. Der annähernd additive Aufbau des Raoschen Ausdrucks und des Schallvolumens

Auf Grund der Ungleichung (XI.51) und der Zahlen der Tabelle XI/7 hat es eine gewisse Berechtigung, additive Regeln für $\sqrt[3]{u}\,V$ bzw. $\sqrt[3]{\dfrac{u}{u_\infty}}\,V$ aufzustellen. LAGEMANN und Mitarbeiter bevorzugten eine Darstellung, bei der $\sqrt[3]{u}\,V$ als aus Bindungsinkrementen J aufgebaut gedacht wurde. Diese Darstellung ist die übliche geworden. Es wird also postuliert:

$$\sqrt[3]{u}\,V = \sum_{i=1}^{\bar{n}} (z\,\bar{J})_i. \tag{XI.59}$$

---

[1] KUCZERA, F.: Bull. soc. sci. lettres Poznan **14**, 127—139 (1958); — Postepy Akustyki **8**, 173 (1957).

Die Querstriche sollen andeuten, daß es sich um Bindungsinkremente, nicht um Atominkremente handelt. Diese Inkremente $\bar{J}$ sind in Tabelle XI/9 zusammengestellt worden. Sie beruhen auf den Berechnungen von LAGEMANN[1], WEISSLER[2] und PADMINI[3] und ihren Mitarbeitern. In der Literatur ist ein gewisses Durcheinander dadurch entstanden, daß bei der Berechnung der Raoschen Ausdrücke und der Bindungsinkremente oft die Schallgeschwindigkeit in m/s, die Dichte aber in g/cm³ angegeben worden ist. In Tabelle XI/9 wurde diese Inkonsequenz vermieden und

$$\mathscr{R} \text{ in } [\text{cm}^{10/3} \cdot \text{sec}^{-1/3}]$$

angegeben. Bei Division der Lagemannschen Bindungsinkremente durch $\sqrt[3]{1{,}6 \cdot 10^5}$ erhält man die entsprechenden Inkremente für das Schallvolumen $\sqrt[3]{\dfrac{u}{u_\infty}}\,V$.

Tabelle XI/9.   *Bindungsinkremente für den Raoschen Ausdruck und für das Schallvolumen (dieses in cm³)*

	C−H	C−C	C=C	C−O	C=O	C−N	C=N	C≡N	C−Cl	C−Br
Für $\sqrt[3]{u}\,V$	442	19,7	598	160	863	96	672	1323	1068	1147
Für $\sqrt[3]{\dfrac{u}{u_\infty}}\,V$	8,15	0,364	11,05	2,95	15,9	1,78	12,4	24,4	19,7	21,1

	C−J	C−S	N−H	N=N	N=O	H−O	S−O	P−O	S−Cl	S−S
Für $\sqrt[3]{u}\,V$	1415	1480	421	658	1250	460	598	316	1574	820
Für $\sqrt[3]{\dfrac{u}{u_\infty}}\,V$	26,1	30,1	7,75	12,2	23	8,5	11,0	5,82	29	15,1

In der Arbeit von PADMINI und Mitarbeitern werden eine Reihe von Verbindungen mit semipolaren Bindungen aufgeführt und es wird die Meinung vertreten, daß diese einen negativen Beitrag zum Raoschen Ausdruck lieferten. Nach Ansicht des Verfassers geht daraus nur hervor, daß der Raosche Ausdruck für Strukturforschungen eben nicht geeignet ist, wenn er von Gl. (XI.49) losgelöst und als eigenständige Größe betrachtet wird. Semipolare Bindungen finden sich z. B. in Nitrobenzol und o-Nitrotoluol. Die Berechnung der Schallgeschwindigkeiten dieser Stoffe nach $u = u_\infty\, s\, r$ führt dagegen zwanglos und ohne unverständliche Zusatzannahmen zu guter Übereinstimmung zwischen Messung und Rechnung.

[1] LAGEMANN, R.: J. Chem. Phys. **10**, 759 (1942); — J. Phys. Chem. **49**, 428—435 (1945).

[2] WEISSLER, A.: J. Amer. Chem. Soc. **70**, 1634—1640 (1948); **71**, 419—421, 1272—1274 (1949).

[3] PADMINI, L., SU. RAO u. RCH. RAO: Trans. Faraday Soc. **56**, 1404—1408 (1960).

126. Über die Verwendbarkeit des Raoschen Ausdrucks und des Schallvolumens für Konstitutionsuntersuchungen

Auf Grund der Ableitung von $\sqrt[3]{\dfrac{u}{u_\infty}}\, V$ aus $u = u_\infty\, s\, r$ könnte man zunächst geneigt sein zu sagen, daß es gleichgültig sein müßte, ob man die additiven Gesetzmäßigkeiten von Ziffer 115 oder die von Ziffer 125 zur Untersuchung der Zusammenhänge zwischen Schallgeschwindigkeit und Molekülstruktur heranzieht. Daß dieses aber nicht der Fall sein kann, geht aus den Darlegungen der vorhergehenden Ziffern, insbesondere auch aus den Gln. (XI.49) und (XI.51) hervor. Dafür seien zwei Beispiele angeführt.

Die Tabelle XI/10 stammt aus einer Arbeit von WEISSLER[1]. Er hat die Molekularrefraktion $\Re_M$ mit dem Raoschen Ausdruck verglichen. Der Verfasser hat gegenüber dem Original nur insofern eine Änderung vorgenommen, als anstelle von $\sqrt[3]{u}\, V$ das Schallvolumen $\sqrt[3]{\dfrac{u}{u_\infty}}\, V$ hingeschrieben worden ist. Da $\Re_M$ und B wesensgleich sind, müßten bei einer Brauchbarkeit von $\sqrt[3]{\dfrac{u}{u_\infty}}\, V$ für Konstitutionsuntersuchungen die Abweichungen zwischen Messungen und Rechnungen bei $\Re_M$ und $\sqrt[3]{\dfrac{u}{u_\infty}}\, V$ immer einander parallel gehen. Das ist aber ganz und gar nicht der Fall.

Eine Brauchbarkeit von $\sqrt[3]{u}\, V$ für Molekülstrukturuntersuchungen müßte sich daran erweisen, daß mit Hilfe von Gl. (XI.59) Schallgeschwindigkeiten berechnet und mit den gemessenen Werten verglichen werden

Tabelle XI/10. *Vergleich des Schallvolumens* $\sqrt[3]{\dfrac{u}{u_\infty}}\, V$ *mit der Molekularrefraktion* $\Re_M$ *bei einigen cyclischen Verbindungen bei 30° C*

Flüssigkeit	ϱ_4^{30} [g/ml]	u [m/s]	n_D	$\sqrt[3]{\dfrac{u}{u_\infty}}\, V$ [cm³]		Abweichungen %	$\Re_M$ [cm³]		Abweichungen %
				gemessen	berechnet		gemessen	berechnet	
Pyridin .	0,973	1396	1,505	77,8	77,8	0,0	24,1	24,7	$-2,6$
Piperidin	0,852	1338	1,447	94,3	94,3	0,0	26,7	26,8	$-0,3$
Pyrrol .	0,958	1438	1,506	67,7	66,2	$+2,0$	20,8	21,2	$-2,1$
Pyrrolidin	0,857	1347	1,436	78,4	77,7	$+1,0$	21,7	22,2	$-2,2$
Thiophen	1,052	1258	1,522	74,0	72,0	$+2,4$	24,4	25,0	$-2,6$
Thiazol .	1,187	1372	1,534	68,1	66,6	$+2,2$	22,3	23,4	$-4,9$
1,4-Dioxan .	1,022	1322	1,417	81,0	81,1	$-0,2$	21,7	22,1	$-1,7$
Morpholin	0,991	1423	1,450	84,6	84,9	$-0,2$	23,6	23,9	$-1,3$
1,4-Thioxan .	1,107	1420	1,503	90,5	90,5	0,0	27,8	27,7	$+0,1$
Tetralin.	0,962	1448	1,538	133,2	134,0	$-0,5$	43,0	42,8	$+0,5$
Chinolin	1,085	1548	1,621	118,0	117,2	$+0,5$	41,9	40,2	$+4,0$

---

[1] WEISSLER, A.: J. Amer. Chem. Soc. **71**, 419—421 (1949).

könnten. Es steht also die aus Gl. (XI.59) folgende Formel

$$u = \left(\frac{\sum\limits_{i=1}^{\bar{n}} (z\bar{J})_i}{M} \cdot \varrho \right)^3 \tag{XI.60}$$

zur Diskussion. Es erweist sich, daß diese Formel in keiner Weise der Formel (XI.26) äquivalent ist. Jede Unsicherheit geht hier mit der 3. Potenz in die Rechnung ein. Für einige sehr bekannte Flüssigkeiten bringt Tabelle XI/11 eine Gegenüberstellung der gemessenen Schallgeschwindigkeiten mit den aus $u = u_\infty\, s\, r$ berechneten und den aus den Inkrementen von $\mathscr{R} = \sqrt[3]{u}\,V$ ermittelten.

Tabelle XI/11. *Nachweis, daß der Raosche Ausdruck $\sqrt[3]{u}\,V$ für die Berechnung von Schallgeschwindigkeiten ungeeignet ist. 20° C*

Flüssigkeit	Chemische Formel	u gemessen	u aus $u_\infty\, s\, r$ berechnet	u aus Bindungs-inkrementen von $\sqrt[3]{u}\,V$ berechnet
Benzol	C_6H_6	1326	1326	1313
Cyclohexan	C_6H_{12}	1284	1284	1430
n-Pentan	C_5H_{12}	1044	1040	1000
Aceton	$CO(CH_3)_2$	1192	1192	1146
Äthyläther	$(C_2H_5)_2O$	1008	1014	980
Anilin	$C_6H_5NH_2$	1656	1657	1465
Pyridin	C_5H_5N	1445	1460	1440
Chloroform	$CHCl_3$	1001	1009	940
Tetrachlorkohlenstoff . . .	CCl_4	938	973	875
Äthyljodid	C_2H_5J	876	868	930

Kapitel XII

Die Schallgeschwindigkeit in binären Flüssigkeitsgemischen und in Wasser

127. Konzentrationsangaben bei Schallkennlinien

Es gibt eine große Anzahl reiner Experimentalarbeiten über die Abhängigkeit der Schallgeschwindigkeit von der Konzentration in Mischungen. Die Schallgeschwindigkeiten sind in den wenigsten Fällen lineare Funktionen der Konzentration, wie man auch das Konzentrations-maß wählen mag. Die Kurven, welche die Schallgeschwindigkeit als Funktion der Konzentration darstellen, werden meist Schallkennlinien (characteristic lines) genannt. Am bequemsten und dem Chemiker am geläufigsten ist die Konzentrationsangabe in sogenannten Gewichts-prozenten des gelösten Stoffes[1]. Die vom molekularakustischen Stand-

---

[1] In Wirklichkeit sind es Massenprozente.

punkt sinnvollste Darstellung ist aber die durch den Molenbruch k_{mo}. Aus ihm ist sofort die tatsächliche Anzahl der Moleküle zu ersehen, die miteinander gemischt worden sind.

Folgende Konzentrationsangaben sind hauptsächlich im Gebrauch: k_g sei die Konzentration in Gewichtsprozenten des gelösten, in den Diagrammen der Kennlinien rechts stehenden und mit dem Index „2" versehenen Stoffes. Dann ist

$$k_g = \frac{100}{1 + \dfrac{m_1}{m_2}}\ \% \ . \tag{XII.1}$$

k_v sei die Konzentration in Volumenprozenten des gelösten und in den Diagrammen der Schallkennlinien rechts stehenden Stoffes. Dann ist

$$k_v = \frac{100}{1 + \dfrac{v_1}{v_2}}\ \% \ . \tag{XII.2}$$

k_{mo} sei die Konzentration in Form des Molenbruchs. Der Molenbruch gibt das Verhältnis der Anzahl z_2 der Mole des gelösten Stoffes zur Gesamtzahl $(z_1 + z_2)$ der in der Lösung überhaupt vorhandenen Moleküle an. Es ist

$$k_{mo} = \frac{1}{1 + \dfrac{z_1}{z_2}}\ . \tag{XII.3}$$

Dieser Molenbruch k_{mo} wird bisweilen auch mit 100 multipliziert und damit in Prozenten angegeben.

Berücksichtigen wir, daß die Dichten der beiden Ausgangsstoffe durch $\varrho_1 = m_1/v_1$ und $\varrho_2 = m_2/v_2$ sowie ihre Molzahlen durch $z_1 = m_1/M_1$ und $z_2 = m_2/M_2$ gegeben sind, so erhalten wir folgende Formeln für die Umrechnung von Literaturangaben:

$$\left.
\begin{aligned}
k_g &= \frac{100}{1 + \dfrac{\varrho_1}{\varrho_2}\left(\dfrac{100}{k_v} - 1\right)}\ \% \ , & k_g &= \frac{100}{1 - \left(1 - \dfrac{1}{k_{mo}}\right)\dfrac{M_1}{M_2}}\ \% \ ; \\[2em]
k_v &= \frac{100}{1 + \dfrac{\varrho_2}{\varrho_1}\left(\dfrac{1}{k_g} - 1\right)}\ \% \ , & k_v &= \frac{100}{1 + \dfrac{\varrho_2}{\varrho_1}\dfrac{M_1}{M_2}\left(\dfrac{1}{k_{mo}} - 1\right)}\ \% \ ; \\[2em]
k_{mo} &= \frac{1}{1 - \left(1 - \dfrac{100}{k_g}\right)\dfrac{M_2}{M_1}}\ , & k_{mo} &= \frac{1}{1 + \dfrac{\varrho_1}{\varrho_2}\dfrac{M_2}{M_1}\left(\dfrac{100}{k_v} - 1\right)}\ .
\end{aligned}
\right\} \tag{XII.4 a—f}$$

128. Das Theorem der geraden Kennlinien

Der Verlauf einer physikalischen Größe in binären Mischungen ist formal-mathematisch am einfachsten, wenn sie eine lineare Funktion der Konzentration ist. Man kann ausprobieren, welches Konzentrationsmaß diese Bedingung erfüllt. Dieses Ausprobieren ist unter der verschwommenen Bezeichnung „Mischungsregel" bekannt. Jeder versteht darunter etwas anderes, je nachdem welche Konzentrationsangabe er bevorzugt. Wir vermeiden daher die Bezeichnung „Mischungsregel" und formulieren folgendes „Theorem der geraden Kennlinien": Welche Funktion F verschiedener Stoffeigenschaften erfüllt die Bedingung, daß sie eine lineare Funktion des Molenbruchs wird, d. h. daß sie nur von der Anzahl der Moleküle der beiden an der Mischung beteiligten Molekül-sorten abhängt?

Ist die Anzahl der beteiligten Moleküle n_1 und n_2, so gelten für die Molenbrüche die Beziehungen

$$k_1 + k_2 = 1, \quad k_1 = \frac{n_1}{n_1 + n_2}, \quad k_2 = \frac{n_2}{n_1 + n_2}. \tag{XII.5}$$

Sind nun F_1 und F_2 die gesuchten Funktionswerte der reinen Komponenten, so ist das Theorem für die Funktion $\overline{F}$ in der Mischung erfüllt, wenn

$$\overline{F} = k_1 F_1 + k_2 F_2 \tag{XII.6}$$

ist. Bezeichnet man wie oben die Konzentration nur durch den Molenbruch der zweiten Komponente, also durch $k_2 \equiv k_{mo}$, so wird

$$\overline{F} = F_1 + k_{mo}(F_2 - F_1). \tag{XII.7}$$

Die Formeln (XII.6) und (XII.7) sind die molekularakustisch brauchbaren Fassungen des Theorems der geraden Kennlinien.

Die einzige Funktion der Komponenten, die das Theorem exakt erfüllt, ist bekanntlich das Molekulargewicht, weil es von den Bindungen der Atome im Molekül und von den Kräften zwischen den Molekülen einer Mischung unabhängig ist. Aber schon das Molvolumen (bzw. die Dichte) erfüllt das Theorem nicht; es ist ein altbekanntes Demonstrationsbeispiel, daß eine Mischung von Wasser und Alkohol ein Volumen hat, das kleiner ist als die Summe der Volumina der Komponenten. Was nun die Schallgeschwindigkeit als eine ausgesprochen von der chemischen Bindung abhängige Größe betrifft, so folgt sie dem Theorem auch nicht. In einer Wasser- Alkohol-Mischung kann die Schallgeschwindigkeit beispielsweise größer werden, als sie in den Komponenten ist. Die enge Vergesellschaftung zwischen Schallgeschwindigkeit und Dichte, die wir im Kapitel XI kennengelernt haben, läßt erwarten, daß mindestens diese beiden Größen in der gesuchten Funktion F enthalten sein müssen.

Man wird bei der Behandlung von Schallkennlinien nicht außer acht lassen dürfen, ob sie isotherm oder adiabatisch aufgenommen worden sind. Mit Ausnahme der noch zu besprechenden Arbeit von SCHAAFFS und KUHNKIES haben seit Jahrzehnten sämtliche Autoren nur isotherm aufgenommene Schallkennlinien untersucht. Isotherm aufgenommen sind die Kennlinien binärer Gemische, wenn für sämtliche Konzentrationen gleiche Temperaturen hergestellt werden, während doch bei der

Herstellung der Mischungen selbst positive oder negative Wärmetönungen auftreten. Eine adiabatisch aufgenommene Kennlinie repräsentiert dagegen eine Mischung, in der von den inneren Energien der Komponenten nichts verloren gegangen ist und in der auch nichts hinzugefügt worden ist.

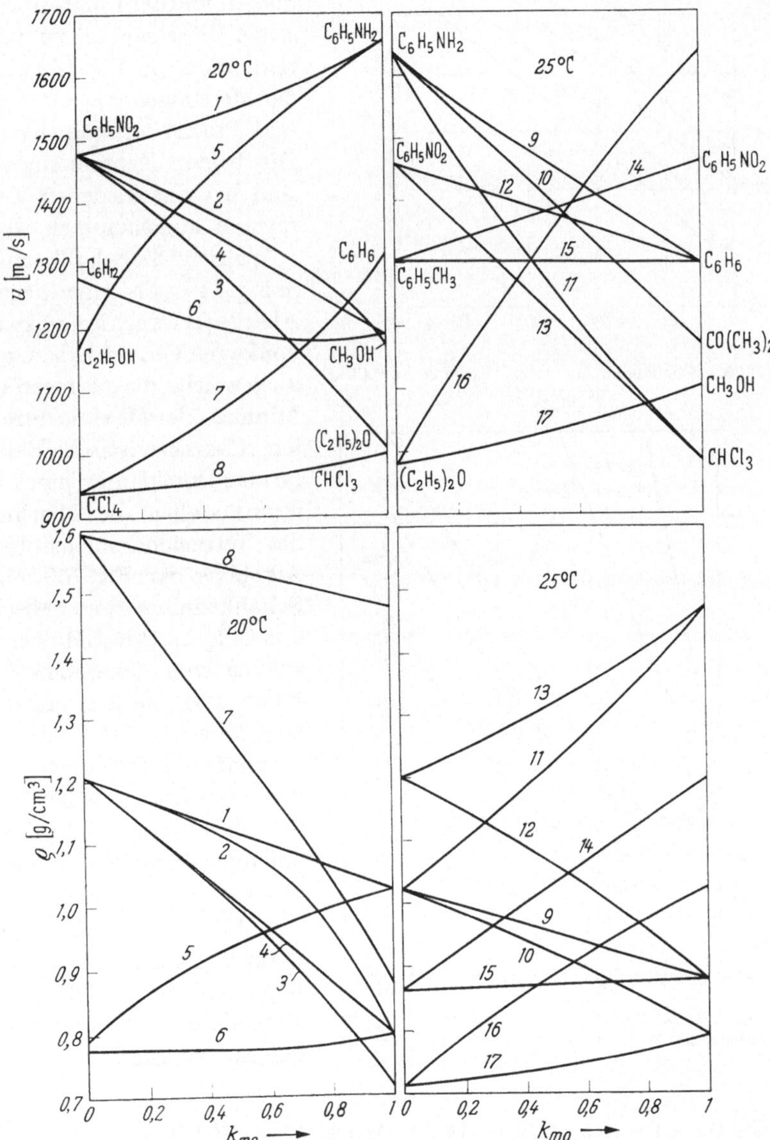

Fig. 149. Schallgeschwindigkeits- und Dichtekennlinien in Mischungen organischer Flüssigkeiten (nach GABRIELLI und POIANI)

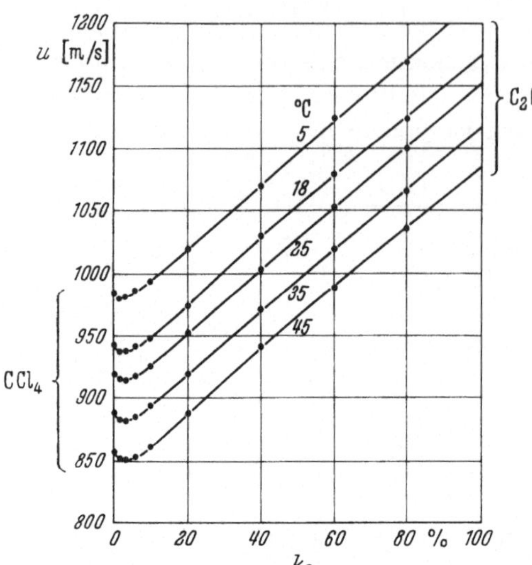

Fig. 150.   Schallkennlinien einer Mischung von CCl₄ mit C₂H₅OH

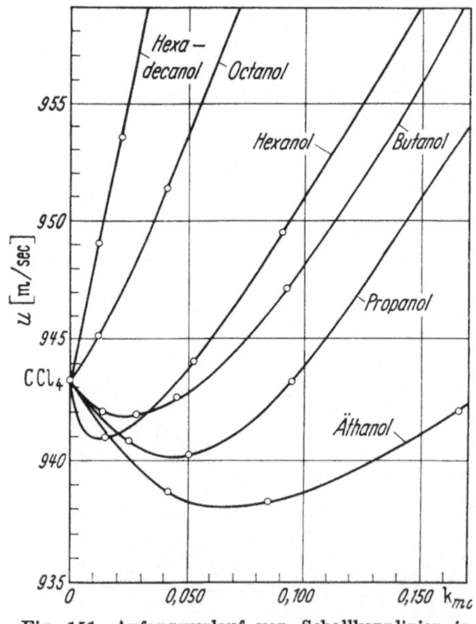

Fig. 151. Anfangsverlauf von Schallkennlinien in Mischungen von CCl₄ mit verschiedenen Alkoholen (nach Rehfeldt)

129. Isotherm aufgenommene Schallkennlinien der Mischungen organischer Flüssigkeiten

Um einen Eindruck von den Kennlinien der Schallgeschwindigkeit und der Dichte in organischen Flüssigkeiten zu vermitteln, wurde in Fig. 149 ein Teil der Messungen von Gabrielli[1] und Poiani zusammengestellt. Die beiden Kennliniengruppen sind bei verschiedenen Temperaturen aufgenommen worden.

Während die Schallkennlinien in Fig. 149 meist einen gegen die Abszisse schwach konvexen oder konkaven Verlauf haben, gibt es auch welche, die ausgesprochene Minima oder Maxima durchlaufen. Charakteristische Beispiele für das Durchlaufen eines Minimums stellen die Mischungen des Tetrachlorkohlenstoffs mit Alkoholen dar. Fig. 150 zeigt die Schallkennlinien einer Mischung von CCl₄ mit C₂H₅OH nach Messungen von Derenzini[2] und Giacomini, aufgenommen bei 2019 kHz mit der Methode der sekundären Interferenzen. Ähnlich verhalten sich bei kleinen Konzentrationen auch die Kennlinien des Tetrachlorkohlenstoffs mit anderen Alkoholen, wie aus Fig. 151 hervorgeht. Dieser Figur liegen die Messungen von Rehfeld[3] bei 5 MHz mit der Methode der sekundären Interferenzen zugrunde.

[1] Gabrielli, I., e G. Poiani: Ist. Naz. Ultracustica O. M. Corbino Nr. 122 (1951); — Ric. Sci. **22**, 1426—1432 (1952); **24**, 1039—1044 (1954).
[2] Derenzini, T., u. A. Giacomini: Ric. Sci. **13**, 27—31 (1942).
[3] Rehfeld, K.: Z. phys. Chem. **205**, 78—83 (1955).

130. Schallkennlinien von Systemen mit Mischungslücke

Flüssigkeitssysteme weisen bisweilen sogenannte Mischungslücken auf. Das System aus Methylalkohol CH_3OH und Hexan C_6H_{14} ist von NOSDREW[1] zwischen 20° und 43° C untersucht worden. Es weist bei 20° C eine erhebliche Mischungslücke auf, die sich aber schon bei etwa 36° C wieder schließt. Bemerkenswert sind die akustischen Verhältnisse

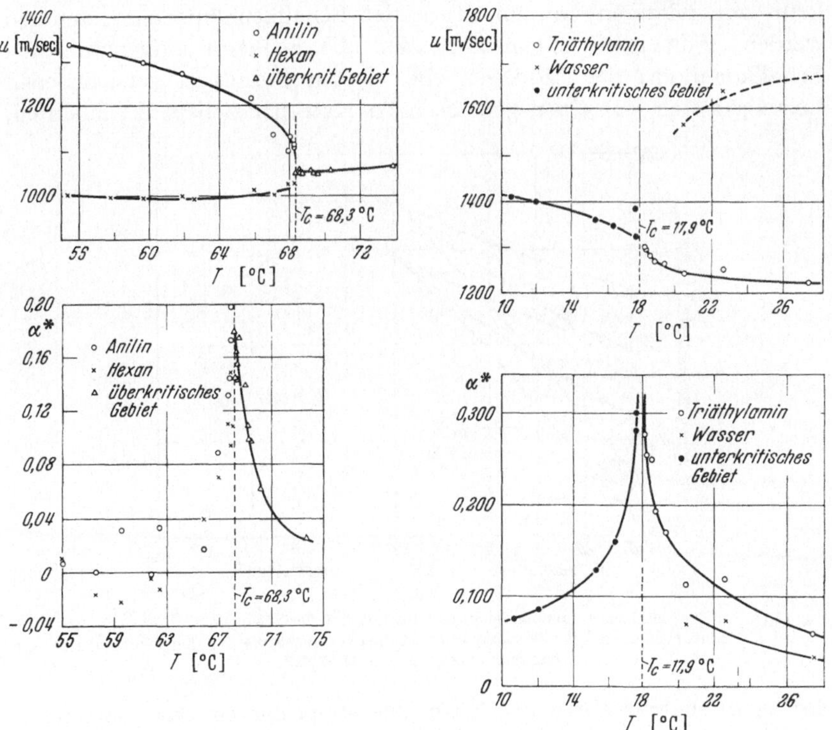

Fig. 152. Schallkennlinien zweier Systeme mit Mischungslücke: Anilin—Hexan, Wasser—Triäthylamin

dort, wo das sogenannte überkritische oder unterkritische Lösungsgebiet beginnt. CHYNOWETH[2] und SCHNEIDER haben die Systeme Anilin $C_6H_5NH_2$—n-Hexan C_6H_{14} und Triäthylamin $(C_2H_5)_3N$—Wasser H_2O mit einem Doppelkristallinterferometer bei 600 kHz untersucht. Das Ausgangsverhältnis war bei dem ersten System 52 cm³ Anilin zu 73 cm³ Hexan, bei dem letzteren 66 cm³ Triäthylamin zu 59 cm³ Wasser. Der von ihnen gemessene Verlauf der Schallgeschwindigkeit u und des Absorptionskoeffizienten $α*$ als Funktion der Temperatur ist in Fig. 152

---

[1] Fig. 40 auf S. 115 des im Vorwort zitierten Buches.
[2] CHYNOWETH, A., and W.T. SCHNEIDER: J. Chem. Phys. **19**, 1566—1570 (1951); **20**, 1777—1783 (1952).

gezeichnet worden. Der starke Anstieg der Absorption ist für den Beginn der unter- oder oberkritischen Gebiete kennzeichnend.

131. Isotherm und adiabatisch aufgenommene Schallkennlinien von Lösungen organischer Stoffe

Mischungen und Lösungen unterscheiden sich prinzipiell nicht, doch kann von letzteren nur ein Stück der Schallkennlinie aufgenommen werden. SCHAAFFS[1] hat gezeigt, daß die isotherm aufgenommenen Schallkennlinien der Lösungen eines festen Stoffes in verschiedenen Lösungsmitteln auf einen gemeinsamen Extrapolationspunkt zulaufen,

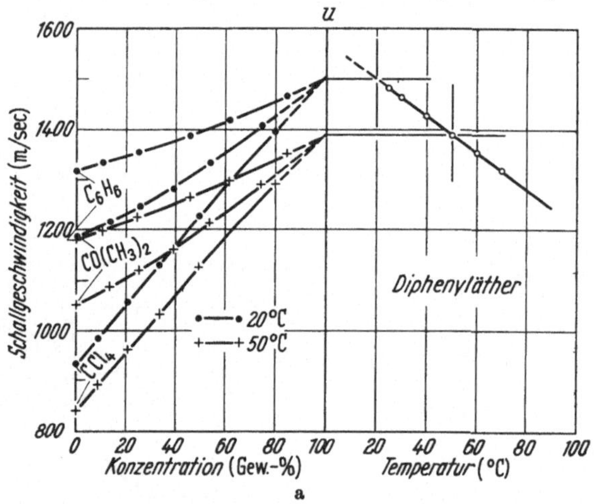

Fig. 153 a—c. Die isotherm aufgenommenen Schallkennlinien der Lösungen von Diphenyläther, Diphenyl und Benzophenon und die Deutung ihrer Extrapolationspunkte aus den Temperaturkurven der Schmelzen (nach KUHNKIES)

der eine charakteristische Größe des ursprünglich fest gewesenen Stoffes ist. Er untersuchte mit dem Schallgittereffekt verschiedene Lösungen von Campher, p-Dichlorbenzol, p-Nitrotoluol, Resorcin, Phenol, Paraldehyd und Naphthalin. Mit Naphthalinlösungen haben sich auch SIBAIYA[2] und NARASIMBAIYA befaßt. Gleichartige Untersuchungen haben SUBRAHMANYAM[3] und BHIMASENACHAR an Lösungen von Stearinsäure, Palmitinsäure, o- und m-Nitrophenol, o-Chlornitrobenzol und anderen Stoffen angestellt.

Die Annahme lag nahe, daß der Extrapolationspunkt die Schallgeschwindigkeit des unterkühlt-flüssigen Zustandes unabhängig von seiner Herstellbarkeit angibt, weil er die molekulare Unordnung einer

---

[1] SCHAAFFS, W.: Z. Physik 105, 658—675 (1937).

[2] SIBAIYA, L., and R. NARASIMBAIYA: J. Mysore Univ. B 1, 133 (1941).

[3] SUBRAHMANYAM, S., u. J. BHIMASENACHAR: J. Acoust. Soc. Amer. 32, 703—705 (1960).

Flüssigkeit repräsentieren und richtungsunabhängig sein muß. Das wurde an einigen Stoffen und zwar an p-Dichlorbenzol, p-Nitrotoluol und Paraldehyd dadurch nachgeprüft, daß die Schmelzkurven $u = f(T)$ auf die Temperatur der Extrapolationspunkte extrapoliert wurden. Inner-

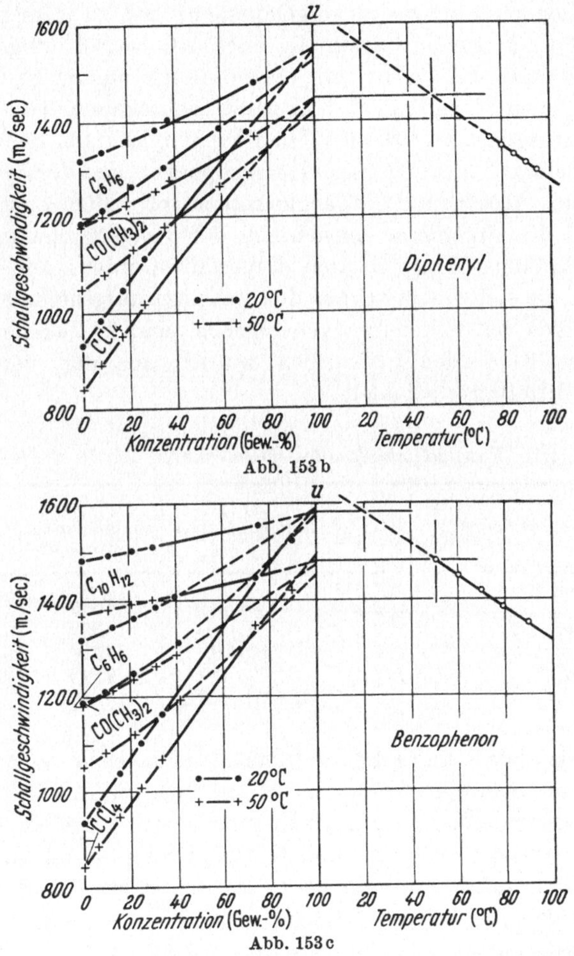

Abb. 153 b

Abb. 153 c

halb der Meßfehler konnte der Extrapolationspunkt wirklich als die Schallgeschwindigkeit im unterkühlt-flüssigen Zustande angesehen werden. Nach den oben in Ziffer 98 mitgeteilten Untersuchungen von PARTHASARATHY und BINDAL, BARONE, PISENT und SETTE kann am Schmelzpunkt eine kleine Änderung von du/dT eintreten, so daß die Extrapolationspunkte aus den Lösungen nicht mehr in aller Strenge mit denen übereinzustimmen brauchen, die durch lineare Extrapolation aus den Schallgeschwindigkeiten oberhalb des Schmelzpunktes ermittelt wurden. Die nachfolgend beschriebenen und mit größerer Genauigkeit ausgeführten Untersuchungen haben das bestätigt.

Neuerdings haben KUHNKIES[1] und SCHAAFFS die Versuche über die Extrapolationspunkte wieder aufgenommen, und zwar nicht nur mit Hilfe isothermer, sondern erstmalig auch adiabatisch aufgenommener Schallkennlinien. Es wurden mit einem Interferometer bei 2 MHz die Schallkennlinien — und daneben auch die Dichtekennlinien — folgender Systeme durchgemessen: Diphenyl und Diphenyläther in Benzol, Aceton und Tetrachlorkohlenstoff; Phenol, Benzophenon und Guajacol in Benzol, Tetralin, Aceton und Tetrachlorkohlenstoff. Für 3 Systeme sind in Fig. 153 die Ergebnisse hinsichtlich der Schallgeschwindigkeit bei zwei verschiedenen Temperaturen dargestellt worden. Die Extrapolationswerte, die sich für 20° C aus den isotherm aufgenommenen Kennlinien und aus den Schmelzkurven ergeben, sind in Tabelle XII/1 zusammengestellt worden. Natürlich wurden aus den verschiedenen Lösungen Mittelwerte gebildet.

Tabelle XII/1. *Extrapolierte Schallgeschwindigkeiten gelöster Stoffe bei 20° C*

Gelöster Stoff	Chemische Formel	u [m/s] aus isothermen Schallkennlinien	u [m/s] aus Temperaturkurve der Schmelze
Diphenyl	$(C_6H_5)_2$	1545	1555
Diphenyläther	$(C_6H_5)_2O$	1502	1498
Phenol	C_6H_5OH	1516	1512
Benzophenon	$(C_6H_5)_2CO$	1580	1580
Guajacol	$OHC_6H_4OCH_3$	1547	1544

Die Zahlen der 3. und 4. Spalte bestätigen einerseits die Beobachtungen über die Schallgeschwindigkeiten in unterkühlten Flüssigkeiten, weisen andererseits aber so geringe Unterschiede auf, daß bei den kleinen Abständen zwischen Schmelz- und Kennlinien-Meßwerten die Angaben beider Spalten praktisch miteinander identifiziert werden können.

Fig. 154 zeigt den beträchtlichen Unterschied zwischen den adiabatisch und isotherm aufgenommenen Schallkennlinien mehrerer Mischungssysteme. Eine adiabatisch aufgenommene Schallkennlinie wird erhalten, wenn die binäre Mischung oder Lösung in einem den Wärmeaustausch mit der Umgebung verhindernden Dewargefäß hergestellt und dort auch die Schallgeschwindigkeit und die Dichte gemessen wird. In der Praxis wird man freilich meist anders vorgehen. Man stellt in einem Kalorimeter zunächst die Wärmetönungen für verschiedene Konzentrationen fest. Dann nimmt man mit einem an einen Thermostaten angeschlossenen

---

[1] Wird in der Zeitschrift Acustica publiziert werden. Siehe auch R. KUHNKIES, Diss. Berlin 1962 Techn. Universität.

Interferometer die Kurven $u = f(T)$ für die jeweilige Konzentration auf. Aus ihnen ist dann die zur Temperatur der Wärmetönung gehörende Schallgeschwindigkeit zu entnehmen. Die für verschiedene Lösungsmittel erhaltenen adiabatisch aufgenommenen Kennlinien konvergieren dann zu einem grundsätzlich anderen Extrapolationswert hin als die isotherm aufgenommenen Schallkennlinien. Die aus den Adiabaten extrapolierten Schallgeschwindigkeiten $_au_e$ stehen in der 4. Spalte der Tabelle XII/2. Wenn man von der Überlegung ausgeht, daß diese Schallgeschwindigkeiten einmal einem festen Stoff, andererseits aber einem Stoff mit flüssigkeitsähnlicher Struktur zu-

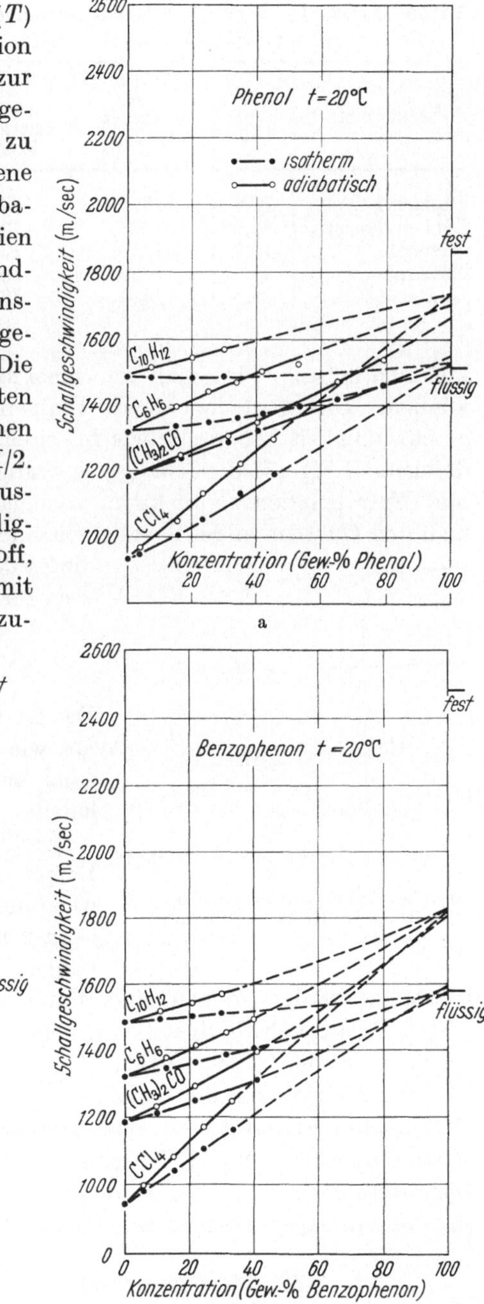

Fig. 154a—c. Adiabatisch und isotherm aufgenommene Schallkennlinien der Lösungen von Phenol, Guajakol und Benzophenon (nach SCHAAFFS und KUHNKIES)

Tabelle XII/2. *Vergleich von Schallgeschwindigkeiten, die aus Messungen an gepreß-ten Pulvern, an adiabatischen Schallkennlinien und an Schmelzen gewonnen wurden*

Fester Stoff	T_{sm} [°C]	u_{fl} in Schmelze bei T_{sm}	$_a u_e$ bei 20° C aus adiabatischer Kennlinie	Sprung am Schmelzpunkt $\dfrac{_a u_e}{u_{fl}}$	u_{krist} (in gepreßtem Pulver)
Diphenyl . . .	70,4	1376	1790	1,30	2450
Diphenyläther .	26,9	1473	1740	1,18	2640
Phenol	40,9	1450	1710	1,18	1860
Benzophenon .	48,0	1488	1820	1,22	2490
Guajacol . . .	28,3	1514	1830	1,20	2460

Mittelwert 1,22

kommen müssen, wird man sie einem amorphen Zustande zuschreiben können. Dieser dürfte einen Temperaturkoeffizienten der Schall-geschwindigkeit haben, der wie bei einem festen Stoff sehr klein ist, so daß gemäß Fig. 155 die Schallgeschwindigkeiten zwischen Schmelzpunkt und Extrapolationspunkt kaum voneinander verschieden sind. Bildet man den Quotienten des Schallgeschwindigkeitssprunges, so erhält man die Zahlen der 5. Spalte und als Mittelwert für diese fünf Stoffe

$$\frac{_a u_e}{u_{fl}} = 1{,}22 \, . \qquad (XII.8)$$

Das ist fast das gleiche Zahlenverhältnis, wie wir es in Ziffer 93 für die doch ganz andersartigen Metalle gefunden haben.

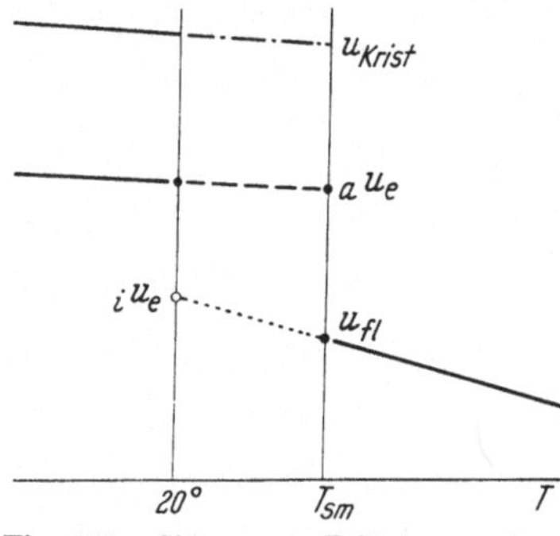

Fig. 155. Skizze zur Erläuterung der Schallgeschwindigkeitsverhältnisse im Bereich des Schmelzpunktes

Stellt man aus feinkristallinem Pulver dieser Substanzen unter Aufwendung hohen Druckes Preßlinge (von etwa 2 cm ⌀ und einigen Zentimetern Länge) her, die sogar an der Drehbank bearbeitet werden können, und nimmt an ihnen mit dem Impulsver-fahren Schallgeschwindigkeitsmessungen vor, so ergeben sich die Werte der 6. Spalte der Tabelle XII/2. Es ist also doch noch ein erheblicher Unterschied zwischen der Schallgeschwindigkeit dieses echt-feinkristal-linen Zustandes und des aus den Adiabaten folgenden Zustandes. Diese Messungen werfen eine Reihe von interessanten Fragen auf, auf deren Diskussion aber verzichtet werden soll. Es scheint zweckmäßig zu sein, erst weitere experimentelle Ergebnisse abzuwarten.

132. Die Schallgeschwindigkeit in Wasser

Im Gegensatz zu den organischen Flüssigkeiten und Schmelzen nimmt die Schallgeschwindigkeit in leichtem Wasser H_2O und schwerem

Wasser D_2O mit steigender Temperatur zu, um nach Durchlaufen eines flachen Maximums erst bei höheren Temperaturen langsam abzufallen. Fig. 156 gibt den Verlauf in H_2O bis 85° C auf Grund von Messungen WILLARDs mit dem Schallgittereffekt (○) und dem Interferometer (●) wieder. Dieser Verlauf läßt sich nach WILLARD[1] durch die Parabel

$$u_T = 1557 - 0,0245 \, (74-T)^2 \; [\text{m/s}] \qquad (\text{XII.9})$$

gut beschreiben. Die Temperatur wird dabei in Celsiusgraden gerechnet. Aus Untersuchungen von NOMOTO[2] und KISHIMOTO im Temperatur-

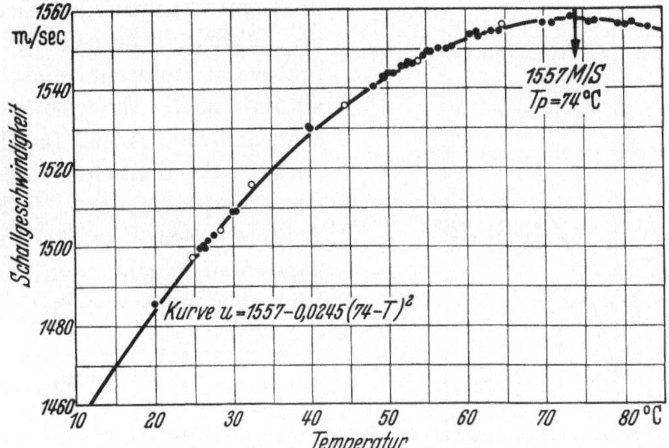

Fig. 156. Die Willard-Kurve $u(T)$ des Wassers

bereich von 0 bis 40° C geht hervor, daß die Willard-Kurve zwischen 0,47 und 12,87 MHz keine Dispersion mit der Frequenz zeigt. Für schweres Wasser D_2O gilt eine ähnliche Parabel mit einem Maximum bei 79° C. Für Zimmertemperatur 20° C ist $u = 1483$ m/s in H_2O, und $u = 1386$ m/s in D_2O. Eine sorgfältige Untersuchung der Schallgeschwindigkeit und ihres Temperaturkoeffizienten hat HEUSINGER[3] mit der in Ziffer 52 beschriebenen Varianten des Verfahrens der sekundären Interferenzen bei 6,45 MHz vorgenommen und die in Fig. 157 gezeigten Kurven erhalten. Danach wären die Parabeln in bezug auf ihren Scheitelpunkt nicht symmetrisch gebaut und die Willard-Funktionen nur bis etwa 80° C brauchbar.

Es ist eine allgemeine Überzeugung, daß die Sonderstellung des Wassers in der Natur dadurch zustandekommt, daß es ein Gemisch von Molekülaggregaten der Grundkomponente H_2O ist. Bei der Bildung dieser Aggregate scheint eine Assoziation durch Wasserstoffbrücken-

[1] WILLARD, G.W.: J. Acoust. Soc. Amer. **19**, 235—241 (1947).
[2] NOMOTO, O., and T. KISHIMOTO: Bull. Kob. Inst. Phys. Res. **2**, 58 (1952).
[3] HEUSINGER, P.: Acustica, Beih. 1951.

bildung von ausschlaggebender Bedeutung zu sein. EUCKEN[1] hat in einer Reihe von Arbeiten eingehende Studien über die Assoziation in Flüssigkeiten, insbesondere beim Wasser, angestellt. Vorzugsweise auf Grund calorischer Messungen kommt er schließlich zu dem Ergebnis, daß sich die Molenbrüche der Wasseraggregate mit der Temperatur so ändern, wie es Fig. 158 darstellt. Den voluminösen Achteraggregaten, die in Anlehnung an die Tridymit-Struktur des Eises auch als „eisartig" bezeichnet werden und einen Hohlraum einschließen, kommt nach EUCKEN der ausschlaggebende Anteil für den Anstieg der Schallgeschwindigkeit mit der Temperatur zu. Daß diese Achteraggregate tatsächlich vorhanden sind, geht auch aus Elektronenbeugungsversuchen hervor,

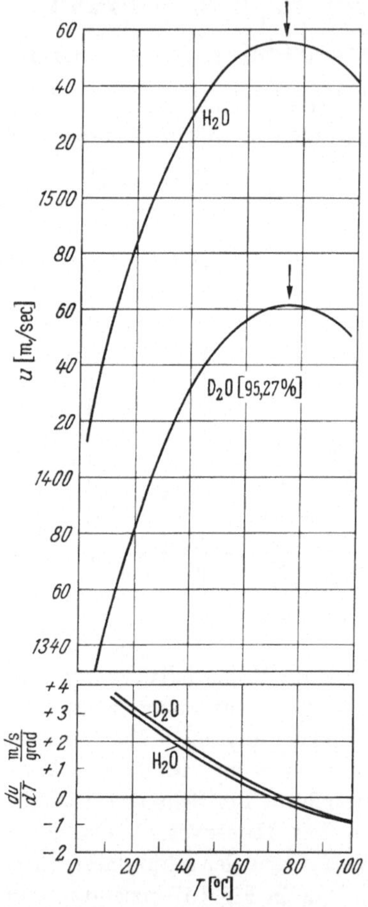

Fig. 157. Schallgeschwindigkeit und Temperaturkoeffizient der Schallgeschwindigkeit in leichtem und schwerem Wasser (nach HEUSINGER)

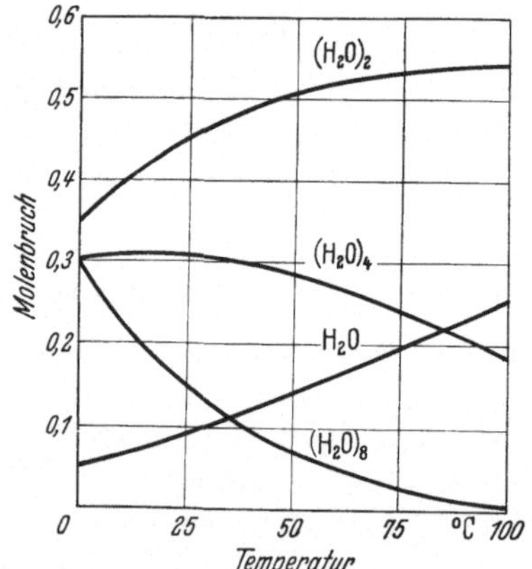

Fig. 158. Änderung der Molenbrüche von Wasseraggregaten mit der Temperatur (nach EUCKEN)

die von ROTH an Flüssigkeitsfilmen von Wasser angestellt worden sind. Andere Forscher kommen zu qualitativ ähnlichen Ergebnissen wie EUCKEN, geben aber andere Verhältnisse der Molenbrüche untereinander an.

---

[1] EUCKEN, A.: Nachr. Akad. Wiss. Göttingen, math.-phys. Kl. 1946, S. 38; 1947, S. 33; 1949, S. 1; — Z. Elektrochem. **51**, 6—24 (1948); **52**, 255—269 (1948); **53**, 102—105 (1949).

Die Euckenschen Überlegungen, die bei genauerer Betrachtung auf
der Diskussion der isothermen Kompressibilität und nicht der adiabatischen Schallgeschwindigkeit aufbauen, sind nicht einfache. Da sie
aber sehr deutlich machen, daß das Wasser ein (leider nicht binäres, sondern quaternäres) Gemisch ist, wurde die Besprechung in dieses Kapitel
über Mischungen eingereiht. Die komplizierte Natur des Wassers, dessen Molekülaggregate nicht zu isolieren sind, erschwert die molekularakustische Beschreibung und Analyse wäßriger Lösungen, insbesondere
von anorganischen dissoziierenden Stoffen, außerordentlich.

133. Die Konzentrationsabhängigkeit der Schallgeschwindigkeit in binären Gemischen mit Wasser

Die Schallkennlinien wässriger Mischungen und Lösungen haben
seit langem besondere Beachtung gefunden, weil hier Stoffe mit entgegengesetzten Temperaturkoeffizienten der Schallgeschwindigkeit in
Wechselwirkung treten. Am meisten ist die Gruppe der Wasser-Alkohol-
Mischungen untersucht worden. Als charakteristisches Beispiel für
Schallkennlinien in wäßrigen Lösungen bei verschiedenen Temperaturen
findet sich in vielen zusammenfassenden Berichten das Diagramm der
Wasser-Äthylalkohol-Mischung. Es wird fast stets in der durch Fig. 159
gekennzeichneten Form wiedergegeben, bei der sämtliche Kennlinien
durch einen einzigen Schnittpunkt laufen, der bisweilen noch ausdrücklich als solcher bezeichnet wird.

Diese Darstellung enthält einen Fehler, der sich vermutlich dadurch
eingeschlichen hat, daß man nur eine endliche Anzahl von Meßpunkten
aufzunehmen pflegt und das Empfinden hat, daß es bei entgegengesetzten Temperaturkoeffizienten in dem punktiertem Gebiet einen temperaturunabhängigen Punkt geben müsse. Eine nähere Überlegung zeigt, daß
es einen solchen Meßpunkt nicht geben kann, ganz gleich welches der
Mischungspartner von Wasser ist. Man betrachte einmal zwei einzelne
Schallkennlinien, die sich bei einer bestimmten Konzentration in einem
einzigen Punkte schneiden. Die Schallgeschwindigkeit in diesem Schnittpunkt ist nur dann temperaturunabhängig, wenn auch für andere Temperaturen innerhalb und außerhalb der beiden betrachteten Kennlinien
$du/dT = 0$ ist. Damit diese Relation aber erfüllt ist, müssen sich die
Temperaturkoeffizienten der beiden Mischungspartner im ganzen betrachteten Temperaturbereich kompensieren. Das ist aber unmöglich,
weil der eine Temperaturkoeffizient zwar negativ und linear ist, der
andere zwar positiv, jedoch nichtlinear ist und auf Grund der Willard-
Kurve mit steigender Temperatur abnimmt. Es gibt also keinen gemeinsamen Schnittpunkt aller Kennlinien in wäßrigen Mischungen. Die Lage
des Schnittpunktes zweier beispielsweise um 10° voneinander verschiedener Kurven verschiebt sich ständig mit der Konzentration, bis bei

74° der Temperaturkoeffizient der Schallgeschwindigkeit in Wasser negativ wird und sich nunmehr die Kennlinien überhaupt nicht mehr schneiden können. Als Beispiel des tatsächlichen Verlaufs der Schallkennlinien in dem in Fig. 159 eingekreisten Konzentrationsbereich zeigt Fig. 160 nach Messungen von KUHNKIES[1] und SCHAAFFS die Verhältnisse in einer Wasser-Äthylalkohol-Mischung.

Ein Gesamtbild sowohl der isotherm wie der adiabatisch aufgenommenen Schallkennlinien in den Mischungen des Wassers mit Methylalkohol, Äthylalkohol und n-Propylalkohol ist aus

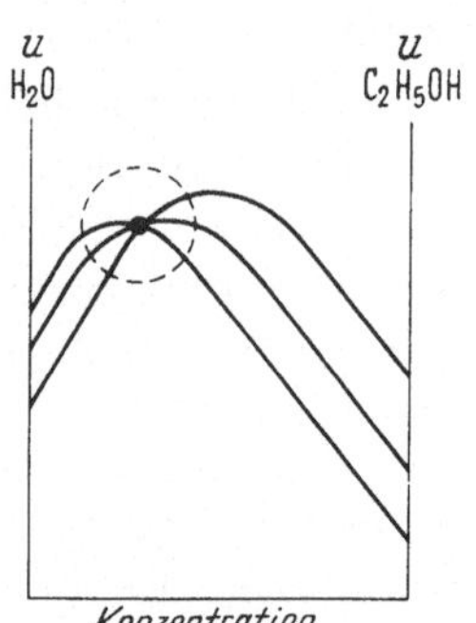

Fig. 159. Verbreitete, aber unrichtige Wiedergabe der Schallgeschwindigkeit in Mischungen von Wasser mit Alkoholen

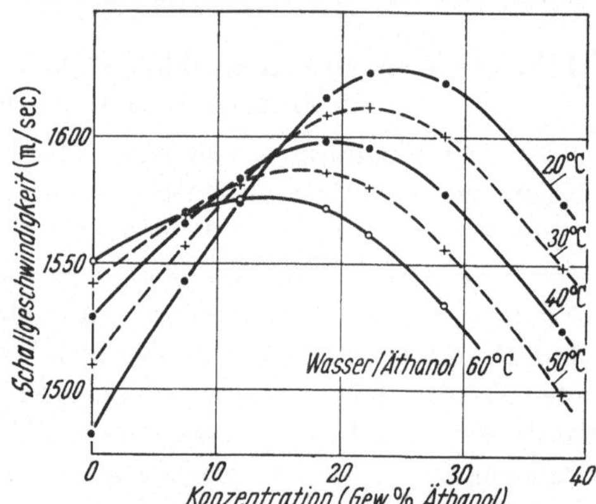

Fig. 160. Wirklicher Verlauf der Schallkennlinien in einer Wasser-Äthylalkohol-Mischung im Durchschneidungsbereich (nach KUHNKIES)

Fig. 161 nach den Untersuchungen von SCHAAFFS und KUHNKIES[2] ersichtlich. Man führt das sehr starke Abweichen der Schallgeschwindigkeiten von einer geraden Kennlinienform meist auf die Bildung von Molekülkomplexen zurück, ohne indes wirklich befriedigende quantitative Aussagen machen zu können.

In einer Fülle von Arbeiten wird versucht, aus dem Verlauf der Kennlinien von u und ϱ die wirksam gewesenen Moleküleigenschaften herauszuarbeiten. Leider lassen sich die Ergebnisse meist nicht verallgemeinern, da sie nur aus der Diskussion bestimmter Mischungen entspringen. Nach Meinung des Verfassers ist es viel wichtiger, erst einmal ein möglichst alle Schallkennlinien umfassendes Aufbauprinzip zu finden. Wenn dieses bekannt ist, ist eine Diskussion des Einzelfalles leichter. Die folgenden Ziffern geben Hinweise in dieser Richtung. Gleichwohl seien zwei Arbeiten kurz besprochen, die ohne Kenntnis eines solchen Prinzips ausgeführt sind und erkennen lassen, wie schwierig eine Diskussion von Schallkennlinien in der herkömmlichen Form ist.

---

[1] KUHNKIES, R., u. W. SCHAAFFS: Acustica 12, 254—256 (1962).
[2] KUHNKIES, R., Diss. Techn. Univ. Berlin 1962.

JACOBSON[1] hat der adiabatischen Kompressibilität wäßriger Lösungen eine mit dem Interferometer durchgeführte Untersuchung gewidmet. Er

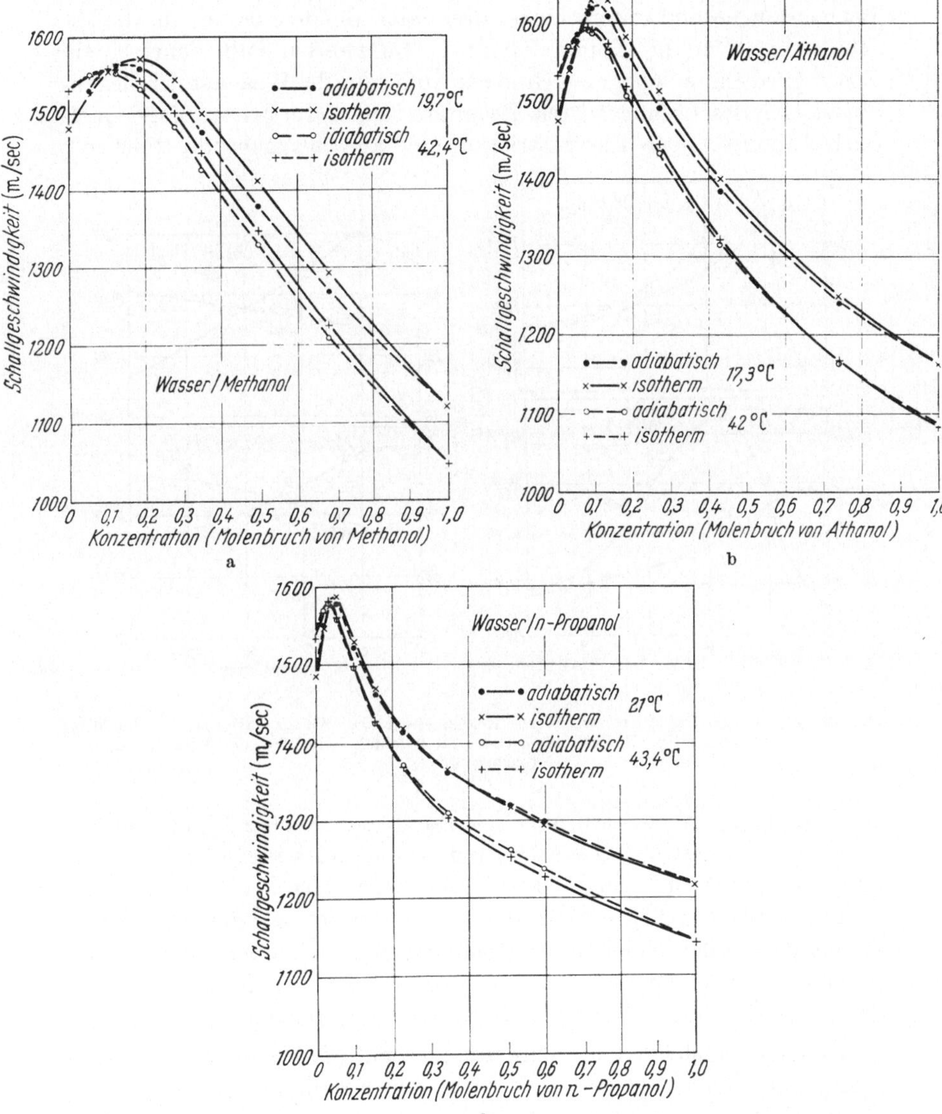

Fig. 161 a—c. Isotherm und adiabatisch aufgenommene Kennlinien in wäßrigen Mischungen mit Methyl-, Äthyl- und n-Propylalkohol

machte Messungen in den Gemischen des Wassers mit Alkoholen und Aceton, und in den wäßrigen Lösungen von Glycolamid, Glycin, Lactamid,

[1] JACOBSON, B.: Ark. Kemi 2, 177—210 (1950).

α- und β-Alanin, Serumalbumin und Oxyhämoglobin. Er stellt nicht die Schallgeschwindigkeit, wie es in diesem Buche getan wird, sondern in herkömmlicher Weise die Kompressibilität in den Mittelpunkt seiner Betrachtungen und unterscheidet drei Fälle. Bei dem ersten gilt die Mischungsregel für die Kompressibilität. Im zweiten Falle führt er ein Zusatzglied ein, welches dem Grad der Auflösung der Wasserstoffbrücken-assoziation des Lösungsmittels Rechnung trägt. Im dritten Falle spielt nach JACOBSON jene Electrostriction eine ausschlaggebende Rolle, die

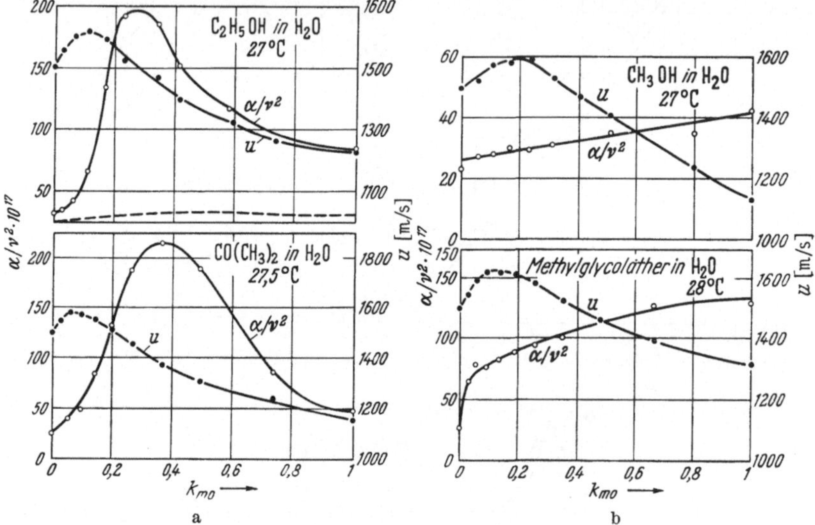

Fig. 162. a) Analoger Verlauf von u und α/v^2 in den Mischungen Wasser—Äthylalkohol und Wasser—Aceton; b) gegenteiliger Verlauf bei Wasser—Methylalkohol und Wasser—Methylglycoläther (nach BURTON)

auftritt, wenn die gelösten Moleküle durch permanente Dipolmomente die Packungsdichte der Lösungsmittelmoleküle stark verändern. Die Lösungen des Problems, die JACOBSON gibt, befriedigen durch ihre formale Kompliziertheit nicht, wenn es auch interessant ist, wie die elektrischen Eigenschaften der Moleküle in Rechnung gesetzt werden. Vermutlich lassen sich die Messungen von JACOBSON mit den in den nachfolgenden Ziffern beschriebenen Methoden viel besser beschreiben und deuten.

BURTON[1] beschäftigt sich experimentell mit der Frage, welche Folgerungen aus den ausgeprägten Maxima der Kennlinien von u auf die Kennlinien der Schallabsorption gezogen werden können. Wenn nämlich diese Maxima durch Bildung größerer Molekülkomplexe zu erklären sind, so ist das Auftreten von Struktur-Relaxationen zu erwarten, die zu entsprechenden Anstiegen der Schallabsorption führen dürften. Ein

---

[1] BURTON, CH.: J. Acoust. Soc. Amer. **20**, 186—199 (1948).

analoger Verlauf von u und α/ν^2 kann tatsächlich vorkommen, wie die Fig. 162a für ein Wasser-Äthylalkohol- und ein Wasser-Aceton-Gemisch zeigt, während in Fig. 162b die Mischungen Wasser-Methylalkohol und Wasser-Methylglycoläther kein solches Verhalten zeigen. Diese Messungen wurden mit dem Schallgittereffekt zwischen 5 und 25 MHz ausgeführt.

134. Die Beschreibung von Schallkennlinien mit Hilfe des Raoschen Ausdrucks

Nach den Ausführungen in Ziffer 127 muß die Funktion $\bar{F}$ mindestens u und V enthalten, wenn sie zur Beschreibung von Schallkennlinien geeignet sein soll. Nomoto[1] hat in einer ausführlichen Arbeit 37 binäre Gemische durchgeprüft und gezeigt, daß der Raosche Ausdruck $\sqrt[3]{u}\,V$ in sehr vielen Fällen die Bedingungen erfüllt, die an die Funktion $\bar{F}$ gestellt werden müssen. Der Raosche Ausdruck ist für eine binäre Mischung durch

$$\bar{\mathcal{R}} = \sqrt[3]{\bar{u}}\,\frac{\overline{M}}{\bar{\varrho}} \qquad \text{(XII.10)}$$

definiert. $\bar{u}$ und $\bar{\varrho}$ der entsprechendenen Konzentration werden gemessen, $\overline{M} = M_1 + k_{mo}(M_2 - M_1)$ wird auf Grund des Theorems (XII.7) exakt berechnet. Die Anwendung des Theorems auf den Raoschen Ausdruck selbst gibt

$$\bar{\mathcal{R}} = \mathcal{R}_1 + k_{mo}(\mathcal{R}_2 - \mathcal{R}_1). \qquad \text{(XII.11)}$$

Mit Gl. (XII.11) konnte Nomoto die Beobachtungen gut ordnen. Er faßte das Ergebnis in folgenden Sätzen zusammen: a) Binäre Gemische organischer Flüssigkeiten, die keine schweren Komponenten im Molekül enthalten, z.B. keine Halogenatome, folgen dem Theorem der geraden Kennlinien gut. Zwei charakteristische Beispiele sind in Fig. 163a abgebildet. b) Binäre Gemische organischer Flüssigkeiten, von denen die eine Komponente ausgesprochen schwere Atome oder Atomkomplexe im Molekül enthält, zeigen einen Verlauf von $\bar{\mathcal{R}}$, der eine zur Abszisse konvexe Krümmung aufweist. Fig. 163b zeigt zwei Beispiele dieser Gruppe. c) Wenn die eine Molekülsorte zwar einzelne schwere Atome aufweist, sich aber die Molekulargewichte der beiden Komponenten nicht allzusehr unterscheiden, kann man ebenfalls wie im Falle a) mit einer Erfüllung des Theorems rechnen. Fig. 163c bringt ein Beispiel für diese Gruppe. d) Besteht die eine Komponente des binären Gemisches aus Wasser, so ist die gemessene Kennlinie für $\bar{\mathcal{R}}$ eine Gerade, wenn die andere Komponente kein Alkohol mit OH-Gruppen ist. Die Kennlinien sind aber in bezug auf die Abszisse schwach konkav gekrümmt, wenn ein

---

[1] Nomoto, O.: Bull. Kob. Inst. Phys. Res. 2, 137—174 (1952) [Jap.]; gekürzte Fassung in J. Phys. Soc. Japan 8, 553—560 (1953).

Alkohol der Mischungspartner ist. Fig. 163d bringt zwei Beispiele für diese Gruppe.

Es scheint bemerkenswert zu sein, daß wäßrige Mischungen sich von den übrigen kaum unterscheiden. Das deutet darauf hin, daß die komplizierte Zusammensetzung des Wassers wahrscheinlich eine viel geringere Rolle für die Schallübertragung spielt, als man denken möchte, und daß es bei der Schallübertragung überhaupt nicht auf eine Temperaturkonstanz von $\sqrt[3]{u}\,V$ ankommt. Die prägnanten Ausnahmen der Gruppe b), speziell der Fall C_6H_6—CCl_4 weisen darauf hin, daß in der Funktion F neben u und ϱ mindestens noch eine weitere wichtige Größe enthalten sein muß, wenn das Theorem in allen Fällen erfüllt sein soll.

Eine längere Untersuchung hat OPILSKIJ[1] an 12 Gemischen mitgeteilt. Er vergleicht die in der üblichen Weise nach (XII.11) berechneten Ausdrücke $\sqrt[3]{u}\,V$ mit denen, die aus einer von ihm auf Grund von Analogiebetrachtungen aufgestellten Formel berechnet werden. Diese Formel lautet:

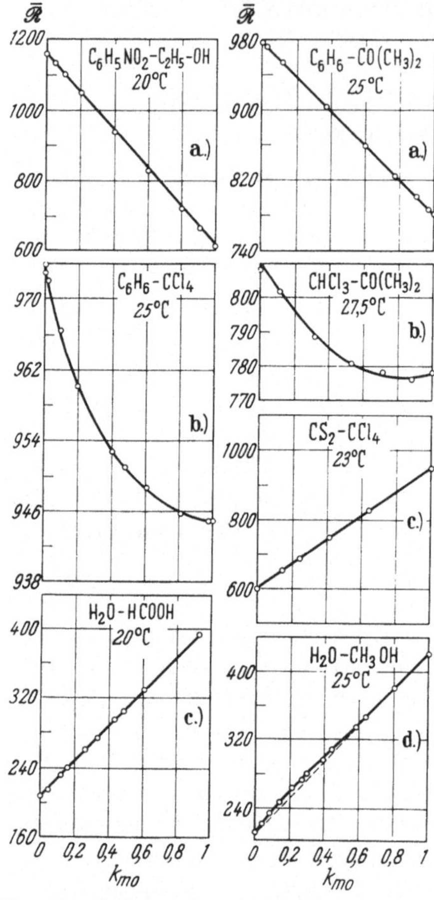

Fig. 163 a—d. Untersuchung des Raoschen Ausdrucks $\overline{\mathcal{R}} = \sqrt[3]{u}\,\dfrac{M}{\varrho}$ in verschiedenen Mischungen als Funktion der Konzentration (nach NOMOTO). Der Molenbruch bezieht sich stets auf die an zweiter Stelle genannte Komponente. Die Schallgeschwindigkeiten selbst sind mehr oder minder stark gekrümmte Kurven

$$\mathcal{R} = \sqrt[3]{\frac{u_1}{u}}\,\mathcal{R}_1 + k_{mo}\sqrt[3]{\frac{u}{u_1}}\times \left.\begin{array}{l}\\ \times\left\{(\mathcal{R}_2 - \mathcal{R}_1) + V\cdot\varDelta\sqrt[3]{u}\right\}.\end{array}\right\} \quad (XII.12)$$

Das letzte Glied bezieht sich auf den Unterschied der Schallgeschwindigkeiten der Komponenten. Mit dieser Gleichung wird zwar eine bessere Übereinstimmung zwischen Messung und Rechnung erreicht als mit der einfachen Gl. (XII.11), aber die physikalische Durchsichtigkeit geht ganz verloren. Außerdem fügen sich auch hier

---

[1] l. c. Vorwort, Buchreihe Bd. 13, S. 277—291.

die Mischungen mit Komponenten, deren Moleküle besonders schwere Atome enthalten, der Formel am wenigsten ein.

Nun hat WADA[1] gemeint, einen dem Raoschen Ausdruck wesensverwandten und ebenfalls temperaturunabhängigen Ausdruck in der Form

$$\mathfrak{W} = M\,\frac{\sqrt[7]{u^2}}{\sqrt[7]{\varrho^6}} \qquad\qquad \text{(XII.13)}$$

gefunden zu haben. Zwar können mit $\mathfrak{W}$ scheinbar noch mehr Stoffe als mit $\mathfrak{R}$ in Übereinstimmung mit dem Theorem gebracht werden, doch

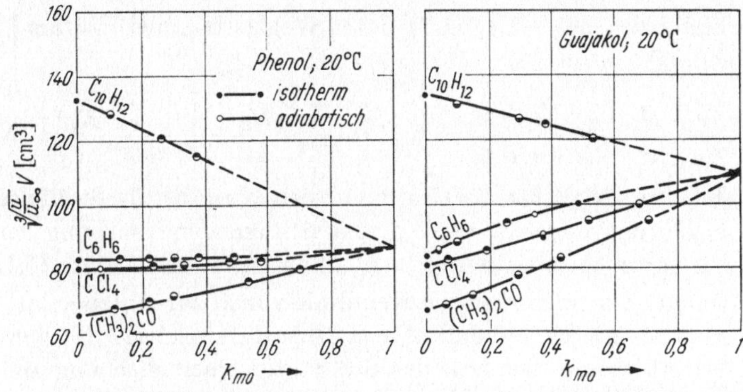

Fig. 164. Das Verhalten des Schallvolumens in Lösungen mit isotherm und adiabatisch aufgenommenen Kennlinien der Schallgeschwindigkeit und des Molvolumens. (Da die meisten Meßpunkte zusammenfallen, sind die Bezeichnungen ⊖ und ⊙ verwendet worden)

wird dadurch das ganze Problem keinesfalls physikalisch durchsichtiger, so daß hier auf eine nähere Darlegung verzichtet werden soll.

Wenn das Schallvolumen $\sqrt[3]{\dfrac{u}{u_\infty}}\,V$ nach Fig. 148 und den Ausführungen in Ziffer 122 bei mittleren Temperaturen temperaturunabhängig ist, dann müssen die aus isotherm und adiabatisch aufgenommenen Schallkennlinien ermittelten Werte zusammenfallen. Dafür gibt Fig. 164 an den Lösungen von Phenol und Guajakol zwei Beispiele. Das Zusammenfallen der Meßwerte ist durch ⊖-Punkte gekennzeichnet. Bezeichnen wir die extrapolierten Werte von u und ϱ mit dem Index e und unterscheiden die isothermen und adiabatischen Meßreihen durch die Indizes is und ad, so erhält man den Satz, daß die beiden extrapolierten Schallgeschwindigkeiten sich wie die 3. Potenzen der zugehörigen Dichten verhalten

$$\frac{_{ad}u_e}{_{is}u_e} = \left(\frac{_{ad}\varrho_e}{_{is}\varrho_e}\right)^3. \qquad\qquad \text{(XII.14)}$$

---

[1] WADA, Y.: J. Phys. Soc. Japan 4, 280—283 (1949).

135. Beschreibung von Schallkennlinien mit Hilfe des molaren Schallvolumens

In Ziffer 122 ist dargelegt worden, daß der ursprünglich rein empirisch eingeführte Ausdruck $\sqrt[3]{u}\,V$ nur ein Bestandteil einer Größe ist, die wir als molares Schallvolumen

$$\sqrt[3]{\frac{u}{u_\infty}}\;\sqrt[3]{\frac{1}{\dfrac{4\pi}{3}\,s}}\;V$$

bezeichnet haben. Konsequenterweise wird man daher das Theorem der geraden Kennlinien auf dieses molare Schallvolumen anzuwenden haben.

Man erhält dann aus Gl. (XII.7) unter Weglassung des Faktors $\sqrt[3]{\dfrac{1}{\dfrac{4\pi}{3}}}$ die Gleichung

$$\overline{F}=\sqrt[3]{\frac{\overline{u}}{u_\infty\,\overline{s}}\;\frac{\overline{M}}{\overline{\varrho}}}=\sqrt[3]{\frac{u_1}{u_\infty\,s_1}\;\frac{M_1}{\varrho_1}}+k_{mo}\left(\sqrt[3]{\frac{u_2}{u_\infty\,s_2}\;\frac{M_2}{\varrho_2}}-\sqrt[3]{\frac{u_1}{u_\infty\,s_1}\;\frac{M_1}{\varrho_1}}\right). \quad \text{(XII.15)}$$

Man sieht sofort, daß für die Gruppe a) von Nomoto die Stoßfaktoren wenig verschieden voneinander sind und sich aus der Gleichung herauskürzen. Ist aber beispielsweise $s_1\gg s_2$, dann ist in dem Ansatz (XII.11) $\mathscr{R}_2$ und damit $\overline{\mathscr{R}}$ zu klein und die Kennlinie von $\overline{\mathscr{R}}$ zur Abszisse hin konvex gekrümmt, wie es der Fall b) von Nomoto schildert. Da wir aber zur Zeit nicht wissen, wie sich der Stoßfaktor einer Mischung aus den Stoßfaktoren der Komponenten zusammensetzt, ist Gl. (XII.15) nicht auswertbar.

Wenn man es recht bedenkt, so sollte man das Theorem nicht an Ausdrücken prüfen, die dritte Wurzeln aus u und s enthalten und damit die individuellen Eigenschaften der Stoffe, die sich darin ausdrücken, verwischen. Man sollte stets die Schallgeschwindigkeit selbst ausrechnen und mit der gemessenen vergleichen. Erst dann ergibt sich ein klares Bild über die Mängel der Theorie und über die Richtung, in der weiter zu forschen ist.

Genähr[1] hat in einem Beitrag zur Deutung der Schallgeschwindigkeit in binären Flüssigkeitsmischungen, ausgeführt an vier eigenen Meßreihen (Benzol—tert.Butylalkohol, Cyclohexan—Essigsäure, Decalin——n-Propylalkohol, Chlorbenzol—n-Propylalkohol) und acht Meßreihen von Danusso[2] (6 einwertige Alkohole, Glycol und Glycerin im Lösungsmittel Cyclohexanol), von vornherein das Schallvolumen $\sqrt[3]{\dfrac{u}{u_\infty}}\,V$ diskutiert. Das sehr scharfe Prüfverfahren von Genähr ist in Fig. 165 skizziert. Wenn das Theorem für u selbst gelten würde, nähme die Schallgeschwindigkeit den durch die gestrichelte Linie angedeuteten geraden Verlauf.

---

[1] Genähr, R.: Acustica 8, 153—159 (1958).
[2] Danusso, F.: Rend. Accad. Naz. Lincei 17, 114 (1954).

In Wirklichkeit weicht sie aber stark ab, beispielsweise in Gestalt der ausgezogenen Kurve. Man trägt nun die Differenzen

$$\Delta u = u_{\text{gem}} - u_{1,2} \qquad\qquad \text{(XII.16a)}$$

zwischen den gemessenen Werten und den angenommenen Werten ($u_{1,2}$) in vergrößertem Maßstab auf, wie es die Punkte im unteren Teil der Figur zeigen. Nunmehr berechnet man aus dem Theorem (XII.7), angewendet auf $\sqrt[3]{\dfrac{u}{u_\infty}}\, V$, die Schallgeschwindigkeit $\bar u$ und dann die Differenzen

$$\Delta u = \bar u - u_{1,2}. \qquad\qquad \text{(XII.16b)}$$

Diese trägt man als Kurve in das Diagramm ein. Wenn sich die Punkte der Kurve gut einfügen, dann ist das Theorem für $\sqrt[3]{\dfrac{u}{u_\infty}}\, V$ wirklich gut erfüllt. Aus den Untersuchungen von GENÄHR geht hervor, daß die Diskrepanzen am größten sind bei Stoffen, deren Stoßfaktoren sich stark von denen ihres Mischungspartners unterscheiden.

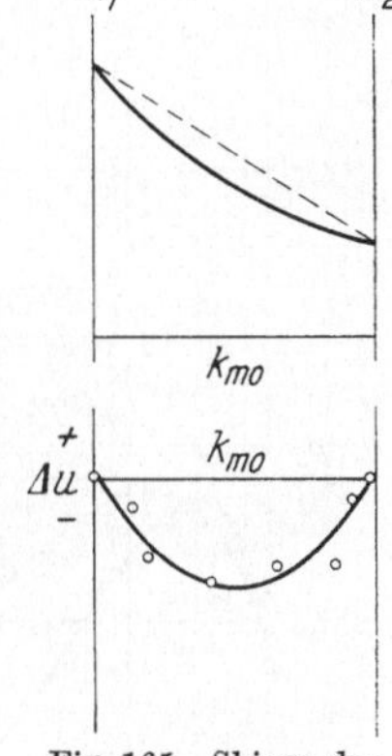

Fig. 165. Skizze des Prüfverfahrens von GENÄHR für das Studium der Schallgeschwindigkeiten in binären Mischungen

Der Zusammenhang zwischen Schallgeschwindigkeit und Stoßfaktor sei an den drei besonders interessanten Mischungen des Wassers mit Methylalkohol, Äthylalkohol und Aceton gezeigt. In Fig. 166 sind die isotherm gemessenen Kennlinien der Schallgeschwindigkeit stark ausgezogen. Gestrichelt wurden die Kurven eingezeichnet, die sich bei Anwendung des Theorems auf die Schallvolumina $\sqrt[3]{\dfrac{u}{u_\infty}}\, V$ (bzw. auf $\sqrt[3]{u}\, V$) ergeben, also durch Auflösung von Gl. (XII.15) nach $\bar u$ und Gleichsetzung von $\bar s = s_1 = s_2$. Nur für hohe Alkoholkonzentrationen schmiegen sich diese Kurven den Messungen gut an. Strichpunktiert worden sind diejenigen Kurven, die über das molare Schallvolumen durch Auflösung von Gl. (XII.15) nach $\bar u$ berechnet wurden. Dabei mußte notgedrungen eine in der Wirklichkeit bestimmt nicht zutreffende Annahme über den Stoßfaktor $\bar s$ gemacht werden. Er wurde nämlich zu $\bar s = s_1 + k_{mo}(s_2 - s_1)$ angesetzt. Es zeigt sich, daß diese Kurven die ausgeprägten Maxima der Messungen gut wiedergeben. Wir werden erst später in Ziffer 192 sehen, daß der Stoßfaktor von der Schallabsorption α/ν^2 her berechnet werden kann, sofern keine Relaxationsprozesse stören. Ein Blick auf die Fig. 162a zeigt, daß die Absorption am stärksten dort ist, wo in Fig. 166 die strichpunktierte Kurve am meisten von der gemessenen abweicht. In dieser Richtung wird sich also die weitere Erforschung der Schallkennlinien zu bewegen haben.

Ein kurzes Wort ist noch über den Stoßfaktor des Wassers zu sagen. Er ist nicht mit dem eines Kohlenwasserstoffes identisch. Man muß zu

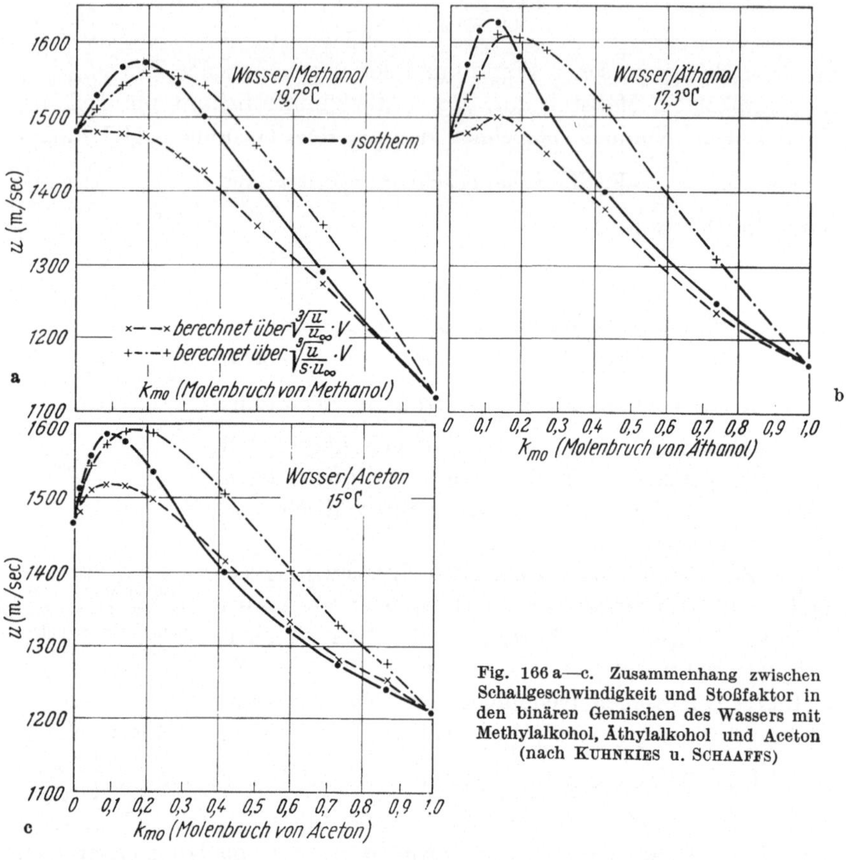

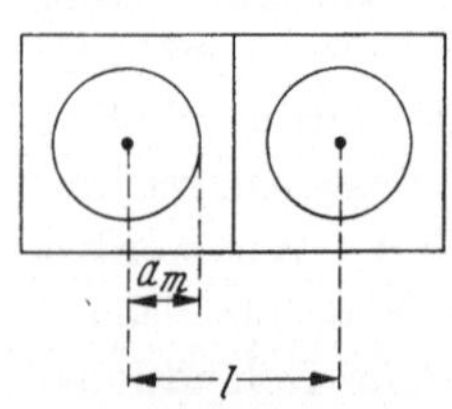

Fig. 166 a—c. Zusammenhang zwischen Schallgeschwindigkeit und Stoßfaktor in den binären Gemischen des Wassers mit Methylalkohol, Äthylalkohol und Aceton (nach KUHNKIES u. SCHAAFFS)

seiner Berechnung die Formel (XVI.29) in Ziffer 192 heranziehen und erhält, wenn keine Relaxation stört, den Wert

$$s = \frac{4}{1 + \dfrac{\alpha/v^2}{C}\left(\dfrac{u}{u_\infty}\right)^3} = 3,4 \text{ bei } 20° \text{ C}. \quad (\text{XII.17})$$

Fig. 167. Skizze zu einer Erläuterung über das molare Schallvolumen

Über das molare Schallvolumen ist noch folgendes nachzutragen, was schon in Ziffer 122 hätte gesagt werden können. Gl. (XI.49) kann in der Form

$$\sqrt[3]{\frac{u}{u_\infty}}\sqrt{\frac{1}{\frac{4\pi}{3}s}}\, V = N \cdot l^3 \cdot \frac{a_m}{l}$$

geschrieben werden. Die rechte Seite ist nach Fig. 167 unmittelbar anschaulich. In die Schallübertragung geht das Verhältnis des Radius zum Abstand der Moleküle ein.

136. Schallkennlinien chemisch reagierender Systeme

Wenn die beiden Komponenten einer binären Mischung eine chemische Reaktion eingehen, werden sich die Schallgeschwindigkeiten laufend verändern, bis die Reaktion abgeschlossen und ein neuer Gleichgewichtszu-

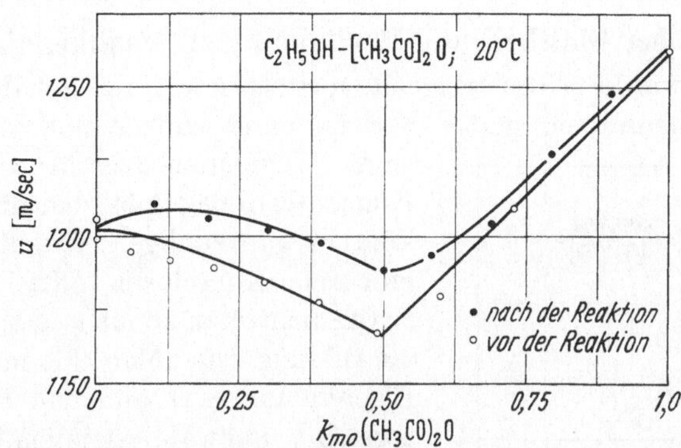

Fig. 168. Schallkennlinien des chemisch reagierenden Systems aus Essigsäureanhydrid und Äthylalkohol (nach BALAN und KUDRJAWZEW)

stand erreicht ist. Da nun im allgemeinen eine chemische Reaktion viel zu schnell vonstatten geht, als daß ihr Verlauf durch Schallgeschwindigkeitsmessungen verfolgt werden kann, ist es zweckmäßig, zum Studium der Erscheinung sehr langsam ablaufende Reaktionen zu benutzen und dabei darauf zu achten, daß der Schallwechseldruck die Reaktion nicht nennenswert beeinflußt. BALAN[1] und KUDRJAWZEW haben über derartige Reaktionen berichtet. Sie untersuchten z.B. das Gemisch aus Essigsäureanhydrid und Äthylalkohol. Die Reaktionsgleichung lautet

$$(CH_3CO)_2O + C_2H_5OH$$
$$= CH_3COOC_2H_5 + CH_3COOH.$$

Die Fig. 168 zeigt das Ergebnis der Messungen bei 20° C in Gestalt

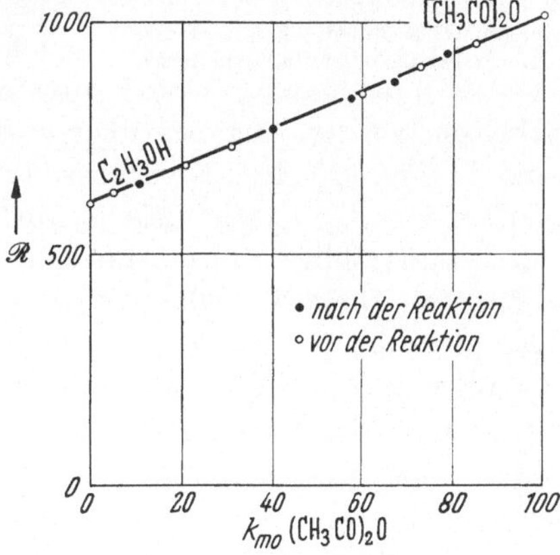

Fig. 169. Das Verhalten der Raoschen Ausdrücke bei dem System nach Fig. 168

isotherm aufgenommener Kennlinien. Die untere vor bzw. bei Beginn der sehr langsamen Reaktion aufgenommene Kurve hat einen ausgeprägten Knick beim Molenbruch $\frac{1}{2}$. Nach Abschluß der Reaktion bleibt die obere Kurve zurück. Auch dieser Vorgang kann mit Hilfe des molaren

---

[1] BALAN, S., and B. KUDRJAWZEW: Proc. 3. I.C.A.-Kongr., Stuttgart 1959, S. 451—454. Amsterdam: Els. Publ. Comp. 1960.

Schallvolumens dargestellt werden. Es genügt in diesem Falle die Beschreibung mit $\sqrt[3]{\dfrac{u}{u_\infty}}\,V$ oder $\sqrt[3]{u}\,V$. Aus Fig. 169 ist ersichtlich, daß die Raoschen Ausdrücke vor und nach der Reaktion auf der gleichen Geraden liegen.

137. Über Glattheit und Welligkeit von Schallkennlinien

Bislang wurde stillschweigend vorausgesetzt, daß Schallkennlinien und Dichtekennlinien glatte Kurven ohne Knicke und Welligkeiten sind. Wenn man aber bedenkt, daß es Konzentrationen gibt, bei denen Moleküle in ganzzahligen Verhältnissen zu größeren Komplexen oder Assoziaten zusammentreten können, so bedeutet das die Bildung neuer Moleküle mit größeren Eigenvolumina B, anderem Bewegungsbereich V und wahrscheinlich geringerem Stoßfaktor s. Daß solche Veränderungen sich hinsichtlich der Schallfortpflanzungsgrößen u und α/ν^2 kompensieren, ist nicht anzunehmen. Über die Welligkeit von Schallkennlinien haben TARASSOW[1], BERING und SIDOROWA und etwas später auch MICHAILOW Untersuchungen angestellt. Da dem Verfasser die Originalarbeiten mit den Angaben über u und ϱ selbst nicht zugänglich waren, sind in Fig. 170 drei Kompressibilitätskurven abgebildet worden. Der Verlauf von $\beta_{ad} = 1/\varrho u^2$ läßt ja auch deutlich erkennen, ob und wo die durch ganzzahlige Konzentrationsverhältnisse angedeuteten Komplexe auftreten. Diese Komplexe liegen in der Figur an den Minimastellen der Kompressibilität. Es entsprechen ihnen also wahrscheinlich Maxima der Schallgeschwindigkeit. MICHAILOW hat ähnliche Beobachtungen an einem Gemisch von Ameisensäure HCOOH und Wasser H_2O gemacht. MARKS[2] hat gezeigt, daß die Schallgeschwindigkeit in einer Lösung von CF_3COOH in H_2O beim Molenbruch 0,0255 als Funktion der Temperatur keine Besonderheiten aufweist, aber beim Molenbruch 0,0727 und der Temperatur 24° C einen merklichen Sprung von etwa 10 m/s macht. Natürlich ändern sich in solchen singulären Bereichen auch andere Eigenschaften der Stoffe, wie z. B. die Dielektrizitätskonstante, der Brechungsindex, die Viskosität, die Oberflächenspannung usw. Dadurch ist man in der Lage, über die Zuordnung dieser Größen zur Schallgeschwindigkeit näheres zu erfahren.

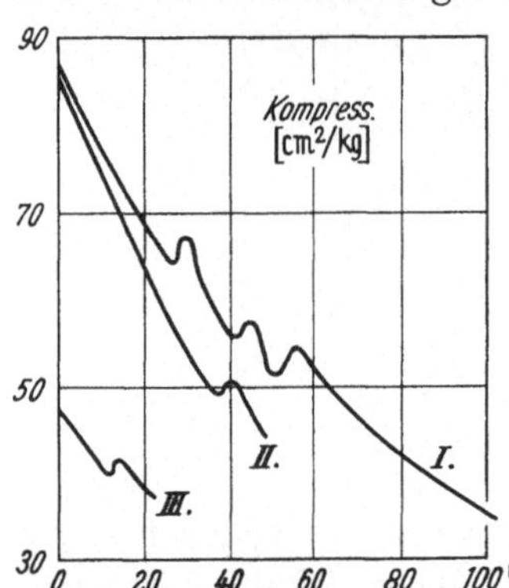

Fig. 170. Die Welligkeit im Verlauf der Kompressibilitäten einiger Mischungen; I Äthylacetat—Anilin, II Pyrogallol—Aceton, III Methyläthylketon—Wasser (nach TARASSOW und Mitarbeitern)

---

[1] Zit. nach S. 154—156 des in Ziffer 112 genannten Buches von KUDRJAWZEW.
[2] MARKS, GR.: J. Acoust. Soc. Amer. 27, 680—688 (1955).

138. Die Kennlinien der Schallgeschwindigkeit in Elektrolyten

Schallgeschwindigkeitsmessungen in leitenden wäßrigen Lösungen sind fast ausschließlich zur Prüfung der in der nächsten Ziffer 139 be-

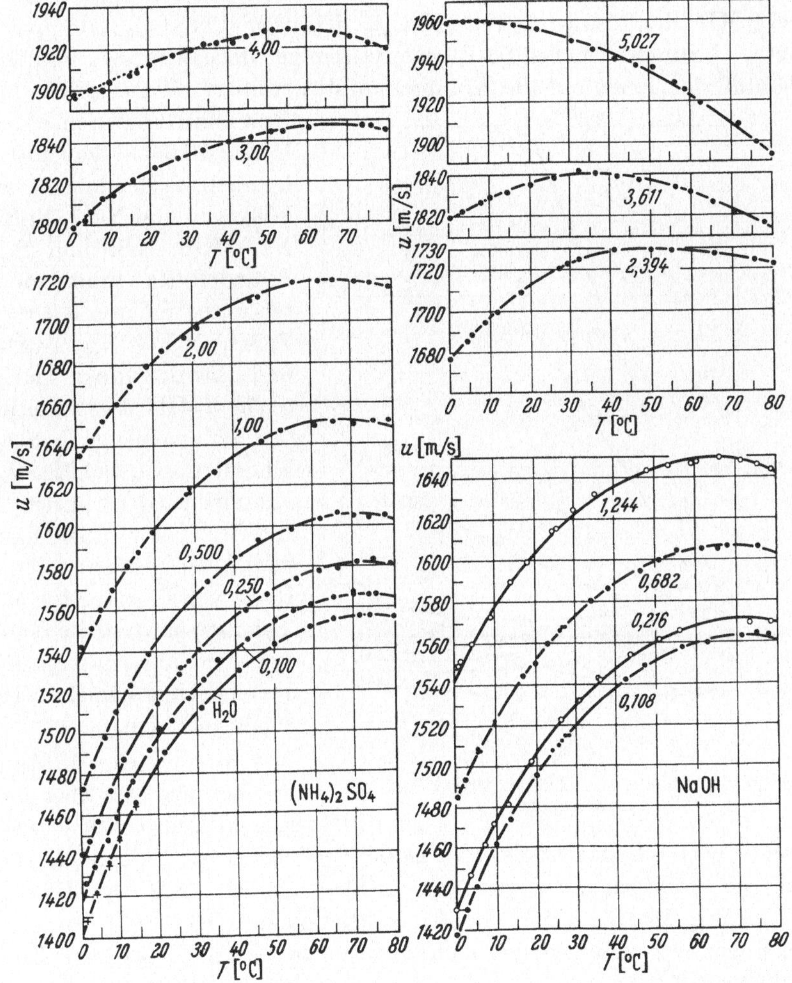

Fig. 171. Die Schallgeschwindigkeit in den wäßrigen Lösungen von Ammoniumsulfat und Natriumhydroxyd bei kleinen Konzentrationen (nach MARKS). Molarität als Parameter

handelten Kompressibilitätstheorie oder zur Prüfung der schon in Ziffer 109 behandelten Theorie des freien Volumens ausgeführt worden, sofern sie nicht im Zusammenhang mit Schallabsorptionsmessungen notwendig waren. Aus der Fülle diesbezüglicher Experimentaluntersuchungen seien nur die folgenden genannt, weil sie eine größere Menge Zahlenmaterial enthalten.

Prosorov[1] hat mit einem Interferometer die wäßrigen Lösungen von $NaCl$, $NaNO_3$, Na_2SO_3, Na_2SO_4, KCl, KBr, KNO_3, K_2SO_4, $MgSO_4$, $CuSO_4$, $ZnSO_4$, $CdCO_4$, HCl, H_2SO_4, HNO_3, CH_3COOH untersucht. Giacomini[2] und Pesce untersuchten mit der Methode der sekundären Interenferzen bei 2 MHz die Lösungen von $Ca(ClO_4)_2$, $Sr(ClO_4)_2$, $Pb(NO_3)_2$, $CdSO_4$ und $PrCl_3$. Lunden[3] hat fast 50 Elektrolytlösungen durchgemessen und den Einfluß der Ionen auf die Kompressibilität studiert. Wada[4], Shimbo, Oda und Nagumo machten bei 2,2 MHz mit dem Interferometer Messungen an Lösungen von $NaCl$, $NaBr$, NaJ, KCl, KBr und KJ. S. und R. Rao[5] untersuchten unter anderem K_2CrO_4, $FeSO_4$, $K_3Fe(CN)_6$. Tamm[6] und Haddenhorst machten bei 7 MHz Messungen an den Lösungen von $NiSO_4$, $MnSO_4$, $CoSO_4$ und $MgSO_4$. Mit einem Doppelkristall-Interferometer haben Barthel[7] und Nolle eine Reihe von Elektrolyten auf Schallgeschwindigkeitsdispersion hin untersucht, aber zwischen 5 und 25 MHz keine gefunden.

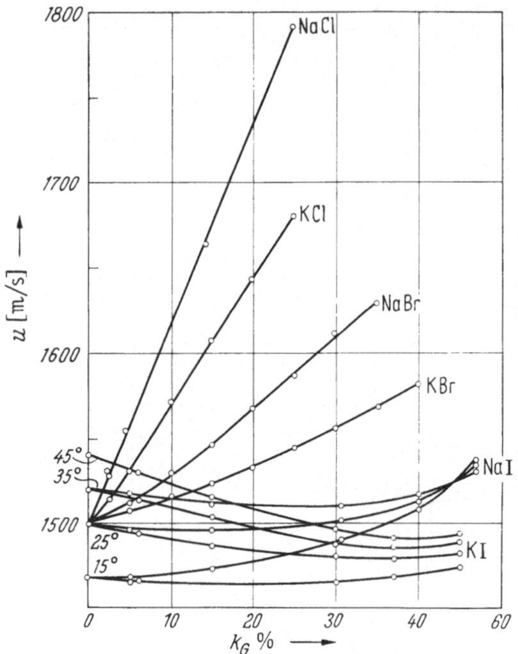

Fig. 172. Schallkennlinien einiger wäßriger Elektrolyte (nach Freyer)

Umfangreiche Messungen bei 500 kHz über den ganzen Temperaturbereich von 0° bis 80° C hat Graham Marks[8] veröffentlicht. Es handelt sich um die wäßrigen Lösungen von Li_2SO_4, Na_2SO_4, $KHSO_4$, K_2SO_4, $(NH_4)_2SO_4$, $MgSO_4$; $LiOH$, $NaOH$, KOH und NH_4OH. Stellt man die Lösungen der verschiedenen Konzentrationen als Funktionen der Tem-

[1] Prosorov, P.: J. phys. Chem. USSR. 14, 384—391 (1940).

[2] Giacomini, A., e B. Pesce: Ric. Sci. 11, 605—618 (1940).

[3] Lunden, B.: Z. phys. Chem. A 192, 345—378 (1943).

[4] Wada, Y., S. Shimbo, M. Oda and Nagumo: J. Appl. Phys. Japan 17, 257 bis 261 (1948).

[5] Rao, S., and R. Rao: Indian J. Sci. Res. B 17, 444—447 (1958).

[6] Tamm, K., u. H. Haddenhorst: Acustica 4, 653—657 (1954).

[7] Barthel, R., and A. Nolle: J. Acoust. Soc. Amer. 24, 8—15 (1952).

[8] Marks, Graham: J. Acoust. Soc. Amer. 31, 936—946 (1959); 32, 327—335 (1960).

peratur dar, so bestimmt die Parabel des Wassers das Bild. Erst bei höheren Konzentrationen kann sich der Einfluß des gelösten Stoffes stärker durchsetzen. Bei diesen Lösungen verschiebt sich das Maximum der Willard-Kurve mit steigender Konzentration nach kleineren Temperaturen. Fig. 171 zeigt die Lösungen von $(NH_4)_2SO_4$ und NaOH.

Wie man aus den Schmelzen anorganischer Salze entnehmen kann (Tabelle VIII/3), liegen die Schallgeschwindigkeiten $_{is}u_e$ dieser Stoffe ziemlich hoch. Daher scheinen die meßbaren Abschnitte der Kennlinien meist gerade zu verlaufen. Nur wenn der zu lösende Stoff eine relativ kleine Schallgeschwindigkeit hat, macht sich eine Krümmung der Kennlinien deutlich bemerkbar, wie Fig. 172 nach Messungen von FREYER[1] erkennen läßt.

139. Die Kompressibilitätstheorie der Elektrolyte

Es wurde schon erwähnt, daß die meisten Schallgeschwindigkeitsmessungen in starken Elektrolyten im Zusammenhang mit einer auf GUCKER[2] jr. zurückgehenden Theorie über die scheinbare molare Kompressibilität ausgeführt worden sind. Weitere wesentliche Arbeiten dazu haben FALKENHAGEN[3] und BACHEM[4] ausgeführt. Die Aussagen dieser Theorie scheinen sehr einfach zu sein. Die sogenannte „scheinbare molare Kompressibilität" Φ wird durch die Differenz

$$\Phi = \beta_{is} V - \beta_{is1} V_1 \qquad \text{(XII.18)}$$

definiert. Das erste Glied dieser Differenz bezieht sich auf die 1 Mol des gelösten Stoffes enthaltende Lösung, das zweite Glied auf das Lösungsmittel Wasser. Die scheinbare molare Kompressibilität Φ soll nun eine lineare Funktion der Wurzel aus der Konzentration k sein, zum mindesten für kleine Konzentrationen des gelösten Stoffes. Die Konzentration k wird dabei in Mol pro Liter Lösung angegeben. Es ist also

$$\Phi = \Phi_0 + \frac{\partial \Phi}{\partial \sqrt{k}} \sqrt{k}. \qquad \text{(XII.19)}$$

Der Differentialquotient stellt die Neigung der Geraden dar, Φ_0 gilt für die Konzentration $k = 0$, d.h. für unendliche Verdünnung, und ist von Elektrolyt zu Elektrolyt verschieden. In Fig. 173 ist diese Funktion nach Messungen von BACHEM für einige Elektrolyte dargestellt worden. Für die isotherme Kompressibilität β_{is} konnte die aus der Schallgeschwindigkeit ermittelte adiabatische β_{ad} verwendet werden, weil bei Wasser das Verhältnis der Molwärmen praktisch gleich Eins ist. Erst dadurch

---

[1] FREYER, E.: J. Amer. Chem. Soc. **53**, 1313—1320 (1931).
[2] GUCKER jr., FR.: J. Amer. Chem. Soc. **55**, 2709—2718 (1933).
[3] FALKENHAGEN, H.: Z. Electrochem. **41**, 570—575 (1935).
[4] BACHEM, CH.: Z. Physik **101**, 541—577 (1936).

läßt sich die Guckersche Theorie bequem prüfen. Die beiden Beziehungen (XII.18) und (XII.19) dienen zur näheren Diskussion der Frage, ob die Veränderung von Φ mit steigender Konzentration mehr von der Ionengröße oder von der Ionenladung abhängt. Die letztere mit ihrer komplexbildenden Wirkung auf das Wasser scheint die wichtigere Rolle zu spielen.

Diese Elektrolyttheorie ist noch ganz von der Vorstellung beherrscht, daß nicht die Schallgeschwindigkeit, sondern die Kompressibilität im Mittelpunkt der Erörterungen zu stehen habe. Es ist aber im Laufe der letzten 20 Jahre immer deutlicher geworden, daß die ökonomische Größe in der Molekularakustik nicht die Kompressibilität, sondern die wesentlich einfachere Schallgeschwindigkeit selbst ist. Es ist daher nicht unwahrscheinlich, daß die Behandlung der Schallkennlinien von Elektrolyten nach den in den Ziffern 113 bis 116 gegebenen Gesichtspunkten zu einfacheren Formulierungen und Gesetzmäßigkeiten führen wird.

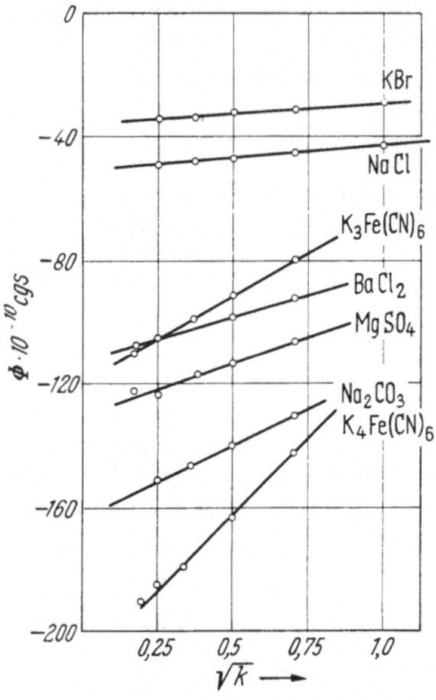

Fig. 173. Linearer Verlauf der scheinbaren molaren Kompressibilität mit $\sqrt{k}$. k = Mol/Liter Lösung. (Nach BACHEM)

Kapitel XIII

Die Schallgeschwindigkeit bei steigender Raumerfüllung der Moleküle

140. Oberer Grenzbereich für Schallgeschwindigkeiten

Die Formel $u = u_\infty s r$ enthält keine Aussage darüber, wie die Raumerfüllung r vom Druck p und der Temperatur T abhängt. Die Kenntnis einer speziellen Zustandsgleichung ist für die Beurteilung der Schallgeschwindigkeit offenbar nicht notwendig. Wenn man die Temperatur erniedrigt, so steigt die Raumerfüllung r und im allgemeinen auch die Schallgeschwindigkeit. Eine wesentliche Vergrößerung der Raumerfüllung ist aber bei einer Flüssigkeit durch eine Temperaturerniedrigung nicht zu erreichen, weil bald die Erstarrung zu einem polykristallinem festen Körper eintritt. Wenn man den Druck p steigert, so kann man das Molvolumen stark verkleinern und die Dichte stark erhöhen. Wenn die Erhöhung des Druckes langsam erfolgt, ist der Grenzwert $r = 1$

für einen Zustand mit flüssigkeitsähnlicher Ordnung wahrscheinlich nie zu erreichen, weil die Flüssigkeit zuvor erstarrt. Erfolgt die Druckerhöhung aber äußerst schnell, so daß sich die normale Gitterstruktur des festen Zustandes gar nicht ausbilden kann, wird man mit dem Erreichen der Raumerfüllung $r=1$ rechnen dürfen. In diesem Falle können sich nun die Moleküle nicht mehr im Sinne der Ausführungen von Ziffer 111 bei der Übertragung von Schallimpuls aneinander „reiben" und sich gegenseitig zu Rotationen zwingen. Damit nähert sich der Stoßfaktor dem Grenzwert $s=4$. Unter der Annahme der Konstanz von u_∞ würde sich dann die Schallgeschwindigkeit in organischen Flüssigkeiten bei höchsten Drucken dem Grenzwert

$$\lim_{\substack{r \to 1 \\ s \to 4}} (u_\infty\, s\, r) = 6400 \text{ m/s}$$

nähern. Das bedeutet, daß die individuellen Verschiedenheiten der Flüssigkeiten, die sich bei Atmosphärendruck in der Schallgeschwindigkeit offenbaren und überhaupt erst eine Molekularakustik ermöglichen, dann allmählich verschwinden. In der physikalischen Wirklichkeit wird aber wohl etwas anderes eintreten, wenn man sehr nahe an $r=1$ herankommt und diesen Wert womöglich noch überschreitet. Davon wurde schon in Ziffer 16 gesprochen. Der Grenzwert 6400 m/s dürfte aber doch insofern eine Rolle spielen, als die Schallgeschwindigkeiten in organischen Flüssigkeiten bei Druckerhöhung zunächst auf ihn hinweisen und erst später bei allerhöchsten Drucken stärker ansteigen.

141. Die Erzeugung hoher Verdichtungen und großer Raumerfüllungen

Die experimentelle Verwirklichung von Raumerfüllungen $r \to 1$ erfordert außerordentlich hohe statische Drucke. Sie könnten mit den von BRIDGMAN dafür entwickelten Methoden erzeugt werden. Die Erzeugung höchster Raumerfüllungen ist aber in sehr viel einfacherer Weise mit Hilfe von Stoßwellen möglich. Allerdings ist die Zeit, die dann zur Messung zur Verfügung steht, äußerst kurz und zählt nur nach Mikrosekunden. Aus diesem Grunde wurde die in Ziffer 79 beschriebene Röntgenblitzmethodik entwickelt und von SCHAAFFS und TRENDELEN-BURG auf molekularakustische Probleme angewendet[1]. Es muß allerdings darauf hingewiesen werden, daß die meisten in diesem Buche behandelten molekularakustischen Probleme die Gültigkeit des linearen Kraftgesetzes voraussetzen, während die Nichtlinearität ein Charakteristikum von Stoßwellenproblemen ist. Beide Problemkreise sind aber

---

[1] Literaturangaben siehe Ziffer 79.

nach Ziffer 12 durch die Beziehung

$$\lim_{\varrho_w \to \varrho} w^2 = \lim_{\varrho_w \to \varrho} \frac{\varrho_w}{\varrho} \frac{\Delta p}{\Delta \varrho} = \left(\frac{\partial p}{\partial \varrho}\right)_s \equiv u^2 \qquad \text{(XIII.1)}$$

miteinander verknüpft. Die Frage, ob und inwieweit die spezifisch molekularakustische Beziehung $u = u_\infty \, s \, r$ auch bei Stoßwellenproblemen brauchbar ist, ist das Leitmotiv für die nachfolgend beschriebenen Untersuchungen gewesen.

Um den Zusammenhang zwischen der Geschwindigkeit von Stoßwellen und der Raumerfüllung der Moleküle quantitativ studieren zu können, legt man nach Fig. 174 einen mit einem flüssigen Dielektrikum gefüllten Plattenkondensator K von etwa 0,2 bis 4 mm Plattenabstand an den großen geladenen Kondensator C, erzeugt einen elektrischen Durchschlag und photographiert ihn kurze Zeit später mit einem Röntgenblitz. Die Einzelheiten der Versuchsmethodik sind in Ziffer 79 beschrieben worden. Um den längs der Mittellinie Z erfolgten Durchschlag entsteht ein sehr heißes Plasma, an dem ein allerdings nur sehr kleiner Teil der Flüssigkeit beteiligt ist. Durch die Expansion dieses heißen Plasmas (je nach Zeitmoment und Versuchsbedingungen zwischen 10^4 und 10^5 °C) entsteht der Entladungsraum E. Die in E befindlich gewesene Flüssigkeit wird verdrängt und befindet sich dann in dem ringförmigen Verdichtungsraum D, dessen Front mit der Überschallgeschwindigkeit w fortschreitet und durch den Drucksprung Δp und den Dichtesprung $\Delta \varrho$ gekennzeichnet ist. In Fig. 175 finden sich einige schematische Zeichnungen derartiger Funkenschallbilder. Für gewisse Zeitabschnitte, bei denen die Funkenschallbilder ein Aussehen wie in Fig. 175 b, d, e, f haben, errechnet sich die mittlere Verdichtung im Verdichtungsraum D aus den geometrischen Verhältnissen zu

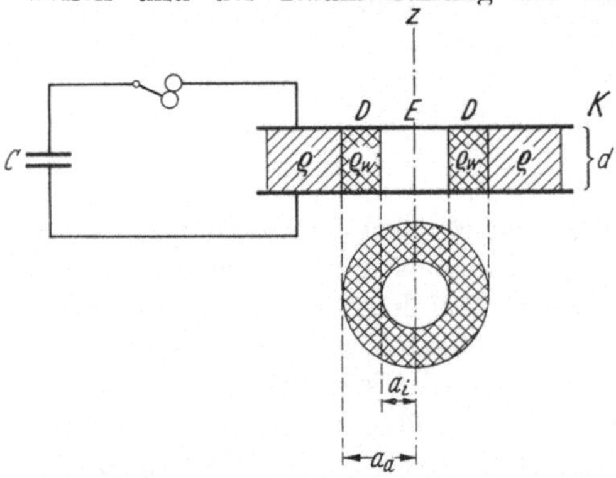

Fig. 174. Erzeugung von Funkenknallwellen und hohen Verdichtungen in einem Plattenkondensator mit flüssigem Dielektrikum

$$\frac{\varrho_w}{\varrho} = \frac{1}{1 - \left(\dfrac{a_i}{a_a}\right)^2} . \qquad \text{(XIII.2)}$$

Daraus folgt für die Raumerfüllung $r = B/V$ der Moleküle im Verdichtungsraum D

$$r = \frac{B}{V} \frac{1}{1 - \left(\dfrac{a_i}{a_a}\right)^2} , \qquad \text{(XIII.3)}$$

wenn V das Molvolumen im unbeeinflußten Medium der Dichte ϱ ist. Benutzen wir in diesem besonderen Falle für w das Symbol u, so erhalten wir als Ausbreitungsgeschwindigkeit des Vorgangs

$$u = u_\infty\, s\, \frac{B}{V}\, \frac{1}{1 - \left(\dfrac{a_i}{a_a}\right)^2}\,. \tag{XIII.4}$$

Gemessen wird diese Geschwindigkeit aus der Vergrößerung des Radius a_a der Front des Verdichtungsraumes D zu verschiedenen Zeiten.

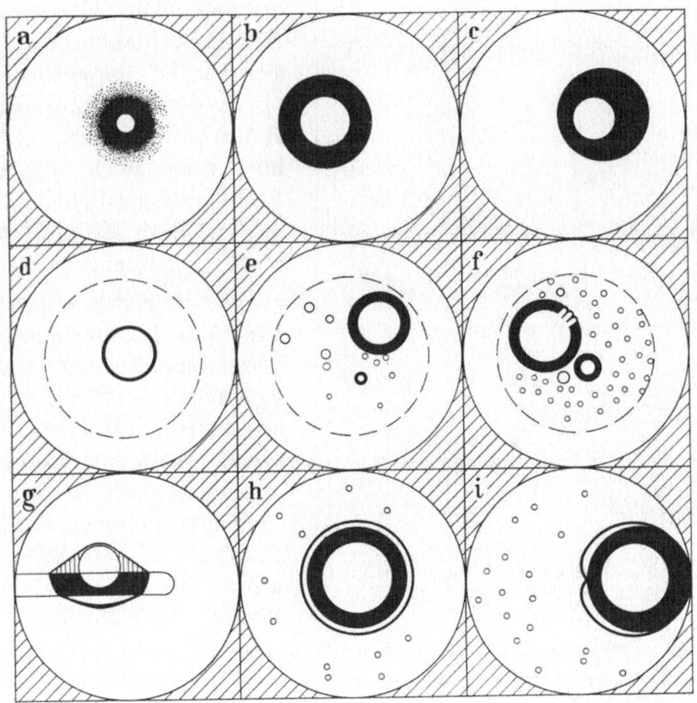

Fig. 175 a—i. Schematische im Verhältnis 3 : 5 verkleinerte Wiedergabe einiger Funkenknallbilder von Trichloräthylen (a, b, c, d, g) und Brombenzol (e, f, h, i) (nach SCHAAFFS)

Fig. 176 zeigt das Ergebnis einer Versuchsreihe an Trichloräthylen C_2HCl_3, dessen Röntgenabsorptionskoeffizient so groß ist, daß kontrastreiche und daher zur Auswertung geeignete Bilder entstehen. Aufgetragen ist

$$u = f(r)\,.$$

Man sieht, daß — innerhalb der starken Streuung der Meßwerte — die Geschwindigkeit u bei Erhöhung der Raumerfüllung der Moleküle vom Anfangswert $r = 0{,}313$ auf etwa $0{,}375$ zunächst einem Verlauf folgt, der bei $r = 1$ den Wert $6400\ \text{m/s}$ erreichen würde. Dabei entspricht eine Erhöhung der Raumerfüllung um den Betrag $0{,}062$ schon einem statischen

Druck von weit über 10^4 atm. Daß dann aber die Geschwindigkeit steiler ansteigt und keineswegs mehr auf den Wert 6400 m/s hinzielt, kann verschiedene Gründe haben, über die aber noch nichts sicheres zu sagen ist. Höchstwahrscheinlich spielt aber folgender Umstand hinein: Die Identifizierung der Dichte in der Front des sich mit Überschallgeschwindigkeit ausbreitenden Verdichtungsraumes mit der mittleren Dichte in ihm ist wohl doch eine zu einfache Annahme. Die Dichte könnte in der Front auf einer sehr kleinen Strecke, die in der natürlichen Unschärfe einer Röntgenaufnahme nicht mehr sichtbar ist, wesentlich größer als in dem dahinter liegenden Raum geworden sein. Dazu gehört dann auch eine größere Schallgeschwindigkeit, so daß in Fig.176 die Meßpunkte weiter rechts liegen müßten.

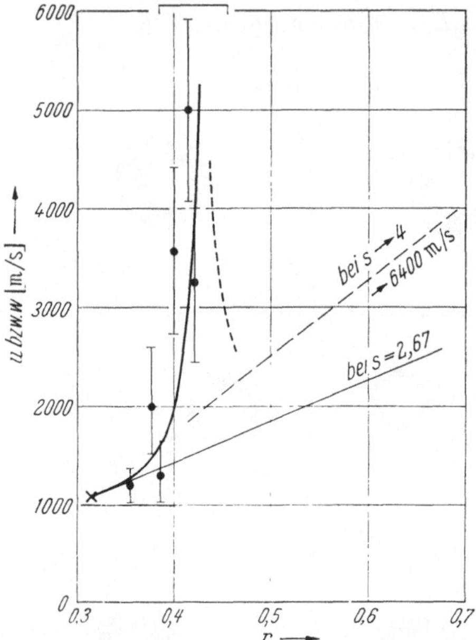

Fig. 176. Die Geschwindigkeit von Stoßwellen in Trichloräthylen als Funktion der Raumerfüllung r

Der in Ziffer 140 erwähnte Umstand, daß die Geschwindigkeiten verschiedener organischer Flüssigkeiten bei hohen Raumerfüllungen auf einen gemeinsamen Wert hin konvergieren müssen, kann qualitativ aus Messungen entnommen werden, die SCHALL[1] und THOMER an Äthyläther, Aceton, Äthylalkohol und Wasser mit Hilfe von Röntgenblitzen vorgenommen haben. Sie erzeugten mit Hilfe eines Sprengkörpers aus Nitropenta Stoßwellen in diesen Flüssigkeiten und maßen die Verdichtung als Funktion der Entfernung. In unmittelbarer Nähe des Sprengkörpers, wo die Drucke gleich sind, zeigen die Verdichtungen ungefähr gleiche Änderungen, verhalten sich also hinsichtlich der Ausbreitungsgeschwindigkeit ähnlich. In größeren Entfernungen ändern sich die Verdichtungen stark und zwar nach Maßgabe der (gewöhnlichen) Schallgeschwindigkeit.

In jüngster Zeit sind die Zustandsgleichungen vieler Flüssigkeiten durch Stoßwellenmessungen näher untersucht worden[2]. Eine gewisse

---

[1] SCHALL, R., u. G. THOMER: Z. angew. Phys. 3, 41—44 (1951).

[2] WALSH, J., and M. RICE: J. Chem. Phys. 26, 815—823 (1957). — KNOPOFF, L.: J. Chem. Phys. 28, 1067—1069 (1958). — HAMANN, S.: Rev. Pure and Appl. Chem. 10, 140 (1960).

Uniformität bei sehr hohen Drucken hat sich insofern ergeben, als die Stoßwellengeschwindigkeit w als lineare Funktion der Strömungsgeschwindigkeit v dargestellt werden kann, wenn $v > 1000$ m/s ist. Es ist

$$w = K_1 + K_2\, v\,. \qquad (XIII.5)$$

Dabei gilt der Wert $K_2 = 1{,}59$ für fast alle Flüssigkeiten.

142. Das Auftreten von Unterschallgeschwindigkeiten

Die einfache Definition

$$u^2 = \left(\frac{\partial p}{\partial \varrho}\right)_s$$

zeigt an, daß die Schallgeschwindigkeit besonders klein wird, wenn die Druckänderungen in einem Medium große Dichteänderungen zur Folge haben. Entsprechendes gilt für die Stoßwellen auf Grund der Gl. (II.41):

$$w^2 = \frac{\varrho_w}{\varrho}\,\frac{\Delta p}{\Delta \varrho}\,.$$

Die übliche Vorstellung ist nun die, daß Stoßwellen mit Überschallgeschwindigkeit laufen, während diese Gleichung auch die Möglichkeit des Auftretens von Unterschallgeschwindigkeiten zuläßt. Wir formen sie etwas um und geben ihr die Gestalt

$$w^2 = \frac{1}{\varrho\left(1 - \dfrac{\varrho}{\varrho_w}\right)}\,\Delta p\,. \qquad (XIII.6)$$

Fig. 177 gibt eine Darstellung der Funktion $w^2 = f(\Delta p)$ mit dem Parameter ϱ/ϱ_w und mit einer angenommenen Dichte $\varrho = 1$.

Betrachten wir einmal den Fall $\varrho/\varrho_w = \frac{1}{3}$, d. h. die in Stoßwellen immerhin erreichbare hohe Verdichtung $\varrho_w/\varrho = 3$. Dann gibt es nach Fig. 177 formalmathematisch Drucke Δp, bei denen Unterschallgeschwindigkeit auftritt. Nun kann man sicher von einer Stelle mit der gewöhnlichen Schallgeschwindigkeit u bei steigendem Druck längs der punktierten Linie zu hohen Überschallgeschwindigkeiten kommen, aber dann offenbar doch auch etwa längs der Geraden mit $\varrho/\varrho_w = \frac{1}{3}$ bis zum Punkte P mit sehr kleiner Unterschallgeschwindigkeit gelangen. Aus Gleichung und Figur ist nicht unmittelbar ablesbar, wie eine solche Kurve zu verwirklichen ist.

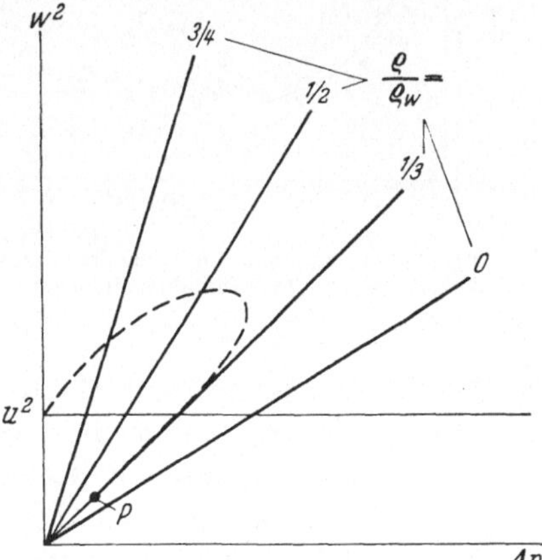

Fig. 177. Die Geschwindigkeit einer Stoßwellenfront als Funktion des Drucksprunges und der Verdichtung (Annahme $\varrho \approx 1$ g/cm³)

Im Experiment macht man das so, daß man in der Anordnung nach Fig. 174 dem Entladungsraum E fortgesetzt größere Energiemengen zuführt. Dann steigt dort die thermische Energiedichte stark an und im Verdichtungsraum D wird die Flüssigkeit immer stärker komprimiert. Irgendwann wird dabei jene Verdichtung durchlaufen, bei der der Stoff unter normalen Umständen kristallinisch fest wird, in unserem Falle aber seine molekulare Unordnung angesichts der Schnelligkeit des Vorgangs beibehält. Da nun unser Fall durch die Besonderheit gekennzeichnet ist, daß Ausbreitungsgeschwindigkeit und Molekülgeschwindigkeit zusammenfallen — im gewöhnlichen akustischen Bilde gesprochen, daß Schallgeschwindigkeit und Schallschnelle gleich werden —, muß das Eintreten einer Art festen Zustandes eine Versteifung und Erstarrung bewirken, die gleichbedeutend mit der Abnahme der Geschwindigkeit ist. Die dafür erforderliche große Energiedichte wird bei gegebener Ladung des Kondensators C durch Verkleinerung des Plattenabstandes von K hergestellt.

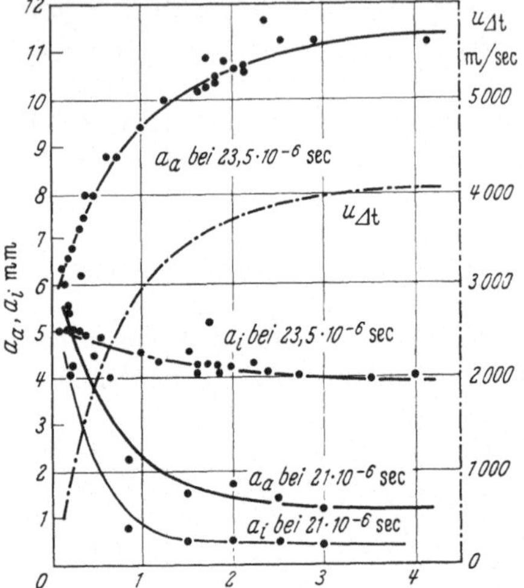

Fig. 178. Die Abnahme der Ausbreitungsgeschwindigkeit einer Stoßwelle in einer Flüssigkeit, wenn die Verdichtung sehr hoch wird

Das Ergebnis dieses Experiments, ausgeführt an Trichloräthylen C_2HCl_3, zeigt Fig. 178[1]. Der Kondensator C mit der Kapazität 0,02 µF und der Anfangsspannung 80 kV wurde mit einer mittleren Stromstärke von 850 A entladen. In einem bestimmten Zeitmoment, beispielsweise 21 µsec nach dem Durchschlag, ändert sich der Radius a_a des Verdichtungsraumes mit dem Plattenabstand d so, wie es die untere Kurve in Fig. 178 zeigt. Etwas später, und zwar 23,5 µsec nach dem Durchschlag ändert sich der Radius a_a mit dem Plattenabstand so, wie es die obere Kurve angibt. Dann ist die mittlere Geschwindigkeit

$$w \equiv u_{\Delta t} = \Delta a_a / \Delta t \qquad\qquad \text{(XIII.7)}$$

in dieser Zeitspanne von 2,5 µsec so gewesen, wie es die strichpunktierte Kurve angibt. Man sieht, daß die Stoßwellengeschwindigkeit von dem hohen Anfangswert über 4000 m/s bei großem Plattenabstand auf einen kleinen Wert, bei sehr kleinem Plattenabstand und weit unter normale

---

[1] SCHAAFFS, W.: Z. Naturforsch. 4a, 463—472 (1949).

Schallgeschwindigkeit von 1050 m/s absinkt. Die starke Veränderlichkeit der Stoßwellengeschwindigkeit mit dem Plattenabstand d bei sonst gleicher Energiezufuhr aus dem Plasma heraus kann man erkennen, wenn man die obere Elektrode stärker gewölbt macht und den elektrischen Durchschlag nicht in der Mitte der Elektroden erzeugt. Dann sind Entladungsraum und Verdichtungsraum nicht mehr konzentrisch, wie Fig. 175c zeigt. Zu kleiner werdenden Geschwindigkeiten $u_{\Delta t}$ gehören außerordentlich hohe Verdichtungen ϱ_w/ϱ bzw. schon nach $r \to 1$ gehende Raumerfüllungen der Moleküle. Das geht daraus hervor, daß der Radius a_i des Entladungsraumes E sich so verändert, wie es die entsprechenden Kurven in Fig. 178 angeben. Für $d \to 0$ strebt $a_i \to a_a$, wofür Fig. 175d ein Bild einer zu Fig. 178 gehörenden Messung ist. Mithin wird die Raumerfüllung in Formel (XIII.3) formalmathematisch unendlich groß. Der Grenzwert kann natürlich nie erreicht werden, schon deswegen nicht, weil bei kleinen Plattenabständen die Kondensatorenergie nicht mehr durch einen einzigen Entladungskanal hindurchgezwungen werden kann, sondern sich noch über zahllose Nebenkanäle verteilt. Fig. 175e und f zeigt diesen Fall für 2 Aufnahmen, die an Brombenzol C_6H_5Br gemacht worden sind. In dem dunklen Ring der Fig. 175f ist die mittlere Verdichtung $\varrho_w/\varrho = 2{,}55$ geworden. Die Ausbreitungsgeschwindigkeit w ist auf etwa 160 m/s abgesunken, während die normale Schallgeschwindigkeit bei 1170 m/s liegt. Zahlreiche kleine Nebenkanäle der Entladung sind im Original zu sehen; einige der größeren von ihnen werden gerade von der Hauptentladung geschluckt[1]. Auch in Fig. 175i sind die Nebenkanäle im Original gut zu sehen.

In Fig. 175g liegt eine Polyvinylchloridscheibe von 0,15 cm Dicke mit einem 0,5 cm breitem Spalt in Trichloräthylen zwischen den Elektroden. In den ganz dünnen Schichten des Trichloräthylens zwischen den Elektroden und der Isolierstoffplatte breitet sich der Stoßvorgang sehr langsam aus. Daher bietet die Röntgenblitzaufnahme einen Kopfwelleneffekt dar, wie er in Ziffer 77 beschrieben wurde[1].

143. Der Effekt der Aufspaltung einer starken Stoßwelle [2]

Unzweifelhaft sind die Voraussetzungen, die der Formel $u = u_\infty\, s\, r$ zugrunde liegen, daß man es nämlich mit echten Flüssigkeiten zu tun hat, bei den Untersuchungen der vorigen Ziffer nicht mehr erfüllt. Auch wenn man jede spezifische molekularakustische Betrachtung zurückstellt und die Fig. 177 nur qualitativ bewertet, ergibt sich aus den Fig. 177 und 178, daß ein merkwürdiger Effekt auftreten muß, der dann

---

[1] Die Originalbilder und noch viele andere mehr findet der Leser in: Z. Naturforsch. **3**a, 656—668 (1948); **4**a, 463—472 (1949); — Z. angew. Phys. **1**, 462—473 (1949); — Ergebn. exakt. Naturw. **28**, 1—46 (1955).

[2] SCHAAFFS, W.: Phys. Verh. H. 4, 178 (1962); — Acustica **12**, voraussichtlich H. 5 (1963).

auch an Brombenzol aufgefunden wurde und in Fig. 175h und i dargestellt ist. Es lassen sich drei Versuchsverhältnisse denken, die das gleiche phänomenologische Bild liefern. Es sei hier aber nur die eine Erklärungsmöglichkeit genannt, weil sie die größere Wahrscheinlichkeit für sich hat.

Angenommen, die Verdichtungszone D wäre unter der Einwirkung des hohen Drucks zu einem festen Körper erstarrt und hätte dadurch keine Ausdehnungsgeschwindigkeit mehr. Dann verliert in diesem Moment auch der Druck Δp seinen ursprünglichen Sinn. Nun grenzt ein fester Ring aus Brombenzol mit der hohen Dichte $\varrho_w \approx 4\,\mathrm{g/cm^3}$ an flüssiges Brombenzol mit der normalen Dichte $\varrho = 1{,}5\,\mathrm{g/cm^3}$. Dieser eigenartig feste Aggregatzustand kann aber in einer Umgebung mit Raumtemperatur und Atmosphärendruck nicht existieren. Es kommt zu einer Auflösungstension, die nicht ohne Heftigkeit vor sich gehen wird. Das bedeutet einen Auflösungsstoß in die Umgebung hinein, der zu einer neuen Stoßwelle mit wachsender Aufsteilung führt. Nach einer gewissen Zeit umgibt dann ein neuer Verdichtungsring den alten. Das ursprüngliche Stoßphänomen hat sich aufgespalten.

Der Effekt wurde im Experiment so verifiziert, daß die Kapazität des Kondensators C um das Vierfache erhöht und ein noch späterer Zeitpunkt des Geschehens, als ihn Fig. 175f gibt, für den Röntgenblitz gewählt wurde. Bei einem elektrischen Durchschlag in der Mitte der Elektroden erhält man nach Fig. 175h zwei konzentrische Ringe. Instruktiver ist ein Durchschlag etwa 1 cm von der Elektrodenmitte entfernt, wenn die obere Elektrode ganz leicht gewölbt ist. Fig. 175i zeigt diesen nach dem Original gezeichneten Fall. Man erkennt die Aufspaltung und sieht, daß auch die neue Verdichtungszone im mittleren engen Bereich der Elektroden nur langsam fortschreitet, während sie seitlich rechts und links davon schon wieder eine hohe Geschwindigkeit hat.

144. Die Erreichbarkeit der Raumerfüllung Eins

Zum Schluß dieses Kapitels seien noch einige Meßwerte mitgeteilt, die zeigen, daß mit Hilfe von Funkenschallwellen im Plattenkondensator tatsächlich die Raumerfüllung $r = 1$ erreicht und photographiert werden kann. In Tabelle XIII/1 wurden die Daten für sechs von SCHAAFFS untersuchte organische Flüssigkeiten zusammengestellt. Die zugrunde liegenden Messungen erfolgten etwa $25 \cdot 10^{-6}$ sec nach dem elektrischen Durchschlag mit einer mittleren Stromstärke von ungefähr 850 A bei 60 kV. Das jeweils durch die dynamische Kompression erreichte Molvolumen V_w ist

$$V_w = \frac{M}{\varrho_w} = \frac{M}{\varrho}\left(1 - \left(\frac{a_i}{a_a}\right)^2\right). \tag{XIII.8}$$

Es wird verglichen mit dem bei Zimmertemperatur und Atmosphärendruck bestimmten Molekülvolumen B pro Mol, nämlich

$$B = r \cdot \frac{M}{\varrho} = \frac{u\,V}{u_\infty\,s} = \sum_i (z\,A)_i . \tag{XIII.9}$$

Dann gibt es 3 Fälle, je nachdem ob

$$B \gtreqless V_w \tag{XIII.10}$$

ist. Im Falle $B < V_w$ wird die Raumerfüllung 1 noch nicht erreicht; das ist der Fall bei α-Chlornaphthalin, Jodbenzol und Äthylenbromid. Der Fall $B \approx V_w$ liegt bei Brombenzol vor und ist in Fig. 175f abgebildet. Im Falle $B > V_w$, der bei Schwefelkohlenstoff und Trichloräthylen (Fig. 175d) erreicht wurde, hat schon die Verquetschung der äußersten Bohrschen Bahnen in den Molekülen begonnen. Die übliche Definition der Raumerfüllung $r = B/V$ beginnt dann ihren Sinn zu verlieren. Dieser Grenzfall ist bei Stoffen mit größerer Kompressibilität (beurteilt bei Zimmertemperatur und Atmosphärendruck) offenbar leichter zu erreichen als bei anderen.

Tabelle XIII/1. *Die Annäherung an die Raumerfüllung $r = 1$ und der Beginn der Verquetschung der äußersten Bohrschen Bahnen*

Organische Flüssigkeit	Chemische Formel	Adiabatische Kompressibilität bei $T = 20°$ C und $p = 1$ atm	Molvolumen V_w bei höchster Kompression [cm³]	Molekülvolumen B pro Mol, gemessen [cm³]	Erreichte Raumerfüllung $r = \dfrac{B}{V_w}$
α-Chlornaphthalin . .	$C_{10}H_7Cl$	$38{,}5 \cdot 10^{-12}$	66	48	0,73
Jodbenzol	C_6H_5J	$44{,}2 \cdot 10^{-12}$	56	41	0,73
Äthylenbromid . . .	$C_2H_4Br_2$	$48{,}3 \cdot 10^{-12}$	40	37	0,93
Brombenzol	C_6H_5Br	$48{,}7 \cdot 10^{-12}$	41	39	0,95
Schwefelkohlenstoff .	CS_2	$59{,}0 \cdot 10^{-12}$	19	21	1,10
Trichloräthylen . . .	C_2HCl_3	$61{,}7 \cdot 10^{-12}$	27	29	1,07

Kapitel XIV

Die Molekülketten-Theorie von ALTENBURG und ihre elektronische Deutung[1]

145. Die Schallgeschwindigkeit in einer linearen Kette gleichartiger Massenpunkte

Wir wenden uns nunmehr der dritten in Ziffer 108 skizzierten molekularkinetischen Theorie der Schallgeschwindigkeit zu. Da diese Theorie an die Modellvorstellung der durch Fig. 131 skizzierten linearen Molekülkette anknüpft, sucht sie eine Formel für die Schallgeschwindigkeit auf deduktivem Wege zu gewinnen. Man kann daher von vornherein nicht

---

[1] Literatur siehe Ziffer 108.

damit rechnen, daß eine Theorie dieser Art den Feinaufbau der Schallgeschwindigkeiten gleich erkennen läßt. Man wird vielmehr bestrebt sein müssen, im Laufe der Zeit die Modellvorstellungen aus den Differenzen zwischen Experiment und Theorie zu verbessern, und so approximativ der Wirklichkeit immer näher zu kommen suchen.

Der Leser, der sich über die Eigenschaften des flüssigen Aggregatzustandes, die hier zur Behandlung stehen, näher informieren will, sei auf die zusammenfassenden Darstellungen von Frenkel[1] und Mott[2] und auf Bd. 10 der Encyclopedia of Physics[3] verwiesen.

Da zwischen dem flüssigen und festen Aggregatzustand eines Stoffes nur geringe Dichteunterschiede bestehen und beide Aggregatzustände eine definierte Oberfläche haben, kann man die Flüssigkeit, trotz des erheblich geringeren Ordnungszustandes ihrer Partikel, als dem kristallinen Zustand verwandt behandeln. Dies ist jedenfalls berechtigt, wenn es sich um Erscheinungen handelt, bei denen nur die Wechselwirkungen unmittelbarer Nachbarn eine Rolle spielen. Für die Übertragung von Schallimpuls ist die Nahordnung der Moleküle wichtig. Sie ist automatisch in der Fernordnung eines Kristalls enthalten.

Historisch ist zu bemerken, daß die erste in diesem Sinne ausgeführte Untersuchung über die Schallgeschwindigkeit von Newton[4] stammt und daß dabei die unten unter (XIV.2) genannte Formel herauskam. Von ihr zeigte dann Laplace[5], daß sie den richtigen Meßwert erst dann ergibt, wenn Schallwellen als adiabatische Vorgänge behandelt werden. Schließlich wies Lord Kelvin[6] darauf hin, daß eine Frequenzabhängigkeit der Schallgeschwindigkeit bestehen muß, wenn die Wellenlänge dem Abstand der Moleküle vergleichbar wird. Dann haben M. Born[7] und v. Kármán den Gedanken des eindimensionalen Kristalls ihren Untersuchungen über Schwingungen und Schallwellen im Kristallgitter zugrunde gelegt. Daß ein eindimensionaler nur im Gedankenexperiment existierender Kristall natürlich keine Stabilität besitzt, wie von Saroléa[8] und Münster dargelegt wurde, braucht für Fragen der Schallfortpflanzung nicht berücksichtigt zu werden.

Zunächst sei im Anschluß an Altenburg[9] die „Schallgeschwindigkeit" in der eindimensionalen Kette von Massenpunkten der Masse m in Fig. 131

---

[1] Frenkel, J.: Kinetic Theory of Liquids. Oxford 1946.

[2] Mott, N.: Proc. Roy. Soc. Lond. A **215**, 1—83 (1952) (Beiträge von 7 Autoren).

[3] Encyclopedia of Physics Bd. X.: Structure of Liquids. Berlin-Göttingen-Heidelberg: Springer 1960. 320 S., 41 Fig.

[4] Newton, I.: Principia, Bd. II, Prop. 49. London 1687.

[5] Laplace, P.S.: Ann. Chim. Phys. **3**, 238 (1816).

[6] Lord Kelvin: Popular Lectures, Bd. I, S. 185.

[7] Born, M., u. Th. v. Kármán: Phys. Z. **13**, 297—309 (1912).

[8] Saroléa, L., u. A. Münster: Z. phys. Chem., N.F. **28**, 7—23 (1961).

[9] Altenburg, K.: Z. phys. Chem. **195**, 145—164 (1950).

berechnet. Man setzt die Bewegungsgleichung des n-ten Massenpunktes nach dem Hookeschen linearen Kraftgesetz (Kap. II A 3) an und berücksichtigt, daß die resultierende Kraft als Differenz zweier entgegengesetzter Kräfte erscheint:

$$m \frac{d^2 x}{dt^2} = D(x_{n+1} - x_n) - D(x_n - x_{n-1}). \qquad \text{(XIV.0)}$$

Aus der allgemeinen Lösung

$$x = x_0\, e^{j(\omega t + n\varphi)}$$

dieser Differentialgleichung ergibt sich

$$-m\,\omega^2 = D\left(\frac{x_{n+1} + x_{n-1}}{x} - 2\right) = D(e^{j\varphi} + e^{-j\varphi} - 2)$$

und daraus

$$m\omega^2 = 4D \sin^2 \frac{\varphi}{2}.$$

Nach einer gewissen Anzahl z von Massenpunkten mit dem Abstand d voneinander wiederholen sich die periodischen Ausschläge. Daher gelten die Beziehungen

$$z \cdot d = \Lambda, \quad z \cdot \varphi = 2\pi, \quad \omega = 2\pi\nu,$$

so daß wir bekommen

$$u = \sqrt{\frac{D}{m}} \cdot \frac{\Lambda}{\pi} \sin \frac{\pi d}{\Lambda}. \qquad \text{(XIV.1)}$$

Im normalen Ultraschallbereich, also nicht im Bereich des Hyperschalls, ist der Molekülabstand $d \ll \Lambda$, so daß der Sinus durch sein Argument angenähert werden kann. Es ergibt sich

$$u = d \sqrt{\frac{D}{m}}. \qquad \text{(XIV.2)}$$

Nach Fig. 131 wirken die Kräfte zwischen den Molekülen in der Ausbreitungsrichtung der Schallwelle. Bei einem wirklichen, also nicht eindimensionalem, Kristall treten aber bekanntlich Scherungskräfte auf, so daß die einfache Übertragung der Formel (XIV.2) auf ihn nicht statthaft ist. Bei einer Flüssigkeit treten jedoch normalerweise keine Scherungskräfte auf, bzw. sie sind hier von untergeordneter Bedeutung, wie schon in Kapitel II A 6 dargelegt wurde. Daher kann dieser Umstand geradezu zur Definition des flüssigen Zustandes verwendet werden. Daraus resultiert die Arbeitshypothese, daß die Gl. (XIV.2) zur Diskussion der Schallgeschwindigkeit im flüssigen Zustand brauchbar ist. Während nun Fig. 131 das Vorliegen einer kubisch-raumzentrierten Molekülverteilung fordert, dürfte allerdings entsprechend dem Schema der

Fig. 130 eine kubisch-flächenzentrierte Anordnung (dichteste Kugelpackung) der Wirklichkeit besser entsprechen. Dieser Unterschied erfordert daher eine genauere Betrachtung, die in Ziffer 149 gebracht werden wird.

Der Ableitung der Gl. (XIV.2) lag die Annahme der Gültigkeit des Hookeschen Gesetzes für ein einzelnes Molekül zugrunde. Dann muß das Potential ε, das zu der rücktreibenden Kraft gehört, entsprechend den Ausführungen, mit denen wir in Ziffer 3 von der Gleichungsgruppe (II.1) zur Gruppe (II.2) übergingen, eine quadratische Funktion der Verrückung bzw. des Molekülabstandes sein. Der parabolische durch Fig. 179 skizzierte Verlauf dieses Potentials ist natürlich nur zur Beschreibung der Abstoßung der Moleküle bei großer Annäherung zu gebrauchen. In größerer Entfernung der Moleküle voneinander herrscht Anziehung, die ja in der Kohäsion der Flüssigkeit sinnfällig zum Ausdruck kommt. Der tatsächliche durch die ausgezogene Kurve qualitativ gut beschriebene Potentialverlauf ist jedenfalls durch die Parabel vom Potentialminimum bis zum nicht näher festzulegenden unendlich hohen Potentialmaximum offenbar gut anzunähern. Die Wahrscheinlichkeit, daß sich die Moleküle im Potentialminimum aufhalten, ist bei tiefsten Temperaturen am größten. Daraus

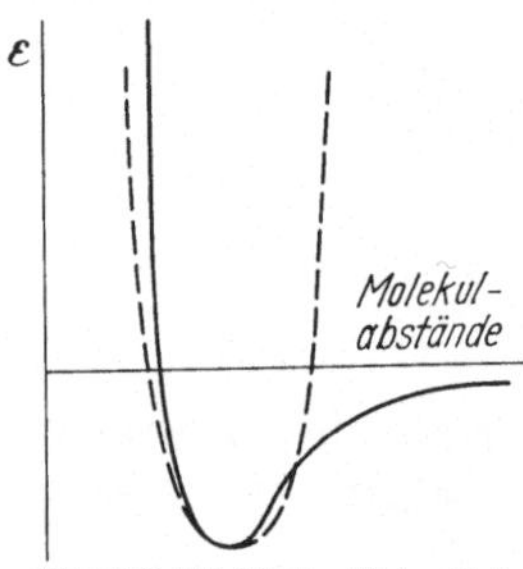

Fig. 179. Wirklicher Potentialverlauf bei Annäherung eines Moleküls an ein anderes. Mathematische Näherung (– – –) durch eine Parabel im Gebiet tiefer Temperaturen

wird man zu schließen haben, daß die Anwendung der Gl. (XIV.2) auf unsere akustischen Probleme an eine Untersuchung in der Nähe des absoluten Nullpunktes der Temperatur gebunden ist. Diese Beschränkung ist gegenwärtig noch ein Nachteil der Modellbetrachtung.

Da normalerweise der Temperaturbereich des flüssigen Aggregatzustandes von der absoluten Temperatur $T = 0°\,\mathrm{K}$ weit entfernt liegt, würde wenig Aussicht bestehen, Formel (XIV.2) prüfen zu können, wenn hier nicht die experimentelle Erfahrung in unerwarteter Weise zur Hilfe käme. Wir haben in Ziffer 87 eine lineare Abhängigkeit der Schallgeschwindigkeit in Flüssigkeiten von der Temperatur festgestellt und später in Ziffer 89 näher begründet. Auch hat die Untersuchung unterkühlter Flüssigkeiten in Ziffer 98 gezeigt, daß die Schallgeschwindigkeit unterhalb der Schmelztemperatur linear weiterläuft, entweder in der gleichen oder nahezu gleichen Richtung. Ferner ist nach Ziffer 93 die Schallgeschwindigkeit (der Dehnungswellen) im dünnen festen Stab (Grenzfall = lineare Kette) mit der in der Schmelze am Schmelzpunkt praktisch identisch. Nur aus diesen Gründen kann man es wagen, mit einer gewissen Zuverlässigkeit auf die absolute Temperatur Null hin linear zu extrapolieren und dann dort die Gl. (XIV.2) zu prüfen. Grundsätzlich darf man freilich nicht damit rechnen, daß eine Schallgeschwindigkeitskurve bis zum absoluten Nullpunkt selbst linear verläuft oder verlaufen kann. Kurz vor dem Nullpunkt muß sie spätestens umbiegen, wie wir schon in Ziffer 83 erwähnt haben, und so verlaufen, daß $\partial u/\partial T = 0$ wird. Der Unterschied zwischen der Wirklichkeit und der Annahme eines bis $T = 0$ noch linearen Verlaufs dürfte aber gering sein.

146. Die Schallgeschwindigkeit in einer linearen Kette ungleichartiger Massenpunkte

Um auch Fälle behandeln zu können, bei denen in einer Kette zwei oder mehrere Molekülsorten mit verschiedenartigen Massen, Abständen und Direktionskräften periodisch aufeinander folgen, hat ALTENBURG auf die Vierpoltheorie der Elektrotechnik zurückgegriffen[1]. Bekanntlich kann man, auf Grund formalmathematischer Zusammenhänge zwischen den Gleichungen elektrischer und mechanischer Schwingungsgebilde, die Fortpflanzung einer elektromagnetischen Welle über eine Kette von Vierpolen auf den Fall der Fortpflanzung einer Schallwelle übertragen. ALTENBURG hat nun jedem Molekül der eindimensionalen Kette einen Vierpol zugeordnet und mit Hilfe der Matrizenrechnung die Schallgeschwindigkeit in reinen Flüssigkeiten und in Mischungen berechnet. Das sieht dann so aus, daß in Fig. 131 die Massenpunkte, Federn, Dämpfungselemente und gewisse Kombinationen von Federn und Dämpfungen in Analogie zu Kapazitäten, Induktivitäten, Widerständen usw. erscheinen. Diese Grundelemente sind durch Matrizen gekennzeichnet, mit denen dann die notwendigen Rechenoperationen ausgeführt werden. Die ausführliche Darstellung dieser Methodik möge der interessierte Leser in den Originalarbeiten nachlesen[2].

Die atomistische Deutung der Schallgeschwindigkeit[3] mit Hilfe von Vierpoltheorie und Matrizenrechnung führt zu Ergebnissen, die der Formel (XIV.2) sehr ähnlich und daher unmittelbar verständlich sind, so daß wir uns mit der bloßen Wiedergabe begnügen können. Wenn die lineare Kette abwechselnd aus Molekülen der Masse m_1 und m_2 besteht, so ist die Schallgeschwindigkeit

$$u = d \sqrt{\frac{2D}{m_1 + m_2}}.$$

---

[1] Zum Beispiel R. FELDTKELLER, Einführung in die Vierpoltheorie, 5. Aufl., Leipzig 1948; H. HECHT, Schaltschemata und Differentialgleichungen elektromechanischer Schwingungsgebilde, 2. Aufl., Leipzig 1950.

[2] ALTENBURG, K.: Frequenz 5, 285—289 (1951); — Habil.-Schr. Leipzig 1959. — ALTENBURG, K., u. S. KÄSTNER: Ann. Phys. (6) 13, 1—43 (1953).

[3] Übrigens auch anderer akustischer Eigenschaften wie z.B. der Absorption, der Durchlässigkeit und Reflektion.

Besteht die Kette aus n Molekülsorten der Masse m_i, zwischen denen verschiedene Kräfte wirken, so wird

$$u = \bar{d}\,\sqrt{\frac{\bar{D}}{\bar{m}}}\,. \tag{XIV.3}$$

Diese Gleichung ist formal die gleiche wie (XIV.2), nur sind sämtliche Größen Mittelwerte, die in verständlicher Weise so definiert sind:

$$\bar{m} = \frac{1}{n}\sum_{i=1}^{n} m_i\,;\quad \bar{d} = \frac{1}{n}\sum_{i=1}^{n} d_i\,;\quad \bar{D} = \frac{1}{\dfrac{1}{n}\displaystyle\sum_{i=1}^{n}\dfrac{1}{D_i}}\,.$$

Den reziproken Wert von $\bar{D}$ bezeichnet ALTENBURG als „Bindungselastizität". Die Gl. (XIV.3) beinhaltet eine wichtige Aussage: Man kann danach aus absoluten Schallgeschwindigkeitsmessungen in Mischungen nur Aussagen über die Mittelwerte von m, d und D erhalten. Ordnungszustände, spezielle Platzwechselvorgänge, Fehlordnungsgrade, Komplexbildungen und Assoziationen können mit der Schallgeschwindigkeit *allein* nicht eindeutig erfaßt werden. Dieses scheint nur unter Zuhilfenahme noch anderer physikalischer und chemischer Größen und ihrer Kombination mit Änderungen der Schallgeschwindigkeit möglich zu sein. Die Ausführungen über das molare Schallvolumen in Ziffer 122 wiesen schon auf diesen Befund hin.

147. Die obere Grenze der Ultraschallfrequenzen

Betrachtet man die Schallfortpflanzung bei sehr hohen Frequenzen, wo sich die Wellenlänge Λ dem Molekülabstand d nähert, so wird in Gl. (XIV.1), da das Argument des Sinus den Wert $\pi/2$ nicht überschreiten kann,

$$\Lambda_g = 2d\,.$$

Für diese Grenzwellenlänge Λ_g ist dann die Grenz-Schallgeschwindigkeit

$$u_g = \frac{2d}{\pi}\,\sqrt{\frac{D}{m}}\,.$$

Beim Vergleich mit der gewöhnlichen Schallgeschwindigkeit u nach Formel (XIV.2) ergibt sich der Wert der Grenzschallgeschwindigkeit zu

$$u_g = \frac{2}{\pi}\,u\,. \tag{XIV.4}$$

Die dazu gehörende höchste Grenzfrequenz wird

$$\nu_g = \frac{u_g}{\Lambda_g} = \frac{\dfrac{2}{\pi}u}{2d} = \frac{u}{\pi d}\,. \tag{XIV.5}$$

Bei einem Stoff mit $u \approx 1000$ m/s und einem Molekülabstand $d \approx 3 \cdot 10^{-8}$ cm liegt die Grenzfrequenz bei

$$\nu_g \approx 10^{12} \text{ Hz} \,.$$

Grenzfrequenzen dieser Größenordnung können daher durch Hyperschallwellen nicht überschritten werden. Wenn diese Betrachtung auch nur an einem Modell gemacht ist, dürfte sich an der Erkenntnis selbst nicht viel in der Wirklichkeit ändern. Die Aussage $\Lambda_g = 2d$ bedeutet, daß die Moleküle paarweise aufeinander zu und voneinander weg schwingen; ihre Phasenverschiebungen betragen 180° gegeneinander. Schreibt man Gl. (XIV.1) explizit, so ist

$$u = \frac{\pi \nu d}{\arcsin \dfrac{\pi \nu}{\sqrt{\dfrac{D}{m}}}} \,.$$

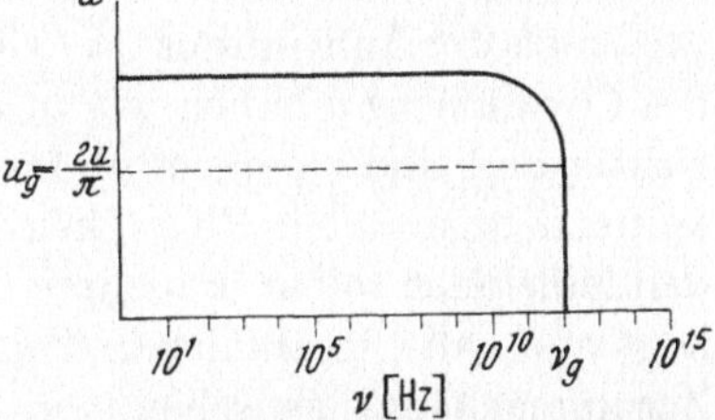

Fig. 180. Möglicher Verlauf der Schallgeschwindigkeit in der Nähe der oberen Grenzfrequenz

Man erkennt dann, daß das Dispersionsgebiet der Schallgeschwindigkeit auf Grund atomistischer Struktur ungefähr im Frequenzgebiet um 10^{10} Hz beginnt und den durch Fig. 180 skizzierten Verlauf hat. Dieser Verlauf ist etwas anders, als er in Fig. 2 gezeichnet wurde. Da sich in der Wirklichkeit Dispersionseffekte durch Molekülresonanzen diesem Verlauf überlagern und die Kurve völlig verändern, können wir die Frage dahingestellt sein lassen, wie die Kurve ohne Resonanzen eigentlich endet. Außerdem sinkt bei diesen hohen Frequenzen die Reichweite von Hyperschallwellen auf Molekülabstände herunter.

148. Einiges über zwischenmolekulare Potentiale

Die Direktionskraft D in Gl. (XIV.2) ist durch eine Größe zu ersetzen, mit der sich theoretisch bequemer operieren läßt und die auch experimentell leichter zugänglich ist. D setzt sich bei einem realen Molekül in komplizierter Weise aus verschiedenen Anteilen zusammen. Zu den anziehenden Kräften zwischen den Molekülen gehören: die elektrostatische Wechselwirkung vorhandener Dipole, die Induktionswirkung solcher Dipole auf die verschiebbaren Ladungen in den polarisierbaren Molekülen, besonders aber die Wechselwirkung der inneren Elektronenbahnen verschiedener Moleküle aufeinander. Der zuletzt genannte Anteil wird „Dispersionseffekt" genannt und gilt auch für kugelsymmetrisch gebaute Moleküle. Schließlich ist noch die sogenannte Wasserstoffbrückenbindung bei den anziehenden Kräften zu nennen. Die abstoßenden Kräfte sind hauptsächlich elektrostatischer Art und beruhen auf der Abstoßung der positiven Kernladungen bei stärkerer Annäherung der Moleküle aneinander. Ob aber die Abstoßung allein dadurch erfaßt werden kann, bleibe dahingestellt.

Man kann sich alle diese Kräfte — cum grano salis — in dem klassischen Begriff der „van der Waalsschen Kräfte" zusammengefaßt denken. Diese Kräfte stecken in den individuellen Größen a und b der Zustandsgleichung von VAN DER WAALS. Was die Größe b betrifft, so enthält sie den Potentialbereich dieser Kräfte. Was die Größe a bzw. a/V^2 betrifft, so spricht man von ihr bekanntlich als von einem Kohäsionsdruck, den die Moleküle aufeinander ausüben und der normalerweise erheblich größer als der Außendruck ist. Über die molekularakustische Auswertung des Covolumens b haben wir in den Ziffern 111 bis 114 ausführlich berichtet und sind zu einem umfassenden System der Schallgeschwindigkeiten in organischen Flüssigkeiten gekommen. Über die Kräfte zwischen den Molekülen selbst brauchten wir dabei keine Annahmen machen. Es liegt nun nahe, in ähnlicher Weise einen Gedankengang hinsichtlich des Zusammenhangs zwischen der Schallgeschwindigkeit u und der Attraktionsgröße a durchzudenken. Auch in diesem Falle würden uns additive Gesetzmäßigkeiten zu Hilfe kommen, nachdem VAN LAAR[1] und andere für den kritischen Punkt die Additivität von $\sqrt{a}$ nachgewiesen haben. Ein solcher Gedankengang ist aber noch nicht durchgerechnet worden. Wir folgen daher den weiteren Überlegungen ALTENBURGs, die den Reiz haben, daß sie von ganz andersartigen Voraussetzungen als denen einer thermischen Zustandsgleichung ausgehen.

Betrachtet man das Kraftfeld zwischen den Molekülen, so muß es sich aus einem anziehenden Anteil mit größerer Reichweite und einem abstoßenden Anteil mit sehr geringer Reichweite aufbauen, wenn das makroskopische Verhalten einer Flüssigkeit sinnvoll beschrieben werden soll. Den beiden Kraftanteilen seien Potentiale zugeordnet. Es ist üblich geworden, das Gesamtpotential P durch den Ansatz

$$P = -\underbrace{\frac{K_p}{a^p}}_{\text{Anziehung}} + \underbrace{\frac{K_q}{a^q}}_{\text{Abstoßung}} \qquad\qquad \text{(XIV.6)}$$

zu beschreiben. Dabei ist der Exponent p im Glied der anziehenden Kräfte kleiner als der Exponent q im Glied der abstoßenden Kräfte. Hier ist a der Abstand des Aufpunktes von einem Molekülzentrum, hat also nichts mit der vorhin genannten Attraktionsgröße der Zustandsgleichung von VAN DER WAALS zu tun. Über diesen das Potential der zwischenmolekularen Kräfte in brauchbarer Weise beschreibenden Ansatz (XIV.6) gibt es viele Untersuchungen. Am bekanntesten sind die von LENNARD-

---

[1] VAN LAAR, J.: Die Zustandsgleichung von Gasen und Flüssigkeiten, Kap. II, 17. Leipzig: Voss 1924.

Jones[1] und seinen Mitarbeitern geworden. Für die hier zu besprechenden molekularakustischen Probleme ist noch eine Arbeit von Wohl[2] von Wert, weil in ihr der Abstoßungsfaktor q zur Anzahl der Außenelektronen eines Moleküls in Beziehung gesetzt wird. Einige Autoren, z. B. Slater[3] und Kirkwood geben das Abstoßungsglied in der Form einer e-Funktion an. Zusammenfassende Darstellungen über die Probleme zwischenmolekularer Kräfte finden sich bei Briegleb[4], Margenau[5], Hirschfelder[6], Curtiss und Bird.

Den nachfolgenden Darlegungen sind die Exponenten

$$p = 6 \quad \text{und} \quad q = 12$$

zugrunde gelegt worden. Man spricht auch von einem (6, 12)-Potential. Der Ansatz $p = 6$ entspricht mehr einem Gewohnheitsbrauch. Der Ansatz $q = 12$ wird im Anschluß an die Arbeiten von Lennard-Jones gemacht. Wirklich gesichert sind derartige Ansätze nicht. Andere Autoren wählen sie anders. Manchmal werden gleitende Potentialexponenten bevorzugt. Siehe auch die Ausführungen in Ziffer 124.

149. Molekülabstände im dreidimensionalen Gitter

Wir betrachten jetzt die Veränderung des Molekülabstandes d, wenn man von der linearen Kette der Ziffer 145 zu einem dreidimensionalen Gitter übergeht. Schreibt man den Potentialansatz (XIV.6) für das Summenpotential P_Σ über alle z_i Moleküle, die den gleichen Abstand a_i vom Bezugsmolekül haben, hin, so ist

$$P_\Sigma = -\sum_i \frac{K_p}{a_i^p} z_i + \sum_i \frac{K_q}{a_i^q} z_i . \tag{XIV.7}$$

Hirschfelder u. Mitarb. haben nun auf Seite 1037 des zitierten Buches die Molekülzahlen z_i für verschiedene Exponenten p und q bei verschiedenen Gittertypen bzw. Kugelpackungen berechnet, so daß die Summationen in (XIV.7) ausgeführt werden können. Es ergaben sich für die Summen nur äußerst geringfügige Unterschiede zwischen kubisch-flächenzentrierten Gittern und solchen mit hexagonal dichtester Packung.

---

[1] Lennard-Jones, J.: Proc. Roy. Soc. Lond. A **163**, 53—70 (1937); **165**, 1—10 (1938); **169**, 317—338 (1938); **170**, 464—484 (1939); — Trans. Faraday Soc. **36**, 1156—1162 (1940).

[2] Wohl, K.: Z. phys. Chem. Abt. B **14**, 36—65 (1931).

[3] Slater, J., and J. Kirkwood: Phys. Rev. **37**, 682—697 (1931).

[4] Briegleb, G.: Zwischenmolekulare Kräfte. Karlsruhe Verlag G. Braun, 1948, 142 S.

[5] Margenau, H.: Rev. Mod. Phys. **11**, 1—35 (1939).

[6] Hirschfelder, J., C. Curtiss and R. Bird: Molecular Theory of Gases and Liquids. New York 1954.

Die Unterschiede liegen in der dritten Dezimalen hinter dem Komma. Für das Gesamtpotential ist danach

$$P_{\Sigma} = -A_p \frac{K_p}{a_1^p} + A_q \frac{K_q}{a_1^q} \qquad \text{(XIV.8)}$$

mit den Zahlenwerten

$$A_p = 14{,}454 \quad \text{und} \quad A_q = 12{,}132\,.$$

Die gesamte Gitterenergie Ψ ist dann

$$\Psi = -\tfrac{1}{2}\, NP_{\Sigma}\,. \qquad \text{(XIV.9)}$$

Der Faktor $\tfrac{1}{2}$ ist notwendig, damit die Moleküle bzw. die Einzelpotentiale bei der Summation nicht doppelt gezählt werden.

Nach den Ausführungen in Ziffer 145 dürften sich die Moleküle in der Gegend des absoluten Nullpunktes im Potentialminimum der Fig. 179 befinden, so daß für die dort geltenden Abstände a_0 die Gleichgewichtsbedingung

$$\left(\frac{d\Psi}{da}\right)_{a_1=a_0} = \frac{N}{2}\left[-\frac{14{,}454\,p\,K_p}{a_1^{p+1}} + \frac{12{,}132\,q\,K_q}{a_1^{q+1}}\right] = 0$$

gilt. Daraus folgt für ein $(6, 12)$-Potential

$$a_0 = \sqrt[q-p]{\frac{12{,}132}{14{,}454}\cdot\frac{K_q}{K_p}\cdot\frac{q}{p}} = \sqrt[6]{2\cdot 0{,}84\cdot\frac{K_q}{K_p}}\,. \qquad \text{(XIV.10)}$$

Für den Abstand d_0 zweier isolierter Moleküle der linearen Kette hätte sich, wie man leicht einsieht, der gleiche Ausdruck ohne den Faktor 0,84 ergeben. Vergleicht man daher den Molekülabstand d_0 in der linearen Kette mit dem Abstand a_0 im dreidimensionalen Gebilde, so ist

$$a_0 = \sqrt[6]{0{,}84}\, d_0 = 0{,}972\, d_0\,. \qquad \text{(XIV.11)}$$

Der Molekülabstand ist also nur um 3 % kleiner als im eindimensionalen Fall.

150. Die Schallgeschwindigkeit als Funktion der zwischenmolekularen Kräfte im dreidimensionalen Gitter[1]

Sollen in einer linearen Kette nicht nur die Kräfte, die von benachbarten Molekülen ausgeübt werden, sondern auch die weitreichenden Kräfte entfernterer Moleküle berücksichtigt werden, dann tritt an die Stelle der einfachen Differentialgleichung (XIV.0) die Gleichung

$$m\frac{d^2x}{dt^2} = \sum_{i=1}^{k} D_i\left[(x_{n+i} - x_n) - (x_n - x_{n-i})\right]\,. \qquad \text{(XIV.12)}$$

---

[1] Die Details der Zwischenrechnungen muß sich der interessierte Leser selbst nach dem skizzierten Gedankengang herausarbeiten oder in den Originalarbeiten nachlesen (Zitate in Ziffer 108).

Dabei ist D_i die Direktionskraft, die von einer Abstandsänderung zwischen dem n-ten und dem $(n+i)$-ten Massenpunkt herrührt. Die allgemeine Lösung dieser Differentialgleichung ist die gleiche wie die von (XIV.0). Unter Zuhilfenahme der übrigen in Ziffer 145 angegebenen Beziehungen über die Molekülabstände d und die Phasenverschiebungen φ erhält man unter der Voraussetzung, daß die Wellenlänge $\Lambda \gg d$ ist, die Gleichung

$$u^2 = \frac{d^2}{m} \sum_{i=1}^{k} D_i\, i^2 \,. \tag{XIV.13}$$

An die Stelle der einfachen Direktionskraft D bei der Annahme alleiniger Kraftwirkungen zwischen unmittelbaren Nachbarn wie in Formel (XIV.2) tritt jetzt die mit dem Quadrat des Abstandes i multiplizierte Summe der einzelnen weitreichenden Direktionskräfte D_i von entfernteren Molekülen. Geht man zu einer integralen Form über, so wird

$$u^2 = \frac{1}{m} \int a^2\, dD \,. \tag{XIV.14}$$

Darin ist $a = d \cdot i$ der Abstand des i-ten Moleküls vom Bezugspunkt.

Nunmehr soll die Schallgeschwindigkeit in der Ausbreitungsrichtung x in einem dreidimensionalen Gitter von Massenpunkten (resp. Molekülen) berechnet werden. Die Moleküle denke man sich auf konzentrischen gleichmäßig mit ihnen besetzten Kugelschalen um den Bezugspunkt herum angeordnet. Sie geben Kraftwirkungen in der x-Richtung, welche dort den Wert der Schallgeschwindigkeit bestimmen. Zunächst sei die Wirkung einer einzelnen Kugelschale betrachtet; später ist über alle Kugelschalen zu summieren.

Auf der Kugelschale mit dem Radius R_1 mögen N_1 Teilchen liegen. Auf einem Flächenelement dF befinden sich dann

$$dn = \frac{N_1}{4\pi} \sin \vartheta\, d\vartheta\, d\psi$$

Teilchen. Sie üben in der x-Ausbreitungsrichtung der Schallwelle die Direktionskraft

$$dD = P_{R_1}'' \cos \vartheta\, dn$$

aus, wenn P_{R_1} das Potential der N_1 Teilchen ist und die zweite Ableitung die Direktionskraft an dieser Stelle angibt. Ferner ist

$$\cos \vartheta = \frac{a}{R_1} \,.$$

Setzt man diese drei Formeln in die Gl. (XIV.14) ein und integriert über die halbe Kugelschale, so erhält man schließlich

$$u^2 = \frac{N_1}{8m} R_1^2\, P_{R_1}'' \,.$$

Die Integration darf nur über die halbe Kugeloberfläche ausgeführt werden entsprechend der Wechselwirkung eines Moleküls mit nur einem Nachbarn.

Im nächsten Schritt sind die Wirkungen aller konzentrischen Kugelschalen zu summieren. Sie haben die Radien R_i und tragen jeweils N_i Teilchen. Es ist dann

$$u^2 = \frac{1}{8\,m} \sum N_i\, R_i^2\, D_i \;. \tag{XIV.15}$$

Die Direktionskräfte D_i gehören zu den Teilchen, die auf der i-ten Kugelschale sitzen, auf der x Achse liegen und auf den Bezugspunkt wirken.

Der allgemeine Zusammenhang zwischen Direktionskräften und Potentialen ist

$$D_i = \frac{\partial^2 P}{\partial a^2} \;. \tag{XIV.16}$$

Wir wenden ihn auf den in Ziffer 148 Gl. (XIV.6) eingeführten Potentialansatz für die zwischenmolekularen Kräfte an. Wenn sich die Moleküle in Gleichgewichtslagen befinden, d.h. wenn ihre potentielle Energie ein Minimum ist, ist dort

$$\left(\frac{\partial P}{\partial a}\right)_{\min} = 0 \;.$$

Dies ergibt nach Gl. (XIV.6) bei $P_{\min}$ in der Gleichgewichtslage den Gleichgewichtsabstand

$$a_{\min} = \sqrt[q-p]{\frac{q}{p}\,\frac{K_q}{K_p}} \;. \tag{XIV.17}$$

Aus der Berechnung von (XIV.16) aus (XIV.6) unter Berücksichtigung von (XIV.17) folgt für die Direktionskräfte an einer beliebigen Stelle

$$D_i = -\,\frac{P_{\min}}{a_{\min}^2}\left(\frac{pq}{p-q}\right)\left[(p+1)\left(\frac{a_{\min}}{a}\right)^{p+2} - (q+1)\left(\frac{a_{\min}}{a}\right)^{q+2}\right] \;.$$

Dieser Ausdruck wird jetzt in die Gl. (XIV.15) eingeführt. Die Radien R_i werden durch bestimmte Vielfache des Abstandes zweier Moleküle ausgedrückt. Dabei treten zwei Summenausdrücke auf, die mit den beiden Summanden der Gl. (XIV.8) identisch sind. Als Endergebnis erhalten wir die Schallgeschwindigkeit als Funktion der zwischenmolekularen Kräfte in der Form

$$u = \sqrt{\frac{p\,q}{8}\,A_p^{\frac{q}{q-p}}\,A_q^{\frac{-p}{q-p}}} \cdot \sqrt{\frac{P_{\min}}{m}} \;. \tag{XIV.18}$$

Für den flüssigen Zustand ist die Anordnung der Moleküle in einer dichtesten Kugelpackung am wahrscheinlichsten. In Ziffer 149 wurde ausgeführt, daß zwischen kubisch-flächenzentrierten Gittern und solchen mit hexagonal dichtester Kugelpackung nur sehr geringfügige Unterschiede bestehen. Daher ergibt sich mit den in Ziffer 149 angegebenen Werten von A_p und A_q bei Zugrundelegung eines (6, 12)-Potentials eine Schallgeschwindigkeit von

$$u = 12{,}45 \sqrt{\frac{P_{\min}}{m}} \, . \qquad\qquad (\text{XIV.19})$$

Dieses Ergebnis unterscheidet sich nur um einen Zahlenfaktor 1,47 von der Schallgeschwindigkeit in einer linearen Kette, wie sie von ALTENBURG in früheren Arbeiten[1] zur Diskussion molekularakustischer Probleme für brauchbar erachtet wurde.

151. Bemerkungen zur Elektronentheorie der Schallgeschwindigkeit

Das Potentialminimum $P_{\min}$ der zwischenmolekularen Kräfte scheint durch die elektrischen Eigenschaften der Atom- und Molekülhüllen hinreichend erklärbar zu sein. Jedenfalls spricht der einfache Umstand, daß die Übertragung von Schallimpuls über die Elektronenhüllen vermittelt wird, dafür, diesen Gedanken weiter zu verfolgen. In den Ziffern 113 und 117 ist auf die nahe Verwandtschaft zwischen der optisch definierten Molekularrefraktion $\mathfrak{R}_M$ und dem akustisch definiertem Molekülvolumen B Bezug genommen worden. Die Molekularrefraktion steht nach Ziffer 113 in enger Beziehung zur Elektronenhülle der Moleküle und zur chemischen Konstitution. Eine gute Übersicht über diese für die theoretische Chemie wichtigen Beziehungen geben die Bücher von W. HÜCKEL[2] und von EUGEN MÜLLER[3].

In den folgenden Ziffern wird nun der Versuch gemacht, das mechanisch-akustisch eingeführte Potentialminimum $P_{\min}$ elektrisch-optisch zu bestimmen, um zu erkennen, welche Eigenschaften der Elektronenhüllen der Moleküle in der Schallgeschwindigkeit am stärksten zum Ausdruck kommen. Es läßt sich nicht vermeiden, daß dabei eine Reihe von Annahmen, Abschätzungen und Vernachlässigungen gemacht werden muß, wenn man das Wesentliche erkennen will. Bei der Darstellung des gegenwärtigen Standes der Forschung auf diesem Gebiet folgt der Verfasser den Arbeiten von ALTENBURG.

Wenn man die Zusammenhänge zwischen Schallgeschwindigkeit und Elektronenkonfiguration näher untersucht, wird man übrigens zwangsläufig dazu geführt, etwaigen Zusammenhängen zwischen Schallgeschwin-

---

[1] ALTENBURG, K.: Kolloid. Z. **117**, 153—176 (1950); — Z. phys. Chem. **195**, 145—164 (1950); **202**, 14—34 (1953).

[2] HÜCKEL, W.: Theoretische Grundlagen der organischen Chemie, Bd. 2, 7. Aufl. Leipzig: Akademische Verlagsgesellschaft 1954. 800 S.

[3] MÜLLER, E.: Neuere Anschauungen der organischen Chemie, 2. Aufl. Berlin-Göttingen-Heidelberg: Springer 1957. 550 S.

digkeit und Supraleitung nähere Beachtung zu schenken. Es sei darauf hingewiesen, daß sich Schramm[1] mit derartigen naturgemäß nur für feste Metalle geltenden Fragen beschäftigt hat.

152. Der bestimmende Anteil der Dispersionskräfte

Wir knüpfen an die Gl. (XIV.19) an. Für das Potentialminimum gilt

$$P_{\min} = \frac{-K_p}{a_{\min}^p} + \frac{K_q}{a_{\min}^q} \quad \text{und} \quad \left(\frac{dP_{\min}}{da}\right)_{a=a_{\min}} = 0 \; .$$

Daraus folgt

$$K_q = \frac{p}{q} K_p \, a^{q-p} \; .$$

Setzt man diesen Ausdruck in die Formel für $P_{\min}$ ein und beachtet die Beziehung (XIV.11), so ist die Schallgeschwindigkeit

$$u \sim F(p, q) \sqrt{\frac{-K_p}{a_0^p} \cdot \frac{1}{m}} \; . \tag{XIV.20}$$

Um die diversen Zahlenfaktoren nicht immer mitzuschleppen, ist auch im folgenden das Proportionalzeichen „$\sim$" benutzt und das Glied mit den Größen p und q durch $F(p, q)$ abgekürzt worden.

Es ist eine schwierige Frage, welche Art von elektrischen Kräften den Anteil K_p/a_0^p maßgeblich bestimmt. Für einfach gebaute Moleküle wie z. B. CO, HJ, HCl überwiegt nach Meinung von London[2] im allgemeinen der Dispersionseffekt. Bei Flüssigkeiten mit größeren Molekülen könnten folgende Abschätzungen gelten: Für Dipolkräfte ist nach Keesom[3] der Potentialanteil proportional der 4. Potenz der Dipolmomente; für den Induktionseffekt ist nach Debye[4] und Falkenhagen[5] der Anteil proportional dem Produkt aus dem Quadrat des Dipolmoments und der Polarisierbarkeit des Moleküls; für den Dispersionseffekt gilt nach Slater[6] und Kirkwood eine Proportionalität zum Quadrat der Polarisierbarkeit. Da sich in größeren Molekülen die Dipolmomente der Teile vektoriell addieren, die Polarisierbarkeiten aber skalar (Molrefraktion = algebraische Summe von Atomrefraktionen), wird den Dispersionskräften wohl der größte Anteil an der Bildung von $P_{\min}$ zukommen. Dieser Anteil sei daher als der ausschlaggebende angesehen und nach London[7], Slater[6]

[1] Schramm, K. H.: Ann. Phys. (6) 17, 242—248 (1956).

[2] London, F.: Trans. Faraday Soc. 33, 8—26 (1937).

[3] Keesom, W. H.: Phys. Z. 22, 129—141, 643—644 (1921); 23, 225—228 (1922).

[4] Debye, P.: Phys. Z. 21, 178—187 (1920); 22, 302—308 (1921).

[5] Falkenhagen, H.: Phys. Z. 23, 87—95 (1922).

[6] Slater, J., and J. Kirkwood: Phys. Rev. 37, 682—697 (1931).

[7] London, F.: Z. phys. Chem. B 11, 222—251 (1930); — Z. Physik 63, 245 bis 249 (1930).

und KIRKWOOD zu

$$\frac{K_p}{a^6} \sim \frac{\alpha^{\frac{3}{2}} z_e^{\frac{1}{2}}}{a^6} \qquad \text{(XIV.21)}$$

angesetzt. Mithin ist bei $p = 6$ die Schallgeschwindigkeit

$$u \sim F(6, q) \sqrt{\frac{\alpha^{\frac{3}{2}} z_e^{\frac{1}{2}}}{m\, a_0^6}}. \qquad \text{(XIV.22)}$$

α ist hier die Polarisierbarkeit und z_e ist die Anzahl der Außenelektronen des Moleküls. Es gelten die Beziehungen

$$\mathfrak{R}_M = \frac{4\pi}{3}\, N_L\, \alpha \quad \text{und} \quad M = N_L\, m.$$

153. Nachprüfung an einer auf den absoluten Nullpunkt extrapolierten Schallgeschwindigkeit

Die dichteste Kugelpackung von Molekülen liegt wohl am absoluten Nullpunkt vor. Dort wäre die Dichte ϱ_0 und damit der Abstand der Moleküle im Potentialminimum gleich

$$a_0 = \sqrt[3]{\frac{M \sqrt{2}}{\varrho_0\, N_L}}.$$

Für diesen in gewissem Sinne einfachsten und eindeutigsten Fall gelten ALTENBURGs weitere Überlegungen. Es steht daher die aus (XIV.22) folgende Gleichung

$$u_0 \sim F(6, q)\, \frac{\sqrt[4]{z_e\, \mathfrak{R}_M^3}}{\sqrt{M^3}}\, \varrho_0 \qquad \text{(XIV.23)}$$

zur weiteren Behandlung. Die Nachprüfung erfordert eine Extrapolation der Schallgeschwindigkeit und der Dichte von Raumtemperatur auf die absolute Temperatur Null. Diese Extrapolation können wir hinsichtlich der Schallgeschwindigkeit mit einiger Sicherheit ausführen, wie wir schon in Ziffer 87 erwähnten und wofür wir in Ziffer 89 die Begründung brachten.

Um die Dichte ϱ_0 berechnen zu können, hat ALTENBURG auf das Theorem der korrespondierenden Zustände zurückgegriffen und die Funktion

$$\frac{\varrho}{\varrho_0} = f\!\left(\frac{T}{T_{kr}}\right)$$

untersucht. Er findet, daß für reduzierte Temperaturen im Bereich

$$0,4 < \frac{T}{T_{kr}} < 0,7$$

das Verhältnis ϱ/ϱ_0 eine lineare Funktion ist, die bei $T/T_{kr} = 0,4$ den Wert 0,8023, bei 0,55 den Wert 0,729 und bei 0,70 den Wert 0,644 hat. Die Werte für $T = T_0$ werden dann durch lineare Extrapolation gewonnen.

Die meisten Autoren rechnen mit einem Exponenten $p = 6$ der weitreichenden anziehenden Kräfte, aber mit verschiedenen Werten des Exponenten q der sehr kurzreichenden abstoßenden Kräfte. Es scheint daher zweckmäßig zu sein, den Exponenten q bei organischen Molekülen durch Vergleich einer tatsächlich gemessenen Schallgeschwindigkeit mit einer nach dem (6, 12)-Potential berechneten zu ermitteln. Aus den oben besprochenen Ansätzen und Gleichungen folgt

$$F(p, q) = \sqrt{\frac{p(q-p)}{8} A_p} \, . \qquad \text{(XIV.24)}$$

Speziell gilt dann

$$F(6, q) = \sqrt{\frac{6}{8}(q-6) A_p} \quad \text{und} \quad F(6, 12) = \sqrt{\frac{36}{8} A_p} \, . \qquad \text{(XIV.25)}$$

Mithin ist

$$\frac{u_{0\,[6,\,q]}}{u_{0\,[6,\,12]}} = \frac{F(6, q)}{F(6, 12)} = \sqrt{\frac{q-6}{6}}$$

und daraus

$$q = 6\left\{1 + \left(\frac{u_0}{u_{0\,[6,\,12]}}\right)^2\right\} . \qquad \text{(XIV.26)}$$

Man kann die molekulare Abstoßung als im wesentlichen durch die Zahl der Außenelektronen bestimmt ansehen. Diese Zahl ist aus dem Schalenaufbau der Atomhüllen im Periodischen System der Elemente bekannt. Empirisch ist daher die Funktion $q = f(z_e)$ daraufhin zu untersuchen, ob sie einen einigermaßen einfachen Ansatz für q liefert. ALTENBURG fand die Beziehung

$$q \approx 8 + 0{,}29\,z_e + g \quad \text{mit} \quad z_e > 10, \qquad \text{(XIV.27)}$$

was bei organischen Flüssigkeiten auch erfüllt ist. Der Summand g hat nach ALTENBURG die Werte

$$g = -1 \quad \text{für aromatische Verbindungen pro Ring,}$$
$$g = +1 \quad \text{für aliphatische Halogen-Verbindungen,}$$
$$g = 0 \quad \text{für andere aliphatische Verbindungen.}$$

Nunmehr wird

$$u_0 \sim \sqrt{\frac{q-6}{6}} \; \frac{\sqrt[4]{z_e \Re_M{}^3}}{\sqrt{M^3}} \, \varrho_0$$

bzw.

$$u_0 \sim \sqrt{\frac{2 + g + 0{,}29\,z_e}{6}} \; \frac{\sqrt[4]{z_e \Re_M{}^3}}{\sqrt{M^3}} \, \varrho_0 \, . \qquad \text{(XIV.28)}$$

Wir prüfen diese Formel an Hand des (endgültigen) Proportionalitätsfaktors, der mit C bezeichnet sei. Er hat also den Wert

$$C = \frac{u_0}{\varrho_0} \cdot \frac{\sqrt{M^3}}{\sqrt[4]{z_e \Re_M{}^3}} \, \frac{1}{\sqrt{2 + g + 0{,}29\,z_e}} \, . \qquad \text{(XIV.29)}$$

Die Zahl z_e der Außenelektronen eines Moleküls ist durch Summation aus den Angaben der Tabelle XIV/1 zu entnehmen. Die Atomgewichte sind in dieser Tabelle abgerundet angegeben worden.

Tabelle XIV/1. *Elektronenzahlen und Atomgewichte bei Elementen, aus denen organische Verbindungen bestehen*

Element	H	C	N	O	F	Si	S	Cl	Br	J
Ordnungszahl	1	6	7	8	9	14	16	17	35	53
Atomgewicht	1	12	14	16	19	28	32	35,5	80	127
Außenelektronen z_e	1	4	5	6	7	4	6	7	7	7
Zugehörige Elektronenschale	K	L	L	L	L	M	M	M	N	O

Die nächste Tabelle XIV/2 enthält die nach Gl. (XIV.29) berechneten Konstanten C. Wenn man bedenkt, wie kompliziert eigentlich der Ausdruck (XIV.21) für den Dispersionsanteil des zwischenmolekularen Potentials ist und wie undurchsichtig die daraus folgenden Formeln (XIV.28) und (XIV.29) zu sein scheinen, dann ist die durch die Tabelle XIV/2 belegte Konstanz von C durchaus befriedigend. Da diese Konstanz freilich durch die Wahl von g in (XIV.27) mitbestimmt ist, haben wir die drei Verbindungsgruppen in Tabelle XIV/2 getrennt aufgeführt.

Tabelle XIV/2. *Nachprüfung der Konstanz der Beziehung* (XIV.29)

Flüssigkeit	u bei 20°C	$\dfrac{du}{dT}$	u_0	M	$\Re_M$	ϱ_0	z_e	C [m/s]
Aromatische Verbindungen								
Anilin	1659	−4,04	2843	93,12	30,58	1,289	36	18450
Benzol	1324	−4,78	2724	78,11	26,14	1,184	30	18950
Brombenzol	1170	−3,12	2084	157,0	33,93	1,907	36	18500
α-Bromnaphthalin	1372	−3,05	2266	207,1	51,32	1,802	54	18300
Chlorbenzol	1284	−3,69	2366	112,6	31,14	1,432	36	18150
Jodbenzol	1114	−2,70	1906	204,0	39,12	2,288	36	18820
o-Nitrotoluol	1473	−3,65	2542	137,13	37,41	1,449	52	17300
Pyridin	1441	−4,14	2654	79,10	24,07	1,282	30	18500
Toluol	1327	−4,30	2588	92,13	31,06	1,145	36	18420
aliphatische Verbindungen								
Aceton	1190	−4,32	2457	58,08	16,15	1,107	24	18400
Acetonitril	1305	−4,04	2490	41,05	11,11	1,063	16	19200
Äthyläther	1006	−4,88	2433	74,12	23,0	1,035	32	17800
Heptan	1154	−4,14	2368	100,2	34,51	0,934	44	18100
Methyläthylketon	1217	−4,29	2475	72,10	20,67	1,104	30	18550
Octan	1192	−4,22	2429	114,2	39,19	0,941	50	18700
aliphatische Halogenverbindungen								
Äthylenbromid	1009	−2,58	1766	187,9	26,97	2,806	26	18400
Äthyljodid	876	−2,74	1680	156,0	24,29	2,629	20	18200
Bromoform	928	−2,20	1573	252,8	30,22	3,623	26	18550
Chloroform	1001	−3,42	2004	119,4	21,40	2,035	26	17670
Tetrachlorkohlenstoff	935	−3,30	1903	153,84	26,51	2,153	32	17350

Mittelwert: 18315
$\pm 5\%$ max

154. Vergleiche zwischen den Ergebnissen der Theorien von ALTENBURG und SCHAAFFS

Die oben vorgetragene elektronische Theorie von ALTENBURG kommt zu Ergebnissen, die denen der molekularkinetischen Theorie von SCHAAFFS sehr ähnlich sind. Wir können Gl. (XIV.28) bzw. (XIV.29) in der Form

$$u_0 = \left\{ C \sqrt{2 + g + 0{,}29\,z_e} \sqrt[4]{\frac{z_e}{\Re_M} \frac{1}{\sqrt{M}}} \right\} \cdot \frac{\Re_M}{V_0} \qquad \text{(XIV.30)}$$

schreiben. Nun kann man folgende Abschätzungen machen: In organischen Flüssigkeiten ist für nicht zu kleine Werte von z_e

$$\sqrt{2 + g + 0{,}29\,z_e} \approx \sqrt{0{,}3\,z_e}.$$

Ferner besteht bei Molekülen, die nur Atome von C, H, N und O enthalten, eine grobe Proportionalität der Form

$$z_e \sim M \sim \Re_M.$$

Das erkennt man an folgenden Beispielen für

$$z_e : M : \Re_M :$$

Benzol C_6H_6:	$30 : 78 : 26 \approx 1 : 2{,}6 : 0{,}87$
Aceton $CO(CH_3)_2$:	$24 : 58 : 16 \approx 1 : 2{,}4 : 0{,}67$
Äthyläther $(C_2H_5)_2O$:	$32 : 74 : 23 \approx 1 : 2{,}3 : 0{,}72$
Anilin $C_6H_5NH_2$:	$36 : 93 : 30 \approx 1 : 2{,}6 : 0{,}83.$

Wenn man nun noch die in diesem Rahmen berechtigte Gleichsetzung

$$\Re_M \approx B$$

vornimmt, dann folgt aus (XIV.30) die Beziehung

$$u_0 \approx W \cdot \frac{B}{V_0} . \qquad \text{(XIV.31)}$$

Diese Beziehung ist mit den Gln. (XI.12) bzw. (XI.20a), die ja auch am absoluten Nullpunkt und für einen fluiden Zustand dort gelten sollen, dem Wesen nach identisch.

Bei Flüssigkeiten mit schweren Atomen im Molekül wächst nach Tabelle XIV/1 das Molekulargewicht M schneller als die Anzahl z_e der Außenelektronen, wie man aus folgenden Beispielen ersieht:

Brombenzol C_6H_5Br:	$36 : 157 : 34 \approx 1 : 4{,}4 : 0{,}95$
Chloroform $CHCl_3$:	$26 : 119 : 21 \approx 1 : 4{,}6 : 0{,}80$
Tetrachlorkohlenstoff CCl_4:	$32 : 154 : 27 \approx 1 : 4{,}8 : 0{,}85$
Jodbenzol C_6H_5J:	$36 : 204 : 39 \approx 1 : 5{,}7 : 1{,}08.$

Das bedeutet, da $\sqrt[4]{z_e/\Re_M}$ nahezu Eins ist, daß für nicht zu kleine Werte von z_e die Gl. (XIV.30) die Gestalt

$$u_0 = C \sqrt{0,3 \frac{z_e}{M} \cdot \frac{B}{V_0}}$$

annimmt und daß der Wurzelfaktor bei ungefähr gleichbleibender Elektronenzahl mit steigendem Molekulargewicht abnimmt.

Gehen wir von einem Stoff ohne schwere Atome im Molekül zu einem ähnlichen mit schweren Atomen über, so wird

$$u_0 = C \sqrt{\frac{0,3\,z_e}{M + \Delta M} \frac{B}{V_0}} = C \sqrt{\frac{0,3\,z_e}{M}} \sqrt{\frac{1}{1 + \frac{\Delta M}{M}} \frac{B}{V_0}}\,.$$

Entwickelt man den zweiten Wurzelausdruck in eine Reihe und bricht nach dem 2. Gliede ab, so ist

$$u_0 = C \sqrt{\frac{0,3\,z_e}{M}} \left(1 - \frac{1}{2}\,\frac{\Delta M}{M}\right) \frac{B}{V_0}\,. \qquad \text{(XIV.32)}$$

Durch Vergleich mit dem in Ziffer 114 eingeführten Stoßfaktor

$$s = s_n \left(1 - \frac{r_0}{r}\right)$$

wird für den meist vorliegenden Fall $\beta \ll B$

$$1 - \frac{r_0}{r} \equiv 1 - \frac{\beta V}{B^2} = 1 - \frac{1}{2}\,\frac{\Delta M}{M}\,.$$

Daraus folgt für $V = V_0$ als Summe der inneren Atomsummanden

$$\beta = \frac{1}{2}\,\frac{B^2}{M V_0}\,\Delta M\,. \qquad \text{(XIV.33)}$$

In dieser Gleichung ist β im wesentlichen durch die Massenzunahme ΔM bestimmt und nicht durch den verhältnismäßig wenig veränderlichen Faktor davor. Daraus folgt natürlich, daß bei Substitutionsänderungen β als additive Größe angesetzt werden kann, wie es in Ziffer 115 in Gestalt des Additionstheorems (XI.25) geschehen ist.

Kapitel XV

Schallabsorption und -Dispersion in Gasen

155. Historisches

In einem Schallfeld unterliegt ein Volumenelement periodischen Deformationen. Im Kapitel II wurden die Zusammenhänge zwischen diesen Deformationen und den sie verursachenden elastischen Spannungen im Rahmen der Mechanik der Kontinua formuliert. Dabei wurde die Festsetzung getroffen, daß das lineare Kraftgesetz gelten soll. Abweichungen von dieser Voraussetzung wurden in späteren Kapiteln ausdrücklich als solche gekennzeichnet. Die Festsetzung eines linearen Zusammenhangs zwischen Spannungen und (infinitesimalen) Deformationen soll auch die Voraussetzung aller folgenden Ausführungen über die Schallabsorption in Gasen und Flüssigkeiten sein.

Eine wichtige und in Fig. 2 dargestellte Aussage des Kapitels II war, daß die Schallgeschwindigkeit eine frequenzunabhängige Größe ist,

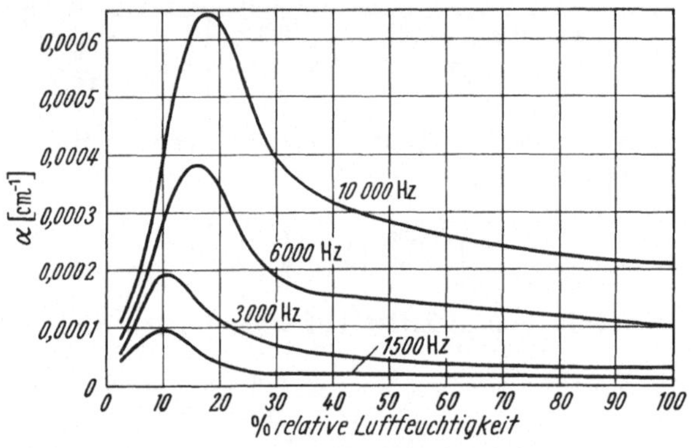

Fig. 181. Einfluß der relativen Luftfeuchte auf die Schallabsorption in Luft bei 20° C (nach Knudsen)

wenn nur das lineare Kraftgesetz erfüllt ist und jener hohe Frequenzbereich vermieden wird, wo man den Übergang von den adiabatischen Zustandsänderungen zu den isothermen und das Auftreten von Resonanzerscheinungen zu erwarten hat.

Man hat sich zwar schon sehr frühzeitig Gedanken gemacht, ob ein Theorem der frequenzunabhängigen Schallgeschwindigkeit in aller Strenge gültig sein kann, und ob nicht eine Dispersion der Schallgeschwindigkeit und eine damit verbundene spezifische Absorption zu erwarten ist. Man fand aber keinen Weg, solche Überlegungen mit der dafür erforderlichen experimentellen Genauigkeit zu prüfen.

Den unmittelbaren Anstoß, Dispersions- und Absorptionsprobleme experimentell und dann auch theoretisch mit Aussicht auf Erfolg bearbeiten zu können, gab G. W. Pierce. Er entdeckte mit dem von ihm geschaffenen und in Ziffer 37 beschriebenen Ultraschallinterferometer, daß in Kohlendioxyd CO_2 die Schallgeschwindigkeit oberhalb einer Frequenz von 40 kHz anzusteigen begann und daß dieser Anstieg mit einer spezifischen Erhöhung des Absorptionskoeffizienten verbunden war. Zwar konnte Pierce nur die Anfänge der Dispersions- und Absorptionskurven messen, aber in Verbindung mit einer theoretischen Arbeit von

EINSTEIN[1] über die Relaxation des Dissoziationsgleichgewichts in Gasen war die weitere Entwicklung doch vorgezeichnet. KNESER[2] gab die ersten vollständigen Kurven für CO_2 und prägte durch seine Untersuchungen die weitere Entwicklung dieses Forschungsgebietes.

Schon im Anfange dieser Entwicklung machte KNUDSEN die auffällige Beobachtung, daß die Schallabsorption in gewöhnlicher Luft starken Schwankungen unterliegt, wenn der Wasserdampfgehalt sich auch nur um eine Wenigkeit ändert. Ein einziges Molekül Wasser auf 100 Moleküle Luft veränderte die Schallabsorption schon um 100% und mehr. Dieser experimentelle Befund ist in Fig. 181 aus einer Arbeit von KNUDSEN[3] wiedergegeben. Offensichtlich beschleunigen einzelne Wasserdampfmoleküle die Einstellung des thermischen Gleichgewichts der Luft, wenn diese dem rasenden Wechsel von Kompression und Dilatation in einer Ultraschallwelle ausgesetzt wird. Die Bestimmung dieser Relaxationszeit, wie man die Einstellzeit des thermischen Gleichgewichts auch nennt, ist ein wesentliches Stück molekularakustischer Forschung geworden.

156. Begrenzung im Umfang der theoretischen Darstellung

Es gibt eine so große Fülle von Forschungsarbeiten über die Schallabsorption und -Dispersion speziell in Gasen, daß bisweilen der Eindruck entstanden ist, daß sich die Anwendung des Ultraschalls in der Molekularphysik auf die Behandlung von Relaxationsphänomenen beschränke. Ein großer Teil dieser Arbeiten ist rein mathematisch-theoretischer Natur und trägt wenig zur Beantwortung jener spezifisch molekularakustischen Fragen bei, die wir in Ziffer 1 formuliert und zum Hauptthema dieses Buches gemacht haben. Der tiefere Grund für diese etwas einseitige Entwicklung liegt in folgendem:

Die Untersuchung der Schallabsorption in CO_2 und einigen anderen ähnlich gebauten Gasen ergab einwandfrei das Vorliegen von Relaxationsprozessen, insbesondere einer Relaxation der Schwingungswärmen. Relaxationserscheinungen gehören aber in das Gebiet der Thermodynamik irreversibler Prozesse. Die geistige Durchdringung dieser Prozesse ist ein Hauptanliegen der heutigen Thermodynamiker. Es gibt sehr viele irreversible Prozesse. Im Grunde genommen laufen alle Experimente, die wir anstellen, in diesem Sinne ab. Es gibt daher viele Möglichkeiten für das Auftreten von Relaxationen und sie alle können

---

[1] EINSTEIN, A.: Ber. Preuss. Akad. Wiss. 1920, S. 380—385.

[2] KNESER, H.: Ann. Phys. 11, 761—776, 777—801 (1931).

[3] KNUDSEN, V.: J. Acoust. Soc. Amer. 6, 199—204 (1935). Relative Luftfeuchte ist das Verhältnis der wirklich vorhandenen Wassermoleküle zu den maximal möglichen, bei denen die Luft mit Wasser gesättigt wäre. Das Maximum liegt in der Gegend von 2 Molekülen Wasser pro 100 Moleküle Luft.

einen meßbaren Einfluß auf die Fortpflanzung von Schallwellen haben. Es ist daher das natürliche Bestreben, diese Mannigfaltigkeiten unter einheitlichen Gesichtspunkten zu sehen und formalmathematisch mit wenigen Grundprinzipien zu behandeln, damit man bei fortschreitender Anhäufung des experimentellen Materials ordnende Richtlinien zur Hand hat. Daraus erklärt sich die große Zahl von theoretischen Arbeiten über Relaxationsprozesse in fluiden Medien. Eine zusammenfassende Darstellung über diese theoretischen Forschungsarbeiten haben MEIXNER und REIK[1] gegeben.

Die Absorption von Ultraschallwellen hat in verschiedenen irreversiblen Prozessen ihre Ursache. Da in letzter Konsequenz in irreversiblen Prozessen Relaxationsvorgänge verborgen sind, stehen nicht wenige Forscher auf dem Standpunkt, daß das ganze Gebiet der Ultraschallabsorption durch Relaxationsprozesse erklärbar und darstellbar ist. Das hat zur Folge gehabt, daß man viel stärker von der klassischen Konzeption, welche die Schallabsorption nur aus den Transportphänomenen ($\equiv$ Ausgleichsphänomenen) der Viscosität, Wärmeleitung und Diffusion heraus verstehen wollte, abhängig geworden ist, als man es an sich sein wollte. Diesen Transportphänomenen und ihren Definitionen liegt fast stets die Vorstellung von der Brauchbarkeit der Mechanik der deformierbaren Punktsysteme zugrunde. Das reale Molekül mit klar vorgegebener chemischer Formel spielt darin nur eine untergeordnete Rolle. Aber gerade dieses reale Molekül ist es doch in Wirklichkeit, welches in einem Schallfeld Träger des Impulses ist, den es doch nur nach Maßgabe seiner spezifischen Struktur weitergeben kann. Alle Bemühungen die gemessenen Schallabsorptionen auf Relaxationseigenschaften nur makroskopisch erfaßbarer Erscheinungen, wie etwa der Viscosität und der Wärmeleitung, zurückzuführen, werden nicht zur Beantwortung der molekularakustischen Frage führen, welche (makroskopische) Schallabsorption denn nun zu einem bestimmten (mikroskopischen) chemischen Molekül gehört.

Die Erfahrung hat gezeigt, daß die meisten Relaxationsfrequenzen eines Stoffes so hoch liegen, daß sie erst im Hyperschallbereich oder im Bereich der elektromagnetischen Molekülschwingungen meßbar werden, und daß es nur relativ wenige, allerdings besonders interessante Relaxationen sind, die sich mit Ultraschallmethoden messen lassen. Die Ausläufer der Relaxationen des Hyperschallbereichs und der elektrischen Molekülschwingungen geben im Verhältnis zu den tieferfrequenten Relaxationen nur relativ kleine Beiträge zur Schallabsorption. Es sind aber Beiträge, durch die man das Molekül als solches im gesamten eigent-

---

[1] MEIXNER, A., u. H. G. REIK: Thermodynamik der irreversiblen Prozesse: In Handbuch der Physik, Bd. III/2, S. 413—523. Berlin-Göttingen-Heidelberg: Springer 1959.

lichen Ultraschallbereich charakterisieren kann. Spezifische Relaxationen bei tieferen Frequenzen geben nur Hinweise auf lokal begrenzte Bezirke im Molekül, in denen die translatorische Schallenergie mit Verzögerung aufgenommen und abgegeben wird. Während es unbestritten ist, daß in diesem Falle ein spezifisch molekularakustisches Phänomen vorliegt, welches das Interesse des Chemikers an Reaktionsmechanismen erregt, ist im vorgenannten Falle für Gase noch kein Zusammenhang zwischen Schallabsorption und Molekülstruktur gefunden worden, der eine Vorausberechnung der Absorption gestattet. Für Flüssigkeiten ist in jüngster Zeit ein solcher Zusammenhang gefunden worden und wird später in Ziffer 192 behandelt werden.

Es sei noch einmal betont, daß die in Ziffer 1 gegebene spezifisch molekularakustische Fragestellung im Rahmen dieses Buches ein näheres Eingehen auf die allgemeinen und daher wenig über die eigentliche Molekülstruktur aussagenden Relaxationsprobleme irreversibler Prozesse nicht erfordert. Die beste rein theoretische Darstellung über dieses Gebiet haben in neuerer Zeit HERZFELD[1] und LITOVITZ gegeben. Es sei ferner auf die diesbezüglichen Abschnitte in dem von KNESER geschriebenen Kapitel über Schallabsorption und -dispersion in Gasen im Handbuch der Physik Bd. XI/1 verwiesen.

157. Die Absorption als Ausdruck der Phasenverschiebung zwischen Druck- und Dichtewellen

In Ziffer 27 ist der Absorptionskoeffizient α der Schall-Teilchenamplitude und der Absorptionskoeffizient 2α der Schallintensität definiert worden. In den Ziffern 56 bis 64 wurden die Meßmethoden besprochen. Den Begriff „Schallabsorption" selbst wollen wir in diesem Buche in Übereinstimmung mit vielen anderen Autoren mit dem Ausdruck α/ν^2 verknüpfen (siehe auch Ziffer 28). Damit wird eine gewisse Parallele zur Schallgeschwindigkeit u hergestellt. Beide Größen u und α/ν^2 sind nämlich in vielen Fällen und für große Frequenzbereiche frequenzunabhängig. Die Abweichungen diskutiert man oft und durchaus zweckmäßig für beide Größen zugleich auf dem Hintergrund des frequenzunabhängigen Anteils.

Die Absorption von Schallenergie zwischen zwei Orten eines Mediums, d.h. das Nichteintreffen eines Teiles der am 1. Orte ausgesendeten und zum Empfang am 2. Orte bestimmt gewesenen Energie, kann vier verschiedene Ursachen haben:

a) Ein Teil der Energie kann durch Transportphänomene verloren gegangen sein, also durch Wärmeleitung zwischen den Gebieten des

---

[1] HERZFELD, K., u. TH. LITOVITZ: Absorption and Dispersion of Ultrasonic Waves. New York and London: Academic Press 1959. 535 S.

periodischen Über- und Unterdrucks einer Schallwelle, oder in Form von innerer Reibung zwischen sehr nahe benachbarten Gebieten im Schallfeld, oder auch durch Wärmeabstrahlung, oder schließlich auch infolge von Diffusionen.

b) Ein zweiter Teil der Schallenergie erreicht seinen Bestimmungsort dadurch nicht, daß er im Innern eines Mediums reflektiert und zerstreut und schließlich in der unter a) genannten Art verzehrt wird. Diese Art der Schallabsorption wird in Stoffen anzutreffen sein, die zwar chemisch, aber nicht physikalisch homogen sind, z.B. in polykristallinen Gebilden und in Suspensionen.

c) Eine dritte Art der Schallabsorption wird durch die Erscheinung der Resonanz ermöglicht, indem eine Schallwelle durch ein Gebiet läuft, wo sich Teilchen befinden, die Eigenschwingungen in der Frequenz der Schallwelle vollführen können. Hier wird die Schallenergie gebraucht, um die eigene Schwingungsfähigkeit auf ein Maximum zu bringen und die Energie nach eigenem Ermessen zu verbrauchen, ohne sie in die vorbestimmte Richtung weiter zu leiten.

d) Schließlich gibt es noch eine Schallabsorption durch Relaxationen. Sie besteht darin, daß ein Teil der Schallenergie für kürzere oder längere Zeit gehortet und dann von den Molekülen nach eigenem Ermessen in alle möglichen Richtungen, am wenigsten aber in die gewünschte Richtung weitergegeben wird. Für das Relaxationsphänomen der Schallenergie gibt es verschiedene anschauliche Beschreibungen; z.B. die von einer Zwischeninstanz (Behörde), die sich erst umständlich besinnen muß, daß und wie sie eine Sache zu bearbeiten und weiter zu leiten hat. Sie unterliegt gewissermaßen der „Schrecksekunde", die eine neue Aufgabe mit sich zu bringen pflegt. In einem anderen Bild kann man die Relaxation mit einem Strudel in einer sonst gleichmäßig und ruhig fließenden Strömung vergleichen. Eine Reihe von Gegenständen, die in dieser Strömung in einer bestimmten Richtung fließen, werden bekanntlich in den Strudel hineingerissen, verbleiben dort eine Weile und werden schließlich in einer Richtung herausgeworfen, die mit der ursprünglichen Transportrichtung nicht mehr übereinstimmt.

Wir betrachten nun eine kleine Materiemenge im Schallfeld während einer einzelnen Schwingungsperiode. Sie möge anfangs unter dem Druck p_1 gestanden und das spezifische Volumen $v_1 = 1/\varrho_1$ gehabt haben. Würden die Vorgänge im Schallfeld streng reversibel verlaufen, dann würde diese Materiemenge sich gemäß Fig. 182a nach einer halben Schwingungsperiode im Zustand mit dem Druck p_2 und dem spezifischen Volumen $v_2 = 1/\varrho_2$ befinden und danach denselben Weg zurücklaufen, bis eine ganze Schwingungsperiode vergangen ist. Von einer derartigen Zustandsänderung im Schallfeld, bei der die einander entsprechenden Extrema von Druck und Dichte zusammenfallen, sagt man, daß „Druckwellen und Dichtewellen in Phase" sind.

Da nun in Wirklichkeit die Schallenergie durch Absorption verzehrt wird und schließlich in der Gestalt von Wärme erscheint, kann der beschriebene Einzelprozeß nicht reversibel sein, wie es die Fig. 182a darstellt, sondern muß irreversibel verlaufen. Hin- und Rücklauf im pv-Diagramm stimmen dann nicht überein. Die von Hinlauf und Rücklauf eingeschlossene Fläche gibt die Absorption in einer Schwingungsperiode an und ist im allgemeinsten Falle eine Ellipse. Die Fig. 182b zeigt unmittelbar und anschaulich, daß dann die Druckmaxima und -minima nicht mehr mit den Dichtemaxima und -minima zusammenfallen, daß vielmehr eine Phasenverschiebung zwischen Druckwellen und Dichtewellen stattgefunden hat. Der Druck läuft der Verdichtung voran. Der Absorptionskoeffizient α gibt die Wegstrecke in cm an, längs der bei einer Schallwelle mit ebenen Wellenfronten die Amplitude auf

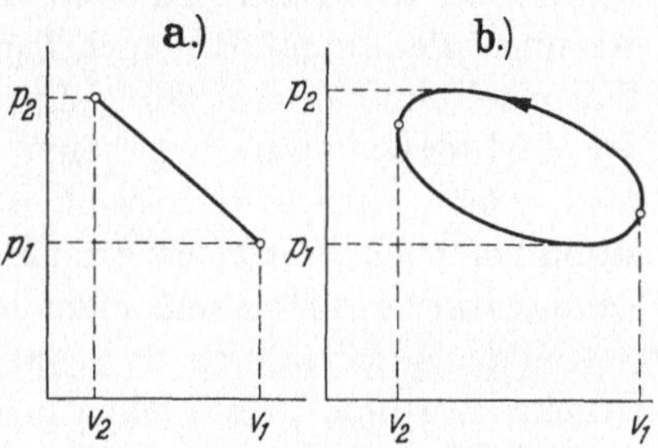

Fig. 182 a u. b. Schema eines reversiblen und eines irreversiblen Schallfeldprozesses

den e-ten Teil absinkt. Die Fig. 182b macht daher die Berechtigung des in Ziffer 27 eingeführten Absorptionskoeffizienten je Schwingungsperiode bzw. je Wellenlänge

$$\alpha^* = \alpha \Lambda \tag{XV.1}$$

ersichtlich.

Grundsätzlich ist festzuhalten, daß eine Absorption von Schallwellen in einer Phasenverschiebung zwischen Druckwellen und Dichtewellen zum Ausdruck kommt. Der molekulare Mechanismus aber, wie diese Phasenverschiebung zustande kommt, ist verschieden. Bei der Kompression und Dilatation im Schallfeld kann die von uns betrachtete kleine Materiemenge Gleichgewichtszustände durchlaufen oder nicht. Gleichgewichtszustände werden offenbar bei den Ausgleichsvorgängen der Viscosität und Wärmeleitung durchlaufen, aber offensichtlich nicht bei ausgeprägten Relaxationen, denn bei diesen letzteren dauert es ja nach unseren obigen Ausführungen eine gewisse Zeit, bis sich die Materie auf die neuen Existenzbedingungen eingestellt hat. In letzter Konsequenz muß das natürlich auch für die Transporterscheinungen gelten. Nur ist die Zeit, in der die Einstellung auf eine Zustandsänderung erfolgt, so unendlich klein, daß sie im Vergleich mit den durch Ultraschallwellen erfaßbaren Relaxationsprozessen meist eine Gleichgewichtsbedingung vortäuscht. Diese einfache Überlegung muß man sich stets vor Augen halten, wenn bei der Untersuchung der Schallabsorption von einem

„relaxierenden Anteil" und einem „nicht relaxierenden Anteil" die Rede ist. Nur quantitativ, nicht qualitativ besteht ein Unterschied.

Für eines der Transportphänomene und zwar für die Wärmeleitung sei der molekulare Mechanismus kurz und konkret beschrieben. CLAUSIUS hat mit Hilfe seines schon in Ziffer 110 angeführten Virialsatzes die Temperatur und den Druck auf dieselbe Ursache zurückgeführt, nämlich auf die mittlere kinetische Energie der Moleküle bzw. auf die thermische Geschwindigkeit der Moleküle. Das bedeutet eine Äquivalenz von Druck und Temperatur in den Kompressions- und Dilatationsperioden im Schallfeld. Wenn nun Druck und Dichte gemäß Fig. 182a konphas steigen und fallen, so müßten auch Temperatur und Dichte dieses tun. Eine Wärmeleitung hat aber zur Folge, daß die Temperatur beim Erreichen des Dichtemaximums, wo keine Kompressionsarbeit mehr zugeführt wird, schon wieder im Absinken begriffen ist, und daß im Dichteminimum noch Wärme zuströmt. Die Perioden der Dichte- und der Temperaturverteilung sind nicht mehr in Phase.

Bei der quantitativen Berechnung der Phasenverschiebung zwischen Druckwellen und Dichtewellen geht man von der Wellengleichung für die Schallfortpflanzung aus. Wir hatten sie in Ziffer 5 und Gl. (II.10) für die Schwingungsamplitude formuliert, können sie aber genauso gut in der gleichen Form für Druck und Dichte ansetzen. Für die periodischen Dichteänderungen $\Delta\varrho$ im Schallfeld lautet die Wellengleichung

$$\frac{\partial^2 \Delta\varrho}{\partial t^2} = u^2\, \frac{\partial^2 \Delta\varrho}{\partial x^2}\,.$$

Unter Hinzunahme der Beziehung $u^2 = \Delta p/\Delta\varrho$ erhalten wir für die Verknüpfung von Druck und Dichte in einer in der x-Richtung fortschreitenden ebenen Welle

$$\frac{\partial^2 \Delta\varrho}{\partial t^2} = \frac{\partial^2 \Delta p}{\partial x^2}\,. \tag{XV.2}$$

Für den uns später am meisten interessierenden und auch am stärksten ausgeprägten Fall möge die durch Viscosität und Wärmeleitung bestimmte Teilabsorption vernachlässigbar sein. Die Schwankungen des Druckes und der Dichte sind um den Winkel φ gegeneinander verschoben und werden folgendermaßen angesetzt

$$\Delta p = \Delta p_0\, e^{i\left\{\omega t - \left(\frac{\omega}{u} - i\alpha\right)x + \varphi\right\}}$$

$$\Delta\varrho = \Delta\varrho_0\, e^{i\left\{\omega t - \left(\frac{\omega}{u} - i\alpha\right)x\right\}}.$$

Einsetzen in (XV.2) ergibt

$$\frac{\Delta p_0}{\Delta\varrho_0}\, e^{i\varphi} = \left(\frac{u}{1 - i\dfrac{\alpha u}{\omega}}\right)^{2}$$

oder

$$e^{-\frac{1}{2}i\varphi} = \sqrt{\frac{\Delta p_0}{\Delta \varrho_0}\,\frac{1}{u}\left(1 - \frac{i\alpha u}{\omega}\right)}.$$

Aus der Gleichsetzung der Real- und Imaginärteile der beiden Seiten dieser Gleichung ergeben sich die Formeln

$$u = \sqrt{\frac{\Delta p_0}{\Delta \varrho_0}\left(1 + \left(\frac{\alpha\Lambda}{2\pi}\right)^2\right)} \qquad (XV.3)$$

und

$$\alpha = \frac{2\pi}{\Lambda}\,\mathrm{tang}\,\frac{\varphi}{2}\,. \qquad (XV.4)$$

Aus (XV.4) folgt für kleine (allein vorkommende) Winkel φ die einfache Beziehung

$$\alpha^* = \alpha\Lambda = \pi\,\varphi \qquad (XV.5)$$

zwischen dem Absorptionskoeffizienten je Wellenlänge und der Phasenverschiebung zwischen Druck und Dichte.

158. „Klassische“ Ursachen der Schallabsorption

Als „klassische“ Ursachen der Schallabsorption gelten die Transporterscheinungen der Viscosität, der Wärmeleitung und der Diffusion; dazu kommt noch ein Absorptionsbetrag durch Abstrahlung. Die dadurch bestimmten Absorptionskoeffizienten α_{vis}, α_{therm}, α_{diff} und α_{str} werden zu dem Absorptionskoeffizienten α additiv zusammengefaßt:

$$\alpha = \alpha_{vis} + \alpha_{therm} + (\alpha_{diff} + \alpha_{str}). \qquad (XV.6)$$

Gegen diese additive Zusammenfassung scheinen keine ernsthaften Bedenken zu bestehen, obwohl ein direkter Nachweis, daß bestimmt keine Überlappungen der Ursachen bestehen, bislang nicht geführt worden zu sein scheint. Die beiden letzten Summanden der Gl. (XV.6) fallen gegenüber den zuerst genannten in den meisten Fällen so wenig ins Gewicht, daß wir sie eingeklammert haben und in den späteren Darlegungen nicht mehr berücksichtigen werden. Wir begnügen uns daher mit einer kurzen Kennzeichnung ihres Wesens.

Der Strahlungsanteil α_{str} ist schon sehr frühzeitig von STOKES[1] diskutiert und auf das Newtonsche Abkühlungsgesetz zurückgeführt worden. Dieses besagt, daß die Anfangstemperatur T_0 eines Körpers, der sich in einer Umgebung mit der Temperatur T_1 befindet, nicht allein durch Wärmekonvektion absinkt, sondern auch durch elektromagnetische

---

[1] STOKES, G.: Phil Mag. (4) **1**, 305 (1851). Eine Untersuchung aus jüngster Zeit siehe bei A. B. BHATIA, J. Acoust. Soc. Amer. **29**, 823—824 (1957).

Wärmestrahlung. Nach einer Zeit t hat ein solcher Körper dadurch die
Temperatur

$$T = T_1 + (T_0 - T_1)\, e^{-qt}.$$

Die in dieser Gleichung auftretende Abkühlungskonstante q bestimmt
dann den Anteil α_{str} in der Form

$$\alpha_{str} = \frac{1}{u}\, \frac{\varkappa - 1}{2\varkappa}\, q\,.$$

Im Bereich der linearen Akustik ist dieser Absorptionsanteil außerordentlich klein. Erst bei Schallintensitäten, die in Stoßwellen auftreten
und sehr hohe Temperaturen zur Folge haben, gewinnt die Energie-
zerstreuung durch Strahlung einen bedeutenden Einfluß.

Es ist ohne weiteres verständlich, daß im Schallfeld bei Gasgemischen
die Diffusion eine Rolle spielen muß, weil durch die verschiedene Beweglichkeit zweier Mischungskomponenten eine gewisse Entmischung
eintritt und die Diffusion dann das entstandene Konzentrationsgefälle
wieder auszugleichen sucht. Der damit naturgemäß verbundene Energie-
aufwand liefert einen Beitrag zur Schallabsorption. In stehenden Schallwellen läßt sich das Entmischungsphänomen optisch direkt sichtbar
machen. Je stärker sich die Molekulargewichte der beiden Mischungskomponenten unterscheiden, um so ausgeprägter ist der Anteil α_{diff}. Er
kann auch dann eine Rolle spielen, wenn ein Stoff zwar chemisch, aber
nicht physikalisch homogen ist, in ihm also neben normalen Molekülen
größere Molekülkomplexe auftreten. Formeln für die Größe von α_{diff}
hat KOHLER[1] angegeben.

Der durch die Restformel von (XV.6), nämlich

$$\alpha = \alpha_{vis} + \alpha_{therm} \tag{XV.7}$$

umrissene Fragenkomplex wird „visco-thermische Theorie" genannt.
Ausgangspunkt für alle Diskussionen und Verbesserungen sind die schon
in Ziffer 28 zitierten Untersuchungen von STOKES und KIRCHHOFF.
STOKES kam bei der Untersuchung des ersten Gliedes zu dem Ergebnis,
daß

$$\alpha_{vis} = \frac{8}{3}\, \frac{\pi^2 v^2 \eta}{\varrho\, u^3} \tag{XV.8}$$

sei. KIRCHHOFF fand für das zweite Glied in (XV.7) den Ausdruck

$$\alpha_{therm} = \frac{2\pi^2 v^2 (\varkappa - 1)\, k}{\varrho\, u^3 c_p}\,. \tag{XV.9}$$

---

[1] KOHLER, M.: Ann. Phys. (5) **39**, 209—225 (1941); — Z. Physik **127**, 41—48
(1949).

Zieht man v^2 auf die linke Seite und addiert, so ergibt sich aus (XV.8) und (XV.9) die bekannte Formel

$$\frac{\alpha}{v^2} = \frac{2\pi^2}{\varrho\, u^3}\left(\frac{4}{3}\,\eta + \frac{\varkappa - 1}{c_p}\,k\right). \qquad (XV.10)$$

Die visco-thermische Theorie führt zu der bemerkenswerten Aussage, daß α/v^2 frequenzunabhängig und durch die stationär bestimmbaren Konstanten η der Viscosität und k der Wärmeleitung berechenbar sei. Diese Konstanten wurden schon in Ziffer 28 durch die Fig. 13 und 14 definiert und eingeführt. Eine Reihe von Forschern spricht allerdings etwas vorsichtiger von der „klassischen visco-thermischen Theorie" im Unterschied zu der moderneren durch die Hinzunahme der Druckviscosität gekennzeichneten visco-thermischen Theorie.

Die Gl. (XV.10) bewährte sich an den die Luft zusammensetzenden Gasen Sauerstoff und Stickstoff so gut, daß im allgemeinen keine Zweifel an der Richtigkeit ihrer Herleitung aufkamen, wenn auch STOKES selbst schon gewisse Bedenken hinsichtlich der Gl. (XV.8) gehabt hat. Als aber die Ultraschallphysik die Absorption in beliebigen Stoffen zu messen lehrte, zeigte sich eine sehr große Diskrepanz zwischen den (sehr großen) gemessenen und den (sehr kleinen) berechneten Werten. Das führte zu einer scharfen Analyse der Vorstellungen, durch die STOKES zu der Gl. (XV.8) geführt worden war[1]. Ohne auf die mathematische Herleitung von (XV.8) einzugehen, was für die strenge Analyse natürlich erforderlich ist, kann man folgende kritische Frage stellen: Kann es eigentlich richtig sein, daß in einer Gleichung für die Schwächung rein longitudinaler Wellen in fluiden Medien neben der Dichte und der Schallgeschwindigkeit als arteigene Größe des Mediums nur die Scherviscosität η auftritt? Diese Scherviscosität wird meist schlechthin als „Viscosität" oder als „innere Reibung" bezeichnet und nicht genügend kritisch betrachtet. Es ist doch schwierig, im Schallfeld ebener Longitudinalwellen, die keine Querschnittsveränderungen haben und nur Verdichtungen und Verdünnungen kennen, die Scherviscosität anschaulich unterzubringen. Die Viscosität hat nur in den Kohäsionskräften der Moleküle ihre Ursache. Da diese Kräfte aber in einer fortschreitenden Schallwelle offensichtlich nur zwischen den parallelen Schichten verschiedener Dichte senkrecht zur Fortpflanzungsrichtung periodisch gelockert und verstärkt werden, wäre es doch viel zweckmäßiger und einleuchtender, an die Stelle der Scherviscosität oder wenigstens noch neben ihr eine „Druckviscosität", auch „Volumenviscosität" genannt, einzuführen. Diese Druckviscosität wäre dann in Analogie zur Scher-

---

[1] Zum Beispiel bei E. SKUDRZYK, l. c. im Vorwort, Kap. 32, Abschn. 8.

viscosität gemäß Fig. 183 durch

$$P = \eta_P \left(\frac{\partial \sigma}{\partial t}\right)_{\sigma \to 0} \quad \text{mit} \quad \sigma = \frac{d - d_0}{d} \tag{XV.11}$$

definiert. Während aber die Scherviscosität durch zahlreiche auch technisch bedeutsame stationäre Meßverfahren bekannt ist, ist die Druckviscosität nicht in das Blickfeld der meisten Physiker getreten. Sie kann leider nicht aus einem stationären Vorgang, sondern nur aus einem dynamischen Vorgang, wie ihn die Schallfortpflanzung darstellt, ermittelt werden. STOKES hat um ihre Bedeutung wohl gewußt und für α_{vis} eigentlich folgenden Ausdruck abgeleitet gehabt:

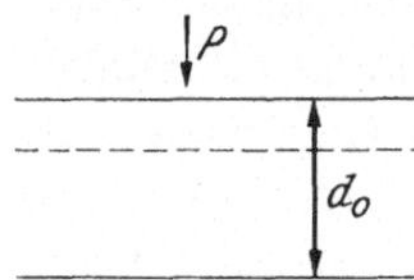

Fig. 183. Definition der Druckviscosität

$$\alpha_{\text{vis}} = \frac{2\pi^2 v^2}{\varrho u^3}(\eta_P + 2\eta). \tag{XV.12}$$

Er machte dann aber die uns heute merkwürdig erscheinende Hypothese, daß an einer bestimmten Stelle im Rahmen seiner Rechnungen

$$\eta_P + \frac{2}{3}\eta = 0$$

gesetzt werden dürfe, was dann die Gl. (XV.8) anstelle von (XV.12) zur Folge hatte.

Erst in neuerer Zeit, als die Ultraschallmessungen die Unhaltbarkeit der Formeln (XV.8) und (XV.10) zu erweisen begannen, ist die durch η_P definierte Druckviscosität wieder ernstlich in die Diskussion gezogen worden; zuerst wohl von MANDELSTAM[1] und LEONTOVICH, dann von TISCA[2] und von SKUDRZYK[3]. Da es keinen anderen Weg zur Bestimmung von η_P als über Ultraschallwellen zu geben scheint, kann man natürlich die Fragestellung umkehren und aus den Messungen von η und α die Größe von η_P nach

$$\eta_P = \frac{\varrho u^3}{2\pi^2 v^2}\alpha - 2\eta$$

für Stoffe mit $\alpha_{\text{ther}} \ll \alpha_{\text{vis}}$ zu bestimmen suchen. Das ergibt dann Werte für η_P, die um Größenordnungen höher als die für η sind. Erkenntnismäßig ist dadurch kaum etwas gewonnen.

Prinzipiell sollte also an Stelle von (XV.10) die Gleichung

$$\frac{\alpha}{v^2} = \frac{4\pi^2}{\varrho u^3}\eta + \frac{2\pi^2}{\varrho u^3}\eta_P + \frac{2\pi^2(\varkappa - 1)}{\varrho u^3 c_p}k \tag{XV.13}$$

[1] MANDELSTAM, L., i. M. LEONTOVICH: C. R. Moskau **3**, 111—114 (1936); — J. Exp. Theor. Phys. USSR. **7**, 438—449 (1937).

[2] TISCA, L.: Phys. Rev. (2) **61**, 531—536 (1942).

[3] SKUDRZYK, E.: Acta phys. Austriaca **2**, 148—181 (1948).

geschrieben werden. Daß man dennoch an der Gl. (XV.10) festzuhalten pflegt, liegt daran, daß erkannt worden ist, daß η_P in sehr vielen Fällen frequenzabhängig und mit Relaxationserscheinungen eng vergesellschaftet ist. Man führt die weitere Diskussion daher in der Form

$$\frac{\alpha}{\nu^2} = \left(\frac{\alpha}{\nu^2}\right)_{\text{vis}} + \left(\frac{\alpha}{\nu^2}\right)_{\text{ther}} + \left(\frac{\alpha}{\nu^2}\right)_{\text{rel}}. \tag{XV.14}$$

Die beiden ersten Summanden geben das „klassische" Verhalten wieder; der dritte Summand ergibt den modernen früher nicht gekannten „Relaxationsanteil" der Schallabsorption.

LUDWIG BERGMANN macht über die Druckviscosität ($=$ Volumenviscosität) in seinem bekannten Handbuch folgende Bemerkung: „So schön wie auf den ersten Blick die Einführung einer Volumenvicsosität in den Fragenkomplex der Schallabsorption ist, so lassen sich damit doch nicht alle Erscheinungen erklären und es bedarf noch vieler Versuche zum Verstehen aller Vorgänge." Der Verfasser möchte nochmals die Bemerkung machen, die aber erst in Ziffer 190 näher ausgeführt werden wird, daß alle Gleichungen, in denen nur makroskopisch meßbare Größen wie η, η_P und k vorkommen, keine eigentlichen Lösungen des Fragenkomplexes der Schallabsorption darstellen. Eine echte molekularakustische Lösung ist erst eine solche, bei der auf der linken Seite der Gleichung die an vielen Individuen gemessene Schallabsorption α/ν^2 steht, und bei der auf der rechten Seite Größen stehen, die spezifische Eigenschaften des Einzelmoleküls bzw. der Wechselwirkungen wenigstens zweier Einzelmoleküle ausdrücken. Vielleicht ist die Aufteilung der Schallabsorption nach (XV.6) oder (XV.14) überhaupt mit einem prinzipiellen Fehler behaftet. Vom Einzelmolekül aus gesehen kann und darf es eine solche Aufteilung eigentlich auch nicht geben.

159. Die experimentelle Situation

Bevor wir uns den Relaxationserscheinungen zuwenden, in denen der Hauptunterschied zwischen älteren und neueren Auffassungen über die Schallabsorption steckt, sei die experimentelle Wirklichkeit der durch Gl. (XV.10) repräsentierten visco-thermischen Theorie gegenübergestellt. Es ist dem Verfasser aufgefallen, daß es zwar sehr viele Arbeiten über die Absorption von Ultraschallwellen in Gasen gibt, aber fast alle sich nur mit dem Ausbau und der Prüfung von Relaxationsfragen beschäftigen. Die spezifische Frage nach der Anregung intramolekularer Schwingungen und ihrer Auswirkung auf die Schallfortpflanzung überdeckt offenbar die andere Frage nach der Strukturabhängigkeit des relaxationsfreien Anteils der Schallabsorption so vollkommen, daß oft die Meinung vertreten wird, daß dieser Anteil sich mit steigender Frequenz dem klassischen Werte von (XV.10) nähere und ihn irgendwann einmal erreiche. Die Folge davon ist natürlich, daß kaum noch versucht wird, die Schallgeschwindigkeit und die Schallabsorption in Frequenzbereichen oberhalb von 10 MHz direkt zu messen. Es wird später näher begründet werden, warum der Relaxationsanteil der Absorption so ausgeprägt hervortritt, wenn man nach Fig. 184 nicht den Absorptionskoeffizienten α, sondern den Koeffizienten $\alpha^* = \alpha \Lambda$ als Funktion der Frequenz darstellt. Da die Messungen in dem außerhalb des gekennzeichneten Bereichs liegenden Frequenzgebiet schwierig sind, besteht der falsche Eindruck, daß sich dort nichts Wesentliches und Interessantes mehr abspiele. Das ist nicht richtig. Wenn nun in diesem Kapitel XV trotzdem fast nur noch von Relaxationserscheinungen die Rede ist, so liegt das eben daran, daß kein ausreichendes experimentelles Material für die Besprechung anderer Strukturprobleme da ist.

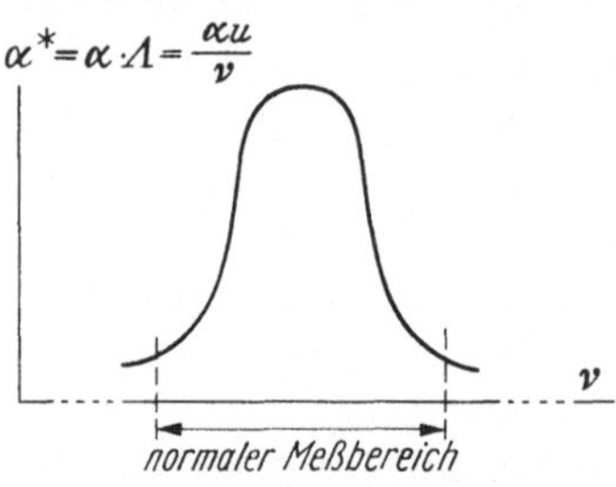

Fig. 184. Darstellung des Absorptionskoeffizienten pro Wellenlänge α^*

In der Tabelle XV/1 sind für einige bekannte Gase die nach den Formeln (XV; 8, 9, 10) berechneten und mit dem Faktor 10^{13} multiplizierten Schallabsorptionen zusammengestellt worden. Ein Teil der Tabelle wurde dem schon oben genannten Handbuchartikel von Kneser entnommen. Die drei Gase der ersten Gruppe bilden die Hauptbestandteile der atmosphärischen Luft (in Gewichtsprozenten: O_2 23 % ; N_2 75,5 % ; A 1,3 %). Da dem Verfasser keine zuverlässigen Vergleichsmessungen für eine einzige Temperatur vorlagen, sind in der letzten Spalte der Tabelle eine Reihe von Meßwerten aus der Literatur eingetragen worden, die wenig-

Tabelle XV/1. *Klassische theoretische Werte der Schallabsorption bei 0° C und 760 Torr. Qualitativer Vergleich mit Messungen bei verschiedenen Frequenzen und etwas höheren Temperaturen*

Gas	Chemische Formel	$\dfrac{\alpha}{\nu^2} \cdot 10^{13}$		$\dfrac{\alpha}{\nu^2} \cdot 10^{13}$ klass. theor.	Messungen von $\dfrac{\alpha}{\nu^2} \cdot 10^{13}$
		vis.	ther.		
Sauerstoff	O_2	1,16	0,49	1,65	3,2 bei 1,2 MHz und 20°
Stickstoff	N_2	0,94	0,39	1,33	2,0 bei 3 MHz und 29°
Argon	A	1,08	0,77	1,85	1,9 bei 3 MHz und 25°
Wasserstoff	H_2	0,117	0,052	0,169	3,7 bei 4 MHz und 0°
Wasserstoff	D_2	0,25	0,22	0,47	5,5 bei 2 MHz und 0°
Helium	He	0,309	0,216	0,525	3,0 bei 0,6 MHz und 18°
Neon	Ne	1,07	0,75	1,82	5,8 bei 0,3 MHz und 19°
Kohlendioxyd	CO_2	1,09	0,31	1,40	5,0 bei 1 MHz und 25°
					350 bei 0,1 MHz und 25°
Schwefeldioxyd	SO_2	1,10	0,27	1,37	42 bei 1,4 MHz und 20°
Ammoniak	NH_3	0,45	0,11	0,56	1,04 bei 3,6 MHz und 20°

stens erkennen lassen, daß die Angaben der älteren visco-thermischen Theorie nur bei den drei erstgenannten Stoffen, sonst aber nicht brauchbar sind. Nach der Theorie darf in Gasen der thermische Anteil der Absorption gegenüber dem viskosen Anteil nicht vernachlässigt werden. Darin liegt ein wichtiger Unterschied zu den Flüssigkeiten, bei denen α_{ther} gegen α_{vis} vernachlässigt werden kann, sofern man überhaupt an der viscothermischen Theorie festhalten will.

In der nächsten Tabelle XV/2 kommen einige Stoffe der Tabelle XV/1 noch einmal vor. Die Angaben dieser Tabelle entstammen den Arbeiten von VAN ITTERBEEK u. Mitarb. Nur die Messungen in Argon wurden einer Arbeit von KELLER[1] entnommen.

Tabelle XV/2. *Die Schallabsorption α/v^2 in einigen elementaren Gasen und in einigen Gasen mit mehreren Atomen im Molekül (Werte des Druckes und der Temperatur abgerundet)*

Gas	Chemische Formel	T [°C]	p [atm]	$\dfrac{\alpha}{v^2} \cdot 10^{13}$ „klass"	$\dfrac{\alpha}{v^2} \cdot 10^{13}$ exp.	bei v [kHz]
Sauerstoff	O_2	20	1	1,68	1,68	600
Stickstoff	N_2	20	1	1,39	1,35	600
Argon	A	20	1	1,9	1,9	4250
Helium	He	18	1	0,52	2,96	600
Wasserstoff leicht .	H_2	20	1	0,17	3,58	600
Neon	Ne	19	0,65	1,87	5,82	304
Kohlendioxyd . .	CO_2	17	1	1,44	27,10	304
Stickoxyd	NO	16	1	1,56	1,83	600
Kohlenoxyd . . .	CO	19	0,85	1,47	5,78	304

In der Tabelle XV/3 sind die Schallabsorptionen in einer Reihe von Gasen organischer Stoffe zusammengestellt und mit den nach (XV.10) berechneten verglichen worden. Die Angaben dieser Tabelle entstammen einer Arbeit von RAILSTON[2]; nur die beiden letzten Stoffe sind aus einer Arbeit von MATTA[3] und RICHARDSON. Ein waagerechter Strich bedeutet, daß für die betreffenden Gase keine Unterlagen zur Berechnung vorhanden waren. Deutlicher als hier kann die Diskrepanz zwischen dem Experiment und der visco-thermischen Theorie nicht zum Ausdruck kommen. Die experimentellen Werte lassen erkennen, daß die Absorption α/v^2 mit steigender Frequenz einem Grenzwert zustrebt. Wo er aber liegt, läßt sich gar nicht entscheiden. Dazu müßte der Frequenzbereich noch um den Faktor 10 erhöht werden.

---

[1] KELLER, H.: Phys. Z. **41**, 386—393 (1940).
[2] RAILSTON, W.: J. Acoust. Soc. Amer. **11**, 107—112 (1939).
[3] MATTA, K., and E. G. RICHARDSON: J. Acoust. Soc. Amer. **23**, 58—61 (1951).

Tabelle XV/3. *Die Schallabsorption α/ν^2 in Gasen mit mehr als 4 Atomen im Molekül bei Atmosphärendruck*

Gas	Chemische Formel	T [°C]	$\dfrac{\alpha}{\nu^2}\cdot 10^{13}$ theor. klass.	$\dfrac{\alpha}{\nu^2}\cdot 10^{13}\left[\dfrac{\sec^2}{cm}\right]$ exp.	bei ν [kHz]
Benzol	C_6H_6	90	1,2	525 37 19,5	98 465 695
Methylenchlorid. .	CH_2Cl_2	43	—	365 25,5 14,5	98 465 695
Chloroform . . .	$CHCl_3$	70	3,35	365 23 11,5	98 465 695
Tetrachlor- kohlenstoff . .	CCl_4	77	2,4	185 9 3,1	98 465 695
Methylalkohol . .	CH_3OH	67	0,7	26,5 1 0,5	98 465 695
Äthylalkohol . . .	C_2H_5OH	80	1,3	365 18,5 10,5	98 465 695
Methyljodid . . .	CH_3J	43	—	80 3,5 2	98 465 695
Äthyljodid	C_2H_5J	76	—	235 14 8,5	98 465 695
Äthyläther	$(C_2H_5)_2O$	35	1,07	105 9,5 3	98 465 695
Aceton.	$CO(CH_3)_2$	58	1,4	260 16 7,5	98 465 695
Schwefelkohlenstoff	CS_2	45	1,05	630 55 24	98 465 695
Äthylen	C_2H_4	20	—	61 17,5 15	60 200 400
Acetaldehyd . . .	CH_3CHO	30	—	14 6,5 4	60 90 400

160. Grundsätzliche Vergleiche zwischen Relaxation und Resonanz

Eine ausgeprägte und von der Frequenz abhängige Absorption und Dispersion von Ultraschallwellen wird ihre Ursache in den Erscheinungen der Relaxation oder Resonanz haben.

Die Relaxation, von der wir schon in Ziffer 155 sprachen, ist eine Erscheinung, die auftritt, wenn ein aus vielen Molekülen aufgebautes thermodynamisches System (Gas oder Flüssigkeit) seinen Zustand plötzlich ändern soll, ohne darauf strukturell vorbereitet zu sein. Die Moleküle folgen zwar der aufgeprägten Kraft, solange es irgend möglich ist, jedoch nur mit Verzögerung bzw. mit einer Nachwirkung, wie man auch sagt. Die Bezeichnung „Relaxation" kommt von dem lateinischen Wort relaxatio und ist wohl zuerst von MAXWELL gebraucht worden. Sie besagt wörtlich, daß eine bestimmte physikalische Größe, z.B. die Energie, wenn sie ein System erreicht hat, dort eine gewisse „Erholung" oder „Ausspannung" braucht, bevor sie weiter geht. Es ist das wesentliche Zwischenziel aller Relaxationsuntersuchungen, diese Zeit τ des Erholens, Ausspannens oder Verweilens zu bestimmen. Das nächste Ziel ist dann aber die Zuordnung einer solchen Relaxationszeit τ zu bestimmten Atomen, Atomkonstellationen oder Atombindungen im Innern des Moleküls. Wir sind heute noch nicht in der Lage, aus einer solchen Relaxationszeit in Verbindung mit anderen meßbaren Moleküleigenschaften die innermolekulare Ursache unzweideutig zu erkennen. Es bedarf noch vieler Einzelbestimmungen von τ-Werten, um einen ersten Überblick darüber zu gewinnen, von welchen innermolekularen Gebieten ein Relaxationseffekt angebbarer Größe ausgehen wird.

Bei der Erscheinung der Resonanz liegen die Dinge anders. Ein thermodynamisches System mit Resonanzen ist ein solches, bei dem einzelne Teile von vornherein strukturell darauf vorbereitet sind, im Sinne der einwirkenden Kräfte und der Frequenzen der einfallenden Ultraschallwellen zum „Tönen" zu kommen, aus einem Frequenzspektrum eine bestimmte Frequenz herauszuholen und in dieser Weise die Energie zu dissipieren. Eigenfrequenzen von Molekülen oder in Molekülen sind aber aus der optischen Molekülspektroskopie normalerweise nur aus jenen Frequenzgebieten bekannt, die schon ins Hyperschallgebiet fallen oder überhaupt nicht mehr mit elastischen Wellen erreichbar sind. Daher war und ist der Schluß nicht unberechtigt, daß wir es im Ultraschallgebiet nur mit Relaxationen und nicht mit Resonanzen zu tun hätten.

Man darf aber doch nicht vergessen, daß es auch hochpolymere Moleküle gibt, die in einem Lösungsmittel schwimmend schon bei Ultraschallfrequenzen als Resonatoren wirken können. Ferner treten bei gewissen Konzentrationen in Mischungen und Lösungen Molekülkomplexe und Assoziationen auf, welche sich ebenfalls als Resonatoren betätigen können. Schließlich existieren in der unmittelbaren Nähe des Schmelzpunktes oder eines Klärpunktes in einer Flüssigkeit Mikrokristalle, die ebenfalls die Möglichkeit des Auftretens eines Resonanzeffektes offen lassen.

Der Unterschied zwischen Resonanz und Relaxation sei nun präzis formuliert[1]: Zunächst sei skizziert, wie sich eine Resonanz zwischen den Molekülen eines Mediums und der Frequenz der hindurchlaufenden Schallwelle auswirkt. Dieser Fall ist aus der Optik bestens bekannt und wird in der Dispersionstheorie des Lichts behandelt[2]. Dort ist es ein Lichtbündel, welches ein Medium durchsetzt und ein an ein Molekül (oder Atom oder Ion) gebundenes Elektron zu erzwungenen Schwingungen anregt. Formalmathematisch ist der Fall beim Ultraschall der gleiche. Haben die im Medium verteilten Resonatoren mit der Ladung e und der Masse m die Eigenfrequenz ν_0, hat die einfallende Primärwelle die Frequenz ν, und ist $1/L$ der Kehrwert des logarithmischen Dekrements bzw. die Zahl der Schwingungen, innerhalb derer die Amplitude nach einer Stoßerregung auf den e-ten Teil abgesunken ist, so ist der Brechungsindex n dieses Mediums für die einfallende Lichtwelle

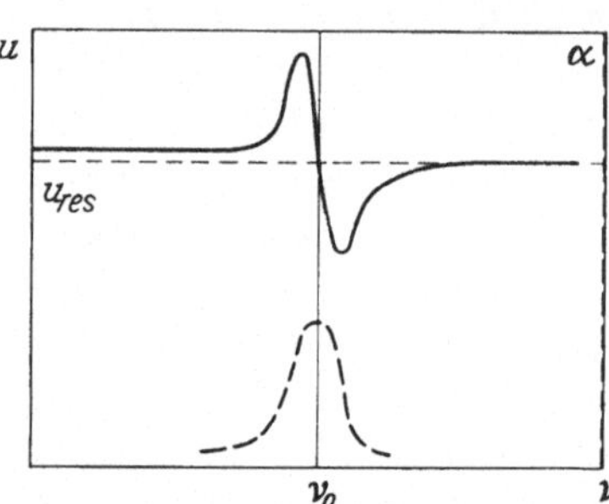

Fig. 185. Frequenzabhängigkeit von Schallgeschwindigkeit und Absorptionskoeffizient bei Resonanz

$$n = \sqrt{1 + A \cdot \frac{\nu_0^2 - \nu^2}{(\nu_0^2 - \nu^2)^2 + \nu^2 \nu_0^2 \left(\dfrac{L}{\pi}\right)^2}}.$$

Der Faktor A setzt sich aus Ladung und Masse der Elektronen zusammen. Für den Absorptionskoeffizienten α ergibt sich

$$\alpha = \frac{A}{2n} \frac{\nu\,\nu_0\,\dfrac{L}{\pi}}{(\nu_0^2 - \nu^2)^2 + \nu\,\nu_0^2 \left(\dfrac{L}{\pi}\right)^2}.$$

Auf akustische Verhältnisse übertragen ist A eine durch das jeweilige Molekül bestimmte Konstante, die hier nicht weiter interessiert. Der Brechungsindex ist durch

$$n = \frac{u}{u_{\text{res}}} \tag{XV.15}$$

---

[1] Siehe auch K. Herzfeld u. Th. Litovitz, l. c. Ziffer 156, S. 49 u. f.; Th. Litovitz, J. Acoust. Soc. Amer. **31**, 681—691 (1959).

[2] Eine übersichtliche Beschreibung findet sich in dem bekannten Lehrbuch von R. W. Pohl, Einführung in die Optik, 10. Aufl. Berlin-Göttingen-Heidelberg: Springer 1958.

gegeben, wobei u_{res} die im Resonanzpunkt geltende und aus Fig. 185 ersichtliche Schallgeschwindigkeit bedeutet. An ihr würde gegebenenfalls die Ultraschalldispersion durch Resonanz zu messen und zu erkennen sein. Schallgeschwindigkeit und Absorptionskoeffizient haben danach einen durch Fig. 185 skizzierten Verlauf. Diese Erscheinung der „anomalen Dispersion" wurde am Licht 1880 von August Kundt aufgefunden, der auch das bekannte nach ihm benannte Schallmeßverfahren eingeführt hat.

Resonanzphänomene treten also auf, wenn ein aufgeprägten periodischen Kräften unterworfenes Medium schwingungsfähige Teilsysteme (z.B. Moleküle) besitzt und die Dämpfung dabei nicht zu groß ist. Formalmathematisch wird dieser Fall durch eine lineare Differentialgleichung zweiter Ordnung mit Störungsglied beschrieben, aus deren Lösung für den besonderen Fall, daß die aufgeprägte Frequenz ν sich der Eigenfrequenz ν_0 nähert, sich die oben genannten Formeln ergeben.

Relaxationsphänomene werden dagegen durch eine lineare Differentialgleichung beschrieben, die nur einen ersten Differentialquotienten enthält. Das bekannteste Beispiel für einen solchen Relaxationsvorgang ist die Aufladung und Entladung eines Kondensators über einen Widerstand. Wird der Kondensator an eine Spannungsquelle angeschlossen, so nimmt er deren Spannung nicht sofort an und hat auch nicht sofort seine volle Ladung, sondern er lädt sich langsam nach einer e-Funktion auf und im umgekehrten Falle entlädt er sich entsprechend langsam. Dieser Vorgang läßt sich beliebig oft automatisch wiederholen. Man spricht dann von einer Relaxationsschwingung oder, wie der hierbei geläufigere Ausdruck lautet, von einer Kippschwingung. Die Aufladung eines solchen Kondensators folgt bekanntlich der Gleichung

$$E = E_0\left(1 - e^{-\frac{t}{RC}}\right).$$

Diese Gleichung ist das Integral der Differentialgleichung

$$\frac{dE}{dt} = -\frac{1}{RC}(E - E_0), \tag{XV.16}$$

wie man sich durch Differenzieren überzeugt. Man sieht sofort, daß die zeitliche Entwicklung des durch eine solche Gleichung beschriebenen Prozesses zum Abschluß gekommen ist, wenn E den Wert E_0 erreicht hat und sich dann nicht mehr ändert. Die Schnelligkeit dieser Entwicklung wird durch die Größe RC, „Zeitkonstante" genannt, bestimmt. Wenn die Zeit t den Wert $t = RC$ durchläuft, so hat die e-Funktion den Wert $1/2{,}72 \approx \frac{1}{3}$. Im obigen Falle hat dann E den Wert $\frac{2}{3} E_0$ des Endwertes. Damit hat die ansteigende (bzw. abfallende) Größe schon den Hauptteil ihres Zieles erreicht. Man nennt die dadurch eindeutig charakterisierte Größe auch die „Relaxationszeit"

$$t = RC = \tau. \tag{XV.17}$$

Die Differentialgleichung (XV.16) kann alle möglichen Vorgänge beschreiben, z.B. die Entwicklung einer Energie, einer Amplitude, eines Druckes und einer Verteilungsquote. Solche Vorgänge pflegen ihren Zielwert bzw. ihren Gleichgewichtszustand erst über eine Relaxationszeit τ zu erreichen. Relaxationsprozesse werden daher generell durch eine lineare Differentialgleichung der Form

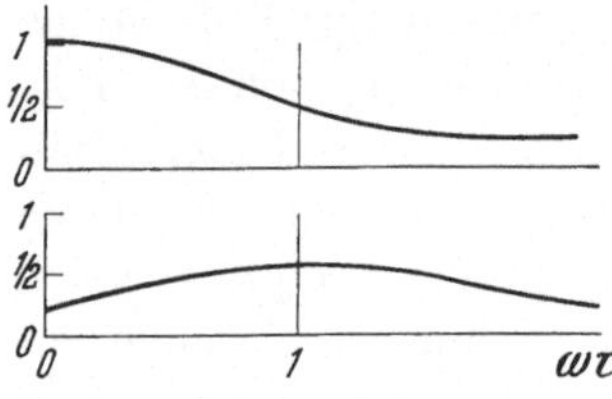

$$\frac{dX}{dt} = -\frac{1}{\tau}(X - X_0) = \frac{1}{\tau}(X_0 - X) \tag{XV.18}$$

beschrieben.

Fig. 186. Figur zu Formel (XV.21)

Der Zielwert X_0, dem die physikalische Größe jeweils zustrebt, braucht keine Konstante zu sein wie im obigen Kondensatorbeispiel, sondern kann, wie das in der Akustik meist der Fall ist, eine periodisch veränderliche Größe sein. Man macht z.B. einen allgemeinen komplexen Ansatz

$$X_0 = X_{00}\, e^{i\omega t}. \tag{XV.19}$$

Für X selbst kann ein entsprechender Ansatz gemacht werden. Das gibt dann durch Einsetzen in (XV.18)

$$i\omega\tau X = X_0 - X$$

und weiter

$$X = \frac{X_0\, e^{i\omega t}}{1 + i\omega\tau} = \frac{X_0}{1 + i\omega}. \tag{XV.20}$$

Daraus folgt dann für den Betrag der Größe X als Funktion der Kreisfrequenz ω der Welle, die durch das Medium läuft, der Wert

$$|X| = \frac{X_0}{\sqrt{1 + \omega^2\tau^2}}.$$

Hat die durchlaufende Welle kleine Kreisfrequenzen, so bleibt es bei dem statischen Wert X_0. Wird aber

$$\omega\tau \gg 1,$$

so vermag die Größe X der anregenden Bewegung nicht mehr zu folgen und sinkt gleichmäßig auf Null ab.

Die obige Gl. (XV.20) kann durch Erweiterung mit $(1 - i\omega\tau)$ in einen realen und einen imaginären Teil zerlegt werden:

$$X = X_0 \left\{ \frac{1}{1 + \omega^2\tau^2} - \frac{i\omega\tau}{1 + \omega^2\tau^2} \right\}. \qquad \text{(XV.21)}$$

Der Verlauf der phasengleichen und der phasenungleichen Komponente ist in Fig. 186 skizziert worden. Man vergleiche mit Fig. 185, um den wesentlichen Unterschied zwischen einem Resonanz- und einem Relaxationsverhalten zu erkennen. Das Maximum der unteren Kurve liegt bei dem Werte

$$\omega\tau = 1. \qquad \text{(XV.22)}$$

Die Relaxationszeit τ ist also mit der Frequenz ν immer über den Faktor 2π verknüpft. Bei der Relaxationsfrequenz

$$\nu = \nu_{\text{rel}} = \frac{1}{2\pi\tau}$$

liegt stets das Maximum des recht breiten Absorptionsbereiches.

161. Das Äquipartitionstheorem[1] der Energieverteilung auf die Freiheitsgrade eines Moleküls

Die interessante Frage, mit welchem Mechanismus und auf welchen Wegen wird die einem Medium zugeführte einseitig gerichtete akustische Energie schließlich in allseitig gleichmäßig verteilte thermische Energie der Moleküle verwandelt, ist zuerst in der Form des „Äquipartitionstheorems"[2] von LUDWIG BOLTZMANN für den Fall des idealen Gaszustandes beantwortet worden. Dieses Theorem kann zwar nicht allgemeingültig sein, beschreibt aber die Wirklichkeit für den Grenzfall sehr einfach gebauter Moleküle erstaunlich gut und gestattet qualitative Aussagen für kompliziertere Fälle. Es ist ein guter Führer zur Systematik von Relaxationsprozessen. Wir haben von diesem Theorem schon in Ziffer 84 Gebrauch gemacht, wollen aber jetzt ein wenig ausführlicher sein.

CLAUSIUS (Ziffer 110) hatte unter der Annahme elastisch ideal stoßender Moleküle gefunden, daß die absolute Temperatur T proportional zur kinetischen Energie der fortschreitenden Bewegung der Moleküle ist; dies ist eine Aussage, die bekanntlich geradezu als mechanische Definition der Temperatur gilt. Unter Benutzung der Boltzmannschen Konstante $k = R/N$ gilt also je Molekül

$$\tfrac{1}{2}\, m\, \overline{v^2} = \tfrac{3}{2}\, kT.$$

---

[1] In dem schon in Ziffer 2 genannten Lehrbuch von CLEMENS SCHAEFER wird dieses Theorem ausführlich behandelt und auch ebenso ausführlich kritisch beleuchtet, und zwar in Bd. II, 3. Aufl. 1944, Abschnitte 85, 96, 108.

[2] $\equiv$ Gleichverteilungssatz.

Auf ein Mol des Stoffes bezogen ist

$$\overline{E}_{\mathrm{kin}} = \tfrac{3}{2}\,RT = 3 \cdot \tfrac{1}{2}\,RT\,.$$

Diese mittlere kinetische Energie kann man sich nach den 3 Koordinaten aufgespalten denken. Da keine Koordinate eine Vorzugsrichtung darstellt, besitzt die Molekülmenge bzw. das Einzelmolekül 3 ,,Freiheitsgrade'' translatorischer Energie. Jeder einzelne Freiheitsgrad ist durch den Betrag $\tfrac{1}{2}RT$ charakterisiert. Dabei könnte es sein Bewenden haben, wenn die Moleküle punktförmig und ideal glatt, also Massenpunkte und nicht reale Gebilde wären. Bei realen chemischen Molekülen müssen aber Rotationen auftreten, wenn sie sich stoßen. Das Äquipartitionstheorem sagt nun aus, daß auch auf jeden der 3 Freiheitsgrade der Rotation im Mittel der gleiche Energiebeitrag $\tfrac{1}{2}RT$ kommt, daß ein Molekül also (mindestens) 6 Freiheitsgrade mit diesem Energiewert hat. Die Aussagen des Theorems gehen aber noch weiter, wenn das betrachtete Molekül nicht starr ist, seine atomaren Bestandteile also gegeneinander beweglich sind. Die Methoden der statistischen Mechanik liefern die allgemeinste Form des Äquipartitionstheorems durch die Aussage, daß die mittlere kinetische Energie des Systems

$$\overline{E} = f \cdot \tfrac{1}{2}\,RT \qquad\qquad\qquad (\mathrm{XV}.23)$$

sei. f ist darin die Gesamtzahl der Freiheitsgrade, die ein System hat. Diese Freiheitsgrade setzen sich nicht nur aus den translatorischen und rotatorischen Bewegungen, sondern auch aus den intramolekularen Schwingungen zusammen. Diese Freiheitsgrade der inneren Schwingungen sind durch die Bewegungsmöglichkeiten der Atome und Atomgruppen gegeneinander im Innern eines Moleküls bestimmt. Ihre Anzahl kann im Prinzip recht groß sein, ist es aber glücklicherweise in der Praxis nicht. Im Bereich der Ultraschallfrequenzen genügt es meist, einen oder zwei dieser inneren Schwingungsfreiheitsgrade zu diskutieren. Die Diskussion wird freilich dadurch sehr erschwert, daß noch keine Bestimmungsstücke bekannt sind, um die Zuordnung a priori eindeutig zu machen. Die durch die Zahl f in Formel (XV.23) angegebenen Freiheitsgrade eines Moleküls teilen sich wie folgt auf:

$$
\left.
\begin{array}{ll}
\text{Freiheitsgrade der Translation: } 3 \\
\text{Freiheitsgrade der Rotation: }\quad\ 3
\end{array}
\right\}\ \text{äußere Freiheitsgrade}
$$

$$
\left.
\begin{array}{l}
\text{Schwingungsfreiheitsgrade bei} \\
n \text{ Atomen im Molekül: }\quad 3n-6
\end{array}
\right\}\ \text{innere Freiheitsgrade.}
\qquad (\mathrm{XV}.24)
$$

Die Zahl $(3n-6)$ kommt dadurch zustande, daß jedes Atom im Molekül 3 Bewegungsmöglichkeiten hat, also mithin $3n$ für das ganze Molekül vorliegen. Von dieser Gesamtheit sind die 3 Grade für die Bewegung des Molekülschwerpunktes und 3 weitere für die Rotation des Gesamtmoleküls abzuziehen. Im besonderen Falle eines linear gebauten Moleküls sind nur 2 Grade für die Rotation abzuziehen; die Gesamtzahl der inneren Schwingungen ist dann $(3n-5)$.

Das Äquipartitionstheorem ist zwar formal sehr einfach, bereitet aber dem Verständnis eine Reihe von Schwierigkeiten, besonders hinsichtlich aller mit dem Begriff „Elastizität" zusammenhängenden und meist aus der makroskopischen Anschauung hergeleiteten Vorstellungen. Die schon genannte kritische Darstellung von CL. SCHAEFER berichtet darüber ausführlich.

Die Bedeutung des Theorems für molekularakustische Probleme geht aus folgenden für ideale Gase geltenden Überlegungen hervor: Die innere Energie E pro Mol eines fluiden Systems setzt sich aus einem durch die äußeren Freiheitsgrade geprägten Anteil E_a und einem durch die inneren Freiheitsgrade geprägten Anteil E_i zusammen. Es ist

$$E = E_a + E_i. \tag{XV.25}$$

Wird durch Eintritt einer Schallwelle in das System bei konstant bleibendem Gesamtvolumen die Temperatur geändert, so ist damit die Energieänderung

$$\left(\frac{\partial E}{\partial T}\right)_V = \left(\frac{\partial E_a}{\partial T}\right)_V + \left(\frac{\partial E_i}{\partial T}\right)_V$$

verbunden. Diese Differentialquotienten sind aber mit den Molwärmen C_V identisch, so daß die gesamte Molwärme in die Bestandteile

$$C_V = {}_aC_V + {}_iC_V$$

zergliedert werden kann. Der Einfachheit halber lassen wir im folgenden die Indices V weg und haben

$$C = C_a + C_i. \tag{XV.26}$$

Auf Grund von Gl. (XV.23) und des Schemas (XV.24) ist die innere Energie E pro Mol

$$E = \zeta_{\text{trans}} \cdot \tfrac{1}{2} RT + \zeta_{\text{rot}} \cdot \tfrac{1}{2} RT + \zeta_{\text{vibr}} \cdot \tfrac{1}{2} RT, \tag{XV.27}$$

wobei die Größen ζ die Anzahlen der jeweils tatsächlich wirksamen Freiheitsgrade sind. Für die Molwärme C_V ist dann

$$C_V = \left(\frac{\partial E}{\partial T}\right)_V = \frac{R}{2}\left(\zeta_{\text{trans}} + \zeta_{\text{rot}} + \zeta_{\text{vibr}}\right). \tag{XV.28}$$

Für ideale Gase gilt die aus Gl. (II.34) folgende Relation

$$C_p = C_V + R$$

und weiter nach Formel (VIII.2) die Relation

$$\frac{p}{\varrho} = \frac{RT}{M}.$$

Dann folgt aus

$$u = \sqrt{\frac{C_p}{C_V} \cdot \frac{p}{\varrho}}$$

die allgemeine Formel

$$u = \sqrt{\frac{p}{\varrho}\left(1 + \frac{2}{\zeta_{\text{trans}} + \zeta_{\text{rot}} + \zeta_{\text{vibr}}}\right)}. \qquad (XV.29)$$

Aus (XV.29) gewinnt man die Schallgeschwindigkeit in idealen Gasen, wenn man für einatomige Stoffe die Werte $\zeta_{\text{trans}} = 3$, $\zeta_{\text{rot}} = 0$ and $\zeta_{\text{vibr}} = 0$ einsetzt, für zweiatomige Stoffe die Werte $\zeta_{\text{trans}} = 3$, $\zeta_{\text{rot}} = 2$, $\zeta_{\text{vibr}} = 1$. Für mehratomige Gasmoleküle gelten die Werte $\zeta_{\text{trans}} = 3$, $\zeta_{\text{rot}} = 3$; und für ζ_{vibr} sind die durch die Zusammensetzung des Moleküls vorgezeichneten Werte einzusetzen. Historisch ist man natürlich umgekehrt verfahren und hat das Äquipartitionstheorem mit Hilfe der Schallgeschwindigkeit u geprüft. Damals hatte gerade die Methode der Kundtschen Staubfiguren Eingang in die Meßtechnik gefunden.

Das Theorem (XV.23) bzw. (XV.27) und die daraus für die Schallgeschwindigkeit gezogenen Folgerungen gelten natürlich nur dann, wenn die Gleichverteilung der Energie auch wirklich stattgefunden hat, wenn also das System einen Gleichgewichtszustand erreicht hat, in welchem es dann verharrt. Bevor das erreicht ist, haben die Relaxationszeiten der Energie zwischen den verschiedenen Freiheitsgraden ihr Spiel ausgeführt. Es kann nun sein, daß es gar nicht zur Gleichverteilung kommt, weil sich inzwischen die äußerlich von der Schallwelle aufgeprägte

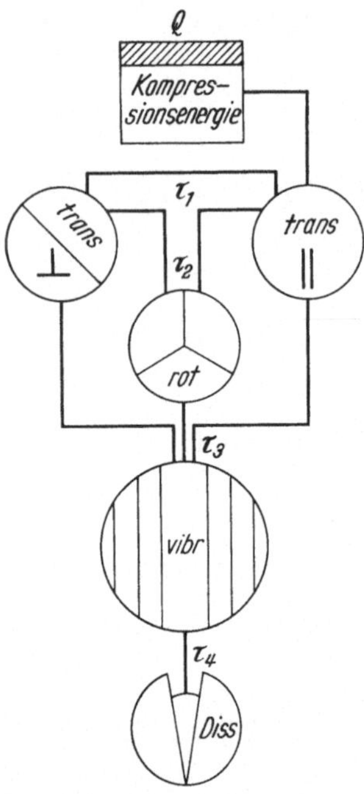

Fig. 187. Schema der Energiewanderungen und der Relaxationszeiten zwischen den verschiedenen Freiheitsgraden eines Moleküls

Zustandsänderung schon wieder geändert hat und von der Kompression zur Dilatation oder umgekehrt übergegangen ist. Gesetzt den Fall, es läge ein komplizierter gebautes Molekül vor, von dessen möglichen inneren Freiheitsgraden einer stark angeregt wäre, so daß $\zeta_{\text{vibr}} = 1$ ist, während $\zeta_{\text{trans}} + \zeta_{\text{rot}} = 6$ sind. Dann hat für mittlere und niedrige Frequenzen der Klammerausdruck in Gl. (XV.29) den Wert 9/7. Bei sehr hohen Frequenzen der Schallwelle tritt nun der in der vorigen Ziffer genannte Fall ein, daß die Relaxationszeit τ bei der Frequenz $\nu_{rel} = 1/2\pi\tau$ wirksam wird und daß oberhalb dieser Frequenz bei $\nu \gg 1/2\pi\tau$ der Freiheitsgrad der inneren Schwingung nicht mehr angeregt werden kann. Es ist dann $\zeta_{vibr} = 0$. Nunmehr wird der Klammerausdruck in (XV.29) den Wert 4/3 haben. Die Schallgeschwindigkeit ist mithin von tiefen zu sehr hohen Frequenzen um etwa $\sqrt{\dfrac{4/3}{9/7}} = \sqrt{\dfrac{28}{27}} = 1{,}02$, d. h. um 2% gestiegen. Das ist ein Betrag, der sich experimentell leicht nachweisen läßt.

Man bekommt mit Hilfe des Äquipartitionstheorems ein gutes Gefühl für die Probleme, um die es bei den akustischen Relaxationsuntersuchungen geht. Dem Experimentator wird ein Fingerzeig gegeben, welche Probleme er zu bewältigen hat und wo seine Schwierigkeiten liegen werden, wenn bei steigender Schallfrequenz ein System von Molekülen nicht mehr in der Lage ist, sich auf einen Gleichgewichtszustand einzustellen. Diese Aufgaben des Experimentators werden durch das Programm der Fig. 187 umrissen. Dieses Programm gilt natürlich nicht nur für ideale Gase, sondern auch für reale Gase und auch für Flüssigkeiten. Der Ausdruck unter der Wurzel in (XV.29) ist dann nur komplizierter, enthält aber die gleichen Fragestellungen.

Die vom Ultraschallsender Q abgegebene Kompressionsenergie (entsprechendes gilt für die Dilatation) liegt zunächst in Form jener Translationsenergie vor, bei der die Bewegung der Moleküle in der Ausbreitungsrichtung des Schalles vor sich geht. Der Übergang in die beiden dazu senkrechten Komponenten geht mit einer Relaxationszeit $\tau_1 < 10^{-9}$ sec vor sich, ist also offenbar nur mit Hyperschallfrequenzen $\nu > 10^3$ MHz direkt untersuchbar. Der Übergang aus den drei translatorischen Freiheitsgraden in die rotatorischen erfolgt mit der Relaxationszeit τ_2, die bei etwa $\tau_2 \approx 10^{-8}$ sec liegen mag. Der fernere Energieübergang aus den translatorischen und rotatorischen in die Vibrationsfreiheitsgrade[1] erfolgt bei Vorliegen nur eines Schwingungsfreiheitsgrades in Relaxationszeiten 10^{-3} sec $< \tau_3 < 10^{-6}$ sec und stellt den meist untersuchten Fall dar, weil der zugehörige Frequenzbereich mit Ultraschallwellen gut erfaßbar ist. Die in Fig. 187 vorgenommene Unterteilung des Feldes der quer liegenden translatorischen Freiheitsgrade in 2 Hälften und die des Feldes der rotatorischen in 3 Teile soll andeuten, daß im Prinzip mit etwas verschiedenen Relaxationszeiten, die aber kaum unterscheidbar sein dürften, zu rechnen ist. Entsprechendes gilt für die Vibrationen; meist ist nur eine von ihnen stark angeregt, aber die Anregung mehrerer ist möglich. Schließlich kann, vermutlich wohl nur über die Vibration, das Molekül mit der Relaxationszeit τ_4 dissoziieren. τ_4 liegt in der Größenordnung

---

[1] Es wird hier und im folgenden mal das Wort Vibration, mal das Wort Schwingung gebraucht; als Index, z. B. in ζ_{vibr}, nur die erstere Bezeichnung.

10^{-4} sec. Ein Wertunterschied von τ_3 und τ_4 ist schwierig nachweisbar. Diese durch τ_1, τ_2, τ_3, τ_4 charakterisierten Relaxationsbereiche hat das Experiment zu erfassen.

162. Knesers Theorie über die Relaxation der inneren Schwingungen

Das Relaxationsproblem, das in Fig. 187 durch τ_3 gekennzeichnet wurde und durch die Arbeiten von Kneser zum historischen Hauptausgangspunkt für akustische Relaxationsuntersuchungen wurde, steht nunmehr zur Behandlung. Es geht um die quantitative Verknüpfung der Relaxationszeit τ mit dem Dispersionssprung der Schallgeschwindigkeit und dem Maximum des Schallabsorptionskoeffizienten[1].

Man geht von der linearen Differentialgleichung (XV.18) für Relaxationsprozesse aus. Die physikalische Größe X sei durch die Energie E zum Zeitpunkt t gegeben. Für X_0 ist die Energie $\bar{E}$ anzusetzen, wenn bei der Temperatur T der Gleichgewichtszustand des Systems erreicht worden ist;

$$\frac{dE}{dt} = \frac{1}{\tau}\,(\bar{E} - E).\qquad\text{(XV.30)}$$

Nach Formel (XV.26) ist

$$C_V = \left(\frac{\partial E}{\partial T}\right)_V = C_a + C_i.$$

Bei niedrigen Frequenzen $\nu \to 0$ sind die beiden Molwärmen voll wirksam, so daß

$$C_0 = C_a + C_i$$

zu schreiben ist. 'Bei sehr hohen Frequenzen $\nu \to \infty$ fällt nach den Ausführungen in Ziffer 161 C_i fort, so daß

$$C_V = C_a = C_\infty$$

wird. Man kann daher schreiben

$$C_V = C_0 = C_\infty + C_i.$$

Für ein ideales Gas mit

$$\frac{p}{\varrho} = RT, \quad u^2 = \frac{C_p}{C_V}\,\frac{p}{\varrho}, \quad C_p - C_V = R$$

lautet dann die Gleichung für die Schallgeschwindigkeit

$$u^2 = \frac{p}{\varrho}\left(1 + \frac{R}{C_V}\right).\qquad\text{(XV.31)}$$

---

[1] Da eine Verwechslung nicht möglich ist, wird bei τ der Index „3" weggelassen.

Daraus folgt

$$u_0^2 = \frac{p}{\varrho}\left(1 + \frac{R}{C_0}\right) \quad \text{für } \nu \to 0 , \qquad (\text{XV.32})$$

$$u_\infty^2 = \frac{p}{\varrho}\left(1 + \frac{R}{C_\infty}\right) \quad \text{für } \nu \to \infty . \qquad (\text{XV.33})$$

Das Verhältnis

$$\frac{u_\infty^2 - u_0^2}{u_\infty^2} \qquad (\text{XV.34})$$

wird auch „Relaxationsbetrag" oder „Dispersionsstufe" genannt und ist erfahrungsgemäß $\gtrsim 0{,}1$. Der hier vorkommende Wert u_∞ hat mit der Konstanten u_∞ in den Ziffern 106, 114—126 nichts zu tun.

Durchläuft nun eine Ultraschallwelle das Gas, so lassen sich die periodischen Veränderungen von Temperatur und innerer Energie in komplexer Schreibweise ansetzen zu

$$T = T_0 + T_1\, e^{i\,\omega t}$$

$$\bar{E} = \bar{E}_0 + C_i\, T_1\, e^{i\,\omega t} .$$

Durch Einführung dieser Ansätze in die Gleichung (XV.30) und durch Integration ergibt sich eine Gleichung für E und daraus wieder nach $C_V = \left(\frac{\partial E}{\partial T}\right)_V$ die komplexe Molwärme zu

$$C_V = C_\infty + \frac{C_i}{1 + i\,\omega\,\tau} = C_\infty + \frac{C_0 - C_\infty}{1 + i\,\omega\,\tau} .$$

Durch Einsetzen von C_V in Gl. (XV.31) folgt

$$u^2 = \frac{p}{\varrho}\left(1 + \frac{R}{C_\infty + \dfrac{C_0 - C_\infty}{1 + i\,\omega\,\tau}}\right) . \qquad (\text{XV.35})$$

Der Realteil dieses Ausdrucks liefert die gesuchte Dispersionsformel

$$u^2 = \frac{p}{\varrho}\left(1 + R\,\frac{C_0 + C_\infty\,\omega^2\,\tau^2}{C_0^2 + C_\infty^2\,\omega^2\,\tau^2}\right) . \qquad (\text{XV.36})$$

Für die beiden Grenzfälle $\omega\tau \ll 1$ und $\omega\tau \gg 1$ ergeben sich sofort die beiden schon genannten Gln. (XV.32 und 33) für u_0 und u_∞.

Aus der Kombination von (XV.32 und 33) mit (XV.36) erhält man

$$\omega^2\,\tau^2 = \left(\frac{C_0}{C_\infty}\right)^2 \frac{u^2 - u_0^2}{u_\infty^2 - u^2}$$

und daraus die Kreisfrequenz

$$\omega = \frac{1}{\tau}\,\frac{C_0}{C_\infty}\,\sqrt{\frac{u^2 - u_0^2}{u_\infty^2 - u^2}} . \qquad (\text{XV.37})$$

Für den Wendepunkt mit der Frequenz ω_W der durch Fig. 188a in der Form $u^2 = f(\log \omega)$ dargestellten Dispersionsformel (XV.36) ergibt sich dann

$$\omega_W = \frac{1}{\tau} \frac{C_0}{C_\infty} \approx \frac{1}{\tau} . \tag{XV.38}$$

Der zugehörige Schallgeschwindigkeitswert ist

$$u_W^2 = \frac{u_\infty^2 + u_0^2}{2} . \tag{XV.39}$$

Aus dem Imaginär- und dem Realteil von (XV.35) ergibt sich unter Hinzuziehung von (XV.32 und 33) und (XV.38) der Phasenwinkel φ zwischen Druck und Dichte zu

$$\tan g\, \varphi = \frac{u_\infty^2 - u_0^2}{u_0^2\, \omega_W^2 - u_\infty^2\, \omega^2} \cdot \omega_W\, \omega .$$

Sein Maximalwert liegt bei

$$\tan g\, \varphi_m = \frac{u_\infty^2 - u_0^2}{2\, u_0\, u_\infty} , \tag{XV.40}$$

wo die Kreisfrequenz ist

$$\omega_m = \frac{u_0}{u_\infty}\, \omega_W = \frac{1}{\tau}\, \frac{u_0}{u_\infty}\, \frac{C_0}{C_\infty} . \tag{XV.41}$$

Das Maximum der Absorptionskurve in Fig. 188b liegt danach bei einer Frequenz, die wegen $u_\infty > u_0$ gegenüber der Frequenz ω_W des Wendepunktes der Dispersionskurve ein wenig nach links hin zu kleineren Werten von ω verschoben ist.

Die zur Dispersionskurve nach Fig. 188a gehörende Absorptionskurve Fig. 188b ergibt sich aus dem komplexen Ansatz für die Schwingungsamplitude

$$\xi_x = \xi_0\, e^{\, i\omega \left(t - \frac{x}{u} \right)} .$$

Durch Einführen eines komplexen Ausdrucks für die Schallgeschwindigkeit, nämlich

$$u^2 = u_0^2\, e^{i\varphi} ,$$

und durch Hinzunahme des soeben für tang φ abgeleiteten Ausdrucks wird von der Theorie folgender Ausdruck für den Absorptionskoeffizienten $\alpha^* = \alpha \Lambda$ berechnet:

$$\alpha^* = \frac{\pi\, \omega\, \tau \left(\dfrac{u_\infty}{u_0} - \dfrac{u_0}{u_\infty} \right)}{\dfrac{C_0}{C_\infty}\, \dfrac{u_0}{u_\infty} + \omega^2\, \tau^2\, \dfrac{C_\infty}{C_0}\, \dfrac{u_\infty}{u_0}} . \tag{XV.42}$$

Dieser Ausdruck ergibt in der Darstellung $\alpha^* = f(\log \omega)$ eine glockenförmige Kurve. Ihr Maximum liegt bei der Kreisfrequenz ω_m, wie wir schon sagten. Der Maximalwert von α^* selbst ist

$$\alpha^*_{max} = \frac{\pi}{2}\,\frac{u^2_\infty - u^2_0}{u_\infty\, u_0} \approx \frac{\pi}{2}\left\{\left(\frac{u_\infty}{u_0}\right)^2 - 1\right\}. \qquad\qquad \text{(XV.43)}$$

Die früher in Ziffer 28 als „Schallabsorption" eingeführte Größe α/v^2 hängt mit Gl. (XV.42) durch

$$\frac{\alpha}{v^2} = \frac{2\pi\,\alpha^*}{\omega\,u} \qquad\qquad \text{(XV.44)}$$

zusammen. Für kleinere Frequenzen ($\omega \ll 1/\tau$) wird α/v^2 konstant, für größere Frequenzen ($\omega \gg 1/\tau$) nach dieser Theorie sehr klein. Die Funktion $\alpha/v^2 = f(\log\omega)$ hat den durch Fig. 188 c angegebenen Verlauf.

Für den Zusammenhang zwischen Dispersion und Absorption unabhängig von der Relaxationszeit, also zwischen Formel (XV.36) und (XV.42), hat Kneser[1] ein sogenanntes Cole-Diagramm[2] angegeben.

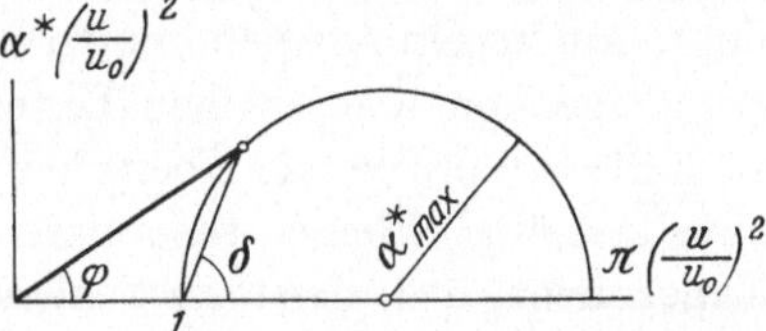

Fig. 188 a—c. Zuordnung von Schalldispersion und -Absorption

Fig. 189. Cole-Diagramm über den Zusammenhang zwischen Dispersion und Absorption

Trägt man $\dfrac{\alpha^*\, u^2}{\pi}$ als Funktion von u^2 oder, wie es in Fig. 189 geschehen ist, $\alpha^*\left(\dfrac{u}{u_0}\right)^2$ als Funktion von $\pi\left(\dfrac{u}{u_0}\right)^2$ auf, so erhält man einen Halbkreis mit dem ungefähren Radius α^*_{max}, sofern ein einfaches Relaxationsphänomen vorliegt. Aus den Unstimmigkeiten zwischen dem Experiment und dieser Form der Darstellung lassen sich dann Schlüsse über weitere Relaxationen und über die Reinheit der untersuchten Substanz ziehen. Die zu einem Wertepaar (α^*, u) jeweils gehörende Relaxationszeit ist aus $\tau' = (\cot g\,\delta)/\omega$ zu ermitteln. Der Winkel φ gibt die Phasenverschiebung zwischen Druck- und Dichtewellen an. Über eine Anwendung dieser Methodik auf die Analyse experimenteller Daten siehe die Arbeit von A. Johnson[3].

---

[1] Kneser, H.O.: Ann. Phys. **43**, 465—469 (1943); siehe auch § 14 und § 35 im Handbuchartikel l. c. Ziffer 156.

[2] Genannt nach K. S. Cole, der 1941 die dielektrische Relaxation in dieser Weise dargestellt hat.

[3] Johnson, A.: Proc. Phys. Soc. Lond. **73**, 273—279 (1959).

Wo nun bei einem gegebenen Gas ein Relaxationseffekt nach Fig. 188 auftritt, d. h. in welchem Frequenzgebiet das τ liegt und ob überhaupt eines vorhanden ist, darüber vermag diese Theorie nichts zu sagen. Sie stellt lediglich die Zuordnungsverhältnisse von Dispersion und Absorption fest. Wenn es infolge experimenteller Schwierigkeiten nicht möglich ist, bis zu der Frequenz vorzudringen, aus der τ direkt entnommen werden kann, so gibt diese Theorie doch die Möglichkeit, die gemessenen Teilstücke der Kurven zu vervollständigen und dadurch ω_W, ω_m und τ zu ermitteln. Davon ist früher sehr rege Gebrauch gemacht worden, als die experimentelle Technik noch nicht so weit wie jetzt fortgeschritten war.

Bei der Darstellung der Relaxationstheorie der „molekularen Schallabsorption und Dispersion" oder, wie es besser heißen würde, der „Relaxationstheorie der Schwingungswärme" gehen die verschiedenen Autoren verschiedene Wege. Der Anfänger wird dadurch leicht verwirrt und weiß nicht so recht, welcher Meinung und Darstellung er nun den Vorzug geben soll. Dazu kommt, daß die Meinungen, welche Vernachlässigungen und Vereinfachungen gemacht werden dürfen oder nicht, auseinandergehen. Der Verfasser dieses Buches ist aber der Ansicht, daß im Grunde genommen diese Darstellungen nur Variationen der grundlegenden Kneserschen Untersuchungen sind, weshalb diese Ziffer auch die entsprechende Überschrift erhalten hat. Für den Experimentalphysiker sind kleine theoretische Variationen zweitrangig, weil das Experiment, das meist an realen Gasen ausgeführt werden muß und dann auf den idealen Gaszustand umzurechnen ist, diese Feinheiten gar nicht so genau zu prüfen gestattet. Allein schon deswegen nicht, weil sehr kleine nicht vermeidbare chemische Verunreinigungen den Wert von τ beträchtlich verschieben können, und weil es eben durchaus nicht immer möglich ist, die ganze Dispersions- und Absorptionskurve aufzunehmen.

Neben den schon früher genannten geschlossenen Darstellungen des Gegenstands von KNESER, von HERZFELD und LITOVITZ sei noch auf eine etwas ältere Darstellung von KNESER[1], auf die Darstellung von PETRALIA[2] und speziell auf einige Abhandlungen von NOMOTO[3] verwiesen. In den beiden zuletzt aufgeführten Arbeiten behandelt NOMOTO auch die Dispersion in nichtidealen Gasen bei Gültigkeit der van der Waalsschen Zustandsgleichung. In der letzten Arbeit gibt er eine Klassifikation der akustischen Relaxationstheorien. Er teilt sie in 8 Gruppen ein, gibt ihre wesentlichen Ziele und Inhalte an und nennt

[1] KNESER, H.: Ergebn. exakt. Naturw. 22, 121—185 (1949).

[2] PETRALIA, S.: Nuovo Cim., Suppl. 9, 1—58 (1952).

[3] NOMOTO, O.: Proc. Phys. Math. Soc. Japan 22, 77—90 (1940); — Bull. Kob. Inst. 1, 162—168 (1951); — J. Phys. Soc. Japan 12, 85—99 (1957).

die wichtigsten Literaturstellen. Der Leser, der sich weiter in diesen Gegenstand vertiefen will, sei daher auf diesen Führer dazu verwiesen.

An dieser Stelle sei einer von PREDWODITELEW vorgetragenen Theorie, die von den üblichen Anschauungen über die Relaxationsursachen abweicht, gedacht. Da dem Verfasser die Originalarbeiten nicht zur Verfügung standen, kann hier nur ein kurzer Hinweis gegeben werden[1]. PREDWODITELEWs Untersuchungen beziehen sich vornehmlich auf mehratomige Moleküle. Er geht davon aus, daß bei der Schallübertragung ein erheblicher Teil der Molekülstöße ausgesprochen unelastisch ist. Dies bedeutet, daß die Moleküle beim Stoß länger beieinander verweilen, als es bei ausgesprochen elastischen Stößen der Fall sein kann. Die größeren Verweilzeiten haben stärkere lokale Schwankungen von Dichte und Druck zur Folge. Es bilden sich relaxierende Molekülkomplexe. Die Dispersionsformel für u ähnelt der Gl. (XV.36), hat aber die Form

$$u^2 = w^2 \left\{ 1 + R \, \frac{C_0 + \dfrac{\omega^2}{p^2} \, S^2 \, C_\infty}{C_0^2 + \dfrac{\omega^2}{p^2} \, S^2 \, C_\infty^2} \right\}.$$

Darin stellt w die Wanderungsgeschwindigkeit der Front der lokalen Dichteschwankungen und S einen Parameter dar.

163. Anschauliche Darstellung des Relaxationsproblems der vorigen Ziffer

Es ist nützlich, wenn man sich über die Aussagen in den letzten Ziffern einen anschaulichen Überblick verschafft, wie ihn Fig. 190 liefert. Aus Gründen der einfacheren Darstellungsweise sind die Kompressionen und Dilatationen in Rechteckform angesetzt worden. Auch wird nur eine einzige Schwingungsperiode betrachtet, da sich die Ereignisse ja periodisch wiederholen.

Ein Volumenelement V erfahre eine plötzliche Kompression vom Volumen V_1 auf V_2 und nach einer halben Periode eine ebenso plötzliche Dilatation vom Volumen V_2 auf das Volumen V_1 zurück[2]. Der dabei zugeführte Energiebetrag $E = E_a + E_i$ setzt sich aus dem Betrag E_a, der in die äußeren Freiheitsgrade wandert, und dem Betrag E_i, der in die inneren Freiheitsgrade wandert, zusammen. Bevor aber der Gleichgewichtszustand erreicht wird, geschieht folgendes: Das Volumenelement befindet sich zunächst in dem durch die Ziffer 1 bezeichneten

---

[1] Entnommen aus dem Buche von B. KUDRJAWZEW, l. c. Ziffer 112, S. 86—88.

[2] Die Benutzung des sonst für das Molvolumen gebrauchten Symbols V für das Volumenelement sei durch die Proportionalität beider Volumina gerechtfertigt. Ferner sind der Einfachheit halber bei den Energiedifferenzen die Symbole Δ weggelassen worden.

Energiezustand mit dem Volumen V_1 und dem Druck p_1. Die Zuführung von E geschieht zunächst in die äußeren Freiheitsgrade. Der Betrag von

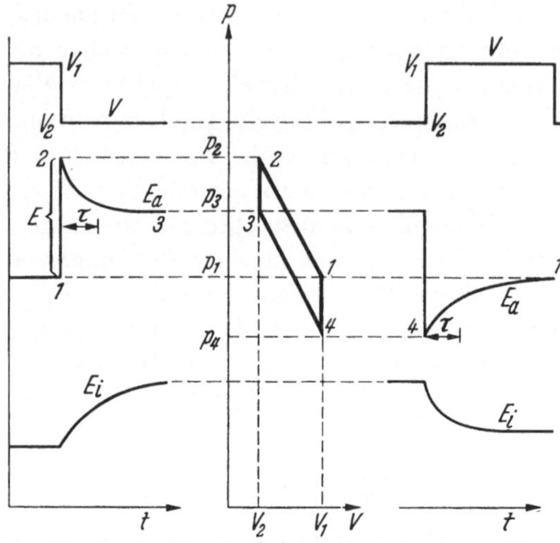

E_a wird voll wirksam und hebt das Volumenelement in den durch die Ziffer 2 bezeichneten Energiezustand mit dem Volumen V_2 und dem Druck p_2. Dann aber wandert die Energie mit der Relaxationszeit τ von den äußeren in die inneren Freiheitsgrade ein. E_a fällt und E_i steigt. Am Ende ist das Volumenelement in dem energetischen Zustand mit der Ziffer 3 und dem Volumen V_2 und dem Druck $p_3 < p_2$. Mit etwas ande-

Fig. 190. Anschauliche Darstellung des Relaxationsproblems bei Annahme plötzlicher Kompression und Dilatation

ren Worten: Die Kräfte, mit denen die Moleküle auf die Wände des Volumenelements wirken, sind nach der kinetischen Theorie der Materie durch die äußere in E_a enthaltene translatorische Energie bestimmt und

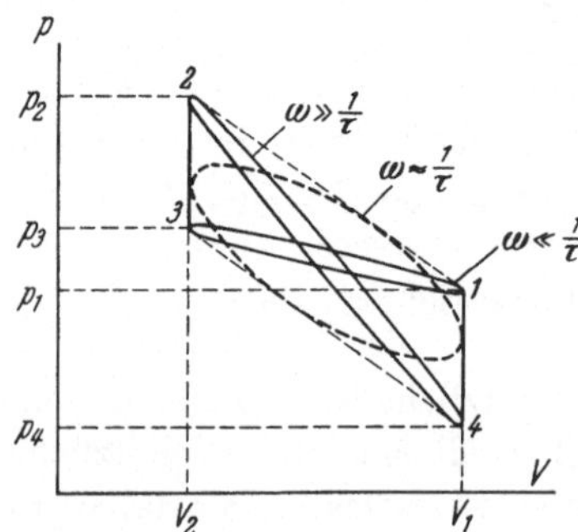

werden nicht durch den in den Molekülen selbst verschwundenen Energieanteil beeinflußt.

Tritt nunmehr die Dilatation ein, die das Volumenelement von V_2 wieder auf das Ausgangsvolumen V_1 zurückbringt, so versetzt der zugeführte negative Energiebetrag E das Volumenelement in den durch die Ziffer 4 gekennzeichneten energetischen Zustand. Dann wandert die innere Energie E_i mit der Relaxationszeit τ wieder heraus und in den äußeren Energieanteil E_a hinein, bis mit dem energetischen Zu-

Fig. 191. Ellipsenflächen im pV-Zustandsdiagramm als Maß für Relaxation und Absorption

stand der Ziffer 1 der Ausgangspunkt wieder erreicht ist. Im pV-Diagramm ist aber eine endliche Fläche umschrieben worden, die anzeigt, wieviel von der Kompressionsenergie verloren gegangen und infolge der mit der Zeit τ laufenden Relaxation der im Innern der Moleküle verweilenden Energien irreversibel in ungeordnete Wärme verwandelt worden ist.

Wir verknüpfen nun den beschriebenen Prozeß mit der Frequenz einer sinusförmigen Schallwelle und betrachten dazu Fig. 191. Bei kleinen Frequenzen $\omega \ll 1/\tau$ durchläuft das Volumenelement im Schallfeld nahezu nur Gleichgewichtszustände zwischen den Zustandspunkten mit den Indices 1 und 3. Bei sehr hohen Frequenzen $\omega \gg 1/\tau$ geht nach den Ausführungen in Ziffer 161 $E_i \rightarrow 0$. Das bedeutet, daß in Fig. 191 die schmale Ellipse dann zwischen den Zustandspunkten mit den Indices 2 und 4 verläuft. Unter Verwendung des Begriffs der Kompressibilität, die durch den Differentialquotienten $\partial V/\partial p$ definiert ist, kann man auch sagen, daß für Frequenzen, die klein gegen die reziproke Relaxationszeit sind, die Kompressibilität groß ist; für Frequenzen, die größer als die reziproke Relaxationszeit werden, nimmt die scheinbare Kompressibilität ständig ab. Dazwischen liegt die großflächige Ellipse bei der Relaxationsfrequenz $\omega \approx 1/\tau$. Ihre Fläche ist der Ausdruck für den hier besonders großen Absorptionskoeffizienten der Schallwellen.

164. Die Darstellung des Relaxationsproblems als Funktion des Verhältnisses von Frequenz und Druck

Die Betrachtungen in Ziffer 160 und 162 zeigten, daß Relaxationen einen breiten Frequenzbereich überstreichen. Da die Kurven der Fig. 188 ihre Form bei Veränderung von τ nicht ändern, liegt die Breite des Dispersionsgebiets, kenntlich an u^2 in Fig. 192a, und die Halbwertsbreite des Absorptionsgebiets, kenntlich an α^* in Fig. 192b, von vornherein fest. Diese Breite ist für die Dispersion gleich 0,87, für die Absorption gleich 1,16. Das entspricht 3 Frequenzoktaven bei den Dispersionsmessungen und 4 Frequenzoktaven bei den Absorptionsmessungen. Um den gesamten Relaxationsbereich zu erfassen, bedarf es noch weiterer Oktaven, wie die Fig. 192 erkennen läßt.

Die meßtechnische Erfassung des gesamten Frequenzbereiches macht dem Experimentator große Schwierigkeiten, weil einmal die Energieabgabe von einem schwingenden Piezokristall klein ist,

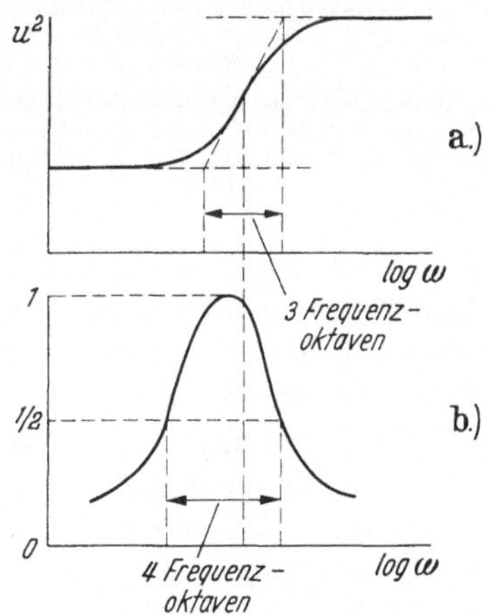

Fig. 192 a u. b. Definitionen für die Breite der Gebiete von Dispersion und Absorption

zweitens die Absorption in Gasen etwa 4 Zehnerpotenzen größer als in Flüssigkeiten zu sein pflegt, und weil das meist allein für Messungen in Frage kommende Interferometer bei hohen Frequenzen und kleinen Wellenlängen nicht mehr recht brauchbar ist. Schließlich aber gibt es auch keine piezoelektrischen oder magnetostriktiven Schwinger, die über

einen Frequenzbereich von mehreren Oktaven gleichmäßig schwingen.
Die Resonanz dieser Schwinger pflegt infolge der geringen Dämpfung
in Gasen sehr scharf zu sein. Man ist daher gezwungen, bei Messungen
mehrere Piezoschwinger zu benutzen und eventuell auch mehrere Hoch-
frequenzapparaturen. Diese Situation ist zwar bei Flüssigkeiten stark
gemildert, aber hinsichtlich der Breite des Frequenzbandes unverändert.

Aus diesen experimentellen Schwierigkeiten hilft bei Gasen eine Entdeckung heraus, die zuerst von WILLIAM RICHARDS[1] und JAMES REID
ausführlich studiert wurde und seitdem weitgehend Verwendung findet.
Es hat sich gezeigt, daß bei gegebener Frequenz eine Druckerniedrigung
dieselbe Wirkung auf den Relaxa-
tionsprozeß hat wie eine Frequenz-
erhöhung bei konstantem Druck.
Dispersion und Absorption werden
daher nicht als Funktion der Frequenz v allein, sondern als Funktion des Frequenz-Druck-Verhält-
nisses v/p dargestellt. Die Relaxationsfrequenz v_{rel} kann demnach
durch Druckerniedrigung in ein
wesentlich leichter meßbares Frequenzgebiet verschoben werden:

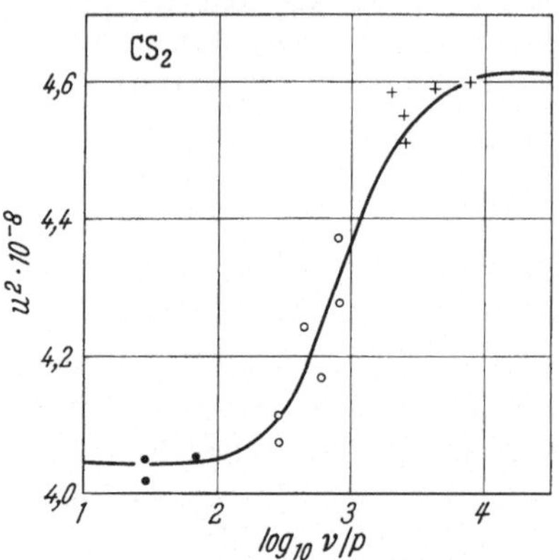

Fig. 193. Darstellung von Dispersionsproble-
men durch das Verhältnis v/p (nach RICHARDS
und REID). ● bei 9 kHz, ○ bei 92 kHz, + bei
451 kHz

$$\frac{v_{1\,rel}}{p_1} = \frac{v_{2\,rel}}{p_2} \text{ mit } \quad p_2 \ll p_1. \quad \text{(XV.45)}$$

Bisweilen können Relaxationsunter-
suchungen sogar mit nur einer ein-
zigen Frequenz durchgeführt werden. Beispiele für diesen wichtigen
Zusammenhang (XV.45) zeigen eine ganze Reihe von Figuren dieses
Kapitels. In Fig. 193 ist eines der ersten Beispiele von RICHARDS und
REID wiedergegeben worden.

Die Erklärung liegt in folgender einfacher Überlegung: In idealen
Gasen legen die Moleküle, ohne sich gegenseitig zu beeinflussen, gerad-
linige Strecken zwischen zwei Kollisionen zurück. Nur während des
Zusammenstoßes selbst und des damit verbundenen Energieaustausches
herrschen andere Verhältnisse. Bei gegebener Temperatur ist die
mittlere Geschwindigkeit der Moleküle konstant, also auch die Zeit $\bar{\tau}$,
die zwischen zwei Kollisionen vergeht. Erhöht man den Druck und verkleinert dadurch das Volumen des Gases, so werden die mittleren freien
Weglängen kleiner und dementsprechend auch die Zeiten $\bar{\tau}$. $\bar{\tau}$ ist mithin dem Druck p umgekehrt proportional. Nun tritt beim Relaxations-

---

[1] RICHARDS, W., and J. REID: J. Chem. Phys. 1, 863—879 (1933); 2, 193—214
(1934).

prozeß, wie in der nächsten Ziffer 165 näher besprochen werden soll, der Energieaustausch zu einer Zeit ein, die im Mittel ein bestimmtes Vielfaches der Zeitspanne $\bar{\tau}$ ist. Danach ist auch die Relaxationszeit τ dem Druck umgekehrt proportional. Da nun nach Gl. (XV.38) $\tau = 1/2\pi\nu_{rel}$ ist, folgt die Proportionalität

$$\nu_{rel} \sim p$$

bzw. die Relation

$$\frac{\nu_{rel}}{p} = \text{const} \tag{XV.46}$$

und daraus die Berechtigung, Relaxationsprobleme als Funktion von ν/p darzustellen.

Diese Darstellungsweise hat natürlich ihre Grenzen. Wenn das Gas nicht ideal ist, muß das berücksichtigt werden. Bei sehr hohen Drucken und im kritischen Gebiet, wo Annäherungen an den flüssigen Zustand stattfinden, scheint $\tau \cdot p$ nicht mehr konstant zu sein. HENDERSON[1] und PESELNIK meinen, daß dann $\tau \cdot \varrho$ konstant würde. Schließlich ist es nicht unwichtig zu wissen, daß die Proportionalität (XV.46) das alleinige Vorkommen von Zweierstößen zwischen den Molekülen zur Voraussetzung hat. Ein Auftreten von Dreierstößen verschiebt den Zusammenhang in Richtung einer Proportionalität von ν_{rel} zu p^2.

165. Die Stoßzahl als Maß der Lebensdauer von Energiequanten

Wenn in der Mechanik von „Stoßzeit" die Rede ist, so wird darunter die Zeit verstanden, *während* der zwei Körper zwischen Aufprall und Abprall in engem Berührungskontakt stehen. Bekannt ist, daß diese Zeit im Falle des Berührungskontakts einer Stahlkugel an einer Stahlplatte mit dem ballistischen Galvanometer gemessen wird. Leider wird dieser an sich klare Begriff der Stoßzeit in der Molekularakustik von vielen Autoren für jene Zeit $\bar{\tau}$ benutzt, die wir in der vorigen Ziffer als die Zeit eingeführt haben, die *zwischen* zwei Molekülstößen vergeht. Wir wollen daher in diesem Buche von „Stoß-Zwischenzeit" $\bar{\tau}$ sprechen („time between collisions"). Es handelt sich also bei $\bar{\tau}$ nicht um die Zeit, während der die kleine Strecke d in Fig. 194a von Null auf ein Maximum und wieder zurück geht, sondern vielmehr um die mittlere Zeit, die ein Molekül nach Fig. 194b braucht, um von einem Zusammenstoß zum anderen zu fliegen. Diese Stoßzwischenzeit $\bar{\tau}$ steht mit der Relaxationszeit τ in dem einfachen Zusammenhang

$$\tau = z \cdot \bar{\tau}. \tag{XV.47}$$

Das sei für das Beispiel des Übergangs von Energie aus den translatorischen Freiheitsgraden in die Vibrations-Freiheitsgrade und zurück er-

---

[1] HENDERSON, M., and L. PESELNIK: J. Acoust. Soc. Amer. **29**, 1074—1080 (1957).

läutert, und zwar für den Fall einer Aktivierung oder Reaktivierung, bei der nur ein einziges Energiequantum übertragen wird.

Der Übergang eines Quantums aus der translatorischen Energiemenge in die Vibrations-Energiemenge geschieht in der gewöhnlichen Akustik nur durch mechanischen Stoß. Für den Übergang müssen günstige Umweltbedingungen vorliegen. Er geschieht sicher nicht beim Vorüberfliegen und bei nur leichter Berührung. Es ist anzunehmen, daß nach dem Schema der Fig. 194a die Elektronenhüllen der Moleküle sich gegenseitig so stören oder aufeinander einstellen, daß der Energieübergang wirklich stattfinden kann. Obwohl dieser Prozeß im einzelnen schlecht vorstellbar ist, kann man sich doch gut vorstellen, daß die Erregung einer Vibration zwischen zwei bestimmten Atomen eines Moleküls eine ganz bestimmte Lage und Geschwindigkeit der Moleküle zueinander voraussetzt. Man kann das Analogon zu diesem Geschehen bisweilen in der biologischen Natur gut beobachten, wenn ein Insekt sein Ei an eine bestimmte Stelle eines anderen Tiers anbringen will und dazu viele Anflüge aus verschiedenen Richtungen mit verschiedener Heftigkeit macht, bis schließlich die richtige Anflugrichtung gefunden und das Ziel erreicht ist. Bis zum Moment der Energieübertragung vergeht also eine längere Zeit, die zwar für jedes Molekül verschieden ist, aber im Mittel der Relaxationszeit τ entspricht. Die Stoßzwischenzeit $\bar{\tau}$ muß dann z mal vergehen, bis in der Relaxationszeit τ der Übergang der Energiequanten vollzogen ist. Die Zahl z nennt man daher auch die „Stoßzahl" und gibt sie neben der Relaxationszeit τ an. Natürlich tritt auch der umgekehrte Fall ein, daß nach einer Reihe von Stößen die Vibrationsquanten in die Translations-Energiequanten zurückverwandelt werden. Diese Quanten verteilen sich dabei über alle Raumwinkel, so daß sie zur Aufrechterhaltung der ursprünglichen Schallintensität der gerichteten Ultraschallwelle nichts mehr beitragen.

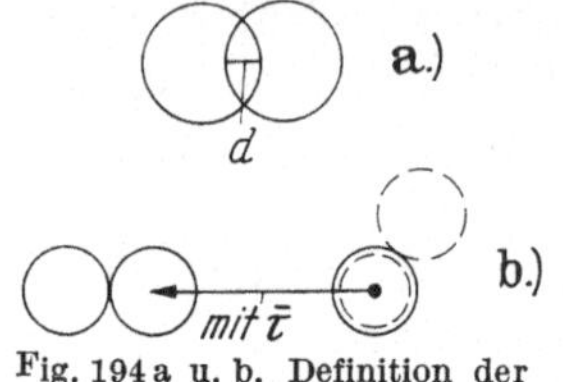

Fig. 194a u. b. Definition der Stoßzwischenzeit $\bar{\tau}$

Die Zahl der Stöße, die erforderlich ist, daß ein Translationsenergiequant als Schwingungsquant in das Molekül hineingeht, braucht durchaus nicht mit der Zahl der Stöße übereinzustimmen, wenn ein Schwingungsquant sich wieder zurückverwandeln will. Man sagt auch, daß die Übergangswahrscheinlichkeiten $w_{1,2}$ und $w_{2,1}$ der Energie zwischen zwei Molekülen verschieden sind. Erst beide zusammen genommen bestimmen die Relaxationszeit τ wirklich:

$$\tau = \frac{1}{w_{1,2} + w_{2,1}}. \tag{XV.48}$$

In den später zu besprechenden Relaxationsbeispielen sind aber die Übergangswahrscheinlichkeiten sehr unterschiedlich, so daß die Zahl der

Aktivierungsstöße die der Entaktivierung um eine Größenordnung und mehr übersteigen kann und damit τ allein bestimmt. Das haben wir bei den anschaulichen Erläuterungen im Anfang dieser Ziffer stillschweigend angenommen.

Wenn nun ein Energiequantum ein bestimmtes Molekül als Wirt gefunden hat und dort in einer inneren Schwingung verbleibt, bis es wieder als Translationsquant herausbefördert wird, so gibt die Zahl z die „Lebensdauer" dieses Quantums an. Es muß aber durchaus nicht so sein, daß diese Lebensdauer nur mit einem einzigen Wirtsmolekül verbunden ist. Das Energiequantum kann auch als Schwingungsquantum das Molekül wiederholt und vielleicht sogar sehr oft wechseln.

166. Korrektur von Meßwerten auf den idealen Gaszustand

Da in den wenigsten Fällen die Schallgeschwindigkeitsmessungen in Gasen bei Drucken und Temperaturen erfolgen können, für die der ideale Gaszustand annähernd erreicht ist, müssen die Meßwerte auf ihn hin korrigiert werden[1]. Die in Ziffer 162 vorgetragene Theorie hat ja den idealen Gaszustand zur Voraussetzung.

Die Schallgeschwindigkeit kann nach den Ausführungen in Ziffer 86 in der Gestalt

$$u^2 = \frac{C_p}{C_V} \frac{RT + 2A_2' p}{M} \tag{XV.49}$$

geschrieben werden. A_2' ist der 2. Virialkoeffizient, definiert durch Gl. (VIII.14). Die gemessene Schallgeschwindigkeit ist auf den Idealwert u_0 bei $p \to 0$ zu reduzieren und lautet dann

$$u_0^2 = \left(\frac{C_p}{C_V}\right)_0 \frac{RT}{M} . \tag{XV.50}$$

Für die Reduktion geben die verschiedenen Forscher verschiedene Formeln an, je nachdem welcher Form der Zustandsgleichung für reale Gase sie den Vorzug geben. Für die Reduktion muß natürlich die Funktion $A_2'(T)$ bekannt sein oder erst durch Messungen ermittelt werden. Nach EUCKEN[2] und BECKER ist das Verhältnis

$$\left(\frac{C_p}{C_V}\right)_0 = 1 + \frac{R}{c_v + 2p\,\dfrac{dA_2'}{dt} + pT^2\,\dfrac{d^2A_2'}{dT^2}}$$

aus den vorliegenden Werten von p, T und $A_2'(T)$ zu berechnen. HERZFELD[3] und LITOVITZ machen in Ziffer 35 ihres Buches nähere Ausführun-

---

[1] Dies ist zum ersten Male von W. RICHARDS und J. REID gemacht worden; J. Chem. Phys. 2, 193—205 (1934).

[2] EUCKEN, A., u. RU. BECKER: Z. phys. Chem., Abt. B 27, 219—234 (1934).

[3] HERZFELD, K., and TH. LITOVITZ: l. c. Ziffer 156.

gen über das Korrektionsverfahren, kommen aber zu einer wesentlich komplizierteren Formel. Daselbst findet sich auch die weitere Literatur über diesen Gegenstand. SETTE[1], BUSALA und HUBBARD, aber auch RAO[2] und HUBBARD geben die Formel

$$u_0 = \frac{u}{1 + p\left[\dfrac{A_2'}{RT} + \dfrac{1}{C_V^0}\left(\dfrac{dA_2'}{dt} + \dfrac{RT}{2\,C_p^0}\cdot\dfrac{d^2A_2'}{dT^2}\right)\right]}$$

an, mit deren Hilfe sie die gemessene Schallgeschwindigkeit u auf die ideale u_0 reduzieren. C_V^0 und C_p^0 sind die spezifischen Wärmen für kleine Frequenzen und werden aus spektroskopischen Daten berechnet. Der zweite Virialkoeffizient A_2' wurde aus den kritischen Daten p_c und T_c nach der Formel

$$A_2' = \frac{9}{128}\,\frac{RT_c}{p_c}\left(1 - \frac{6\,T_c^2}{T^2}\right)$$

Tabelle XV/4. *Werte von g zur Reduktion von Schallgeschwindigkeiten in realen Gasen auf den idealen Gaszustand*

Gas	g	Gas	g
CH_4	0,000424	CCl_4	0,04422
CH_3Cl	0,00927	$(CH_2Cl)_2$	0,0387
CH_2Cl_2	0,02320	Cl_2HCCH_3	0,0331
$CHCl_3$	0,03086		

gewonnen. In vereinfachender Schreibweise lautet die vorletzte Gleichung

$$u_0 = \frac{u}{1 - g\,p}. \tag{XV.51}$$

Für einige organische Gase sind die Werte von g in der Tabelle XV/4 tabelliert. p ist in Atmosphären zu rechnen; die Temperatur liegt bei 30° C. Eine strukturelle Gesetzmäßigkeit für g ist leider nicht erkennbar.

167. Translationsrelaxation bei einatomigen Gasen

Für die einatomigen Edelgase Helium, Neon, Argon, Krypton und Xenon liefert die klassische Theorie nach Ziffer 161 die Aussage, daß nur die Translationsfreiheitsgrade mit $\zeta_{\text{trans}} = 3$ angeregt seien und die Schallgeschwindigkeit dann den Wert

$$u_0 = \sqrt{\frac{5}{3}\frac{p}{\varrho}}$$

habe. Darüber ist auch schon früher in Ziffer 84 gesprochen worden. Nach dem Schema der Fig. 187 besteht aber zwischen den Translationsenergien parallel und senkrecht zur Schallfortpflanzungsrichtung eine Relaxationszeit τ_1, die vermutlich außerordentlich klein ist. Wenn man also mit dem Quotienten v/p so hoch wie irgend möglich hinaufgeht, wird

[1] SETTE, D., A. BUSALA and J. HUBBARD: J. Chem. Phys. **23**, 787—793 (1955).
[2] RAO, T., and J. HUBBARD: J. Acoust. Soc. Amer. **27**, 321 (1955).

schließlich $\zeta_{\text{trans}} = 1$ und damit

$$u_\infty = \sqrt{3 \cdot \frac{p}{\varrho}}\,.$$

Vermutlich wird schließlich der Dispersionssprung

$$\frac{u_\infty}{u_0} = 1{,}34$$

herauskommen.

Der Frequenzgang von u/u_0 müßte für alle Edelgase der gleiche sein. Eine entsprechende Gemeinsamkeit müßte auch für die Absorptions-

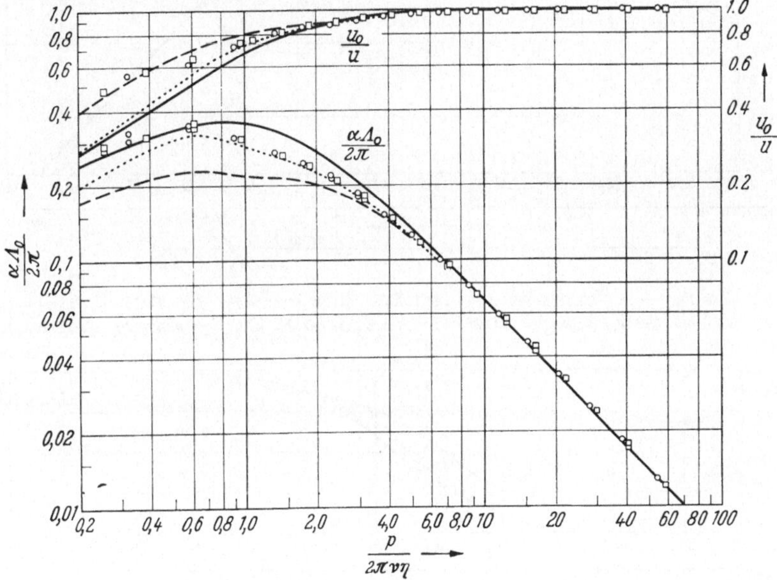

Fig. 195. Verlauf von Schallgeschwindigkeit und Absorption in Krypton und Xenon bei sehr niedrigen Drucken (nach GREENSPAN)

kurven der verschiedenen Edelgase gelten. Diese beiden Aussagen sind tatsächlich zutreffend. Fig. 195 zeigt den Verlauf für die Edelgase Krypton (O) und Xenon (□) nach einer Darstellung von GREENSPAN. Der Darstellung liegt die akustische Ausbreitungskonstante einer ebenen Welle $\left(\alpha + i\,\dfrac{\omega}{u}\right)$ zugrunde. Als Abszisse ist ein mit der Reynoldsschen Zahl zusammenhängender und aus der Viscosität η und dem üblichen ν/p zusammengesetzter Ausdruck gewählt worden. Der Index „0" in den Größen der Ordinaten bezieht sich auf kleine Frequenzen und Atmosphärendruck. Die Meßfrequenz war 11 MHz. Die Translations-Relaxationsfrequenz liegt in der Gegend von $3 \cdot 10^3$ MHz, die Relaxationszeit mithin in der Größenordnung $\tau \approx 10^{-10}$ sec.

Nun ist aber der Relaxationsbereich nicht durch eine wirkliche Messung bei sehr hohen Schallfrequenzen, sondern nur durch außerordentliche Erniedrigung von Druck und Dichte erreicht worden. Wir hatten schon in Ziffer 85 rein experimentell gezeigt, daß dann die Schallgeschwindigkeit sehr stark ansteigt. Offenbar ist aber für diesen Fall

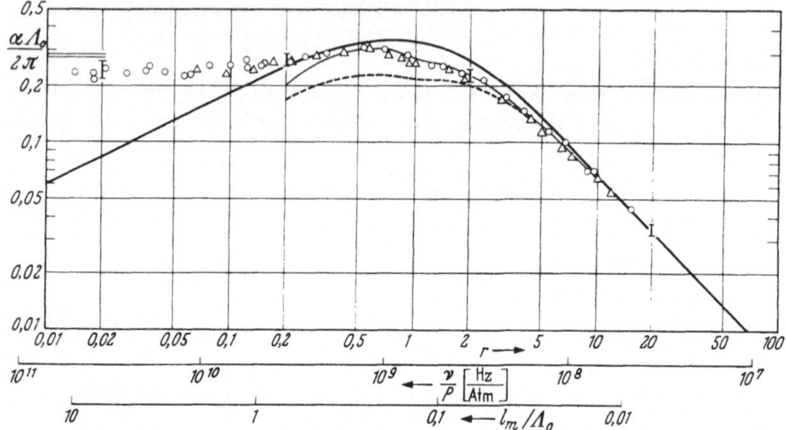

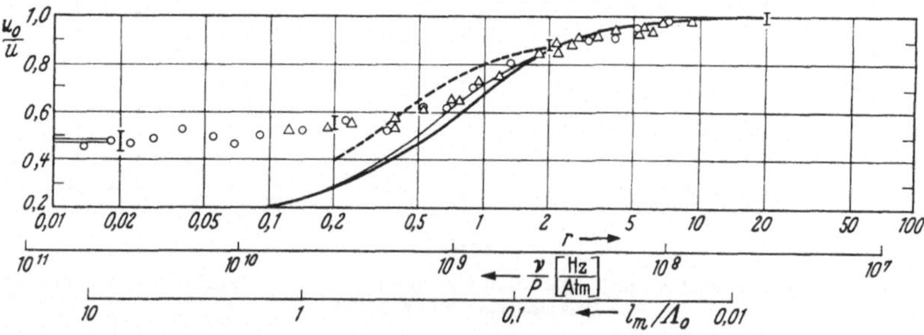

Fig. 196. Absorption und Dispersion in Argon bei sehr niedrigen Drucken (nach E. MEYER und SESSLER)

weder der gemachte Ansatz über die Translationsfreiheitsgrade noch der über die Anwendbarkeit der idealen Gasgleichung auf die Schallgeschwindigkeit stichhaltig, denn aus den Angaben von Fig. 195 ist zu entnehmen, daß die Schallgeschwindigkeit wesentlich über den vermuteten Grenzwert von 1,34 ansteigt.

Die Messungen, die der Fig. 195 zugrunde liegen, entstammen einer Arbeit von GREENSPAN[1]. Näheres über die Diskussion dieses Problems der Schallausbreitung, wenn die mittlere freie Weglänge der Gasmoleküle sich der Schallwellenlänge nähert, siehe in den Darstellungen von HERZ-

---

[1] GREENSPAN, M.: J. Acoust. Soc. Amer. **28**, 644—648 (1956).

FELD[1] und LITOVITZ und von KNESER[2]. Dort findet sich auch eine nähere Erläuterung der Burnettschen Theorie dieses Gegenstandes. Die Burnettsche Theorie beschreibt die Schallausbreitung in hochverdünnten Edelgasen im Bereich $v/p = 10^8$ bis $5 \cdot 10^9$ Hz/atm gut. Für kleinere Werte von v/p genügt die klassische Theorie. Bei Werten $v/p = 10^{10}$ bis 10^{11} Hz/atm wird die Schallstrecke, über die man messen muß, kleiner als die mittlere freie Weglänge der Moleküle. Dieser Fall ist in einer ausführlichen Arbeit von E. MEYER[3] und SESSLER behandelt worden und wird für Argon durch Fig. 196 veranschaulicht. Die unterste Abszisse gibt das Verhältnis der mittleren freien Weglänge l_m zur Schallwellenlänge Λ an. Da diese Messungen in unmittelbarer Nähe des Schallsenders ausgeführt werden mußten, wich der experimentelle Aufbau von der üblichen Art stark ab. Als Sender wurde ein Wandler nach SELL[4] in der Gestalt eines Kondensator-Wandlers mit festem Dielektrikum verwendet; das Mikrophon war entsprechend gebaut. Die Aussagen der Nahbereichstheorie von MEYER und SESSLER sind durch den Doppelstrich auf der linken Bildseite wiedergegeben.

168. Rotations-Relaxation bei zweiatomigen Gasen

Zweiatomige Gase sind leichter (H_2) und schwerer (D_2) Wasserstoff, Sauerstoff O_2 und Stickstoff N_2. Wenn bei hinreichend hohen Frequenzen keine Schwingungen der beiden Atome im Molekül gegeneinander angeregt sind, daher in Gl. (XV.29) ζ_{vibr} ausfällt, so wäre der klassische Wert der Schallgeschwindigkeit mit $\zeta_{\text{trans}} = 3$ und $\zeta_{\text{rot}} = 2$

$$u_0 = \sqrt{\frac{7}{5} \frac{RT}{M}} \, .$$

Oberhalb der Rotations-Relaxationsfrequenz fällt auch ζ_{rot} aus und es müßte sein

$$u_\infty = \sqrt{\frac{5}{3} \frac{RT}{M}} \, .$$

Zunächst seien die Messungen in leichtem und schwerem Wasserstoff besprochen. Untersuchungen darüber wurden unter anderen von RHODES[5], VAN ITTERBEEK[6] u. Mitarb., E. und J. STEWART[7] gemacht.

---

[1] HERZFELD, K., and TH. LITOVITZ: l. c. Ziffer 156.

[2] KNESER, H.: l. c. Ziffer 156.

[3] MEYER, E., u. G. SESSLER: Z. Physik **149**, 15—39 (1957).

[4] SELL, H.: Z. techn. Phys. 18, 3—10 (1937); ferner W. KUHL u. Mitarb., Acustica **4**, 519—532 (1954); E. MEYER, Nuovo Cim. **7**, Suppl. Nr. 2, 248—254 (1950).

[5] RHODES, J.: Phys. Rev. **70**, 91, 932—938 (1946).

[6] ITTERBEEK, A. VAN, u. Mitarb.: Physica, Haag 4, 609—616 (1937); 5, 889—897 (1938); — Nature, Lond. **167**, 477—478 (1951).

[7] STEWART, E. and J.: J. Acoust. Soc. Amer. **24**, 194—198 (1952).

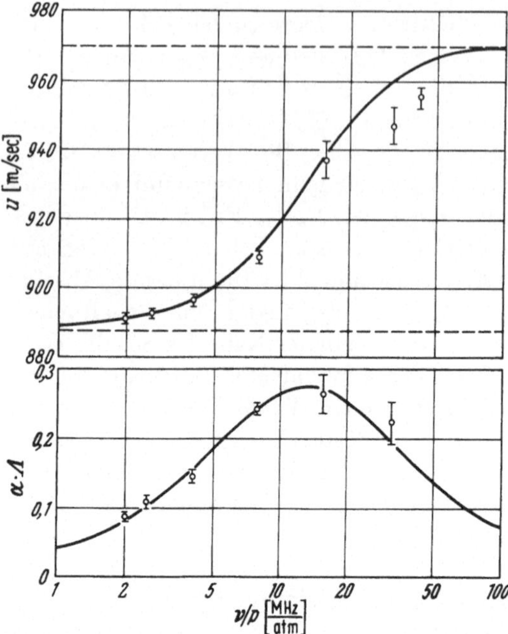

Fig. 197. u und α^* in schwerem Wasserstoff (nach STEWART)

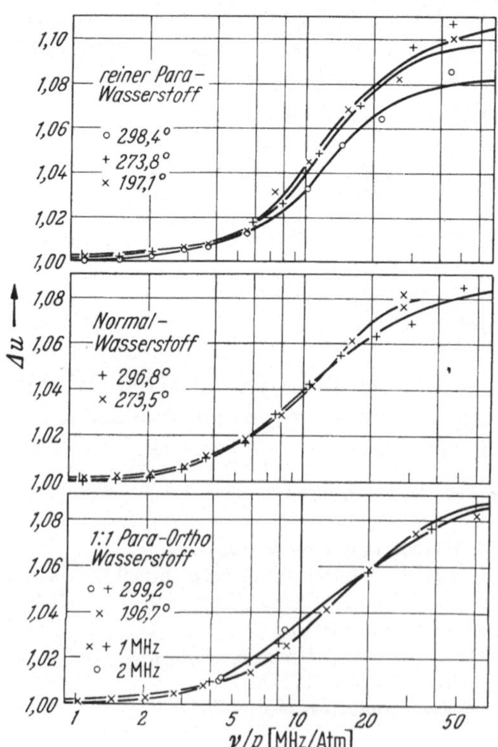

Fig. 198. Schalldispersion u/u_0 in
Para- und Orthowasserstoff
(nach RHODES jr.)

In Fig. 197 sind Schallgeschwindigkeit u und Schallabsorptionskoeffizient α^* in schwerem Wasser nach den Messungen der beiden STEWART zu sehen. Diese Messungen wurden mit einem Interferometer bei 1,95 MHz gemacht, der Druck wurde zwischen 2,5 und 760 mm Hg variiert; die Temperatur war 0° C. Für die Relaxationszeit ergab sich $\tau_2 = 0{,}02 \cdot 10^{-6}$ sec.

Messungen in Wasserstoff haben dadurch besonderen Reiz, daß es zwei Modifikationen gibt, nämlich Para- und Ortho-Wasserstoff. Bei dem ersteren sind die nuklearen Spins antiparallel, bei dem letzteren parallel. Normaler Wasserstoff ist eine Mischung aus $1/4$ Para- und $3/4$ Ortho-Wasserstoff. In Fig. 198 finden sich die mit einem Interferometer gemachten Messungen von RHODES jr. Der maximale Schallgeschwindigkeitssprung u_∞/u_0 entspricht ungefähr dem, der sich aus den eingangs angegebenen Formeln ergibt. Die Relaxationszeiten liegen zwischen $2 \cdot 10^{-8}$ und $3 \cdot 10^{-8}$ sec und die Stoßzahlen z zwischen 300 und 400.

Untersuchungen über die Schalldispersion und -absorption durch Rotations-Relaxation in Sauerstoff O_2 sind von verschiedenen Autoren gemacht worden. Fig. 199 zeigt die Relaxationsbetrag genannte Größe $(u^2 - u_0^2)/(u_\infty^2 - u_0^2)$ als Funktion von v/p nach Messungen von CONNOR[1]. Sie enthält noch Eintragungen der Meßwerte von zwei anderen Autoren. Die Messungen wurden von CONNOR in einem Interferometer bei 40,6°C

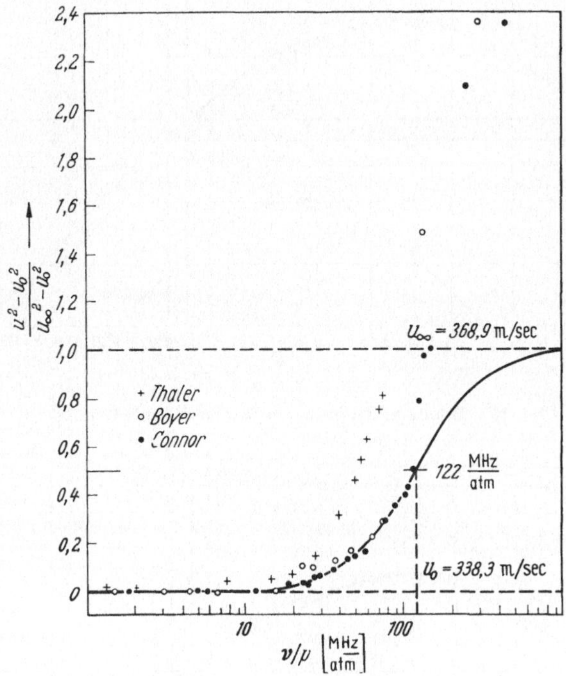

Fig. 199. Messungen über den Rotations-Relaxations-Betrag bei der Dispersion in Sauerstoff (nach CONNOR). 40,6° C. 1,99 MHz

mit einer Frequenz von 1,99 MHz gemacht. Er schließt auf eine Relaxationszeit von $22 \cdot 10^{-10}$ sec und eine Entaktivierungsstoßzahl von $z = 12$.

GREENSPAN[2] hat Sauerstoff und Stickstoff mit einem Doppelkristallinterferometer bei 11 MHz und Drucken bis herunter zu einigen Millimetern Hg untersucht. Fig. 200 zeigt das Ergebnis für Sauerstoff, wieder in der von ihm gebrauchten und schon bei Fig. 195 erläuterten Darstellung. Als Stoßzahl z findet er einen Wert um 4 herum. Die entsprechende Untersuchung für Stickstoff zeigt Fig. 201. Hier findet GREENSPAN als Rotations-Stoßzahl einen Wert um 5,3 herum. Eine Temperaturangabe fehlt bei beiden Meßreihen.

[1] CONNOR, J.: J. Acoust. Soc. Amer. **30**, 297—300 (1958).
[2] GREENSPAN, M.: J. Acoust. Soc. Amer. **31**, 155—160 (1959).

PARBROOK[1] und TEMPEST haben eine Diskussion über die aus der Literatur bekannten Werte für die Schallabsorption in Stickstoff und Sauerstoff gegeben und sind zu dem Schluß gekommen, daß eine Ro-

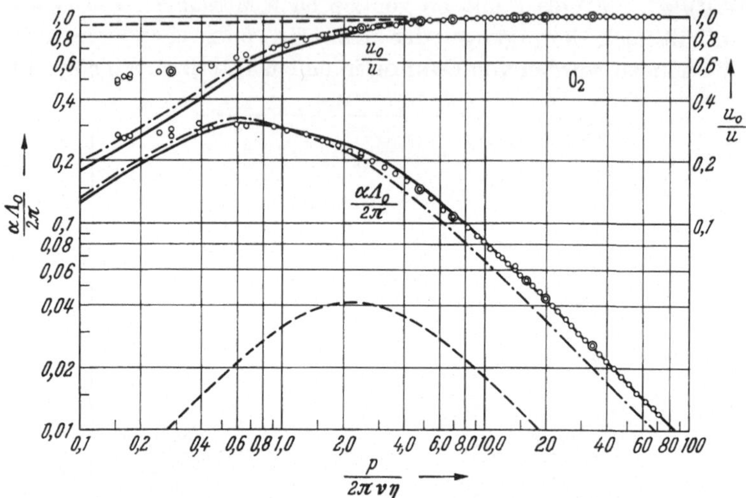

Fig. 200. Rotations-Relaxation in Sauerstoff (nach GREENSPAN)

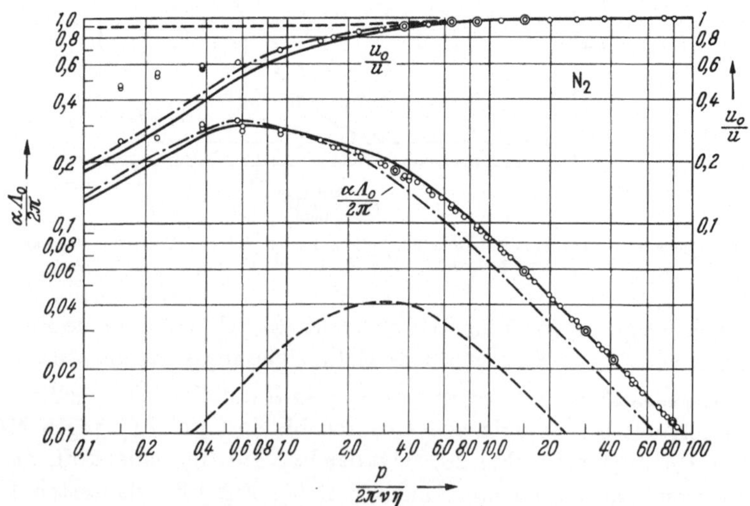

Fig. 201. Rotations-Relaxation in Stickstoff (nach GREENSPAN)

tations-Relaxation mit nur einer einzigen Relaxationszeit nicht ausreiche, um die Meßwerte zu erklären. Eine solche Zusammenstellung und Diskussion von Messungen und Rechnungen verschiedener Autoren

---

[1] PARBROOK, H., u. W. TEMPEST: Acustica **8**, 345—350 (1958).

ist nicht uninteressant. Sie zeigt nämlich, daß in der Angabe von Relaxationszeiten und Entaktivierungs-Stoßzahlen noch beträchtliche Unterschiede bestehen und die Relaxationserscheinungen bei sehr geringen Gasdichten noch manch ungelöstes Problem enthalten.

169. Schwingungs-Relaxation bei zweiatomigen Gasen

Es mag verwunderlich erscheinen, daß wir in der vorigen Ziffer die Rotations-Relaxation zweiatomiger Moleküle besprochen haben, ohne ein Wort über die Vibrations-Relaxation zu verlieren. Der tiefere Grund dafür ist der, daß bei Raumtemperatur die inneren Schwingungen fast eingefroren sind und nur mit sehr subtilen Meßmethoden erfaßt werden könnten. Bei hohen Temperaturen, wo die Wucht und die Zahl der Stöße der Moleküle untereinander beträchtlich zunimmt, wächst der bei Raumtemperatur verschwindend kleine Beitrag C_i zur Molwärme so stark, daß nunmehr die Vibrations-Relaxation gut meßbar wird. Eine vorwiegend auf Messungen mit der in Ziffer 78 beschriebenen Stoßwellenröhre fußende Tabelle XV/5 von BLACKMAN[1] besagt darüber mehr als viele Worte.

Untersuchungen über die Schwingungs-Relaxation in den Halogengasen Chlor Cl_2, Brom Br_2 und Jod J_2 bei Temperaturen zwischen 25 und 256° C hat

Tabelle XV/5. *Schwingungsrelaxation in Sauerstoff O_2 bei hohen Temperaturen und bei Atmosphärendruck*

T [°K]	Anteil der inneren Molwärme C_i/R	Stoßzwischenzeit $\bar{\tau}$ [sec]	Relaxationszeit τ [sec]	Stoßzahl z
288	0,028	$1,6 \times 10^{-10}$	$3,2 \times 10^{-3}$	20 000 000
1173	0,780	$4,4 \times 10^{-10}$	$1,1 \times 10^{-4}$	250 000
1260	0,815	$4,4 \times 10^{-10}$	2×10^{-5}	44 000
1640	0,940	$5,3 \times 10^{-10}$	1×10^{-5}	19 000
1910	1,017	$5,8 \times 10^{-10}$	7×10^{-6}	12 000
2370	1,143	$6,8 \times 10^{-10}$	4×10^{-6}	5 900
2870	1,272	$7,8 \times 10^{-10}$	$1,4 \times 10^{-6}$	1 800

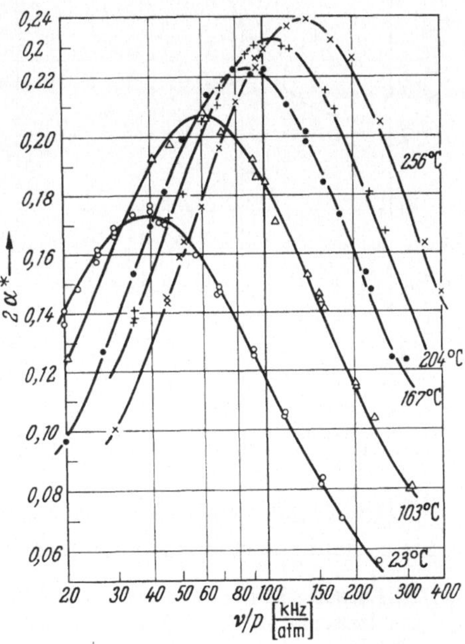

Fig. 202. Schwingungs-Relaxations-Absorption in Chlor (nach SHIELDS). Ordinate in Neper/Wellenlänge

---

[1] BLACKMAN, V.: Techn. Rep. II-20, Princeton Univ. 1955; — J. Fluid. Mech. **1**, 61—85 (1956).

Shields[1] mitgeteilt. Seine Messungen wurden bei Frequenzen zwischen 4 und 10 kHz an fortschreitenden Wellen in einer Röhre gemacht. Die Versuchsanordnung muß den bei höheren Temperaturen stark korrosiven Gasen Rechnung tragen. Die Fig. 202 zeigt die charakteristischen Absorptionsmaxima im Chlor. Die Relaxationszeiten nehmen in den drei Halogenen mit steigender Temperatur ab, bei Chlor am stärksten, bei Brom weniger stark und bei Jod kaum. An den gleichen Halogenen hat Richardson[2] Dispersionsmessungen bei 31 und 200 kHz gemacht, in Chlor auch bei 1 MHz. Er findet für Chlor bei 17° C eine maximale Dispersion von 5,6 m/s und eine Relaxationszeit $\tau = 3,4 \cdot 10^{-6}$ sec, in Brom bei 58° C eine solche von 5,3 m/s und eine Relaxationszeit $\tau = 1,8 \cdot 10^{-6}$ sec, schließlich in Jod bei 180° C eine Dispersion von 6,1 m/s und eine Relaxationszeit von $0,85 \cdot 10^{-6}$ sec.

170. Schwingungs-Relaxation bei dreiatomigen Gasen

Von den linear gebauten dreiatomigen Gasen Kohlendioxyd CO_2, Kohlenoxysulfid COS, Schwefelkohlenstoff CS_2 und Stickoxydul N_2O ist Kohlendioxyd am meisten untersucht worden. An diesem Stoff hat Pierce das Dispersionsproblem der Schallgeschwindigkeit entdeckt und hat Kneser die ersten grundlegenden Relaxationsuntersuchungen vorgenommen. Besonders sorgfältige Messungen an CO_2 stammen von Leonhard[3], Angona[4], Fricke[5], Kneser[6] und Roesler, Shields[7]. Fig. 203 zeigt die Dispersions und Absorptionskurve aus der Arbeit von Leonhard. Die nächste Fig. 204 gibt den starken Anstieg der Absorptionsmaxima mit der Temperatur bzw. die (annähernd lineare) Abnahme der Relaxationszeit nach den Messungen von Shields wieder.

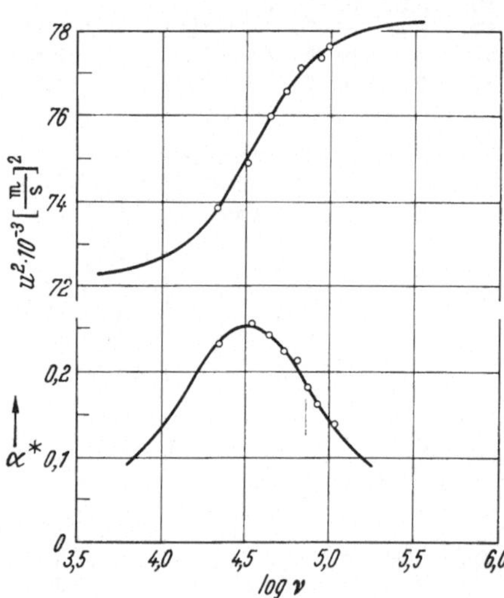

Fig. 203. Dispersion und Absorption in gasförmigen Kohlendioxyd (nach Messungen von Leonhard)

Auf Grund spektroskopischer Untersuchungen ist man über die in den genannten Molekülen möglichen inneren Schwingungen gut infor-

[1] Shields, F. D.: J. Acoust. Soc. Amer. **32**, 180—185 (1960).

[2] Richardson, E. G.: J. Acoust. Soc. Amer. **31**, 152—154 (1959).

[3] Leonhard, R.: J. Acoust. Soc. Amer. **12**, 241—244 (1940).

[4] Angona, A.: J. Acoust. Soc. Amer. **25**, 1116—1122 (1954).

[5] Fricke, E.: J. Acoust. Soc. Amer. **12**, 245—254 (1940/41).

[6] Kneser, H., u. H. Roesler: Acustica **9**, 224—226 (1959).

[7] Shields, F.: J. Acoust. Soc. Amer. **29**, 450—454 (1957); **31**, 248—249 (1959).

miert, so daß es möglich ist, aus den spektroskopischen Daten das Maximum von α^* zu berechnen und mit dem akustisch ermittelten zu vergleichen. Die am meisten interessierenden Angaben über diese

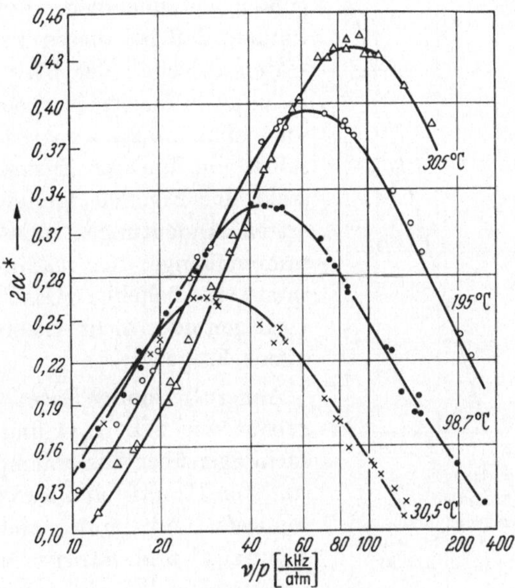

Fig. 204. Absorption in CO_2-Gas in Abhängigkeit von der Temperatur (nach SHIELDS). Ordinate Neper/Wellenlänge

4 Gase sind in Tabelle XV/6 zusammengestellt worden. Die Tabelle wurde dem Artikel von KNESER im Handbuch der Physik entnommen; die Zahlen der Tabelle stammen aus einer Arbeit von HERZFELD.

Bei CO_2 gehört die Relaxationszeit τ_3 zur Biegeschwingung. Im übrigen ist die richtige Zuordnung von Relaxationszeiten zu bestimmten

Tabelle XV/6. *Relaxationsdaten der Gase CO_2, COS, CS_2 und N_2O*

Gas →	COS	CO₂	CS₂	N₂O
Molekulargewicht	44	60	76	44
C_i/R bei 300° K				
Biegeschwingung	$0,454 \cdot 2$	$0,602 \cdot 2$	$0,747 \cdot 2$	$0,563 \cdot 2$
sym. Valenzschwingung . .	0,069	0,221	0,397	0,082
unsym. Valenzschwingung .	0,002	0,005	0,040	0,003
Gesamtbetrag	0,978	1,430	1,931	1,211
α^*_{max} spektroskopisch berechnet	0,132	0,163	0,199	0,146
α^*_{max} akustisch gemessen . . .	0,127	0,170	0,193	0,153
$\dfrac{u_\infty - u_0}{u_0}$ berechnet	0,045	0,058	0,071	0,0515
$(v/p)_{max}$ [kHz/atm]	35	287	379	153
τ_3 bei 1 atm [sec]	$6,2 \cdot 10^{-6}$	$0,56 \cdot 10^{-6}$	$0,42 \cdot 10^{-6}$	$1,0 \cdot 10^{-6}$
z	86000	9600	8700	11800

Schwingungen in einem Molekül schon bei diesen einfach gebauten Molekülen ein schwieriges Problem. Wir besitzen kein Prinzip, welches

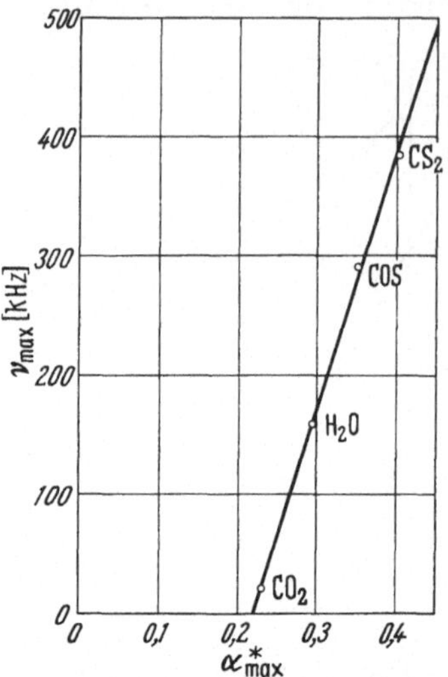

Fig. 205. Linearer Zusammenhang zwischen Relaxationsfrequenz und maximalem Absorptionswert in einigen 3-atomigen Gasen (nach FRICKE)

gestattet, diese Zuordnung auch nur ungefähr vorzunehmen. FRICKE hat gefunden, daß bei diesen vier 3-atomigen Gasen zwischen der Frequenz ν_{max} des maximalen Absorptionskoeffizienten α^*_{max} und dem maximalen Absorptionswert selbst ein linearer Zusammenhang besteht, den Fig. 205 darstellt. Ob hier die ersten Andeutungen eines tieferen Zusammenhanges der maximalen Absorptionswerte beliebiger Gase untereinander vorliegen oder nicht, ist eine noch völlig offene Frage.

Andere 3-atomige Gase sind nicht linear gebaut wie z.B. H_2O und SO_2. Untersuchungen über Wasserdampf haben unter anderen HUBER[1] und KANTROWITZ, über Schwefeldioxyd unter anderen FRICKE, LAMBERT[2] und SALTER ausgeführt.

171. Schwingungs-Relaxation in verschiedenen organischen Dämpfen

Über die Schalldispersion in organischen Dämpfen mit relativ einfach gebauten Molekülen liegen mehrere systematische Untersuchungen vor. Eine solche haben z.B. SETTE[3], BUSALA und HUBBARD veröffentlicht. Zweckmäßig untersucht man Stoffgruppen, die durch einfache Substitutionen auseinander hervorgehen. Eine solche Stoffgruppe stellen die Verbindungen Methan CH_4, Methylchlorid CH_3Cl, Methylenchlorid CH_2Cl_2, Chloroform $CHCl_3$ und Tetrachlorkohlenstoff CCl_4 dar. In Fig. 206 sind 4 Dispersionskurven zusammengestellt. Sie sind entsprechend den Ausführungen in Ziffer 166 auf kleine Gasdrucke hin idealisiert worden. Es wurden die Ultraschallfrequenzen 0,2; 0,4; 1,0; 2,0 MHz verwendet. Die Auswertung ergab die in der letzten Spalte der Tabelle XV/7 aufgeführten Mittelwerte für die Entaktivierungsstöße des tiefsten Schwingungszustandes. Bemerkenswert ist, daß Methylenchlorid 2 Dispersionsstufen anzeigt. Die Daten für $(\nu/p)_{rel}$, τ_3 und z haben keinen monotonen Verlauf, sondern haben bei Chloroform ein

---

[1] HUBER, P., and A. KANTROWITZ: J. Chem. Phys. 15, 275 (1947).
[2] LAMBERT, J., and R. SALTER: Proc. Roy. Soc. Lond. A 243, 78—83 (1957).
[3] SETTE, D., A. BUSALA and J. HUBBARD: J. Chem. Phys. 23, 787—793 (1955).

Extremum. Die Schwingungs-Relaxation in CH_4 liegt übrigens mit 0,2 MHz/atm so tief, daß keine Überlagerung mit der Rotations-Relaxation stattfindet, deren Stoßzahl bei 15 liegt. Die genannten Autoren haben auch die Dämpfe von cis- und trans-Dichloräthylen untersucht[1].

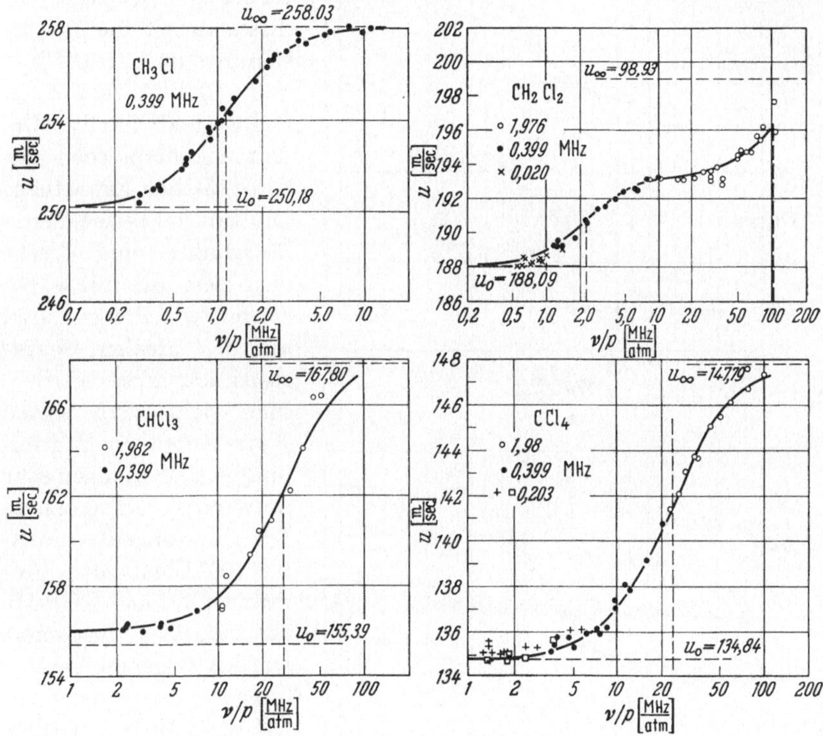

Fig. 206. Dispersionskurven in den Gasen von Methylchlorid, Methylenchlorid, Chloroform und Tetrachlorkohlenstoff (nach SETTE, BUSALA und HUBBARD)

Tabelle XV/7. *Schwingungs-Relaxation in chlorierten Methanen bei 30° C*

	$\left(\dfrac{v}{p}\right)_{\text{rel}}$ [MHz/atm]	τ_3 [sec]	z für Entaktivierung
CH_4 [2] . . .	0,2	107 $\cdot 10^{-8}$	4800
CH_3Cl . . .	1,13	18,5 $\cdot 10^{-8}$	835
CH_2Cl_2 . . .	2,27	9,46 $\cdot 10^{-8}$	464
[3]	$\langle 105 \rangle$	$\langle 0,195 \cdot 10^{-8} \rangle$	$\langle 31 \rangle$
$CHCl_3$ . . .	27,3	1,35 $\cdot 10^{-8}$	110
CCl_4	23,3	2,08 $\cdot 10^{-8}$	123

---

[1] SETTE, D., A. BUSALA and J. HUBBARD: J. Chem. Phys. **20**, 1899—1902 (1952).

[2] Die Angaben für CH_4 wurden einer Arbeit von A. EUCKEN u. S. AYBAR entnommen.

[3] Zweite Dispersionsstufe in CH_2Cl_2.

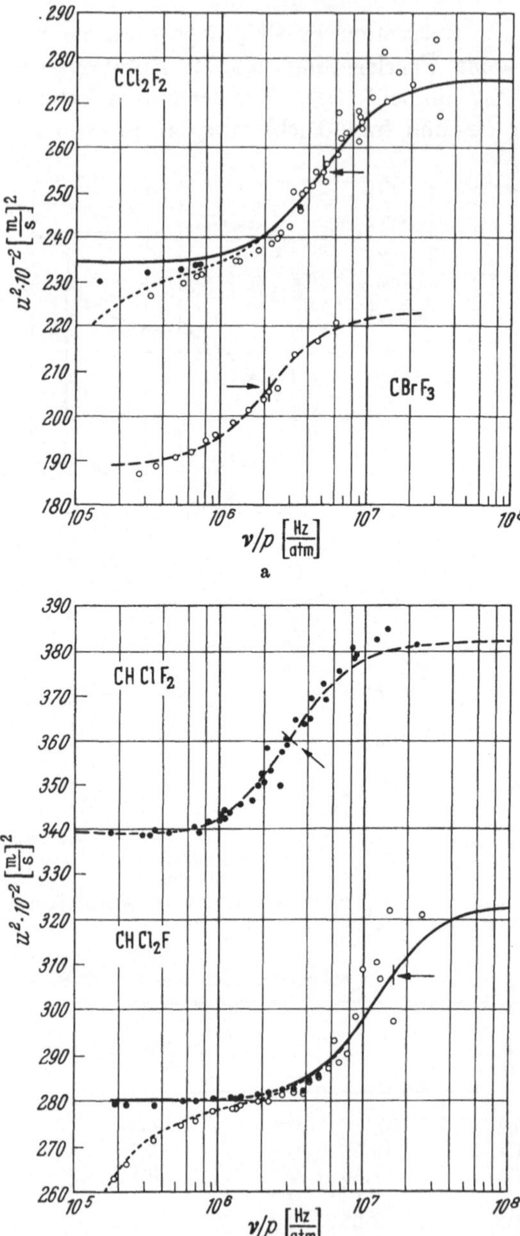

Fig. 207 a u. b. Dispersionskurven der Gase von CHClF₂, CHCl₂F, CCl₂F₂ und CBrF₃ (nach ROSSING und LEGVOLD)

ROSSING[1] und LEGVOLD untersuchten 14 halogenierte Methane. Die Fig. 207 bringt als charakteristische Beispiele aus dieser Arbeit die Dispersionsmessungen in $CHCl_2F$ und $CHClF_2$ sowie in CCl_2F_2 und $CBrF_3$. Die Kurven entsprechen der theoretischen Erwartung. Die mit ○ bezeichneten Meßpunkte sind direkt gemessen, die mit ● bezeichneten Punkte sind auf den idealen Gaszustand korrigiert worden. Man sieht, daß solche Korrekturen zur Beurteilung von Messungen sehr notwendig sein können. Die Messungen wurden bei 100° C mit den Frequenzen 300 und 1000 kHz ausgeführt. Insgesamt wurden folgende Verbindungen durchgemessen: CH_3Br, $CHClF_2$, CH_3Cl, CCl_3F, $CBrClF_2$, CF_4, CH_2F_2, CH_2ClF, $CClF_3$, $CHCl_2F$, CHF_3, CCl_2F_2, CBr_2F_2, $CBrF_3$.

Von weiteren Untersuchungen sei die Arbeit von FOGG[2], HANKS und LAMBERT genannt. Ihre Messungen beziehen sich auf die Verbindungen CH_3J, $CHCl_3$, CH_2Cl_2, CH_3F, CCl_4, CH_3Br, CH_2F_2, CHF_3, CH_3Cl.

[1] ROSSING, T., and S. LEGVOLD: J. Chem. Phys. 23, 1118—1125 (1955).
[2] FOGG, P., HANKS and J. LAMBERT: Proc. Roy. Soc. Lond. A 219, 490—499 (1953).

Nomoto[1] u. Mitarb. haben Äthylen untersucht. Klose[2] beschäftigte sich mit Dämpfen von n-Hexan, O'Connor[3] mit solchen von Schwefelhexafluorid.

Mit wenigen nicht immer ganz sicher gestellten Ausnahmen wird bei allen diesen Molekülen nur eine einzige Dispersionsstufe und damit nur eine einzige Relaxation beobachtet, obwohl doch nach den Formeln in Ziffer 161 mehrere innere Schwingungen möglich sind, deren Trennung freilich experimentell sehr schwierig sein würde. Man nimmt an, daß die Translationsenergie zunächst und am leichtesten von jenen Schwingungszuständen übernommen wird, die energetisch am tiefsten liegen. Danach wird diese Schwingungsenergie dann durch Serienrelaxation schnell auf die übrigen möglichen Schwingungszustände übertragen. In diesem Sinne haben auch Rossing und Legvold die aus den Messungen direkt ermittelte Relaxationszeit von der Relaxationszeit des niedrigsten Schwingungszustandes unterschieden. Es wird also zunächst nur der Schwingungszustand mit der niedrigsten Frequenz angeregt, erst danach kommen die mit den höheren Frequenzen. Diese These bedeutet freilich, daß es nicht möglich zu sein scheint, Dispersionsstufen, Absorptionsmaxima und Relaxationszeiten untereinander und mit der chemischen Konstitution zu verknüpfen, vorauszuberechnen oder gar aus einer gegebenen Molekülstruktur abzuleiten.

Die formale Anlyse einer gemessenen und auf den Idealfall korrigierten mehrstufigen Dispersionskurve ist dadurch sehr erschwert, daß Relaxationskurven für mehrere gleichzeitig vorliegende Relaxationsprozesse nur mit geringer Sicherheit mathematisch berechnet werden können. Über Einzelheiten orientiert die Ziffer 23 des schon mehrfach genannten Artikels von Kneser im Handbuch der Physik.

172. Dissoziations-Relaxation

Die erste allerdings erfolglose Untersuchung zum Nachweis einer Relaxation in einem teilweise dissoziierendem Gas hat Nernst vor 50 Jahren durchführen lassen. Später hat Einstein[4] die erste Berechnung einer Dissoziations-Relaxation gegeben. Dieses Arbeitsgebiet ist aber bis heute sehr undankbar geblieben. In verschiedenen Gasen und Dämpfen, von denen aus anderen Beobachtungen bekannt ist, daß sie bei Zimmertemperatur merklich dissoziieren, konnte keine Schalldispersion nachgewiesen werden.

---

[1] Nomoto, O., u. Mitarb.: Bull. Kob. Inst. 1, 286—296 (1951).
[2] Klose, J.: J. Acoust. Soc. Amer. 30, 605—609 (1958).
[3] O'Connor, L.: J. Acoust. Soc. Amer. 26, 361—364 (1954).
[4] Einstein, A.: Sitzgsber. preuß. Akad. Wiss. 24, 380 (1920).

Erst in jüngster Zeit wurde eine Dissoziations-Relaxation in Distickstofftetroxyd N_2O_4 von BAUER[1], KNESER und SITTIG sowie von SESSLER[2] mit Erfolg nachgewiesen. Das Absorptionsmaximum liegt bei Zimmertemperatur bei $\nu/p = 2 \cdot 10^6$ Hz/atm. Bei Temperaturerhöhung auf 50° C verlagert es sich nur unwesentlich. Starke Verdünnung durch Zusatz eines inerten Gases, z.B. von Argon, treibt den maximalen Absorptionskoeffizienten auf das doppelte hoch.

173. Einfluß geringer Beimischungen auf Relaxationsprozesse

Die beiden letzten Abschnitte der Ziffer 171 ließen eine gewisse Resignation hinsichtlich der Frage erkennen, ob zwischen der chemischen Molekülstruktur und den Relaxationsgrößen ein einfacher und vorausberechenbarer Zusammenhang gefunden werden kann. Dennoch vermögen gerade molekularakustische Relaxationsprobleme für gewisse Grundfragen der Chemie wesentliche Beiträge zu liefern. Die bisher betrachteten Relaxationserscheinungen beruhten auf Stößen gleichartiger Moleküle untereinander. Bei Stößen dieser Art tritt keine Veränderung im chemischen Verhalten der Stoffe auf. Wie aber ändern sich Relaxationszeiten und Stoßzahlen, wenn verschiedenartige Moleküle aufeinanderprallen und diese überdies eine chemische Affinität besitzen? Chemisch affine Moleküle, die beim Stoß miteinander reagieren, liegen nach dem Stoß und nach der Reaktion in anderer Form und Zusammensetzung vor. Es läßt sich dann nachträglich nicht mehr analysieren, wie sich eigentlich die Reaktion mechanisch-elektrisch abgespielt hat. Man studiert diesen Fragenkreis dadurch, daß man einmal Moleküle aufeinanderstoßen läßt, die chemisch inaktiv sind; zum anderen läßt man Moleküle aufeinanderstoßen, die unter anderen Zustandsbedingungen chemisch aktiv sein würden.

Tabelle XV/8. *Anzahl z der Stöße, die zur Abgabe eines einzelnen Schwingungsquantums seitens eines Moleküls des Grundgases an ein Molekül des Zusatzgases erforderlich sind. Temperatur 20° C*

Zusatzgas	Grundgase		
	Chlor Cl_2	Stickoxydul N_2O	Kohlendioxyd CO_2
Kein Zusatzgas	34000	5600	47000
N_2	43000	—	—
A	etwa 32000	—	47000
He	900	1700	1700
D_2	—	440	—
H_2	780	630	480
CO	230	3600	—
CH_4	190	840	2400
HCl	120	—	130
NH_3	—	450	—
H_2O	—	60	40

[1] BAUER, H., H. KNESER u. E. SITTIG: Acustica **9**, 181—183 (1959).
[2] SESSLER, G.: Acustica **9**, 119—120 (1959).

Tabelle XV/9. *Wirksame Stoßzahlen z* bei Zusammenstößen verschiedenartiger Gasmoleküle*

Vor dem Stoß	Mögliche Änderung durch den Stoß		z^*
$CH_4 \rightarrow \leftarrow CH_4$	$\leftarrow CH_4$	$CH_4 \rightarrow$	8400
$CH_4 \rightarrow \leftarrow H_2$	$\leftarrow CH_4$	$H_2 \rightarrow$	2700
$CH_4 \rightarrow \leftarrow CO_2$	CH_3COOH		460
$COS \rightarrow \leftarrow COS$	$\leftarrow CO_2$	$CS_2 \rightarrow$	17700
$COS \rightarrow \leftarrow N_2$	$\leftarrow SC$	$N_2O \rightarrow$	3550
$COS \rightarrow \leftarrow O_2$	$\leftarrow CO$	$SO_2 \rightarrow$	3200
$COS \rightarrow \leftarrow CO$	$\leftarrow CO$	$COS \rightarrow$	2000
$COS \rightarrow \leftarrow H_2$	$\leftarrow CO \quad SH_2 \rightarrow$ $\leftarrow CS \quad H_2O \rightarrow$		200
$COS \rightarrow \leftarrow A$	$\leftarrow COS$	$A \rightarrow$	7750
$COS \rightarrow \leftarrow He$	$\leftarrow COS$	$He \rightarrow$	1250

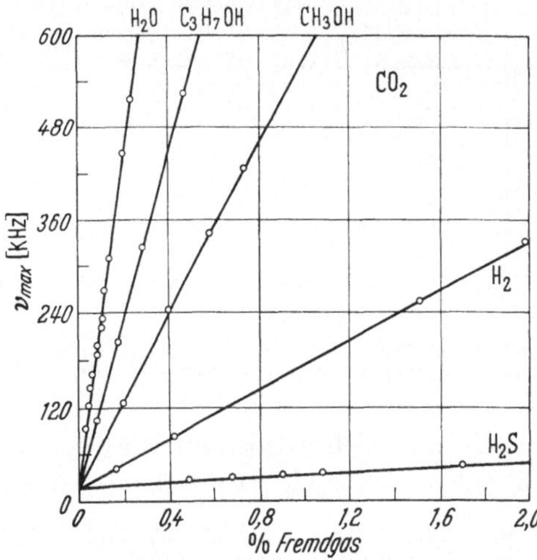

Fig. 208. Abhängigkeit der wirksamen Stoßzahlen von der Temperatur bei CH_4 mit Zusätzen von H_2 und CO_2 (nach EUCKEN und AYBAR)

Fig. 209. Einfluß geringer Fremdgaszusätze auf die Frequenz des Absorptionsmaximums bei Kohlendioxyd (nach KNUDSEN und FRICKE). Konzentration in Gewichtsprozenten

Eucken[1] und seine Mitarbeiter haben in einer Serie historischer Arbeiten über „die Stoßanregung intramolekularer Schwingungen in Gasen und Gasmischungen" auf Grund von Schallgeschwindigkeitsmessungen die obigen Fragen ausführlich behandelt und zahlreiche ähnliche Arbeiten anderer Forscher angeregt. Das wesentlichste Ergebnis dieser Untersuchungen ist, daß die Übertragbarkeit von Translationsenergie auf intramolekulare Schwingungen und zurück durch reaktions-

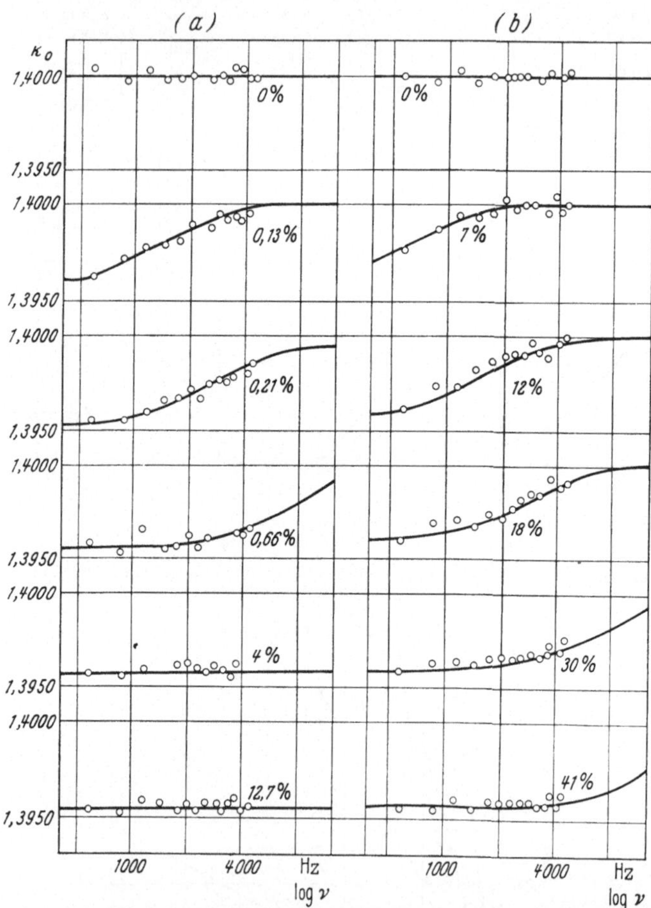

Fig. 210 a u. b. Abhängigkeit der Größen $\varkappa_0$ und α^* in Sauerstoff O_2 von geringen Zusätzen von Ammoniak (a) und Wasserdampf (b). (Nach H. u. L. Knötzel). 19° C und Atmosphärendruck

fähige Fremdmoleküle erheblich verkleinert wird, auch wenn diese nur in geringer Anzahl vorhanden sind. Das bedeutet, daß der Zusatz von

---

[1] Eucken, A.: Z. phys. Chem., Abt. B 20, 467—474 (1933); 27, 219—262 (1934); 30, 85—112 (1935); 32, 396—406 (1936); 36, 163—183 (1937); 41, 199—214 (1938); 46, 195—211, 212—228 (1940); 50, 73—99 (1941).

Fremdgasen die Relaxationsfrequenz erhöht, die Relaxationszeit verkleinert und die Gesamtzahl der Stöße, die für Aktivierung und Entaktivierung erforderlich

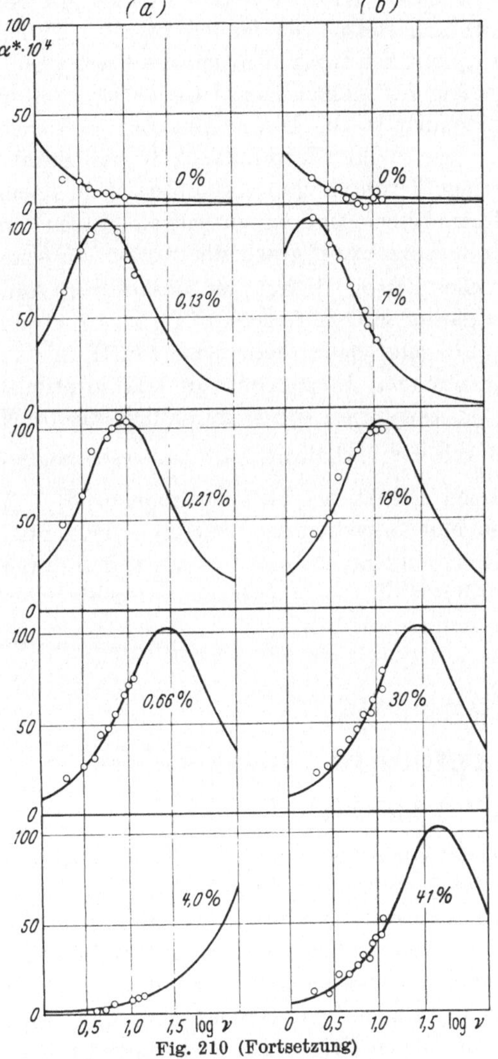

Fig. 210 (Fortsetzung)

sind, erheblich vermindert. In der bildlichen Darstellung verschieben sich daher die Dispersionskurven meist in Richtung steigender Werte von ν/p bzw. von $\log(\nu/p)$. Einige Ergebnisse dieser Untersuchungen sind in den Tabellen XV/8 und XV/9 niedergelegt.

In der Tabelle XV/9 sind nach EUCKEN die wirksamen Stoßzahlen z^* der Grundgasmoleküle CH_4 und COS mit verschiedenen Zusatzgasmolekülen bei Zimmertemperatur zusammengestellt worden. Die Zahl z^* wird aus der Zahl der überhaupt stattfindenden Stöße eines Moleküls berechnet. Es ist angegeben, welche chemische Veränderungen durch die Zusammenstöße ermöglicht werden können. Im allgemeinen ist die Wirksamkeit eines Zusatzgases viel größer, wenn es eine starke chemische Affinität zum Grundgas besitzt. Andererseits

ist auch die Größe der Moleküle zu bedenken, denn z^* ist beim Zuastzgas Helium, das chemisch nicht reagieren kann, verhältnismäßig klein, weil dessen Molekül (Atom) durch seine Kleinheit weit in die Elektronenhülle der COS-Moleküle eindringen kann. Daß die wirksamen Stoßzahlen mit steigender Temperatur abnehmen, ist ohne weiteres verständlich. Fig. 208 zeigt nach EUCKEN und AYBAR diesen Verlauf für Methan ohne und mit Zusätzen von H_2 und CO_2.

Eingehende Versuche über die Verschiebung der Frequenz $\nu_{\max}$ der maximalen Schallabsorption von α^* in CO_2, CS_2, N_2O und COS als Folge verschiedener Fremdgaszusätze haben KNUDSEN[1] und FRICKE mit der Schallstrahlungsdruckmethode angestellt. Sie fanden in allen Fällen einen linearen Anstieg von $\nu_{\max}$ mit der Konzentration des Fremdgases. Fig. 209 zeigt diese Verschiebung für Kohlendioxyd CO_2. Der Einfluß von Wasserdampf ist ganz besonders stark. Dieser Umstand muß auch sonst gut beachtet werden. Die starke Empfindlichkeit der Schallabsorption in Gasen gegen geringe Verunreinigungen müßte sich zu einem brauchbaren Kontroll- und Analysenverfahren entwickeln lassen; in dieser Richtung scheint aber bislang kaum gearbeitet worden zu sein.

Ein besonders eindrucksvolles Beispiel liefert der Zusatz von Ammoniak NH_3 und von Wasserdampf H_2O zu Sauerstoff O_2 bei 19° C und Atmosphärendruck. In Fig. 210 sind nach Messungen von H. und L. KNÖTZEL[2] die zueinander gehörenden Dispersions- und Absorptionskurven abgebildet worden. Die Dispersion wurde durch den Ausdruck $\varkappa_0 = u^2 \Big/ \dfrac{p_0}{\varrho_0}$ dargestellt, also durch das Verhältnis der Schallgeschwindigkeit zu der im dispersionsfreien Gebiet bei kleinen Frequenzen. Die Konzentration ist für NH_3 in Molekülprozenten, für H_2O in Prozenten relativer Feuchte angegeben worden. Es ist bemerkenswert, daß durch passende Fremdgaskonzentration das Dispersionsgebiet in den hörbaren Schallbereich gerückt werden kann.

Kapitel XVI

Die Schallabsorption in Flüssigkeiten

174. Einleitung

Als VAN DER WAALS seine Zustandsgleichung aufstellte, betrachtete er Flüssigkeiten und Gase unter gemeinsamen Gesichtspunkten. Diese Gemeinsamkeit kommt in der Molekularakustik darin zum Ausdruck, daß im freien Medium einer Flüssigkeit oder eines Gases nur longitudinale Schallwellen gemessen werden können, während in festen Stoffen mehrere Wellenarten vorkommen und im allgemeinen bei der Erregung einer Wellenart auch noch eine andere gleichzeitig auftritt. In aller Strenge gilt das freilich nicht, daß in Flüssigkeiten nur Longitudinalwellen möglich sind. Wir werden in Kapitel XVIII sehen, daß auch Transversalwellen auftreten können, allerdings nur in Raumgebieten, wo man meist nicht mehr von „freien Medien" sprechen kann. Die Gemeinsamkeit prägt sich weiterhin darin aus, daß die Grundbegriffe und Definitionen,

---

[1] KNUDSEN, V., and E. FRICKE: J. Acoust. Soc. Amer. **12**, 255—259 (1940/41).
[2] KNÖTZEL, H. u. L.: Ann. Phys. (6) **2**, 393—403 (1948).

die in Kapitel XV über die Schallabsorption und -Dispersion in Gasen
gebracht wurden, für Flüssigkeiten übernommen werden können. Wir
setzen sie daher in diesem Kapitel als bekannt voraus.

In der Praxis besteht allerdings ein Unterschied zwischen Flüssigkeiten und Gasen, der darin liegt, daß bei vielen Stoffen zwar Absorptionsmaxima von α^* gefunden werden, aber die nach der Theorie dazu
gehörigen Dispersionsstufen der Schallgeschwindigkeit sich nicht auf-
finden lassen. Das kann einen sehr einfachen Grund haben, den man bei
der Übertragung von Gl. (XV.43) auf Flüssigkeiten findet. Nimmt man
einmal an, daß diese Formel auch für Flüssigkeiten begründet oder wenigstens für Abschätzungen geeignet ist, so hat man nach einer kleinen Umformung für den Dispersionssprung

$$\frac{u_\infty}{u_0} \approx \sqrt{1 + \frac{2}{\pi}\left(\frac{\alpha}{\nu^2}\right)_{\max} u_0\, \nu_{\max}}\,. \qquad\qquad \text{(XVI.1)}$$

Da nun in Flüssigkeiten u_0 etwa 10mal größer als in Gasen ist, α/ν^2 aber
10^4mal kleiner, so ist der zweite Summand unter der Wurzel meist so
klein, daß eine Dispersion von $\ll 1^0/_{00}$ meßtechnisch nicht mit Sicherheit
nachgewiesen werden kann. Einmal sind die Meßverfahren für niedrigere
Frequenzen nicht so genau wie für hohe und dann entfällt bei Flüssigkeiten die Möglichkeit und die Berechtigung, durch beliebige Änderungen
des Druckes eine Dispersionsstufe nachweisen zu können. Wie schon in
Kapitel IIE ausgeführt wurde, haben sich die meisten Angaben über
Dispersionen in Flüssigkeiten als irrig erwiesen. Nur dann, wenn in
Gl. (XVI.1) für α/ν^2 ein ungewöhnlich hoher Wert gefunden wird, kann
man hoffen, eine zweifelsfreie Dispersion der Schallgeschwindigkeit zu
finden. Bei Essigsäure liegt dieser Fall vor.

Es kann aber auch kein Zweifel sein, daß eine Dispersion oft nicht gefunden wurde, obwohl sie nach Formel (XVI.1) hätte vorhanden sein
müssen. Daher sind immer wieder Fragen aufgetaucht, ob es nicht doch
noch andere Ursachen für erhöhte Schallabsorptionen geben könnte,
die sich nicht in gleichzeitigen Dispersionen bemerkbar machen. Das
steht mit der Frage im Zusammenhang, ob es denn überhaupt richtig ist,
die Ursache starker Absorptionen immer nur in prägnanten Relaxationsprozessen zu suchen? Es könnte doch sein, daß Relaxationsprozesse
bisweilen nur als Verstärker wirken, die eigentliche Absorption aber eine
andere Ursache hat. Wir werden in Ziffer 192 solche anderen Ursachen
kennenlernen.

175. Ältere und neuere visco-thermische Theorien

SETTE hat in einem Artikel über „Dispersion und Absorption von
Schallwellen in Flüssigkeiten und Mischungen von Flüssigkeiten" in
Bd. XI/1 des Handbuchs der Physik eine prägnante Darstellung der

älteren visco-thermischen Theorie der Schallabsorption und ihrer Fort-
entwicklung zur moderneren „visco-elastischen" Theorie unter Berück-
sichtigung der schon in Ziffer 158 eingeführten Druckviscosität gegeben.
Der Leser, der sich darüber näher informieren will, sei daher auf diesen
Artikel und die dort angegebene Literatur verwiesen. Eine ausführliche
Darstellung findet sich auch in einer Abhandlung von MARKHAM[1],
BEYER und LINDSAY.

Der Unterschied zwischen den älteren und neueren Auffassungen über
die Schallabsorption ist letzten Endes der gleiche wie der schon in
Ziffer 158 für Gase erläuterte. Die klassische Schallabsorption wird
wieder durch die Kirchhoff-Stokessche Gleichung

$$\frac{\alpha}{v^2} = \frac{2\pi^2}{\varrho\, u^3}\left[\frac{4}{3}\,\eta + \frac{\varkappa-1}{c_p}\,k\right] \qquad\qquad \text{(XVI.2)}$$

beschrieben, während die neuere Auffassung die Hinzunahme der Druckviscosität η_P fordert, so daß

$$\frac{\alpha}{v^2} = \frac{2\pi^2}{\varrho\, u^3}\left[2\eta + \eta_P + \frac{\varkappa-1}{c_p}\,k\right] \qquad\qquad \text{(XVI.3)}$$

wird. Daß eine solche Druckviscosität für einatomige Stoffe verschwinden
muß, bedarf dann noch einer besonderen Begründung. Wie schon in
Ziffer 158 gesagt wurde, gibt es keinen Weg, um η_P aus statischen Versuchen zu bestimmen. Man ist daher nicht in der Lage, α/v^2 wirklich
vorauszuberechnen und zu prüfen, ob die Gl. (XVI.3) in beliebigen
Fällen brauchbar ist. Damit ist ihr praktischer Wert nur gering und in
den meisten Experimentalarbeiten wird daher mit Recht nur Gl. (XVI.2)
diskutiert.

In Tabelle XVI/1 sind nach Angaben von BIQUARD die Daten einiger
bekannter Flüssigkeiten zusammengestellt, wie sie sich nach klassischer
Berechnung ergeben würden. Bemerkenswert ist, daß im Gegensatz
zur Gastabelle XV/1 die Wärmeleitfähigkeit in Flüssigkeiten nur eine
ganz untergeordnete Rolle spielt. Daher findet man vielfach an Stelle
von (XVI.2) und (XVI.3) die einfacheren Gleichungen

$$\left(\frac{\alpha}{v^2}\right)_{\text{klass}} = \frac{8}{3}\,\frac{\pi^2}{\varrho\, u^3}\,\eta \qquad\qquad \text{(XVI.4)}$$

und

$$\left(\frac{\alpha}{v^2}\right)_{\text{visk-elast}} = \frac{8}{3}\,\frac{\pi^2}{\varrho\, u^3}\left(\frac{3}{2}\,\eta + \frac{3}{4}\,\eta_P\right) \qquad\qquad \text{(XVI.5)}$$

angegeben. Daß bei Wasser der Wärmeleitungsanteil praktisch ganz
verschwindet, drückt sich bekanntlich auch darin aus, daß $\varkappa = 1$ ist
und daher nach Gl. (II.31) adiabatische und isotherme Schallgeschwindigkeit zusammenfallen.

---

[1] MARKHAM, J., R. BEYER and R. LINDSAY: Rev. Mod. Phys. **23**, 333—411 (1951).

Tabelle XVI/1. *Theoretische Werte von α/v^2 in einigen Flüssigkeiten bei Annahme der Richtigkeit von Gl. (XVI.2)*

Flüssigkeit	Chemische Formel	$\frac{\alpha}{v^2} \cdot 10^{17} \left[\frac{sec^2}{cm}\right]$		
		Viscositätsanteil	Wärmeleitungsanteil	Gesamtbetrag
Benzol	C_6H_6	8,36	0,30	8,66
Toluol	$C_6H_5CH_3$	7,56	0,28	7,84
m-Xylol	$C_6H_4(CH_3)_2$	8,13	0,24	8,37
Aceton	$CO(CH_3)_2$	6,54	0,50	7,04
Chloroform	$CHCl_3$	10,04	0,06	10,10
Äthyläther	$(C_2H_5)_2O$	8,48	0,49	8,97
Methylacetat	$H_3CCOOCH_3$	6,34	0,44	6,78
Äthylacetat	$H_3CCOOC_2H_5$	7,95	0,31	8,26
Wasser	H_2O	8,50	0,006	8,50

176. Absorptions-Relaxations-Formeln

Für die Schallabsorption in Flüssigkeiten macht man gerne zwei Mechanismen verantwortlich. Den einen Mechanismus sucht man in der Viscosität des Mediums, den anderen in einem ausgesprochenen Relaxationsphänomen. Diesen zweiten Relaxationsmechanismus führt man vielfach auf die Eigenschaften des Kompressionsmoduls (bulk-modul) zurück. Der Kompressionsmodul ist als reziproker Wert der in Ziffer 9 definierten Kompressibilität definiert und hat für langsam ablaufende Kompressions- und Dilatationprozesse einen anderen (kleineren) Zahlenwert als für sehr schnell ablaufende. Die tieferen Ursachen für dieses Verhalten des Kompressionsmoduls können in verschiedenartigen Prozessen verborgen liegen: Entweder in einer Wärmeabstrahlung und in Wärmeleitungsprozessen oder in dem Austausch der Energie zwischen den äußeren und inneren Freiheitsgraden der Moleküle (auch thermische Relaxation genannt) oder in einem Strukturwechsel, wie z.B. bei der Assoziation und beim Umklappen von Bauteilen der Moleküle, oder (in der Nähe des Erstarrungspunktes einer Flüssigkeit) in der Auflösung noch vorhandener Kristallaggregate. Die Problematik in der Analyse solcher Kompressions-Relaxationen liegt oft darin, daß mindestens zwei der genannten Ursachen gleichzeitig auftreten, es aber oft noch fragwürdig erscheint, ob man überhaupt eine Ursachentrennung versuchen darf. Es könnten ja doch verschiedene Erscheinungsbilder ein und derselben, aber nicht klar erkannten Ursache vorliegen. Daher kommt es, daß die Ausdrucksweise der verschiedenen Forscher auf diesem Gebiet eine große Mannigfaltigkeit aufweist und es — nach Meinung des Verfassers — offenbar ganz klare zweifelsfreie Definitionen nicht gibt. Nachstehend seien zunächst einige Gleichungen zusammengestellt, bei denen in Anlehnung an die Darstellung von MARKHAM[1], BEYER und LINDSAY von diesem Kompressionsmodul Gebrauch gemacht wird.

Der Absorptionsmechanismus, der auf Viscositäts-Relaxation beruhen soll, wird durch folgende Gleichungen dargestellt:

$$u^2 = \frac{2\,\zeta}{\omega_\zeta\,\varrho_0}\,\frac{\omega_\zeta^2 + \omega^2}{\left[1 + \sqrt{\left[1 + \left(\frac{\omega}{\omega_\zeta}\right)^2\right]}\,\right]}\,, \qquad\qquad \text{(XVI.6)}$$

$$\alpha^* = \frac{2\,\pi\,u}{\omega}\left(\sqrt{\frac{\omega_\zeta\,\varrho_0}{2\,\zeta}}\right)\sqrt{\left[\frac{\omega^2}{\omega^2 + \omega_\zeta^2}\left(\sqrt{1 + \left(\frac{\omega}{\omega_\zeta}\right)^2} - 1\right)\right]}\,. \quad \text{(XVI.7)}$$

In diesen Gleichungen ist die Viscosität nach STOKES in ihrer allgemeinsten Form

$$\zeta = 2\eta + \eta_P$$

angesetzt, besteht also aus Scher- und Druckviscosität. Die Dichte im Gleichgewichtszustand ist ϱ_0. Die Relaxationskreisfrequenz ω_ζ der Viscosität wird als Quotient des adiabatischen Kompressionsmoduls K_{ad} und der Viscosität ζ angegeben

$$\omega_\zeta = \frac{K_{ad}}{\zeta}\,. \qquad\qquad \text{(XVI.8)}$$

Man unterscheidet zwei Grenzfälle, je nachdem ob die Kreisfrequenz ω kleiner oder größer als die Relaxationsfrequenz ω_ζ ist.

Für den normalen Ultraschallbereich mit $\omega \ll \omega_\zeta$ gilt dann

$$u^2 \approx \frac{K_{ad}}{\varrho_0}\left(1 + \frac{3}{4}\left(\frac{\omega}{\omega_\zeta}\right)^2\right), \qquad\qquad \text{(XVI.9)}$$

$$\alpha^* \approx \frac{\pi\,\zeta\,\omega}{\varrho\,u_0^2}\left(1 - \frac{1}{4}\left(\frac{\omega}{\omega_\zeta}\right)^2\right). \qquad\qquad \text{(XVI.10)}$$

Führt man die schon oben in Ziffer 158 genannte und schweren Bedenken unterliegende Stokessche Hypothese $\eta_P = -\dfrac{2\eta}{3}$ ein, so wird $\zeta = \frac{4}{3}\eta$ (klassischer Ausdruck) und für ω_ζ erhält man aus (XVI.8) bei Atmosphärendruck Werte folgender Größenordnung

$$\omega_\zeta = 6000\ \text{MHz} \qquad \text{für Luft,}$$

$$\omega_\zeta = 2 \cdot 10^6\ \text{MHz} \qquad \text{für Wasser.}$$

Im normalen Ultraschallbereich mit $\omega \ll \omega_\zeta$ bleibt es also bei den alten Formulierungen

$$u^2 = \frac{K_{ad}}{\varrho_0} \quad \text{und} \quad \alpha^* = \frac{\frac{4}{3}\,\pi\,\eta\,\omega}{\varrho\,u_0^2}\,.$$

---

[1] MARKHAM, J., R. BEYER u. R. LINDSAY: l. c. Ziffer 175.

Der andere durch $\omega \gg \omega_\zeta$ charakterisierte Grenzfall ergibt aus den Gln. (XVI.6) und (XVI.7) die beiden Formeln

$$u^2 \approx \frac{2\zeta\,\omega}{\varrho_0} \quad \text{und} \quad \alpha^* = 2\pi .$$

Für die Relaxation des Kompressionsmoduls werden folgende Gleichungen angegeben:

$$u^2 = \frac{1}{\varrho_0}\,\frac{\omega^2 + \omega_K^2}{\left[\dfrac{\omega^2}{K_{ad}^\infty} + \dfrac{\omega_K^2}{K_{ad}^0}\right]}, \qquad (\text{XVI.11})$$

$$\alpha^* = \pi\,\frac{\Delta K_{ad}}{\sqrt{K_{ad}^0\,K_{ad}^\infty}}\,\frac{\omega\,\omega_m}{\omega^2 + \omega_m^2} . \qquad (\text{XVI.12})$$

Darin ist ω_K die Relaxationskreisfrequenz des Kompressionsmoduls. Sie ist mit der Kreisfrequenz ω_m des Maximums von α^* durch die Beziehung

$$\omega_m^2 = \omega_K^2 \left/ \frac{K_{ad}^\infty}{K_{ad}^2}\right.$$

verbunden. K_{ad}^0 und K_{ad}^∞ sind die Kompressionsmoduln bei sehr niedrigen und sehr hohen Frequenzen. Ihre Differenz ist $\Delta K_{ad} = K_{ad}^\infty - K_{ad}^0$. Für $\omega = \omega_m$ hat α^* sein Maximum im Betrage von

$$\alpha_{\max}^* = \frac{\pi}{2}\,\frac{\Delta K_{ad}}{\sqrt{K_{ad}^0\,K_{ad}^\infty}} . \qquad (\text{XVI.13})$$

Die beiden Gln. (XVI.11) und (XVI.12) sind in Fig. 211 skizziert worden; hinzugenommen wurde die Absorptionskurve für α/v^2, die sich aus

$$\frac{\alpha}{v^2} = \frac{\alpha^*}{u\,v} \qquad (\text{XVI.14})$$

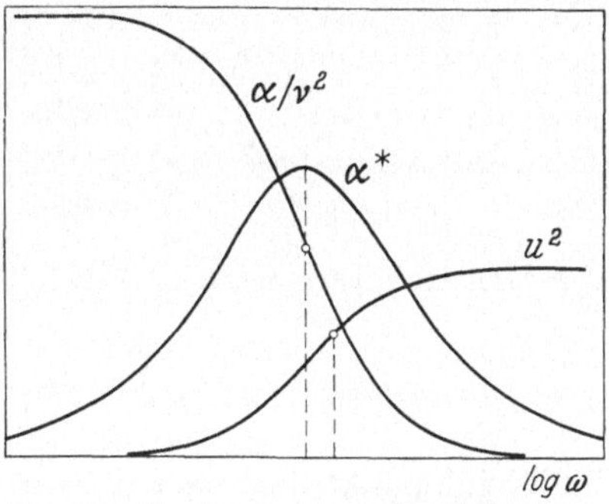

Fig. 211. Zuordnungsschema der Relaxationskurven in Flüssigkeiten

ergibt. Die Darstellung der Fig. 211 ist mit der von Fig. 188 aus Ziffer 162 wesensgleich.

Die Formulierungen (XVI.11) bis (XVI.14) sind auf den Begriff des Kompressionsmoduls bzw. der dazu reziproken Kompressibilität ($K_{ad} = 1/\beta_{ad}$) zugeschnitten. Daher liegen in ihnen nur Relationen zwischen makroskopischen Größen vor. Es werden u und α auf K_{ad} zurückgeführt. Spezifisch molekularakustische Erkenntnisse werden durch diese Art der Darstellung nicht gewonnen. Für technologische Probleme mag eine solche Darstellung nützlich sein. Über die spezielle Form der Relaxationsfrequenz ω_K bei thermischer Relaxation, bei Strukturrelaxation und bei Wärmeleitungs-Relaxation und die Herleitung der klassischen Absorptionsformel (XVI.2) aus den obigen Gleichungen siehe die genannte Abhandlung von MARKHAM, BEYER und LINDSAY.

Neben der Darstellung der Absorptions-Relaxationsprobleme in Flüssigkeiten mit der ausgiebigen Verwendung der Kompressionsmoduln sei noch eine andere manchem Leser sicher geläufigere Form gebracht. Sie läßt den inneren Zusammenhang mit den im Kapitel XV für Gase gegebenen Darstellungen leichter erkennen. Wir gebrauchen dabei folgende Abkürzungen:

$$\Delta = C_p - C_V$$

$$\varepsilon = \frac{u_\infty^2 - u_0^2}{u_\infty^2}$$

$$\tau' = \tau \cdot \frac{C_a + \Delta}{C_V + \Delta}$$

$$C_V = C_a + C_i.$$

Unter der Annahme des Vorhandenseins nur einer einzigen inneren Schwingung und nur zweier Quantenzustände von Bedeutung ergeben sich aus dem Ausdruck für die komplexe Schallgeschwindigkeit die beiden Schallgeschwindigkeiten für niedrigste und höchste Frequenzen zu

$$u_0^2 = \frac{1}{\varrho\,\beta_{is}} \cdot \frac{\Delta + C_a + C_i}{C_a + C_i}, \qquad (\text{XVI.15})$$

$$u_\infty^2 = \frac{1}{\varrho\,\beta_{is}} \cdot \frac{\Delta + C_a}{C_a}. \qquad (\text{XVI.16})$$

Die Dispersionskurve wird beschrieben durch

$$\left(\frac{u}{u_0}\right)^2 = \frac{1 + \omega^2\,\tau'^2}{1 + \omega^2\,\tau'^2(1 + \varepsilon)}. \qquad (\text{XVI.17})$$

Ihr Wendepunkt liegt bei der Frequenz

$$\omega_W = \frac{1}{\tau'\sqrt{1 - \varepsilon}} \approx \frac{1}{\tau}.$$

Bei thermischer Relaxation (Energieaustausch zwischen äußeren und inneren Freiheitsgraden) ist der Absorptionskoeffizient α gegeben durch

$$\alpha = \frac{1}{2}\,\frac{u}{u_0^2}\,\frac{\varepsilon\,\omega^2\,\tau'}{1 + \omega^2\,\tau'^2}. \qquad (\text{XVI.18})$$

Bei sehr hohen Frequenzen wird er unabhängig von ω und ist

$$\alpha = \frac{1}{2}\,\frac{u}{u_0^2}\,\frac{\varepsilon}{\tau'} \quad \text{für } \omega \gg \frac{1}{\tau'}.$$

Im anderen Grenzfalle bei niedrigen Frequenzen erhält man

$$\frac{\alpha}{v^2} = \frac{2\pi^2}{u_0}\,\varepsilon\,\tau' \quad \text{für } \omega \ll \frac{1}{\tau'}.$$

Der Absorptionskoeffizient je Wellenlänge wird nach (XVI.18)

$$\alpha^* \approx \frac{\pi\,\varepsilon\,\omega\,\tau'}{1 + \omega^2\,\tau'^2}. \tag{XVI.19}$$

Sein Maximum liegt bei der Frequenz

$$\omega = \omega_m = \frac{1}{\tau'}$$

und erreicht den Betrag

$$\alpha^*_{\max} = \frac{\pi}{2}\,\varepsilon = \frac{\pi}{2}\,\frac{u_\infty^2 - u_0^2}{u_\infty^2}. \tag{XVI.20}$$

177. Klassifikationen nach äußeren Gesichtspunkten

VERMA[1] hat folgende Klassifikation vorgeschlagen. In der 1. Gruppe ist die Absorption α/v^2 weitgehend unabhängig von der Frequenz und ihr Temperaturkoeffizient ist meist positiv. In der 2. Gruppe ist die Absorption ebenfalls weitgehend von der Frequenz unabhängig, aber ihr Temperaturkoeffizient ist negativ und die Stoffe neigen zur Assoziation. In der 3. Gruppe ist die Viscosität vergleichsweise groß, die Schallabsorption relativ hoch und ihr Temperaturkoeffizient negativ. In der 4. Gruppe ist die Schallabsorption stark frequenzabhängig und ihr Temperaturkoeffizient wechselt mit der Temperatur.

PINKERTON[2] hat eine sehr ähnliche Klassifikation vorgenommen. Er teilt die Flüssigkeiten in „normale" und „nicht normale" ein. Zu den ersteren rechnet er einatomige Elemente wie Quecksilber und Argon, und zweiatomige Stoffe wie Wasserstoff, Stickstoff und Sauerstoff, die alle der klassischen Gl. (XVI.2) folgen. Die anderen Flüssigkeiten gliedert er in 2 Gruppen. Die erste Gruppe umfaßt die Mehrheit der organischen Flüssigkeiten, wo das Verhältnis $\alpha/\alpha_{\text{klass}}$ zwischen 3 und 400 liegt und der Temperaturkoeffizient der Absorption positiv ist. Die tiefere Ursache der Schallabsorption wird im Energieaustausch zwischen inneren und äußeren Freiheitsgraden gesehen. Diese Flüssigkeiten werden in Anlehnung an die diesbezügliche Theorie von KNESER in dem schon mehrmals zitierten Buche von HERZFELD und LITOVITZ als „Knesersche Flüssigkeiten" bezeichnet. Bei der zweiten Gruppe der „nicht normalen" Flüssigkeiten, von denen schon hinreichend bekannt ist, daß sie zur Assoziatbildung neigen, liegt das Verhältnis $\alpha/\alpha_{\text{klass}}$ etwa zwischen eins und drei und der Temperaturkoeffizient der Absorption ist negativ. Bei

---

[1] VERMA, G. S.: J. Chem. Phys. 18, 1352—1354 (1950).

[2] PINKERTON, I.: Proc. Phys. Soc. Lond. B 62, 129—141, 286—299 (1949).

XVI. Die Schallabsorption in Flüssigkeiten

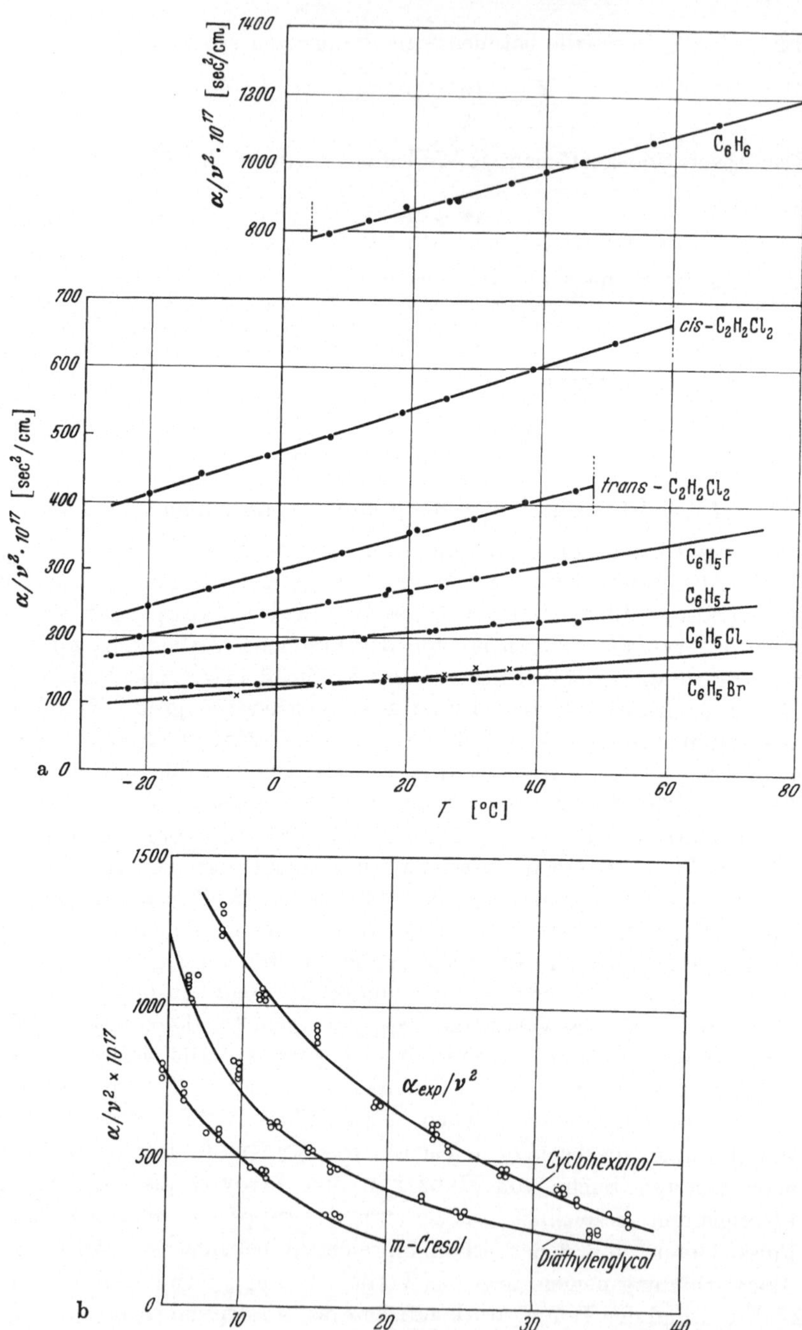

Fig. 212a u. b. Beispiele von Absorptionskurven in Flüssigkeiten mit positiven und negativen Temperaturkoeffizienten; a) nach SETTE, b) nach KISHIMOTO und NOMOTO

dieser Art der Klassifikation sind einige Stoffe nicht sicher unterzubringen, aber es kommt ja auch nur auf eine ungefähre Gruppierung an. Bei der Darstellung der Schallabsorption in Flüssigkeiten in den folgenden Ziffern folgen wir im wesentlichen der Einteilung in „klassische", Knesersche und assoziierende Flüssigkeiten. In Ziffer 192 werden wir dann sehen, daß noch eine ganz andere Einteilung möglich ist.

Zu den Kneserschen Flüssigkeiten mit positiven Temperaturkoeffizienten rechnen Benzol, Toluol, Chlorbenzol, Nitrobenzol, Hexan, Heptan, Cyclohexan, Chloroform, Tetrachlorkohlenstoff, Schwefelkohlenstoff, o-, m-, p-Dichlorbenzol, Methylenchlorid, Methylenbromid, Methylenjodid, um nur einige der bekanntesten zu nennen. Flüssigkeiten mit negativen Temperaturkoeffizienten sind neben Wasser vor allem die verschiedenen Alkohole, z.B. Methanol, Äthanol, Propanol; Äthylen-, Diäthylen-, Triäthylen-, Propylenglycol, Cyclohexanol, Glycerin, o-Chlorphenol, m-Kresol usw. Auch Anilin gehört in diese Gruppe. Schwankend hinsichtlich des Vorzeichens des Absorptions-Temperaturkoeffizienten verhalten sich die stark frequenzabhängigen Stoffe, wie z.B. Essigsäure, Methyl-, Äthyl- und Amylacetat.

Messungen hinsichtlich des Verlaufs von α/ν^2 mit der Temperatur in diesen Gruppen finden sich unter anderen bei Verma, Kishimoto[1] und Nomoto, Mokhtar[2] und Youssef, und bei Sette[3]. In der Fig. 212 sind einige aus der genannten Literatur entnommene und für Atmosphärendruck geltende Kurven $\alpha/\nu^2 = f(T)$ zusammengestellt worden.

178. Absorption in Flüssigkeiten mit ein- und zweiatomigen Molekülen

In der Tabelle XVI/2 sind einige Messungen der Schallabsorption in den einatomigen Elementen Quecksilber und Argon und den zweiatomigen Elementen Wasserstoff, Sauerstoff und Stickstoff zusammengestellt worden. Die Übereinstimmung zwischen den nach Gl. (XVI.2) aus Scherviscosität und Wärmeleitung berechneten Absorptionswerten und den gemessenen ist sehr gut.

Bei Quecksilber ist es bemerkenswert, daß der Viscositätsanteil etwa 4mal größer als der thermische Anteil ist, während im allgemeinen bei Flüssigkeiten nach Ausweis von Tabelle XVI/1 der Wärmeleitungsanteil vernachlässigt werden kann. Das einatomige verflüssigte Helium, das bei 4,22° K siedet, ordnet sich oberhalb einer Temperatur von 2,5° K gut in diesen Rahmen ein, zeigt aber bei tieferen Temperaturen

---

[1] Kishimoto, T., and O. Nomoto: J. Phys. Soc. Japan 9, 620—627, 1021—1029; (1954); 10, 933—936 (1955).

[2] Mokhtar, M., and H. Youssef: J. Acoust. Soc. Amer. 30, 549—551 (1958).

[3] Sette, D.: J. Chem. Phys. 19, 1337—1341 (1951); s. a. Coll. Ultrasonore Trill. Koninklijke Vlaasme Ac., Brussel 1951. S. 153—163.

ein außerordentlich stark von allen anderen Stoffen abweichendes Verhalten. Das Kapitel XX wird den akustischen Eigenschaften des flüssigen Heliums gewidmet sein.

Bei den zweiatomigen vertlüssigten Gasen ist kein Einfluß einer Schwingungsrelaxation zwischen den beiden Atomen im Molekül angedeutet, obwohl nach Ziffer 169 im Gaszustand bei Raumtemperatur ein solcher Einfluß vorhanden ist. Man hat daher zu schließen, daß bei tiefen Temperaturen die inneren Schwingungen völlig eingefroren sind.

Tabelle XVI/2. *Die Übereinstimmung zwischen der älteren visco-thermischen Theorie [Gl. (XVI/2)] und dem Experiment bei einigen ein- und zweiatomigen Flüssigkeiten*

Flüssigkeit	T [°K]	u [m/s]	$\dfrac{\alpha}{\nu^2} \cdot 10^{17} \left[\dfrac{\mathrm{sec}^2}{\mathrm{cm}}\right]$			$\dfrac{\alpha}{\nu^2} \cdot 10^{17}$ experimentell	Autor und Frequenz
			visk.	therm.	zus.		
Argon . . .	85,2	853	7,9	2,6	10,5	10,1	GALT[1]; 44,4 MHz
Quecksilber	293	1451			5	5,3	} nach RIECKMANN[2];
	300	1448				6,5	} 20—54 MHz
	297	1451			5	5,5	} nach RINGO[3], FITZGERALD,
	301	1450				5,7	} HURDLE; 100—1000 MHz
Wasserstoff H_2 .	17	1187	3,7	2,1	5,8	5,6	GALT[1]; 44,4 MHz
Sauerstoff O_2	60	1119	7,3	1,0	8,3	8,6	GALT[1]; 44,4 MHz
	70	1094	5,6	1,1	6,7	8,6	
	87	952	5,5	1,8	7,3	8,6	
Stickstoff N_2	73,9	962	6,6	2,9	9,5	10,6	GALT[1]; 44,4 MHz

179. Vergleich von Relaxationszeiten des flüssigen und gasförmigen Zustandes

Bei den in Ziffer 181 noch zu behandelnden assoziationsfreien Flüssigkeiten ist die Schallabsorption α/ν^2 über einen großen Frequenzbereich konstant. Man bezeichnet diese Flüssigkeiten wohl auch als „relaxationsfrei". Nach den Ausführungen in Ziffer 157 muß aber schließlich jeder Stoff einmal Relaxation zeigen und der durch die Kurven Fig. 188 oder Fig. 211 gekennzeichneten Gesetzmäßigkeit unterliegen. Man muß nur mit der Frequenz genügend hoch gehen, wenn man es experimentell ermöglichen kann. Einen zeitlos schnellen Übergang der translatorisch in ein Medium eingestrahlten Schallenergie in die Rotations- und Vibrations-Freiheitsgrade kann es ja nicht geben. Irgendwann einmal ist die entscheidende Bedingung

$$\omega \tau = 1$$

---

[1] GALT, J.: J. Chem. Phys. **16**, 505—507 (1948); — Mass. Inst. Techn. Rep. Nr. **46** 1—5 (1947).

[2] RIECKMANN, P.: Phys. Z. **40**, 582—590 (1939).

[3] RINGO, G., J. FITZGERALD and B. HURDLE: Phys. Rev. **72**, 87 (1947).

erfüllt, abhängig von einem speziellen Relaxationsmechanismus. Wenn man also von „relaxationsfreien Flüssigkeiten" oder vom „relaxationsfreien Anteil der Schallabsorption" spricht, so ist damit lediglich gemeint, daß bei Steigerung der Frequenz der nächste erreichbare Relaxationsbereich bei Vibrationen liegt, die schon ins Hyperschallgebiet fallen. Die Frequenzen ν des Ultraschallbereichs dieser Flüssigkeiten sind durch die Bedingung

$$\nu \lesssim \nu_{\mathrm{vibr}} = \frac{1}{2\pi\tau} = 10^9 \text{ bis } 10^{11} \text{ Hz}$$

charakterisiert.

Die Angabe „10^9 bis 10^{11} Hz" entstammt der folgenden groben Abschätzung: Die Aktivierung oder Entaktivierung eines Moleküls durch ein Schwingungsquant spielt sich nur beim Zusammenstoß der Moleküle ab. In diesem Augenblick ist es unerheblich, ob alle anderen Moleküle in großer Nähe wie beim flüssigen Aggregatzustand sind oder in größerer Entfernung wie beim gasförmigen Zustand. Die Relaxationszeit τ_{fl} in der Flüssigkeit wird nach Ziffer 165 von der Stoßzwischenzeit $\bar{\tau}_{fl}$ abhängen. Für diese aber muß wegen der sehr viel höheren Dichte einer Flüssigkeit gegenüber einem Gase $\bar{\tau}_{fl} < \bar{\tau}_g$ gelten. Ceteris paribus sind nun die mittleren Stoßzwischenzeiten den freien Weglängen der Moleküle proportional. Diese freien Weglängen aber sind, da Masse und Querschnitt der Moleküle dieselben sind, den Dichten der Medien umgekehrt proportional. So ergibt sich die Relation

$$\frac{\bar{\tau}_{fl}}{\bar{\tau}_g} \approx \frac{\varrho_g}{\varrho_{fl}} \approx \frac{\tau_{fl}}{\tau_g}.$$

Diese Relation ist zur Abschätzung gut geeignet, weil man für den gasförmigen Zustand eines Stoffes infolge der in Ziffer 164 besprochenen Möglichkeit der Druckvariation den Relaxationsbereich und damit τ_g leichter finden kann. Die gesuchte Relaxationszeit ist

$$\tau_{fl} \approx \tau_g \cdot \frac{1}{\varrho_{fl}/\varrho_g}. \qquad\qquad \text{(XVI.21)}$$

Das Verhältnis der Dichten liegt bei organischen Stoffen um 300 herum. Die Relaxationszeiten τ_g können nach Ziffer 162 aus Dispersionsmessungen entnommen werden. Zum Beispiel ist für Methylbromid CH_3Br $\tau_g = 7,5 \cdot 10^{-8}$ sec, für Chloroform $CHCl_3$ $\tau_g = 1,4 \cdot 10^{-8}$ sec, für Tetrachlorkohlenstoff CCl_4 $\tau_g = 2 \cdot 10^{-8}$ sec. Danach liegen die Relaxationszeiten in solchen Flüssigkeiten bei einigen 10^{-10} sec und die Ultraschall-Relaxationsfrequenzen bei 10^9 Hz und darüber. Ein Vergleich der Schwingungsrelaxation in flüssigem und gasförmigen Chlor Cl_2 ist von SITTIG[1] vorgenommen worden. Die im Gas direkt gemessene Relaxations-

---

[1] SITTIG, E.: Proc. III. Int. Congr. on Acoustics, Stuttgart 1959, Bd. I, S. 539—541. — Amsterdam: Elsevier Publ. Co. 1961.

zeit stimmte innerhalb 10 % mit der nach (XVI.21) aus der Flüssigkeit ermittelten überein.

Näheres über die in dieser Ziffer angeschnittenen Fragen findet der Leser in Ziffer 95 des Buches von HERZFELD und LITOVITZ.

180. Die Suche nach Relaxation im Hyperschallgebiet

Die an sich wichtige Beziehung (XVI.21) wurde absichtlich nicht präziser gefaßt und begründet. Der Eintritt in das Hyperschallgebiet bringt nämlich nicht nur einen Dispersionssprung der Schallgeschwindigkeit nach höheren Werten hin mit sich, sondern führt auch in den Bereich der Resonanzen zwischen Schallfrequenzen und Moleküleigenschwingungen hinein. Die Dispersionsstufe würde mit den aus Fig. 185 ersichtlichen Resonanzsprüngen in heutzutage noch völlig unübersichtlicher Weise überlagert werden. Schließlich aber müssen Relaxationen und Resonanzen aufhören und es müßte sich entsprechend Fig. 2 die isotherme Schallgeschwindigkeit einstellen. Dabei würde wiederum offen bleiben, ob ihr Wert asymptotisch oder anders erreicht werden kann.

Mit steigender Frequenz wird es für den Experimentator immer schwieriger exakte Absorptionsmessungen auszuführen, weil die Reichweite der Ultraschallwellen immer kleiner wird und im Hyperschallgebiet nur noch nach Zehnteln Millimetern zählt, es sei denn, daß die Messungen bei sehr tiefen Temperaturen ausgeführt werden können. Daher pflegt man zur Zeit Hyperschallversuche auch nicht an monchromatischen Schallwellen mit ebenen Wellenflächen, sondern an thermischen Bewegungen der Moleküle anzustellen. Man geht von der Überlegung aus, daß die thermische Bewegung der Moleküle in einer Flüssigkeit als eine Überlagerung zahlreicher nach allen Richtungen hin und her laufender elastischer Wellen, eben der Hyperschallwellen, aufgefaßt werden kann. Die Frequenz des Lichtes, welches unter dem Braggschen Winkel in eine solche thermische „Wellenfront" einfällt und reflektiert wird, erleidet infolge des durch die Bewegung der Wellenfront entstehenden Dopplereffekts eine Aufspaltung. Das Licht zerfällt in ein Wellenlängen-Doublett, dessen beide Wellenlängen sich gegenüber der einfallenden Lichtwellenlänge λ um die Beträge

$$\pm d\lambda = \lambda \frac{u_H}{c} \sin \varphi$$

unterscheiden. c ist die Lichtgeschwindigkeit, u_H die Hyperschallwellengeschwindigkeit und φ der Braggsche Winkel, unter dem das Licht eine Schallwellenfront trifft. Das bedeutet die Messung von Lichtwellenlängen-Änderungen in der Größenordnung 0,05 Å. Sie werden mit einem Perot-Fabry-Interferometer gemessen. Die Theorie der Lichtzerstreuung an den (thermischen) Hyperschallwellen stammt von L. BRILLOUIN[1].

Indische Forscher haben wohl zuerst eingehendere Untersuchungen über diesen Gegenstand ausgeführt. Von RAGHAVENDRA RAO, dessen in der Tabelle XVI/3 angeführte Messungen mit der Lichtwellenlänge 4046 Å ausgeführt wurden, ist auch der Name „Hyperschall" geprägt worden. Beim Vergleich der in Tabelle XVI/3 aufgeführten Werte für die Ultraschall- und die Hyperschallgeschwindigkeit hat man den Eindruck, daß für das oben genannte Relaxationsproblem kaum ein einwandfreier Beweis geführt werden kann, weil man sich eben schon im Durchmischungsgebiet von Relaxation und Resonanz befindet. Es ergibt sich eigentlich nur soviel, daß die zu τ_{fl} gehörende Frequenz $\nu = 1/2\pi\tau_{fl}$ über 10^3 MHz liegen muß. Ob nun die Flüssigkeiten Glycerin und Essigsäure gerade die richtigen Studienobjekte für aufklärende Hyperschalluntersuchungen sind, bleibe dahingestellt.

Tabelle XVI/3. *Vergleich von Ultraschallgeschwindigkeiten mit Hyperschallgeschwindigkeiten in Flüssigkeiten. Frequenz $> 10^9$ MHz*

Flüssigkeit	Chemische Formel	T [°C]	Ultraschall u [m/s]	Hyperschall u_H [m/s]	Autor
Tetrachlorkohlenstoff	CCl_4	23	928	1070 ± 25	RAGHAVENDRA RAO[2]
Aceton	$CO(CH_3)_2$	17	1205	978 ± 25	RAGHAVENDRA RAO[2]
Wasser	H_2O	25	1492	1509 ± 25	VENKETESWARAN[3]
Äthylalkohol	C_2H_5OH	25	1150	1160 ± 25	VENKETESWARAN[3]
Glycerin	$C_3H_5(OH)_3$	25	1960	2500 ± 25	VENKETESWARAN[3]
Benzol	C_6H_6	20	1324	1470 ± 20	FABELINSKI[4]
Toluol.	$C_6H_5CH_3$	20	1324	1314 ± 34	FABELINSKI[4]
Aceton	$CO(CH_3)_2$	20	1190	1190 ± 40	FABELINSKI[4]
Schwefelkohlenstoff	CS_2	20	1158	1265 ± 22	FABELINSKI[4]
Essigsäure	CH_3COOH	20	1144	1140 ± 35	FABELINSKI[4]

181. Die Schallabsorption in nicht assoziierten und nicht relaxierenden Flüssigkeiten

Auf Grund der Angaben in den beiden vorhergehenden Ziffern weisen die jetzt zu besprechenden Flüssigkeiten im mittleren und hohen Ultraschall-Frequenzbereich, also etwa zwischen 10 und 1000 MHz, keine Relaxations-Absorption auf. Es müßte also bei Brauchbarkeit der viscothermischen Theorie in der Form

$$\frac{\alpha}{\nu^2} = \left(\frac{\alpha}{\nu^2}\right)_{\text{vis}} + \left(\frac{\alpha}{\nu^2}\right)_{\text{rel}}$$

[1] BRILLOUIN, L.: Ann. Phys. Paris (9) **17**, 88—122 (1922).

[2] RAGHAVENDRA RAO: Proc. Indian Acad. Sci. **7**, 163—176 (1938).

[3] VENKETESWARAN, C.S.: Proc. Indian Acad. Sci. A **15**, 362 (1942).

[4] FABELINSKI, I.: Uspekhi Fiz. Nauk. **63**, 355—410 (1957).

Tabelle XVI/4. *Vergleich der Schallabsorptionen* α/ν^2 *in nicht assoziierten relaxationsfreien Flüssigkeiten nach der visco-thermischen Theorie, nach dem Experiment und nach der Stoßfaktortheorie (Ziffer 192)*

Organische Flüssigkeit	Chemische Formel	T [° C]	α/ν^2 visco-thermisch	$\alpha/\nu^2 \cdot 10^{17}$ experimentell	bei ν [MHz]	α/ν^2 Stoßfaktor-theorie
Toluol	$C_6H_5CH_3$	20	8	80	bis 200	69
Chlorbenzol	C_6H_5Cl	25	8	130	bis 200	138
Brombenzol	C_6H_5Br	25	13	140	30	300*
Nitrobenzol	$C_6H_5NO_2$	25	14	80	bis 200	74
Jodbenzol	C_6H_5J	25	17	203	30	208
Anilin	$C_6H_5NH_2$	20	26	70	bis 20	50
Methylenbromid . .	CH_2Br_2	25	2	570	30	800*
Methylenjodid . . .	CH_2J_2	25	23	245	30	250
Chloroform	$CHCl_3$	20	10	396	bis 100	400
Tetrachlorkohlenstoff	CCl_4	20	20	540	bis 100	560
trans-Dichloräthylen	$(CClH)_2$	20	9	360	30	315

bei Fortfall des zweiten Summanden wenigstens der Größenordnung nach zwischen Messung und (statischer) Berechnung eine Übereinstimmung vorliegen. Das ist aber ganz und gar nicht der Fall, wie Tabelle XVI/4 an einigen bekannten organischen Flüssigkeiten ausweist. Im Durchschnitt sind die experimentellen Werte mehr als 10mal größer als die

Tabelle XVI/5. *Schallabsorptionsmessungen in (bei 24 bis 25° C) assoziations- und relaxationsfreien Flüssigkeiten (nach* HEASELL *und* LAMB*)*

Organische Flüssigkeit	Chemische Formel	$\dfrac{\alpha}{\nu^2} \cdot 10^{17} \left[\dfrac{sec^2}{cm}\right]$ bei etwa 104 MHz	bei etwa 193 MHz
Benzylalkohol	$C_6H_5CH_2OH$	79	79
Furfurylalkohol	$(C_4OH_3)CH_2OH$	91	92
Dimethylphtalat	$C_6H_4(COOCH_3)_2$	188	188
Diäthylphtalat	$C_6H_4(COOC_2H_5)_2$	250	237
Diäthylamin	$(C_2H_5)_2NH$	36	35
Cyclohexylamin	$C_6H_{11}NH_2$	68	64
Äthanolamin	$C_2H_5NHC_2H_4OH$	166	159
o-Chloranilin	$C_6H_4ClNH_2$	56	54
Anisol	$C_6H_5OCH_3$	44	44
i-Propylbenzol	$(CH_3)_2CHC_6H_5$	65	63
Äthylbenzol	$C_6H_5C_2H_5$	56	54
Benzylchlorid	$C_6H_5CH_2Cl$	79	74
β-Picolin.	$NC_5H_4CH_3$	66	64
o-Chlorphenol	C_6H_4ClOH	98	94
Methylcyclohexan	$C_6H_{11}CH_3$	98	93
Cyclohexanon	$C_6H_{10}O$	73	71
Cyclohexen	C_6H_{10}	103	101
Decahydronaphthalin	$C_{10}H_{18}$	124	118
Äthylenbromid	$(CH_2Br)_2$	303	297
Methyljodid	CH_3J	309	306
n-Hexan	C_6H_{14}	60	57
Mesityloxyd	$(CH_3)_2CCHCOCH_3$	34	34

viscothermischen. In der letzten Spalte dieser Tabelle sind die nach der erst in Ziffer 192 besprochenen Stoßfaktortheorie berechneten Werte eingetragen, die mit der Wirklichkeit gut harmonieren.

In der nächsten Tabelle XVI/5 ist eine Zusammenstellung von Schallabsorptionen, die bei etwa 104 und 193 MHz gemessen wurden und für die bei noch höheren Frequenzen keine Änderung mehr zu erwarten ist, gegeben worden. Diese Daten beruhen auf Messungen von HEASELL[1] und LAMB mit dem Impuls-Durchstrahlungsverfahren. Die Originalwerte der Verfasser wurden hier abgerundet angegeben. Die Messungen beziehen sich auf Raumtemperatur. Es ist also nicht gesagt, daß bei tieferen Temperaturen diese Stoffe keinen Relaxationseinfluß erkennen lassen dürften. Das kann sehr wohl der Fall sein, wie wir noch sehen werden. Allerdings müssen bei hinreichend hohen Ultraschallfrequenzen die für verschiedene Temperaturen geltenden Absorptionen gegen einen gemeinsamen Grenzwert streben.

182. Relaxation durch Rotations-Isomerie

Eine Reihe nichtassoziierender Flüssigkeiten zeigt mehr oder minder ausgeprägte und temperaturabhängige Relaxationserscheinungen. Diese werden auf zwei Arten von intramolekularen Schwingungen zurück-

Fig. 213. Cis-trans-Isomerie bei Dichloräthylen

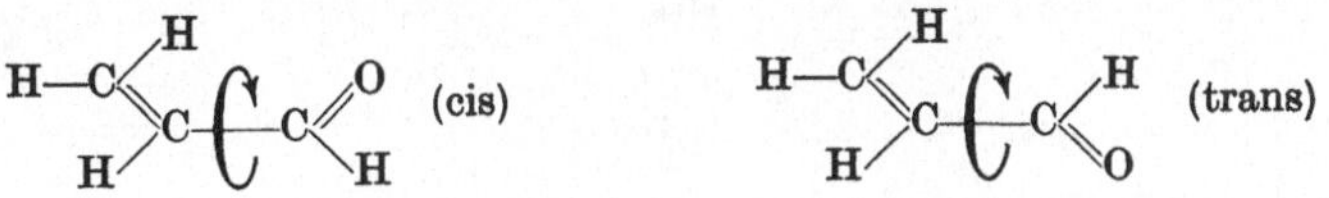

Fig. 214. Rotations-Isomerie bei Acrolein

geführt. Bei der einen Art schwingen die Atome im Molekül gegeneinander (Linear- und Knickschwingungen), bei der anderen Art wirkt sich die sogenannte „Rotations-Isomerie" aus. Unter den verschiedenen Isomerieformen der Chemie gibt es die sogenannte cis-trans-Isomerie, wie sie z.B. nach Fig. 213 bei Dichloräthylen auftritt. Die beiden stabilen Isomeren haben zwar dasselbe Molekulargewicht und die gleiche chemische Bruttoformel, aber die Cl-Atome liegen einmal auf der einen Seite (cis) des Moleküls, das andere Mal aber diametral einander gegenüber (trans). Die Siedepunkte, Dichten und Schallgeschwindigkeiten sind voneinander verschieden.

Eine ähnliche, aber dennoch von Fig. 213 verschiedene cis-trans-Isomerie liegt beim Acrolein in Fig. 214 vor. Die Aldehydgruppe CHO

---

[1] HEASELL, E., and J. LAMB: Proc. Phys. Soc. Lond. B **69**, 869—877 (1956).

kann um die zentrale C—C-Bindung rotieren, ohne daß der physikalisch-chemische Charakter sich sonderlich verändert. Bei gegebener Temperatur bildet sich ein Gleichgewicht zwischen den verschiedenen Rotationsstellungen aus. Studien über das elektrische Dipolmoment derartig aufgebauter Verbindungen geben Aussagen über den energetischen Zustand der beiden Extreme, die dadurch gekennzeichnet sind, daß einmal die beiden Doppelbindungen parallel liegen und das andere Mal einen Winkel miteinander einschließen. In dem in Fig. 214 gezeichneten Falle hat die trans-Position das niedrigere Energieniveau. Diese Art der Isomerie wird Rotations-Isomerie genannt und ist ein dankbares Objekt molekularakustischer Forschung, weil der Energietransport zwischen der cis- und trans-Form mit Ultraschall-Relaxation verbunden ist.

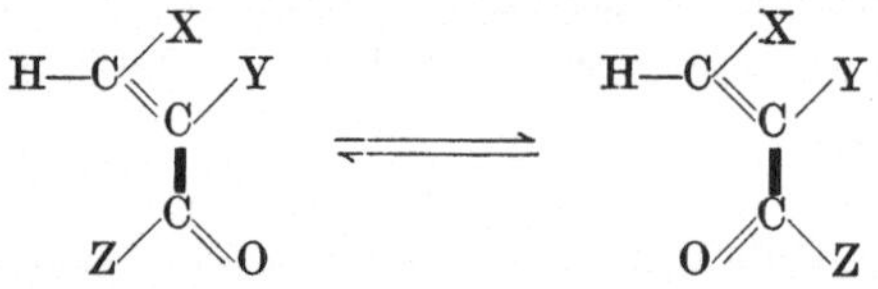

Fig. 215. Das Rotations-Isomerie-Relaxationsproblem in einigen Aldehyden und Ketonen

Eingehende Untersuchungen über diese Rotations-Isomerie-Relaxation haben JOHN LAMB[1] und seine Mitarbeiter angestellt. Aus ihren Untersuchungen, insbesondere aus der Arbeit von DE GROOT und LAMB, bringen wir nachfolgend einige Beispiele. Die Relaxationskurven für α/ν^2 lassen sich nach LAMB[2] und PINKERTON formal durch eine Gleichung der Form

$$\frac{\alpha}{\nu^2} = \frac{A_{\text{rel}}}{1 + \left(\dfrac{\nu}{\nu_{\text{rel}}}\right)^2} + A_\infty \tag{XVI.22}$$

beschreiben. Die Parameter A_{rel} und A_∞ hängen von der Temperatur ab. A_{rel} hängt mit dem Relaxationsprozeß zusammen, A_∞ soll die Schallabsorption im Gebiet $\nu \gg \nu_{\text{rel}}$ repräsentieren. Durch Tabellierung der Werte von ν_{rel}, A_{rel} und A_∞ gelten die Relaxations-Absorptions-Kurven als hinreichend bestimmt.

Das von LAMB untersuchte Problem ist durch Fig. 215 ganz allgemein dargestellt. An den Stellen X, Y, Z sind die Substitutionen vorzunehmen; $Z = H$ gibt Aldehyde, $Z = CH_3$ gibt Ketone. In Fig. 216 sind einige Relaxationskurven derartiger Verbindungen abgebildet. Man erkennt aus diesen Kurven, daß man die Bedeutung des Temperatur-

---

[1] LAMB, J.: Symp. Kon. Vlaam Acad., K. Wet., 1959, S. 1—26; — Z. Elektrochem. **64**, 135—141 (1960). — DAVIES, R., and J. LAMB: Quart. Rev. Chem. Soc. Lond. **11**, 134—161 (1957). — HEASELL, E., and J. LAMB: Proc. Roy. Soc. Lond. A **237**, 233—244 (1956). — GROOT, S.R. DE, and J. LAMB: Proc. Roy. Soc. Lond. A **242**, 36—56 (1957).

[2] LAMB, J., and I. PINKERTON: Proc. Roy. Soc. Lond. A **199**, 114—130 (1949).

koeffizienten der Schallabsorption nicht überbewerten soll, wie es in Ziffer 177 geschehen zu sein scheint. Es kommt vor, daß er bei tieferen Frequenzen positiv, bei höheren dagegen negativ wird. Daraus, daß

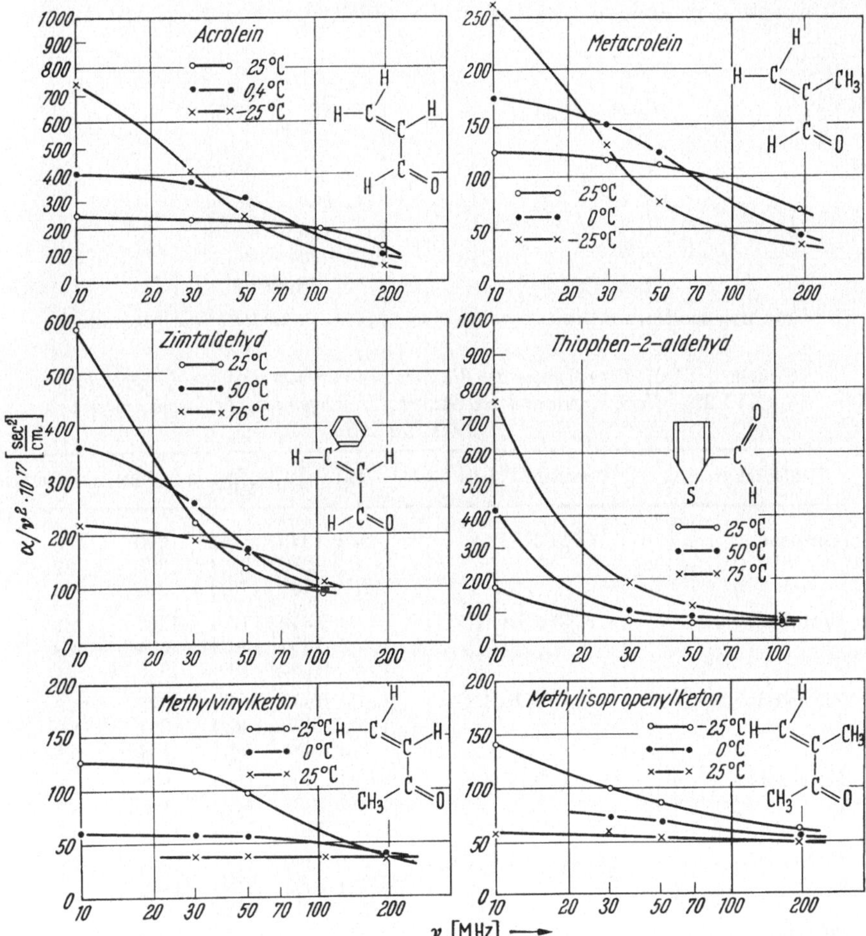

Fig. 216. Rotationsisomerie-Relaxationskurven der Schallabsorption α/ν^2 bei vier Aldehyden und zwei Ketonen (nach DE GROOT und LAMB). Die Lage der Relaxationsfrequenz ν_{rel} ist durch Pfeile gekennzeichnet

diese Verbindungen eine Rotationsmöglichkeit um die C—C-Bindung und eine Relaxation aufweisen, läßt sich aber kein sicherer Schluß ziehen, daß es immer so sein muß. Die bekannten Verbindungen Butadien und Isopren, die in Fig. 217 skizziert sind, zeigen keine Relaxation, jedenfalls nicht im Frequenzbereich bis 200 MHz. Ob das vielleicht mit ihrer besonderen Fähigkeit Hochpolymere zu bilden in tieferem Zusammenhang steht, ist nicht bekannt.

In der Tabelle XVI/6 ist ein Teil der Messungen von Lamb und DE Groot durch Tabellierung der Größen der Formel (XVI.22) zusammengestellt worden. Die Originalarbeit enthält noch Angaben über die Absorption in einigen gesättigten Acetaldehyden und Ketonen. In der

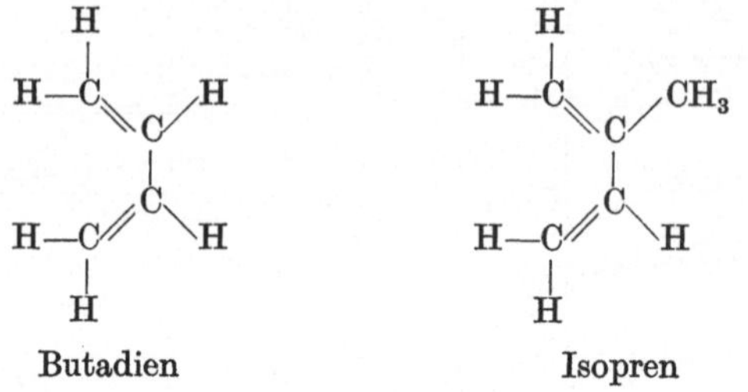

Butadien   Isopren

Fig. 217. Butadien und Isopren haben im Frequenzgebiet bis 200 MHz keine Relaxationen

Tabelle XVI/6. *Tabellierung der die Relaxation beschreibenden Größen der Gl. (XVI.22). Nach Lamb und DE Groot. Durchgemessener Frequenzbereich 10 bis 200 MHz*

Flüssigkeit	Chemische Formel	T [°C]	u [m/s]	ν_{rel} [MHz]	$A_{rel} \times 10^{17}$	$A_\infty \times 10^{17}$
Acrolein . . .	CH_2CHCHO	−24,6	1373	29,1	790	38
		− 0,3	1273	77,8	380	37
		+25,2	1168	176,0	208	36
Crotonaldehyd	$CH_3CHCHCHO$	0,0	1369	12,0	1397	24
		+25,0	1268	30,3	674	29
		+50,1	1165	70,0	355	34
Zimtaldehyd. .	$C_6H_5CHCHCHO$	+25,1	1563	15,7	722	78
		+50,2	1472	36,0	331	63
		+75,8	1385	65,2	154	74
Metacrolein . .	CH_2CCH_3CHO	−24,8	1408	22,2	282	29
		0,0	1299	65,2	150	27
		+24,9	1188	174,0	95	25
Furacrolein . .	$(C_4OH_3)CHCHCHO$	+59,9	1360	13,5	1840	61
		+79,4	1293	23,0	1150	66
		+99,8	1228	31,4	617	132
Hexylzimt- aldehyd . .	$CHCHCHO \cdot C_6H_4 \cdot C_6H_{13}$	+25,0	1448	18,2	129	150
		+50,2	1362	35,8	61	103
Methyl- vinylketon .	$CH_3COCHCH_2$	−24,8	1451	80,6	107	23
		− 0,1	1342	178,0	34	25
Methylisopro- pylketon . .	$CH_3COC_3H_7$	−24,8	1459	26,4	96	59
		− 0,1	1347	59,6	28	51
Thiophen- 2aldehyd . .	$(C_4SH_3)CHO$	+75,0	1298	6,7	2495	71
Furfuralaceton	$(C_4OH_3)CHCHCOCH_3$	+50,1	1383	9,8	1371	67
		+74,7	1299	23,2	564	67
Propionaldehyd	C_2H_5CHO	−24,7	1379	189,0	69	25

Arbeit von DAVIES und LAMB werden Angaben über die Absorption und Relaxation in Cyclohexan und neun Derivaten gemacht. Untersuchungen über die Rotations-Isomerie-Relaxation in Triäthylamin haben ausgeführt PADMANABHAN[1] und HEASELL sowie HEASELL[2] und LAMB.

183. Nichtassoziierte Flüssigkeiten mit Schwingungsrelaxation

Von den einfacher gebauten Molekülen verflüssigter Gase sind durch BASS[3] und LAMB CO_2, SO_2, SF_6, N_2O, C_3H_6 und CH_3Cl bei Temperaturen zwischen 0 und 50° C mit Erfolg auf Schwingungsrelaxation hin untersucht worden. Die Relaxationsfrequenzen lagen meist höher als die Frequenzen, bei denen Messungen von α/ν^2 durchgeführt werden konnten.

Meßkurven für CO_2 bei verschiedenen Temperaturen und Drucken sind aus Fig. 218 zu ersehen. Sie geben eine Relaxationsfrequenz von $\nu_{rel} \sim 10\,MHz$. Der Vergleich mit der entsprechenden Relaxationsfrequenz für gasförmiges Kohlendioxyd ergibt nach Gl. (XVI.21)

$$(\varrho \cdot \tau)_{fl} : (\varrho \cdot \tau)_g \approx 1 \,.$$

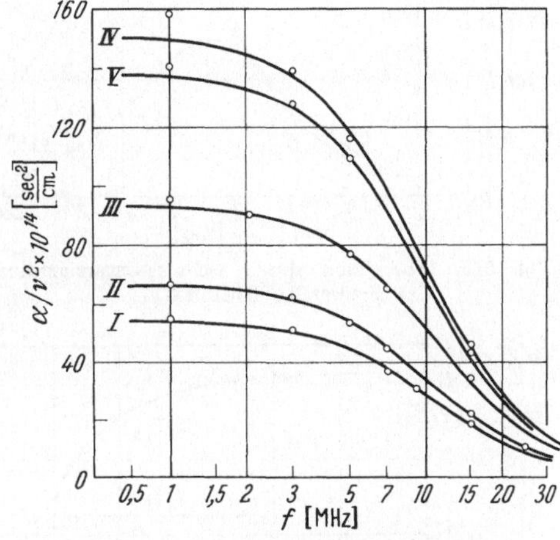

Fig. 218. Absorption durch Schwingungsrelaxation in flüssigem CO_2 bei verschiedenen Temperaturen und Drucken (nach BASS und LAMB). I bei 0° und 70 atm, II bei 0° und 37,5 atm, III bei 25° und 97 atm, IV bei 25° und 69 atm, V bei 30° und 86 atm

Die Absorptionskurven für SO_2 sind denen für CO_2 sehr ähnlich. Die Relaxationsfrequenz liegt bei 23 MHz.

Schwefelkohlenstoff CS_2 ist verschiedentlich durchgemessen worden. Für die Fig. 219 wurden die Messungen von LAMB[4] und ANDREAE und die von RAPUANO[5] verwendet. Besonders zu nennen ist die Arbeit von ANDREAE[6], HEASELL und LAMB über CS_2. Nach ihnen ist $\nu_{rel} = 78\,MHz$ und in Gl. (XVI.22) kommt A_∞ dem klassischen Wert nahe. Aus dem Maximum für α^* würde nach Gl. (XVI.20) ein Dispersionssprung der

---

[1] PADMANABHAN, R. A., and E. HEASELL: Proc. Phys. Soc. Lond. **76**, 321—328 (1960).

[2] HEASELL, E., and J. LAMB: Proc. Roy. Soc. Lond. A **237**, 233—244 (1956).

[3] BASS, R., and J. LAMB: Proc. Roy. Soc. Lond. A **247**, 168—185 (1958); — SO_2 in Proc. Roy. Soc. Lond. A **243**, 94—106 (1957).

[4] LAMB, J., and J. ANDREAE: Proc. Phys. Soc. Lond. B **64**, 1021—1031 (1951).

[5] RAPUANO, R.: Phys. Rev. **72**, 78—79 (1947).

[6] ANDREAE, J., E. HEASELL and J. LAMB: Proc. Phys. Soc. Lond. B **69**, 625—632 (1956).

Schallgeschwindigkeit von etwa 8% folgen, doch liegt dem Verfasser keine diesbezügliche Beobachtung vor. Berechnungen über die Relaxationszeit, über die Übergangswahrscheinlichkeit von Energiequanten und die Druck- und Temperaturabhängigkeit der Relaxation in CS_2 hat LITOVITZ[1] angestellt. Über die wirkliche Ursache der beobachteten Relaxation scheint aber noch keine Einmütigkeit zwischen den verschiedenen Forschern zu bestehen. Neben der Auffassung, daß nur eine einzige Biegeschwingung vorliege, steht die andere, daß in diesem Molekül alle Schwingungsmöglichkeiten dieselbe Relaxationsfrequenz hätten und sich gegenseitig anregten.

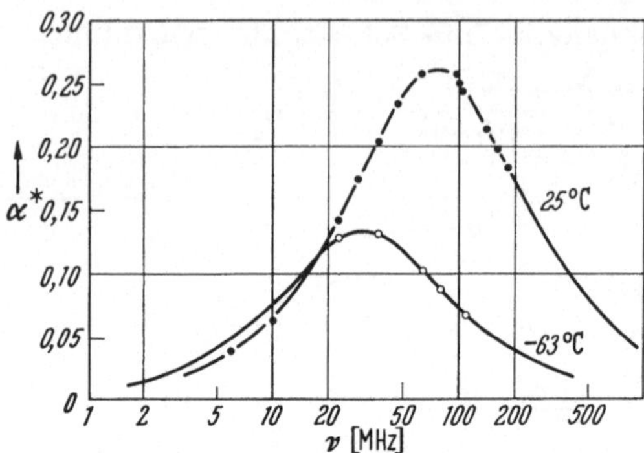
Fig. 219. Absorption durch Schwingungsrelaxation in Schwefelkohlenstoff CS_2

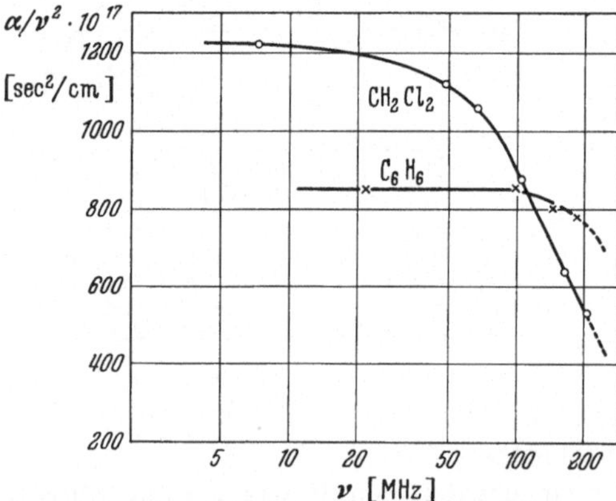
Fig. 220. Beginnendes Absinken der Absorptionskurven in Benzol und Methylenchlorid

Es sind bislang nur wenige nichtassoziierte Flüssigkeiten mit etwas größeren Molekülen, die Schwingungsrelaxation aufweisen, gefunden worden. Man mußte bisweilen mit der Schallfrequenz sehr hoch gehen, um sicherzustellen, daß eine aus verschiedenen Gründen vermutete Relaxation auch wirklich vorhanden ist.

Das zeigt sich bei Benzol besonders ausgeprägt, wie aus den in Fig. 220 wiedergegebenen Messungen von HEASELL[2] und LAMB hervorgeht. Erst bei etwa 200 MHz war es sichergestellt, daß die Absorptionskurve sich neigt und Relaxation erkennen läßt. Von Methylenchlorid ist nach Messungen von ANDREAE[3] ein wesentlich größeres Stück der Absorptionskurve bekannt. In Ziffer 171 wurde gezeigt, daß der gasförmige Zustand dieses Stoffes zwei Relaxationsbereiche aufweist.

[1] LITOVITZ, TH.: J. Chem. Phys. 26, 469—473 (1957).
[2] HEASELL, E., and J. LAMB: Proc. Phys. Soc. Lond. B 69, 869—877 (1956).
[3] ANDREAE, J.: Proc. Phys. Soc. Lond. B 70, 71—76 (1957).

Ein besonders interessanter Fall scheint bei Toluol $C_6H_5CH_3$ vorzuliegen. MOEN[1] hat zuerst beobachtet, daß die Toluol-Absorption bei einer relativ niedrigen Ultraschallfrequenz eine Relaxation anzeigt. Der Effekt als solcher ist durch Messungen von R. BEYER[2] und VERMA[3] und YEAGER sichergestellt. Aus der Arbeit von BEYER stammt die Fig. 221. Die Relaxationsfrequenz steigt mit der Temperatur. Als

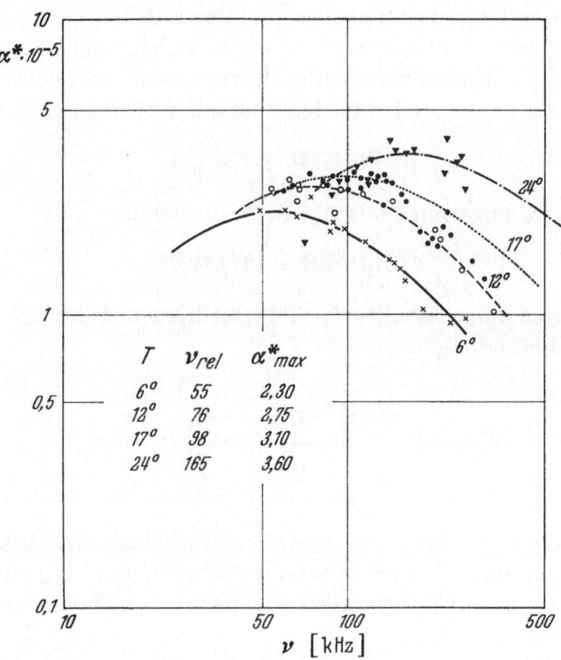

Fig. 221. Absorptionskoeffizient α^* und Relaxationsfrequenz in Toluol bei verschiedenen Temperaturen (nach BEYER)

Ursache ist eine Dehnungsschwingung der C—H-Bindungen, aber auch behinderte Rotation der CH_3-Gruppe diskutiert worden. Für Messungen bei Frequenzen um 100 kHz herum ist die Anwendung der Nachhall- und der Resonanz-Verfahren nützlich.

184. Assoziierte Flüssigkeiten mit Strukturrelaxation

Diese Gruppe von Flüssigkeiten zeigt so ausgeprägte Relaxationseffekte, daß auch die zu den Absorptionskurven gehörenden Dispersionskurven gefunden werden. Die Relaxationsfrequenzen liegen relativ tief,

[1] MOEN, C.: J. Acoust. Soc. Amer. 23, 62—70 (1951).
[2] BEYER, R.: J. Acoust. Soc. Amer. 27, 1—4 (1955).
[3] VERMA, G. S., and E. YEAGER: Proc. 3. int. Ak. Kongr., Stuttgart 1959, Bd. 1, 1961, S. 559—561.

so daß es möglich ist, den ganzen Absorptions- und Dispersionsbereich zu erfassen. Die markantesten Vertreter dieser Gruppe sind Essigsäure CH_3COOH und Propionsäure C_2H_5COOH. Historisch gesehen wurden Ultraschallrelaxationen zuerst an ihnen durch BAZULIN[1] aufgefunden und dann von LAMB[2] und PINKERTON sowie von LAMB[3] und HUDDART näher studiert.

Es ist schon lange bekannt, daß die Moleküle der genannten Flüssigkeiten nicht nur in monomerer, sondern gleichzeitig auch in dimerer Form vorliegen. Eine Ultraschallwelle verursacht nun eine Störung des Gleichgewichts zwischen den beiden Zustandsformen gemäß der Relation

$$M_1 + M_1 \rightleftharpoons (M_1)_2.$$

Auf Essigsäure angewendet lautet diese Beziehung

$$2\,CH_3COOH \rightleftharpoons (CH_3COOH)_2.$$

In der Gestalt einer Strukturformel geschrieben sieht der Prozeß der Doppelmolekülbildung so aus:

$$
\begin{array}{ccccccccc}
 & H & & & & H & & & H \\
 & | & & O{\cdots}{\cdots}H{\cdots}{\cdots}O & & & \\
H{-}C{-}C & & & & & & C{-}C{-}H\,. \\
 & | & & O{\cdots}{\cdots}H{\cdots}{\cdots}O & & & \\
 & H & & & & & & H
\end{array}
$$

TABUCHI[1] hat noch den nicht unwahrscheinlichen Fall diskutiert, daß nach Auftrennung der einen Wasserstoffbrückenbindung eine Rotation bzw. ein Hin- und Herschwingen um die andere Wasserstoffbrückenbindung stattfinden kann.

Das Ergebnis der experimentellen Untersuchung von LAMB und PINKERTON, das kaum noch einer Erläuterung bedarf, ist aus Fig. 222 ersichtlich. Die Relaxationsfrequenz des Monomer-Dimer-Gleichgewichts liegt um 20°C bei 0,556 MHz. Für hohe Frequenzen strebt die Absorption α/ν^2 einem Grenzwerte zu, der aber beispielsweise bei 30°C noch 6,6mal größer ist, als sich aus den stationären Werten von Viscosität und Wärmeleitung berechnen läßt. Ob man daraus und aus dem auch bei etwas höheren Temperaturen noch negativen Temperaturkoeffizienten der Absorption schließen darf, daß es noch weitere Relaxationen geben wird, wie einige Forscher meinen, bleibe dahingestellt.

Die der Essigsäure verwandten Carboxylsäuren $HCOOH$ und C_2H_5COOH zeigen ebenfalls Assoziationsrelaxation. Für Propionsäure

[1] BAZULIN, P.: C. R. Moskau 3, 285—288 (1936).
[2] LAMB, J., and I. PINKERTON: Proc. Roy. Soc. Lond. A 199, 114—130 (1949).
[3] LAMB, J., and D. HUDDART: Trans. Faraday Soc. 46, 540—545 (1950).
[4] TABUCHI, D.: Proc. 3. int. Kongr. Acoustics, Stuttgart 1959, Bd. 1, S. 500—502.

liegt die Relaxationsfrequenz bei 20° C bei 2,02 MHz. Der Dispersionssprung wurde von BARONE[1], PISENT und SETTE nachgewiesen.

Es war nur folgerichtig, daß man nach weiteren Assoziationsrelaxationen bei Verbindungen suchte, die aus der Essigsäure und der Ameisensäure abgeleitet sind, z. B. Methylacetat CH_3COOCH_3 und Äthylacetat[2] $CH_3COOC_2H_5$, ferner Methylformiat $HCOOCH_3$ und Äthylformiat[3] $HCOOC_2H_5$. Indes gelten diese Stoffe nicht als Assoziatbildner. Die Untersuchungen von LAMB u. Mitarb. haben daher für diese Ester ergeben, daß ihre Absorption auf Rotationsisomerie um die C—O-Bindung nach dem Schema

$$R_1-C\overset{\textstyle O}{\underset{\textstyle O-R_2}{\big<}} \;\rightleftharpoons\; \overset{\textstyle O}{\underset{\textstyle O}{\big>}}C-R_1 \atop R_2$$

beruht. Dabei gilt $R_1 = H$ für die Formiate und $R_1 = CH_3$ für die Acetate. Weiteres darüber bei KARPOVICH[4]. Ausführlichere Untersuchungen

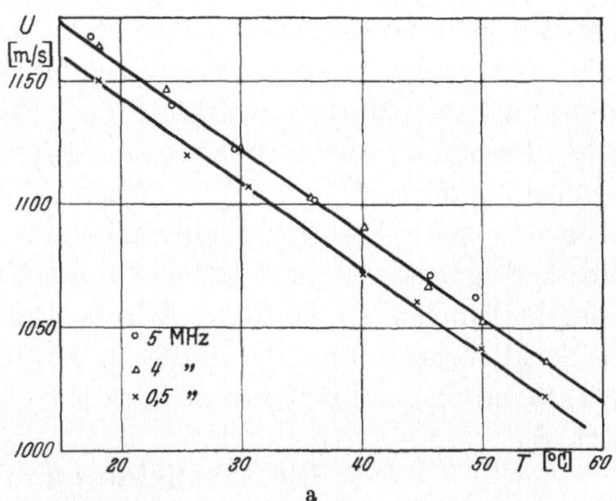

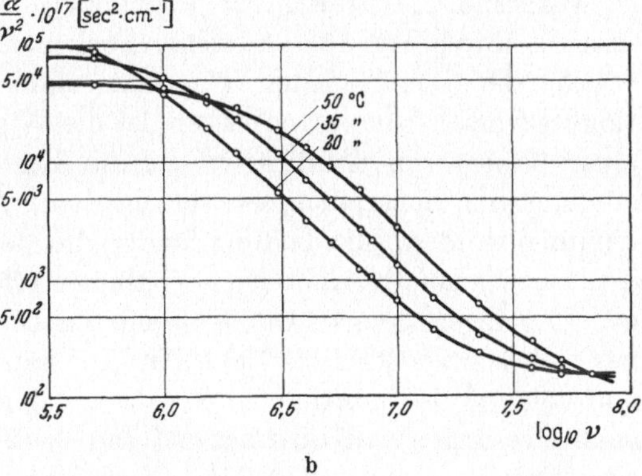

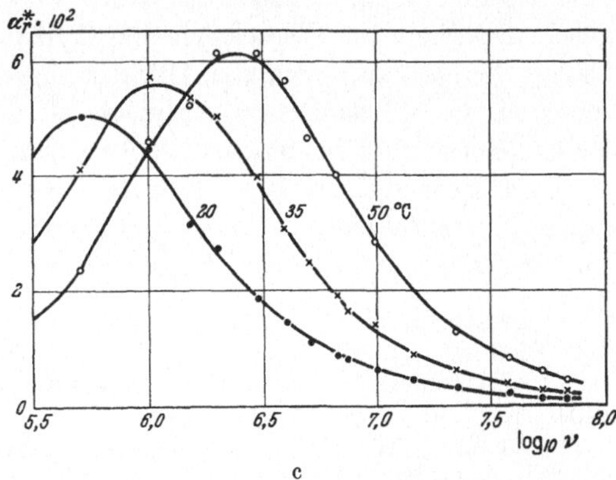

Fig. 222 a—c. Dispersion und Absorption in der assoziierenden Essigsäure (nach LAMB und PINKERTON)

---

[1] BARONE, A., C. PISENT and D. SETTE: Nuovo Cim. **7**, 365—370 (1958).

[2] Andere Bezeichnung: Essigsäuremethylester, Essigsäureäthylester.

[3] Andere Bezeichnung: Ameisensäuremethylester, Ameisensäureäthylester.

[4] KARPOVICH, J.: J. Chem. Phys. **22**, 1767—1773 (1954); — J. Acoust. Soc. Amer. **26**, 819—823 (1954).

über die Schallabsorption in Acetaten und Formiaten sind von verschiedenen russischen Forschern ausgeführt worden. KOWALOWA[1] und NOSDREW haben Methyl-, Äthyl-, Propyl-, Butyl- und Amylacetat untersucht. Besonders ausführlich wurde Äthylacetat im Temperaturbereich zwischen $+20°$ und $-40\,°C$ von MICHAILOW[2], SAWINA und FEOFANOW durchgemessen. Erst im Frequenzbereich zwischen 50 und 100 MHz wird α/ν^2 konstant. KOWALOWA[3] und NOSDREW und SAKURENOW[4] teilen Messungen an Methyl-, Äthyl-, Propyl- und Butylformiat mit. Die Schallabsorptionen α/ν^2 in diesen Stoffen sind bei 2 MHz noch sehr hoch, fallen aber schnell auf einen von 10 MHz ab konstant bleibenden Wert ab.

185. Die Schallabsorption in Wasser

Während die in Fig. 156 abgebildete Willard-Kurve des Wassers und die durch Fig. 158 skizzierte Euckensche Theorie über die Molenbrüche der verschiedenen Wasserassoziate sehr komplizierte Absorptionsverhältnisse erwarten lassen, ist die Wirklichkeit ganz anders. Aus einer Arbeit von TEETER[5] jr. ist die Fig. 223 mit einer Zusammenstellung von Meßergebnissen verschiedener Autoren über α und α^* entnommen worden. Anwendung fanden die Meßmethoden des Strahlungsdrucks, Nachhallverfahrens, Schallgittereffekts, Interferometers und des Impulsverfahrens. Die verwendeten Ultraschallfrequenzen erstrecken sich von 100 kHz bis 100 MHz. Die nächste Fig. 224 zeigt den Verlauf von α/ν^2 als Funktion der Frequenz bei verschiedenen Temperaturen nach Messungen von PINKERTON[6] und die Fig. 225 von RAPUANO[7] gibt eine Ergänzung bis zu 250 MHz. Nach VENKETESWARAN[8] ist die Schallgeschwindigkeit im Wasser bei der Hyperschallfrequenz 10^4 MHz mit 1509 ± 25 m/s kaum von der Ultraschallgeschwindigkeit 1492 m/s verschieden, so daß daraus zu schließen ist, daß sich in α^* und α/ν^2 kein Relaxationseinfluß bemerkbar machen wird.

Eine Besonderheit des Wassers liegt darin, daß das Verhältnis $\alpha_{\mathrm{exp}}/\alpha_{\mathrm{vis}}$ beim Zahlenwert 3 liegt und ziemlich temperaturunabhängig ist, wie die Tabelle XVI/7 nach Messungen von PINKERTON[6] und PELLAM[9]

[1] KOWALOWA, W., u. W. NOSDREW: l. c. im Vorwort, Buchreihe des Pädag. Inst. Bd. 13, S. 35—44.

[2] MICHAILOW, I., L. SAWINA u. G. FEOFANOW: l. c. im Vorwort, Buchreihe des Pädag. Inst. Bd. 10, S. 215—233 (1960).

[3] KOWALOWA, W., u. W. NOSDREW: l. c. im Vorwort, Buchreihe des Pädag. Inst. Bd. 13, S. 329—332 (1961).

[4] SAKURENOW, W.: l. c. im Vorwort, Buchreihe des Pädag. Inst. Bd. 10, S. 269—290 (1960).

[5] TEETER jr., CH.: J. Acoust. Soc. Amer. 18, 488—495 (1946).

[6] PINKERTON, I.: Nature, Lond. 160, 128—129 (1947).

[7] RAPUANO, R.: Phys. Rev. 72, 78—79 (1947).

[8] VENKETESWARAN, C. S.: Siehe Tabelle XVI/3 in Ziffer 180.

[9] PELLAM, J., u. J. GALT: J. Chem. Phys. 14, 608—614 (1946).

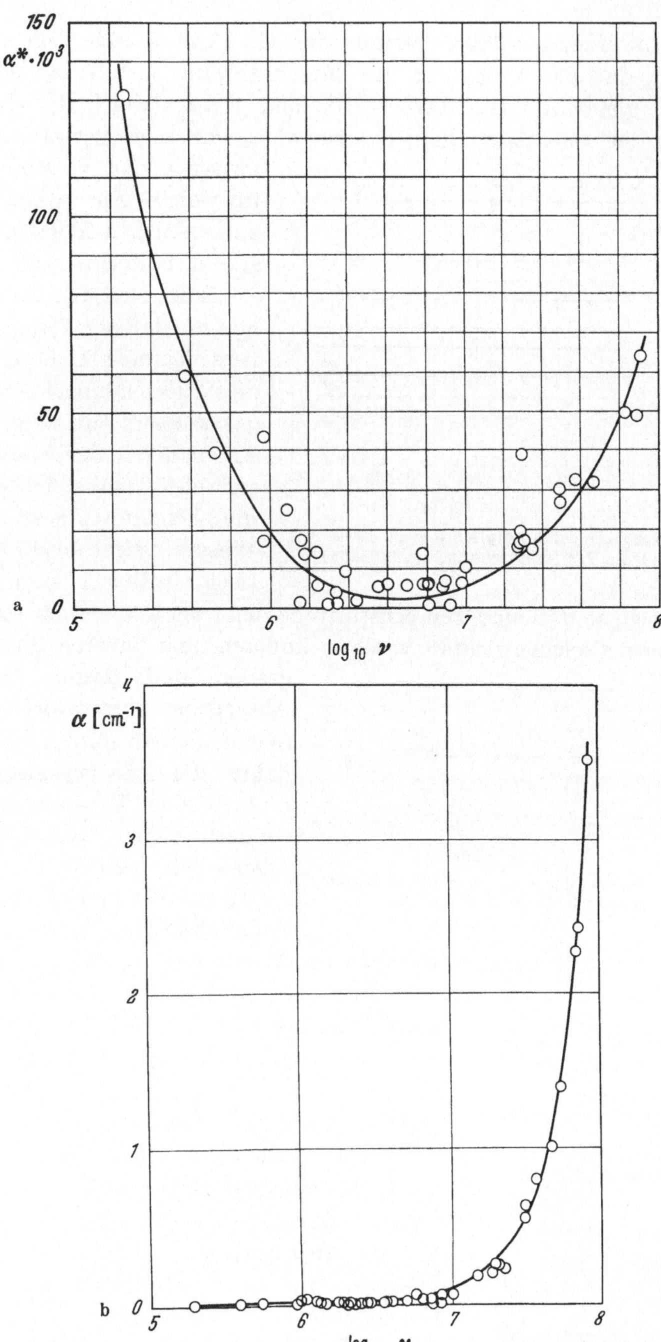

Fig. 223 a u. b. Die Absorptionskoeffizienten α und α^* als Funktion der Frequenz in Wasser. 20 bis 25° C. Zusammenstellung der Messungen von 15 Autoren

27*

und GALT erkennen läßt. Mittels der Gl. (XVI.5) läßt sich daraus schließen, daß das Verhältnis der Druckviscosität zur Scherviscosität ungefähr gleich 8/3 ist. Dieser Umstand weist darauf hin, daß im Rahmen der viscoelastischen Theorie eine sehr enge Verwandtschaft zwischen den verschiedenen für eine Absorption verantwortlichen Molekularprozessen bestehen muß.

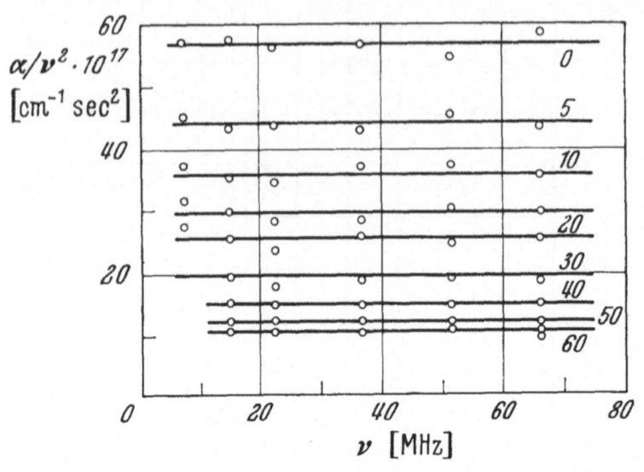

Fig. 224. Konstanz der Absorption α/ν^2 in Wasser bei verschiedenen Temperaturen (nach PINKERTON)

Eine weitere Besonderheit ist, daß der Temperaturbereich um 4° C herum, wo der Ausdehnungskoeffizient des Wassers null wird, keine Anomalien in der Absorption aufweist. Schließlich erfolgt die Schallfortpflanzung in Wasser wegen $\varkappa = 1$ praktisch isotherm und nicht adiabatisch, so daß eine Temperaturwelle nicht als Ursache für die Störung eines Gleichgewichts zwischen äußeren und inneren Freiheitsgraden und damit für die Absorption verantwortlich gemacht werden kann. Man hat daher die Absorptionsursache nicht in einer Temperaturwelle, sondern in der Druckwelle des Ultraschalls gesucht.

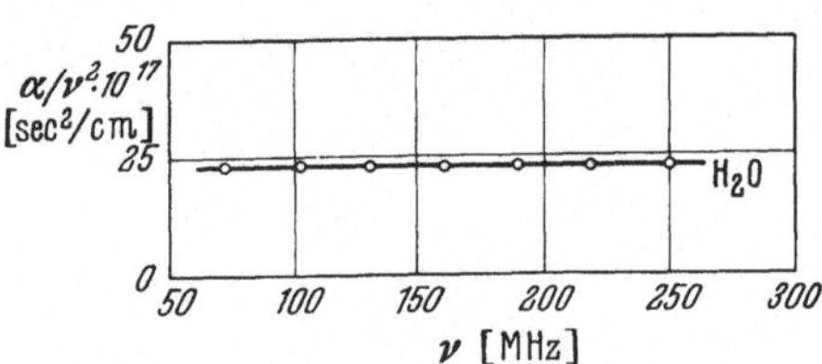

Fig. 225. Konstanz der Absorption α/ν^2 in Wasser bis 250 MHz (nach RAPUANO)

HALL[1] hat eine Theorie der Schallabsorption in Wasser entwickelt, die nicht von der Euckenschen Vorstellung der Wasserstruktur ausgeht, sondern von der von BERNAL und FOWLER. Diese Autoren betrachten Wasser als eine Mischung von zwei Strukturen. Die eine soll der Struktur des Eises mit voluminösen Aggregaten, die andere einer Struktur mit dichtester Packung einfacher Moleküle entsprechen. HALL macht nun bestimmte Annahmen und Abschätzungen über den Energieinhalt der beiden Komponenten und über die durch die hindurchlaufende Ultraschallwelle verursachte Störung des Gleichgewichts zwischen ihren Partialvolumina. Dann diskutiert er eine Kompres-

Tabelle XVI/7. *Das Verhältnis* $\alpha_{exp}/\alpha_{vis}$ *beim Wasser*

T [°C]	α/ν^2 experimentell	α/ν^2 viscositätsmäßig	$\dfrac{\alpha_{exp}}{\alpha_{vis}}$
0	59,6	17,1	3,5
20	25,3	8,2	3,1
40	14,6	4,9	3,0
60	10,2	3,4	3,0
80	7,9	2,6	3,0
100	6,9	2,1	3,3

[1] HALL, L.: Phys. Rev. **73**, 775—781 (1948); s. a. SETTE, l. c. Ziffer 175, Sect. 9 und 24.

sions-Relaxation mit einer Relaxationszeit in der Größe einiger 10^{-12} sec und erhält für die Abnahme der Schallabsorption mit der Temperatur bei konstantem Druck eine die Messungen scheinbar gut erfassende Kurve. Auf Grund einer Experimentaluntersuchung kamen indes LITOVITZ[1] und CARNEVALE zu der Überzeugung, daß die Hallsche Theorie in der vorliegenden Form nicht zutreffen könne. Nach dieser Theorie müßte nämlich die Absorption mit dem Druck ansteigen, während sie nach Ausweis der Tabelle XVI/8 abfällt. Sie modifizierten daher die Theorie durch andere Annahmen über die Energieverhältnisse in den beiden Modifikationen des Wassers. Welches nun die wirkliche Ursache der Kleinheit und der durch Fig. 224 und 225 festgestellten Frequenzunabhängigkeit der Schallabsorption des Wassers ist, ist im Rahmen der viscoelastischen Theorie nach Meinung des Verfassers eine offene Frage geblieben.

Tabelle XVI/8. *Schallgeschwindigkeit und Schallabsorption in Wasser als Funktion des Druckes*

T [°C]	p [kg/cm²]	u [m/s]	$\frac{\alpha}{\nu^2} \cdot 10^{17}$ [sec²/cm]
0	1	1404	57,5
0	500	1492	47,1
0	1000	1580	38,5
0	1500	1669	30,5
0	2000	1757	24,7
30	1	1510	18,5
30	500	1595	15,4
30	1000	1677	12,7
30	1500	1756	11,1
30	2000	1830	9,9

186. Assoziierte organische Flüssigkeiten mit konstanter Schallabsorption

Zu den stark assoziierenden Flüssigkeiten, die ein ähnliches Verhalten wie das Wasser zeigen, obwohl bei ihnen die Schallfortpflanzung nicht mit einer Isothermie verbunden ist, gehören die einwertigen Alkohole, darüber hinaus überhaupt Verbindungen mit OH-Gruppen. Diese Alkohole weisen bis zu den höchsten bis jetzt verwendeten Frequenzen konstante Werte von α/ν^2 auf, ihr Absorptions-Temperaturkoeffizient ist negativ, das Verhältnis $\alpha_{exp}/\alpha_{vis}$ ist klein und liegt um 2 herum. Einige Absorptionswerte bringt die Tabelle XVI.9.

Tabelle XVI/9. *Gemessene Schallabsorptionen in einwertigen Alkoholen*

Flüssigkeit	ν [MHz]	T [°C]	$\frac{\alpha}{\nu^2} \cdot 10^{17}$ [sec²/cm]	$\frac{\alpha_{exp}}{\alpha_{vis}}$
Methylalkohol	1—250	20—25	34	≈ 2,6
Äthylalkohol	1—220	20—25	54	≈ 2,1
n-Propylalkohol . . .	15—280	22—28	75	≈ 1,9
n-Butylalkohol. . . .	1—4	25	104	unbekannt
n-Amylalkohol . . .	15	29	106	≈ 1,8

---

[1] LITOVITZ, TH., and E. CARNEVALE: J. Appl. Phys. **26**, 816—820 (1955).

Fig. 226 zeigt nach Messungen von CARNEVALE[1] und LITOVITZ die Druckabhängigkeit der Schallabsorption in vier von diesen Alkoholen bei 45 MHz. Eine befriedigende Theorie über die Absorption in diesen Flüssigkeiten existiert nicht. Von VENKETESWARAN liegt eine Bestimmung der Hyperschallgeschwindigkeit in Äthylalkohol vor. Sie ergibt 1160 ± 25 m/s; die Ultraschallgeschwindigkeit ist 1150 m/s.

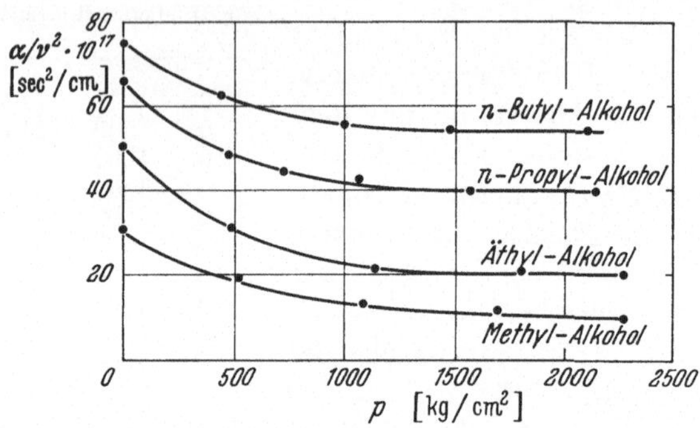

Fig. 226. Druckabhängigkeit der Absorption in einigen Alkoholen (nach CARNEVALE und LITOVITZ)

187. Die Schallabsorption in hochviscosen Flüssigkeiten

Die hochviscosen Flüssigkeiten stellen eine besondere Klasse assoziierter Stoffe dar. Bei ihnen ist die Schallabsorption zwar groß, aber nicht weit von dem klassischen Wert $(\alpha/v^2)_{vis}$ entfernt. Es kann sogar

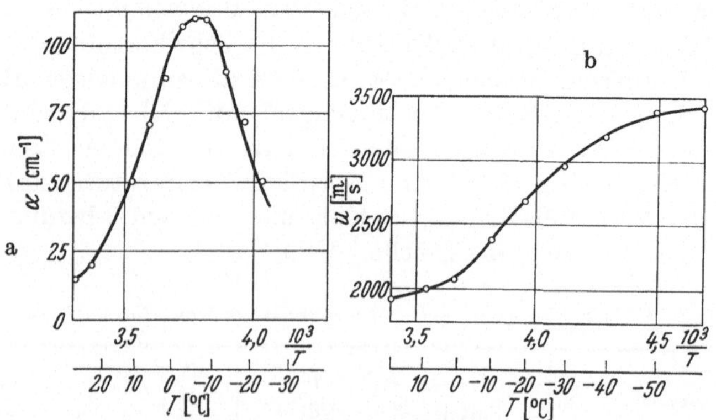

Fig. 227. Absorptionskoeffizient α und Schallgeschwindigkeit u in Glycerin als Funktion der Temperatur (nach LITOVITZ)

vorkommen, daß die gemessene Absorption kleiner ist als die aus der Scherviscosität errechnete. Diese Flüssigkeiten sind entweder schon bei Zimmertemperatur ölig und sirupartig oder sie werden zäh und amorph-

---

[1] CARNEVALE, E., and TH. LITOVITZ: J. Acoust. Soc. Amer. **27**, 547—550 (1955).

glasartig, wenn sie abgekühlt werden. Bis zu gewissem Grade kann man sie zu den polymeren Substanzen des Kapitels XVIII rechnen. Sie zeigen ausgeprägte Relaxationseffekte. Einige charakteristische Beispiele dieser Gruppe sollen besprochen werden.

Die bekannteste und meistuntersuchte Substanz ist Glycerin $C_3H_5(OH)_3$, das bei Abkühlung glasartig hart wird. Ein Präparat mit 5% Wasser und einer Viscosität von 3,41 poise bei 26° C wurde von LITOVITZ[1], LITOVITZ[2] und SETTE, PICIRELLI[3] und LITOVITZ eingehend untersucht. Die Fig. 227a zeigt den Absorptionskoeffizienten α als Funktion der Temperatur bei 31 MHz und die Fig. 227b zeigt nach Messungen von FOX[4] und LITOVITZ den be-

[1] LITOVITZ, TH.: J. Acoust. Soc. Amer. **23**, 75—79 (1951).

[2] LITOVITZ, TH., and D. SETTE: J. Chem. Phys. **21**, 17—22 (1953).

[3] PICCIRELLI, R., and TH. LITOVITZ: J. Acoust. Soc. Amer. **29**, 1009—1020 (1957).

[4] FOX, F., and TH. LITOVITZ: Koninkl. Vlaam. Acad. Letters, Brussels 1951, S. 38.

Tabelle XVI/10. *Geschwindigkeit u und Absorption α in n-Propylalkohol als Funktion von Frequenz und Temperatur*

T [°C]	ϱ [g/cm³]	η [poise]	u [m/s]							α [cm⁻¹]						
			1,0 MHz	3,0 MHz	5,0 MHz	7,5 MHz	22,5 MHz	37,5 MHz	52,5 MHz	3,0 MHz	5,0 MHz	7,5 MHz	22,5 MHz	37,5 MHz	52,5 MHz	82,5 MHz
— 2	0,817	0,0352	1287	1287	1287	1287	1287	1287	1287					1,32	2,60	
— 30	0,844	0,097	1407	1407	1407	1407	1407	1407	1407				1,01	2,70	5,15	13,2
— 60	0,869	0,326	1533	1533	1533	1533	1533	1533	1533				2,44	6,25	11,6	26,5
— 90	0,894	2,07	1663	1663	1665	1671	1674	1679	1684				7,25	16,6	30,0	59,0
—100	0,902	5,0	1711	1713	1716	1719	1726	1736	1741		1,14	2,02	11,2	24,1	41,1	80,0
—110	0,911	15,6	1761	1764	1770	1778	1799	1815	1825		1,87	3,31	18,8	36,8	57,0	108
—115	0,915	31,2	1790	1797	1809	1819	1847	1870	1885		2,78	4,50	24,3	45,0	68,0	110
—120	0,919	68,2	1821	1838	1851	1869	1907	1938	1955		4,06	6,10	27,3	46,4	66,0	104
—125	0,923	165	1854	1887	1909	1928	1983	2012	2028		5,20	8,0	27,3	45,0	60,0	92,0
—130	0,927	450	1893	1952	1981	2006	2069	2093	2103	3,41	6,14	9,55	25,2	40,0	52,7	80,0
—135	0,932	1400	1950	2031	2065	2089	2152	2163	2177		6,20	9,10	22,2	33,0	45,1	70,0
—140	0,936	5500	2048	2118	2163	2185	2234	2245	2254	3,72	5,60	7,90	18,1	26,2	35,0	
—145	0,940	$2,8 \times 10^4$	2180	2225	2260	2289	2321	2330	2329				6,30	13,2	20,0	26,5
—150	0,944	$2,0 \times 10^5$	2314	2349	2366	2396	2410	2410	2410				4,40	9,40	14,1	19,5
—155	0,948	$2,3 \times 10^6$				2495	2500	2503	2503				3,04	6,70	9,66	14,3

trächtlichen Anstieg der Schallgeschwindigkeit bei 30 MHz. Zwischen den akustischen und den dielektrischen Verlusten in dieser Flüssigkeit besteht eine enge Verwandtschaft. Es läßt sich leider nicht kurz und bündig sagen, ob es eine eindeutige Ursache der Relaxations-Absorption gibt. Möglicherweise überlagern sich mehrere Effekte. Relaxationen der Scherviscosität und der Druckviscosität scheinen ineinander zu greifen und lassen sich offenbar nicht trennen.

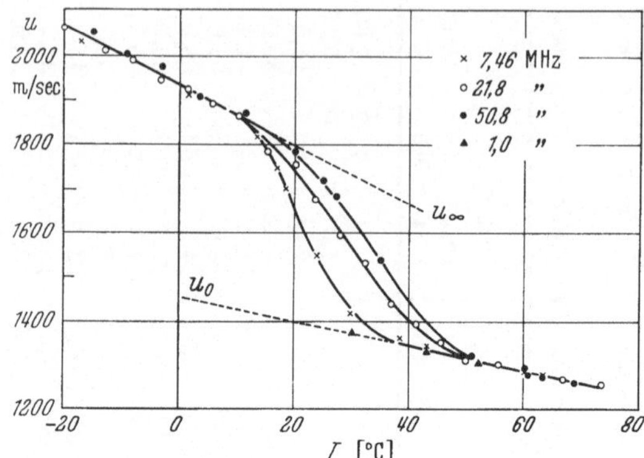

Fig. 228. Temperaturabhängigkeit eines Relaxationsgebiets in Pentachlorbiphenyl

Eine andere etwas einfacher gebaute Substanz ist der n-Propylalkohol, der von Lyon[1] und Litovitz untersucht wurde. Propylalkohol bei Zimmertemperatur wurde in der vorigen Ziffer 186 in Tabelle XVI/9 genannt. Bei starker Temperaturerniedrigung steigt die Viscosität

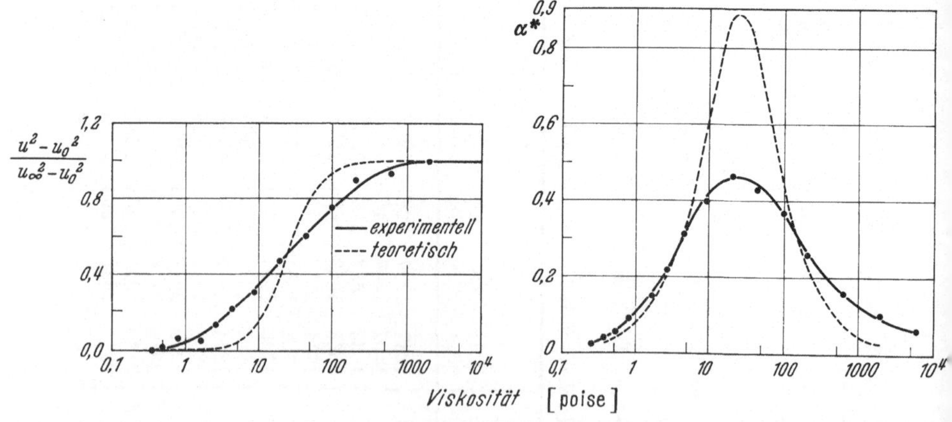

Fig. 229. Absorptionskoeffizient α* und Dispersionsbetrag als Funktion der Viscosität in Pentachlorbiphenyl. 21,8 MHz

außerordentlich an. Verschiedene Relaxationsprozesse, die in der Druck- und Scherviscosität ihre Ursache haben, überlagern sich. Die Tabelle XVI/10, die die Messungen von Lyon und Litovitz enthält, spricht für sich selbst. Einzelheiten und Schlußfolgerungen möge der interessierte Leser in der Originalarbeit studieren.

---

[1] Lyon, T., and Th. Litovitz: J. Appl. Phys. 27, 179—187 (1956).

LITOVITZ[1], LYON und PESELNICK haben eine weitere Untersuchung über die bei Temperaturerniedrigung hochviscos werdende Flüssigkeit Pentachlorbiphenyl[2] $C_{12}H_5Cl_5$ veröffentlicht. Die Fig. 228 und 229 zeigen einige Charakteristika dieser Substanz. Nach Fig. 228 tritt in einem mittleren Temperaturbereich Dispersion auf. Nur bei tieferen und höheren Temperaturen ist du/dT konstant; bei höheren Temperaturen ist der lineare Abfall von u kleiner als bei tieferen. Es ist nicht ausgeschlossen, daß die bei einigen anderen Stoffen beobachteten Abweichungen der Schallgeschwindigkeit vom linearen Verlauf mit der Temperatur auf derartige Dispersionen zurückgeführt werden können. Messungen der Abhängigkeit des Temperaturkoeffizienten der Schallgeschwindigkeit von der Frequenz müssen darüber Aufklärung geben. Die Fig. 229 zeigt den Absorptionskoeffizienten α^* und den Verlauf des Dispersionsbetrages $\dfrac{u^2-u_0^2}{u_\infty^2-u_0^2}$ als Funktion der Scherviscosität. Die punktierten theoretischen Kurven gelten für die Annahme einer einzelnen Relaxationszeit. Die Autoren

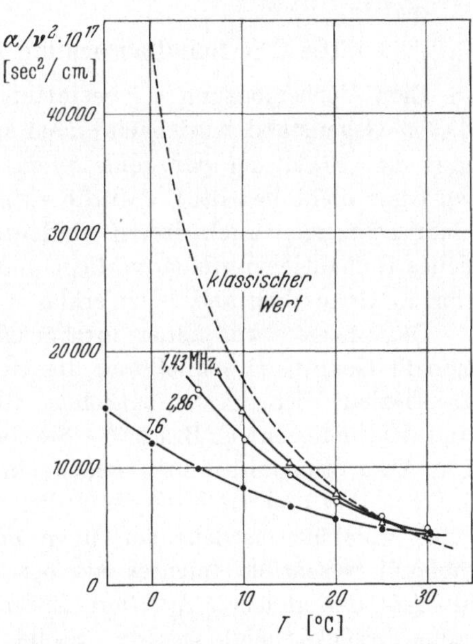

Fig. 230. Die Schallabsorption in Ricinusöl kann kleiner als der klassische viscothermische Wert sein (nach NOMOTO)

sprechen die Vermutung aus, daß das Relaxationsverhalten dieser Substanz bei niedrigen und hohen Viscositäten ganz verschiedenen Prozessen entstammt, die nicht auf Viscosität allein beruhen können. Die wahre Ursache dieser Art von Relaxation bleibt — vom Molekül her gesehen — ungewiß.

Von weiteren Arbeiten sei die über Ricinusöl („Castoröl") von NOMOTO[3], KISHIMOTO und IKEDA und die über ein nicht näher bezeichnetes Schmieröl („Lubricating Oel") von TASKÖPRÜLÜ[4], BARLOW und LAMB

---

[1] LITOVITZ, TH, T. LYON and L. PESELNICK: J. Acoust. Soc. Amer. **26**, 566—576 (1954).

[2] Handelsname Arochlor; offenbar ein Gemisch verschiedener Isomere.

[3] NOMOTO, O., T. KISHIMOTO and T. IKEDA: Bull. Kob. Inst. Phys. Res. **2**, 72—77 (1952).

[4] TASKÖPRÜLÜ, N.S., A. BARLOW and J. LAMB: J. Acoust. Soc. Amer. **33**, 278—285 (1961).

genannt. Über Ricinusöl ist auch eine Arbeit von WUENSCH[1], HUETER
und COHEN erschienen. Bei diesem Stoff bleiben die gemessenen Absorptionswerte trotz steigender Frequenz und abnehmender Temperatur
unter dem klassischen Wert des Ausdrucks von STOKES. Das ist nach
NOMOTO aus Fig. 230 ersichtlich. Diese Erscheinung scheint nahezu-
legen, daß es noch andere Absorptionsmechanismen gibt als die bisher
von uns besprochenen.

188. Die Schallabsorption in binären Gemischen

Eine Vorbemerkung sei gestattet: In den meisten Arbeiten über
diesen Gegenstand wird nach einem spezifischen Relaxationsmechanismus zur Erklärung der gemessenen Absorptionskurven gesucht. Es
wird gar nicht beachtet, daß die experimentelle Nichtnachweisbarkeit
einer Dispersion auch darauf hindeuten könnte, daß gar kein eigent-
liches Relaxationsproblem vorliegt und das Verhalten der Schallabsorption in Gemischen anders zu erklären ist.

Die einzige etwas näher durchgearbeitete Theorie der Schallabsorption in Gemischen schließt an die Gedankenwelt der früheren Ziffern
an, bezieht sich im wesentlichen auf nichtassoziierte Flüssigkeiten
und stammt von E. BAUER[2]. Sie beruht auf folgenden Prämissen:
Die Absorption habe ihre Ursache in der Energieverteilung zwischen
äußeren und inneren Freiheitsgraden der Moleküle; die Entaktivierung
eines Moleküls geschehe bei einem Zusammenstoß mit einem Fremd-
molekül wesentlich leichter als bei einem Zusammenstoß mit einem
Molekül der gleichen Art (vgl. Ziffer 173); es brauchen nur Zweier-
stöße berücksichtigt werden; Stöße zwischen angeregten Molekülen
sind selten und brauchen daher nicht in Rechnung gestellt zu werden;
die Moleküle mögen sich entweder im Grundzustand oder in einem
einzigen Anregungszustand befinden. Mit diesen Prämissen leitet
BAUER für Mischungen aus nichtassoziierten Flüssigkeiten folgende
Gleichung ab:

$$\frac{(\alpha/\nu^2)_x}{(\alpha/\nu^2)_B} = (1 - f\,x) \left[\frac{xz}{x + g(1-x)} \frac{C_A}{C_B} + \frac{1-x}{1 + x(h-1)} \right]. \quad \text{(XVI.23)}$$

Von den beiden Mischungskomponenten A und B sei A die stärker absorbierende und liege mit dem Molenbruch x vor, während der schwächer
absorbierenden Komponente B der Molenbruch $(1-x)$ zukommt. C_A
und C_B sind die Gleichgewichtswerte der Schwingungswärmen der Moleküle von A und B. Die Größe z ist gleich dem Verhältnis der Dispersions-
frequenzen der beiden Molekülsorten, also gleich $\nu_{\text{rel}}^B/\nu_{\text{rel}}^A$. Die Koeffizien-

[1] WUENSCH, B., TH. HUETER and M. COHEN: J. Acoust. Soc. Amer. 28,
311—312 (1956).
[2] BAUER, E.: Proc. Phys. Soc. Lond. A 62, 141—154 (1949).

ten g und h sind größer als die Einheit und drücken aus, wieviel wirksamer die Stöße verschiedener Moleküle bei der Entaktivierung sind als Stöße gleichartiger Moleküle untereinander. Der Wert des Faktors f ergibt sich, wenn man $\alpha = \alpha_A$ für $x = 1$ setzt. Für stark verschiedene Absorptionskoeffizienten wird $g = z$ und $h = 1$. Für Mischungen, wo die beiden Absorptionskoeffizienten von der gleichen Größenordnung sind, ist nach SETTE[1] $g = 2,4$ und $h = 2,06$; ein Beispiel ist die Mischung von CCl_4 mit C_6H_6. Weitere Beispiele sind nach SETTE[2] die Mischungen $CCl_4 - CHCl_3$ und $C_6H_6 - CHCl_3$.

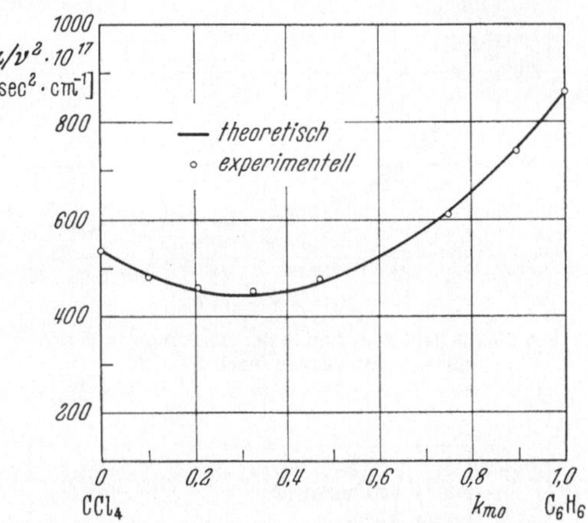

Fig. 231. Absorption in einem Gemisch von Benzol und Tetrachlorkohlenstoff (nach SETTE). 25° C

Die Gl. (XVI.23) wurde durch SETTE[3] und MEZ[4] und MAIER an folgenden Mischungen untersucht und bestätigt: $CHCl_3 - C_6H_5CH_3$, $CCl_4 - C_6H_5CH_3$, $CCl_4 - CO(CH_3)_2$, $C_6H_6 - C_6H_5NO_2$, $CHCl_3 - C_6H_5NO_2$, $CHCl_3 - CO(CH_3)_2$. Als Beispiele seien die Mischungen $CCl_4 - C_6H_6$ und $CHCl_3 - CO(CH_3)_2$ in Fig. 231 und 232 gebracht. Die Temperaturkoeffizienten der Absorption in diesen Mischungen sind wie die der reinen Komponenten positiv und, soweit untersucht, frequenzunabhängig. Die nächste Fig. 233 zeigt nach EPPLER[5] die Mischung von Benzol mit n-Propylalkohol. Die ausgezogene Kurve entspricht einer Berechnung nach Angaben von PINKERTON. Die Mischungen von

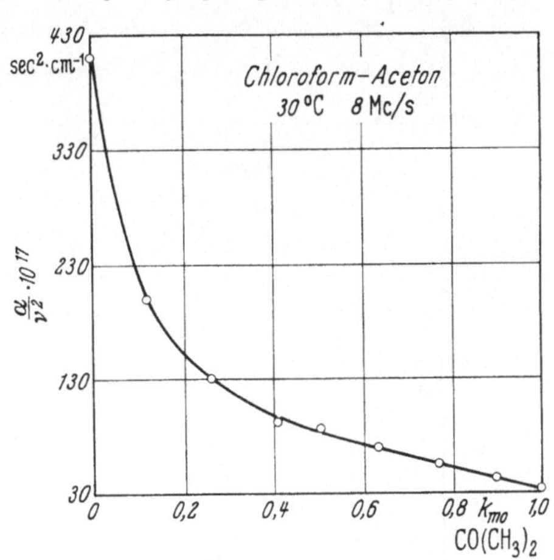

Fig. 232. Die Absorption in dem Gemisch aus Chloroform und Aceton

[1] SETTE, D.: J. Chem. Phys. 18, 1592—1594 (1950).
[2] SETTE, D.: Nuovo Cim., Suppl. 2 zu 7, 318—328 (1950).
[3] SETTE, D.: J. Acoust. Soc. Amer. 23, 359—363 (1951).
[4] MEZ, A., u. W. MAIER: Z. Naturforsch. 10a, 997—1005 (1955).
[5] EPPLER, K.: Z. Naturforsch. 10a 744—752 (1955).

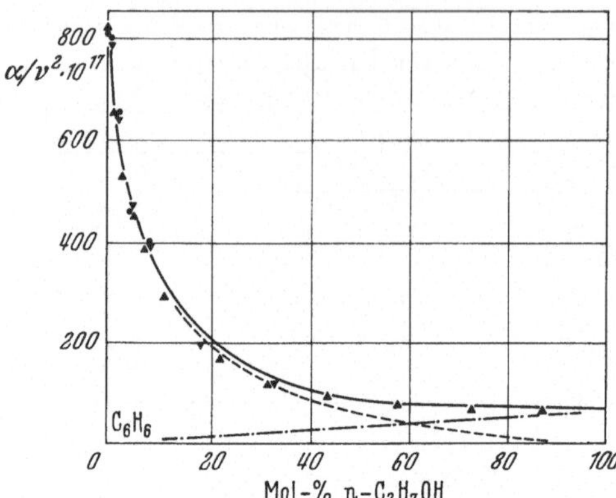

Fig. 233. Schallabsorption in der Mischung von Benzol mit n-Propylalkohol (nach EPPLER)

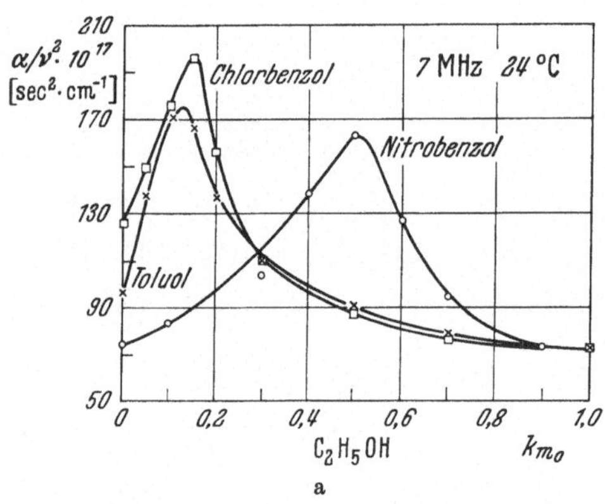

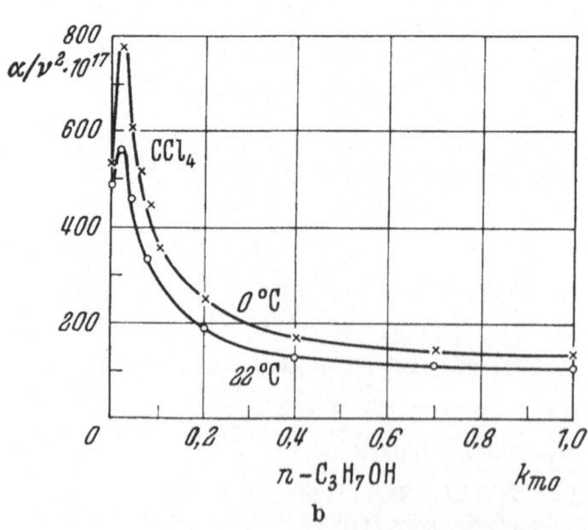

Fig. 234 a u. b. Die Maxima der Absorption in einigen Gemischen von Alkoholen mit anderen Flüssigkeiten (nach MOKHTAR und SALAMA)

Benzol mit Äthylalkohol, Chloroform und Toluol haben einen ähnlichen Verlauf.

Ein ausgesprochenes Maximum der Absorption besitzen nach MOKHTAR[1] und SALAMA folgende Gemische: C_2H_5OH mit n-C_3H_7OH, CCl_4, $C_6H_5CH_3$, $C_6H_5NO_2$, C_6H_5Cl; dann n-C_3H_7OH mit CCl_4 und $C_6H_5CH_3$. Die Fig. 234 bringt einige Beispiele. Ein anderes besonders scharf ausgeprägtes Beispiel bietet nach MUSA[2] die in Fig. 235 dargestelllte Mischung von tertiärem Butylalkohol mit Cyclohexan. Weitere Untersuchungen über Mischungen von CCl_4 mit anderen Substanzen, über Mischungen mit einem Absorptionsmaximum und über die möglicherweise hier wirksamen Relaxationsmechanismen hat EPPLER angestellt.

MEZ[3] und MAIER haben die Assoziation und die Absorption in Lösungen von Phenol C_6H_5OH in CCl_4, C_6H_{12} und C_6H_5Cl bestimmt und dabei der Temperaturabhängigkeit besondere Aufmerksamkeit gewidmet. Fig. 236 zeigt den verwickelten Fall der Lösungen des Phenols in Cyclohexan bei sehr kleinen Konzentrationen.

[1] MOKHTAR, M., and K. SALAMA: Proc. Math.-Phys. Soc. Egypt. Nr. 21, 77—82, 83—91 (1957).

[2] MUSA, R.: J. Acoust. Soc. Amer. **30**, 215—219 (1958).

[3] MEZ, A., u. W. MAIER: Z. Naturforsch. **10**a, 997—1005 (1955).

Phänomenologisch ähnlich wie in den Beispielen der Fig. 234 bis 236 verhält sich die Absorption in den Gemischen des Wassers mit verschiedenen Alkoholen. Diesbezügliche Messungen von Burton sind in Fig. 237 zusammengestellt worden. Bei einem Vergleich mit den Schallkennlinien der Mischungen in Fig. 161 fällt auf, daß die Maxima der Absorption bei größeren Alkoholkonzentrationen liegen als die Maxima der Schallgeschwindigkeit. Die Mischungen des Wassers mit Alkoholen zeigen insofern das entgegengesetzte Verhalten zu den Mischungen des Tetrachlorkohlenstoffs mit Alkoholen, als bei diesen die Absorptionen zwar auch Maxima durchlaufen, die Schallgeschwindigkeiten aber nach Fig. 151 Minima. Weitere Untersuchungen über diesen Gegenstand finden sich in Arbeiten von Sette[1].

Storey[2] zeigte, daß bei Wasser—Alkohol-Mischungen im Bereich des Molenbruchs 0,15 bis 0,5 die Absorption stärker frequenzabhängig wird. Daß das Verhalten der Absorption in Wasser—Alkohol-Mischungen auf Störungen der Assoziationsverhältnisse zwischen Wasser und Alkohol beim Durchgang einer Ultraschallwelle beruht, ist wahrscheinlich, aber noch nicht sichergestellt.

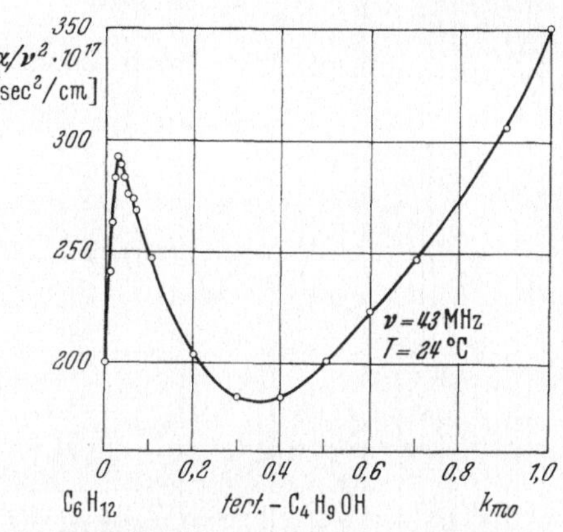

Fig. 235. Absorptionsverlauf in der Mischung aus tertiärem Butylalkohol und Cyclohexan (nach Musa)

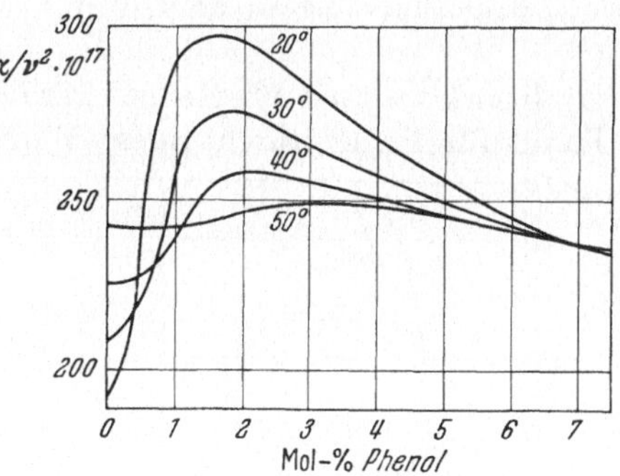

Fig. 236. Die Absorption in Lösungen von Phenol in Cyclohexan bei sehr kleinen Konzentrationen (nach Mez und Maier)

Eine Relaxationstheorie der Ultraschallabsorption in wäßrigen Lösungen mit spezieller Anwendung auf gelöste Alkohole hat Nomoto[3] angegeben. Er kommt zu einer immerhin qualitativ befriedigenden Übereinstimmung zwischen Rechnung und Experiment, wie ein Vergleich der Fig. 238 mit den Messungen von Burton erkennen läßt.

---

[1] Sette, D.: Ric. Sci. 25, 576—587 (1955); — Nuovo Cim. 1, 800—821 (1955).
[2] Storey, L.: Proc. Phys. Soc. Lond. B 65, 943—950 (1952).
[3] Nomoto, O.: Z. Phys. Soc. Japan 11, 300—307, 827—840 (1956).

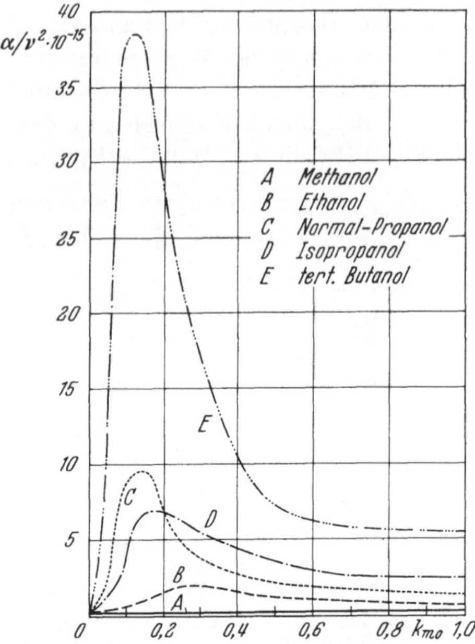

Fig. 237. Absorption in wäßrigen Lösungen
verschiedener Alkohole (nach BURTON)

Die sehr ausführliche Begründung möge der Leser im Original nachlesen.

Schließlich seien noch einige Fälle genannt, wo die Schallabsorptionskurven ein Minimum durchlaufen. Ein solches Verhalten wurde bei den Systemen $C_6H_5NH_2-C_6H_5NO_2$, $C_6H_5NH_2-C_2H_5OH$, $C_6H_5CH_2OH-C_2H_5OH$ und $C_6H_5CH_2OH-iC_3H_7OH$ gefunden. Die beiden erstgenannten Systeme hat SETTE[1] untersucht, die zuletzt genannten KRISHNAMURTHI[2].

Auch beim Studium von Absorptions-Kennlinien soll man nicht außer acht lassen, daß es schmale Konzentrationsgebiete geben kann, in denen sich die Absorption stark ändert und die leicht dadurch übersehen werden, daß man die Kennlinien nicht Punkt für Punkt durchzumessen pflegt. So gibt ATA BERDYJEW[3] an, daß ein Zusatz von nur 0,25 Gewichtsprozent Benzol zu Toluol die Absorption an dieser Stelle der Kennlinie um 12% erniedrigt. Das ist aus Fig. 239 zu ersehen.

Eine auffällige Form der Absorption, die möglicherweise auf einem Resonanzeffekt beruht und für die Molekulargewichtsbestimmung von Hochpolymeren von Bedeutung werden kann, haben

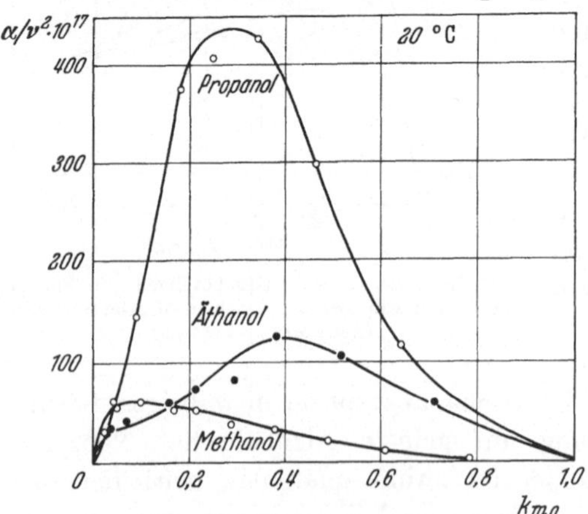

Fig. 238. Von NOMOTO berechnete Absorptionskurven
wäßriger Lösungen von Alkoholen

[1] SETTE, D.: Acustica 5, 194—196 (1955).
[2] KRISHNAMURTHI, B.: Proc. Indian Acad. Sci. A 43, 106—112 (1956).
[3] BERDYJEW, A.: Zit. nach dem Aufsatz von NOSDREW in Bd. X, S. 19 der Buchreihe l. c. im Vorwort.

Cerf[1], Zana und Candau beobachtet. Sie untersuchten eine Größe, die sie die spezifische Absorption einer Lösung nannten und durch $(\alpha - \alpha_0)/k\alpha_0$ definierten. Darin repräsentiert α den Absorptionskoeffi-

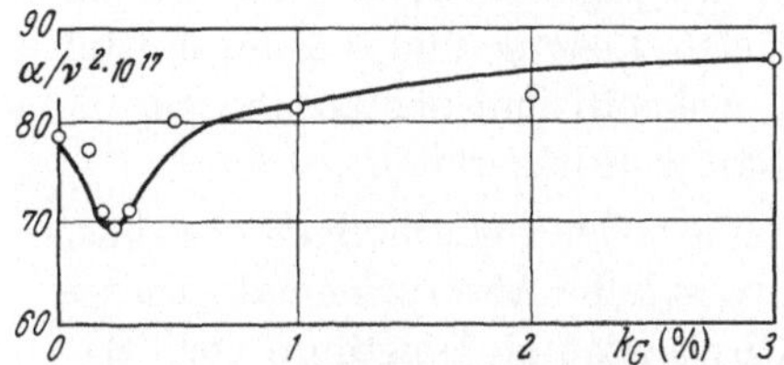

Fig. 239. Veränderung der Schallabsorption von Toluol durch kleine Zusätze von Benzol (nach Berdyjew)

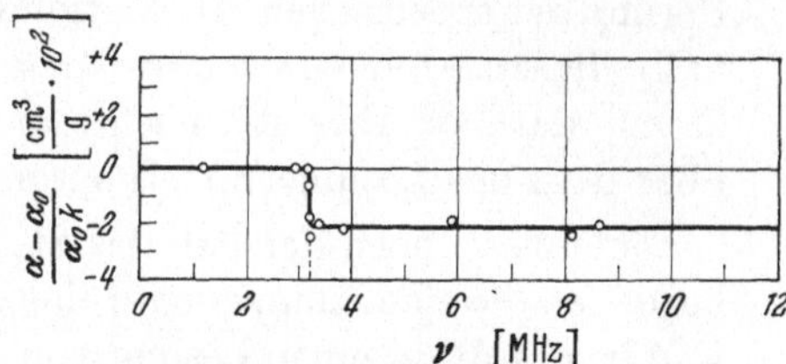

Fig. 240. Sprunghafte Änderung des spezifischen Absorptionskoeffizienten in der Lösung eines hochpolymeren Stoffes (nach Cerf und Mitarbeitern)

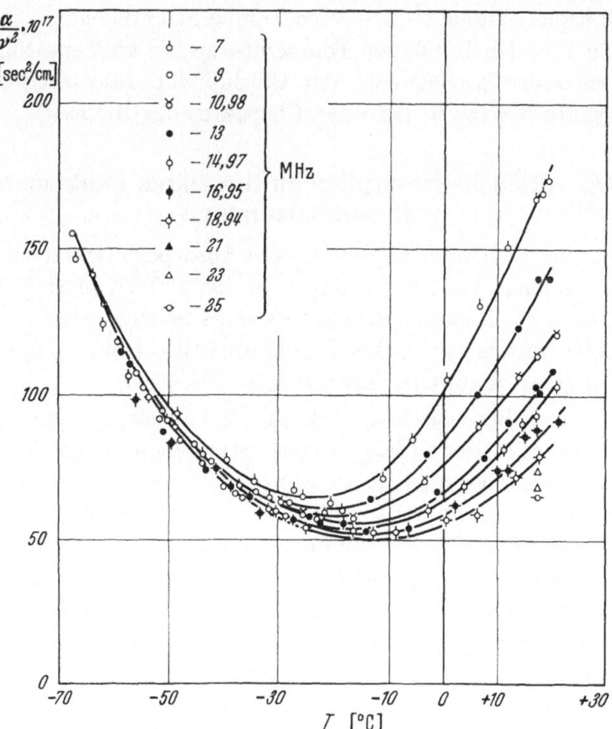

Fig. 241. Die Temperaturabhängigkeit der Schallabsorption in einer Lösung von 4,45% Äthylacetat in Essigsäure (nach Saliwtschij)

zienten der Lösung, α_0 den des Lösungsmittels und k die Konzentration des gelösten Stoffes in g/100 cm³. Beispielsweise ist $M = 850\,000$ das

---

[1] Cerf, R., R. Zana and S. Candau: C. Acad. Sci., Paris **252**, 681—682 (1961); — Z. Elektrochem. **65**, 687 (1961).

Molekulargewicht eines monodispersen Polystyrols, das sich in einer Lösung mit Benzol bei der Konzentration $k = 4{,}58$ g/100 cm³ befindet. Die Autoren finden dann um 3,15 MHz herum einen ausgesprochenen Sprung der spezifischen Absorption,wie ihn Fig. 240 wiedergibt. Unterhalb dieser Frequenz unterscheiden sich Lösung und Lösungsmittel kaum, darüber aber ist der Absorptionskoeffizient der Lösung gegenüber dem des Lösungsmittels sprunghaft verkleinert.

Zuletzt sei noch der Fall des Studiums solcher Mischungen erwähnt, bei denen die eine Komponente eine extrem hohe Absorption hat. Dieser Fall liegt z.B. in einer Lösung von Äthylacetat in Essigsäure vor. SALIWTSCHIJ[1] hat darüber systematische Messungen im Temperaturbereich von −70° bis +20 °C bei 15 Frequenzen zwischen 5 und 25 MHz mit der Impulsmethodik angestellt. In Fig. 241 wird ein charakteristisches Beispiel gebracht. Bei tiefen Temperaturen liegt praktisch keine Relaxation vor. Nach höheren Temperaturen hin tritt eine zunehmende Auffächerung der Kurven ein; der Einfluß der Assoziat-Relaxationen der Essigsäure bestimmt dann den Charakter des Bildes.

189. Die Schallabsorption an singulären Punkten des Zustandsdiagramms

Wir müssen noch kurz auf jene starken Absorptionsspitzen zu sprechen kommen, die nach den Ausführungen in den Ziffern 94 und 99 an singulären Punkten des Zustandsdiagramms eines Stoffes auftreten, also z.B. am Schmelzpunkt, am kritischen Punkt, am kritischen Lösungspunkt und am Trübungspunkt (nur bei kristallinen Flüssigkeiten).

Wir haben oben gesehen, daß die Erklärbarkeit und molekularakustische Deutung der Ultraschallabsorptionen durch die viscoelastische Theorie und die modernen Relaxationstheorien immer schwieriger wird, wenn man von den einfachen, nichtassoziierten Flüssigkeiten ausgeht, dann zu den assoziierten kommt, schließlich die Gemische nicht assoziierter und danach assoziierter Flüssigkeiten betrachtet. An den singulären Punkten der Diagramme der Zustandsphasen werden die Verhältnisse aber scheinbar ganz besonders schwierig; ihre Lösung wird im allgemeinen gar nicht mehr versucht. Nur so viel läßt sich sicher aussagen, daß meistens dort mit einer radikalen Erhöhung der Schallabsorption zu rechnen ist, wo der Wert der Schallgeschwindigkeit mehr oder minder stark springt. Der Weg, den die zukünftige Forschung bei diesen Problemen voraussichtlich zu gehen hat, wird in Ziffer 194 angegeben werden und in Ziffer 209 für den Fall des Heliums näher beschrieben werden.

---

[1] SALIWTSCHIJ, W.: l. c. Vorwort, Buchreihe des Päd. Inst. Moskau Bd. 10, S. 291—303, 1960; Bd. 13, S. 157—163, 1961.

Man kann sich einmal die Frage vorlegen, was wohl in der Natur damit beabsichtigt sein könnte, daß gerade an Phasengrenzpunkten die Schallabsorption so enorm ansteigt. In der Natur findet ein ständiger Wechsel zwischen den Aggregatzuständen der Stoffe statt. Jede Deformation und damit jede Elastizitätsänderung, und sei sie noch so schwach, bedeutet nach den Erkenntnissen des Kapitels II auf Grund der Wellengleichung eine Auslösung und Weiterleitung von Schallwellen. Diese würden ununterbrochen und über weite Strecken die Materie erschüttern, wenn nicht ihre Reichweite schon bei der Entstehung durch die hohe Absorption radikal begrenzt würde.

190. Kritische Bemerkungen zu den bisher vorgetragenen Theorien über die Ultraschallabsorption

Wenn man die in den Kapiteln X bis XIV vorgetragenen Theorien und Messungen von RAO, LAGEMANN, ALTENBURG, SCHAAFFS und anderen über die Schallgeschwindigkeit mit der viscothermischen Theorie, den Relaxationstheorien und den zugehörigen Messungen der Schallabsorption nach BIQUARD, KNESER, HERZFELD, LAMB und anderen vergleicht, so fällt auf, daß eigentlich eine große Lücke zwischen diesen beiden Forschungsgebieten der Molekularakustik besteht.

Die Aussagen über die Schallgeschwindigkeit haben sich schon weitgehend in der Richtung verdichtet, daß man angeben kann, wie sich Veränderungen im chemischen Molekül durch Umgruppierung, Erweiterung und Substitution, aber auch besondere Eigenschaften des Moleküls wie Polarisierbarkeit, Dipolmoment und Struktur der Elektronenhülle auf die makroskopische Größe der Schallgeschwindigkeit auswirken werden.

Bei der Schallabsorption weiß man in dieser Hinsicht auf Grund des bislang Gesagten so gut wie nichts. Dafür kann man aber über energetische Probleme der Schallimpulsübertragung schon viel aussagen und hat die verschiedensten Relaxationsmechanismen, die dabei auftreten können, vom Prinzip her nach allen Richtungen hin durchdacht. Aber aus einem gemessenen Relaxationsverhalten eines Stoffes läßt sich leider nur selten ablesen, welche Moleküleigenschaft sich darin bemerkbar macht. Umgekehrt konnte man aus der Struktur eines vorgelegten Moleküls die Absorption bei der Schallübertragung nicht ablesen. Diese Lücke zwischen den beiden Forschungsgebieten macht sich bei den Flüssigkeiten, die der Messung so leicht zugänglich sind, besonders stark bemerkbar.

Unsere bisherigen Theorien versagen fast vollständig vor einfachen physikalischen und chemischen Fragestellungen etwa folgender Art: Wie ändert sich die Schallabsorption, wenn an einem Benzolring anstelle eines Wasserstoffatomes eine Methyl-Gruppe eingebaut und dann noch ein schweres Atom in Metastellung dazu angebracht wird? Wie verhält sich die Verbindung, wenn die Temperatur erhöht wird ? Kann man durch eine einzige Messung geeigneter Größen entscheiden, ob eine Relaxation vorliegt ? Wenn ja, welchen Atomen und Bindungen ist sie zuzuordnen und wie groß ist sie ? Wie drückt sich in dem frequenzunabhängigen Anteil der Schallabsorption der Einfluß des Gesamtmoleküls aus ? Solche und ähnliche Fragen könnte man dadurch zu beantworten suchen, daß man die Ergebnisse der Molekülspektroskopie, insbesondere aus dem Raman-Effekt[1], mit den Schallabsorptionsmessungen in Verbindung zu bringen sucht. Das geschieht auch tatsächlich und manche konkrete Angabe, wie sie LAMB und seine Mitarbeiter gemacht und wie wir sie in Ziffer 182 gebracht haben, beruht darauf. Indes hätte die ausführlichere Darstellung den Rahmen dieses Buches weit überschritten, auch ist ein wirklich einfacher und handlicher Zusammenhang zwischen Schallabsorption und Raman-Effekt noch nicht gefunden worden.

Der Versuch, die Unstimmigkeiten der klassischen viscothermischen Theorie durch die Einführung der Druckviscosität zu beseitigen oder wenigstens zu vermindern, ändert an dieser Sachlage nichts, auch wenn man ein Verfahren finden würde, um die Druckviscosität ebenso einfach stationär zu messen wie die Scherviscosität. Eine Darstellung des Zusammenhanges zwischen der Schallabsorption und den beiden Viscositäten würde immer eine Funktion zwischen makroskopischen Größen bleiben. Gesucht wird aber eine Beziehung, die die makroskopischen Größen der Schallabsorption nur als Funktion des Aufbaus einzelner Moleküle verstehen lehrt.

Der Relaxationsbegriff, der dem vorigen Jahrhundert noch fremd war, hat für die molekularakustische Forschung große Fortschritte gebracht. Ist es aber ökonomisch — wir betonten das wiederholt —, ihn immer und überall wirksam zu sehen ? Anschaulich läßt er sich ganz gut mit der Phasenverschiebung zwischen Druckwellen und Dichtewellen in der Mechanik deformierbarer Punktsysteme verbinden. Diese Anschaulichkeit entfällt aber, wenn man einzelne Moleküle als Schallübertrager betrachtet. Vielleicht gibt es Darstellungen der Schallabsorption oder wenigstens einiger wichtiger Anteile derselben, die ohne Verwendung des Begriffs der Relaxation einfacher und durchsichtiger sind ?

Diese kritischen Bemerkungen sind als Überleitung zu den folgenden Ziffern gedacht.

191. Analyse der Grundformel der viscothermischen Theorie

Um die in der vorigen Ziffer erwähnte große Lücke zwischen den molekularakustischen Darstellungen der Schallgeschwindigkeit und der

---

[1] Dargestellt z.B. in: Hand- und Jahrbuch der Chemischen Physik, Bd. 9, Ramanspektren, von K. KOHLRAUSCH. Leipzig: Akademische Verlagsgesellschaft 1943. 469 S., 146 Fig.

Schallabsorption schließen zu können, hat SCHAAFFS[1] die Grundzüge einer neuen Theorie und Systematik des frequenzunabhängigen Anteils der Schallabsorption in Flüssigkeiten entwickelt. Er ging dabei von folgenden Erwägungen aus: 1. Die viscothermische Theorie, die sich in der Formel

$$\frac{\alpha}{\nu^2} = \frac{8\,\pi^2}{3\,\varrho\,u^3}\,\eta + \frac{2\,\pi^2}{\varrho\,u^3}\,\frac{\varkappa - 1}{c_p}\,k \qquad (XVI.24)$$

manifestiert, enthält unzulässige und nur der Kontinuumsmechanik eigentümliche Annahmen. Dabei ist es nebensächlich, ob man noch einen Anteil der Druckviscosität mit in die Betrachtungen ziehen will oder nicht. 2. Der Begriff der Relaxation verliert für das Frequenzgebiet des Ultraschalls seinen praktischen Sinn, wenn die Relaxationsfrequenzen so hoch werden, daß man nicht mehr im üblichen Sinne von Ultraschallwellen sprechen kann und sogar die Relationen zwischen Ultraschallgeschwindigkeiten und Hyperschallgeschwindigkeiten nach Ziffer 180 undurchsichtig werden. Es sei vielmehr so, daß die bei hinreichend hoher Frequenz konstant gewordene Schallabsorption α/ν^2 die eigentliche durch das Molekülganze geprägte Absorptionsgröße ist. Relaxationen sind nicht unabhängig davon, sondern gerade auf diesem Hintergrund zu sehen. 3. In einer echten molekularakustischen Gleichung dürfen auf der einen Seite nur die Schallabsorptionen, auf der anderen Seite nur reine Molekülgrößen stehen. Die Verwendung makroskopischer Größen wie Viscosität, Kompressibilität, Wärmeleitung usw. ist grundsätzlich auszuschließen.

Zu Punkt 1. ist folgendes zu sagen: Bei der Fortpflanzung von Ultraschall wird gerichteter Impuls von echten Molekülen zu echten Molekülen übertragen, während der Herleitung der Gl. (XVI.24) die Mechanik der deformierbaren Punktsysteme mit fiktiven Massenpunkten zugrundeliegt. Die Scherviscosität η wird nach Ziffer 28 so definiert, daß man sich in einem Kontinuum eine Fläche denkt, diese in ihrer Ebene bewegt und den dazu senkrechten mit Widerstand verbundenen Impulstransport betrachtet. Bei der Druckviscosität ist es ähnlich, nur liegt nach Ziffer 158 die Flächenbewegung parallel zum Impulstransport. Liegen aber diese Definitionsfälle in einem Schallfelde wirklich vor? Der Verfasser ist der Meinung, daß es dort nur einen Haufen mit thermischen Geschwindigkeiten bewegter Moleküle gibt, die man auch in einem Gedankenexperiment nicht in einer „Fläche" oder „Scheibe" zusammenhalten kann. Akustischer Impulstransport in einer durch die Schallquelle vorgeschriebenen Richtung kann nur von den Molekülen selbst und der Struktur ihrer Außenhülle abhängen und sollte nur von ihnen her beschrieben werden.

---

[1] SCHAAFFS, W.: Acustica 11, 351—360 (1961).

Für eine andere in der Gl. (XVI.24) steckende Annahme, die für Flüssigkeiten allerdings wenig ins Gewicht fällt, besteht die Frage, ob die Trennung in (zwei) Viscositäten und in die Wärmeleitung zulässig ist. Man pflegt zwar die Wärmeleitung als Energietransport zu definieren, doch kommt dabei dem einzelnen Molekül, das hier ins Zentrum aller Betrachtungen gerückt wird, auch eine Impulsgröße zu, die es ja beim Stoß hat. Die Moleküle selbst können die Veranlassung eines Impulstransportes nicht erkennen, sondern ihn nur nach Maßgabe ihrer elastischen und unelastischen Eigenschaften vollziehen.

Eine gewisse Gemeinsamkeit von Viscosität und Wärmeleitung bei der Schallfortpflanzung ist schon in der klassischen Theorie und ihren modernen Erweiterungen dadurch erkennbar, daß die Schallgeschwindigkeit u in beiden Summanden der Gl. (XVI.24) auftritt. Wir trennen daher das akustisch Gemeinsame von dem Nichtgemeinsamen und wollen schreiben

$$\frac{\alpha}{v^2} = \frac{1}{u^3}\left(\frac{8\pi^2\eta}{3\varrho} + \frac{2\pi^2(\varkappa-1)k}{\varrho\,c_p}\right).$$

Offenbar stecken jetzt in dem Klammerausdruck die unzulässigen — vielleicht auch nur unzweckmäßigen — aus der Kontinuumsmechanik stammenden Annahmen. Dieser Klammerausdruck ist durch eine Funktion F des Moleküls und speziell der Molekülhülle zu ersetzen. Wir formulieren daher eine Arbeitshypothese durch die Gleichung

$$\frac{\alpha}{v^2} = \frac{F}{u^3}. \tag{XVI.25}$$

Die Ermittlung der noch unbekannten Molekülfunktion F ist der Inhalt der nächsten Ziffer.

192. Die Stoßfaktortheorie des relaxationsfreien Anteils der Schallabsorption

Die Fortpflanzung von Ultraschallwellen ist durch die Phasengeschwindigkeit u und die Schallabsorption α/v^2 charakterisiert. Beide Größen sind nicht voneinander unabhängig. Die für die Geschwindigkeit u maßgeblichen Moleküleigenschaften müssen daher auch zur Beschreibung und Berechnung der Schallabsorption brauchbar sein. Für die Schallgeschwindigkeit wurde in Ziffer 114 die Gleichung

$$u = u_\infty \cdot s \cdot r \tag{XVI.26}$$

gefunden[1]. Danach ist bei vorgegebener Raumerfüllung r der größtmögliche Wert der Schallgeschwindigkeit[2] durch den idealen Stoßfaktor

---

[1] Die schon früher gemachte Bemerkung sei wiederholt, daß hier u_∞ eine Konstante ist und nichts mit der Größe u_∞ von Dispersionsstufen zu tun hat.

[2] Natürlich nur in der linearen Akustik, vgl. Ziffer 140.

$s = 4$ gegeben. Die Schallgeschwindigkeit nimmt proportional mit dem Stoßfaktor ab und wird gleich Null, wenn dieser null wird. Der Stoßfaktorwert 4 bedeutet nach Ziffer 110 ideale, glatte, verlustlos stoßende Moleküle. Dem Wert 4 ist also ein Minimum der Schallabsorption zuzuordnen. Der Stoßfaktorwert Null bedeutet dann die Unmöglichkeit der Schallfortpflanzung infolge eines Maximums der Schallabsorption. Aus Gründen rechnerischer Vereinfachung sei die Arbeitshypothese gemacht, daß die Absorption für $s = 4$ den Wert Null und für $s = 0$ den Wert Unendlich haben möge. Da nun weder die Gl. (XVI.26) noch die Definitionsgleichungen (XI.4) und (XI.19) für den Stoßfaktor eine Frequenzabhängigkeit enthalten und andererseits α/ν^2 außerhalb der Ultraschall-Relaxationsbereiche frequenzunabhängig ist, kann man es wagen, die Gleichung (XVI.25) in der Form

$$\frac{\alpha}{\nu^2} = \frac{F(s)}{u^3} \qquad \text{(XVI.27)}$$

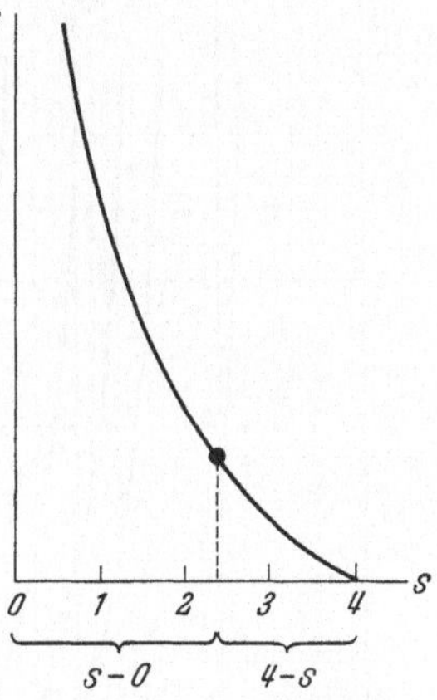

Fig. 242. Skizze zur Ableitung der Abhängigkeit der Schallabsorption α/ν^2 vom Stoßfaktor s

näher zu präzisieren. Dann aber muß die Funktion $F(s)$ den durch Fig. 242 qualitativ beschriebenen Verlauf haben. Die versuchsweise einfachste und elementarste Funktion, welche die beiden genannten Grenzbedingungen erfüllt, ist diejenige, bei der die Wirklichkeit einerseits in Beziehung zum idealen absorptionsfreien Stoß und andererseits in Beziehung zum völlig unelastischen Stoß mit unendlich hoher Absorption gesetzt wird. Es ist daher die Differenz $(4 - s)$ mit der Differenz $(s - 0)$ zu vergleichen und die gesuchte Funktion $F(s)$ dem Quotienten aus diesen beiden Differenzen proportional zu setzen:

$$F(s) = C_s \cdot \frac{4 - s}{s}. \qquad \text{(XVI.28)}$$

Durch Einsetzen der Ausdrücke (XVI.26) und (XVI.28) in die Gl. (XVI.27) erhalten wir die Formeln

$$\frac{\alpha}{\nu^2} = C_s \cdot \frac{1}{u^3} \cdot \frac{4 - s}{s} \qquad \text{(XVI.29 a)}$$

oder

$$\frac{\alpha}{\nu^2} = C \cdot \frac{4 - s}{s^4} \cdot \frac{1}{r^3}. \qquad \text{(XVI.29 b)}$$

Dabei ist $C_s/u_\infty^3 = C$ gesetzt. Die Formulierung des molekularakustischen Grundproblems lautet dann für Flüssigkeiten

$$\frac{u}{u_\infty} = sr, \qquad \frac{\alpha/\nu^2}{C} = \frac{4 - s}{s^4} \cdot \frac{1}{r^3}. \qquad \text{(XVI.30)}$$

Es existiert also eine Art von Brechungsindex für die Schallgeschwindigkeit und für die Schallabsorption. Aus verschiedenen Messungen ergibt sich die Konstante C, die auch $(\alpha/v^2)_\infty$ geschrieben werden kann, in organischen Flüssigkeiten zu

$$C = 110 \cdot 10^{-17} \left[\frac{\sec^2}{\mathrm{cm}} \right].$$

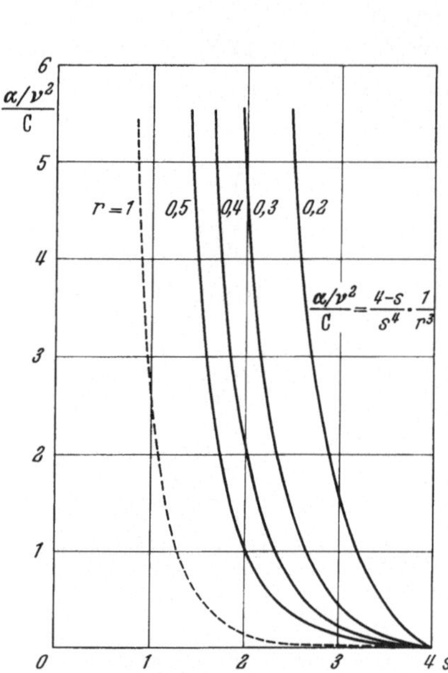

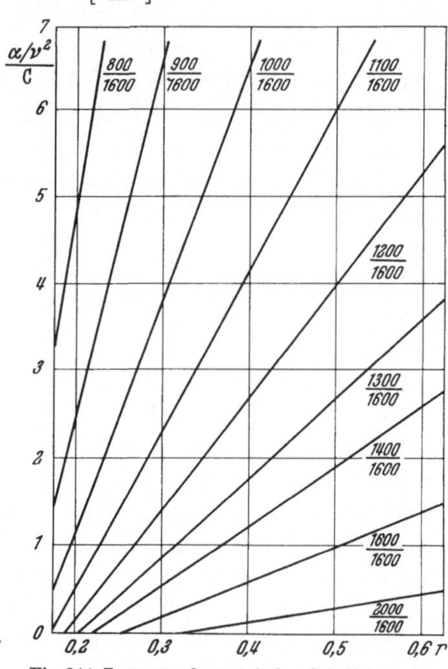

Fig. 243. Die Schallabsorption α/v^2 als Funktion von Raumerfüllung r und Stoßfaktor s im relaxationsfreien Gebiet (nach Schaaffs)

Fig. 244. Zusammenhang zwischen Schallabsorption und Raumerfüllung im relaxationsfreien Gebiet; Parameter ist die relative Schallgeschwindigkeit u/u_∞ (nach Schaaffs)

Aus den beiden Gln. (XVI.30) folgt ein neuer Ausdruck für den Stoßfaktor. Er lautet

$$s = \frac{4}{1 + \left(\dfrac{u}{u_\infty}\right)^3 \cdot \dfrac{\alpha/v^2}{C}} = \frac{4}{1 + \dfrac{1}{C_s} \cdot u^3 \cdot \dfrac{\alpha}{v^2}} . \tag{XVI.31}$$

Durch Eliminieren von s aus den beiden Gl. (XVI.30) folgt

$$\frac{\alpha/v^2}{C} = \frac{4r}{(u/u_\infty)^4} - \frac{1}{(u/u_\infty)^3} . \tag{XVI.32}$$

Da $r = \dfrac{B}{V} = \dfrac{B}{M} \cdot \varrho$ ist, stellt diese Gleichung eine allgemeine Beziehung

$$f\left(u, \varrho, \frac{\alpha}{v^2}\right) = 0 \tag{XVI.33}$$

zwischen den experimentellen Größen Schallgeschwindigkeit, Dichte und Schallabsorption dar. Sie enthält den Stoßfaktor nicht und schließt sich stärker an die Messungen an, läßt aber die tieferen Zusammenhänge nicht mehr erkennen.

In Fig. 243 ist die Gl. (XVI.29b) und in Fig. 244 die Gl. (XVI.32) graphisch dargestellt worden. In ersterem Falle ist die Raumerfüllung r Parameter, im zweiten Falle die relative Schallgeschwindigkeit u/u_∞. Durch die Gl. (XVI.29b) und die Fig. 243 werden die Flüssigkeiten hinsichtlich der Schallabsorption nicht mehr nach einem äußerlichen chemischen Verhalten, sondern nach der Raumerfüllung ihrer Moleküle geordnet. Darin liegt eine neue Systematik, die mit der in Ziffer 177 gegebenen kaum noch eine Gemeinsamkeit hat. Ob der relaxationsfreie Anteil der Schallabsorption dann groß oder klein ist, ob er einen positiven oder negativen Temperaturkoeffizienten hat, ob er sich dem klassischen Wert nähert oder nicht, hängt lediglich vom Verhalten des Stoßfaktors ab. Um der für die Absorption entscheidenden und neuen Größe s willen sei die hier vorgetragene Theorie „Stoßfaktortheorie" genannt.

193. Experimentelle Prüfung der Stoßfaktortheorie

In Fig. 245 ist die Absorptionskurve für die Raumerfüllung $r = 0{,}31$ gezeichnet worden. Für eine Reihe organischer Flüssigkeiten, deren Raumerfüllungen im Bereich $0{,}30 < r < 0{,}32$ liegen, wurde der Stoßfaktor s nach den in Ziffer 115 angegebenen Formeln berechnet. Über diesen Stoßfaktoren sind dann die dazugehörigen und gemessenen Schallabsorptionen aufgetragen worden. Die Werte der Schallabsorption wurden der Literatur entnommen; sie sind meist mit der Impulsmethodik bestimmt worden.

Bei der Überprüfung aller dem Verfasser erreichbaren Meßwerte stellte sich heraus, daß einige etwas unterhalb der theoretischen Kurven der Stoßfaktortheorie lagen, andere dagegen ganz erheblich darüber. Die Gründe für die zweite Art der Abweichung von der Theorie können leicht angegeben werden. Anstelle der alten Formeln für die Schallabsorption tritt jetzt die Gleichung

$$\frac{\alpha}{v^2} = \left(\frac{\alpha}{v^2}\right)_{s,\,r} + \left(\frac{\alpha}{v^2}\right)_{\text{rel}}. \tag{XVI.34}$$

Der erste Summand ist der Beitrag, den die Stoßfaktortheorie liefert; der zweite Summand ist der Beitrag einer Relaxation. Wenn also in Fig. 246 ein Meßpunkt bei P_{rel} liegt, so weist er einen Relaxationsanteil auf, dessen Betrag durch die Höhe über dem Stoßfaktoranteil auf der Kurve angegeben wird. Der „klassische" Viscositätsanteil liegt meist in der Gegend des Kreuzes, wenn es überhaupt noch erlaubt ist, von einem solchen Anteil zu sprechen. In Fig. 245 liegen die Flüssigkeiten Methylenchlorid CH_2Cl_2 und cis-Dichloräthylen $(HClC)_2$ eindeutig oberhalb der Kurve. Von Methylenchlorid ist nach Fig. 220 schon bekannt, daß es eine Relaxation besitzt. Man muß daher die Meßfrequenz so lange erhöhen, bis der Einfluß der Relaxation überwunden ist und α/v^2 auf der theoretischen Kurve liegt. Das konnte auf Grund der schon oben besprochenen Messungen von LAMB, DAVIES und DE GROOT für verschiedene relaxierende Flüssigkeiten bewiesen werden.

In Fig. 247 ist der Fall des Zimtaldehyds dargestellt worden. Die Absorptions-Relaxationskurve liegt rechts in der Figur, die zugehörige Frequenzabszisse zählt von rechts nach links. Die vorliegenden Messungen endeten bei etwa 100 MHz, so daß die Kurve noch ein wenig extrapoliert werden mußte, um den von der Stoßfaktortheorie geforderten Wert zu erreichen. Hätten nur Messungen bis 5 MHz zur Verfügung gestanden, wie es noch vor einigen Jahren der Fall war, so wäre der oben durch einen Kreis markierte Punkt gefunden worden und man hätte nur den Schluß ziehen können, daß dieses Meßergebnis durch eine starke Relaxation geprägt wäre.

Da nach Tabelle XVI/4 für relaxationsfreie Flüssigkeiten die Übereinstimmung zwischen den Meßwerten und den nach der Stoßfaktortheorie berechneten Werten befriedigend ist, kann man sagen, daß jetzt im allgemeinen durch eine einzige Absorptionsmessung entschieden werden kann, ob eine Flüssigkeit eine starke akustische Relaxation aufweist oder nicht. Dadurch erspart man sich viel experimentelle Arbeit. Charakteristisch ist der Fall des Benzols, dessen Stoßfaktor bei $s = 2{,}78$ bei 20° C liegt und dessen gemessene Absorption nach Fig. 220 erst bei etwa 190 MHz von dem hohen Wert von etwa 800 sec²/cm $\left(\text{bzw. } \dfrac{\alpha/v^2}{C} = 7{,}05\right)$ herunterzugehen beginnt und schließlich — was noch nicht gemessen worden ist — bei dem Werte 85 sec²/cm enden muß.

Anders liegen die Verhältnisse, wenn die Meßpunkte bei P_{ass} in Fig. 246 unterhalb der theoretischen Kurve liegen, wie man es bezeichnender-

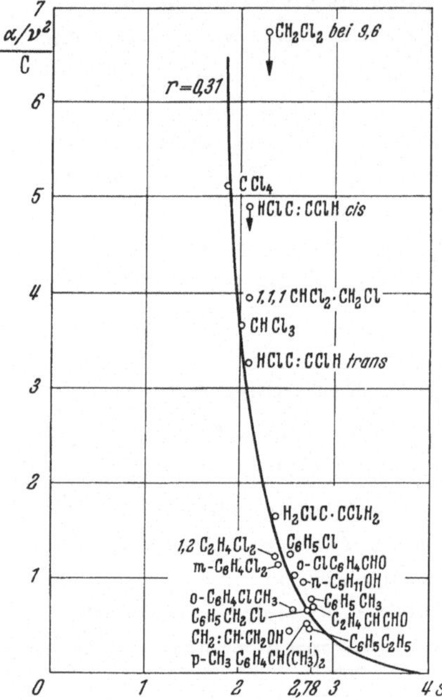

Fig. 245. Die Absorptionswerte einiger organischer Flüssigkeiten mit der Raumerfüllung $0{,}30 < r < 0{,}32$ als Funktion des Stoßfaktors s

weise bei einer Reihe von Alkoholen findet. Dann ist offenbar in der üblichen Berechnung von r und s etwas nicht richtig. Die Raumerfüllung ist ja durch

$$r = \frac{B}{V} = \frac{B}{M/\varrho} \tag{XVI.35}$$

und der Stoßfaktor durch

$$s = s_n \left(1 - \frac{\dfrac{\beta}{\beta + B}}{r} \right) \tag{XVI.36}$$

definiert. Die übliche Berechnung setzt voraus, daß der Stoff monomer ist. Ist er aber in Wirklichkeit eine Mischung von monomeren und dimeren Molekülen, so ist der Assoziationseinfluß schon in der Dichte ϱ miterfaßt und die Änderungen von B und M sind in erster Näherung zueinander proportional. Man bleibt also auf der theoretischen Kurve mit der einmal festgelegten Raumerfüllung r.

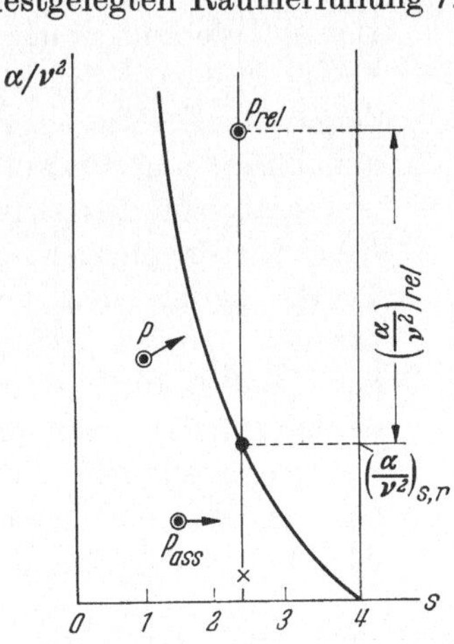

Fig. 246. Erläuterung der Abweichungen von Messungen von der Kurve der Stoßfaktortheorie. Beurteilung des Relaxationsanteiles

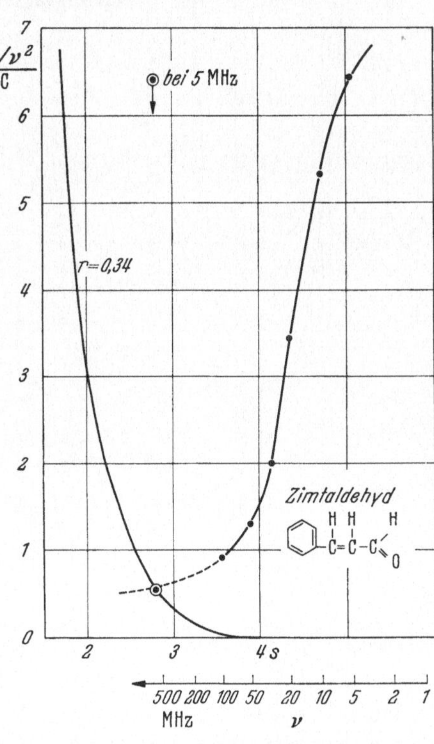

Fig. 247. Die Schallabsorption in Zimtaldehyd nach der Stoßfaktortheorie. Der Verlauf der Relaxationskurve

Bei dem Stoßfaktor liegen die Dinge jedoch anders. Hier entspricht der Vergrößerung von B keine proportionale Vergrößerung von β, denn gerade über die OH-Gruppen, die die Größe β wesentlich prägen, wird die Assoziation hergestellt. Im dimeren Molekül schwächen sich die β-Werte durch Kompensation, wenn sie nicht überhaupt verschwinden.

Eine Assoziation über die OH-Gruppen bewirkt also bei Alkoholen nach (XVI.36) eine Vergrößerung des Stoßfaktors, so daß in Fig. 246 der Punkt P_{ass} nach rechts hin verschoben werden muß. Stärkere Abweichungen gemessener Absorptionen von den theoretischen Kurven nach unten hin zeigen also das Vorliegen von Assoziationen an.

Wenn nun die Assoziation eine Strukturrelaxation zur Folge hat, wie wir es in Ziffer 184 bei der Essigsäure kennen gelernt haben, so liegen die Meßwerte je nach der Frequenz zunächst oberhalb der theoretischen Kurve, um nach Überwindung des Relaxationsbereiches bei sehr hohen Frequenzen einem Grenzwerte zuzustreben, der dann unterhalb eines Punktes der theoretischen Kurve liegt, der unter der Annahme des Nichtvorhandenseins von Assoziationen berechnet wurde. Dieser Fall ist in Fig. 248 dargestellt. Die Messungen von LAMB[1] und PINKERTON ergaben für Essigsäure bei tiefen Frequenzen um 1 MHz herum den ungeheuer großen Wert $\alpha/\nu^2 \approx 100\,000 \cdot 10^{-17}\,\mathrm{sec/cm}$, der bei 100 MHz dann auf weniger als $200 \cdot 10^{-17}\,\mathrm{sec^2/}$ cm abgefallen ist. Dieser Abfall ist in Fig. 248 ge-

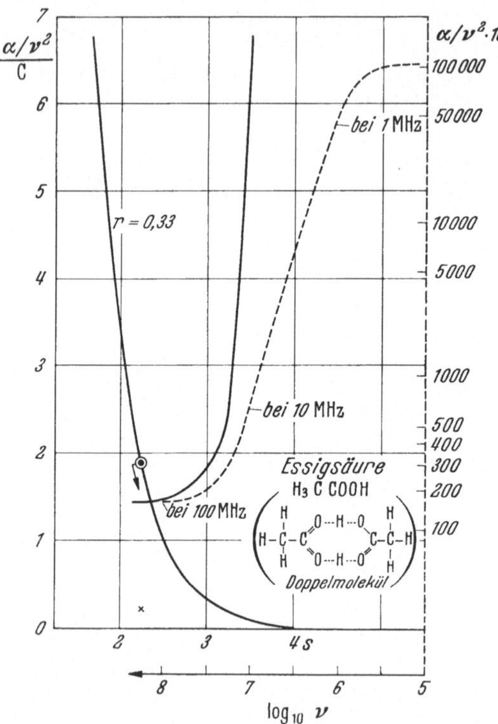

Fig. 248. Die Schallabsorption in Essigsäure nach der Stoßfaktortheorie und auf Grund von Struktur-Relaxation

strichelt gezeichnet, die zugehörige Ordinate liegt rechts, die $\log_{10} \nu$-Abszisse zählt von rechts nach links. Der unterste Teil dieser Kurve ist im Ordinatenmaßstab von $\dfrac{\alpha/\nu^2}{C}$ in der Mitte der Figur noch einmal gezeichnet worden. Der experimentelle Grenzwert liegt unterhalb jenes deutlich markierten Punktes, der aus dem Stoßfaktor unter der Annahme monomerer Moleküle berechnet worden ist. Der relaxationsfreie Anteil der Schallabsorption muß daher in Richtung des Pfeiles verschoben sein. Untersuchungen über die Bestimmung des Assoziationsgrades aus

[1] LAMB, J., and I. PINKERTON: Proc. Roy. Soc. Lond. A **199**, 114—130 (1949).

Messungen von Schallgeschwindigkeit und Schallabsorption sind bislang noch nicht vorgenommen worden.

Schließlich gibt es noch den Fall, daß in Fig. 246 die Meßpunkte von Stoffen mit besonders schweren Komponenten (z.B. Brom und Jod) im Molekül links der theoretischen Kurve etwa bei P liegen. Nun muß man bedenken, daß die Raumerfüllung r und der Stoßfaktor s vorzugsweise mit Hilfe der äußeren und inneren Atomsummanden nach den Tabellen IX/10 und IX/11 berechnet werden. Ein Teil dieser Atomsummanden ist aber — unabhängig von den grundsätzlichen theoretischen Formeln — nach dem praktischen Prinzip ermittelt worden, die seinerzeit vorliegende Gesamtheit der Schallgeschwindigkeitsmessungen möglichst gut wiederzugeben. Dieses Arbeitsprinzip war aber um so schwieriger durchzuführen, je weniger Verbindungen für die Berechnung bestimmter Atomsummanden zur Verfügung standen. Daher war eine gewisse Willkür bei der Festsetzung von Werten gerade schwerer Atome und Atomgruppen kaum zu vermeiden. Überdies zieht eine Änderung in den äußeren Atomsummanden automatisch eine solche in den inneren nach sich.

Durch die beiden Gln. (XVI.30) ist das Verhältnis der Werte von B und β jetzt zueinander festgelegt. Daher ist es nötig, auch die nach Ziffer 115 durch

$$B = \sum_i (zA)_i \quad \text{und} \quad \beta = \sum_i (za)_i$$

festgelegten äußeren und inneren Atomsummanden neu zu berechnen. Für die meisten Stoffe wird sich bei einer gegenseitigen Verschiebung der Werte von A_i und a_i im Endergebnis nichts ändern. Bei Stoffen mit besonders schweren Komponenten im Molekül ist es aber der Fall. Die Auflösung der Gln. (XVI.30) nach B und β ergibt (über die Ausführungen in Ziffer 115 hinaus):

$$B = \frac{V}{4}\left\{ \frac{\alpha/v^2}{C}\left(\frac{u}{u_\infty}\right)^4 + \frac{u}{u_\infty} \right\} \tag{XVI.37}$$

$$\beta = \frac{B}{\dfrac{1}{\dfrac{B}{V} - \dfrac{u}{s_n u_\infty}} - 1}. \tag{XVI.38}$$

Die Neuberechnung der Größen von B und β und damit der äußeren und inneren Atomsummanden ist noch nicht vorgenommen worden.

194. Folgerungen aus der Stoßfaktortheorie für verschiedene Absorptionsprobleme

Da die in den vorhergehenden Ziffern entwickelte Stoßfaktortheorie erst während der Abfassung dieses Buches entstanden ist, liegen noch keine Arbeiten über Anwendungen vor — mit Ausnahme der in Ziffer 209 zu besprechenden Anwendung auf flüssiges Helium. Es sei daher im folgenden nur eine Übersicht über die wichtigsten Folgerungen in qualitativer Fassung gegeben.

1. Hyperschall. Nach Fig. 144 nähert sich der Stoßfaktor mit sinkender Temperatur dem idealen Wert 4 und sollte ihn am absoluten Nullpunkt erreichen. Der flüssige Zustand ist dann freilich nicht mehr herstellbar, mit Ausnahme des Falles Helium. Immerhin ist aus Gl. (XVI.29) ablesbar, daß eine Steigerung des Stoßfaktors etwa vom Werte 2,5 bei Raumtemperatur auf 3,8 bei 50° K bei ungefähr konstanter Raumerfüllung die Absorption auf den 40. Teil absinken lassen würde. Das bedeutet für Hyperschallwellen eine erhebliche Steigerung ihrer Reichweite. Vermutlich wird die Schallabsorption in festen Stoffen sich ähnlich wie die in Flüssigkeiten verhalten, denn im Tieftemperaturbereich konnten erfolgreiche Hyperschallversuche an Quarz durchgeführt werden[1].

2. u und α am absoluten Nullpunkt. Aus Gl. (XVI.29) folgt für den absoluten Nullpunkt die Aussage

$$\left(\frac{\alpha}{v^2}\right)_{T=0} = 0 . \tag{XVI.39}$$

Diese Aussage läßt sich nur für flüssiges Helium prüfen, wo sie auch zutrifft. Für die Schallgeschwindigkeit u folgt aus Gl. (XVI.32)

$$\frac{4r}{(u/u_\infty)^4} - \frac{1}{(u/u_\infty)^3} = 0$$

und daraus

$$u = 4r\,u_\infty .$$

Dann ist der Temperaturkoeffizient der Schallgeschwindigkeit

$$\frac{du}{dT} = 4u_\infty \frac{dr}{dT} = 4u_\infty \frac{V \cdot \dfrac{dB}{dT} - B \cdot \dfrac{dV}{dT}}{V^2} .$$

dB/dT ist nach unseren bisherigen Annahmen gleich null, dV/dT ist nach dem Nernstschen Wärmesatz ebenfalls null, also folgt

$$\left(\frac{du}{dT}\right)_{T=0} = 0 . \tag{XVI.40}$$

Diese Aussage ist am Helium direkt nachprüfbar und wird durch das Experiment bestätigt (Fig. 284). Darüber hinaus zeigen die Schallgeschwindigkeiten von festem Argon und Krypton ebenfalls die Tendenz, mit Annäherung an den absoluten Nullpunkt konstant zu werden.

---

[1] Bömmel H., and K. Dransfeld: Phys. Rev. Letters 1, Nr. 7 (1958). — Baranskij, K.: Dokl. Akad. Nauk SSSR. 114, 517, Nr. 3 (1957).

3. Die Temperaturabhängigkeit der Absorption. Da die Raumerfüllung und der Stoßfaktor mit steigender Temperatur abnehmen, muß nach Gl. (XVI.29 b) die Schallabsorption zunehmen, wie es auch für Stoffe, die nicht assoziieren und relaxieren, beobachtet und durch Fig. 212 dargestellt wird. Bei Flüssigkeiten mit Assoziationen und vollends mit Relaxationseffekten lassen sich die Verhältnisse noch nicht übersehen.

4. Die Druckabhängigkeit der Absorption. Wenn man von den anormalen Verhältnissen in den kritischen Gebieten absieht, so bedeutet eine Druckerhöhung eine Vergrößerung der Raumerfüllung und infolge der Behinderung von Rotationen der Moleküle eine Zunahme des Stoßfaktors. Diese Einflüsse bewirken eindeutig ein Absinken der Schallabsorption aus (siehe Ziffer 97 und Fig. 116 und 117).

5. Mischungen und Lösungen. Für die Beurteilung binärer Gemische dürfte es wichtig sein, ob Relaxationseffekte der Komponenten und der Mischungen die einfachen Zusammenhänge beeinflussen. In einer Reihe von Gemischen, z.B. von Tetrachlorkohlenstoff mit Alkoholen, durchläuft die Schallgeschwindigkeit ausgeprägte Minima (vgl. Fig.151) und im Sinne der Formeln der Stoßfaktortheorie die Schallabsorption ausgeprägte Maxima (vgl. Fig. 234). Bei wäßrigen Lösungen ist es gerade umgekehrt, daß nämlich sowohl Schallgeschwindigkeit wie Schallabsorption Maxima aufweisen. In diesem Falle scheinen Relaxationseffekte ausschlaggebend zu sein.

6. Anwendung auf Gase. Nach Fig. 243 steigen die Absorptionskurven bei sehr kleiner Raumerfüllung so stark an, daß die Absorptionen für normale Stoßfaktoren außerordentlich groß werden. Erfahrungsgemäß liegen sie in Gasen mit ihren kleinen Raumerfüllungen um etwa 4 Zehnerpotenzen höher als in Flüssigkeiten. Dennoch scheint eine Einordnung von Gasen unter die Formelgruppe (XVI.30) nicht ohne weiteres möglich zu sein. Die Hauptschwierigkeit liegt offenbar in der Definition und Bestimmung der Größe u_∞.

7. Singuläre Punkte im Zustandsdiagramm. Die Gleichungen der Stoßfaktortheorie erfordern, daß dort, wo die Schallgeschwindigkeit oder die Dichte oder beide Sprünge machen, auch beträchtliche Absorptionsänderungen auftreten müssen, und zwar zunächst unabhängig von der Frequenz. Allerdings können dann Relaxationsprozesse die Absorption erheblich verstärken. Zum kritischen Punkt hin sinkt nach Ziffer 94 die Schallgeschwindigkeit auf etwa den 10. Teil ihres sonstigen Wertes ab, während die Raumerfüllung sich lange nicht so stark ändert. Das bedeutet aber, daß die Schallabsorption wegen der 4. Potenz von (u/u_∞) in Gl. (XVI.32) um mehrere Größenordnungen ansteigen kann, wie es auch beobachtet wird und beispielsweise in Fig. 111 dargestellt ist. Aber auch sehr kleine Änderungen der Schallgeschwindigkeit und der Dichte können ausgeprägte Absorptionsspitzen zur Folge haben, wenn nämlich in Gl. (XVI.32) die beiden Glieder der rechten Seite sich wertmäßig wenig unterscheiden.

8. Das Relaxationsproblem. Die speziellen früher besprochenen Relaxationsprobleme wurden aus der eigentlichen Stoßfaktortheorie ausgeklammert. Diese sucht den Einfluß des *ganzen* Moleküls auf die Schallabsorption zu erklären, während bei der Relaxations-Absorption nur einzelne Teile des Moleküls zur Wirkung kommen. Wir führten schon in Ziffer 171 aus, daß es merkwürdig und unbehaglich erscheint, daß fast immer nur ein einzelner Relaxationsprozeß beobachtet wird, obwohl es eine ganze Reihe von Anregungsmöglichkeiten gibt. Es entsteht jetzt die Frage, ob es nicht vielleicht auch eine Relaxation des Stoßfaktors oder der Raumerfüllung oder beider zugleich gibt? Das müßte doch wohl ganz automatisch nur Einzelrelaxationen zur Folge haben. Mehr kann man im Augenblick nicht sagen, als daß man eben diese Frage stellt.

9. Das Verhältnis zur Viscosität. Es kann keinem Zweifel unterliegen, daß die Herleitung der Gl. (XVI.29b) nicht in dem Sinne streng ist, wie es etwa die Herleitung der klassischen Gl. (XVI.2) bzw. (XVI.3) ist. Aber jene Gleichung ist praktisch brauchbarer und führt aus einem erheblichen Teil der Schwierigkeiten heraus, die der Gl. (XVI.2) zu eigen sind. Man kann das Verwandschaftsverhältnis empirisch untersuchen, wenn man die Gl. (XVI.29b) mit der Gl. (XVI.2) oder (XVI.3) kombiniert und von der Vereinfachung Gebrauch macht, daß in Flüssigkeiten die Wärmeleitung gegen die Viscosität zu vernachlässigen ist. Es ergibt sich dann möglicherweise eine einfache Beziehung zwischen der Fluidität $1/\eta$ und der Schallgeschwindigkeit u. Eine lineare Abhängigkeit haben Kudrjawzew[1] und Balan unabhängig von vorstehenden Überlegungen nachgewiesen.

Kapitel XVII

Die Schallabsorption in wäßrigen Elektrolytlösungen

195. Einleitung

Die molekularakustische Untersuchung von anorganischen Säuren, Basen und Salzen beschränkt sich auf die Behandlung ihrer wäßrigen Lösungen, da die meisten Stoffe unter gewöhnlichen Temperatur- und Druckverhältnissen fest sind. Die molekularakustische Analyse ist hier noch viel schwieriger als bei den in Ziffer 188 behandelten Mischungen

---

[1] Kudrjawzew, B., and S. Balan: Proc. 3. int. Kongr. Acoustics, Stuttgart 1959. Bd. 1., S. 445—448.

und Lösungen. Das hat vier Gründe: 1. stellt das Lösungsmittel Wasser nach Ziffer 132 ein physikalisch uneinheitliches Lösungsmittel dar, welches ein kompliziertes, temperaturabhängiges Gemisch von Molekülkomplexen ist; 2. dissoziieren die Säuren, Basen und Salze mehr oder minder stark, so daß in der Lösung nicht nur Moleküle, sondern vor allem Ionen beiderlei Vorzeichens schwimmen; 3. bilden diese Ionen mit den Wassermolekülen sogenannte Ionen-Wolken; 4. können meist nur sehr kurze Stücke der Schallkennlinien aufgenommen werden und über die akustischen Eigenschaften der gelösten Komponenten lassen sich keine Voraussagen machen.

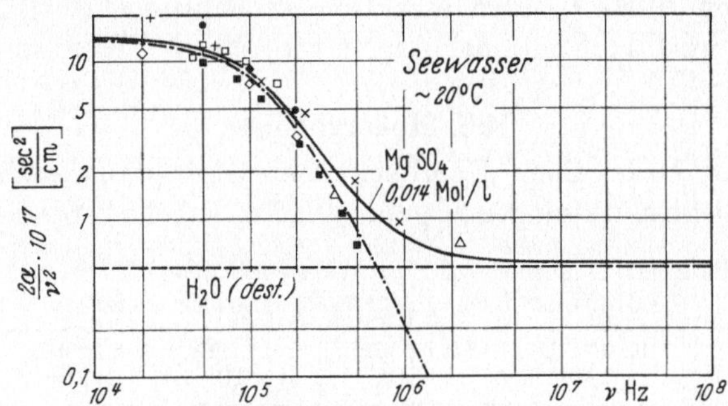

Fig. 249. Absorptionskurve von Seewasser bei 20° C

Diesen Nachteilen stehen auch einige Vorteile gegenüber: 1. ist das Verhältnis der Molwärmen bei Wasser praktisch gleich eins, d. h. isotherme und adiabatische Schallgeschwindigkeit sind miteinander identisch; 2. erfüllt die Schallabsorption α/ν^2 reinen Wassers, die den Wert $25 \cdot 10^{-17}$ sec²/cm hat, die Bedingung sehr gut, über den ganzen Frequenzbereich konstant zu sein; 3. ist die Absorption nur um den Faktor 3 größer als der aus der Scherviscosität statisch berechnete Wert; 4. weisen die meisten wäßrigen Elektrolytlösungen eine nur wenig von der des reinen Wassers abweichende Absorption auf, so daß sich Abweichungen gleich so stark bemerkbar machen, daß man auf spezifische Relaxationseffekte zu schließen hat.

Die zu einem Absorptionsmaximum gehörende Dispersionsstufe ist äußerst klein und nur in wenigen Fällen nachgewiesen. Mit einem Phasen-Vergleichsverfahren zur Messung kleinster Schallgeschwindigkeitsänderungen haben CARSTENSEN[1] und FOX[2] und MARION nur in Lösungen von Magnesiumsulfat und Mangansulfat die kleinen Dispersionsstufen nachweisen können. Die theoretische Diskussion der Relaxation in wäßrigen Elektrolytlösungen kann daher von Dispersionsbeobachtungen kaum einen Gebrauch machen.

[1] CARSTENSEN, E.: J. Acoust. Soc. Amer. **26**, 858—861, 862—864 (1954).
[2] FOX, F., and TH. MARION: J. Acoust. Soc. Amer. **25**, 661—668 (1953).

Es ist historisch interessant, daß die Absorptionsuntersuchungen in wäßrigen Lösungen anorganischer Stoffe dadurch in Gang kamen, daß man beobachtete, daß die Schallabsorption in Seewasser unterhalb von 1 MHz um etwa das 30fache stieg. Die Analyse ergab, daß die Ursache in der Lösungskomponente Magnesiumsulfat $MgSO_4$ lag. Dieser Stoff ist daher besonders viel untersucht worden. Die ersten Untersuchungen darüber stammen von LIEBERMANN[1] und LEONHARD[2]. Fig. 249 zeigt die Größe des Effekts in Seewasser.

Eine zusammenfassende Darstellung mit dem Titel „Schallabsorption und -Dispersion in wäßrigen Elektrolytlösungen" aus jüngster Zeit stammt von TAMM[3]. Der Reaktionsmechanismus der Ultraschallabsorption wird auch in einer Arbeit von EIGEN[4], KURTZE und TAMM behandelt.

196. Meßergebnisse

Um dem Leser einen Überblick über Absorptionskoeffizienten in wäßrigen Elektrolytlösungen zu geben, sind in Tabelle XVII/1 Messungen

Tabelle XVII/1. *Ultraschall-Absorptionskoeffizienten 2α in wäßrigen 0,1 Mol/Liter-Lösungen. 20° C. Angaben in db/cm*

Elektrolyt	bei 10 kHz $\times 10^8$	bei 100 kHz $\times 10^6$	bei 1 MHz $\times 10^4$	bei 10 MHz $\times 10^2$	bei 100 MHz
H_2O	21,7	21,7	21,7	21,7	21,7
$Al_2(SO_4)_3$	$\geqq 100$	100	100	100	57
$BeSO_4$	1750	48	29	29	28
$CaCrO_4$		$\geqq 31$	31	31	29
$Ca(CH_3COO)_2$	$\geqq 36$	36	36	36	36
$CoSO_4$	1770	1620	230	39	31
$CuSO_4$	282	230	43	39	39
$MgCrO_4$	$\geqq 720$	547	48	29	29
$MgSO_4$	3920	2470	90	30	29
MgS_2O_3	1420	900	57	28	23,8
$MnSO_4$	550	510	520	74	29
$NiSO_4$	31000	860	48	39	29
$ZnSO_4$	$\geqq 50$	50	50	50	36
H_2SO_4			24	24	24
$AlCl_3$			22,3	22,3	22,3
K_2SO_4			22,7	22,7	22,7
K_2CrO_4			22,6	22,6	22,6
$La(NO_3)_3$				50	34
Li_2CO_3			23,8	23,8	23,8
Li_2SO_4			22,9	22,9	22,9
Na_2CO_3			24	24	24
Na_3PO_4		$\geqq 39$	39	35	30,7
Na_2SO_4			25	25	25
$(NH_4)_2SO_4$			22,7	22,7	22,7

[1] LIEBERMANN, L.: Phys. Rev. **76**, 1520—1524 (1949).

[2] LEONHARD, R.: J. Acoust. Soc. Amer. **20**, 224 (1948); **21**, 63 (1949).

[3] TAMM, K.: Handbuch der Physik, Bd. XI/1, S. 202—274. Berlin-Göttingen-Heidelberg: Springer: 1961.

[4] EIGEN, M., G. KURTZE, u. K. TAMM: Z. Elektrochem. **57**, 103—118 (1953).

nach Angaben von TAMM[1], KURTZE und KAISER zusammengestellt worden. Die Angaben beziehen sich auf Lösungen von 0,1 Mol/Liter bei 20° C. Die Absorptionskoeffizienten 2α wurden in db/cm angegeben[2]. Es zeigt sich, daß gerade das tieferfrequente Ultraschallgebiet hier von besonderer Bedeutung ist, so daß die in Ziffer 63 und 64 beschriebenen Resonanz- und Nachhallverfahren anzuwenden sind. In dieser Tabelle XVII/1 sind zufälligerweise nur solche Elektrolyte aufgeführt, die Absorptionskoeffizienten haben, die größer als die des Lösungsmittels

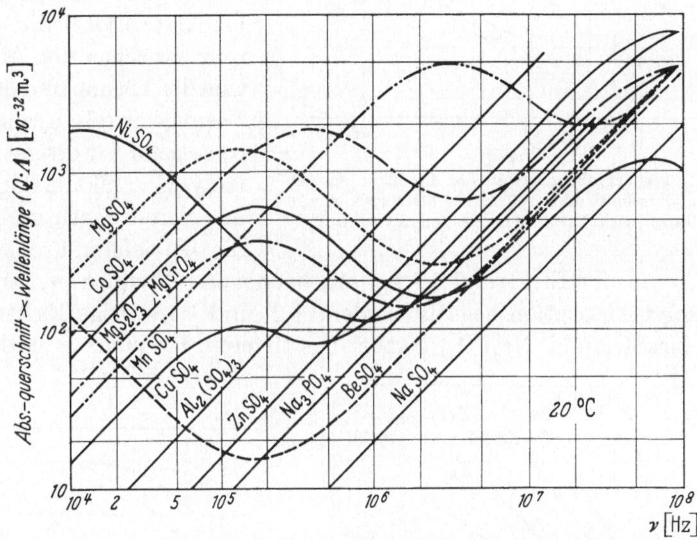

Fig. 250. Absorptions-Relaxationskurven einiger Elektrolyte (nach TAMM, KURTZE und KAISER)

Wasser sind. KURTZE hat für Natriumbromid- und Natriumjodidlösungen gezeigt, daß die Absorptionskoeffizienten auch viel kleiner als die des reinen Wassers sein können.

Fig. 250 gibt nach TAMM[1], KURTZE und KAISER eine Übersicht über die Relaxationskurven einer Reihe von vorwiegend 2-2-wertigen Elektrolyten bei 20° C. Durch die Wahl eines doppelt-logarithmischen Maßstabes der Darstellung haben die Kurven außerhalb der Relaxationsbereiche einen linearen Verlauf. Um Messungen in Lösungen verschiedener Konzentrationen sinnvoll miteinander vergleichen zu können, haben die Autoren die Absorption auf ein einzelnes gelöstes Molekül bezogen. Sie haben den Absorptionskoeffizienten der Intensität 2α durch

---

[1] TAMM, K., G. KURTZE u. R. KAISER: Acustica **3**, 33 (1953); **4**, 380—386 (1954); s. a. Handbuch der Physik, Bd. XI/1. Berlin-Göttingen-Heidelberg: Springer 1961. Fig. 13, S. 233.

[2] Die Umrechnung auf das sonst in der Molekularakustik gebräuchlichere Maß geschieht durch die Beziehung 1 $[\text{cm}^{-1}] = 8{,}686$ db.

die der jeweiligen Konzentration entsprechende Molekülzahl n_0 — ursprüngliche Molekülzahl vor der Dissoziation — dividiert und den Quotienten $\dfrac{2\alpha}{n_0}$ den Absorptionsquerschnitt Q genannt. In Fig. 251 sind die Meßwerte des Magnesiumsulfats noch einmal extra gezeichnet worden.

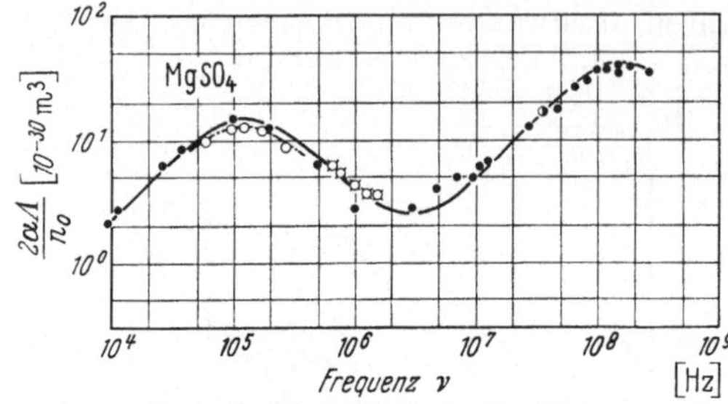

Fig. 251. Frequenzabhängigkeit des Produkts aus Absorptionsquerschnitt und Wellenlänge bei MgSO₄ in wäßriger Lösung (nach TAMM, KURTZE und KAISER). 20° C

Die ausgezogene Kurve entspricht einer Berechnung durch die Autoren.

Wenn man als „Elektrolyt-Absorption" die Differenz zwischen der Absorption der Lösung und der des Lösungsmittels bezeichnet, so zeigen 1,1-wertige[1] Elektrolyte (Alkalihalogenide und deren Basen und Säuren) bei tieferen Frequenzen meist kaum eine Elektrolytabsorption; bei höheren Frequenzen kann die Elektrolyt-Absorption negativ werden. 1,2- und 1,3-wertige Elektrolyte (z.B. Na_2SO_4 und Na_3PO_4) haben bei tieferen Frequenzen praktisch

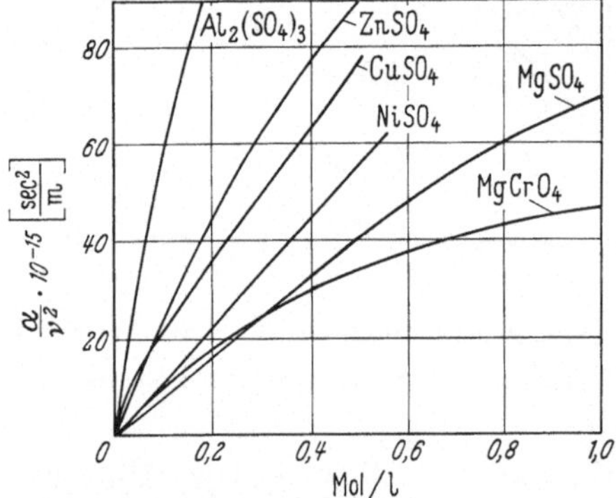

Fig. 252. Konzentrationsabhängigkeit der Elektrolytabsorption für einige 2-2-wertige Elektrolyte (nach KURTZE)

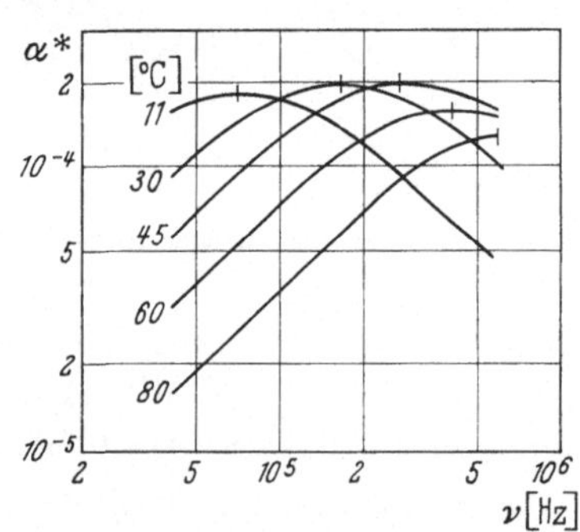

Fig. 253. Temperaturabhängigkeit der Frequenz des Absorptionsmaximums in einer Magnesiumsulfatlösung (nach TAMM)

keine Elektrolyt-Absorption; erst oberhalb von 10 MHz wird sie nachweisbar. Die sogenannten schwachen Elektrolyte weichen davon ab. Bei 2,1- und 3,1-wertigen Elektrolyten ist bei hohen und tiefen Frequenzen auch keine nennenswerte Elektrolyt-Absorption vorhanden. Die sogenannten schwachen Elektrolyte weichen wieder davon ab. Ausgesprochen starke Absorption zeigen jedoch die 2,2-wertigen Elektrolyte. Das gilt

---

[1] Die erste Ziffer gibt die Wertigkeit des Kations, die zweite die Wertigkeit des Anions an.

nicht nur für die Elektrolyte der Fig. 250, sondern auch für andere hier nicht aufgeführte. Das 3,2-wertige $Al_2(SO_4)_3$ zeigt einen ähnlichen Verlauf. Nach diesen Befunden spielt die Wertigkeit offenbar eine ausschlaggebende Rolle für die Ultraschallabsorption.

Betrachtet man die Konzentrationsabhängigkeit der Absorption, so nimmt α/ν^2 generell mit der Konzentration zu, wie Fig. 252 nach Messungen von KURTZE[1] offenbart.

Als Beispiel für die Temperaturabhängigkeit des Koeffizienten α^* in verschiedenen Elektrolyten sei nach TAMM[2] der Fall des Magnesiumsulfats $MgSO_4$ gebracht. Fig. 253 zeigt, daß sich das untere Absorptionsmaximum der Fig. 251 mit steigender Temperatur nach höheren Frequenzen hin verschiebt.

197. Die Deutung der Absorptionsmessungen in Elektrolyten

Ist es schon bei den homogenen Verbindungen des Kapitels XVI schwierig anzugeben, durch welche inneren Schwingungen die beobachteten Relaxationseffekte verursacht werden, so steigt diese Schwierigkeit in elektrolytischen Lösungen noch erheblich an. Irgendwie merkwürdig bleibt es aber, daß auch hier in diesen komplizierten Fällen immer nur eine, allenfalls noch eine weitere Relaxation beobachtet wird. Es stehen mehrere Möglichkeiten als Ursachen für Relaxationsprozesse zur Diskussion. Temperaturänderungen scheiden allerdings für die Anregung solcher Prozesse aus, da das Verhältnis der Molwärmen in Wasser fast gleich eins ist, so daß die Schallfortpflanzung als isothermer Vorgang abläuft. Die Anregung von Relaxationen kann daher nur über die Schallwechseldrucke erfolgen. Daher fällt auch die Möglichkeit der Anregung von Schwingungsfreiheitsgraden, die nach Ziffer 162 über die Temperaturwelle erfolgt, aus.

Eine für die Relaxationsprozesse in wäßrigen Elektrolyten nun in Frage kommende Reaktion ist die Anlagerung und Abdissoziation von H_2O- bzw. von $z \times H_2O$-Molekülen an den Anionen und Kationen („Hydrathüllen"). Diese Möglichkeit wird dadurch nahegelegt, daß man bisweilen 2 Absorptionsmaxima beobachtet bzw. das zweite schon angedeutet ist (s. Fig. 251). Dagegen scheint der Umstand zu sprechen, daß gleichartigen Kationen verschiedener Salze nicht die gleichen Relaxationsfrequenzen zugeordnet sind. Deshalb scheint der Relaxationsmechanismus in spezifischen Ionenreaktionen seine Ursache zu haben, und zwar entweder in dem Dissoziationsgleichgewicht zwischen den undissoziierten Molekülen und ihren Dissoziations-Ionen oder in

---

[1] KURTZE, G.: Nachr. Akad. Wiss. Göttingen, math.phys. Kl. **9**, 57 (1952); (Figur aus T. TAMM, Handbuch der Physik, Bd. XI/1, Fig. 18, S. 238).

[2] TAMM, T.: Nachr. Akad. Wiss. Göttingen **10**, 81 (1952); (Handbuch der Physik, Bd. XI/1, Fig. 20a, S. 240).

einem Hydrolyse-Gleichgewicht[1]. Auf den charakteristischen Fall des Magnesiumsulfats bezogen heißt das entweder Untersuchung der Relaxation des Dissoziationsgleichgewichts

$$MgSO_4 \rightleftharpoons Mg^{++} + SO_4^{--}$$

oder eines Hydrolyse-Gleichgewichts

$$Mg^{++} + H_2O \rightleftharpoons MgOH^+ + H^+.$$

Nun scheinen aber in der Wirklichkeit die Dinge doch nicht so einfach zu verlaufen und man hat sich für eine Synthese beider Möglichkeiten entschieden, und zwar entweder

$$MgSO_4 \cdot H_2O \rightleftharpoons MgOH^+ + HSO_4^- \rightleftharpoons Mg^{++} + OH^- + H^+ + SO_4^{--}$$

oder

$$MgSO_4 \cdot H_2O \rightleftharpoons Mg^{++} + H_2O \cdot SO_4^{--} \rightleftharpoons Mg^{++} \cdot H_2O + SO_4^{--}.$$

Die Dissoziation geht danach in verschiedenen Schritten vor sich. Sie gliedert sich in eigentliche Dissoziationen und in chemische Umwandlungen. Daraus wäre dann das Auftreten von mehr als einer Relaxationsfrequenz verständlich. Mit Hilfe dieser Hypothese, daß Dissoziations-Zwischenstufen die Relaxations-Absorption der Elektrolyte prägen, haben die schon genannten Forscher eine ganze Reihe von akustischen Elektrolyteigenschaften deuten können. Die Diskussion dieser Vorgänge ist aber keineswegs einfach; der interessierte Leser sei daher auf die detaillierten Ausführungen in dem schon genannten Handbuchartikel von Tamm und weiterhin auf die diesbezüglichen Veröffentlichungen von Eigen[2] verwiesen.

198. Kritische Bemerkungen zur Schallabsorptionsdeutung in elektrolytischen Lösungen

Es wird oft die Ansicht geäußert, daß die Schallabsorption in Elektrolytlösungen genau so grundsätzlich nur durch Relaxationsvorgänge zu erklären sei wie die in Gasen und nichtleitenden Flüssigkeiten. Nach Meinung des Verfassers muß dahinter ein Fragezeichen gesetzt werden. Gewiß ist jeder mechanisch-thermische Vorgang in der Akustik mit Relaxation behaftet, wenn wir nur mit der Frequenz genügend hoch gehen oder hoch gehen könnten. Damit würden wir aber doch keine Kenntnis über den Einfluß der Moleküle selbst, hier im besonderen der Ionenstruktur und der Struktur der Hydratationen, auf Schallgeschwindigkeit

---

[1] Unter Hydrolyse wird das Ineinandergreifen des Dissoziationsgleichgewichts des Wassers $H_2O \rightleftharpoons H^+ + OH^-$ und des elektrolytischen Dissoziationsgleichgewichts eines gelösten Stoffes verstanden.

[2] Eigen, M.: Z. phys. Chem. (West) 3/4, 176 (1954); — Ein Buch über „Chemische Relaxation" im Verlag Steinkopff, Darmstadt, ist in Vorbereitung.

und Schallabsorption gewinnen. Die völlige Vernachlässigung der in elektrolytischen Lösungen doch im allgemeinen sehr stark mit der Menge des gelösten Stoffes ansteigenden Absolutwerte der Schallgeschwindigkeit in den heute geltenden Theorien ist doch bedenklich. Es muß noch einen ganz anderen Weg zum Verständnis der Probleme geben, als er zur Zeit gegangen wird. Man müßte in ähnlicher Weise wie in der in Ziffer 192 dargestellten Stoßfaktortheorie die Schallgeschwindigkeit und die Schallabsorption einmal als Funktion der Raumerfüllungen der Lösungsmittelmoleküle, der nichtdissoziierten und der dissoziierten gelösten Moleküle und ihres Mischungsverhältnisses, dann aber auch als Funktion eines Stoßfaktors, der den Absorptionswert entscheidend prägt, zu verstehen suchen. Auf diesem Hintergrunde würden die beobachteten Relaxationen vielleicht einfacher beschreibbar und in ihrem Wesen durchsichtiger sein.

199. Das Auftreten von elektrischen Potentialen im Ultraschallfeld

Die Hydratbildung der Ionen in den Elektrolyten führt zu einer Veränderung ihrer wirksamen Massen. Das hat weiter eine Veränderung ihrer Beweglichkeit zur Folge. DEBYE[1] hat den Vorschlag gemacht, die Beweglichkeiten von Ionen und ihre Hydratbildungen dadurch zu studieren, daß man die im Ultraschallfeld auftretenden elektrischen Potentiale mißt. In einem Ultraschallfeld hängt die Beweglichkeit eines Moleküls und eines Ions von seiner Masse ab. Das hat naturgemäß zur Folge, daß örtliche elektrische Potentialdifferenzen auftreten, die entweder zwischen zwei beispielsweise um $\Lambda/2$ voneinander entfernten Sonden in einer fortschreitenden Schallwelle auftreten oder zwischen einer einzelnen Sonde und der Gesamtmasse des Elektrolyten gemessen werden können. Dieser Effekt ist allerdings sehr klein (Größenordnung 10^{-5} bis 10^{-6} V pro cm/sec) und vor allem dadurch schwierig nachzuweisen, daß das elektrische und magnetische Feld der piezoelektrischen und magnetostriktiven Schallerzeuger sehr stark einstreut. Der Nachweis gelang erst YEAGER[2], BUGOSH, HOVORKA und McCARTHY mit einer auf der Benutzung stehender Wellen beruhenden Technik, welche eine hinreichende Trennung von den einstreuenden elektromagnetischen Feldern ermöglichte. YEAGER und HOVORKA haben mit ihren Mitarbeitern das Problem nach allen Richtungen hin durchforscht und darüber in mehreren Arbeiten berichtet[3]. Das Problem ist jedoch sehr viel komplexer,

[1] DEBYE, P.: J. Chem. Phys. 1, 13—16 (1933).

[2] YEAGER, E., J. BUGOSH, F. HOVORKA and J. McCARTHY: J. Chem. Phys. 17, 411—415 (1949).

[3] YEAGER, E., and F. HOVORKA: J. Acoust. Soc. Amer. 25, 443—469 (1953); 27, 556—563; (1955); daselbst reichlich weitere Literaturangaben.

als DEBYE ursprünglich annahm, weil einmal die Leitfähigkeit eines Elektrolyten von Druck und Temperatur in einer Schallwelle abhängt, dann aber an den unvermeidlichen Drahtsonden zusätzliche elektrische Potentiale infolge von Polarisationseffekten und Gasblasenbewegungen auftreten. Dazu kommt die Beobachtung von RUTGERS[1] und RIGOLE, daß auch in Nichtelektrolyten, ja sogar in nichtpolaren Flüssigkeiten, wie z.B. in Heptan, Wechselpotentiale nachgewiesen werden können. Eine theoretische Diskussion des ganzen Problemkreises hat neuerdings WEINMANN[2] gegeben.

Kapitel XVIII

Dispersion und Absorption in Hochpolymeren

200. Das Übergangsgebiet zwischen flüssig und fest

Das Elementarteilchen fluider Medien ist das bewegliche Molekül. Feste kristalline Stoffe sind dagegen durch ineinandergestellte unbewegliche Gitter der verschiedenen den Stoff aufbauenden Atome charakterisiert. In Kapitel II wurde dargelegt, daß der fluide Zustand durch eine einzige elastische Konstante gut beschrieben wird. Für den festen isotropen oder quasiisotropen Aggregatzustand sind zwei elastische Moduln erforderlich, nämlich die beiden Laméschen Konstanten bzw. die Geschwindigkeiten der longitudinalen und transversalen Wellen. Der anisotrope kristalline Zustand bedarf mehrerer elastischer Moduln zur Beschreibung.

Zwischen dem fluiden und dem festen Zustand gibt es in der Natur keine starren Grenzen. Der Übergangsbereich spielt in der Biologie und in der Kunststofftechnik eine außerordentliche Rolle. Eine Flüssigkeit geeigneter Struktur, z.B. eine Lösung eines hochpolymeren Stoffes oder eine Substanz wie Glycerin, kann durch Konzentrationssteigerung oder durch Temperaturerniedrigung aus leichter Beweglichkeit heraus zu einer sirupähnlichen Versteifung und von dort in einen gummiähnlichen und schließlich glasartig harten Zustand überführt werden. Anfänglich sind in einem derartigen Stoff nur Longitudinalwellen möglich, im Endzustand treten aber auch Transversalwellen auf. Es gibt noch mehr Wellenformen, deren elastische Konstanten aber alle durch die der longitudinalen und transversalen Wellen ausgedrückt werden können. Der allmähliche Übergang hat zur Folge, daß wir die ursprüngliche Aussage, daß in Flüssigkeiten nur Longitudinalwellen möglich sind, nicht in aller Strenge aufrecht erhalten können. Wenn in einer zähen und schließ-

---

[1] RUTGERS, A., and W. RIGOLE: Trans. Faraday Soc. 54, 139—143 (1958).

[2] WEINMANN, A.: Proc. Phys. Soc. Lond. 73, 345—353 (1959); 75, 102—108 (1960).

lich gummiartigen Flüssigkeit auch Transversalwellen auftreten, so heißt das, daß die in das Medium hineingegebene translatorische Schallenergie von vornherein in zwei Komponenten aufgespalten wird, die verschiedene Geschwindigkeiten und Absorptionskoeffizienten haben, und daß der Gesamtbetrag der Absorption im Verhältnis zu dem einer reinen Flüssigkeit höher ausfallen wird. Das Relaxationsverhalten derartiger Materie wird nicht nur viel ausgeprägter in Erscheinung treten, sondern auch viel schwieriger molekularkinetisch zu deuten sein. Die elastischen Nachwirkungen solcher Stoffe sind schon bei statischen Deformationen im täglichen Leben auffällig.

Die ausführliche Behandlung von Stoffen, die man im Alltag schon als „fest" zu bezeichnen pflegt und die durch zwei Lamésche Konstanten gekennzeichnet sind, würde den Rahmen dieses Buches weit überschreiten. Das Grenzgebiet zwischen flüssig und fest soll daher in diesem Kapitel nur mit wenigen Strichen skizziert werden. Der interessierte Leser findet eine prägnante Darstellung des gegenwärtigen Forschungsstandes in dem Artikel über „Dispersion und Absorption des Schalls in Hochpolymeren" von WARREN MASON[1] im Handbuch der Physik.

201. Kettenglieder hochpolymerer Verbindungen

Das Elementarteilchen dieses Forschungsgebiets ist nicht das einzelne freie Molekül, sondern ein Element derart, wie es Fig. 254 für drei bekannte Fälle zeigt. Diese Elemente setzen sich zu noch überschaubaren

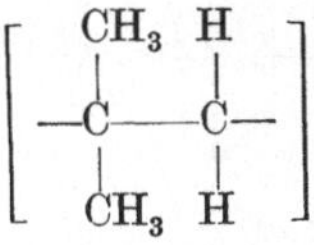

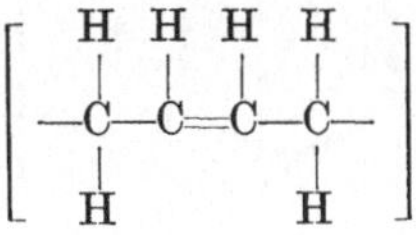

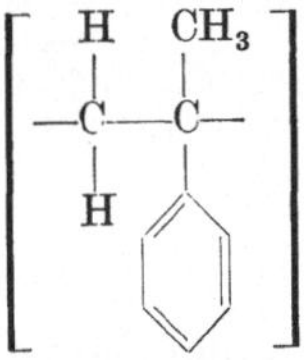

Fig. 254. Kettenglieder in hochpolymeren Verbindungen

Gruppen höheren Molekulargewichts zusammen. Diese Gruppen — meist wird für sie das Wort „Kettenglied" gebraucht — bauen nun den jetzt als Polymer und schließlich als Hochpolymer bezeichneten Stoff weiter auf und können sich dabei so verknäueln, daß eine kompakte,

---

[1] MASON, W.: Handbuch der Physik, Bd. XI/1, S. 361—417. Berlin-Göttingen-Heidelberg: Springer 1961.

scheinbar feste Substanz entsteht. Wenn man nun über das ultra-
akustische Verhalten des einzelnen Kettengliedes oder vielleicht auch
eines einzelnen Knäuels näheres wissen will, dann muß man dasselbe bei
geringer Konzentration in Lösung bringen. Neben diese Untersuchungs-
richtung hat die Untersuchung solcher Hochpolymerer zu treten, die
noch im ursprünglichen Sinne flüssig sind; das kann bei höherer Temperatur der Fall sein. Dann folgt als nächstes die Untersuchung der
gummiartigen Gebilde und schließlich der Stoffe, die im normalen
Sprachgebrauch als fest bezeichnet werden, ohne daß sie unbedingt
kristallin sein müssen. Wie schon gesagt wurde, beschränken wir uns
auf einen Überblick über die beiden ersten Untersuchungsrichtungen.

202. Erzeugung und Messung von Transversalschwingungen in Flüssigkeiten

Für die Untersuchung longitudinaler Schallwellen in hochpolymeren
Stoffen wird meist das Impuls-Durchstrahlungsverfahren verwendet
(Ziffer 68), weil es neben der
Schallgeschwindigkeit die Schall-
absorption mitliefert.

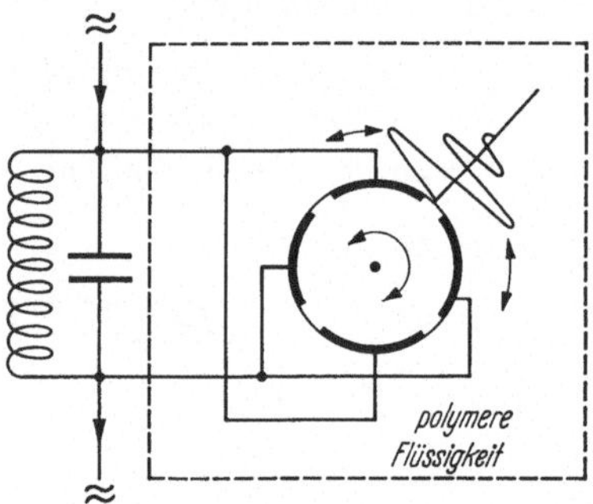

Fig. 255. Ein zu Torsionsschwingungen an-
geregter Kristallzylinder erzeugt Scherwellen
geringer Reichweite

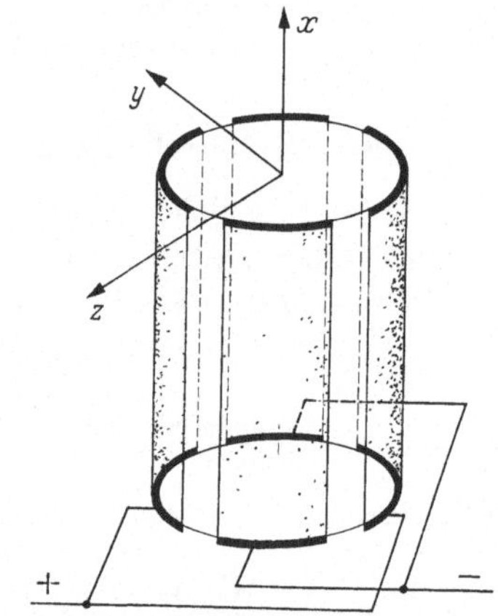

Fig. 256. Orientierung eines Zylinders aus Quarz
zur Erzeugung von Torsionsschwingungen

Neuartig und wesentlich ist aber die Methodik zur Erregung von
Transversalwellen ($\equiv$ Scherwellen) in Flüssigkeiten und die quantitative
Messung ihrer Wirkungen. Wenn sie in weniger viscosen Flüssigkeiten
überhaupt nachweisbar und meßbar sein sollen, dann nur in unmittel-
barer Nähe eines Scherwellenschwingers, da ihre Reichweite nur einige
Wellenlängen beträgt. Man nimmt auch keine eigentliche Messung von
Wellenlängen und Schwingungsamplituden zur Bestimmung von Schall-
geschwindigkeit und Schallabsorption vor, sondern ermittelt die Scher-
viscosität aus der elektrischen Impedanz und Frequenz eines Schwingers.
Gemäß Fig. 255 wird ein Kristallzylinder zu Torsionsschwingungen um

seine Längsachse (senkrecht zur Zeichenebene) angeregt. Die abgestrahlte Scherwelle ist sehr stark gedämpft und hat nur eine Reichweite von einigen Wellenlängen. Sie ist in der Figur nur für eine einzige radiale Richtung schematisch angedeutet, umgibt aber in Wirklichkeit den ganzen Zylinder. Die Impedanz dieses Schwingungsgebildes wird einmal im Vakuum oder in trockener Luft, was meist genügt, gemessen und

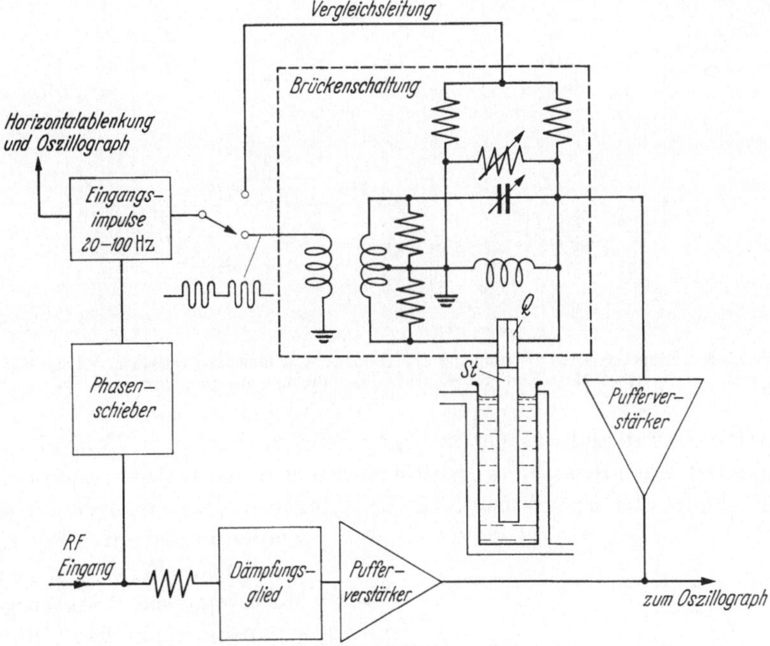

Fig. 257. Impulsschaltung mit Brückenglied zur Messung der Torsionsimpedanz von Flüssigkeiten (nach McSkimin)

dann in der zu untersuchenden Flüssigkeit. Nennen wir die Impedanz des ganzen Gebildes Z, so ist

$$Z = R + iX. \tag{XVIII.1}$$

Gemessen wird die Änderung ΔR_E und die Frequenzänderung $\Delta \nu$. Es bestehen die Relationen

$$\Delta R_E = K_1 R \tag{XVIII.2}$$

$$\Delta \nu = -K_2 X. \tag{XVIII.3}$$

Für die beiden Konstanten K_1 und K_2 gibt es Formeln, um sie aus den Kristalldimensionen und den elektrischen Daten des Kristalls zu berechnen. Exakter ist es aber, sie mit Hilfe von Flüssigkeiten bekannter Dichte und Viscosität zu bestimmen. Man nimmt dazu sogenannte Newtonsche

Flüssigkeiten, für die $R = X$ ist und legt den leichten Gang dieser Konstanten mit der Temperatur fest.

Um mit Hilfe von Torsionsschwingungen eines piezoelektrischen Kristallstabes Scherwellen zu erregen, hat MASON geeignete Schnittformen für Kristalle aus Ammoniumdihydrogenphosphat (ADP), aus

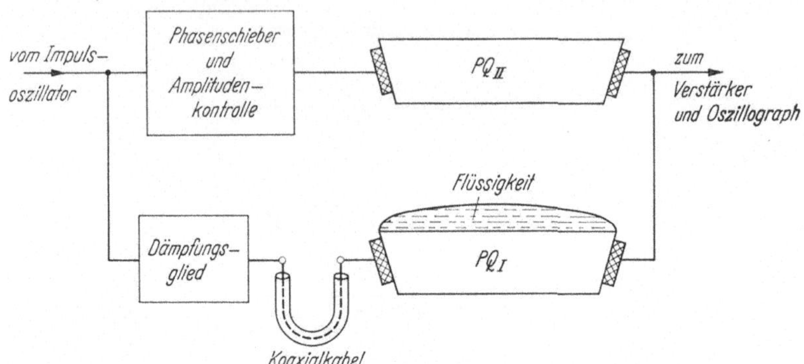

Fig. 258. Nullmethode zur Bestimmung der Torsionswellenimpedanz bei hohen Frequenzen (nach MASON und MCSKIMIN). PQ = Prismen aus Quarzglas

Natriumchlorat und aus Quarz angegeben. Er hat sogar Hohlzylinder aus ADP-Kristallen für Viscositätsmessungen in Gasen verwendet[1]. Vollzylinder aus Quarzkristall zur Erregung von Torsionsschwingungen

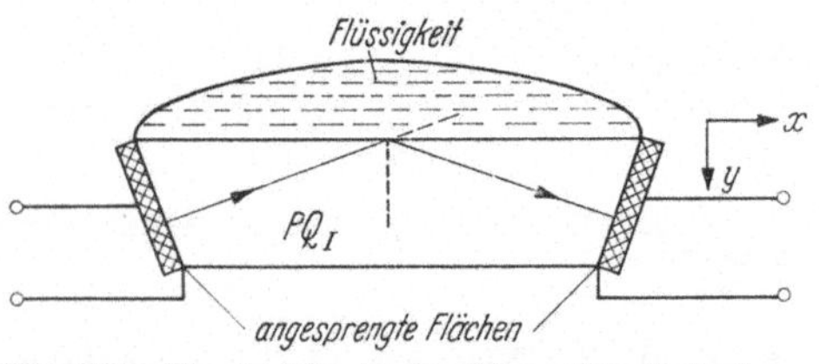

Fig. 259. Die hochfrequente Scherwellen-Reflexionsmethode zur Messung der Scherimpedanz von Flüssigkeiten (nach MASON und Mitarbeitern)

werden in der durch Fig. 256 skizzierten Form aus dem Muttermaterial herausgeschnitten. Man kann diese Kristalle innerhalb der zu untersuchenden Flüssigkeit schwingen lassen oder durch einen fest angekoppelten Zylinder St aus Glas oder Nickel eine Schwingungsübertragung vornehmen, wie es in Fig. 257 dargestellt ist. Die Schriften von MASON[2] und MCSKIMIN, von BAKER[3] und HEISS enthalten darüber zahlreiche meßtechnische Einzelheiten. Eine Schaltung zur Messung der Torsionswellen-Impedanz in Flüssigkeiten und Hochpolymeren nach MCSKIMIN ist in Fig. 257 abgebildet. Der Torsionsquarz Q hat z.B. eine Frequenz von 20 bis 200 kHz. Die Stablänge von St ist 21 Zoll und der Durchmesser ist 0,2 Zoll. Die Temperatur des Wasserbades ist

---

[1] MASON, W.: Trans. Amer. Soc. Mech. Engrs. **69**, 359—367 (1947).

[2] MASON, W., and H. MCSKIMIN: Bell Syst. Techn. J. **31**, 122—171 (1952).

[3] BAKER, W., and I. HEISS: Bell Syst. Techn. J. **31**, 306—356 (1952).

von 0 bis 80° C regulierbar.
Die dynamischen Viscositäten
zwischen 10 und 1000 poise
werden mit einer Genauigkeit
von 10% bestimmt. Bei Frequenzen über 500 kHz, wo die
Kristallstäbe für den praktischen Gebrauch zu schmal
werden, wurde die durch
Fig. 258 skizzierte Methode
verwendet. Sie ist von 3 MHz
bis 100 MHz brauchbar. Hier
durchlaufen die hochfrequenten Signale zwei gleichartige
Meßstrecken aus Prismen von
geschmolzenem Quarz *PQ*, der
bekanntlich eine sehr niedrige
Absorption für Ultraschallwellen hat (vgl. Ziffer 71). Diese
Strecken aus geschmolzenem
Quarz sind durch Quarzkristallplatten abgeschlossen.
Diese Platten sind nach
Fig. 259 so geschnitten und
angebracht, daß die piezoelektrischen x-Achsen in der
Ebene der oberen Begrenzungen der Quarzglasstäbe liegen. Die Teilchenbewegungen
in den Schallwellen verlaufen
parallel zu diesen Oberflächen,
so daß nur Scherwellenreflektionen stattfinden. Da die
Schwächung im Quarzglas gering ist, beobachtet man auf
dem Schirm eines Oszillographen eine große Zahl reflektierter Impulse. Wird eine

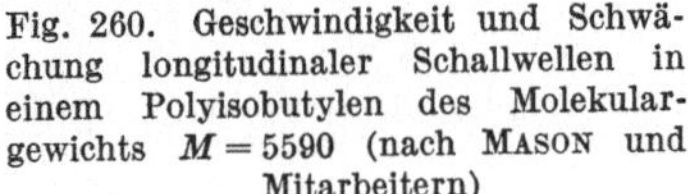

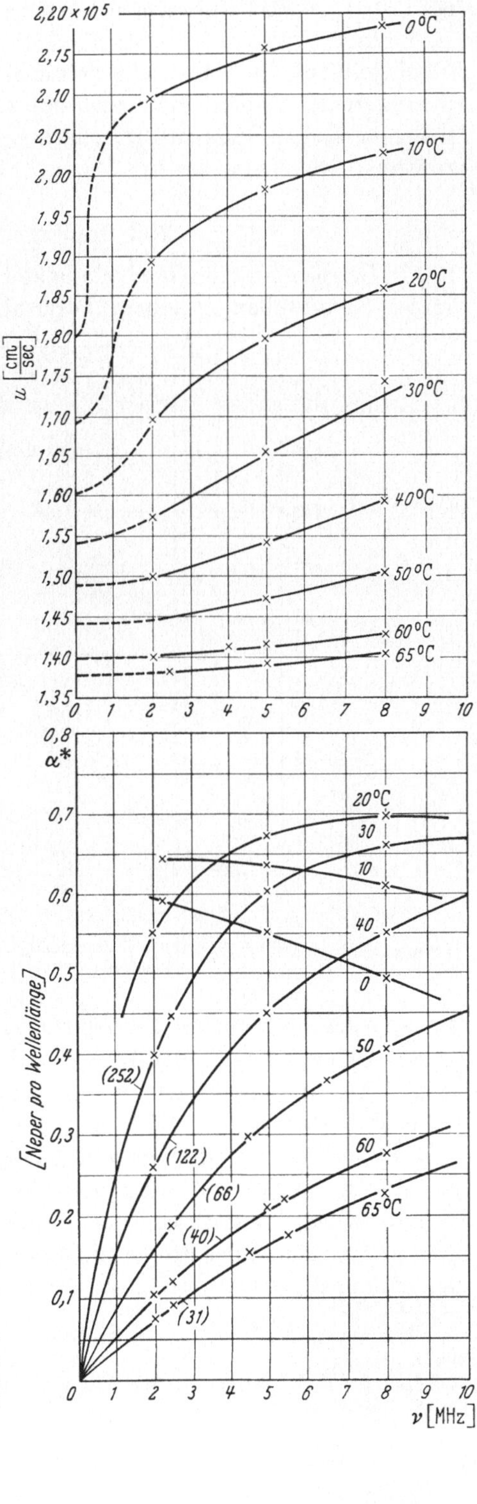

Fig. 260. Geschwindigkeit und Schwächung longitudinaler Schallwellen in einem Polyisobutylen des Molekulargewichts $M = 5590$ (nach Mason und Mitarbeitern)

Flüssigkeit auf die Oberfläche gebracht, deren Scherwelleneigenschaft zu messen ist, so wird die Amplitude und die Phase der reflektierten Wellen verändert. Aus diesen Änderungen werden die gesuchten Größen ermittelt. Näheres siehe bei MASON[1], BAKER, McSKIMIN und HEISS.

203. Meßergebnisse

Als Beispiel für die Geschwindigkeit und die Schwächung longitudinaler Schallwellen in einem Polyisobutylen des Molekulargewichts

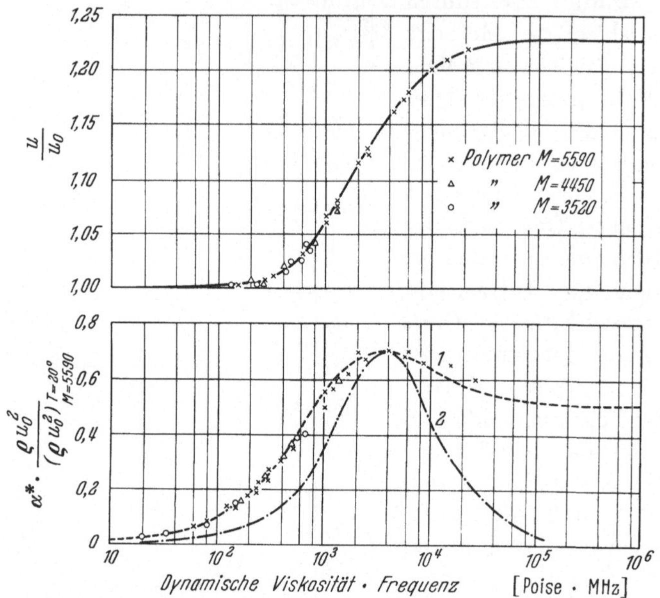

Fig. 261. Das Relaxationsverhalten von 3 Polyisobutylenen der Molekulargewichte 3520, 4550 und 5590 (nach MASON und Mitarbeitern)

$M = 5590$ als Funktion von Frequenz und Temperatur möge die Fig. 260 dienen. Sie entstammt einer Arbeit von MASON[2], BAKER, McSKIMIN und HEISS. Die Scherviscositäten stehen in Klammern bei den Kurven und sind in Poises angegeben.

Das Relaxationsverhalten von 3 Polyisobutylenen der Molekulargewichte $M = 3520$, 4550 und 5590 ist aus Fig. 261 ersichtlich. Als Abszisse ist das Produkt aus der — nur akustisch zu ermittelnden — Druckviscosität und der Frequenz gewählt worden. Die Druckviscosität wird oft auch „zweite Viscosität" genannt. Die strichpunktierte Linie

[1] MASON, W., W. BAKER, H. McSKIMIN and I. HEISS: Phys. Rev. **75**, 936—946 (1949).

[2] MASON, W., W. BAKER, H. McSKIMIN and I. HEISS: Phys. Rev. **73**, 1074—1091 (1948).

gibt an, wie die Absorptionskurve aussehen müßte, wenn nur ein einziger Relaxationsprozeß vorläge. Die nähere Untersuchung ergibt, daß das Relaxationsverhalten dieser polymeren Stoffe in einer der beiden

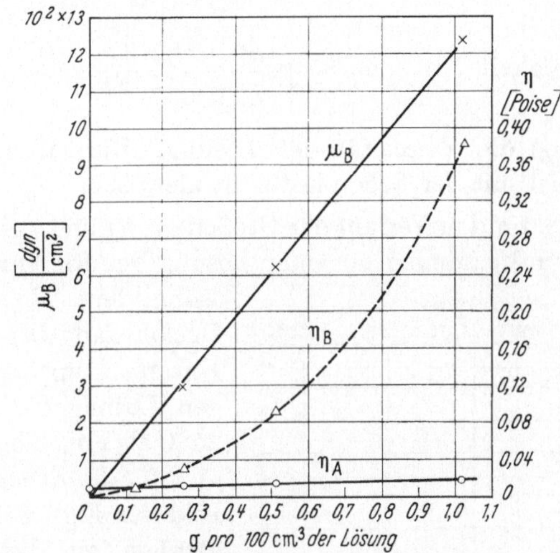

Fig. 262. Kettensteifigkeit μ_B, Viscosität des Lösungsmittels η_A und des gelösten Stoffes η_B in einer Lösung von Polyisobutylen-Riesenmolekülen ($M = 3{,}96 \cdot 10^6$) in Cyclohexan bei 7,5° C (nach Mason und Mitarbeitern)

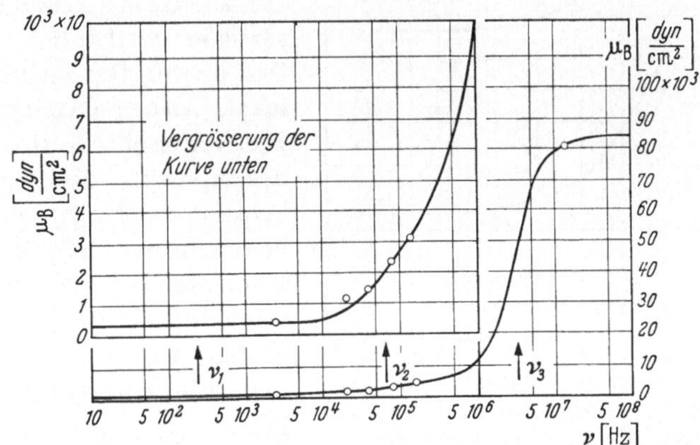

Fig. 263. Scherelastizität (≡ Kettensteifigkeit) für eine einprozentige Lösung von Polyisobutylenen mit dem Molekulargewicht $M = 3{,}93 \cdot 10^6$ als Funktion der Frequenz bei 25° C (nach Mason und Mitarbeitern)

Laméschen Konstanten begründet sein muß. Die drei Stoffe können gemeinsam behandelt werden, wenn man die Ordinate durch einen entsprechenden Faktor auf den polymeren Stoff mit $M = 5590$ bezieht.

Der Zusammenhang zwischen den elastischen Größen und den durch die Gln. (XVIII.2.3) eingeführten Impedanz- und Frequenzänderungen wird nach MASON[1] und McSKIMIN durch folgende Relationen hergestellt:

$$\text{Lösungsmittelviscosität } \eta_A = \frac{2RX}{\omega\varrho} - \frac{(R^2 - X^2)^2/\varrho\,\omega}{\varrho\,\omega(\eta_A + \eta_B) - 2RX} \qquad \text{(XVIII.4)}$$

und

$$\text{Kettensteifigkeit} \qquad \mu_B = \frac{(R^2 - X^2)\,\omega\,\eta_B}{\varrho\,\omega(\eta_A + \eta_B) - 2RX}. \qquad \text{(XVIII.5)}$$

Es ist $(\eta_A + \eta_B)$ die Viscosität der Lösung. Die sogenannte Kettensteifigkeit μ_B ist mit der Scherelastizität identisch.

Ein Beispiel für den Verlauf der Größen μ_B, η_A und η_B bringt Fig. 262 auf Grund von Messungen an einer Lösung des Riesenmoleküls Polyisobutylen $M = 3{,}93 \cdot 10^6$ in Cyclohexan bei 7,5° C. Die Untersuchung einer einprozentigen Lösung dieses Stoffes bei 25° C als Funktion der Frequenz gibt für die Scherelastizität das Bild der Fig. 263. Die Autoren glauben, aus dieser Kurve auf das Vorhandensein von wenigstens 3 Relaxationsfrequenzen bei 230 Hz, 66 kHz und 4 MHz schließen zu können, und deuten sie so: Die niedrigste Relaxation ist eine Konfigurations-Relaxation aller Kettenelemente des Moleküls, die höchste Relaxation entstammt einer Drillbewegung der kleinsten Kettensegmente. Die mittlere Relaxation scheint einer Bewegung der Enden der kleinsten Kettensegmente von einer Verwicklungsposition zur nächsten zu entsprechen. Es bleibt aber

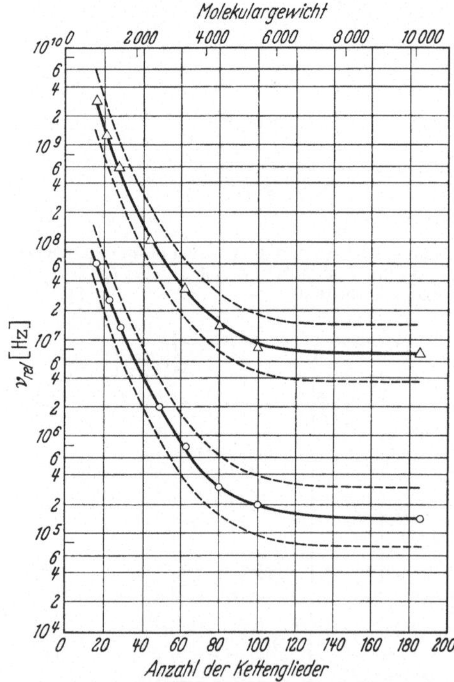

Fig. 264. Relaxationsfrequenzen als Funktion der Kettenlänge von Polyisobutylen-Molekülen

wohl doch etwas fragwürdig, ob man heute schon so sichere Angaben machen kann.

Messungen an flüssigen Polyisobutylenen, deren Molekulargewichte zwischen 904 und 10380 lagen und 16 bis 186 Kettenelementen entsprachen, ergaben zwei vorherrschende Relaxationsmechanismen. Fig. 264 zeigt diese Relaxationsfrequenzen als Funktion des Molekulargewichts

---

[1] MASON, W., and H. McSKIMIN: Bell Tel. Techn. J. **31**, 122—171 (1952).

bzw. der Kettenlänge. Die nächste Fig. 265 zeigt bei Annahme der durch Fig. 264 festgelegten Relaxationsfrequenzen den Verlauf der dynamischen Viscosität und der Scherelastizität in diesen hochpolymeren Flüssigkeiten.

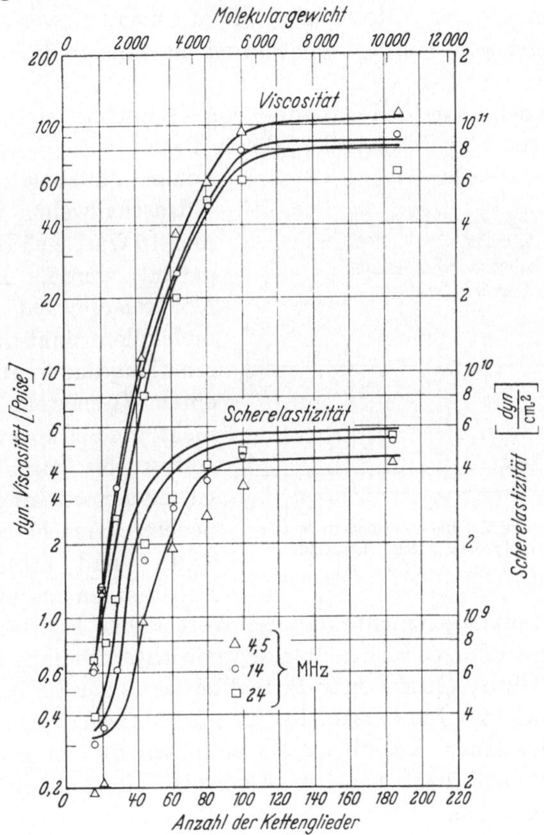

Fig. 265. Vergleich zwischen gemessener und berechneter Viscosität und Scherelastizität in Polyisobutylenen bei Zugrundelegung der Relaxationsfrequenzen der Fig. 264

Kapitel XIX

Ultraschall-Abbau von Hochpolymeren

204. Der Depolymerisationseffekt

Zu den mannigfachen Wirkungen — vielleicht auch nur Sekundärwirkungen — von Ultraschallwellen gehört die Depolymerisation von Makromolekülen. G. Schmid[1] und seine Mitarbeiter haben eine Reihe

---

[1] Schmid, G.: Z. Elektrochem. **45**, 659—661 (1939); **49**, 325—334 (1943); **50**, 209—215 (1944); **53**, 28—32 (1949); — Z. phys. Chem. Abt. A **185**, 97—139 (1939); **186**, 113—128 (1940); — Kolloid-Z. **124**, 150—160 (1951); **148**, 73—75 (1956).

von Untersuchungen über diesen Gegenstand durchgeführt. Sie konnten den Depolymerisationseffekt an solchen Hochpolymeren, die durch ihre physikalischen und chemischen Eigenschaften (Fadenstruktur, Viscosität, Molekulargewicht) gut definiert waren, sicherstellen. Ältere Beobachtungen anderer Autoren sind oft angefochten worden. Die Unsicherheit kam wohl von den nicht hinreichend genau definierten Eigenschaften her.

Fig. 266 zeigt aus den Arbeiten von G. Schmid einige charakteristische Kurven von Polystyrolen, die in Toluol gelöst waren und deren hohes Molekulargewicht mit Ultraschallwellen von 300 kHz und 10 Watt/cm^2 Intensität abgebaut wurde. Das mittlere Molekulargewicht von Kettenmolekülen sinkt mit der Beschallungsdauer ab und strebt einem Grenzwert zu, der aber nicht andeutungsweise einem Abbau bis zum monomeren Grundelement entspricht. Nach neueren Versuchen von Goobermann[1] und Lamb sinkt bei Polystyrolen das mittlere Molekulargewicht praktisch nicht unter den Wert 50000. Fig. 267 gibt an, wie sich nach diesen Forschern die Molekulargewichtsverteilung bei einer sehr schwachen Polystyrolfraktion in Benzol im Laufe der Zeit nach niederen Molekulargewichten hin verschiebt. Es gibt übrigens optimale Konzentrationen, bei denen der Abbau am stärksten ist. In hochpolymeren Schmelzen scheint nach heutiger Kenntnis kein Abbau durch Ultraschall stattzufinden.

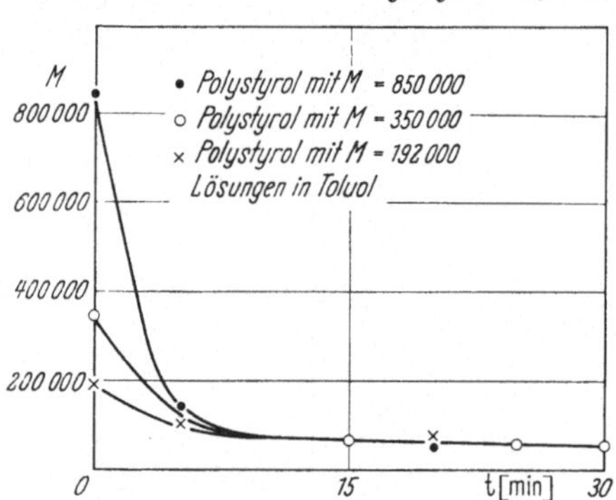

Fig. 266. Abbau des Molekulargewichts in kettenförmigen Polystyrolen durch Ultraschall (nach G. Schmid und Rommel)

Es sind sehr verschiedenartige Gründe für den Abbau von Hochpolymeren im Ultraschallfeld diskutiert worden. Ein Grund liegt in den Temperaturerhöhungen im Ultraschallfeld, die natürlich auch auf andere Weise ohne Schall hätten erzeugt werden können. Versuche über diesen Temperatureinfluß haben unter anderem Schmid[2] und Beutenmüller und in neuerer Zeit Thomas[3] und Alexander angestellt.

Da man beim Ultraschallabbau von Hochpolymeren nicht gerade mit den kleinsten Ultraschallintensitäten zu arbeiten pflegt, gehört dieses Forschungsgebiet eigentlich nicht in das Gebiet der linearen Molekularakustik. Hohe Intensität bedeutet ausgeprägte Unterdruckgebiete im

[1] Goobermann, G., u. J. Lamb: J. Polymer. Sci. **42**, 25—48 (1960).
[2] Schmid, G., u. E. Beutenmüller: Z. Elektrochem. **50**, 209—215 (1944).
[3] Thomas, B., and W. Alexander: J. Polymer Sci **25**, 285—304 (1957).

Feld des Schallwechseldrucks und damit das Auftreten von Kavitationen.
Die echte Kavitation, bei der Kohäsionsdrucke von der Größe
mehrerer 10^4 atm überwunden werden müssen, wird nicht erreicht, wohl
aber die „Pseudokavitation", bei der durch Unterdruck die Gasphase
in Gestalt vieler kleiner Dampfbläschen auftritt. Diese Bläschen erzeugen bei ihrem Zusammenbruch Stoßwellen, in denen dann kurzzeitig
Drucke von einigen tausend Atmosphären auftreten, wie Lord RAYLEIGH[1]
berechnet hat. Wenn man
bedenkt, wie stark Metalle
durch diese Kavitations-
Stoßwellen angeschlagen
und zerfressen werden,
wird man es nicht für verwunderlich halten, wenn
dadurch auch lange Mole-
külketten zerrissen wer-
den. Die Meinungen dar-
über, wie nun eigentlich
der Kavitationsmechanis-
mus an einem großen
Molekül angreift und es
zerreißt, gehen mehr oder
minder weit auseinander.
Man kann nur sagen, daß
die Auffassung, daß Kavi-
tation überhaupt maßgeb-
lich beteiligt ist, im Laufe
der Zeit an Boden ge-

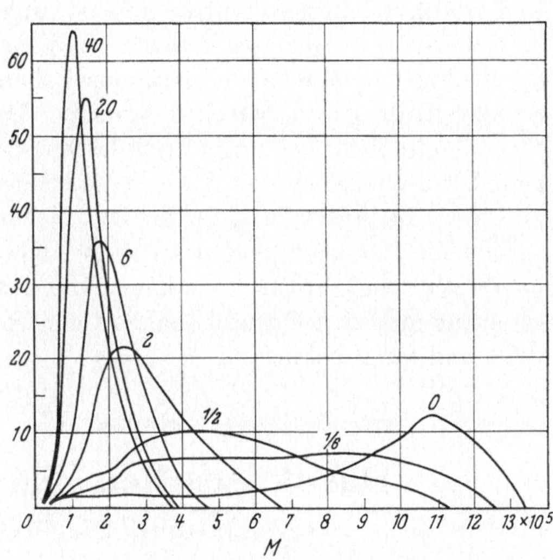

Fig. 267. Veränderung der Molekulargewichtsverteilung in
einer sehr schwachen Polystyrolfraktion in Benzol bei Be-
schallung (3,4 Watt/cm²) als Funktion der Zeit (Stunden).
Ordinate willkürliche Einheiten
(nach GOOBERMAN und LAMB)

wonnen hat, während man ursprünglich mehr zur gegenteiligen Meinung
neigte. In der schon oben genannten Arbeit von GOOBERMANN und
LAMB wird eine mathematische Beziehung über den Abbau durch
Kavitationsstoßwellen aufgestellt und es wird das Grenzmolekular-
gewicht für den Abbau berechnet.

Man hat auch an einen Abbau durch das Auftreten von Resonanz-
schwingungen gedacht. Man schließt diese Möglichkeit aber durch die
Überlegung aus, daß die Ultraschallfrequenzen um viele Größenordnungen unter den Eigenfrequenzen von Makromolekülen liegen. Ein Zerreißen dadurch, daß die Moleküle im Verhältnis zur Schallwellenlänge
zu klein sind und dadurch ihre Enden in zwei Schallfeldgebiete mit
entgegengesetzten Amplituden geraten, scheint auch nicht in Frage zu
kommen, weil die Makromoleküle von der Größenordnung 1 μ sind,
während die benutzten Schallwellenlängen zwischen 0,1 und 10 mm

---

[1] Lord RAYLEIGH: Phil. Mag. (6) **34**, 94—98 (1917).

liegen. Die innere Reibung zwischen hochpolymeren Molekülaggregaten und dem Lösungsmittel konnte als Ursache des Zerreißens auch ausgeschlossen werden.

Eine wirkliche Klärung der Erscheinung des Ultraschallabbaus von Hochpolymeren ist also bislang noch nicht erfolgt. Der Verfasser ist der Meinung, daß man der in Ziffer 20 ff. behandelten Aufsteilung von Ultraschallwellen bisher nicht die gebührende Aufmerksamkeit geschenkt hat. In den Aufsteilungsabschnitten müssen lange Moleküle ganz automatisch in Gebiete verschiedenen Druckes und verschiedener Scherkräfte geraten, ohne daß dabei eine Relation zwischen ihrer Länge und der Schallgrundwellenlänge zu bestehen braucht. Darüber müßte sich eine experimentelle Entscheidung treffen lassen. Mit zunehmenden Abständen vom Ultraschallsender müßte der Ultraschallabbau relativ anwachsen, weil dort die Aufsteilung größer ist. Natürlich sind solche Messungen auf gleiche Intensität und Beschallungsdauer zu beziehen.

WILKE[1] und ALTENBURG haben die gesamte bis 1956 erschienene Literatur über den Ultraschallabbau von Hochpolymeren zusammengestellt und kurz diskutiert.

Kapitel XX

Die akustischen Eigenschaften
des flüssigen Heliums

205. Einleitung

Als „Second Sound" wird ein eigenartiges bisher nur bei flüssigem Helium gefundenes Phänomen bezeichnet. Es wurde zuerst von TISZA[2] auf Grund theoretischer Betrachtungen erahnt und dann von PESHKOW[3] experimentell nachgewiesen. Die Bezeichnung „Second Sound" — im Unterschied zu dem gewöhnlichen Schall, dem „First Sound" — stammt von einer russischen Forschergruppe unter Führung von LANDAU[4], der ebenfalls zu dem Ergebnis der Existenz eines solchen Phänomens gekommen war und PESHKOW zu dem Experiment angeregt hatte. Neuerdings ist von ATKINS[5] noch die Existenz eines „Third Sound" und eines „Fourth Sound" in Helium II diskutiert worden; der erstere soll die Gestalt einer Oberflächenwelle auf einem Heliumfilm haben, der zweite

---

[1] WILKE, G., u. K. ALTENBURG: Plaste u. Kautschuk **3**, 219—223, 257—260 (1956).

[2] TISZA, L.: J. Phys. Radium (8) **1**, 164—172, 350—358 (1940); — Phys. Rev. **72**, 838—854 (1947); — Mass. Inst. Techn. Rep. **129** (1949).

[3] PESHKOW, V.: J. Phys. USSR. **10**, 389 (1946); **18**, 950—951, 857—872 (1948).

[4] LANDAU, L. D.: J. Phys. USSR. **5**, 71 (1941); — Phys. Rev. (2) **60**, 356—358 (1941).

[5] ATKINS, K.: Phys. Rev. **113**, 962—965 (1959).

soll in engen Kanälen existieren. Die Darlegungen in diesem Kapitel beziehen sich auf das gewöhnliche Helium mit dem Atomgewicht 4. Über Schallgeschwindigkeitsmessungen in dem seltenen Isotop He[3] berichten ATKINS[1] und FLICKER.

Eine allgemeine Übersicht über die Eigenschaften des flüssigen Heliums findet sich in einem Artikel von MENDELSOHN[2]. Zusammenfassende Darstellungen, bei denen die akustische Seite der Probleme des flüssigen Heliums betont und durch ihre eigenen Experimentaluntersuchungen bereichert wurde, haben in neuerer Zeit CHASE[3] und ATKINS[4] gegeben.

206. Der λ-Punkt und die Superfluidität

Fig. 268 zeigt das Phasendiagramm des gewöhnlichen Heliums, welches die Besonderheit dieser Substanz darin offenbart, daß der feste Aggregatzustand bei Annäherung an den absoluten Nullpunkt nur

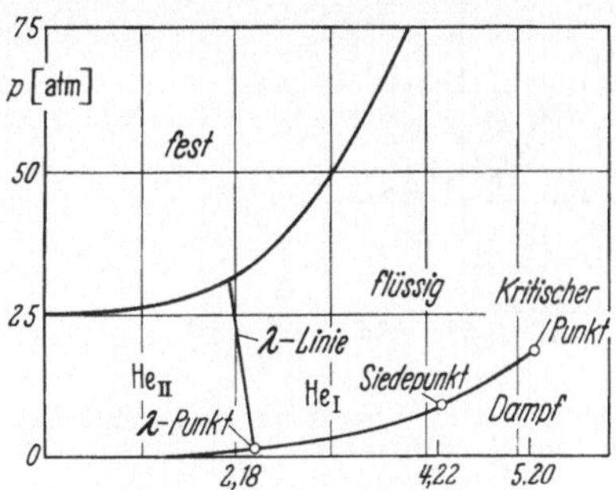

Fig. 268. Das Zustandsdiagramm von Helium (He⁴)

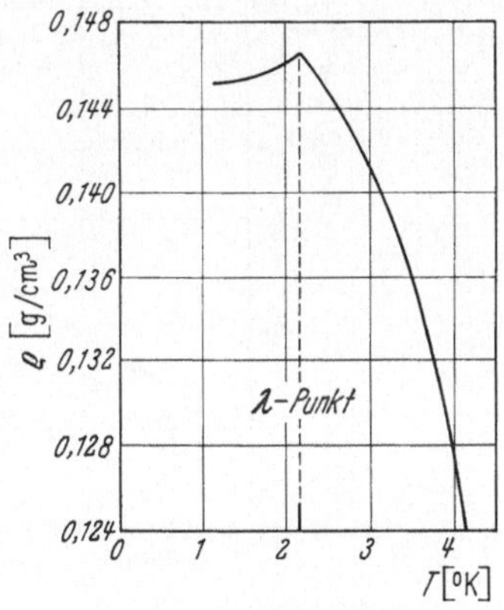

Fig. 269. Die Dichte in flüssigem Helium in der Umgebung des λ-Punktes (nach ONNES und BOKS)

unter einem Druck von mindestens 25 atm zu erreichen ist. Der uns hier interessierende flüssige Aggregatzustand wird durch den λ-Punkt auf der Dampfdruckkurve bzw. durch die λ-Linie in der Gegend der Temperatur 2° K in zwei Modifikationen geteilt. Die eine, die Helium I genannt wird, hat Eigenschaften wie andere bekannte Flüssigkeiten, die andere links der λ-Linie liegende und Helium II genannte weist ungewöhnliche Eigenschaften auf. An der λ-Linie gibt es keine Änderung der Entropie.

Die Existenz eines singulären Punktes bei 2,18° K ergab sich aus Dichtemessungen, die KAMERLINGH ONNES[5] und BOKS ausführten und

[1] ATKINS, K., u. H. FLICKER: Phys. Rev. 113, 959—961 (1959).

[2] MENDELSOHN, K.: Handbuch der Physik, Bd. XV, S. 370—461. Berlin-Göttingen-Heidelberg: Springer 1956.

[3] CHASE, C.: Amer. J. Phys. 24, 136—155 (1956).

[4] ATKINS, K.: Phil. Mag., Suppl. 1, 169—208 (1952).

[5] KAMERLINGH ONNES, H., u. I. D. BOKS: Comm. Leiden 170b (1924).

die in Fig. 269 abgebildet sind. Aber erst der ungewöhnliche durch Messungen von KEESOM[1] und seinen Mitarbeitern sichergestellte Verlauf der spezifischen Wärme, wie er in Fig. 270 dargestellt ist, ließ einen Phasenübergang besonderer Art vermuten. Von dieser Gestalt der Kurve der spezifischen Wärme erhielt der singuläre Punkt die Bezeichnung „λ-Punkt".

Zu den auffälligsten Eigenschaften des Helium II gehört seine Viscosität. Während die Viscosität bei normalen Flüssigkeiten mit sinken-

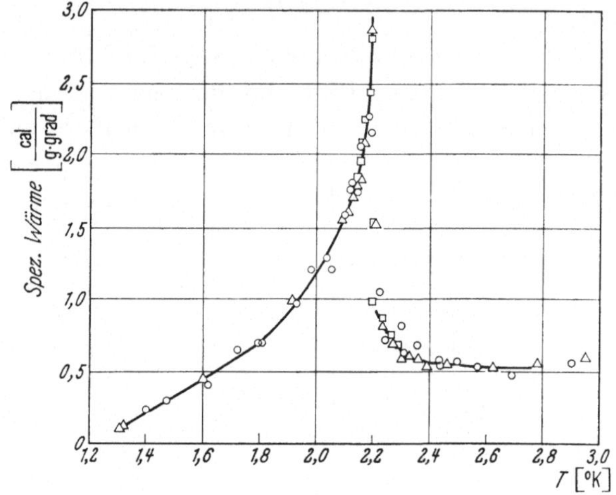

Fig. 270. Verlauf der spezifischen Wärme in flüssigem Helium; Ursache für die Bezeichnung „λ-Punkt" (nach KEESOM und Mitarbeitern)

der Temperatur ansteigt, nimmt sie bei Helium I ab, um dann bei Helium II mit der 6. Potenz der Temperatur zu fallen, so daß bei Annäherung an den absoluten Nullpunkt eine reibungsfreie Flüssigkeit entsteht. Die in Fig. 271 dargestellte Abhängigkeit der Viscosität von der Temperatur ist von KEESOM und WOOD mit der Methode der zu Torsionsschwingungen angeregten Scheibe gemessen worden.

Es gibt verschiedene Methoden zur Bestimmung der Viscosität eines fluiden Mediums. Die eine Methode ist die soeben genannte Methode der schwingenden Scheibe. Eine andere Methode macht davon Gebrauch, daß die Geschwindigkeit, mit der eine Flüssigkeit durch eine Kapillare strömt, ein Maß für die Viscosität ist. Die Anwendung dieses Verfahrens auf Helium II führt aber zu Viscositäten, die 10^6 mal kleiner sind als die mit der Scheibe bestimmten. Dieser scheinbare Widerspruch führte zur Aufstellung der sogenannten „2-Flüssigkeiten-Hypothese",

---

[1] KEESOM, W. H. u. Mitarb.: Proc. Akad. Sci. Amsterdam **35**, 307—320, 736—742 (1932); **36**, 147—152 (1933).

nach der im Helium II zwei zwar innig miteinander vermischte, aber doch völlig unabhängig voneinander sich bewegende Atomsorten vorliegen sollen. Durch ein Experiment von ANDRONIKASHVILI[1] erhielt diese Hypothese eine Stütze. Er untersuchte nämlich das Trägheitsmoment eines aus sehr dünnen Aluminiumscheiben mit 0,21 mm Abstand von einander bestehenden und in Fig. 272 abgebildeten Aggregates. Bei den Torsionsschwingungen dieses Systems wird oberhalb des λ-Punktes im Helium I alle Flüssigkeit in den engen Zwischenräumen mitgenommen und gibt daher einen Beitrag zum Trägheitsmoment. Unterhalb des λ-Punktes nimmt jedoch das Trägheitsmoment rasch ab und die Schwingungsfrequenz des

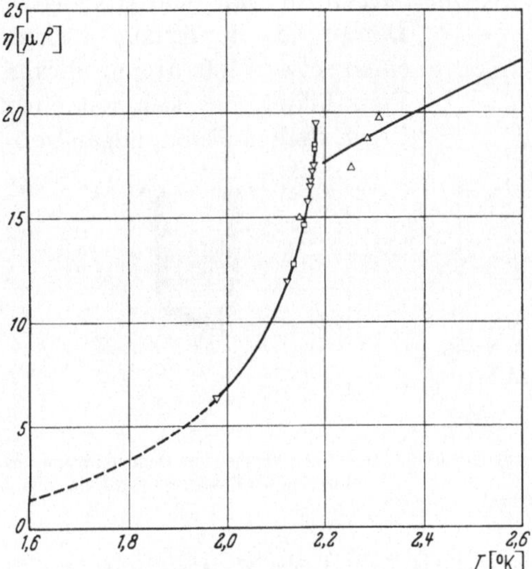

Fig. 271. Die Temperaturabhängigkeit der Scherviscosität im flüssigen Helium (nach Messungen von KEESOM und WOOD)

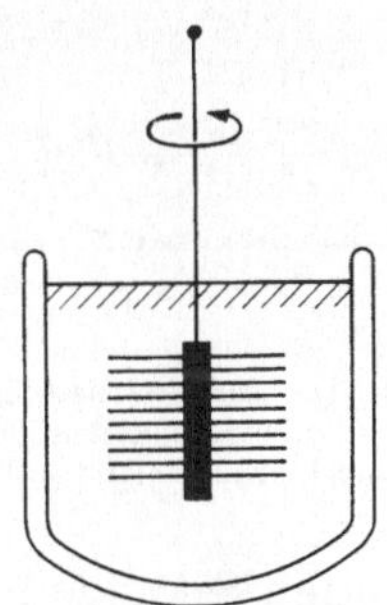

Fig. 272. Das Experiment von ANDRONIKASHWILI

Systems nimmt zu, weil sich die Flüssigkeit in den engen Zwischenräumen mit abnehmender Temperatur immer leichter bewegen kann.

Diese Versuche gelten gewöhnlich als Stütze der 2-Flüssigkeiten-Hypothese, die nach TISZA so formuliert werden kann, daß sich die totale Dichte ϱ des flüssigen Heliums II aus einer „Normal-Komponenten" ϱ_n und einer „superfluiden Komponenten" ϱ_{su} additiv zusammensetzt:

$$\varrho = \varrho_n + \varrho_{su}. \tag{XX.1}$$

Aus ANDRONIKASHVILIs Experiment schloß man, daß das Verhältnis der beiden Komponenten zur Gesamtdichte den durch Fig. 273 wiedergegebenen Verlauf habe. Zum gleichen Schluß kam später auch HOLLIS-

---

[1] ANDRONIKASHVILI, E.: J. Phys. USSR. **10**, 201 (1946); — J. Exp. Theor. Phys. USSR. **18**, 424—428 (1948).

HALLETT[1]. Man sollte aber doch nicht vergessen, daß ein solcher Ansatz (XX.1) jeder sonstigen Erfahrung widerspricht. Die Dichte einer Mischung setzt sich auch in dem idealen Falle, daß die Molvolumina dem Theorem der geraden Kennlinien gehorchen, nicht so einfach aus den Dichten der Komponenten zusammen.

Der ungewöhnliche Charakter des Helium II kommt am sinnfälligsten in jenem durch Fig. 274 skizziertem Versuch zum Ausdruck, wo sich ein mit Helium II nur teilweise gefülltes Gefäß dadurch automatisch entleert, daß dieser Stoff an festen Oberflächen, die mit dem gesättigten Dampf in Berührung stehen, einen etwa 100 Atome dicken Film bildet, der sich mit einer Geschwindigkeit von einigen Dezi-

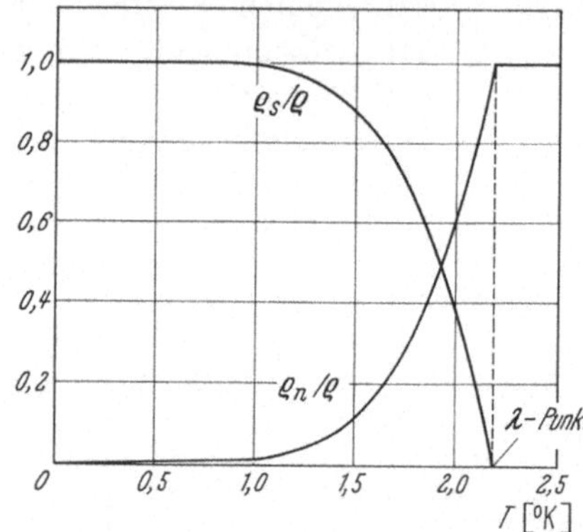

Fig. 273. Die Dichteverhältnisse von normalem und superfluidem Helium II (auf Grund der Hypothese von TISZA)

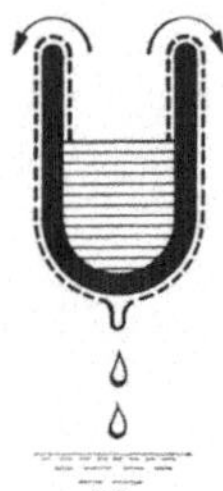

Fig. 274. Versuch zur Demonstration des superfluiden Zustandes von Helium II

metern pro Sekunde fortbewegt. Dieser zuerst von KAMERLINGH ONNES beobachtete Effekt wurde von verschiedenen Forschern näher untersucht. JACKSON und HENSHAW machten mit Hilfe einer optischen Methode die Filmbewegung sichtbar.

Die Wärmeleitfähigkeit in Helium II wurde von KEESOM und seinen Mitarbeitern näher untersucht. Sie springt beim Übergang von Helium I zu Helium II auf das 10^8fache. In Helium I selbst hält sie sich in den normalen Grenzen.

207. Schallgeschwindigkeit und Schallabsorption des gewöhnlichen Schalls in Helium I und II

Die Schallgeschwindigkeit wurde von vielen Autoren gemessen, sowohl mit Hilfe des Interferometers und des Schallgittereffekts, als auch mit Hilfe der Impuls-Echo-Methodik. Die Schallabsorption ist mit hinreichender Genauigkeit wohl nur mit Hilfe der Impulsmethodik bestimmt worden. In der Fig. 275 sind Messungen einer Reihe von Autoren zu-

---

[1] HOLLIS-HALLETT, A.C.: Proc. Phys. Soc. Lond. A, **63**, 1367—1368 (1950); — Proc. Roy. Soc. Lond. A **210**, 404—426 (1952).

sammengestellt worden, die ergeben, daß zwischen 200 kHz und 14 MHz eine Schalldispersion nicht nachgewiesen werden kann. Die Figur wurde einer Arbeit von van Itterbeek[1] und Forrez entnommen. Völlig sichergestellt ist, daß die Schallgeschwindigkeit am λ-Punkt ein Minimum durchläuft. Die Umgebung dieses Minimums ist Gegenstand peinlich genauer Untersuchungen gewesen. Eine solche Untersuchung von Atkins[2] und Chase ergab bei 14 MHz die Fig. 276. Die Messungen am λ-Punkt selbst sind recht schwierig, weil die Absorption dort sehr stark

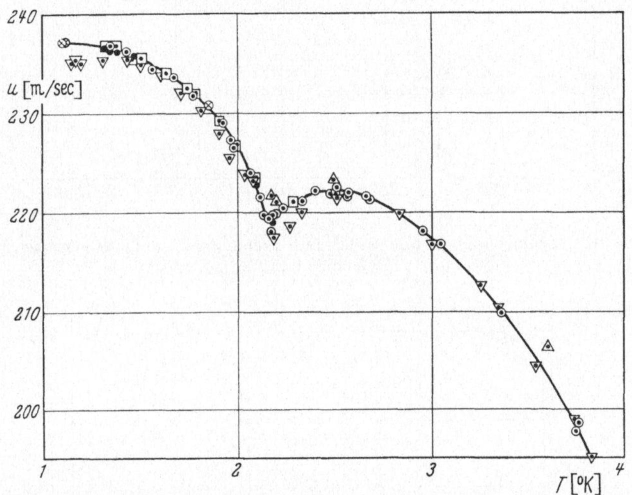

Fig. 275. Die Schallgeschwindigkeit als Funktion der Temperatur in Helium I und II

ansteigt. Es war daher nicht ausgeschlossen, daß das Minimum noch erheblich tiefer lag und gar gegen Null strebte. Die Fig. 277 zeigt die zu Fig. 276 gehörende Absorptionskurve $\left(\text{Ordinate in } \dfrac{1}{(2\pi)^2}\,\dfrac{\alpha}{\nu^2}\right)$ nach Messungen von Chase[3]. Eine neuere, aber bei 1 MHz gemachte Untersuchung von Chase[4] erbrachte für Schallgeschwindigkeit und Schallabsorption die Fig. 278, d.h. ein einfaches Minimum der Schallgeschwindigkeit und ein einfaches Maximum der Absorption, aber keine ausgesprochen scharfen Spitzen. Es ist etwas schwierig zu sagen, welcher Arbeit dieses Forschers man den Vorzug geben soll; da aber die Frequenzen so unterschiedlich sind, wurden beide Figuren gebracht.

Die Schallabsorption oberhalb des λ-Punktes wurde von Pellam[5] und Squire und für verschiedene Drucke von Newell[6] und Wilks gemessen.

[1] Itterbeek, A. van, and G. Forrez: Physica, Haag 20, 133—138 (1954).
[2] Atkins, K., and C. Chase: Proc. Phys. Soc. Lond. A 64, 826—833 (1951).
[3] Chase, C.: Amer. J. Phys. 24, 136—155 (1956).
[4] Chase, C.: Physics of Fluids 1, 193—200 (1958).
[5] Pellam, J., u. C. Squire: Phys. Rev. 72, 1245 (1947).
[6] Newell, J.A., and J. Wilks: Phil. Mag. 4, 745—749 (1959).

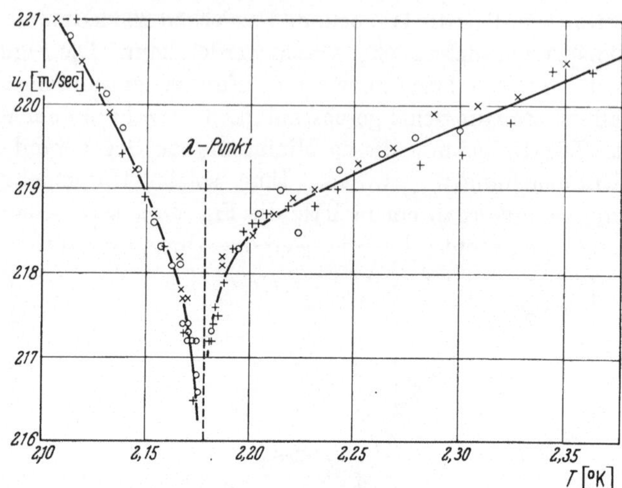

Fig. 276. Die Schallgeschwindigkeit in der nächsten Umgebung des λ-Punktes, gemessen mit 14,2 MHz (nach ATKINS und CHASE)

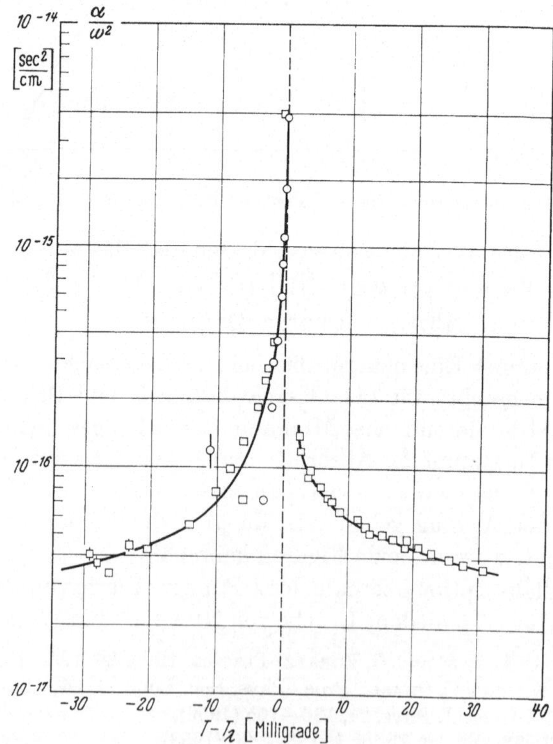

Fig. 277. Die Schallabsorption in der nächsten Umgebung des λ-Punktes; ○ bei 2 MHz, □ bei 12,1 MHz (nach CHASE)

Fig. 279 zeigt den Verlauf von α als Funktion des Druckes und der Temperatur, gemessen bei 13,6 MHz.

Aus Fig. 275 scheint hervorzugehen, daß sich die Schallgeschwindigkeit einem Grenzwert von etwa 237 m/s nähert und unterhalb von 1° K konstant bleibt. Eine Untersuchung von CHASE[1] fordert einen etwas

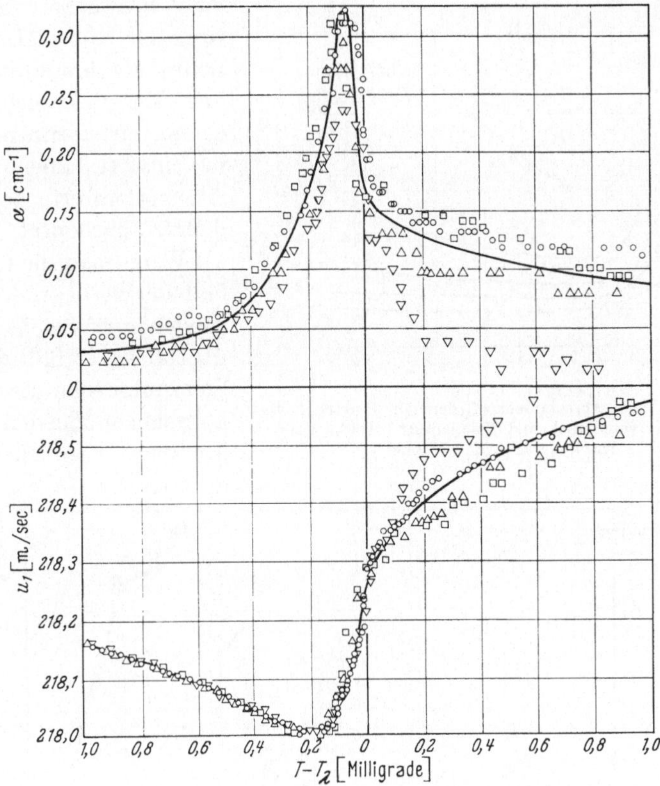

Fig. 278. Genauere Untersuchung und Zuordnung von Schallgeschwindigkeit u und Schallabsorption α/ν^2 im unmittelbaren Bereich des λ-Punktes (nach CHASE)

höheren Wert, der auf 0° K extrapoliert 239 ± 2 m/s ergibt. Eine andere direkte Untersuchung von CHASE[2] und HERLIN, ausgeführt an magnetisch gekühltem Helium im Bereich von 1° K bis 0,1° K mit 12,1 MHz, brachte den Wert 240 ± 5 m/s.

In der zuletzt genannten Arbeit wird die Messung der Schallabsorption bis zu einer Temperatur von 0,1° K durchgeführt. Das Ergebnis vieler Meßreihen ist aus Fig. 280 ersichtlich und dadurch bemerkenswert, daß der Absorptionskoeffizient α bei ungefähr 0,9° K ein doppeltes Maxi-

---

[1] CHASE, C.: Amer. J. Phys. **24**, 136—155 (1956).
[2] CHASE, C., u. M. HERLIN: Phys. Rev. **97**, 1447—1452 (1955).

mum aufweist. Die ausgezogene Kurve in der Figur entspricht einer älteren, weniger umfangreichen und weniger genauen Meßreihe von CHASE. Auf der linken Flanke in mittlerer Höhe streuen die Meßpunkte

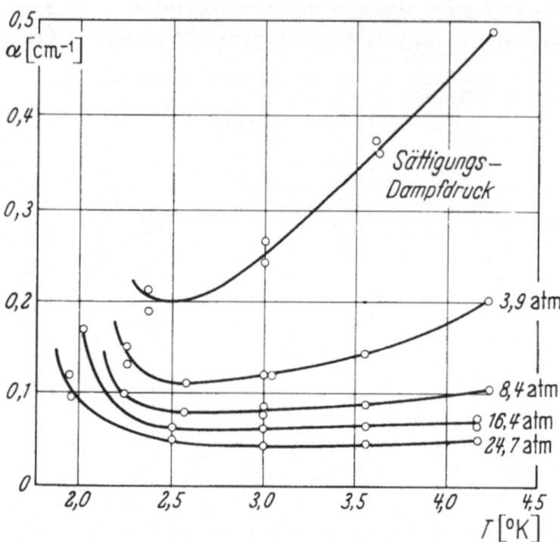

Fig. 279. Der Absorptionskoeffizient in Helium I als Funktion von Druck und Temperatur bei 13,6 MHz (nach NEWELL und WILKS)

stark. Eine *einzelne* Meßreihe zeigt hier aber immer eine schwache Ausbuchtung der Kurve. Das (doppelte) Maximum ist nach den Untersuchungen von CHASE frequenzabhängig; in Fig. 284 haben wir die Absorptionwerte bei 2 und 6 MHz angedeutet.

Wenn man die Gesamtheit der vorliegenden Messungen in flüssigem Helium überblickt, so fällt auf, daß kein Autor seine Messungen konsequent über den ganzen Temperaturbereich   zwi-

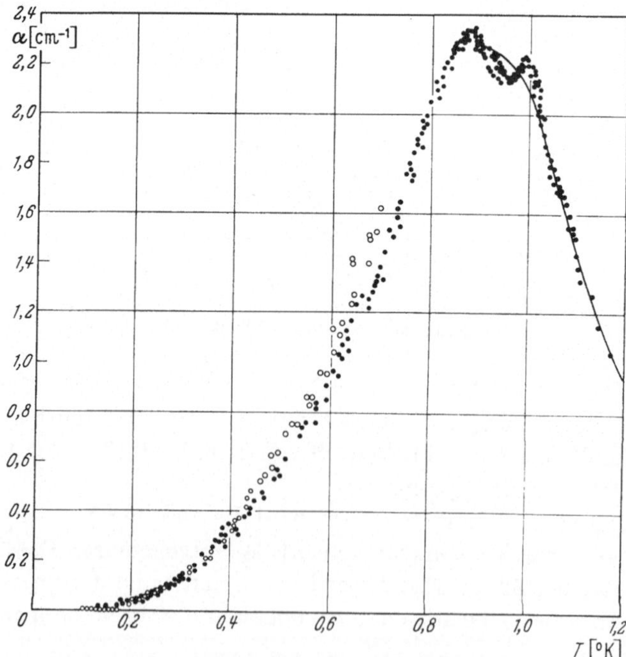

Fig. 280. Das doppelte Maximum der Schallabsorption in Helium II und ihre asymptotische Annäherung an den absoluten Nullpunkt; gemessen bei 12,1 MHz (nach CHASE und HERLIN)

schen 0° K und dem Siedepunkt bei 4,22° K für Schallgeschwindigkeit und Schallabsorption gleichzeitig und bei mehreren Frequenzen und Drucken ausgeführt hat. Wenn man die am zuverlässigsten erscheinenden Messungen der verschiedenen Autoren über die Schallgeschwindigkeit, die Schallabsorption und die Dichte für den Fall, daß das Helium unter seinem Sättigungsdampfdruck steht, zusammenstellt, so erhält man einen Teil der Fig. 284.

Der Vollständigkeit halber sei noch erwähnt, daß Messungen in Heliumgas bei Temperaturen zwischen 2° K und dem Siedepunkt bei Drucken zwischen 0,05 und 1 atm von VAN ITTERBEEK[1] und DE LAET ausgeführt worden sind.

208. Second-Sound in Helium II

Nach TISZAs Theorie sollen sich die beiden Modifikationen im Helium II völlig durchdringen, aber nicht gegenseitig stören. Eine örtliche periodische Veränderung der Temperatur, welche die Verhältnisse ϱ_{su}/ϱ und ϱ_n/ϱ bzw. ϱ_{su}/ϱ_n bei konstanter Gesamtdichte ϱ beeinflußt, muß sich dann in Analogie zu den gewöhnlichen elastischen Wellen ebenfalls als Welle fortpflanzen und in einiger Entfernung in einem thermischen Empfänger als periodische Temperaturschwankung angezeigt werden. Es ist nicht ganz einfach, sich mit einem solchen Gedanken vertraut zu machen, da eine Erwärmung, die man in der Form eines Wärmestoßes oder als Periodizität in ein Medium hineingibt, sonst niemals zu einer beobachtbaren wellenförmigen Ausbreitung führt. Aber PESHKOW wies diese Wellen nach, wie wir schon erwähnten. Einige Autoren meinen, daß der zweite Schall mit dem gewöhnlichen ersten Schall nur die Bezeichnung Schall, aber sonst nichts gemeinsam habe. Der Verfasser teilt diese Meinung nicht, wie in Ziffer 210 näher ausgeführt werden wird.

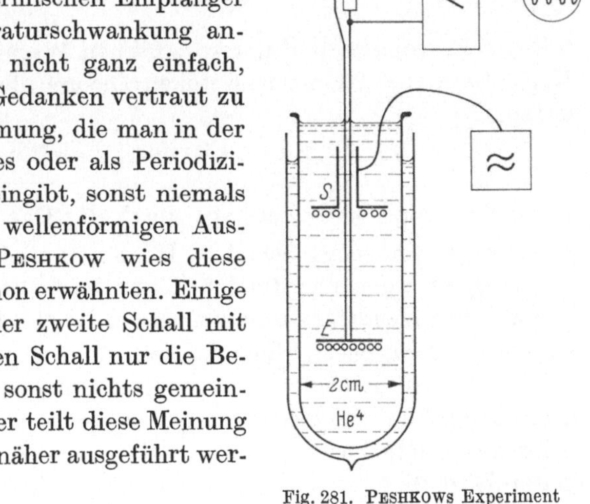

Fig. 281. PESHKOWs Experiment zum Nachweis der Second-Sound-Wellen

Die Versuchsanordnung von PESHKOW ist in Fig. 281 skizziert. Eine mit sehr dünnem Konstantandraht bespannte und mit Wechselstrom zwischen 10^2 und 10^4 Hz beschickte Scheibe S ist der Sender. Als Empfänger E dient eine Scheibe, die einen dünnen mit einem Strom i durchflossenen Thermo-

---

[1] ITTERBEEK, A. VAN, u. W. DE LAET: Physica Haag 24, 59—67 (1958).

meter-Widerstandsdraht aus Phosphorbronze trägt. Die durch die Wellen des zweiten Schalls bewirkten Widerstandsschwankungen erzeugen an einem Widerstand eine Wechselspannung, die nach ihrer Verstärkung auf dem Schirm O einer Kathodenstrahlröhre sichtbar gemacht wird. Bei einer Veränderung des Abstandes zwischen Sender S und Empfänger E werden in der von Interferometern her bekannten Weise Knoten und Bäuche sichtbar, aus deren Anzahl bei bekannter Reflektorverschiebung die Geschwindigkeit ermittelt werden kann. OSBORNE[1] hat später eine Impulsmethodik für den gleichen Zweck entwickelt.

Nach TISZA unterscheiden sich der gewöhnliche Schall mit der Phasengeschwindigkeit u_1 und der zweite Schall mit der Phasengeschwindigkeit u_2 durch die beiden Formeln

$$u_1^2 = \left(\frac{\partial p}{\partial \varrho}\right)_S; \quad u_2^2 = \frac{\varrho_{su}}{\varrho_n}\left(\frac{\partial p_n}{\partial \varrho_n}\right). \tag{XX.2}$$

Der für den zweiten Schall maßgebliche thermomechanische Druck p_n wird gewissermaßen von der „normalen" Komponente der Flüssigkeit mit der Dichte ϱ_n geliefert. In erster Näherung kann u_2^2 nach der Formel

$$u_2^2 = \frac{\varrho_{su}}{\varrho_n}\ \frac{T\,S^2}{C} \tag{XX.3}$$

mit der Entropie S und der spezifischen Wärme C berechnet werden. Nach LANDAUS Phononen-Rotonen-Theorie des Second-Sound folgt daraus

$$u_2 = u_1/\sqrt{3} \quad \text{für} \quad T \to 0^\circ\,\text{K}.$$

Diese Beziehung wird allerdings durch das Experiment nicht bestätigt.

Beim gewöhnlichen Schall im Helium II sind die Schwingungen der normalen und der superfluiden Komponente stets in Phase, d.h. die Atome schwingen stets zusammen und in der gleichen Richtung. Bei Wellen nach Art des Second-Sound-Effekts muß dieses nicht so sein. Theoretisch können die beiden Komponenten entgegengesetzte Phase haben, d.h. ihre Atome bewegen sich in jeweils entgegengesetzten Richtungen. Stillschweigende Voraussetzung ist dabei die Richtigkeit der 2-Flüssigkeiten-Hypothese.

Die Ergebnisse von Phasengeschwindigkeitsmessungen von u_2 sind in den Fig. 282 und 283 wiedergegeben worden. Fig. 282 enthält die Meßkurve von PESHKOW zwischen dem λ-Punkt und der Temperatur $1{,}1^\circ$ K. Ungefähr bei $1{,}1^\circ$ K hat die Phasengeschwindigkeit u_2 ein leichtes Minimum, um dann in der durch Fig. 283 gezeichneten Art sehr stark anzu-

---

[1] OSBORNE, D.: Proc. Phys. Soc. Lond. A **64**, 114—123 (1951).

steigen, wie aus den Messungen von DE KLERK[1], HUDSON und PELLAM hervorgeht. In der Übersichtsfigur 284 wurden die Messungen verschiedener Forscher verwendet. Einiges spricht dafür, daß erster und zweiter Schall am absoluten Nullpunkt zusammenfallen, wenn die Schallwellen endliche Amplituden haben oder gar Stoßwellen sind. Für infinitesimale Amplituden scheint die Grenze zwischen 190 und 200 m/s zu liegen.

Über die Absorption der Second-Sound-Wellen kann noch nichts Sicheres gesagt werden, da die vorliegenden Messungen stark voneinander abweichen und nur darin übereinstimmen, daß die Absorption mit Annäherung an den absoluten Nullpunkt zu verschwinden scheint. ATKINS[2] weist auf die großen Schwierigkeiten von Messung und Interpretation hin, die darin liegen, daß eine Aufsteilung der Wellen eintritt und damit Stoßwelleneffekte auftreten, wenn man nicht mit äußerst geringer Intensität arbeitet, was wiederum die Meßbarkeit des Effekts stark erschwert.

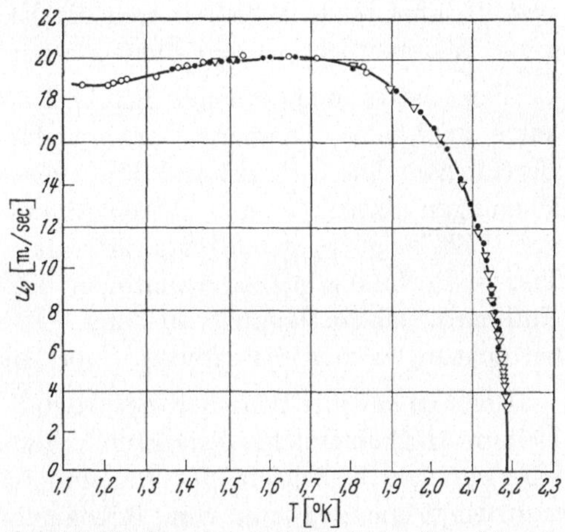

Fig. 282. Die Phasengeschwindigkeit der Second-Sound-Wellen zwischen λ-Punkt und 1° K (nach PESHKOW)

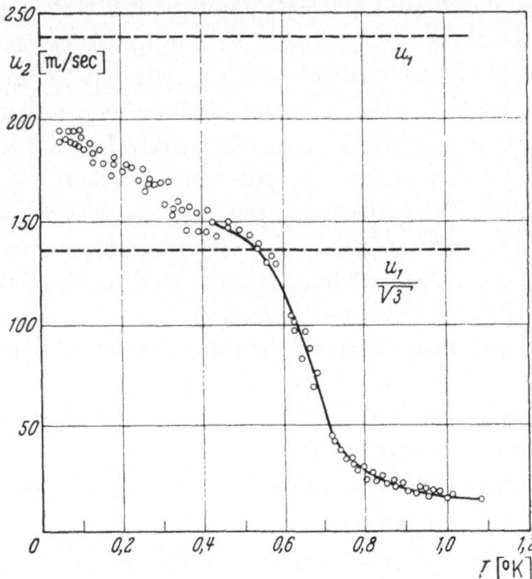

Fig. 283. Die Phasengeschwindigkeit der Second-Sound-Wellen zwischen 1,1 und 0,1° K
(nach DE KLERK, HUDSON und PELLAM)

209. Theorien über die akustischen Eigenschaften des Helium II

Es ist unbestreitbar, daß es quantentheoretische Erwägungen waren, durch die sowohl TISZA wie LANDAU auf verschiedenen Wegen zum

[1] KLERK, D. DE, R. HUDSON and J. PELLAM: Phys. Rev. 89, 326—327 (1953).
[2] ATKINS, K.: Phil. Mag., Suppl. 1, 169—208 (1952).

2-Flüssigkeiten-Modell und damit zur Voraussage des Second-Sound-Effekts geführt wurden. Dieser Effekt ist zwar experimentell sichergestellt, aber im einzelnen weisen die Experimente mehr oder weniger große Widersprüche zu den Aussagen der Theorie auf.

Tisza hatte nicht nur den Effekt als solchen vorausgesagt, sondern hatte auch eine Temperaturabhängigkeit von u_2 berechnet, die im Bereich zwischen λ-Punkt und $1°$ K mit den aus Fig. 282 ersichtlichen Messungen Peshkows gut übereinstimmte. Für den Bereich unterhalb von $1°$ K zeigt u_2 gemäß Fig. 283 und 284 einen Anstieg, während Tiszas Rechnung einen monotonen Abfall auf Null zum absoluten Nullpunkt hin verlangte. In seine Überlegungen spielten Analogiebetrachtungen zur elektrischen Supraleitung hinein.

Landau hat mit Hilfe der Methoden der Quantenhydrodynamik das Helium II-Problem zu behandeln versucht. Die Quintessenz seiner Überlegungen besteht in der Annahme des Vorhandenseins von sogenannten „Phononen" und von „Rotonen". Damit ist folgendes gemeint: In Analogie zur Optik, wo die Energie der elektromagnetischen Wellen nach Plancks Gesetz quantenhaft wirkt und man bei gewissen Problemen von einem räumlich eingeschlossenen und wirksamen Energiequantengas sprechen kann, werden auch die einen Raum erfüllenden longitudinalen Ultraschallwellen gequantelt. Die Energie eines Phonons in einer Flüssigkeit ist dann durch das Produkt der Schallgeschwindigkeit mit seinem Impuls darzustellen. Nun bestehen in Flüssigkeiten auch Wirbelbewegungen, die wiederum in Analogie zur Optik als gequantelt gedacht und dann Rotonen genannt werden. Landau verbindet diese Phononen und Rotonen mit den beiden Komponenten des Helium II. Diese Komponenten sollen aus energetisch angeregten und nicht angeregten Atomen bestehen. Die nicht angeregten Atome werden mit der superfluiden Komponente identifiziert. Die Rotonen sollen praktisch nur oberhalb von etwa $0{,}6°$ K wirksam sein, darunter allein die Phononen. Es würde hier viel zu weit führen darzustellen, wie sich solche interessanten Vorstellungen in dem tatsächlichen Verlauf von u_1, u_2 und α_1 widerspiegeln. Eine Folgerung ist, daß am absoluten Nullpunkt $u_2 = u_1/\sqrt{3}$ sein soll, was aber nicht stimmt, wie wir oben schon erwähnten. Die Landausche Theorie enthält zu viele Hypothesen und vermag nicht überzeugend darzulegen, welchen Habitus denn nun die Rotonen wirklich haben; sie gestattet auch keine deutlichen Aussagen über das Übergangsgebiet der λ-Region.

Eine schwierige Hürde für derartige Theorien besteht darin, daß es auch ein Heliumisotop He³ gibt, das im gewöhnlichen Helium nur im Verhältnis $1:10^7$ enthalten ist und offenbar den superfluiden Zustand nicht besitzt. Das wird daraus geschlossen, daß dieses Helium an der Filmströmung in Fig. 274 nicht teilnimmt und daher durch Strömungsmechanismen von dem superfluiden He^4 getrennt werden kann.

KHALATNIKOW[1] hat die Landauschen Überlegungen weitergeführt und kam zu der Voraussage, daß die Schallabsorption des gewöhnlichen Schalls im Gebiet um 0,9° K ein Maximum haben müsse. Dieses wurde auch tatsächlich von CHASE und HERLIN gefunden, wie Fig. 280 erkennen ließ. Allerdings ergab sich im Experiment noch ein zweites schwächeres Maximum. Während nach KHALATNIKOWs Rechnung die Absorption sehr schnell absinken und bei 0,6° K asymptotisch null werden soll, ergibt das Experiment in Richtung auf den absoluten Nullpunkt hin einen viel langsameren Abfall.

210. Die Schallabsorption in Helium I und II
nach der Stoßfaktortheorie

Aus den Darlegungen in den Ziffern 205 bis 209 geht hervor, daß flüssiges Helium zu den interessantesten Flüssigkeiten gehört, die es gibt. Das kann man so verstehen, daß die Eigenschaften von Helium so sehr aus dem üblichen Rahmen herausfallen, daß es nicht wie andere Flüssigkeiten zu behandeln ist. Man kann aber im Hinblick auf die Einfachheit des Heliumatoms auch sagen, daß flüssiges Helium ein sehr einfacher Stoff ist, dessen Atome beinahe jenes ideale Verhalten zeigen, welches man so gerne den thermodynamischen Rechnungen zu Grunde legt, um sie mathematisch besser durchführen zu können.

Wenn nun Helium sehr einfach gebaute Atome ($\equiv$ Moleküle) aufweist und am absoluten Nullpunkt noch flüssig ist, dann muß es ein geradezu idealer Stoff sein, um die in Ziffer 192 entwickelte Stoßfaktortheorie unter der sonst nicht verifizierbaren, aber durch die Gerade der Fig. 144 in der Gegend des absoluten Nullpunktes geforderten Bedingung eines Stoßfaktors $s \approx 4$ zu prüfen. Diese Prüfung wurde von SCHAAFFS[2] in der Form der Funktion (XVI.33)

$$f(u, \varrho, \alpha/\nu^2) = 0$$

vorgenommen.

Für die Dichte im flüssigen Helium hat man bisher wenig Interesse gezeigt, obwohl doch an ihr zuerst die Existenz des λ-Punktes erkannt worden ist. Die genaue Kenntnis der Dichte aber ist auf Grund der vorstehenden Funktion für molekularakustische Fragestellungen sehr wichtig. Leider liegt wohl nur die eine in Fig. 269 gezeigte Temperaturkurve der Dichte vor. Sie ist auch aus Fig. 284 ersichtlich und hier bis auf

---

[1] KHALATNIKOW, I.: J. Exp. Theor. Phys. USSR. **20**, 243—266 (1950); **23**, 8—20, 21—34 (1952).

[2] SCHAAFFS, W.: Acustica **12**, 351—360 (1962). — Kurze Mitteilungen in Phys. Verh. **1962**, 178, 358; und in Naturwissenschaften **49**, 443—444 (1962).

$0°$ K extrapoliert worden. Glücklicherweise haben ATKINS[1] und ED-WARDS für das in Fig. 284 eingerahmte Dichtegebiet den Ausdehnungs-koeffizienten gemessen und die Kurve Fig. 285 gefunden. Aus dieser Kurve kann ein Teil des weiteren Verlaufs der Dichte nach noch tieferen Temperaturen hin erschlossen werden. Es gibt nach Fig. 285 ein Minimum und anschließend ein Maximum der Dichte. Diese Extrema sind aber so schwach ausgeprägt, daß sie in Fig. 284 gar nicht in Erscheinung treten können und aus Fig. 285 entnommen werden müssen.

Ist die Schallgeschwindigkeit des ersten Schalls am absoluten Nullpunkt u_0, die Raumerfüllung der Atome r_0, die Dichte ϱ_0 und nach Fig. 144 der Stoßfaktor $s=4$, so ist nach Gl. (XVI.26)

$$u_\infty = \frac{u_0}{4 r_0}. \qquad (XX.4)$$

Unter der schon bekannten Annahme, daß das Molekül-volumen (hier Atomvolumen) B pro Mol hinreichend konstant ist, folgt aus

$$r = \frac{B}{M} \varrho \quad \text{und} \quad r_0 = \frac{B}{M} \varrho_0$$

die Beziehung

$$r = \frac{\varrho}{\varrho_0} r_0. \qquad (XX.5)$$

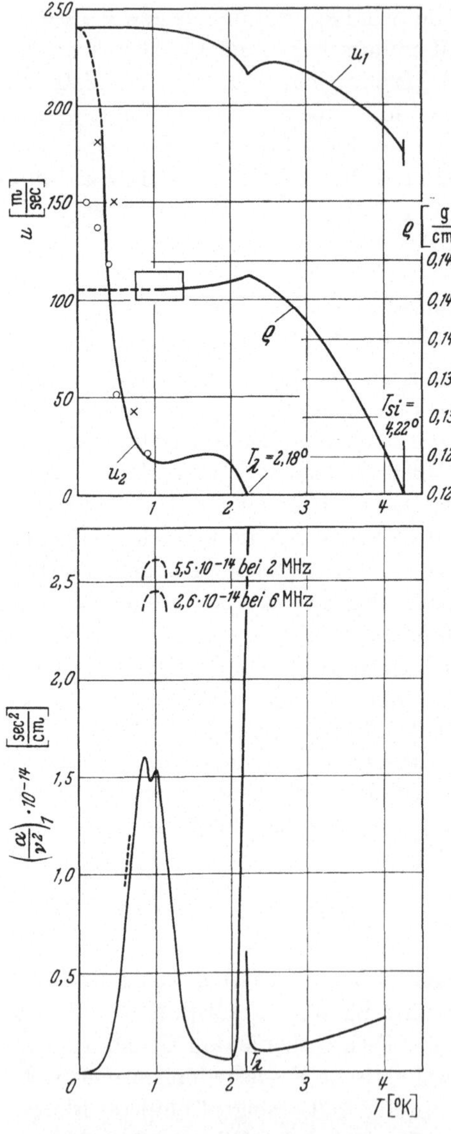

Fig. 284. Übersicht über den Temperaturverlauf der Schallabsorption und der beiden Schallgeschwindig-keiten zwischen absolutem Nullpunkt und Siedepunkt bei Helium

Dann kann die allgemeine Gl. (XVI.32) durch Einsetzen

---

[1] ATKINS, K., u. M. EDWARDS: Phys. Rev. **97**, 1429—1434 (1955).

von (XX.4) und (XX.5) für den ersten Schall geschrieben werden

$$\frac{(\alpha/\nu^2)_1}{K_1} = \left(\frac{u_0}{u_1}\right)^3 \left\{\frac{u_0}{u_1} \cdot \frac{\varrho}{\varrho_0} - 1\right\} \qquad (\text{XX.6a})$$

mit der individuellen Konstanten

$$K_1 = \left(\frac{\alpha_1}{\nu^2}\right)_{\infty} \Big/ (4\,r_0)_1^3 . \qquad (\text{XX.6b})$$

Mit Gl. (XX.6a) wird zunächst eine Hypothese über die Art der Packung der Heliumatome am absoluten Nullpunkt und über den Wert der Kon-

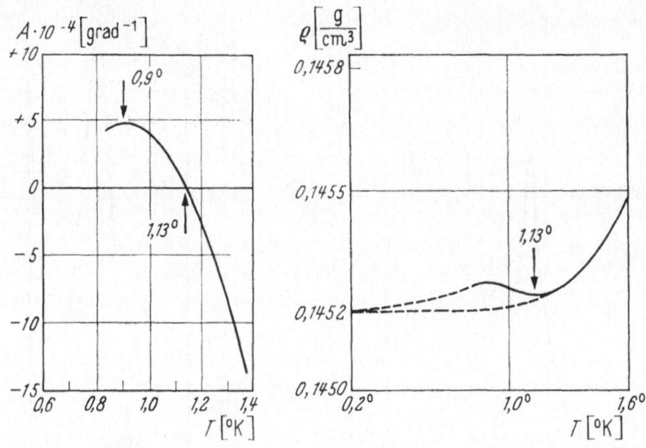

Fig. 285. Ausdehnungskoeffizient und Dichteänderung des flüssigen Helium II im Bereich um 1° K

stanten K_1 umgangen. Die Fig. 286 zeigt die nach Gl. (XX.6a) berechnete Absorptionskurve des ersten Schalls bei Annahme eines Nichtvorhandenseins des zweiten Schalls. Dabei wurden die Werte $u_0 = 240$ m/s
und $\varrho_0 = 0{,}1452$ g/cm³ benutzt.

Für die Behandlung des zweiten Schalls schlagen wir folgenden Weg
ein: Die These des 2-Flüssigkeiten-Modells, daß die tatsächlich in flüssigem
Helium gemessene Dichte sich additiv aus den Dichten eines normalen
und eines superfluiden Zustandes zusammensetzen soll, wird fallen ge-
lassen, weil sie der allgemeinen Erfahrung, die im Kapitel XII niedergelegt ist, widerspricht. Entsprechend den kritischen Ausführungen zur
viscothermischen Theorie in Ziffer 191 wird angenommen, daß zwar der
Mechanismus der Schallimpulsübertragung beim zweiten Schall anders-
artig als beim ersten Schall ist, aber doch nur *ein* einheitliches He⁴ mit
einem einheitlichen Atomvolumen vorliegt, und es auch nur *eine* Dichte ϱ,
eben die gemessene, geben kann. Es liegt dann kein Grund vor, die Gl.
(XVI.32) nicht auch hier sinngemäß zu verwenden, um die aus Experimenten nicht bekannte und auch nur äußerst schwierig zu messende

Absorptionskurve des zweiten Schalls zu gewinnen. Wir erhalten daher

$$\frac{(\alpha/v^2)_2}{K_2} = \left(\frac{u_0}{u_2}\right)^3\left\{\frac{u_0}{u_2}\cdot\frac{\varrho}{\varrho_0} - 1\right\} \qquad\qquad \text{(XX.7a)}$$

mit

$$K_2 = \left(\frac{\alpha_2}{v^2}\right)_{\infty}\Big/(4\,r_0)_2^3. \qquad\qquad \text{(XX.7b)}$$

Fig. 287 zeigt die theoretische Absorptionskurve des zweiten Schalls bei Annahme des Nichtvorhandenseins des ersten Schalls. Charakteristisch

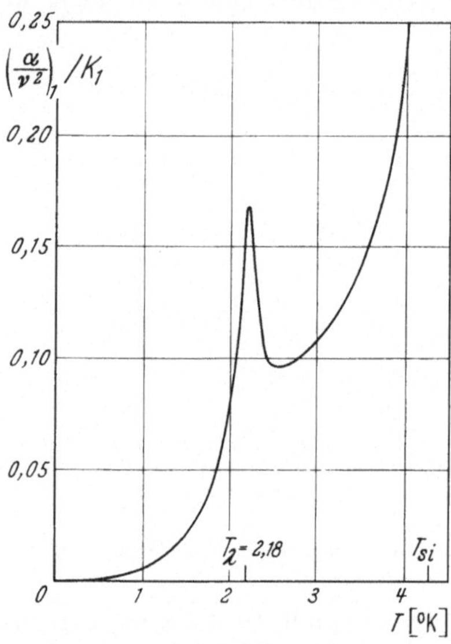
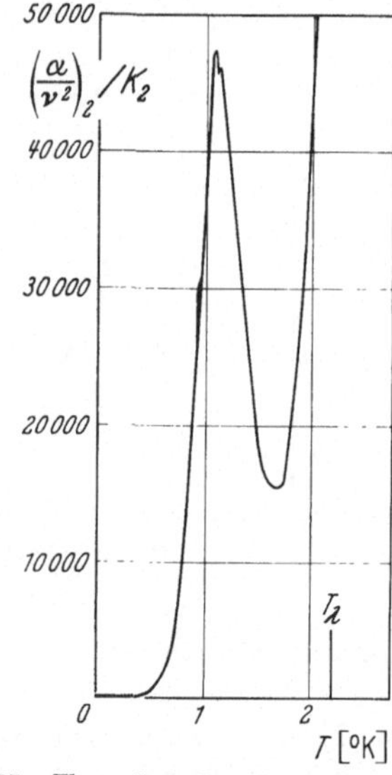

Fig. 286. Theoretisch berechnete Absorptionskurve des ersten Schalls bei Annahme eines Nichtvorhandenseins des zweiten Schalls

Fig. 287. Theoretisch berechnete Absorptionskurve des zweiten Schalls bei Annahme des Nichtvorhandenseins des ersten Schalls

ist die kleine Ausbuchtung im Maximum und die Ausbeulung auf der linken Flanke. Nur weil in Gl. (XVI.32) die beiden Terme fast gleich sind und wegen der Kleinheit von u_2 sehr große Werte haben, entsteht diese Empfindlichkeit gegen kleine Dichteänderungen.

Wenn nach der bisher geltenden Auffassung der zweite Schall nur auf thermischem Wege zu erzeugen ist, so ist es nach Meinung des Verfassers doch unmöglich, daß erster und zweiter Schall hinsichtlich der Absorption voneinander unabhängig sind. Eine Welle des ersten Schalls weist doch nicht nur periodische Änderungen des Druckes und der Dichte, sondern auch der Temperatur auf. Mithin muß sie als eine Hintereinanderschaltung von Quellen des zweiten Schalls aufgefaßt werden können. Das bedeutet aber, daß die arteigene Absorption des zweiten Schalls, wie sie in Fig. 287 sichtbar wird, in der Messung der Absorption des ersten Schalls miterscheinen muß. In der zitierten Arbeit des Verfassers wird dargelegt, wie diese Überlagerung durch einen speziellen Interferometerversuch nachzuprüfen wäre.

Die gesamte (relaxationsfreie) Schallabsorption im flüssigen Helium ist dann

$$\frac{\alpha}{\nu^2} = \left(\frac{\alpha}{\nu^2}\right)_1 + \left(\frac{\alpha}{\nu^2}\right)_2 . \qquad \text{(XX.8)}$$

Für eine Berechnung der endgültigen Absorptionskurve ist die Kenntnis der Konstanten K_1 und K_2 erforderlich. Hier tritt nun eine Schwierigkeit ein, die darin liegt, daß wir noch nicht sicher wissen, inwieweit Relaxationsprozesse in der experimentellen Absorptionskurve von Fig. 284 verzerrend in Erscheinung treten. Es ist auch noch nicht sichergestellt, daß die Frequenzabhängigkeit des Maximums mit dem kleinen Sattel wirklich auf einer gewöhnlichen Relaxation beruht. Im großen und ganzen ist die Schallabsorp-

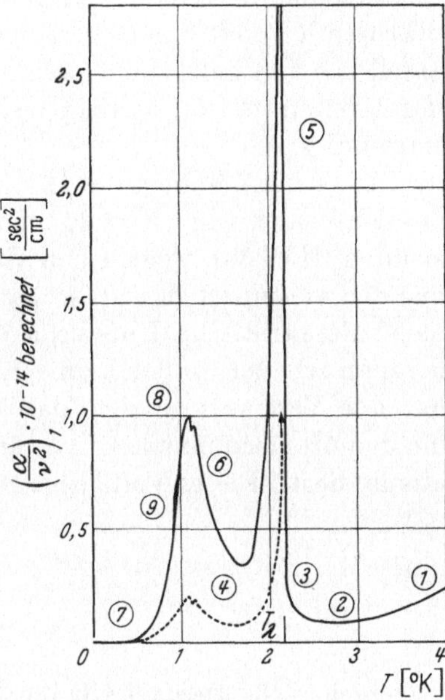

Fig. 288. Theoretisch berechneter Verlauf der Schallabsorption im Gesamtbereich des flüssigen Heliums zwischen absolutem Nullpunkt und Siedepunkt (nach SCHAAFFS)

tion im flüssigen Helium nicht durch Relaxationseffekte geprägt. Aus den Messungen lassen sich die Werte $K_1 = 1 \cdot 10^{-14}$ sec/cm^2 und $K_2 \approx 2,1 \cdot 10^{-19}$ sec^2/cm berechnen[1]. Mit Hilfe dieser beiden Werte folgt aus (XX.6a), (XX.7a) und (XX.8) die Schallabsorption

$$\frac{\alpha}{\nu^2} = \left\{ \begin{array}{l} K_1 \left[\left(\dfrac{u_0}{u_1}\right)^3 \left\{\dfrac{u_0}{u_1} \dfrac{\varrho}{\varrho_0} - 1\right\}\right]_{T < T_{si}} \\[2ex] + K_2 \left[\left(\dfrac{u_0}{u_2}\right)^3 \left\{\dfrac{u_0}{u_2} \dfrac{\varrho}{\varrho_0} - 1\right\}\right]_{T < T_\lambda} \end{array} \right. \qquad \text{(XX.9)}$$

und ist in Fig. 288 in der ausgezogenen Kurve dargestellt. Diese Kurve zeigt alle Details[2], durch welche die experimentelle Kurve von Fig. 284 ausgezeichnet ist. Qualitativ ist die Übereinstimmung also ausreichend. Diese Kurve gilt für etwa 12 MHz. Bei hohen Frequenzen über 50 MHz verschwindet die Frequenzabhängigkeit des Maximums mit dem Sattel;

---

[1] Für hohe Frequenzen wird das Maximum bei 1° K konstant. Dann ist $K_2 = 4 \cdot 10^{-20}$ sec^2/cm.

[2] Die in Fig. 288 durch Ziffern gekennzeichneten Details werden in der auf S. 479 durch die Fußnote [2] genannten Arbeit besprochen.

dann hat die Absorptionskurve unterhalb des λ-Punktes den punktierten Verlauf. Man kann die Indices an den eckigen Klammern der beiden Summanden weglassen, wenn man sich die u_2-Kurve in Fig. 282 und 284 über den λ-Punkt hinaus verlängert denkt. Der zugehörige Absorptionsanteil des 2. Schalls sinkt äußerst rasch auf Null ab. Ob aber mit einem negativen Wert von u_2 ein physikalischer Sinn zu verbinden ist, bleibt fragwürdig.

Der Gl. (XX.9) liegt die Gl. (XVI.32) zugrunde. Diese wiederum folgt aus den beiden Gln. (XVI.26) und (XVI.29b). Nimmt man noch die Beziehung (XVI.36), welche den Stoßfaktor mit den inneren Atomsummanden verknüpft, hinzu, so hat man die Gleichungen, aus denen der molekularakustische Unterschied zwischen erstem und zweitem Schall herausgearbeitet werden kann. In einer noch unveröffentlichten Arbeit[1] hat der Verfasser gezeigt, daß dieser Unterschied im Verhältnis des inneren Atomsummanden β zum äußeren B ($\equiv$ Eigenvolumen der Heliumatome) liegt. Dieses Verhältnis läßt sich zu

$$\frac{\beta_{1,2}}{B} = \frac{1 - \dfrac{u_{1,2}}{u_0}}{6 - \left(1 - \dfrac{u_{1,2}}{u_0}\right)} \qquad (XX.10)$$

berechnen. Der Index 1 gilt für den ersten, der Index 2 für den zweiten Schall. β_1/B ist nahezu null, β_2/B hat einen höheren Wert. Der innere Atomsummand beschreibt diejenigen Bereiche des Atoms, an denen eine Stoßübertragung ausgesprochen unelastisch erfolgt. Die nähere Untersuchung ergibt, daß beim ersten Schall durch Translationsimpulse nur die elastisch wirkenden Bereiche der Atome aufeinander stoßen, beim zweiten Schall dagegen durch Drehimpulsübertragung die unelastischen Bereiche aufeinander wirken. Während es zum Wesen des (gewöhnlichen) ersten Schalls gehört, daß im Schallfeld periodische Dichteänderungen auftreten, bleiben diese bei der Drehimpulsübertragung des zweiten Schalls praktisch aus. Die molekularakustische Betrachtungsweise führt zu Aussagen, die denen der Quantentheorie LANDAUs ähnlich sind. Ein Roton wäre danach ein bestimmter Betrag der Drehenergie des Heliumatoms und kann nur übertragen werden, wenn die inneren Atomsummanden zur Wirkung kommen.

---

[1] Wird in Acustica **13**, 1963, 2. Jahreshälfte erscheinen.

Schlußwort

Der Leser, der einen Einblick in die 20 Kapitel dieses Buches genommen hat, wird von der molekularakustischen Forschung vermutlich den gleichen Eindruck haben wie der Verfasser selbst, daß sie, mit Ausnahme des einleitenden Kapitels II über die Folgerungen aus der Mechanik der deformierbaren Punktsysteme und der späteren Kapitel IV bis VI über die experimentellen Ultraschallmethoden, an keiner Stelle eine gewisse Abrundung, geschweige denn einen Abschluß erkennen läßt. Die Molekularakustik ist durchaus noch mitten im Werden begriffen. Man holt sich ihre Bausteine noch von überall heran: Aus den Theorien der Elastizität, der Wellengleichung und der allgemeinen Relaxation; aus der Thermodynamik der thermisch-kalorischen Zustandsgleichungen und der irreversiblen Prozesse; aus der Elektrodynamik mit ihren Methoden zur Untersuchung von Brechungsindex, Dielektrizitätskonstante und Dipolmoment; aus der Molekülspektroskopie, insbesondere dem Raman-Effekt; aus den Ultraschall- und Hyperschall-Meßmethoden; aus der Hochfrequenztechnik, ohne die kein Sender und keine Impulsschaltung gebaut werden können; aus der theoretischen Chemie, speziell der organischen, mit ihrem formvollendeten System der Verknüpfung und Anordnung weniger Grundatome zu unzähligen verschiedenartigen Molekülen.

Um trotzdem eine gewisse Ordnung und eine klare Zielsetzung in die Vielzahl der Veröffentlichungen zu bringen, wurde in Ziffer 1 eine präzise Definition für Molekularakustik gegeben, und es wurde der Versuch gemacht, die experimentellen Tatbestände möglichst unter diesem einen Gesichtspunkt zu interpretieren. Damit weicht dieses Buch mehr oder minder stark von den üblichen Darstellungen in den Büchern und Monographien über Ultraschallphysik ab. Auch sind manche Probleme, besonders über die Zusammenhänge zwischen Schallgeschwindigkeit und Molekülstruktur, über die Röntgenblitzmethoden zur Untersuchung höchster Verdichtungen der Materie und über die Stoßfaktortheorie der Schallabsorption hier erstmals in Buchform dargestellt worden.

Der Verfasser war mit sich selbst uneinig, ob er nicht doch manche Begriffe hätte ausführlicher definieren und manche Gleichung nicht so unvermittelt hätte hinstellen sollen. Und vielleicht wäre es oft besser gewesen, mehr Zwischenrechnungen zu bringen. Die Geschlossenheit theoretisch-mathematischer Darstellungsweise hat auch für den Experimentator immer wieder einen großen Reiz. Auf einem so neuen Forschungsgebiet, bei dem noch viele experimentelle Unterlagen fehlen, hat sie freilich den schwerwiegenden Nachteil, daß man zu leicht geneigt ist, ein Problem als prinzipiell gelöst zu betrachten, während doch in Wirklichkeit noch eine Fülle von Tatsachen der Erschließung und Deutung harrt und nur allzu oft ganz andere Gesetzmäßigkeiten offenbart werden als man erwartet. Ausschlaggebend war aber schließlich, daß eingehendere theoretische Erörterungen den vorgesehenen Umfang des Buches zu sehr überschritten hätten. Auch ist es für eine Einführung in das Gebiet der Molekularakustik wohl besser, die Fülle der experimentellen Tatsachen zu ordnen, im Anschluß daran mehr Fragen und Probleme aufzuzeigen als sie alle zu lösen und für eingehenderes Studium auf die wichtigsten Originalveröffentlichungen hinzuweisen.

Möge der fachkundige Leser durch die mancherlei eingestreuten kritischen Bemerkungen, durch Auffassungen, die er vielleicht nicht teilt, und durch unbeabsichtigte, aber unkorrekte Darstellungsweise sich veranlaßt sehen, neue Experimente zu machen und daraus neue Gedanken zu entwickeln, um zur Richtigstellung und Lösung der angeschnittenen Probleme der Molekularakustik beizutragen.

Autorenverzeichnis

Sachverzeichnis

(Die Ziffern geben die Seitenzahlen des Buches an)